"十二五"普通高等教育本科国家级规划教材

工程教育系列教材
教育部CDIO工程教育试点教材

数字逻辑设计基础

第二版

■ 主 编 何建新
■ 副主编 曾祥萍
■ 参 编 邓 娜 龚一光 黄 金
李运洪 彭 烨 宋 婷 许诚昕

高等教育出版社·北京

内容简介

本书为“十二五”普通高等教育本科国家级规划教材，系统介绍了数字逻辑电路的基本概念和基本原理，介绍了传统数字电路的分析、设计方法和现代数字系统设计方法，介绍了硬件描述语言 VHDL 及 EDA 软件在数字逻辑电路设计和数字系统设计方面的应用。书中给出了大量典型的例题和工程应用实例。全书共 13 章，内容主要包括：数制和码制、逻辑代数基础、VHDL、逻辑门电路、组合逻辑电路、集成触发器、时序逻辑电路、脉冲产生与整形电路、半导体存储器、数模和模数转换器、可编程逻辑器件及其应用和数字系统设计基础等。

本书可作为电子类、自动化类、计算机类等有关专业的本科生教材或教学参考书，也可供有关专业的工程技术人员参考。

图书在版编目（CIP）数据

数字逻辑设计基础 / 何建新主编. -- 2 版. -- 北京：高等教育出版社，2019.4（2023.12 重印）
ISBN 978-7-04-051252-6

Ⅰ. ①数… Ⅱ. ①何… Ⅲ. ①数字逻辑-逻辑设计-高等学校-教材 Ⅳ. ①TP302.2

中国版本图书馆 CIP 数据核字（2019）第 011338 号

Shuzi Luoji Sheji Jichu

策划编辑 欧阳舟　　责任编辑 欧阳舟　　封面设计 李卫青　　版式设计 杜微言
插图绘制 于　博　　责任校对 陈　杨　　责任印制 高　峰

出版发行	高等教育出版社	网　　址	http://www.hep.edu.cn
社　　址	北京市西城区德外大街 4 号		http://www.hep.com.cn
邮政编码	100120	网上订购	http://www.hepmall.com.cn
印　　刷	固安县铭成印刷有限公司		http://www.hepmall.com
开　　本	787 mm×1092 mm　1/16		http://www.hepmall.cn
印　　张	24.75	版　　次	2012 年 2 月第 1 版
字　　数	570 千字		2019 年 4 月第 2 版
购书热线	010-58581118	印　　次	2023 年 12 月第 7 次印刷
咨询电话	400-810-0598	定　　价	49.00 元

物 料 号　51252-00

数字逻辑设计基础

第二版

何建新　曾祥萍

1 计算机访问http://abook.hep.com.cn/1251602，或手机扫描二维码、下载并安装Abook应用。

2 注册并登录，进入“我的课程”。

3 输入封底数字课程账号（20位密码，刮开涂层可见），或通过Abook应用扫描封底数字课程账号二维码，完成课程绑定。

4 单击“进入课程”按钮，开始本数字课程的学习。

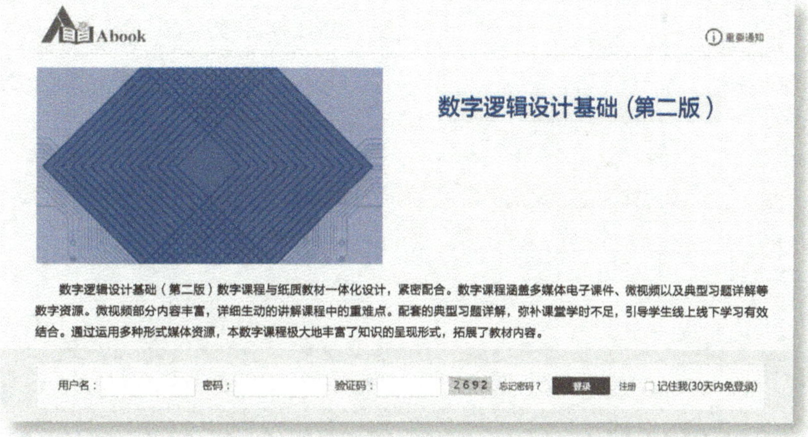

课程绑定后一年为数字课程使用有效期。受硬件限制，部分内容无法在手机端显示，请按提示通过计算机访问学习。

如有使用问题，请发邮件至abook@hep.com.cn。

http://abook.hep.com.cn/1251602

工程教育系列教材

——教育部 CDIO 工程教育试点教材

编委会

序言

当前，世界范围内新一轮科技革命和产业变革加速进行，社会发展对人才培养提出了新要求，工程教育与产业发展的联系也愈加紧密并相互支撑。为推动工程教育改革创新，教育部积极推进新工科建设，2017 年 2 月以来，先后形成“复旦共识”“天大行动”和“北京指南”，并发布《关于开展新工科研究与实践的通知》《关于推进新工科研究与实践项目的通知》，全力探索形成领跑全球工程教育的中国模式、中国经验，助力高等教育强国建设。为应对国家教育战略，各高等学校积极探索工程教育的新模式，力争从教育理念、目标、内容到方法对工程教育进行整体改革。

CDIO（conceive，design，implement，operate）工程教育模式是由美国麻省理工学院会同瑞典皇家工学院等四所著名大学倡导，与工业界共同合作创建的工程教育模式，并获得 2011 年度美国国家工程院（NAE）颁布的“戈登奖”。这种模式强调工科教育必须回归工程，坚持工程人才“知识、能力、素质”的协调发展，着重基础知识、个人能力、人际团队能力和工程系统能力等四个层面的能力培养，突破了传统的以学科知识传授为主的人才培养模式，培养具有创新创业能力和解决复杂工程能力的工程科技人才，更加适应产业界对工程人才的需求。CDIO 模式与工程专业认证的华盛顿协议（EC2000）具有高度的一致性。

2011 年，“工程教育系列教材——教育部 CDIO 工程教育试点教材”编委会编写出版了首批适应 CDIO 模式的教材，包括《电路分析基础》《模拟电子技术基础》《数字逻辑设计基础》《信号与系统》《单片微型计算机原理及接口技术》

等五本教材，经过几年的使用和读者意见反馈，结合 CDIO 工程教育模式的发展和新工科建设的探索与实践情况，我们对修订和完善本套教材积累了一定的经验和增添了新鲜内容。

修订后的教材依然坚持贯彻实施工程教育一体化改革思路，将理论与实践有机结合、课内与课外有机结合、知识传授与能力培养有机结合、学习习惯与创新思维培养有机结合，实现知识、能力、素质的一体化培养，提高学生综合应用系统知识的能力。注重强调知识的应用和工程问题分析，力求做到将理论学习和工程应用集成于同一学习空间，通过基于案例的、基于问题的和基于工程项目的驱动，使学生提高学科知识学习的目的性和应用能力。

新事物的探索与推广总需要在不断的实践中得以成熟，我们希望新修订的教材推出能为 CDIO 工程教育模式改革和新工科建设提供微薄的助力，欢迎广大读者在使用过程中向我们提出宝贵的意见和建议。另外，CDIO 系列教材的编写，始终得到教育部高教司的支持和高等教育出版社的大力帮助，在此我们表示衷心的感谢。

“工程教育系列教材——教育部 CDIO
工程教育试点教材”编审委员会
2018 年 4 月

第二版前言

为了适应现代数字电子技术迅速发展和工程教育改革的需要，我们编写了教育部 CDIO 工程教育改革系列教材之一的《数字逻辑设计基础》试点教材，该教材第一版于 2012 年 2 月由高等教育出版社正式出版。教材自出版以来，被全国多所高校选用为教材或教学参考书，得到了广大读者的关注和认可，并于 2014 年被评为“十二五”普通高等教育本科国家级规划教材。教材经过多年的教学实践，收到了很多有益的意见和建议。为方便读者使用本教材，结合信息技术发展，我们在《数字逻辑设计基础》(第一版)基础上进行了修订，以便更好地适应当前电子技术课程教学的需要。

本书第二版的修订保持了第一版的编写主旨，突出基本理论与实际应用的结合，强化知识传授与能力培养的有机融合，以项目为导向，任务为驱动，围绕项目和任务将各个知识点融入教学中，培养学生分析问题、解决问题的能力。教材内容、结构和编写风格与第一版保持一致，在此基础上，对第一版中的文字、图表错误进行了修正，对部分表述进一步规范化，对部分工程应用所需软硬件知识进行更新，增加了一些实用性较强、与工程实践相近的实例。

为了方便学生读者更好地应用，在本版教材的修订中，我们增加了多媒体电子课件、重要知识点或应用的微视频以及典型习题详解等数字资源，通过手机扫描二维码或登录 abook 网站读者就可以对这些数字资源进行查阅，辅助学习。

本书第二版由何建新担任主编，曾祥萍担任副主编，参加各章修订和数字资源制作的作者有曾祥萍、龚一光、黄金、宋婷、许诚昕、彭烨、邓娜、李运洪等老师。其中，第一章、第十三章由曾祥萍负责，第二章、第五章、第十章由龚一光负责，第三章由黄金负责，第四章由宋婷负责，第六章由许诚昕负责，第七章、第九章由彭烨负责，第八章由邓娜负责，第十一章、第十二章由李运洪负责，全书由何建新、曾祥萍负责策划，全书的统稿、审校和数字资源的收集整理由曾祥萍完成。电子科技大学自动化工程学院的姜书艳教授担任本书的主审工作，提出了许多有益的意见和建议，在此表示衷心感谢。

由于编者水平有限，书中难免有不妥和错误之处，敬请读者批评指正。作者邮箱为：zxping@cuit.edu.cn。

编者

2018 年 11 月于成都

第一版前言

数字电子技术的飞速发展，大规模、超大规模可编程逻辑器件及其开发软件的相继推出，引起了数字逻辑电路设计的巨大变革。一方面数字电路的集成度不断提高；另一方面，数字逻辑电路大量借助各种 EDA 工具来进行设计、仿真和调试，实现了硬件设计的软件化。为了适应这种技术发展的需要，同时，也为适应工程教育改革的需要，我们编写了这本教材，并作为 CDIO 工程教育改革系列教材之一。

本教材按照 CDIO(Conceive, Design, Implement, Operate)工程教育创新模式，结合教育部"卓越工程师教育培养计划"的实施原则，突出基本理论与实际应用的结合。以数字逻辑电路和系统设计为主线，以计算机模型为贯穿整个教材的典型应用综合实例，帮助学生在学习基本理论的同时，了解各章节单元电路在完整数字系统设计中的作用。通过合理安排教材内容，在保证基本理论知识的前提下，兼顾解决好传统小规模数字电路与可编程器件应用、传统设计方法与硬件软件化设计方法、单元电路与系统设计的关系。力求处理好强化基本理论掌握与淡化技巧性解题训练、有限课时安排与教材内容增加的矛盾。

本教材的特点主要有：(1)引入新技术，精选内容，强化基础，突出工程应用，内容安排上采用以基本原理、基本理论结合典型工程应用实例的结构方式；(2)减少了数字逻辑门内部电路的分析，淡化了小规模数字逻辑器件的电路设计，加强了可编程逻辑器件的应用和数字逻辑电路的 VHDL 描述；(3)为便于教材使用者学习，每章有目标、目标测评、思考题、实践与提高、工程训练项目和习题，并有小结和英文术语表；(4)将配套实验与能力培养统筹考虑，大量增加设计性实验。

本教材可作为高等学校电子信息类、电气信息类、通信类、计算机类、自动化类和机电类等专业的数字电子技术相关课程的教材，也可供从事数字逻辑电路和系统设计的有关工程技术人员作为参考书。

参与本教材编写的人员均为成都信息工程学院的骨干教师，有着丰富的教学经验和科研经历。第 1 章由刘俊和高胜东编写，第 2、5、10 章由龚一光编写，第 3 章由林刚编写，第 4 章由刘俊编写，第 6 章由高胜东编写，第 7、9 章由彭烨编写，第 8 章由邓娜编写，第 11、12 章由邹云海编写，第 13 章由曾祥萍编写。全书由何建新、高胜东担任主编。何建新、高胜东负责全书的策划。全书的统稿、审校由高胜东和曾祥萍完成。

本书在编写过程中，征求了部分 CDIO 试点学校相关专业老师的意见，得到了校内外相关教师和学校教务处的大力支持和帮助，天津大学电子工程学院刘常澍教授在百忙中审阅了全部书稿，并提出了宝贵的修改意见，在此表示诚挚的谢意。本书虽经多次讨论、试用并反复修改，但因时间仓促及作者水平有限，不当之处在所难免，敬请广大读者批评指正。

编者

2011 年 10 月于成都

目录

第1章　概　述

▶ 本章目标

1. 了解数字逻辑电路的发展简史。
2. 了解模拟信号、电路与数字信号、电路、系统。
3. 了解数字系统的设计方法。
4. 了解数字系统设计硬件载体和软件载体。
5. 了解 8 位模型计算机基本结构与原理。

电子教案 1-1：
数字逻辑电路概述

1.1 数字逻辑电路的发展简史

数字逻辑应用的历史可以追溯到 17 世纪。1642 年，法国人 Blaise Pascal 设计了一台机械的数值加法器。1671 年，德国数学家 Gottfried Leibniz 设计了一台乘、除法器。19 世纪英国数学家 Charles Babbage 制造了一台用于计算航行时间表的自动计算机器，该机器被公认为是现代计算机的先驱。1848 年，英国数学家 George Boole 提出了一种特殊的代数，也就是现在所说的布尔代数，它是现代数字逻辑设计的核心。

1904 年，世界上第一只电子管在英国物理学家弗莱明的手下诞生了。人类第一只电子管的诞生，标志着世界从此进入了电子时代。20 世纪 30—40 年代，贝尔实验室发明了二进制电子加法器和复数运算器（均采用继电器逻辑实现，图 1-1 是用继电器实现的与逻辑）。同期贝尔实验室的 Claude Shannon 为了实现电话交换的自动化，继承了布尔早期的工作，提出了现在用于数字逻辑设计的现代交换代数。20 世纪 40 年代，宾夕法尼亚大学莫尔学院的莫尔小组研制发明了世界上第一部电子数字计算机 ENIAC（如图 1-2 所示），它采用真空电子管工艺（如图 1-3 所示）制造，由 17 468 个电子管、6 万个电阻器、1 万

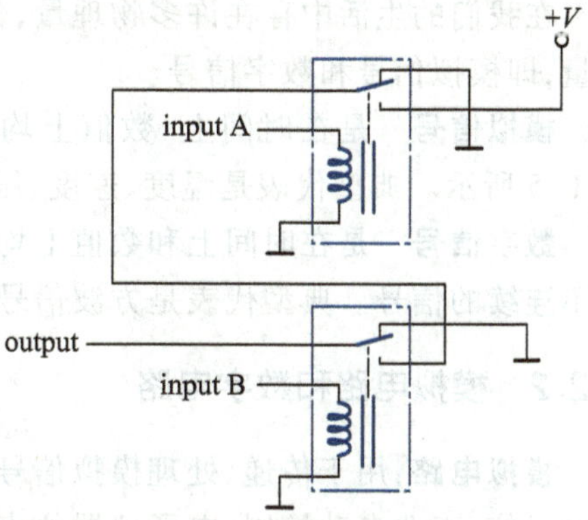

图 1-1　继电器与逻辑

个电容器和 6 千个开关组成，重达 30 t，占地 160 m^2，耗电 174 kW，耗资 45 万美元。20 世纪 50 年代，双极型晶体管（BJT，如图 1-4 所示）的发明；20 世纪 60 年代，TTL 逻辑电路和集成电路的出现都极大地加快了数字逻辑和计算机技术的发展。随着科学技术的迅速发展和对数字电路不断增长的应用要求，集成电路生产厂家积极采用新技术、改进设计方案和生产工艺，沿着提高速度、降低功耗、缩小体积的方向作不懈努力，不断推出各种型号的新产品。仅几十年时间，数字电路就从小规模、中规模、大规模发展到超大规模、巨大规模。到 2000 年 Pentium 4 拥有四千多万个晶体管，而发展到现在 Intel 的酷睿 i7 四核处理器已经达到 7.31 亿个晶体管。

图 1-2 世界上第一台计算机 ENIAC

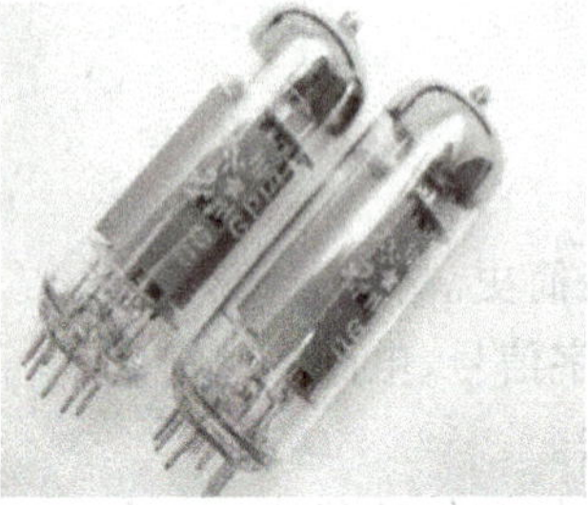

图 1-3 真空电子管

图 1-4 双极型晶体管

如今新一代电子系统设计师利用模拟电子技术和数字电子技术设计制造出品种多样、功能丰富的电子系统来帮助人们进行医疗、农业、工业生产过程控制、金融、通信、娱乐、探索太空奥秘和预测天气等活动。

1.2 模拟与数字

1.2.1 模拟信号和数字信号

在我们的生活中存在许多物理量，分析它们的信号波形可以发现有两种性质不同的物理量，即模拟信号和数字信号。

模拟信号 是在时间上、数值上均连续的信号，其信号的数值随时间作连续变化，如图 1-5 所示。典型代表是温度、速度、压力、磁场、电场等物理量通过传感器变成的电信号。

数字信号 是在时间上和数值上均离散的信号，也就是在时间上是断续的、在数值上也是不连续的信号。典型代表是方波信号，如图 1-6 所示。

1.2.2 模拟电路和数字电路

模拟电路：用于传递、处理模拟信号的电子线路。模拟电路已经渗透到各个领域，如无线电通信、工业自动控制、电子仪器仪表以及文化生活中的电视、音响、娱乐等家用电器中。

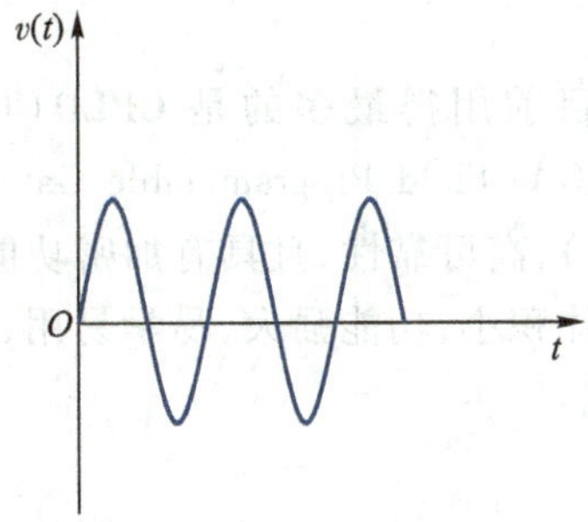

图 1-5 模拟信号

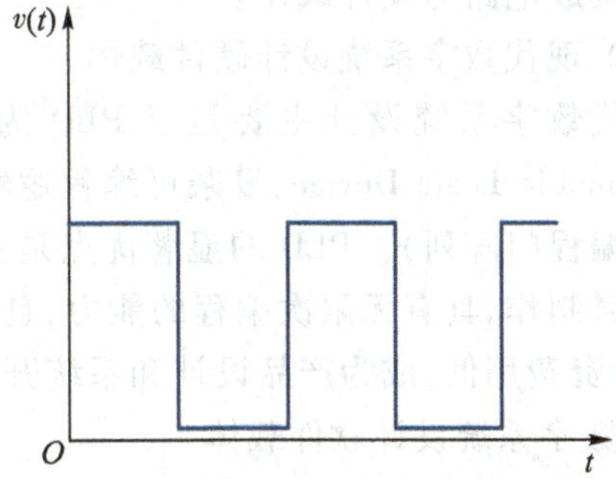

图 1-6 数字信号

数字电路:用于传递、处理数字信号的电子线路。数字电路能够实现对数字信号的传输、逻辑运算、控制、计数、寄存、显示及脉冲信号的产生和转换。数字电路被广泛地应用于数字电子计算机、数字通信系统、数字式仪表、数字控制装置及工业逻辑系统等领域。

与模拟电路相比,数字电路的优点是:①便于高度集成化、集成生产,通用性强,使用方便,如计算机;②工作可靠性高、抗干扰能力强,如数字通信;③易于存储、加密、压缩、传输和再现。因此,以数字电路作为主要组件的数字系统是当今电子系统的发展趋势。

1.2.3 数字系统

数字系统是对数字信息进行存储、传输、处理的电子系统。它有着完善的系统设计方法和丰富的软、硬件载体的支持。

1. 数字系统的设计方法

数字系统的设计方法主要有直接设计法、自顶向下设计法、自底向上设计法三种设计方法。直接设计法和自底向上的设计法又统称为传统设计法,其主要依赖手工、经验以及现有的通用元器件,设计后期才能进行仿真和调试。自顶向下的设计法又称为现代设计法,其主要依靠的是 EDA(电子设计自动化)技术,设计的早期就能进行仿真与调试。数字系统设计方法之所以能成为当今主流的系统设计方法,是依赖它拥有丰富的软硬件载体的支持。

2. 数字系统设计硬件载体

(1) 传统数字系统设计硬件载体

传统数字系统电路设计的硬件载体按电路结构不同,可分为分立电路和中小规模集成电路两种。分立电路是由二极管、晶体管、电阻、电容等元件组成的电路。中小规模集成电路是以半导体晶体材料为基片,经加工制造,将元件、有源器件和互连线集成在基片内部、表面或基片之上,执行某种电子功能的微型化电路。随着集成电路技术的不断发展,具有体积小、重量轻、功耗小、价格低、可靠性高等特点的集成电路已经取代了体积大、可靠性不高的分立电路。中小规模集成电路按制作工艺不同又可分为双极型和单极型两类。双极型电路即 TTL(晶体管-晶体管逻辑电路),主要由双极晶体管组成;单极型电路即 MOS(金属-氧化物-半导体场效应管电路),主要由场效应管构成。传统数字逻辑电路设计主要是以中小规模数字集成电路为硬件载体。

（2）现代数字系统设计硬件载体

现代数字系统设计主要是以 PLD 为硬件载体。目前用得最多的是 CPLD（Complex Programmable Logic Device，复杂可编程逻辑器件）和 FPGA（Field Programmable Gate Array，现场可编程门阵列）。PLD 的显著优点是：高速度（ns 级），高可靠性，且具有加密功能，不易被人仿冒制作，具有无限次编程的能力，且高密度集成，体积小，功能强大，易学易用，开发周期短，投资费用低，成为产品设计和系统开发的首选形式。

3. 数字系统设计软件载体

传统数字系统电路设计主要依赖手工、经验。而现代数字系统设计主要依靠 EDA 技术。设计者先在装有 EDA 软件的计算机上用图形输入或文本输入方式把要设计的数字系统的模型搭建好，然后利用相关的 EDA 软件将用图形或文本表达的设计思想自动转化为目标芯片 PLD 所能识别的网表文件，最终通过相应的下载工具下载到目标芯片里，让目标芯片按照既定的逻辑执行相应的功能。

（1）EDA 软件

EDA 软件是进行数字系统设计的强有力的工具。基于自顶向下的现代数字系统设计的绝大部分工作是在 EDA 软件的强有力支持下完成的。常用的数字系统设计 EDA 软件有 Quartus Ⅱ、ISE、Modelsim 等。

（2）设计输入方式

设计输入方式主要分为图形输入法和文本输入法，具体见表 1-1。

表 1-1 设计输入的方式

图形输入	状态图输入	用绘图的方法，根据电路的控制条件和一定的转换方式，在 EDA 工具的状态图编辑器上绘出状态图
	波形图输入	在 EDA 软件中绘出目标电路的输入和输出时序波形图，EDA 工具根据此波形完成目标电路的设计
	原理图输入	这是一种类似于传统电子设计方法的原理图编辑输入方式，即在 EDA 软件的图形编辑界面绘制能完成特定功能的电路原理图。原理图由逻辑器件（符号）和连接线构成，图中的逻辑器件可以是 EDA 软件库中预制的功能模块，如与门，非门，触发器以及各种含 74 系列器件功能的宏功能块，甚至还用一些类似于 IP 的功能块
HDL 文本输入		这种方式与传统的计算机软件语言编辑输入基本一致，就是将使用了某种硬件描述语言（HDL）的电路设计文本，如 VHDL 或 Verilog HDL 的源程序，进行编辑输入。编辑输入时可以采用任何文本编辑器，也可以采用专用的 HDL 编辑环境

（3）现代数字系统设计方法的开发流程

基于 PLD 的现代数字系统设计方法完整流程有设计输入、综合、适配、仿真、编程下载、硬件测试等，如图 1-7 所示。

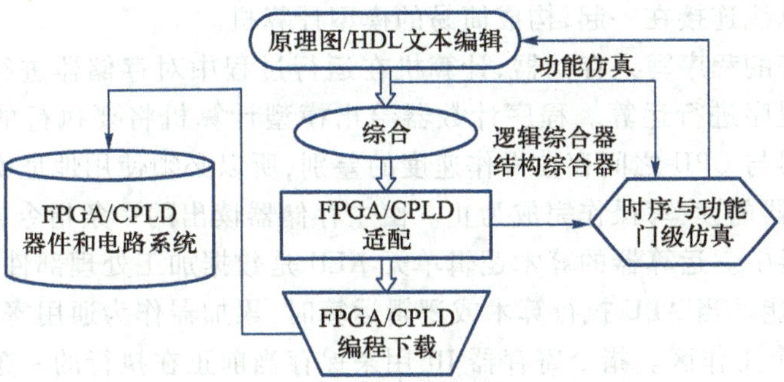

图 1-7 现代数字系统设计流程框图

1.3 典型数字系统实例——8位模型计算机

1.3.1 8位模型计算机系统功能

> 电子教案 1-2:
> 8位模型计算机设计实例

计算机是典型的数字系统，它能对输入的信息进行处理、运算。但是，计算机内部结构非常复杂，为了便于分析、设计，我们以计算机实际结构为基础，将其简化，构成了简易的8位模型计算机。该模型计算机由存储器、时钟信号源、节拍发生器、操作控制器、程序计数器、地址寄存器、数据寄存器、累加器、算术逻辑单元、指令寄存器和指令译码器以及译码显示电路等11个功能部件组成。8位模型计算机原理框图如图1-8所示。

1.3.2 8位模型计算机各功能部件简介

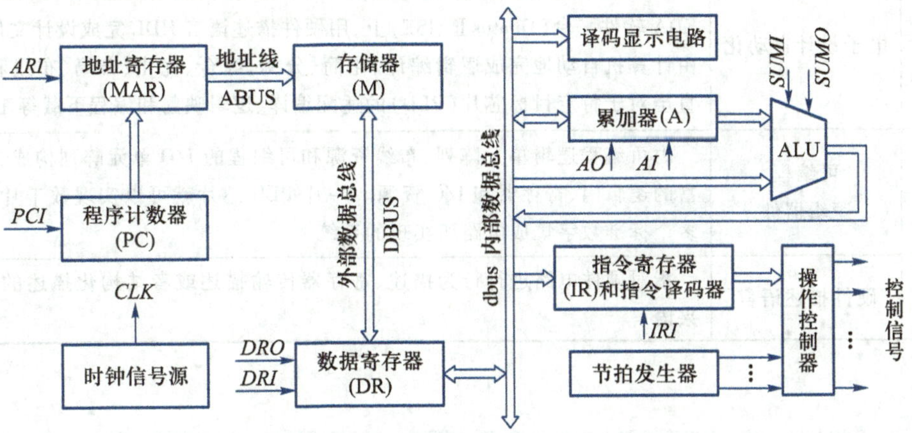

图 1-8 8位模型计算机原理框图

根据图1-8所示，可以将模型计算机系统划分成一些逻辑功能部件，各个功能部件用地址总线和数据总线连接在一起，构成简易的模型计算机。

首先将编写好的程序写入存储器，计算机在运行过程中对存储器进行读/写操作，并按照事先编写好的程序进行运算。程序计数器给出模型计算机将要执行的下一条指令的地址。由于主存储器与CPU之间存在操作速度的差别，所以必须使用地址寄存器来保存地址信息，直到主存储器的读/写操作完成为止。由主存储器读出的一条指令或一个数据字暂时存放在数据寄存器中。运算器的算术逻辑单元ALU是数据加工处理部件，用来实现基本的算术、逻辑运算功能。当ALU执行算术或逻辑运算时，累加器作为通用寄存器，为算术逻辑单元ALU提供一个工作区。指令寄存器IR用来保存当前正在执行的一条指令，如果IR中存储的是操作码，就送入指令译码器，译码器将操作码译成相应的操作指令。节拍发生器用于产生节拍脉冲信号，以便控制模型计算机按固定节拍有序地工作。时钟信号源用于产生固定频率的方波脉冲。译码显示电路用来显示总线运行数据。操作控制器的任务是按照时间节拍，并根据指令译码器输出的各个指令的不同操作要求，向各个功能部件发出一系列有序的控制命令。

上述模型计算机是典型的数字系统，所有的功能部件及系统均可采用传统数字逻辑设计的方法或采用现代数字系统设计的方法来实现，对于前者设计过程比较烦琐，实现电路也较复杂，因此在教材相关章节我们只给出模型计算机的部分功能电路介绍，对于采用现代数字系统设计方法来实现的模型计算机系统将在教材第13章介绍。

通过本章的概述，我们希望能使学生对将要学习的知识以及数字技术的现状及发展概况有一个基本的了解，知道数字逻辑设计基础课程所涉及的知识范畴及应用前景。特别是通过模型计算机基本原理框图简介，希望能使学生建立起什么是数字系统，以及传统数字逻辑电路设计和现代数字系统设计的基本概念。

▶ 英文术语表

英文	中文	解释
EDA	电子设计自动化	EDA技术就是以计算机为工具、以PLD作为目标开发器件，设计者在EDA软件平台（Quatus Ⅱ、ISE）上，用硬件描述语言HDL完成设计文件，然后由计算机自动地完成逻辑编译、化简、分割、综合、优化、布局、布线和仿真，直至对于特定目标芯片（PLD）的适配编译、逻辑映射和编程下载等工作
PLD	可编程逻辑器件	由可编程逻辑单元阵列、布线资源和可编程的I/O单元阵列构成，包含丰富的逻辑门、寄存器和I/O资源。一片PLD芯片就可以实现数千片甚至更多个标准数字集成电路所实现的系统
HDL	硬件描述语言	指对硬件电路进行行为描述、寄存器传输描述或者结构化描述的一种新兴语言

本章小结

本章简单介绍了数字逻辑设计与应用技术的发展，模拟信号、电路与数字信号、电路，数字系统设计方法，数字系统设计的硬件载体、软件载体和8位模型机。

数字系统的基本设计方法有直接设计法、自顶向下设计法、自底向上设计法三种。

直接设计法和自底向上的设计法又统称为传统设计法，其主要依赖手工、经验以及现有的通用元器件，设计后期才能进行仿真和调试。

自顶向下的设计法又称为现代设计法，其主要依靠的是EDA（电子设计自动化）技术，设计的早期就能进行仿真与调试。

传统数字逻辑电路设计主要是以中小规模数字集成电路为硬件载体。现代数字系统设计主要是以PLD为硬件载体。

8位模型计算机是一个典型的数字系统，所有的功能部件及系统均可采用传统数字逻辑设计的方法或采用现代数字系统设计的方法来实现。

习　题

[题1-1]　简述模拟信号与数字信号的区别。

[题1-2]　简述数字系统的设计方法，说明现代数字系统设计方法及其优点。

[题1-3]　简述数字系统设计硬件载体。

[题1-4]　简述数字系统设计软件载体。

[题1-5]　简述8位模型计算机基本结构与原理。

第 2 章　数制和码制

▶ 本章目标

1. 掌握十进制、二进制、八进制和十六进制。
2. 熟练掌握进位计数制规则及相互转换。
3. 熟练掌握各种常用码制和编码方式。
4. 了解原码、反码和补码。

▶ 引言

人们在日常生活中习惯十进制计数，在数字系统中，为了便于电路的实现，均是采用二进制计数和表示各种命令或字符，这些二进制数在读取时，其可读性太差，所以，人们往往将其转换成八进制数或十六进制数。无论十进制、二进制、八进制或十六进制计数，都是采用不同的进位计数制来表示数的大小。数字系统的各种命令或字符也是以二进制为基础，采用不同的编排方法，代表不同的命令或字符，下面介绍数制和码制。

2.1 几种常用的数制

关键术语

数制：以一组固定的符号和统一的规则来表示数值的方法。

进位计数制：按一定数值大小进位计数，表示数的方式。

2.1.1 数制

电子教案 2-1：
常用的数制

任何一种进位计数制包含两个基本的要素：基数和位权。

1. 基数

基数是进位计数制中所采用数码的个数，如果是 R 进制计数，进位规则是“逢 R 进一”，则要有 R 个数码，R 就是进制计数的基数。例如，十进制计数，有 0、1、2、…、9 十个不同的数码，基数 R 为

10;六进制计数,有 0、1、2、…、5 六个不同的数码,基数 R 为 6。

2. 位权

在表征数的大小时,由不同的数码组合排列表示,处在不同数位的数码,代表不同的数值,每一个数位的数值大小由该位数码的值乘以处于该位的一个固定值,这个固定值就是该位的"权值",称为"位权"。如十进制数 456 的值为 4×100+5×10+6×1,其中最高位数码代表数值 400,十位上的数码代表数值是 50,最低位数码代表数值 6。

R 进制的计数制,按位权展开,共有 0、1、2、…、(R-1)个不同数码,展开形式为

$$(N)_R = a_{n-1}a_{n-2}\cdots a_1a_0.\ a_{-1}a_{-2}\cdots a_{-m} = a_{n-1}\times R^{n-1}+a_{n-2}\times R^{n-2}+\cdots+a_1\times R^1+a_0\times R^0+ a_{-1}\times R^{-1}+a_{-2}\times R^{-2}+\cdots+a_{-m}\times R^{-m} = \sum_{i=-m}^{n-1} a_i\times R^i \tag{2-1}$$

2.1.2 常见的四种数制

1. 十进制数

基数 R=10 的数制称为十进制,有 0、1、2、3、4、5、6、7、8、9 十个数码,计数规则为"逢十进一"和"借一当十"。十进制数按权展开为

$$(N)_{10} = a_{n-1}a_{n-2}\cdots a_1a_0.\ a_{-1}a_{-2}\cdots a_{-m} = a_{n-1}\times 10^{n-1}+a_{n-2}\times 10^{n-2}+\cdots+a_1\times 10^1+ a_0\times 10^0+a_{-1}\times 10^{-1}+a_{-2}\times 10^{-2}+\cdots+a_{-m}\times 10^{-m} = \sum_{i=-m}^{n-1} a_i\times 10^i \tag{2-2}$$

式中,n 是整数位数,m 为小数位数,a_i 是十进制数的第 i 位的数,为 0、1、2、3、4、5、6、7、8、9 之中任意一个数码,10^i 是第 i 位的位权值。

2. 二进制数

基数 R=2 的数制称为二进制,有 **0**、**1** 两个数码,对于相邻两位来说,高位的权值是低位权值的 2 倍。计数时"逢二进一"和"借一当二"。二进制数按权展开为

$$(N)_2 = a_{n-1}a_{n-2}\cdots a_1a_0.\ a_{-1}a_{-2}\cdots a_{-m} = a_{n-1}\times 2^{n-1}+a_{n-2}\times 2^{n-2}+\cdots+a_1\times 2^1+a_0\times 2^0+ a_{-1}\times 2^{-1}+a_{-2}\times 2^{-2}+\cdots+a_{-m}\times 2^{-m} = \sum_{i=-m}^{n-1} a_i\times 2^i \tag{2-3}$$

3. 八进制数

基数 R=8 的数制称为八进制,有 0、1、2、3、4、5、6、7 八个数码,对于相邻两位来说,高位的权值是低位权值的 8 倍。计数时"逢八进一"和"借一当八"。八进制数按权展开为

$$(N)_8 = a_{n-1}a_{n-2}\cdots a_1a_0.\ a_{-1}a_{-2}\cdots a_{-m} = a_{n-1}\times 8^{n-1}+a_{n-2}\times 8^{n-2}+\cdots+a_1\times 8^1+a_0\times 8^0+ a_{-1}\times 8^{-1}+a_{-2}\times 8^{-2}+\cdots+a_{-m}\times 8^{-m} = \sum_{i=-m}^{n-1} a_i\times 8^i \tag{2-4}$$

4. 十六进制数

基数 R=16 的数制称为十六进制,有 0、1、2、3、4、5、6、7、8、9、A、B、C、D、E、F 十六个数码,其中 A、B、C、D、E、F 分别代表数字 10、11、12、13、14、15。对于相邻两位来说,高位的权值是低位权值的 16 倍。计数时"逢十六进一"和"借一当十六"。十六进制数按权展开为

$$(N)_{16} = a_{n-1}a_{n-2}\cdots a_1a_0.\ a_{-1}a_{-2}\cdots a_{-m} = a_{n-1}\times 16^{n-1}+a_{n-2}\times 16^{n-2}+\cdots+a_1\times 16^1+a_0\times 16^0+$$

$$a_{-1}\times16^{-1}+a_{-2}\times16^{-2}+\cdots+a_{-m}\times16^{-m}=\sum_{i=-m}^{n-1}a_i\times16^i \tag{2-5}$$

常用数制的各种数码如表 2-1 所示，该表列出了当 R 为 10、2、8、16 时四种进位计数制中前 16 个自然数。

表 2-1 常见四种进位计数制之间的对照表

十进制	二进制	八进制	十六进制	十进制	二进制	八进制	十六进制
0	**0000**	0	0	8	**1000**	10	8
1	**0001**	1	1	9	**1001**	11	9
2	**0010**	2	2	10	**1010**	12	A
3	**0011**	3	3	11	**1011**	13	B
4	**0100**	4	4	12	**1100**	14	C
5	**0101**	5	5	13	**1101**	15	D
6	**0110**	6	6	14	**1110**	16	E
7	**0111**	7	7	15	**1111**	17	F

2.1.3 不同进制数的相互转换

微视频 2-1：
不同进制之间的相互转换

同一个数，可以用不同的进位计数制表示，所以，不同数制间的转换，其实质就是不同数制间的基数转换。转换的原则为：如果两个有理数相等，则两个数的整数和小数部分分别相等。

1. R 进制数转换成十进制数

R 进制数转换成十进制数的方法为：将被转换的数按权展开。即 R 进制数各位的数码乘以相应的权值，再按十进制的运算规律累加，其实质就是按权相加。

【例 2-1】 将二进制数 $(\mathbf{1010.11})_2$ 转换成十进制数。

解

$$(\mathbf{1010.11})_2=\sum_{i=-m}^{n-1}a_i2^i=\mathbf{1}\times2^3+\mathbf{1}\times2^1+\mathbf{1}\times2^{-1}+\mathbf{1}\times2^{-2}$$
$$=(8+2+0.5+0.25)_{10}=(10.75)_{10}$$

【例 2-2】 将八进制数 $(27.2)_8$ 转换成十进制数。

解

$$(27.2)_8=\sum_{i=-m}^{n-1}a_i8^i=2\times8^1+7\times8^0+2\times8^{-1}=(16+7+0.25)_{10}$$
$$=(23.25)_{10}$$

【例 2-3】 将十六进制 $(A6.4)_{16}$ 转换成十进制数。

解

$$(A6.4)_{16}=\sum_{i=-m}^{n-1}a_i\ 16^i=A\times16^1+6\times16^0+4\times16^{-1}$$
$$=(160+6+0.25)_{10}$$

$=(166.25)_{16}$

2. 十进制数转换成 R 进制数

十进制数转换成 R 进制数时,整数部分和小数部分需要分别进行转换。任意一个十进制数 N 可以由整数部分和小数部分构成,设整数部分为 N_1,小数部分为 N_2,则

$$(N)_{10}=(N_1)_{10}+(N_2)_{10}$$

根据转换前后相等关系,将其按权 R 展开

$$(N)_{10}=\sum_{i=-m}^{n-1}a_iR^i=a_{n-1}R^{n-1}+a_{n-2}R^{n-2}+\cdots+a_2R^2+a_1R^1+$$
$$a_0+a_{-1}R^{-1}+a_{-2}R^{-2}+\cdots+a_{-m}R^{-m} \tag{2-6}$$

整数部分:$(N_1)_{10}=a_{n-1}R^{n-1}+a_{n-2}R^{n-2}+\cdots+a_2R^2+a_1R^1+a_0$ (2-7)

小数部分:$(N_2)_{10}=a_{-1}R^{-1}+a_{-2}R^{-2}+\cdots+a_{(1-m)}R^{(1-m)}+a_{-m}R^{-m}$ (2-8)

对整数部分:等式(2-7)两边同时除以基数 R,得余数为 a_0,整数部分为

$$a_{n-1}R^{n-2}+a_{n-2}R^{n-3}+\cdots+a_2R^1+a_1$$

再除以基数 R,其余数为 a_1,整数部分则为

$$a_{n-1}R^{n-3}+a_{n-2}R^{n-4}+\cdots+a_3R^1+a_2$$

以此类推,可以得到 R 进制整数部分的所有数码 $a_i(i=0,1,2,\cdots,n-1)$。该方法称为除 R 取余法,逆序排列,其中 R 为基数。以此方法,可将十进制的整数转换成任意进制的整数。

对于小数部分:等式(2-8)两边同时乘以基数 R,得整数部分为 a_{-1},小数部分为

$$a_{-2}R^{-1}+a_{-3}R^{-2}+\cdots+a_{(1-m)}R^{(2-m)}+a_{-m}R^{1-m}$$

再乘以基数 R,得整数部分为 a_{-2},小数部分则为

$$a_{-3}R^{-1}+a_{-4}R^{-2}+\cdots+a_{(1-m)}R^{(3-m)}+a_{-m}R^{2-m}$$

这样,可以得到 R 进制小数部分的所有数码 $a_i(i=0,1,2,\cdots,n-1)$,该方法称为乘 R 取整法,顺序排列。

如果乘到最后,还有小数存在,可根据转换误差要求设定位数。

将十进制数转换成常见的二进制数、八进制数和十六进制数,均可以采用上述方法,整数部分除 $R(R=2,8,16)$ 取余法,逆序排列;小数部分乘 $R(R=2,8,16)$ 取整法,顺序排列。

【例 2-4】 十进制数$(11.375)_{10}$转换成相应的二进制数。

解 将十进制数的整数部分和小数部分分别进行转换。

整数转换:采用除 2 取余法($R=2$)

除数	商	余数	
2	11		
2	5	**1**	低位 ↑
2	2	**1**	
2	1	**0**	
	0	**1**	高位

所以 $(\mathbf{11})_{10}=(\mathbf{1011})_2$

小数转换：采用乘 2 取整数（$R=2$），运算时，式中的整数不参加连乘。

$$
\begin{array}{rcl}
0.375 & & \\
\times\quad 2 & \text{取乘 2 以后的整数} & \\
\hline
0.750 & \mathbf{0} & \text{高位} \\
\times\quad 2 & & \downarrow \\
\hline
1.500 & \mathbf{1} & \\
\times\quad 2 & & \\
\hline
1.000 & \mathbf{1} & \text{低位}
\end{array}
$$

所以 $(0.375)_{10}=(\mathbf{0.011})_2$

将整数和小数转换的结果组合起来，得

$$(11.375)_{10}=(\mathbf{1011.011})_2$$

在十进制数的小数部分转换成二进制过程中，有时连续乘 2 不一定能使小数部分等于 0，说明该十进制小数不能用有限位二进制小数表示。此时，只要取相应多的位数，使其误差达到要求的精度就可以了。

【例 2-5】 试将十进制数$(0.37)_{10}$转换成二进制数。要求转换精度达到 1%。

解 要使用二进制计数制表示$(0.37)_{10}$的大小，其精度为 1%，由于 $2^7=128$，所以 $1/2^7=1/128$，转换后需要小数后 7 位二进制数可达到转换精度要求。

$0.37\times2=0+0.74 \quad a_{-1}=\mathbf{0} \qquad 0.74\times2=1+0.48 \quad a_{-2}=\mathbf{1}$

$0.48\times2=0+0.96 \quad a_{-3}=\mathbf{0} \qquad 0.96\times2=1+0.92 \quad a_{-4}=\mathbf{1}$

$0.92\times2=1+0.84 \quad a_{-5}=\mathbf{1} \qquad 0.84\times2=1+0.68 \quad a_{-6}=\mathbf{1}$

$0.68\times2=1+0.36 \quad a_{-7}=\mathbf{1}$

所以 $(0.37)_{10}=(0.a_{-1}a_{-2}a_{-3}a_{-4}a_{-5}a_{-6}a_{-7})_2=(\mathbf{0.0101111})_2$

【例 2-6】 试将十进制数$(58)_{10}$转换成八进制数。

解 由于需将十进制数转换成八进制数，采用除 8 取余法，即 $R=8$。

$$
\begin{array}{r|ll}
8 & 58 & \text{余数为 2} \quad a_0=2 \\
\cline{2-2}
8 & 7 & \text{余数为 7} \quad a_1=7 \\
\cline{2-2}
 & 0 &
\end{array}
$$

所以 $(58)_{10}=(72)_8$

【例 2-7】 试将十进制数$(63)_{10}$转换成十六进制数。

解 采用除 16 取余法，即 $R=16$。

$$
\begin{array}{r|ll}
16 & 63 & \text{余数为 15(F)} \quad a_0=\text{F} \\
\cline{2-2}
16 & 3 & \text{余数为 3} \quad a_1=3 \\
\cline{2-2}
 & 0 &
\end{array}
$$

所以 $(63)_{10}=(3\text{F})_{16}$

3. 二进制数与八进制数、十六进制数之间的转换

八进制数的基数 $R=8$，3 位二进制数恰好是 8 个 **0**、**1** 数码组合，即 $8=2^3$；十六进制数的基数为 $R=16$，4 位二进制数恰好是 16 个状态，即 $16=2^4$，所以，二进制数、八进制数和十六

进制数之间具有 2 的幂关系,因而可直接进行转换。

将二进制数转换为八进制数或十六进制数的方法是:以小数点为中心,分别向左、右按 3 位一组转换为八进制数,或按 4 位一组转换为十六进制数,最后不满 3 位或 4 位的需补 0 组成,将每组以对应等值的八进制数或十六进制数代替。十进制数转换成八进制数或十六进制数,可以将二进制作为中间桥梁,先将该十进制数转换成二进制数,再通过二进制数、八进制数和十六进制数之间具有 2 的幂关系进行转换。

【例 2-8】 试将二进制数$(\mathbf{11001010.1011})_2$转换成八进制数和十六进制数。

解 二进制数以小数点为中心,分别向左右按 3 位一组转换成八进制数。

$$(\mathbf{11001010.1011})_2=\mathbf{011\quad 001\quad 010.101\quad 100}$$
$$\downarrow\quad\downarrow\quad\downarrow\quad\downarrow\quad\downarrow$$
$$3\quad 1\quad 2.\quad 5\quad 4$$

该二进制数以小数点为中心,分别向左右按 4 位一组转换成十六进制数。

$$(\mathbf{11001010.1011})_2=\mathbf{1100\quad 1010.\quad 1011}$$
$$\downarrow\quad\downarrow\quad\downarrow$$
$$\mathrm{C}\quad \mathrm{A}.\quad \mathrm{B}$$

所以 $(\mathbf{11001010.1011})_2=(312.54)_8=(\mathrm{CA.B})_{16}$

【例 2-9】 试将$(7\mathrm{E.F})_{16}$转换成二进制数和八进制数。

解 将该十六进制数以小数点为中心,分别向左右按 1 位十六进制数对应 4 位二进制数转换成二进制数。

$$(7\mathrm{E.F})_{16}=7\quad \mathrm{E}.\quad \mathrm{F}$$
$$\downarrow\quad\downarrow\quad\downarrow$$
$$\mathbf{0111\quad 1110.\quad 1111}$$

以二进制数的小数点为中心,分别向左右按 3 位一组转换成八进制数。

$$(\mathbf{1111110.1111})_2=\mathbf{001\quad 111\quad 110.\quad 111\quad 100}$$
$$\downarrow\quad\downarrow\quad\downarrow\quad\downarrow\quad\downarrow$$
$$1\quad 7\quad 6.\quad 7\quad 4$$

所以 $(7\mathrm{E.F})_{16}=(\mathbf{1111110.1111})_2=(176.74)_8$

2.2 编码

关键术语

编码:按一定的方式将 **0**、**1** 数码进行编排,使其表示特定的信息。

在数字系统中,数码不仅表示数的大小,还可以表示不同的字符和命令。当数码表示不同字符和命令时,这些数码称为代码。

为便于记忆和处理,在编制这些代码时要遵循一定的规则,这些规则被称为编码方式。一般,如有 N 个特定信息需代码表示,则所需的二进制代码的位数 n(称为码长)与 N 项信电子教案 2-2：
编码

息之间应当满足

$$2^n \geqslant N \tag{2-9}$$

下面，我们介绍几种常用的编码。

2.2.1 二-十进制码

用 4 位二进制数来表示 1 位十进制数的代码，称为二-十进制码，又称 BCD 码。由于 4 位二进制数有 16 个不同的码组 **0000**、**0001**、…、**1111**，所以，在编码过程中，选取其中任意 10 个码组来代表十进制数的 0~9，这样，二-十进制（BCD）码有很多不同的编码方式，其特征分为有权码和无权码两种类型，有权码是以不同的权值关系进行编码，所以，有权码可按权展开求和得到等值十进制数，而无权码则不行。

1. 8421BCD 码

该代码的编码方式为：选择 4 位自然二进制数的前 10 组代码，对其 0~9 进行编码。在一组代码中，每一位二值代码都代表一个固定数值，即有一定的权值，如果将每一位的 1 所代表的权值按十进制数加起来，其结果是该代码所表示的十进制数。代码中从左到右每一位的权值分别为 8、4、2、1，这种代码称为 8421BCD 码，它属于有权码。

2. 2421BCD 码

2421BCD 码是一种有权码，代码中从左到右每一位的权值分别为 2、4、2、1，其代码特点为 0 和 9，1 和 8，2 和 7，3 和 6，4 和 5 互为反码，该特性称为互补性。2421BCD 码的编码方案有多种，如十进制数的 4，可以有 **0100** 和 **1010** 两种编码。

3. 5211BCD 码

5211BCD 码是一种有权码，代码中从左到右每一位的权值分别为 5、2、1、1。5211BCD 码的编码方案也有多种，如十进制数的 3，有 **0110** 和 **0101** 两种编码。

【例 2-10】 试将 $(698.54)_{10}$ 转换成 8421BCD 码。

解 将该十进制数的每一位用 8421BCD 码替代即可。

$$(698.54)_{10}=(\mathbf{0110\ 1001\ 1000.0101\ 0100})_{8421BCD}$$

【例 2-11】 试将 $(76.34)_{10}$ 转换成 1215BCD 码。

解

$$(76.34)_{10}=(\mathbf{1011\ 0011.0110\ 1110})_{1215BCD}$$

4. 余 3 码

余 3 码的编码方式为：在 8421BCD 基础上，对每一组代码加 3，故将这种代码叫作余 3 码。如果将余 3 码每个代码视为二进制数，使它等效的十进制数与所表示的代码相等，其代码中每一位 1 所代表的权值在各组代码中不是固定的。所以，余 3 码表示不像 8421BCD 码那样直观，各位没有固定的权值，所以，余 3 码是一种无权码。

5. 移存码

移存码的编码方式是按移位寄存器中数码移位的规律进行编码。如果移存码为 4 位二进制数，根据移存过程，可以采用移存码代表 0~9 十个数码，所以，该移存码也是属于二-十进制（BCD）码中的一种。

表 2-2 列出了几种常见的 BCD 码。

表 2-2 常见的 BCD 码

编码种类 / 十进制数	有权码					无权码	
	8421 码	2421 码	5421 码	5211 码	1215 码	余 3 码	移存码
0	**0000**	**0000**	**0000**	**0000**	**0000**	**0011**	**0001**
1	**0001**	**0001**	**0001**	**0001**	**0010**	**0100**	**0010**
2	**0010**	**0010**	**0010**	**0011**	**0100**	**0101**	**0100**
3	**0011**	**0011**	**0011**	**0110**	**0110**	**0110**	**1001**
4	**0100**	**0100**	**0100**	**0111**	**1110**	**0111**	**0011**
5	**0101**	**1011**	**1000**	**1000**	**0001**	**1000**	**0111**
6	**0110**	**1100**	**1001**	**1001**	**0011**	**1001**	**1111**
7	**0111**	**1101**	**1010**	**1100**	**1011**	**1010**	**1110**
8	**1000**	**1110**	**1011**	**1110**	**1101**	**1011**	**1100**
9	**1001**	**1111**	**1100**	**1111**	**1111**	**1100**	**1000**

2.2.2 格雷码

代码在数字系统传送过程中,有可能发生错误,为了使代码不易出现误码,或出错时易发现,以便纠错,因此,常采用可靠性编码,其中格雷码就是一种可靠性代码。

格雷码是无权码,在编码形式上有多种不同方式,但都有一个共同的特点,就是任意两个相邻的代码之间仅有 1 位不同,其余各位均相同,并具有循环码的特点。为什么要采用格雷码呢?因为在数字系统中,如果用 8421BCD 码对十进制数进行编码,如进行传输时,十进制数从 8 变到 7,其相应的代码从 **1000** 变到 **0111**,代码中 4 位都要发生变化,若这些变化不是同时发生(在实际电路中,没有绝对的同时变化),那么,在计数过程中就可能短暂地出现误码过程。若采用格雷码,由于其相邻两个代码只有 1 位不同,故不可能改变到其他位码,从而可以避免出现这种错误。

典型格雷码的编码方式是以循环节为单元,可以构成多位的格雷码,其方法如下:

最低位以 **0110** 为循环节,次低位以 **00111100** 为循环节,第三位以 **0000111111110000** 为循环节,以此类推,可以构成多位的格雷码。表 2-3 列出了 4 位二进制数与 4 位格雷码的对照关系。

表 2-3 4 位二进制数与 4 位格雷码的对照关系

十进制	二进制数	格雷码	十进制	二进制数	格雷码
0	**0000**	**0000**	8	**1000**	**1100**
1	**0001**	**0001**	9	**1001**	**1101**
2	**0010**	**0011**	10	**1010**	**1111**
3	**0011**	**0010**	11	**1011**	**1110**
4	**0100**	**0110**	12	**1100**	**1010**
5	**0101**	**0111**	13	**1101**	**1011**
6	**0110**	**0101**	14	**1110**	**1001**
7	**0111**	**0100**	15	**1111**	**1000**

2.2.3 奇偶校验码

奇偶校验码也是一种可靠性代码，为校验码类型中最简单的一种，它能检验出信息代码在传送过程中出现的错误。其编码规律是在信息代码位上添加 1 位校验位。所以，奇偶校验码由两部分组成：一部分是信息位，为需要传送的信息本身；另一部分是奇偶校验位，校验位可添加在信息位的前面，也可以添加在信息位的后面。在编码时，根据信息位中 **1** 的个数决定添加的校验位是 **1** 还是 **0**，这样，使整个代码中 **1** 的个数按预先规定成为奇数或偶数。当信息位和校验位中 **1** 的个数为奇数时，称为奇校验码；而 **1** 的个数为偶数时，称为偶校验码。

当某一组代码在传送过程中出现 **1** 的个数与规定不符，出错就会被发现。但奇偶校验码只能发现代码的 1 位（或奇数位）出错，而不能发现 2 位出错。由于 2 位出错的概率远低于 1 位出错的概率，所以，用奇偶校验码来检测代码在传送过程中的错误还是有效的。

表 2-4 列出了由 4 位信息位及 1 位奇偶校验位构成的十进制数码的 5 位奇偶校验码。

表 2-4 十进制数码的 5 位奇偶校验码

十进制数码	带奇校验的 8421BCD 码		带偶校验的 8421BCD 码	
	信息码	校验码	信息码	校验码
0	**0000**	**1**	**0000**	**0**
1	**0001**	**0**	**0001**	**1**
2	**0010**	**0**	**0010**	**1**
3	**0011**	**1**	**0011**	**0**
4	**0100**	**0**	**0100**	**1**
5	**0101**	**1**	**0101**	**0**
6	**0110**	**1**	**0110**	**0**
7	**0111**	**0**	**0111**	**1**
8	**1000**	**0**	**1000**	**1**
9	**1001**	**1**	**1001**	**0**

2.3 原码、反码和补码

关键术语

原码：数字的符号以 **0**、**1** 表示，数位部分与原值相同。

反码：负数在原码基础上数位部分按位取反，正数与原码相同。

补码：正数与原码相同，负数在反码基础上数位部分的末位加 **1** 构成。

在数字系统中表示一个有符号数时，其符号也要用数码 **0** 和 **1** 来表示，一般用 **0** 表示正数，**1** 表示负数。数的最高位为符号位，其余部分为数值位。在数字系统中二进制数作减法运算时一般先比较两个数绝对值的大小，将绝对值大的数减绝对值小的数，最后在相减结果的前面加上正确符号即可。虽然逻辑电路可以实现减法运算，但电路复杂，为了简化减法运算，一般转换为加法运算来进行。因此提出了有符号数的三种表示形式，分别为原码、反码和补码。

2.3.1 原码

原码的编码规律可概括为：正数的符号位用 **0** 表示，负数的符号位用 **1** 表示，数位部分则和真值完全一样。原码的优点是简单、直观，而且用原码作乘法运算时比较方便。但对加、减运算却非常不方便。如两个异号数相加，实际是要做减法，而两个异号数相减，实际是要做加法。在做减法时，还要判断操作数绝对值的大小，这些都会使运算器的设计变得很复杂。为了克服上述缺点，目前在计算机中普遍使用补码进行算术运算。

2.3.2 反码

反码又称为“对 **1** 的补数”。用反码表示时，数值的形式与它的符号位有关，左边第 **1** 位是符号位，符号位为 **0** 代表正数，符号位为 **1** 代表负数。对于负数，反码是将原码数位部分按位取反。而对于正数，反码和原码相同。从反码的一般表示式可以得出：

（1）正数 X 的反码 $[X]_{反}$ 与原码 $[X]_{原}$ 相同；

（2）对于负数 X，其反码 $[X]_{反}$ 的符号位为 **1**，数值是将原码数位部分按位取反；

（3）反码中 0 的表示形式有两种，即

$$[+0]_{反}=\mathbf{0.0\cdots00} \quad [-0]_{反}=\mathbf{1.1\cdots11}$$

2.3.3 补码

补码具有许多特点，是数字系统中使用最多的一种编码。补码又称为“对 2 的补数”。在补码表示中，正数的表示与原码相同，而负数的补码符号位为 **1**，数值位是将原码按位取反后末位加 **1**。

例如，两个带符号的二进制数分别为 X_1 和 X_2，其真值形式为

$$X_1=+\mathbf{1100101} \quad X_2= \ \mathbf{1101100}$$

则 X_1 和 X_2 的补码表示形式为

$$[X_1]_{补}=\mathbf{01100101} \quad [X_2]_{补}=\mathbf{10010100}$$

【例 2-12】 用二进制补码运算，求(+15)+(+8)和(-14)+(-8)的运算结果，设字长为 8 位。

解 由于字长为 8 位，(+15)的补码等于 **00001111**，(-14)的二进制补码为 **11110010**，(+8)的二进制补码为 **00001000**，(-8)的二进制补码为 **11111000**。

进行补码加运算，其结果为

$$(+15)+(+8)=\mathbf{00001111+00001000=00010111}$$

$$(-14)+(-8)=\mathbf{11110010+11111000=(1)11101010}$$

由该例可知，若将两个加数的符号位和来自最高位有效数的进位相加，得到的结果就是和的符号。如果两个同符号数相加，它们的绝对值之和不能超过有效数字位所能表示的最大值，否则会出错。

由补码的一般表示式可以得出：

（1）正数 X 的补码 $[X]_{补}$ 与原码 $[X]_{原}$ 和反码 $[X]_{反}$ 相同；

（2）对于负数，补码 $[X]_{补}$ 的符号位为 **1**，其数值为原码按位取反，再在最低位加 **1**。

（3）在补码表示法中，**0** 的表示形式是唯一的，即

$$[+0]_{补}=0.0\cdots00 \quad [-0]_{补}=0.0\cdots00$$

▶ 目标测评

1. 数字逻辑设计中常用的数制有哪些？
2. 什么是基数？什么是位权？
3. 8421BCD 码和 8421 码有区别吗？
4. 格雷码和奇偶校验码同属于什么代码？简述格雷码的编码方法。

▶ 英文术语表

英文	中文	解释
Binary Coded Decimal	BCD 码	一种将十进制数字用 4 位二进制数形式表示的编码
Gray Code	格雷码	在该编码中，任意两个相邻码之间只有 1 位不同的二进制编码
Binary Number System	二进制数制	在数字系统中广泛采用的数制，也称基 2 系统，只有两个字符 **0** 和 **1**，所有数都用 **0** 和 **1** 的字符串表示
Hexadecimal Number System	十六进制数制	是基 16 的位置加权数制，采用 0~9 和 A~F 共 16 个字符，其字符代表的实际数值是字符本身与 16 的整数次幂的乘积

本章小结

本章详细讨论了数字电路中十分重要的数制和编码问题。为了简化电路结构，节省存储设备，数字信号主要采取二进制形式。计数制和编码方案是将二进制信号与具体的物理概念连接起来的纽带。常用数制包括：二进制、八进制、十进制和十六进制等。实际应用中，经常要将数字在不同计数制之间转换，本章还介绍了常用的数制转换方法，这些转换方法都遵循一个共同的原则，即转换前后数字的值（大小）不变。常用编码方案包括：二-十进制码（BCD 码）、格雷码和奇偶校验码。不同的编码方案各有其特点，在实际应用中，应该根据具体情况来选用。最后简述了原码、补码和反码的基本概念。

习　题

[题 2-1]　将下列十进制数转换成二进制数。

(1) $(357)_{10}$　　(2) $(54.369)_{10}$

(3) $(0.954)_{10}$　　(4) $(54)_{10}$

[题 2-2]　将下列二进制数转换成十进制数。

(1) $(\mathbf{101000})_2$　　(2) $(\mathbf{11001.01})_2$

(3) $(\mathbf{0.10011})_2$　　(4) $(\mathbf{101.11})_2$

[题 2-3]　将下列二进制数转换成八进制数和十六进制数。

(1) $(\mathbf{1010001101})_2$　　(2) $(\mathbf{110110001.11001})_2$

(3) $(\mathbf{0.11100011})_2$　　(4) $(\mathbf{1001101.110011})_2$

[题 2-4]　将下列十六进制数转换成二进制数、八进制数和十进制数。

(1) $(4E8.3)_{16}$　　(2) $(AB4.0C1)_{16}$

(3) $(0.CD2)_{16}$　　(4) $(AF1.D1)_{16}$

[题 2-5]　将下列二进制数转换成八进制数和十进制数。

(1) $(\mathbf{10110100101})_2$　　(2) $(\mathbf{100110101.10101})_2$

(3) $(\mathbf{0.101110011})_2$　　(4) $(\mathbf{1011001.101011})_2$

[题 2-6]　将下列十进制数转换成 8421BCD 码、5211BCD 码和余 3 码。

(1) $(76)_{10}$　　(2) $(167.358)_{10}$

(3) $(0.912)_{10}$　　(4) $(64.51)_{10}$

[题 2-7]　将下列 8421BCD 码、5421BCD 码、5211BCD 码和余 3 码转换成十进制数。

(1) $(\mathbf{10010100.0010})_{8421BCD}$　　(2) $(\mathbf{000100110100.01101000})_{5421BCD}$

(3) $(\mathbf{010110001010.1011})_{5211BCD}$　　(4) $(\mathbf{10110100.1010})_{余3码}$

[题 2-8]　写出下列各数的原码、反码和补码。

(1) $(\mathbf{0.110101})_2$　　(2) $(\mathbf{-10110})_2$

第3章 逻辑代数基础

▶ 本章目标

1. 掌握逻辑代数的基本运算、基本定理、常用公式。
2. 掌握逻辑函数的真值表、代数式、逻辑图和卡诺图表示方法。
3. 掌握逻辑函数代数式的标准形式和非标准形式。
4. 掌握逻辑函数的公式法化简和卡诺图化简。

▶ 引言

逻辑代数亦称布尔代数，是英国数学家乔治 · 布尔（George Boole）于 1849 年创立的。当时，这种代数纯粹是一种数学游戏，既没有具体的物理意义，也没有现实意义。在其诞生一百多年后，人类进入数字时代，才发现其应用和价值。数字时代其实就是电子信息时代的代名词，因为电子信息的所有机器语言都是用数字代表的，所以人们将其称为数字时代。逻辑代数是分析和设计数字电路的基本数学工具，逻辑代数研究的是输入变量与输出变量之间的逻辑关系。

逻辑代数中的变量称为逻辑变量，习惯用大写字母 A、B、C、… 表示。每个逻辑变量的取值只有两种，逻辑 **0** 和逻辑 **1**，亦称二值变量。逻辑代数中的常量，只有 **0** 和 **1**。这里的数字 **0** 和 **1** 不表示数值的大小，而是表示对立的两个状态，例如可表示开关的闭合与断开、信号的有和无、电平的高与低等。

如果高电平用 **1** 表示，低电平用 **0** 表示，称为正逻辑表示；如果高电平用 **0** 表示，低电平用 **1** 表示，则称为负逻辑表示。如无特殊声明，本书均采用正逻辑表示。

3.1 逻辑代数中的基本运算

关键术语

与逻辑：决定某件事情的所有条件都具备时，结果才会发生。

或逻辑：决定某件事情的所有条件中只要有一个条件具备，结果就会发生。

非逻辑：决定某件事情的条件具备时，结果反而不会发生。

3.1.1 三种基本运算

电子教案 3-1：
逻辑代数中的基本运算、基本定律和常用公式

逻辑代数中有**与**、**或**、**非**三种基本逻辑关系，也称为逻辑代数的三种基本逻辑运算。

1. **与**运算

如图 3-1 所示串联开关电路中，当且仅当两个开关均闭合时，灯才会亮；否则，灯灭。由此引出，决定某件事情的所有条件都具备时，结果才会发生。这种因果关系称为**与**逻辑关系，用**与**运算描述。**与**运算又称逻辑乘，其运算符为“·”。表达式为

$$Y=A\cdot B \tag{3-1}$$

符号“·”可省去，写成 $Y=AB$。将变量 A、B 的各种可能取值按一定规律排列填表，并在表中给出对应变量 Y 的值，见表 3-1，该表称为**与**逻辑真值表。在图 3-1 所示电路中，假定开关闭合用 1 表示，开关断开用 0 表示，灯亮用 1 表示，灯灭用 0 表示，则电路中灯 Y 和开关 A、B 之间的关系即为表 3-1 描述的**与**逻辑关系。

表 3-1 与逻辑真值表

A	B	Y	A	B	Y
0	0	0	1	0	0
0	1	0	1	1	1

由表 3-1 可知，**与**逻辑输出变量与输入变量的关系为：有 **0** 出 **0**，全 **1** 出 **1**。

对于多变量的**与**运算可表示为

$$Y=ABC\cdots \tag{3-2}$$

实现**与**逻辑运算的基本单元电路称为**与**门，其逻辑符号如图 3-2 所示。

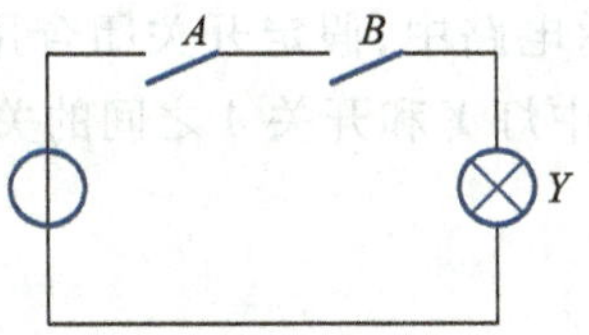

图 3-1 所示串联开关电路

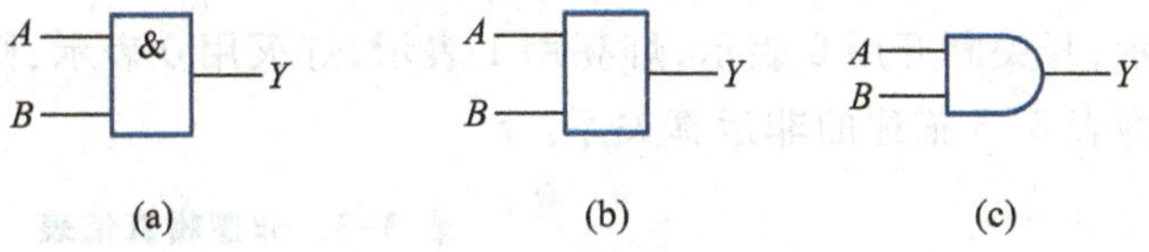

图 3-2 与门逻辑符号
(a) 国标符号；(b) 曾用符号；(c) 美、日常用符号

2. **或**运算

如图 3-3 所示并联开关电路中，只要有一个开关闭合时，灯就会亮；否则，灯灭。由此引出，决定某件事情的所有条件只要有一个条件具备，结果就会发生。这种因果关系称为**或**逻辑关系，用**或**运算描述，**或**运算又称逻辑加，其运算符为“+”。表达式为

$$Y=A+B \tag{3-3}$$

该逻辑关系可用**或**逻辑真值表（见表 3-2）来描述。在图 3-3 所示电路中，假定开关闭合用 1 表示，开关断开用 0 表示，灯亮用 1 表示，灯灭用 0 表示，则电路中灯 Y 和开关 A、B 之

间的关系即为表 3-2 描述的**或**逻辑关系。

表 3-2 或逻辑真值表

A	B	Y	A	B	Y
0	0	0	1	0	1
0	1	1	1	1	1

由表 3-2 可知，**或逻辑输出变量与输入变量的关系为：有 1 出 1，全 0 出 0**。

对于多变量的**或**运算可表示为

$$Y=A+B+C+\cdots \tag{3-4}$$

实现**或**逻辑运算的基本单元电路称为**或门**，其逻辑符号如图 3-4 所示。

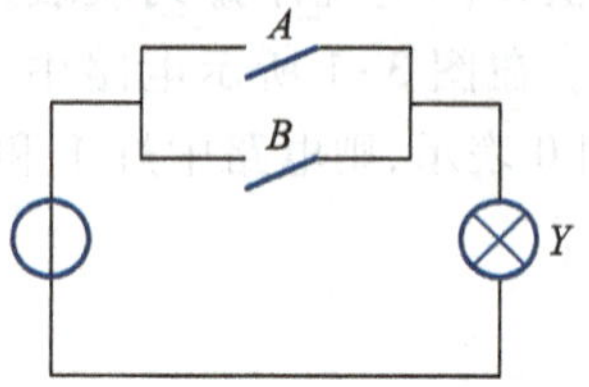

图 3-3 并联开关电路

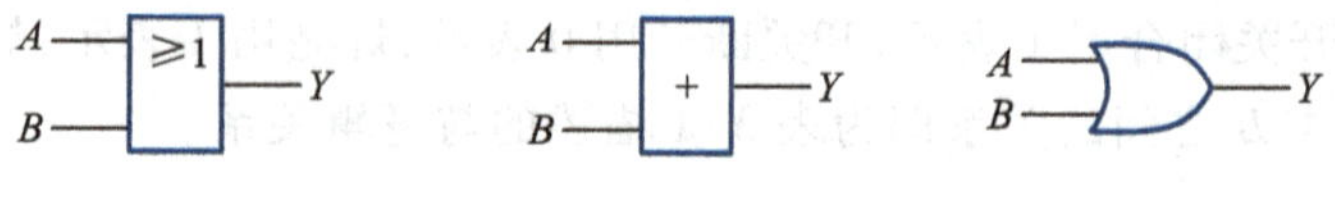

(a) (b) (c)

图 3-4 或门逻辑符号

(a) 国标符号；(b) 曾用符号；(c) 美、日常用符号

3. 非运算

如图 3-5 所示开关与灯并联电路中，当且仅当开关断开时，灯才会亮，否则，灯灭。这种因果关系称为**非**逻辑关系，**非**逻辑关系用**非**运算描述。

非运算又称反运算或者逻辑否定，其运算符为“-”。表达式为

$$Y=\overline{A} \tag{3-5}$$

非逻辑关系可用真值表（见表 3-3）来描述。在图 3-5 所示电路中，假定开关闭合用 1 表示，开关断开用 0 表示，灯亮用 1 表示，灯灭用 0 表示，则电路中灯 Y 和开关 A 之间的关系即为表 3-3 描述的**非**运算关系。

表 3-3 非逻辑真值表

A	Y	A	Y
0	1	1	0

由表 3-3 可知，**非**逻辑输出变量与输入变量的关系为

$$\overline{0}=1 \quad \overline{1}=0$$

实现**非**逻辑运算的基本单元电路称为**非门**，其逻辑符号如图 3-6 所示。

3.1.2 复合运算

三种基本逻辑运算简单，容易实现。但是实际逻辑问题要比三种基本逻辑运算复杂得多。常把**与**、**或**、**非**三种基本逻辑运算合理地组合起来使用，称为复合运算。常用的复合运

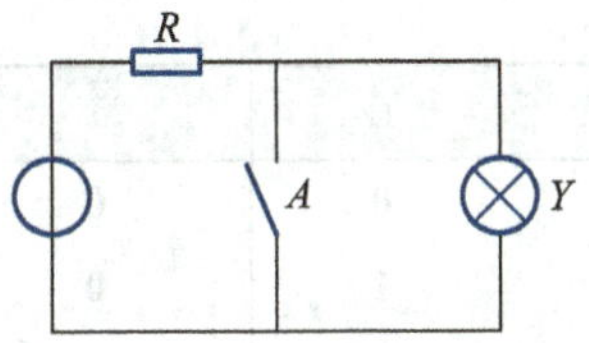

图 3-5 开关与灯并联电路

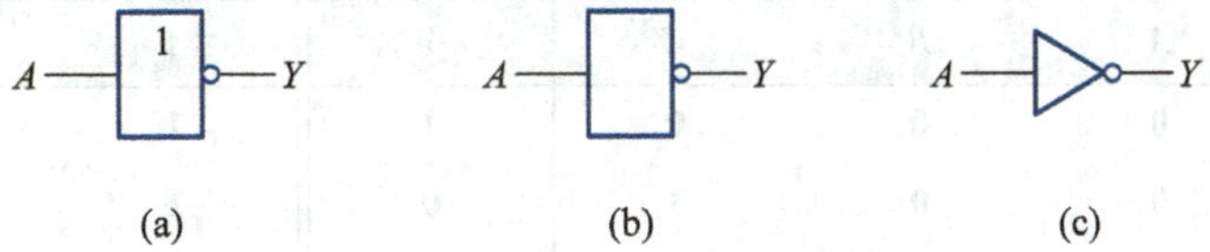

图 3-6 非门逻辑符号

(a)国标符号;(b)曾用符号;(c)美、日常用符号

算有**与非**、**或非**、**与或非**、**异或**和**同或**运算等。

1. **与非**运算

与非运算是**与**运算和**非**运算组成的复合运算,即先进行**与**运算,再把**与**运算的结果进行**非**运算。设输出变量为 Y,输入变量为 A、B、C,则**与非**运算的逻辑表达式为

$$Y=\overline{ABC} \tag{3-6}$$

与非逻辑的真值表如表 3-4 所示。

表 3-4 与非逻辑的真值表

A	B	C	Y	A	B	C	Y
0	0	0	1	1	0	0	1
0	0	1	1	1	0	1	1
0	1	0	1	1	1	0	1
0	1	1	1	1	1	1	0

由表 3-4 可知,**与非逻辑输出变量与输入变量的关系为:有 0 出 1,全 1 出 0**。

实现**与非**逻辑运算的单元电路称为**与非门**,其逻辑符号如图 3-7 所示。

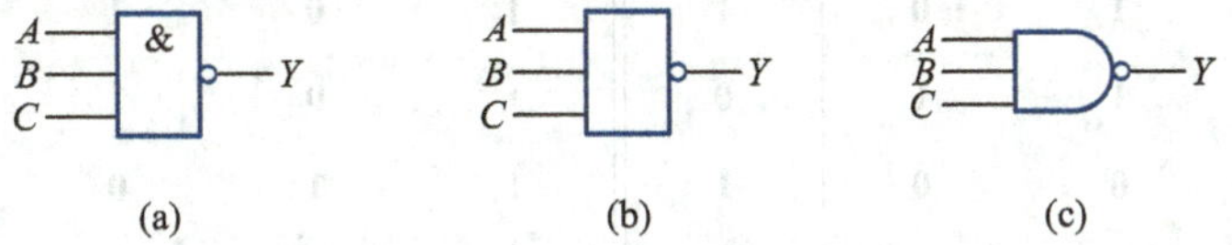

图 3-7 与非门逻辑符号

(a)国标符号;(b)曾用符号;(c)美、日常用符号

2. **或非**运算

或非运算是**或**运算和**非**运算组成的复合运算,即先进行**或**运算,再把**或**运算的结果进行**非**运算。设输出变量为 Y,输入变量为 A、B、C,则**或非**运算的逻辑表达式为

$$Y=\overline{A+B+C} \tag{3-7}$$

或非逻辑的真值表如表 3-5 所示。

由表 3-5 可知,**或非逻辑输出变量与输入变量的关系为:有 1 出 0,全 0 出 1**。

实现**或非**逻辑运算的基本电路称为**或非门**,其逻辑符号如图 3-8 所示。

表 3-5 或非逻辑的真值表

A	B	C	Y	A	B	C	Y
0	0	0	1	1	0	0	0
0	0	1	0	1	0	1	0
0	1	0	0	1	1	0	0
0	1	1	0	1	1	1	0

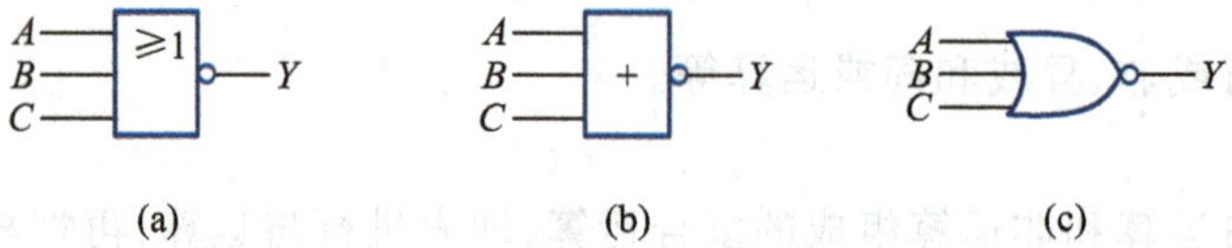

图 3-8 或非门逻辑符号

(a)国标符号;(b)曾用符号;(c)美、日常用符号

3. **与或非**运算

与或非运算是**与**运算和**或非**运算组成的复合运算,即先进行**与**运算,再把各个**与**运算的结果进行**或非**运算。设输出变量为 Y,输入变量为 A、B 和 C、D 两组,则**与或非**运算的逻辑表达式为

$$Y=\overline{AB+CD} \tag{3-8}$$

与或非逻辑的真值表,如表 3-6 所示。

表 3-6 与或非逻辑的真值表

A	B	C	D	Y	A	B	C	D	Y
0	0	0	0	1	1	0	0	0	1
0	0	0	1	1	1	0	0	1	1
0	0	1	0	1	1	0	1	0	1
0	0	1	1	0	1	0	1	1	0
0	1	0	0	1	1	1	0	0	0
0	1	0	1	1	1	1	0	1	0
0	1	1	0	1	1	1	1	0	0
0	1	1	1	0	1	1	1	1	0

实现**与或非**逻辑运算的电路称为**与或非**门,其逻辑符号如图 3-9 所示。

4. **异或**运算

异或运算是两个变量与运算和或运算组成的复合运算。设输出变量为 Y,输入变量为 A、B,则它的逻辑表达式为

$$Y=A\overline{B}+\overline{A}B=A\oplus B \tag{3-9}$$

异或运算用符号"$\oplus$"表示,其真值表如表 3-7 所示。

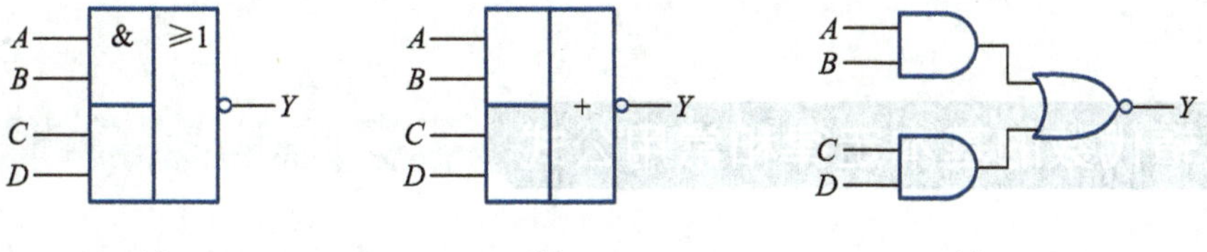

图 3-9 与或非门逻辑符号

(a)国标符号;(b)曾用符号;(c)美、日常用符号

表 3-7 异或逻辑真值表

A	*B*	*Y*	*A*	*B*	*Y*
0	0	0	1	0	1
0	1	1	1	1	0

由表 3-7 可知,**异或运算输出变量与输入变量的关系为:相同出 0,相异出 1**。

实现**异或**逻辑运算的电路称为**异或**门,其逻辑符号如图 3-10 所示。

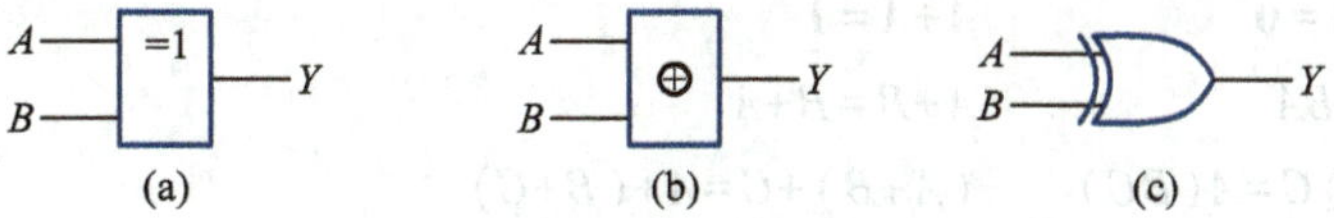

图 3-10 异或门逻辑符号

(a)国标符号;(b)曾用符号;(c)美、日常用符号

5. 同或运算

同或运算是两个变量**与**运算和**或**运算组成的复合运算。设输出变量为 Y,输入变量为 A、B,则它的逻辑表达式为

$$Y=AB+\overline{A}\,\overline{B}=A\odot B \tag{3-10}$$

同或运算用符号"⊙"表示,其真值表如表 3-8 所示。

表 3-8 同或逻辑真值表

A	*B*	*Y*	*A*	*B*	*Y*
0	**0**	**1**	**1**	**0**	**0**
0	**1**	**0**	**1**	**1**	**1**

由表 3-8 可知:**同或逻辑输出变量与输入变量的关系为:相同出 1,相异出 0**。

实现**同或**逻辑运算的电路称为**同或**门,其逻辑符号如图 3-11 所示。

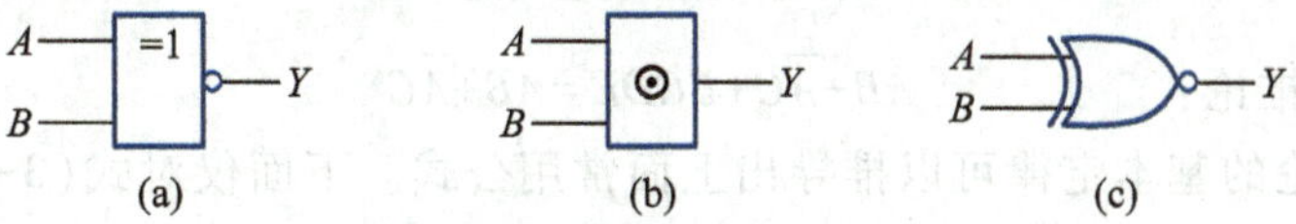

图 3-11 同或门逻辑符号

(a)国标符号;(b)曾用符号;(c)美、日常用符号

3.2 逻辑代数的基本定律和常用公式

3.2.1 逻辑代数的基本定律

1. 常量-常量的运算

$0\cdot 0=0$　　$0\cdot 1=0$　　$1\cdot 0=0$　　$1\cdot 1=1$

$0+0=0$　　$0+1=1$　　$1+0=1$　　$1+1=1$

$\overline{0}=1$　　$\overline{1}=0$

2. 常量-变量的运算

$0\cdot A=0$　　$A\cdot 0=0$　　$1\cdot A=A$　　$A\cdot 1=A$

$0+A=A$　　$A+0=A$　　$1+A=1$　　$A+1=1$

3. 基本定律

互补律：$A\cdot\overline{A}=0$　　$A+\overline{A}=1$

交换律：$AB=BA$　　$A+B=B+A$

结合律：$(AB)C=A(BC)$　　$(A+B)+C=A+(B+C)$

分配律：$A(B+C)=AB+AC$

$(A+B)(A+C)=AA+AC+AB+BC=A+BC$

上述定律与普通代数完全相同，只是分配律的第二个公式进行了简化。

4. 特殊定律

同一律（重叠律）：$AA=A$　　$A+A=A$

还原律（非非律）：$\overline{\overline{A}}=A$

摩根定律（反演律）：$\overline{ABC}=\overline{A}+\overline{B}+\overline{C}$　　$\overline{A+B+C}=\overline{A}\,\overline{B}\,\overline{C}$

3.2.2 逻辑代数的常用公式

$$A+AB=A \tag{3-11}$$

$$AB+A\overline{B}=A \tag{3-12}$$

$$A+\overline{A}B=A+B \tag{3-13}$$

$$AB+\overline{A}C+BC=AB+\overline{A}C\text{，其中 }BC\text{ 为冗余项，又称冗余定理。} \tag{3-14}$$

$$\overline{A\overline{B}+\overline{A}B}=\overline{A}\,\overline{B}+AB \tag{3-15}$$

式(3-14)的推论：　$AB+\overline{A}C+BCDE=AB+\overline{A}C$

利用前面讨论的基本定律可以推导出上面常用公式。下面仅对式(3-14)进行证明，其他公式留给读者自行证明。

证明　　$AB+\overline{A}C+BC=AB+\overline{A}C+BC(A+\overline{A})$

$$=AB+\overline{A}C+ABC+\overline{A}BC$$

$$=AB(1+C)+\overline{A}C(1+B)$$

$$=AB+\overline{A}C$$

上述基本定律和常用公式小结见表 3-9。

表 3-9 基本定律和常用公式

名称	基本定律和常用公式		说明
0-1 律	$0\cdot A=0$ $1\cdot A=A$	$0+A=A$ $1+A=1$	常量与变量间的运算
交换律	$A\cdot B=B\cdot A$	$A+B=B+A$	与普通代数相似的定律
结合律	$(A\cdot B)C=A(B\cdot C)$	$(A+B)+C=A+(B+C)$	
分配律	$A(B+C)=AB+AC$	$(A+B)(A+C)=A+BC$	
互补律	$A\cdot\overline{A}=0$	$A+\overline{A}=1$	逻辑代数的特殊定律
还原律	$\overline{\overline{A}}=A$		
重叠律	$A\cdot A\cdot A=A$	$A+A+A=A$	
摩根定律	$\overline{A\cdot B\cdot C}=\overline{A}+\overline{B}+\overline{C}$	$\overline{A+B+C}=\overline{A}\cdot\overline{B}\cdot\overline{C}$	
公式	$A+AB=A$ $AB+A\overline{B}=A$ $A+\overline{A}B=A+B$ $AB+\overline{A}C+BC=AB+\overline{A}C$ $\overline{A\overline{B}+\overline{A}B}=\overline{A}\,\overline{B}+AB$		逻辑代数中的常用公式

3.3 逻辑函数

关键术语

逻辑函数：描述输入与输出变量之间逻辑关系的表达式。

约束条件：逻辑变量的某些取值组合不可能出现，或某些取值组合对应的逻辑函数值不唯一，这些取值组合统称为逻辑函数的约束条件。

实际逻辑问题，其逻辑关系远比基本逻辑运算复杂。对各种复杂的逻辑关系常用逻辑函数来描述。

3.3.1 逻辑函数的定义

将逻辑变量作为输入，将运算结果作为输出，当输入变量的取值确定之后，输出的值便被唯一地确定下来。这种输出与输入之间的逻辑关系式，称为逻辑函数。记为

$$Y=F(A,B,C,D,\cdots)$$

这里的 A、B、C、D、…为逻辑变量，Y 为逻辑函数，F 为某种对应的逻辑关系。

电子教案 3-2：逻辑函数及其表示方法

逻辑函数的特点：

(1) 逻辑变量和逻辑函数的取值只有 **0** 和 **1** 两种；

(2) 逻辑函数和逻辑变量之间的关系是由**与**、**或**、**非**三种基本运算决定的。

3.3.2 逻辑函数的约束条件

某一逻辑函数，如果逻辑变量的取值没有限制，该逻辑函数称为完全描述的逻辑函数。如果逻辑变量的某些取值组合不可能出现，或某些取值组合使逻辑函数值不唯一，该逻辑函数称为非完全描述的逻辑函数或带约束条件的逻辑函数。对应的这些取值组合称为该逻辑函数的约束条件。

例如两个变量的逻辑函数，变量 A、B 取值的全部组合有(**0**,**0**)、(**0**,**1**)、(**1**,**0**)、(**1**,**1**)四种。假如 A、B 的(**1**,**1**)组合不可能出现，或 A、B 的(**1**,**1**)组合使函数值不唯一，则称 A、B 的(**1**,**1**)组合为逻辑函数的约束条件。

3.4 逻辑函数的表示

关键术语

真值表：描述所有输入变量的取值组合与所对应的输出逻辑函数值的一种表格形式。

逻辑代数式：由**与**、**或**、**非**三种基本逻辑运算按不同方式组成的表达式。

逻辑图：用逻辑门组成的能完成特定功能的逻辑电路图。

卡诺图：是一种用小方格来构成的图形。每一个小方格代表一个最小项，n 变量共有 2^n 个小方格，将全部小方格按照相邻性排列起来构成最小项逻辑相邻的图形。

3.4.1 真值表

真值表是描述所有变量的取值组合与对应的逻辑函数值的一种表格形式。它由左右两部分组成，左边一栏所有变量按 n 位二进制数递增的方式列出，右边一栏是变量取值组合对应的逻辑函数值。有约束条件的逻辑函数，约束条件对应的逻辑函数值，可用符号“×”来表示。在数字系统中，逻辑函数的真值表是唯一的，能直观、明了地反映输出与输入逻辑变量的对应关系。

微视频 3-1：逻辑函数的表示和转换

【例 3-1】 举重比赛中有三个裁判员，规定只要有两个或两个以上的裁判员认可，则试举成功，否则试举失败。试给出该“举重判决”问题的真值表。

解 三个裁判员作为三个输入变量，分别用 A、B、C 表示，取 **1** 表示裁判员认可，取 **0** 表示裁判员否决。用 Y 作为输出的逻辑函数，**1** 表示试举成功，**0** 表示试举失败。则 Y 与 A、B、C 之间的逻辑关系见表 3-10。

表 3-10 “举重判决”逻辑函数的真值表

A	B	C	Y	A	B	C	Y
0	**0**	**0**	**0**	**1**	**0**	**0**	**0**
0	**0**	**1**	**0**	**1**	**0**	**1**	**1**
0	**1**	**0**	**0**	**1**	**1**	**0**	**1**
0	**1**	**1**	**1**	**1**	**1**	**1**	**1**

3.4.2 逻辑代数式

逻辑代数式是由**与**、**或**、**非**三种基本逻辑运算组成的表达式。例如上述“举重判决”问题的逻辑代数式可表示为

$$Y=\bar{A}BC+A\bar{B}C+AB\bar{C}+ABC \tag{3-16}$$

$$Y=AB+AC+BC \tag{3-17}$$

$$Y=(\bar{A}+B+C)(A+\bar{B}+C)(A+B+\bar{C})(A+B+C) \tag{3-18}$$

上述各式中，AB、$\bar{A}BC$ 等称为**与**项（亦称为乘积项），$(\bar{A}+B+C)$、$(A+B+C)$ 等称为**或**项（亦称为相加项）。

逻辑函数的代数式不是唯一的，一般分为标准式和非标准式两大类。其中标准式主要有标准**与或**式和标准**或与**式两种。

1. 标准**与或**式——最小项表达式

(1) 最小项的定义

在 n 变量的逻辑函数表达式中，如果一个**与**项包含 n 个变量，每个变量均以原变量或反变量的形式出现，且仅出现一次，这样的**与**项称为最小项。n 个变量最多可以组成 2^n 个最小项。

例如三个变量 (A,B,C) 最多可以组成八个最小项：

$$\bar{A}\bar{B}\bar{C},\bar{A}\bar{B}C,\bar{A}B\bar{C},\bar{A}BC,A\bar{B}\bar{C},A\bar{B}C,AB\bar{C},ABC$$

为了使用方便，需要将最小项进行编号，常用 m_i 表示。

最小项的下标 i 的编号规则为：将每个最小项中的原变量记为 **1**，反变量记为 **0**，构成一个 n 位二进制数，与这个二进制数相对应的十进制数就是最小项下标 i 的编号。

以三个变量为例，其变量按序 (A,B,C) 排列，对应的最小项编号见表 3-11。

表 3-11 三变量全部最小项及编号

变量取值	最小项值								最小项编号	
$A\ B\ C$	$\bar{A}\bar{B}\bar{C}$	$\bar{A}\bar{B}C$	$\bar{A}B\bar{C}$	$\bar{A}BC$	$A\bar{B}\bar{C}$	$A\bar{B}C$	$AB\bar{C}$	ABC	最小项	编号
0 0 0	**1**	**0**	**0**	**0**	**0**	**0**	**0**	**0**	$\bar{A}\bar{B}\bar{C}$	m_0
0 0 1	**0**	**1**	**0**	**0**	**0**	**0**	**0**	**0**	$\bar{A}\bar{B}C$	m_1

续表

变量取值	最小项值								最小项编号	
$A\ B\ C$	$\overline{A}\,\overline{B}\,\overline{C}$	$\overline{A}\,\overline{B}\,C$	$\overline{A}\,B\,\overline{C}$	$\overline{A}\,BC$	$A\,\overline{B}\,\overline{C}$	$A\,\overline{B}C$	$AB\,\overline{C}$	ABC	最小项	编号
0 1 0	0	0	1	0	0	0	0	0	$\overline{A}\,B\,\overline{C}$	m_2
0 1 1	0	0	0	1	0	0	0	0	$\overline{A}\,BC$	m_3
1 0 0	0	0	0	0	1	0	0	0	$A\,\overline{B}\,\overline{C}$	m_4
1 0 1	0	0	0	0	0	1	0	0	$A\,\overline{B}C$	m_5
1 1 0	0	0	0	0	0	0	1	0	$AB\,\overline{C}$	m_6
1 1 1	0	0	0	0	0	0	0	1	ABC	m_7

最小项的性质：

① 对于变量的任意一组取值，有且仅有一个最小项的值为 **1**；

② 对于变量的同一组取值，全体最小项之和为 **1**；

③ 对于变量的同一组取值，任意两个最小项之积为 **0**。

（2）标准**与或**式

全部由最小项相**或**组成的逻辑函数表达式，称为最小项表示式，亦称为标准**与或**式。任何一个逻辑函数都可以表示为最小项之和。

例如：式（3-16）中的四个**与**项都是最小项，该式就是标准**与或**式。

利用最小项编号，标准**与或**式（3-16）还可写成

$$F(A,B,C)=m_3+m_5+m_6+m_7 \tag{3-19}$$

也可简写成如下形式

$$F(A,B,C)=\sum m(3,5,6,7) \tag{3-20}$$

标准**与或**式中输入变量的排列顺序非常重要，排列顺序一旦确定，就不能任意改变，否则会造成表达式错误。排列顺序一般采用英文字母的自然排列顺序，不能省略。

由于逻辑函数的真值表和标准**与或**式都是唯一的，因此，逻辑函数的真值表和标准**与或**式之间存在对应的转换关系。

① 由逻辑函数的真值表直接写出标准**与或**式。

将真值表中逻辑函数值为 **1** 对应的输入变量取值组合写为**与**项（取值组合中变量取值为 **0** 的**与**项用反变量表示，取值为 **1** 的**与**项用原变量表示），然后将各**与**项相加。

② 由逻辑函数的标准**与或**式直接列出真值表。

将标准**与或**式中的**与**项转换为变量的取值组合（**与**项中原变量取值为 **1**，反变量取值为 **0**），或将标准**与或**式中最小项编号转换成二进制数对应变量的取值组合，然后在真值表中，将这些变量的取值组合对应的逻辑函数值填 **1**，其余的变量取值组合对应的逻辑函数值填 **0**。

以“举重判决”的逻辑函数的真值表（见表 3-10）为例，直接写出

标准**与或**式 $F(A,B,C)=\overline{A}BC+A\,\overline{B}C+AB\,\overline{C}+ABC$

简写形式 $F(A,B,C)=\sum m(3,5,6,7)$

反之，已知上述举重判决的逻辑函数的标准**与或**式，可直接列出真值表（见表 3-10）。

2. 标准或与式——最大项表达式

(1) 最大项的定义

在 n 个变量的逻辑函数表达式中,如果一个**或**项包含 n 个变量,每个变量均以原变量或反变量的形式出现,且仅出现一次,则称该**或**项为最大项。n 个变量最多可以组成 2^n 个最大项。

例如三个变量(A,B,C)最多可以组成下面八个最大项:

$$\overline{A}+\overline{B}+\overline{C},\quad \overline{A}+\overline{B}+C,\quad \overline{A}+B+\overline{C},\quad \overline{A}+B+C,$$

$$A+\overline{B}+\overline{C},\quad A+\overline{B}+C,\quad A+B+\overline{C},\quad A+B+C$$

为了使用方便,需要将 n 个变量构成的最大项进行编号,通常用 M_i 表示最大项。

最大项的下标 i 的编号规则:将每个最大项中的原变量记为 **0**,反变量记为 **1**,构成一个 n 位二进制数,则与这个二进制数相对应的十进制数就是最大项的下标 i 的编号。以三个变量为例,对应的最大项编号见表 3-12。

表 3-12 三变量全部最大项及编号

变量	最大项值								最大项编号	
ABC	$A+B+C$	$A+B+\overline{C}$	$A+\overline{B}+C$	$A+\overline{B}+\overline{C}$	$\overline{A}+B+C$	$\overline{A}+B+\overline{C}$	$\overline{A}+\overline{B}+C$	$\overline{A}+\overline{B}+\overline{C}$	最大项	编号
000	0	1	1	1	1	1	1	1	$A+B+C$	M_0
001	1	0	1	1	1	1	1	1	$A+B+\overline{C}$	M_1
010	1	1	0	1	1	1	1	1	$A+\overline{B}+C$	M_2
011	1	1	1	0	1	1	1	1	$A+\overline{B}+\overline{C}$	M_3
100	1	1	1	1	0	1	1	1	$\overline{A}+B+C$	M_4
101	1	1	1	1	1	0	1	1	$\overline{A}+B+\overline{C}$	M_5
110	1	1	1	1	1	1	0	1	$\overline{A}+\overline{B}+C$	M_6
111	1	1	1	1	1	1	1	0	$\overline{A}+\overline{B}+\overline{C}$	M_7

最大项性质如下:

① 在输入变量的任何取值组合下,有且仅有一个最大项的值为 **0**。

② 对于变量的同一组取值,全体最大项之积为 **0**。

③ 对于变量的同一组取值,任意两个最大项之和为 **1**。

(2) 标准**或与**式

全部由最大项相**与**组成的逻辑函数表达式称为最大项表达式,亦称为标准**或与**式。任何一个逻辑函数都可以表示为最大项之积。

例如:式(3-18)中的四个**或**项都是最大项,该式就是标准**或与**式。

利用最大项编号,式(3-18)的标准**或与**表示式可写成

$$F(A,B,C)=M_0M_1M_2M_4 \tag{3-21}$$

也可简写成如下形式

$$F(A,B,C)=\prod M(0,1,2,4) \tag{3-22}$$

标准**或与**式中变量的排列顺序非常重要,排列顺序一旦确定,就不能任意改变,否则会造成表达式错误。排列顺序一般采用英文字母的自然排列顺序,不能省略。

由于逻辑函数的真值表和标准**或与**式都是唯一的,因此,逻辑函数的真值表和标准**或与**式之间也存在对应的转换。

① 由逻辑函数的真值表直接写出标准**或与**式。

将真值表中逻辑函数值为 **0** 对应的输入变量取值组合写为**或**项(其中变量取值为 **1** 的**或**项中用反变量表示,取值为 **0** 的**或**项中用原变量表示),然后将各**或**项相**与**;或者根据真值表直接写出逻辑值为 **0** 的最大项(M_i)之积的形式,即为标准**或与**式。

② 由逻辑函数的标准**或与**式可以直接列出真值表。

将标准**或与**式中的**或**项转换为变量的取值组合(原变量取值为 **0**,反变量取值为 **1**),或标准**或与**式中最大项编号转换成二进制数对应变量的取值组合,然后在真值表中,将这些变量的取值组合对应的逻辑函数值填 **0**,其余的变量取值组合对应的逻辑函数值填 **1**。

以"举重判决"的逻辑函数的真值表(见表 3-10)为例,直接写出

标准**或与**式:$F(A,B,C)=(\overline{A}+B+C)(A+\overline{B}+C)(A+B+\overline{C})(A+B+C)$

简写形式:$F(A,B,C)=\prod M(0,1,2,4)$

反之,已知上述"举重判决"的逻辑函数的标准**或与**式,可直接列出真值表(见表 3-10)。

(3) 同一组变量的最大项与最小项之间关系

同一组变量下标编号相同的最大项和最小项为互补关系,即

$$M_i=\overline{m_i} \tag{3-23}$$

$$m_i=\overline{M_i}$$

例如 $m_2=\overline{A}\,B\,\overline{C}=\overline{A+\overline{B}+C}=\overline{M_2}$

$M_4=\overline{A}+B+C=\overline{A\,\overline{B}\,\overline{C}}=\overline{m_4}$

由于逻辑函数的标准**与或**式和标准**或与**式都是唯一的,因此,同一逻辑函数的标准**与或**式和标准**或与**式之间可互相转换。

由逻辑函数的标准**与或**式转换成标准**或与**式的方法:直接将逻辑函数的标准**与或**式中没有出现的最小项编号作为标准**或与**表示式中最大项的编号,即可得到该逻辑函数的标准**或与**表示式,反之亦然。

例如:"举重判决"的逻辑函数的标准**与或**表示式为 $F(A,B,C)=\sum m(3,5,6,7)$,则标准**或与**表示式为 $F(A,B,C)=\prod M(0,1,2,4)$。

3. 逻辑函数的非标准式

同一个逻辑函数除了用标准**与或**式和标准**或与**式描述外,还可以用其他类型的逻辑式描述(统称非标准式)。常见的非标准式有**与或**式、**或与**式、**与非与非**式、**或非或非**式、**与或非**式。下面为各表达式之间的转换。

$$F(A,B,C)=A\,\overline{B}+\overline{A}BC \qquad \textbf{与或表示式}$$

$$=\overline{\overline{A\,\overline{B}+\overline{A}BC}}$$

$$=\overline{\overline{A\,\overline{B}}\cdot\overline{\overline{A}BC}} \qquad \textbf{与非与非表示式}$$

$$=\overline{(\overline{A}+B)(A+\overline{B}+\overline{C})}$$

$$=\overline{\bar{A}\,\bar{B}+\bar{A}\,\bar{C}+AB+B\,\bar{C}}$$

$$=\overline{\bar{A}\,\bar{B}+\bar{A}\,\bar{C}+AB}$$

$$=\overline{\bar{A}\,\bar{B}}\cdot\overline{\bar{A}\,\bar{C}}\cdot\overline{AB}$$

$$=(A+B)(A+C)(\bar{A}+\bar{B}) \qquad \text{或与表示式}$$

$$=\overline{\overline{(A+B)(A+C)(\bar{A}+\bar{B})}}$$

$$=\overline{\overline{A+B}+\overline{A+C}+\overline{\bar{A}+\bar{B}}} \qquad \text{或非或非表示式}$$

$$=\overline{\bar{A}\,\bar{B}+\bar{A}\,\bar{C}+AB} \qquad \text{与或非表示式}$$

4. 带约束条件的逻辑函数表示式

带约束条件的逻辑函数表示式也分标准式和非标准式两大类。

(1) 标准式

约束条件就是某些变量取值组合不可能出现,或者某些变量取值组合对应的函数值不唯一,这些取值组合对应的最小项称为约束项,亦称无关项。为了使用方便,需要将约束项进行编号,常用 d_i 表示。约束项下标 i 的编号规则类似最小项下标 i 的编号规则。

【例 3-2】 某四变量逻辑函数,其中变量 A、B、C、D 为表示 1 位十进制数 X 的 8421BCD 码,当 $4\leqslant X\leqslant 8$ 时,逻辑函数 Y 为 **1**;否则 Y 为 **0**。试列出该逻辑函数的真值表,并给出具有无关项逻辑函数的标准**与或**式。

解 由于变量 A、B、C、D 取值为 8421BCD 码,**1010~1111** 取值组合不可能出现,由已知条件($4\leqslant X\leqslant 8$ 时,逻辑函数 Y 为 **1**)列出该逻辑函数的真值表(见表 3-13),由真值表写出对应的具有无关项逻辑函数的简写标准**与或**式

$$F(A,B,C,D)=\sum m(4,5,6,7,8)+\sum d(10,11,12,13,14,15)$$

$\sum d(10,11,12,13,14,15)$ 表示变量(A,B,C,D)取值组合不可能出现的 **1010~1111** 六个编号最小项。

如果采用标准**或与**式,该函数可表示为

$$F(A,B,C,D)=\prod M(0,1,2,3,9)\prod D(10,11,12,13,14,15)$$

表 3-13 例 3-2 的真值表

A	B	C	D	Y	A	B	C	D	Y
0	0	0	0	0	1	0	0	0	1
0	0	0	1	0	1	0	0	1	0
0	0	1	0	0	1	0	1	0	×
0	0	1	1	0	1	0	1	1	×
0	1	0	0	1	1	1	0	0	×
0	1	0	1	1	1	1	0	1	×
0	1	1	0	1	1	1	1	0	×
0	1	1	1	1	1	1	1	1	×

(2) 非标准式

逻辑代数中的约束条件可以与逻辑函数分开,称为约束条件的非标准表示式。对上述例子四变量(A,B,C,D)的约束条件分析,可得出:A、B 都取 **1**,而 C、D 任意取 **0** 或 **1** 的四种组合不可能出现;A 取 **1**,B 取 **0**,C 取 **1**,D 任意取 **0** 或 **1** 的两种组合不可能出现。则带约束条件的非标准式可表示为

$$\begin{cases} F(A,B,C,D)=\overline{A}B+A\overline{B}\,\overline{C}\,\overline{D} \\ AB+A\overline{B}C=0 \end{cases}$$

3.4.3 逻辑图表示

逻辑图就是实现逻辑运算的电路图,每一个逻辑运算符号在逻辑电路中就是一个最基本的单元电路,称为门电路。图 3-12 就是"举重判决"的逻辑表达式(3-17)对应的逻辑图。

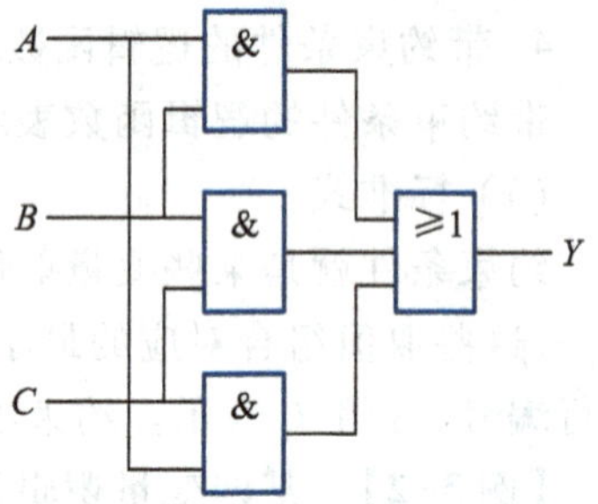

图 3-12 "举重判决"的逻辑图

3.4.4 卡诺图表示

1. 卡诺图的标准格式

如果两个最小项中只有一个变量互为反变量,其余变量均相同,则称这两个最小项为逻辑相邻,简称相邻项。

卡诺图(Karnaugh Map)是一种用小方格来构成的图形。n 个变量的函数,有 2^n 个最小项,每一个小方格代表一个最小项,将全部小方格按照相邻性排列起来就构成了 n 变量的卡诺图。

小方格的几何位置的规定:将全部变量按顺序分成两组,每组变量按循环码取值排列。2~4 个变量的循环码排列见表 3-14。

表 3-14　2~4 个变量的循环码

A	B	A	B	C	A	B	C	D
0	0	0	0	0	0	0	0	0
0	1	0	0	1	0	0	0	1
1	1	0	1	1	0	0	1	1
1	0	0	1	0	0	0	1	0
		1	1	0	0	1	1	0
		1	1	1	0	1	1	1
		1	0	1	0	1	0	1
		1	0	0	0	1	0	0
					1	1	0	0
					1	1	0	1
					1	1	1	1
					1	1	1	0

续表

A	*B*	*A*	*B*	*C*	*A*	*B*	*C*	*D*
					1	**0**	**1**	**0**
					1	**0**	**1**	**1**
					1	**0**	**0**	**1**
					1	**0**	**0**	**0**

(1) 二变量卡诺图

二变量 A、B 共有 $2^2=4$ 个最小项，卡诺图由 4 个小方格构成。将变量分成两组，用每一列和每一行上的 **1** 和 **0** 组成的循环码分别表示两组变量 A、B 对应的取值，则列和行相交方格的最小项编号就是这些变量取值组合对应的最小项编号，如图 3-13 所示。

(2) 三变量卡诺图

三变量 A、B、C 共有 $2^3=8$ 个最小项，卡诺图由 8 个小方格构成。将变量分成两组，用每一列和每一行上的 **1** 和 **0** 组成的循环码分别表示两组变量 A、BC 对应的取值，则列和行相交方格的最小项编号就是这些变量取值组合对应的最小项编号，如图 3-14 所示。

$A \backslash B$	**0**	**1**
0	m_0	m_1
1	m_2	m_3

图 3-13　二变量卡诺图

$A \backslash BC$	**00**	**01**	**11**	**10**
0	m_0	m_1	m_3	m_2
1	m_4	m_5	m_7	m_6

图 3-14　三变量卡诺图

(3) 四变量卡诺图

四变量 A、B、C、D 共有 $2^4=16$ 个最小项，卡诺图由 16 个小方格构成。将变量分成两组，用每一列和每一行上的 **1** 和 **0** 组成的循环码分别表示两组变量 AB、CD 对应的取值，则列和行相交方格的最小项编号就是这些变量取值组合对应的最小项编号，如图 3-15 所示。

$AB \backslash CD$	**00**	**01**	**11**	**10**
00	m_0	m_1	m_3	m_2
01	m_4	m_5	m_7	m_6
11	m_{12}	m_{13}	m_{15}	m_{14}
10	m_8	m_9	m_{11}	m_{10}

图 3-15　四变量卡诺图

对于五变量及以上的卡诺图方格数较多，在逻辑函数化简中很少使用，这里不再介绍。

2. 卡诺图表示逻辑函数

(1) 从逻辑表达式到卡诺图

由于任何一个逻辑函数都可以变换成最小项表达式，而 n 个变量的卡诺图包含了 n 个变量的所有最小项，所以 n 个变量的卡诺图可以表示 n 个变量的逻辑函数。

① 标准式填卡诺图。

对于标准**与或**式，将逻辑函数中的最小项直接填入卡诺图，其中有最小项的方格填

1,没有最小项的方格填 **0**;对于标准**或与**式,根据逻辑函数的标准**与或**表示式和标准**或与**表示式之间存在对应的转换关系,将逻辑函数的标准**或与**式中没有的最大项编号作为标准**与或**表示式中有最小项的编号直接填入卡诺图,有最小项的方格填 **1**,没有最小项的方格填 **0**。

【例3-3】 用卡诺图表示逻辑函数 $F(A,B,C,D)=\sum m(0,1,4,5,8,9,10,11)$。

解 先画四变量的卡诺图,再将有最小项的方格填 **1**,没有最小项的方格填 **0**,如图3-16所示。

【例3-4】 用卡诺图表示逻辑函数 $F(A,B,C,D)=\prod M(1,3,5,7,8,9,12,13)$。

解 先逻辑函数的标准**或与**表示式转换成标准**与或**表示式

$$F(A,B,C,D)=\sum m(0,2,4,6,10,11,14,15)$$

然后画四变量的卡诺图,再将成标准**与或**表示式有最小项的方格填 **1**,没有最小项的方格填 **0**,如图3-17所示。

AB \ CD	00	01	11	10
00	1	1	0	0
01	1	1	0	0
11	0	0	0	0
10	1	1	1	1

图3-16 例3-3卡诺图

AB \ CD	00	01	11	10
00	1	0	0	1
01	1	0	0	1
11	0	0	1	1
10	0	0	1	1

图3-17 例3-4卡诺图

② 非标准**与或**式填卡诺图。

方法一:先将逻辑函数变换为最小项表达式(标准**与或**式)后,再填卡诺图。

【例3-5】 用卡诺图表示逻辑函数 $F(A,B,C,D)=\overline{A}BD+AB+AC$。

解 先将逻辑函数变换成标准**与或**表达式。

$$\begin{aligned}F(A,B,C,D)&=\overline{A}B(C+\overline{C})D+AB(C+\overline{C})(D+\overline{D})+A(B+\overline{B})C(D+\overline{D})\\&=\overline{A}BCD+\overline{A}B\overline{C}D+ABCD+ABC\overline{D}+AB\overline{C}D+AB\overline{C}\overline{D}+A\overline{B}CD+A\overline{B}C\overline{D}\\&=\sum m(5,7,10,11,12,13,14,15)\end{aligned}$$

然后画四变量的卡诺图,再将有最小项的方格填 **1**,没有最小项的方格填 **0**,如图3-18(d)所示。

方法二:利用**与**项中的变量(原变量取 **1**,反变量取 **0**)填特征值卡诺图。

与项 $\overline{A}BD$ 中,取变量 $AB=$**01**,在卡诺图对应的第二行作一条横向虚线;取变量 $D=$**1**,在卡诺图对应的第二、三列作两条纵向虚线,它们在最小项编号为5、7的方格中相交,这两个最小项就是所求**与**项对应的最小项。在这两个方格中填 **1**,如图3-18(a)所示。

与项 AB 中,取变量 $AB=11$,在卡诺图对应的第三行作一条横向虚线,由于只有横向虚线,并在最小项编号为12、13、14、15的方格中,这四个最小项就是所求**与**项对应的最小项。在这四个方格中填 **1**,如图3-18(b)所示。

与项 AC 中,取变量 $A=$**1**,在卡诺图对应的第三、四行作两条横向虚线;取变量 $C=$**1**,在

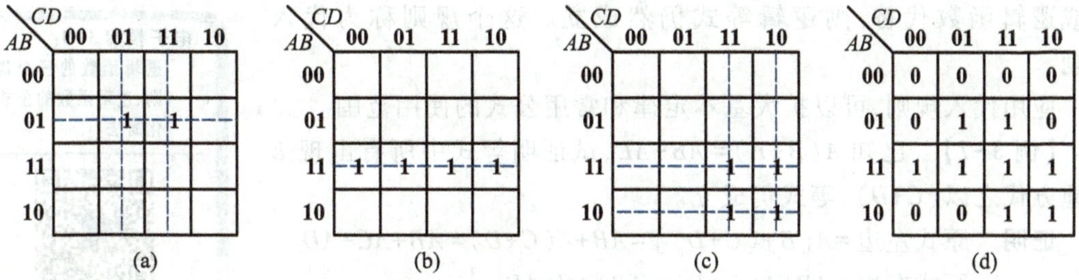

图 3-18 例 3-5 卡诺图

卡诺图对应的第三、四列作两条纵向虚线，它们在最小项编号为 10、11、14、15 的方格中相交，这四个最小项就是所求**与**项对应的最小项。在这四个方格中填 **1**，如图 3-18(c)所示。最后在卡诺图中将所求出最小项的方格填 **1**，没有最小项的方格填 **0**，如图 3-18(d)所示。

比较上述两种方法，可以看出：方法一要将逻辑函数变换成标准**与或**表示式，这对有些逻辑函数是非常烦琐的，而且容易出现差错；方法二直接填**与**项的特征值卡诺图，直观、方便，而且不容易出现差错。

③ 带约束条件的标准**与或**表示式填卡诺图。

【例 3-6】 用卡诺图表示逻辑函数

$$F(A,B,C,D)=\sum m(3,5,6,9)+\sum d(10,11,12,13,14,15)$$

解 先画四变量的卡诺图，再将有最小项的方格填 **1**，有约束条件的最小项编号的方格填×，其余方格填 **0**，如图 3-19 所示。

如果约束条件为非标准**与或**式，例如 $AB+A\overline{B}C=\mathbf{0}$，按照上述填特征值卡诺图的方法，在卡诺图中将约束条件对应的最小项编号的方格填×，如图 3-20 所示。

(2) 由真值表填卡诺图

在真值表中找出函数值为 **1** 的变量取值组合，并在卡诺图中相应最小项方格填 **1**。例如将"举重判决"逻辑函数的真值表(见表 3-10)用卡诺图表示，如图 3-21 所示。

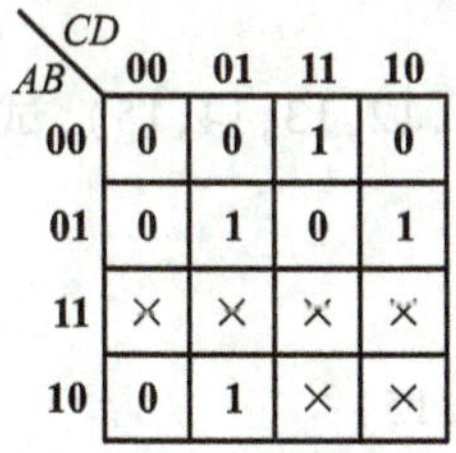

图 3-19 例 3-6 卡诺图

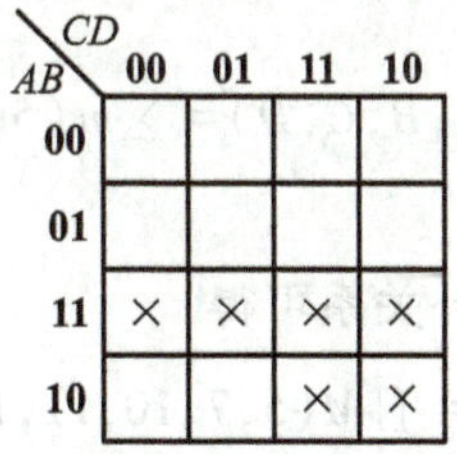

图 3-20 约束条件

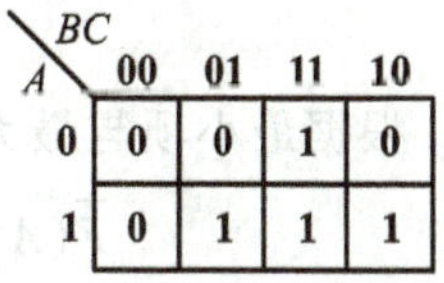

图 3-21 "举重判决"卡诺图

3.5 逻辑代数的三个规则

1. 代入规则

在任何含有变量 A 的逻辑等式中，如果等式两边所有出现 A 的地方都用另一个逻辑变量或逻辑函数代替，则逻辑等式仍然成立。这个规则称为代入规则。

电子教案 3-3： 逻辑函数的三个规则、逻辑函数的公式化简法

应用代入规则，可以扩大基本定律和常用公式的使用范围。

【例 3-7】 已知 $A(B+E)=AB+AE$，试证明等式中所有出现 E 的地方代之以 $(C+D)$，等式仍成立。

证明 原式左边 $=A[B+(C+D)]=AB+A(C+D)=AB+AC+AD$

原式右边 $=AB+A(C+D)=AB+AC+AD$

所以等式 $=A[B+(C+D)]=AB+A(C+D)$ 成立。

2. 反演规则

将一个逻辑函数 Y 进行下列变换：

$$\cdot\rightarrow+,\quad +\rightarrow\cdot$$

$$\mathbf{0\rightarrow1},\quad \mathbf{1\rightarrow0}$$

原变量→反变量，反变量→原变量

所得新函数表达式称为原函数 Y 的反函数，用 $\overline{Y}$ 表示。这个规则称为反演规则。

【例 3-8】 已知逻辑函数 $Y=\overline{A\,\overline{B}(\overline{C+D})}+C$，试用反演规则求反函数 $\overline{Y}$。

解 由反演规则可得

$$\overline{Y}=\overline{\overline{A}+B+\overline{\overline{C}}\ \overline{\overline{D}}}\cdot\overline{C}$$

应用反演规则时应该注意以下两点：

(1) 反演运算前后，函数式中运算的优先顺序保持不变；

(2) 多个变量上的非号（亦称长非号）应该保持不变。

如果逻辑函数为编号表示的标准最小项或最大项表达式，一般不采用反演规则求反函数。可根据最小项与最大项的互补关系，若原函数为标准的最小项表达式，当反函数采用标准的最大项表达式，则反函数中的最大项编号就是原函数中的最小项编号；当反函数采用标准的最小项表达式，则反函数中的最小项编号就是原函数中没有出现的最小项编号。

【例 3-9】 已知逻辑函数 $F(A,B,C,D)=\sum m(5,7,10,11,12,13,14,15)$，试求反函数 $\overline{Y}$。

解 根据最小项与最大项的互补关系可得

$$\overline{F}(A,B,C,D)=\prod M(5,7,10,11,12,13,14,15)$$

或

$$\overline{F}(A,B,C,D)=\sum m(0,1,2,3,4,6,8,9)$$

3. 对偶规则

将一个逻辑函数 Y 进行下列变换：

$$\cdot\rightarrow+,\quad +\rightarrow\cdot$$

$$\mathbf{0\rightarrow1},\quad \mathbf{1\rightarrow0}$$

所得新函数称为原函数 Y 的对偶函数，亦称对偶式，用 Y' 表示。这个规则称为对偶规则。

【例 3-10】 已知逻辑函数 $Y=\overline{A\,\overline{B}(\overline{C+D})}+C$，试用对偶规则求对偶函数 Y'。

解 由对偶规则可得

$$Y'=\overline{A+\overline{B}+\overline{CD}}\cdot C$$

应用对偶规则时应该注意以下两点：

(1) 对偶运算前后，函数式中运算的优先顺序保持不变；

(2) 所有变量的非号都保持不变。

如果逻辑函数为编号表示的标准最小项或最大项表达式，一般不采用对偶规则求对偶函数。对于同一逻辑问题，其在正逻辑表示和负逻辑表示下的逻辑代数式互为对偶式。若 n 变量的最小项为 m_i，对应的对偶式的最大项为 M_j，可得到最小项编号 i 与最大项编号 j 的关系为

$$j=2^n-1-i \tag{3-24}$$

根据上述关系，若 n 变量原函数为标准的最小项表达式，当对偶函数采用标准的最大项表达式，则对偶函数的最大项编号由式(3-24)确定；当对偶函数采用标准的最小项表达式，则对偶函数的最小项编号就是对偶函数的标准最大项表达式中没有出现的最大项编号。

【例 3-11】 已知逻辑函数 $F(A,B,C,D)=\sum m(5,7,10,11,12,13,14,15)$，试求对偶函数 Y'。

解 根据最小项编号与最大项编号的对偶关系式(3-24)可得

$$F'(A,B,C,D)=\prod M(0,1,2,3,4,5,8,10)$$

则

$$F'(A,B,C,D)=\sum m(6,7,9,11,12,13,14,15)$$

应用对偶规则可以将前面给出的**与或**表示的逻辑代数公式转换为**或与**表示的公式。例如将公式 $AB+\overline{A}C+BC=AB+\overline{A}C$ 两边按对偶规则进行变换，得

$$(A+B)(\overline{A}+C)(B+C)=(A+B)(\overline{A}+C) \tag{3-25}$$

3.6 逻辑函数的化简方法

3.6.1 化简逻辑函数的意义

1. 化简逻辑函数的意义

同一个逻辑函数往往有多种不同的表示式，有的复杂，有的简单，差别很大。例如同一个逻辑函数的三种**与或**表示式为

$$Y=ABC+AB+AC+\overline{B}C \tag{3-26}$$

$$Y=AB+AC+\overline{B}C \tag{3-27}$$

$$Y=AB+\overline{B}C \tag{3-28}$$

可见，逻辑表达式越简单，实现该逻辑函数所用的门电路就越少，这不仅可节省硬件成本，而且还提高了电路工作的可靠性。所以，在进行逻辑电路设计时，对逻辑函数的化简就显得十分重要。

2. 逻辑函数最简表示式的判别标准

化简逻辑函数的目的就是要找出它的最简表示式。判别最简**与或**表示式的标准是：

（1）表示式中的**与**项个数最少；

（2）每个**与**项中的变量数最少。

3.6.2 公式化简法

1. 并项法

微视频 3-2：
公式化简法

利用公式(3-12)$AB+A\overline{B}=A$,把两个**与**项合并为一项,消去互补变量。公式中的 A 和 B 可以是单个变量,也可以是逻辑式。

【例 3-12】 化简逻辑函数 $Y=ABC+AB\overline{C}+A\overline{B}$。

解 利用并项法可得

$$
\begin{aligned}
Y &= ABC+AB\overline{C}+A\overline{B} \\
&= AB+A\overline{B}=A
\end{aligned}
$$

【例 3-13】 化简逻辑函数 $Y=ABC+\overline{AB}C+\overline{B}D$,写出它的最简**与或**式。

解 利用并项法可得

$$Y=ABC+\overline{AB}C+\overline{B}D=C+\overline{B}D$$

2. 吸收法

利用公式(3-11)$A+AB=A$ 和公式(3-14)$AB+\overline{A}C+BC=AB+\overline{A}C$ 吸收掉多余的**与**项。

【例 3-14】 化简逻辑函数 $Y=\overline{A\overline{B}}+\overline{A}D+BC$。

解 先用摩根定律**与**变**或**,再利用吸收法可得

$$
\begin{aligned}
Y &= \overline{A\overline{B}}+\overline{A}D+BC \\
&= \overline{A}+B+\overline{A}D+BC \\
&= \overline{A}+B
\end{aligned}
$$

【例 3-15】 化简逻辑函数 $Y=\overline{AB}+\overline{A}CD+\overline{B}CD$,写出它的最简**与或**式。

解 方法一：先用摩根定律**与**变**或**,再利用吸收法可得

$$
\begin{aligned}
Y &= \overline{AB}+\overline{A}CD+\overline{B}CD \\
&= \overline{A}+\overline{B}+\overline{A}CD+\overline{B}CD \\
&= \overline{A}+\overline{B}
\end{aligned}
$$

方法二：先用摩根定律**或**变**与**,再利用吸收法可得

$$
\begin{aligned}
Y &= \overline{AB}+\overline{A}CD+\overline{B}CD \\
&= \overline{AB}+(\overline{A}+\overline{B})CD \\
&= \overline{AB}+\overline{AB}CD \\
&= \overline{AB}=\overline{A}+\overline{B}
\end{aligned}
$$

【例 3-16】 化简逻辑函数 $Y=\bar{A}B+A\bar{C}+\bar{B}C+\bar{A}C+B\bar{C}$，写出它的最简**与或**式。

解 利用吸收法可得

$$\begin{aligned}Y&=\bar{A}B+A\bar{C}+\bar{B}C+\bar{A}C+B\bar{C}\\&=\bar{A}B+A\bar{C}+\bar{B}C+\bar{A}C\\&=\bar{A}B+A\bar{C}+\bar{B}C\end{aligned}$$

3. 消去法

利用公式(3-13) $A+\bar{A}B=A+B$，消去**与**项中多余的因子。公式中的 A 和 B 可以是单个变量，也可以是逻辑式。

【例 3-17】 化简逻辑函数 $Y=\overline{A\bar{B}}+AD+\bar{B}C$。

解 先用摩根定律，再利用消去法可得

$$\begin{aligned}Y&=\overline{A\bar{B}}+AD+\bar{B}C\\&=\bar{A}+B+AD+\bar{B}C\\&=\bar{A}+B+C+D\end{aligned}$$

【例 3-18】 化简逻辑函数 $Y=AB+\bar{A}CD+\bar{B}CD$，写出它的最简**与或**式。

解 先用摩根定律，再利用吸收法可得

$$\begin{aligned}Y&=AB+\bar{A}CD+\bar{B}CD\\&=AB+(\bar{A}+\bar{B})CD\\&=AB+\overline{AB}CD=AB+CD\end{aligned}$$

4. 配项法

利用 $A+\bar{A}=1$ 进行配项，将某个**与**项变为两项，再和其他项合并，以消去更多的**与**项，从而获得最简**与或**式。

【例 3-19】 化简逻辑函数 $Y=AB+\bar{A}\bar{B}C+BC$，写出它的最简**与或**式。

解 利用配项法可得

$$\begin{aligned}Y&=AB+\bar{A}\bar{B}C+BC\\&=AB+\bar{A}\bar{B}C+BC(A+\bar{A})\\&=AB+\bar{A}\bar{B}C+ABC+\bar{A}BC\\&=AB+\bar{A}C(B+\bar{B})=AB+\bar{A}C\end{aligned}$$

上面介绍的是几种常用的方法主要针对**与或**表达式，举出的例子都比较简单。而实际中遇到的逻辑函数往往比较复杂，化简时应灵活使用所学的基本定律和规则，综合运用上述几种方法，才能得到最简表达式。下面介绍化简实例。

【例 3-20】 化简逻辑函数

$$Y=AD+A\bar{D}+AB+\bar{A}B+BCD+A\bar{B}EF+BE\bar{F}$$

解 (1) 利用并项法 $AD+A\bar{D}=A$，得

$$Y=A+AB+\overline{A}B+BCD+A\overline{B}EF+BE\overline{F}$$

（2）利用吸收法 $A+AB=A$，吸收掉含有因子 A 的**与**项，得

$$Y=A+\overline{A}B+BCD+BE\overline{F}$$

（3）利用消去法 $A+\overline{A}B=A+B$，消去**与**项中的 $\overline{A}$，得

$$Y=A+B+BCD+BE\overline{F}$$

（4）再利用吸收法 $B+BC=B$，吸收掉含有因子 B 的**与**项得

$$Y=A+B$$

【例 3-21】 化简逻辑函数 $Y=AB+A\overline{C}+\overline{B}C+B\overline{C}+\overline{B}D+B\overline{D}+A\overline{DE}(F+G)$，写出它的最简**与或**式。

解　（1）利用摩根定律进行变换，$AB+A\overline{C}=A(B+\overline{C})=A\overline{\overline{B}C}$，得

$$Y=A\overline{\overline{B}C}+\overline{B}C+B\overline{C}+\overline{B}D+B\overline{D}+A\overline{DE}(F+G)$$

（2）利用消去法 $A+\overline{A}B=A+B$，消去与 $A\overline{\overline{B}C}+\overline{B}C$ 中的 $\overline{\overline{B}C}$，得

$$Y=A+\overline{B}C+B\overline{C}+\overline{B}D+B\overline{D}+A\overline{DE}(F+G)$$

（3）利用吸收法 $A+AB=A$，吸收掉含有因子 A 的**与**项，得

$$Y=A+\overline{B}C+B\overline{C}+\overline{B}D+B\overline{D}$$

（4）先利用配项法进行变换，再利用吸收法和并项法进行化简，得结果一为

$$\begin{aligned}Y&=A+\overline{B}C(D+\overline{D})+B\overline{C}+\overline{B}D+B\overline{D}(C+\overline{C})\\&=A+\overline{B}CD+\overline{B}C\overline{D}+B\overline{C}+\overline{B}D+BC\overline{D}+B\overline{C}\overline{D}\\&=A+(\overline{B}CD+\overline{B}D)+(\overline{B}C\overline{D}+BC\overline{D})+(B\overline{C}+B\overline{C}\overline{D})\\&=A+\overline{B}D+C\overline{D}+B\overline{C}\end{aligned}$$

（5）先利用配项法进行变换，再利用吸收法和并项法进行化简，得结果二为

$$\begin{aligned}Y&=A+\overline{B}C+B\overline{C}(D+\overline{D})+\overline{B}D(C+\overline{C})+B\overline{D}\\&=A+\overline{B}C+B\overline{C}D+B\overline{C}\overline{D}+\overline{B}CD+\overline{B}\overline{C}D+B\overline{D}\\&=A+(\overline{B}C+\overline{B}CD)+(B\overline{C}D+\overline{B}\overline{C}D)+(B\overline{D}+B\overline{C}\overline{D})\\&=A+\overline{B}C+\overline{C}D+B\overline{D}\end{aligned}$$

上题化简的两种结果都是最简**与或**表达式，说明逻辑函数的最简**与或**表达式不是唯一的。

【例 3-22】 化简逻辑函数 $Y=(AC+\overline{B}C)\cdot\overline{B(\overline{A}C+A\overline{C})}$，写出它的最简**与或**表达式。

解　（1）利用摩根定律进行变换

$$Y=(AC+\overline{B}C)(\overline{B}+\overline{\overline{A}C+A\overline{C}})$$

（2）利用公式(3-15)**异或**取反等于**同或**，得

$$Y=(AC+\overline{B}C)(\overline{B}+AC+\overline{A}\overline{C})$$

（3）利用分配律去掉括号，得

$$Y=A\overline{B}C+AC+A\overline{A}C\overline{C}+\overline{B}C+A\overline{B}C+\overline{A}\overline{B}C\overline{C}$$

（4）利用 $A\overline{A}=\mathbf{0}$ 和 $A+A=A$，得

$$Y=A\overline{B}C+AC+\overline{B}C$$

（5）利用吸收法，得最简**与或**表达式

$$Y=AC+\overline{B}C$$

上面介绍的是几种常用的方法，主要针对**与或**表达式。对于**或与**表达式，常采用两次对偶法。首先对用**或与**表达式的逻辑函数 Y 求对偶，得到**与或**表达式 Y'，按**与或**表达式的化简方法求出 Y' 的最简**与或**表达式。然后，对 Y' 再次求对偶，即可得到 Y 的最简**或与**表达式。

【例 3-23】 化简逻辑函数 $Y=(\overline{A}+B)(A+\overline{B}+C)(\overline{A}+C)(B+C)$，写出它的最简**或与**表达式。

解 （1）首先利用对偶规则求 Y' 并进行化简

$$\begin{aligned}Y'&=\overline{A}B+A\overline{B}C+\overline{A}C+BC\\&=\overline{A}B+(A\overline{B}+\overline{A})C+BC\\&=\overline{A}B+(\overline{B}+\overline{A})C+BC\\&=\overline{A}B+(\overline{B}+\overline{A}+B)C\\&=\overline{A}B+(1+\overline{A})C\\&=\overline{A}B+C\end{aligned}$$

（2）再对 Y' 求对偶得到最简**或与**表达式

$$Y=(\overline{A}+B)C$$

通过以上实例介绍可以看出，公式化简法的优点是不受变量数目的约束，可用于化简较复杂的逻辑函数式。它的缺点是要求熟练掌握逻辑代数中的基本定律和常用公式，没有一定的规律和步骤，技巧性很强，有时对化简得到的结果难以判断是否是最简式。因此，这种方法有较大的局限性。

3.6.3 卡诺图化简法

1. 化简依据

相邻最小项相加规律：两个相邻最小项有一个变量相异，相加可以消去这一个变量，化简结果为相同变量的**与**；四个相邻最小项有两个变量相异，相加可以消去这两个变量，化简结果为相同变量的**与**；以此类推，2^n 个相邻最小项有 n 个变量相异，相加可以消去这 n 个变量，化简结果为相同变量的**与**。

电子教案 3-4：
逻辑函数的卡诺图化简法

2. 用卡诺图化简逻辑函数的方法

用卡诺图化简逻辑函数的基本原理就是利用相邻最小项相加

规律和卡诺图的图形特征结合起来，通过画包围圈，把卡诺图上表征相邻最小项的相邻 **1** 方格圈在一起进行合并，达到用一个简单**与**项代替若干个最小项的目的。在表示逻辑函数的卡诺图中，画包围圈规则如下：

微视频 3-3：
卡诺图化简法（不带约束条件）

（1）包围圈必须包含 2^n 个相邻 **1** 方格，$n=0,1,2,3,\cdots$，如图 3-22 所示。

（2）同一个 **1** 方格可以被不同的包围圈重复圈多次，但新增加的包围圈必须有原先没有被圈过的 **1** 方格，如图 3-23 所示。

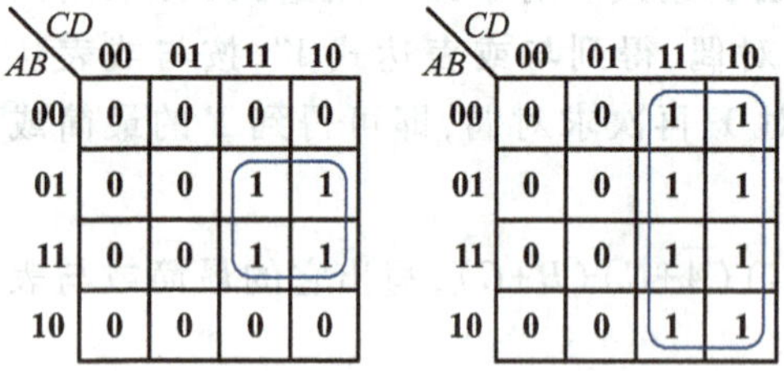

(a) (b)

图 3-22 规则（1）

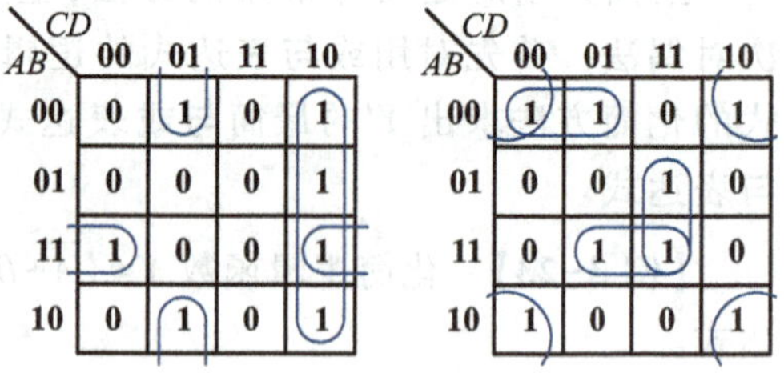

(a) (b)

图 3-23 规则（2）

注意：同一列最上边和最下边 **1** 方格循环相邻，可画圈；同一行最左边和最右边 **1** 方格循环相邻，可画圈；四个角上的 **1** 方格也循环相邻，可画圈。

（3）包围圈中相邻 **1** 方格的个数尽量多。即圈越大越好，但包围圈中相邻 **1** 方格的个数必须是 2^n 个，$n=0,1,2,3,\cdots$。孤立 **1** 方格也要画一个包围圈。如图 3-24（a）所示的包围圈符合要求，而如图 3-24（b）所示的包围圈有一个不符合要求（相邻 **1** 方格的个数少圈了两个）。

（4）包围圈的个数尽量少。如图 3-25（a）所示的包围圈符合要求，而如图 3-25（b）所示的包围圈不符合要求（包围圈的个数多了一个）。

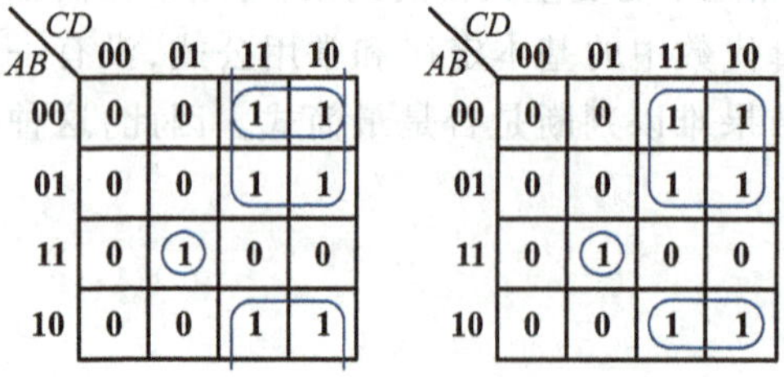

(a) (b)

图 3-24 规则（3）

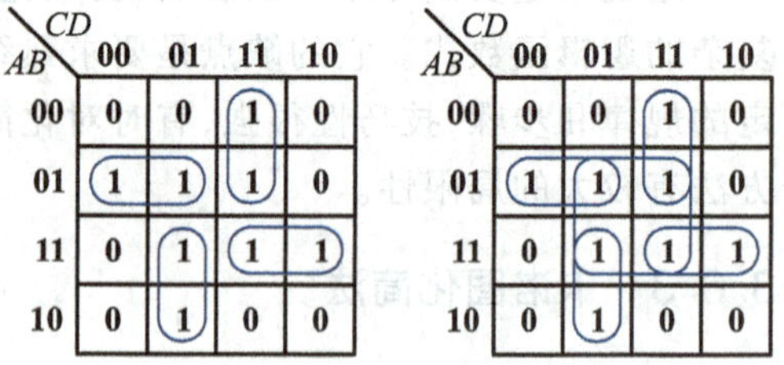

(a) (b)

图 3-25 规则（4）

（5）卡诺图中含无关项方格的处理原则：无关项的取值对逻辑函数值没有影响，为了使卡诺图中相邻 **1** 方格画包围圈个数最少而且包围圈中相邻 **1** 方格的个数最多，卡诺图中的无关项方格应视需要可将无关项方格看成 **1** 方格或 **0** 方格。如图 3-26（a）所示的包围圈符合要求，而如图 3-26（b）所示的包围圈有一个不符合要求（相邻 **1** 方格的个数少圈了 4 个）。

3. 典型例题

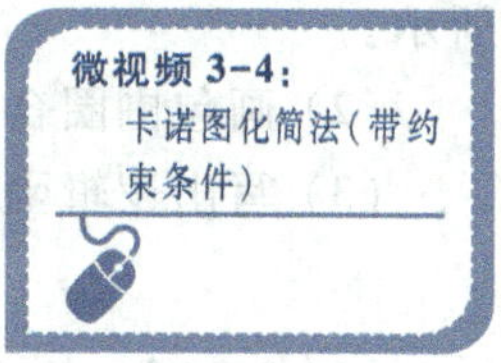

【例 3-24】 用卡诺图化简逻辑函数

$$F(A,B,C,D)=\sum m(0,1,2,3,4,5,8,9,10,11)$$

解 （1）填标准逻辑函数的卡诺图，如图 3-27(a)所示。

（2）画包围圈合并相邻最小项，如图 3-27(b)所示。

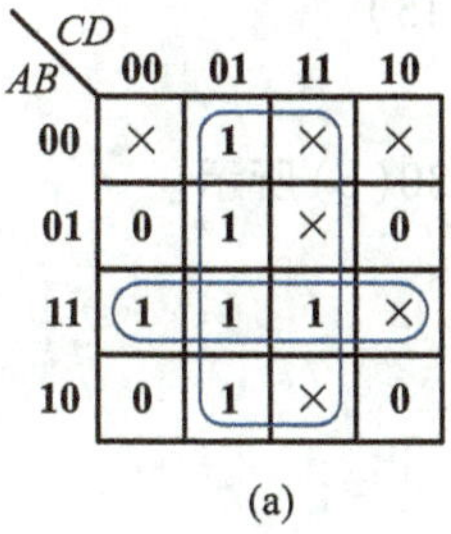

图 3-26 规则(5)

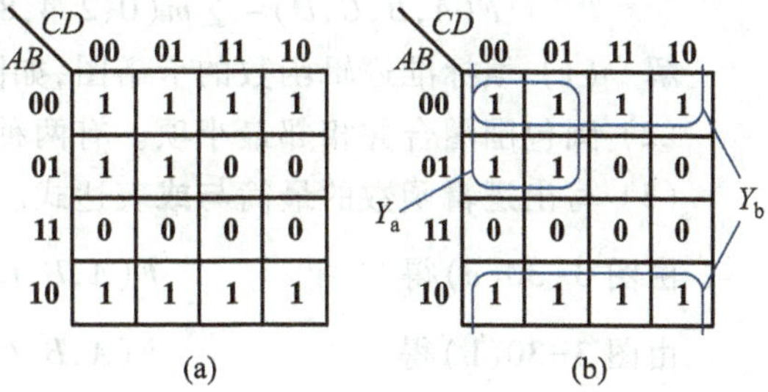

图 3-27 例 3-24 卡诺图

$Y_a=\overline{A}\,\overline{C}$：就是根据四个相邻最小项合并为一项，消去两个变量，保留四个相邻最小项中相同的变量 $\overline{A}$、$\overline{C}$。

$Y_b=\overline{B}$：就是根据八个相邻最小项合并为一项，消去三个变量，保留四个相邻最小项中相同的变量 $\overline{B}$。

实际上，上述通过合并相邻最小项得到一个简单**与**项的过程就是非标准**与或**表示式填卡诺图方法二的逆过程。

（3）写出逻辑函数的最简**与或**表达式。

将各包围圈相邻最小项合并的结果进行相加，便得到逻辑函数的最简**与或**表达式

$$Y=Y_a+Y_b=\overline{A}\,\overline{C}+\overline{B}$$

【例 3-25】 用卡诺图化简逻辑函数

$$Y=\overline{A}\,\overline{B}\,\overline{C}\,\overline{D}+\overline{A}BD+AB\,\overline{C}+AC$$

解 （1）根据非标准**与或**表示式填卡诺图方法二填逻辑函数的卡诺图，如图 3-28 所示。

（2）画包围圈合并相邻最小项。

（3）写出逻辑函数的最简**与或**表达式，得

$$Y=\overline{A}\,\overline{B}\,\overline{C}\,\overline{D}+AB+BD+AC$$

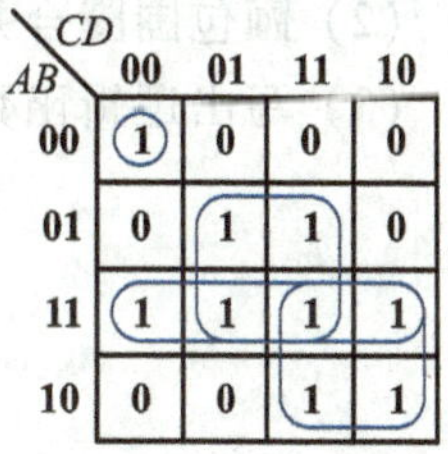

图 3-28 例 3-25 卡诺图

【例 3-26】 将含有约束项的逻辑函数用卡诺图法化简为最简**与或**表达式。

$$\begin{cases}Y=\overline{A}\,\overline{B}CD+AB\,\overline{D}+A\,\overline{B}\,\overline{C}+\overline{A}BD\\ \overline{B}C\,\overline{D}+\overline{A}\,\overline{C}=0\end{cases}$$

解 （1）根据非标准**与或**表示式填卡诺图方法二填逻辑函数的卡诺图，如图 3-29

所示。

(2) 画包围圈合并相邻最小项。

(3) 写出逻辑函数的最简**与或**表达式。

$$Y=A\overline{D}+\overline{B}$$

【例 3-27】 将含有约束项的逻辑函数用卡诺图法化简为最简**与或**表达式。

$$F(A,B,C,D)=\sum m(0,2,4,8,9,14)+\sum d(1,6,10,11,12,15)$$

解 (1) 填标准逻辑函数的卡诺图,如图 3-30 所示。

(2) 画包围圈合并相邻最小项。有两种圈法,如图 3-30(a)和图 3-30(b)所示。

(3) 写出逻辑函数的最简**与或**表达式。

由图 3-30(a)得 $F(A,B,C,D)=A\overline{B}+\overline{D}$

由图 3-30(b)得 $F(A,B,C,D)=\overline{B}\,\overline{C}+\overline{D}$

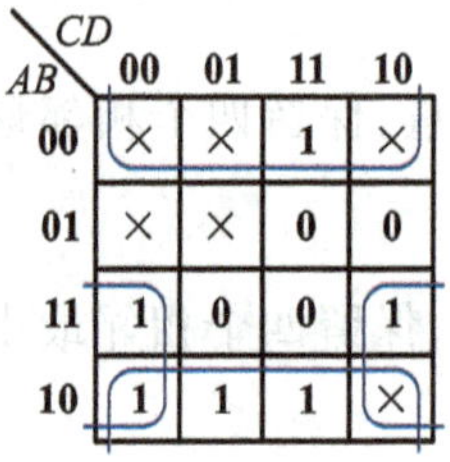

图 3-29 例 3-26 卡诺图

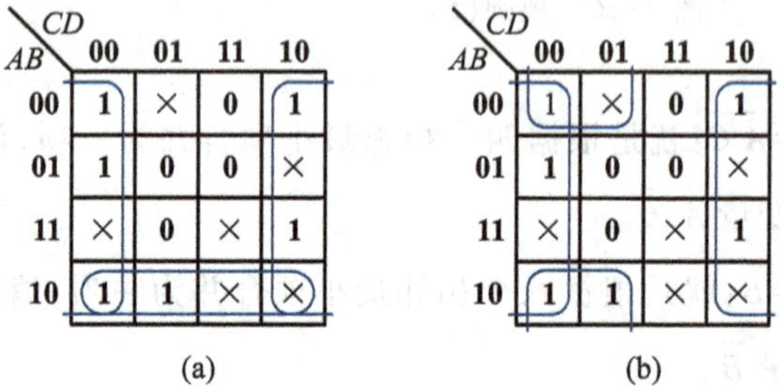

图 3-30 例 3-27 卡诺图

上题化简的两种结果都是最简**与或**表达式,说明逻辑函数的最简**与或**表达式不是唯一的。

【例 3-28】 用卡诺图化简逻辑函数

$$Y=A\overline{B}\,\overline{C}+BC\overline{D}+\overline{A}\,\overline{B}+AC+CD$$

解 (1) 填非标准逻辑函数的卡诺图,如图 3-31(a)所示。

(2) 画包围圈合并相邻最小项。

(3) 写出逻辑函数的最简**与或**表达式。

$$Y=\overline{B}+C$$

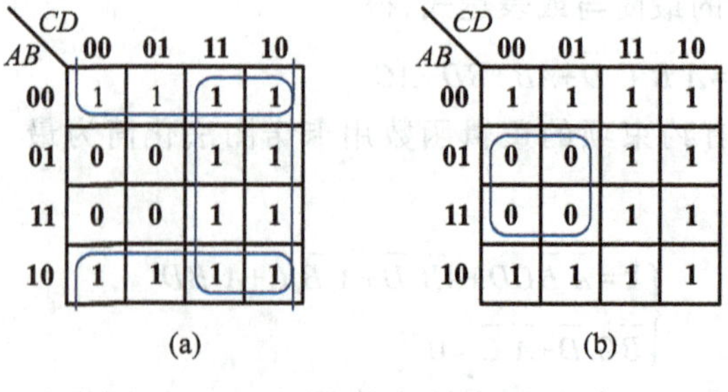

图 3-31 例 3-28 卡诺图

该题还可以先采用圈 **0** 的方法求原函数 Y 的反函数 $\overline{Y}$ 的最简**与或**表达式，然后再求原函数 Y。如图 3-31(b)所示，由该图可得 Y 的反函数

$$\overline{Y}=B\overline{C}$$

则

$$Y=\overline{B}+C$$

由该题可看出，圈 **0** 的方法，可求原函数 Y 的反函数 $\overline{Y}$ 的最简**与或**表达式，常用于化简相邻 **0** 方格很少的卡诺图。

▶ 目标测评

1. 数字 **0** 和 **1** 的含义是什么？数字 **0** 和 **1** 在数字电路中怎样实现？

2. 逻辑代数变量与普通代数变量有何异同？

3. 逻辑函数有哪些表示方法？

4. 某四变量逻辑函数，其中变量 A、B、C、D 为表示 1 位十进制数 X 的 8421BCD 码，当 $1\leqslant X\leqslant 6$ 时，逻辑函数 Y 为 **1**；否则 Y 为 **0**。(1)试列出该逻辑函数的真值表，并给出具有无关项逻辑函数的最小项表达式和最大项表达式；(2)用卡诺图化简成最简**与或**式，并给出对应的逻辑图。

5. 已知逻辑函数 $Y=(B\overline{C}+\overline{B}C)\cdot\overline{B(\overline{A}C+A\overline{C})}$：(1)根据对偶规则求出它的对偶函数；(2)根据反演规则求出它的反函数；(3)用公式法化简成最简**与或**表达式。

▶ 英文术语表

英文	中文	解释
Maxterm	最大项	布尔表达式中的一个和项，在这个布尔表达式中，所有的变量以原变量或其反变量的形式出现且仅出现一次
Minterm	最小项	布尔表达式中的一个积项，在这个布尔表达式中，所有的变量以原变量或其反变量的形式出现且仅出现一次
Logic Diagram	逻辑图	一种类似原理图的表示逻辑门连接关系的示意图
Karnaugh Map	卡诺图	寻找布尔表达式的最简形式的图形工具。在卡诺图中，通过消去成组的最小项或最大项而完成化简目的

本 章 小 结

1. 逻辑运算中的三种基本运算是**与**、**或**、**非**运算。常用的复合逻辑运算有**与非**运算、**或非**运算、与**或非**运算、**异或**运算和**同或**运算。

2. 常用的逻辑函数表示方法有真值表、逻辑代数式、卡诺图和逻辑图等，它们之间可以任意地相互转换，在数字电路的分析和设计中常用到这些方法。

3. 逻辑代数是分析和设计逻辑电路的工具。应熟记基本公式与基本规则。在运用反演规则和对偶规则时，要注意运算的顺序。

4. 逻辑函数的标准**与或**（最小项）表示式和标准**或与**（最大项）表示式都是唯一的。同一逻辑函数的标准**与或**表示式中最小项缺项的编号就是标准**或与**表示式中最大项的编号。

5. 常用逻辑函数化简的方法主要有公式法和卡诺图法两种。

公式法是用逻辑代数的基本公式和规则进行化简，必须熟记基本公式和规则并具有一定的运算技巧和经验。卡诺图法是基于合并相邻最小项的原理进行化简的，特点是简单、直观，不易出错，有一定的步骤和方法可循。

习 题

［题 3-1］ 分别指出变量（A,B,C,D）在何种取值组合时，下列函数的值为 1。

习题详解 3-1：
［题 3-2(2)］解答

（1）$Y=A\bar{B}C+CD$

（2）$Y=(\bar{A}+B+D)(A+C+\bar{D})$

［题 3-2］ 试用真值表验证下列表达式：

（1）$\overline{AB+\bar{B}C}=\bar{A}B+\bar{B}\,\bar{C}$

（2）$A\bar{B}+\bar{A}B=(A+B)(\bar{A}+\bar{B})$

（3）$(A\oplus B)C=AC\oplus BC$

（4）$A\oplus\bar{B}=A\oplus B\oplus 1$

［题 3-3］ 用逻辑代数的基本公式和定律将下列逻辑函数式化简为最简**与或**表示式：

（1）$Y=A\bar{B}C+B\bar{C}+C$

（2）$Y=(AC+\bar{A}\,\bar{C}+\bar{B})\bar{B}C$

（3）$Y=A\bar{B}+AC+\bar{A}D+BC+BD+BCE$

（4）$Y=\overline{AB+\bar{A}\,\bar{B}}\cdot(A\bar{B}+\bar{A}B)+AB$

（5）$Y=A(\bar{B}+\bar{C})+BC+\bar{A}D+BDE+BC\bar{D}$

习题详解 3-2：
［题 3-3(6)］解答

（6）$Y=\overline{AC+\bar{A}BC+\bar{B}C}+\bar{A}C+A\bar{B}+\bar{B}CDE$

（7）$Y=\overline{(A+B)CD+\bar{A}CD+AC(\bar{A}+D)}$

（8）$Y=\overline{(\bar{A}+\bar{B}+\bar{D})(\bar{C}+\bar{E})}(\bar{A}+\bar{B}+\bar{D}+\bar{\bar{C}}+\bar{\bar{E}})$

［题 3-4］ 证明下列恒等式（证明方法不限）：

（1）$A\bar{B}+\bar{A}C+BC+DCE=A\bar{B}+C$

（2）$A\bar{B}C+AB\bar{C}+A\bar{B}\,\bar{C}=A\cdot\overline{ABC}$

(3) $\overline{A}\,\overline{B}\,\overline{C}+ABC=\overline{A\overline{B}+B\overline{C}+\overline{A}C}$

(4) $\overline{A}\,\overline{B}C+\overline{A}B\overline{C}+A\overline{B}\,\overline{C}+ABC=A\oplus B\oplus C$

习题详解 3-3:
[题 3-4(4)]解答

[题 3-5]　根据反演规则求出下列逻辑函数的反函数：

(1) $Y=A\overline{B}(\overline{C+D})+C$

(2) $Y=\overline{\overline{A+B}+CD}+\overline{AB+\overline{CD}}$

(3) $Y=\overline{A\overline{B}+BC+A\overline{C}}\cdot(A+B+\overline{C})$

(4) $Y=\overline{AB+\overline{A}\,\overline{B}}\cdot(A\overline{B}+\overline{A}B)+AB$

[题 3-6]　根据对偶规则求出下列逻辑函数的对偶函数：

(1) $Y=A\overline{C}(\overline{B+D})+\overline{A}C$

(2) $Y=\overline{\overline{A+B}+CD}\cdot\overline{AB+\overline{C+D}}$

(3) $Y=\overline{(A+B)(\overline{A}+B+\overline{C})(C+D)}(A+\overline{B}+\overline{D})$

(4) $Y=\overline{A+\overline{B}}\cdot\overline{A\overline{B}+\overline{A}B+AC}$

[题 3-7]　将下列逻辑函数表示成“最小项之和”形式及“最大项之积”形式：

(1) $F(A,B,C)=AB+\overline{A}C+BC$

(2) $F(A,B,C)=(A+C)\overline{AC+\overline{B}C}$

(3) $F(A,B,C,D)=ABCD+\overline{A}BC+AB+BC+B\overline{D}$

(4) $F(A,B,C,D)=\overline{\overline{A}(B+\overline{C})}$

习题详解 3-4:
[题 3-7(2)]解答

[题 3-8]　用卡诺图将下列逻辑函数化简为最简**与或**表示式：

(1) $Y=AB+AC+BC+B\overline{C}$

(2) $Y=\overline{A}\,\overline{B}+\overline{A}\,\overline{C}D+AC+\overline{B}C$

(3) $Y=A\overline{B}+AD+BD+B\overline{C}\,\overline{D}+\overline{A}B\overline{C}D$

(4) $Y=AC\overline{D}+BCD+B\overline{C}D+A\overline{B}+\overline{A}D$

(5) $Y=\overline{ACD+CD(\overline{A}+B)+AC(\overline{C}+D)}$

(6) $F(A,B,C)=\sum m(0,1,5,7)$

(7) $F(A,B,C,D)=\sum m(0,1,2,3,5,7,8,10,13,15)$

(8) $F(A,B,C,D)=\sum m(1,6,8,9,11,12)+\sum d(0,2,3,13,14,15)$

(9) $F(A,B,C,D)=\sum m(0,3,4,9,10,12,13)+\sum d(1,2,6,7,8,11,14)$

(10) $\begin{cases}Y=\overline{A}\,\overline{B}CD+A\overline{C}D+A\overline{B}\,\overline{C}+\overline{C}D\\BCD+AC=0\end{cases}$

习题详解 3-5:
[题 3-8(4)]解答

习题详解 3-6:
[题 3-8(9)]解答

[题 3-9]　用卡诺图将下列逻辑函数化简为最简**或与**表示式：

(1) $Y=(A+\bar{B}+C+\bar{D})(A+B+D)(\bar{A}+B+D)$

(2) $Y=(\bar{A}+\bar{B}+C)(A+\bar{B}+\bar{D})(\bar{B}+\bar{C}+\bar{D})(\bar{A}+\bar{B}+\bar{C}+D)$

(3) $F(A,B,C,D)=\prod M(0,1,2,3,8,10)$

(4) $F(A,B,C,D)=\prod M(2,3,4,6,7)\prod D(10,11,12,13,14,15)$

(5) $F(A,B,C,D)=\sum m(0,1,2,3,4,6,8)+\sum d(10,11,12,13,14)$

习题详解 3-7：[题 3-9(1)]解答

[题 3-10]　用卡诺图判别逻辑函数 Y 和 Z 之间的关系：

(1) $Y=AB+AC+B\,\bar{C}$　　　$Z=\bar{A}\,\bar{B}+\bar{A}C+\bar{B}\,\bar{C}$

(2) $Y=(A+\bar{B}+C)(AB+CD)$　　　$Z=AB+CD$

[题 3-11]　已知下列逻辑函数，试用卡诺图分别求出 Y_1+Y_2、$Y_1\cdot Y_2$ 和 $Y_1\oplus Y_2$：

(1) $\begin{cases} Y_1=\bar{A}BC+\bar{A}\,\bar{B}C+\bar{A}\,\bar{B}\,\bar{C} \\ Y_2=ABC+A\,\bar{B}C+A\,\bar{B}\,\bar{C}+\bar{A}\,\bar{B}\,\bar{C} \end{cases}$

(2) $\begin{cases} Y_1=A\,\bar{C}D+\bar{A}CD+\bar{A}B\,\bar{D}+BCD \\ Y_2=\overline{\bar{A}BC+BC+\overline{CD}} \end{cases}$

[题 3-12]　列出以下各题的真值表，并写出逻辑函数的标准与或式：

习题详解 3-8：[题 3-12(1)]解答

(1) 某四变量逻辑函数，其中变量 A、B、C、D 为表示 1 位十进制数 X 的 8421BCD 码，当 X 为奇数时，逻辑函数 Y 为 **0**；否则 Y 为 **1**。

(2) X 为输入变量，Y 为输出函数。X 输入为 4 位二进制数，Y 输出也为 4 位二进制数。当 $X<8$ 时，$Y=X+1$；当 $X\geqslant 8$ 时，$Y=X-1$。

[题 3-13]　给出逻辑图 P3-1 的逻辑函数表达式，并列出真值表。

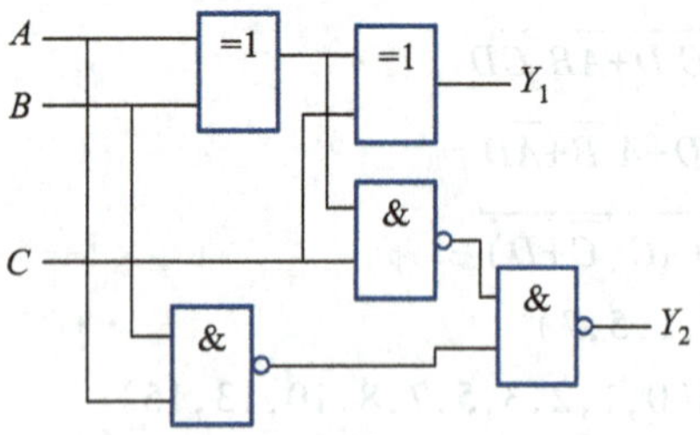

图 P3-1

第 4 章　VHDL

▶ 本章目标

1. 掌握常用 VHDL 的基本结构。
2. 掌握常用 VHDL 的基本语句。
3. 掌握 VHDL 的语言要素。
4. 了解 VHDL 的描述风格。

▶ 引言

VHDL 的英文全名是 Very-High-Speed Integrated Circuit Hardware Description Language，诞生于 1982 年。1987 年底，VHDL 被 IEEE(The Institute of Electrical and Electronics Engineers)和美国国防部确认为标准硬件描述语言。自 IEEE 公布了 VHDL 的标准版本(IEEE-1076)之后，VHDL 在电子设计领域得到了广泛的接受，并逐步取代了原有的非标准硬件描述语言。1993 年，IEEE 对 VHDL 进行了修订，从更高的抽象层次和系统描述能力上扩展 VHDL 的内容，即 IEEE 标准的 1076—1993 版本。2008 年，IEEE 再次对 VHDL 进行了修订，并公布了最新版本的 VHDL 版本，即 IEEE 标准的 1076—2008 版本。

4.1 VHDL 概述

关键术语

VHDL：超高速集成电路硬件描述语言，是 IEEE 标准硬件语言。

电子教案 4-1：
VHDL 的基本结构

VHDL 是一种文本形式设计数字系统的硬件描述语言，主要用于描述数字系统的结构、行为、功能和接口，可以在任何文字处理软件环境中编辑。除了含有许多具有硬件特征的语句外，其形式、描述风格及语法十分类似于计算机高级语言。VHDL 程序将一项工程设计项目(或称设计实体)分成描述外部端口信号的可视部分和描述端口信号之间逻辑关系的内部不可视部分，这种将设计项目分成内、外两个部分的概念是硬件描述语言(HDL)的基本特征。当一个设计项目定义了外部界面(端口),在其内部设计完成后,其他的设计就可以利用外部端口直接调用这个项目。VHDL 的主要特点如下：

(1) 作为 HDL 的第一个国际标准,VHDL 具有很强的可移植性。

(2) 具有丰富的模拟仿真语句和库函数,随时可对设计进行仿真模拟,因而能将设计中的错误消除在电路系统装配之前,在设计早期就能检查设计系统功能的可行性,有很强的预测能力。

(3) VHDL 有良好的可读性,接近高级语言,容易理解。

(4) 系统设计与硬件结构无关,方便了工艺的转换,也不会因工艺变化而使描述过时。

(5) 支持模块化设计,可将大规模设计项目分解成若干个小项目,还可以把已有的设计项目作为一个模块调用。

(6) 对于用 VHDL 完成的一个确定设计,可以利用 EDA 工具进行逻辑综合和优化,并能自动地把 VHDL 描述转变成门电路级网表文件。

(7) 设计灵活,修改方便,同时也便于设计结果的交流、保存和重用,产品开发速度快,成本低。

4.2 VHDL 的基本结构

关键术语

实体:实体是一个设计对象的表层设计单元,其功能是对这个设计与外部电路进行接口描述。

结构体:结构体是用于描述设计对象的内部结构以及设计对象端口间的逻辑关系。

配置:配置就是把特定的结构体关联到一个确定的实体。

包集合:存放各设计模块能共享的数据类型、常数、子程序等。

库:用于存放已编译的实体、结构体、包集合和配置,便于其他设计对象共享。

4.2.1 VHDL 程序的基本结构与程序设计举例

一个完整的 VHDL 文件,其基本结构如图 4-1 所示。

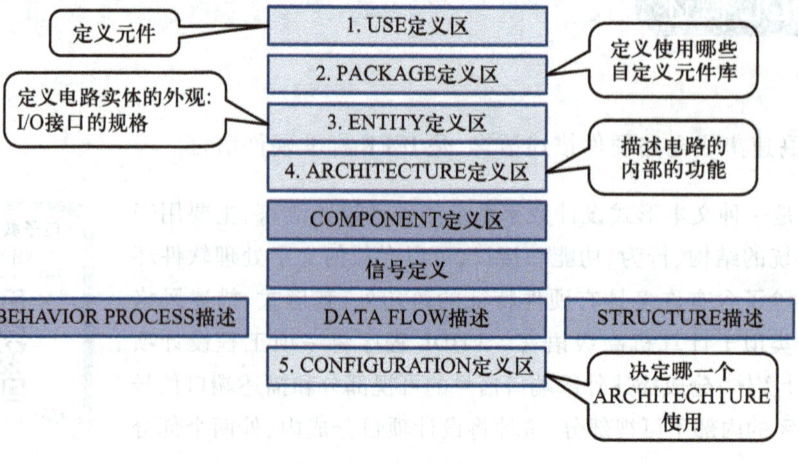

图 4-1 VHDL 程序结构框图

由图 4-1 可知，VHDL 的结构通常包括实体（ENTITY）、结构体（ARCHITECTURE）、配置（CONFIGURATION）、程序包（PACKAGE）和库（LIBRARY）五个部分。下面通过一个异或门的设计实例，从整体上初步认识 VHDL 的基本结构。

【例 4-1】 一个 2 输入异或门的逻辑描述。

```
library ieee;                                   --库说明语句
use ieee. std _ logic _ 1164. all;              --程序包说明语句
entity gate _ xor2 is                           --实体部分
    port(a ,b: in   std _ logic;
            y: out  std _ logic);
end gate _ xor2;
architecture dataflow of gate _ xor2 is         --结构体部分
begin
y<=a xor b;
end dataflow;
```

从上面的设计实例可以看出，一个相对完整的 VHDL 程序至少应包括四个基本组成部分：库、程序包使用说明、实体说明和实体对应的结构体说明。其中库、程序包使用说明用于打开（或调用）本设计对象将要用到的库、程序包；实体说明用于描述该设计对象与外界的接口信号；结构体说明用于描述该设计对象内部工作的逻辑关系。

4.2.2 实体

实体（ENTITY）是一个设计对象的表层设计单元，其功能是对这个设计对象与外部电路进行接口描述。它规定了设计单元的输入输出接口信号或引脚，是设计对象经封装后对外的一个通信界面，但它并不描述设计的具体功能。

1. 实体语句结构

实体说明单元的常用语句结构如下：

```
ENTITY 实体名 IS
    [GENERIC(常数名:数据类型:设定值;…);]
    [PORT(端口名:端口模式  数据类型;…);]
END ENTITY 实体名;
```

实体名是设计者自己给设计对象的命名，可作为其他设计对象对该设计对象进行调用时用。中间在方括号内的语句描述，在特定的情况下并非是必需的。

2. 类属（GENERIC）说明语句

类属（GENERIC）参量是一种端口界面常数，常以一种说明的形式放在实体的说明部分。类属参量以关键词 GENERIC 引导一个类属参量表，用于确定设计对象和其外部环境通信的参数，传递时间参数或总线宽度等静态的信息。类属说明在所定义的环境中的地位十分接近常数，但却能从环境外部动态地接受赋值，其行为又有点类似于端口 PORT。因此，常如以上的实体定义语句那样，将类属说明放在其中，且放在端口说明语句的前面。

3. PORT 端口说明

一个实体通常有一个或多个端口,端口类似于原理图部件符号上的引脚。实体与外界交流的信息必须通过端口通道流入或流出。由 PORT 引导的端口说明语句是对于一个设计对象界面的说明。其中,端口名是设计者为实体的每一个对外通道所取的名字;端口模式是指这些通道上的数据流动方式,如输入或输出等;数据类型是指端口上流动的数据的表达格式。IEEE 1076 标准包中定义了四种常用的端口模式,如表 4-1 所示。

表 4-1 端口模式

端口方向	含义	端口方向	含义
IN	输入	INOUT	双向
OUT	输出	BUFFER	带反馈功能的输出

4.2.3 结构体

结构体(ARCHITECTURE)用于描述设计对象的内部结构以及实体端口间的逻辑关系。一般地,一个完整的结构体由两个基本层次组成:一是对数据类型、数据对象(常数、信号、变量)、子程序和元件等元素的说明;二是描述被设计对象的逻辑行为,以各种不同的描述风格表达功能描述语句。

1. 结构体的一般语句格式

结构体的语句格式如下:

```
ARCHITECTURE  结构体名 OF  实体名 IS
              [说明语句;]
BEGIN
              [功能描述语句;]
END ARCHITECTURE 结构体名;
```

其中,实体名必须是所在设计对象的名字,而结构体名可以由设计者自己选择,但当一个实体具有多个结构体时,结构体的取名不可重复。

2. 结构体说明语句

结构体中的说明语句是对结构体的功能描述语句中将要用到的信号(SIGNAL)、数据类型(TYPE)、常数(CONSTANT)、元件(COMPONENT)、函数(FUNCTION)和过程(PROCEDURE)等加以说明的语句。

3. 结构体功能描述语句

功能描述语句可以含有七种不同类型以并行方式工作的语句结构,如表 4-2 所示。

结构体的功能描述语句主要用于描述该设计对象内部工作的逻辑关系。

表 4-2 并行语句的种类

并行语句	注解
进程语句	定义顺序语句模块，用以将从外部获得的信号值，或内部的运算数据向其他的信号进行赋值。注意各进程之间的关系是并行关系
块语句	由一系列并行执行语句构成的组合体，它的功能是将结构体中的并行语句组成一个或多个模块，改善并行语句及其结构的可读性
并行信号赋值语句	将设计对象内的处理结果向定义的信号或界面端口进行赋值
并行子程序调用语句	并行子程序调用语句可以直接出现在结构体或块语句中。语法格式与顺序子程序调用语句相同。用于调用一个已设计好的子程序，调用语句由过程(PROCEDURE)和函数(FUNCTION)组成，其内部是顺序语句
元件例化语句	对其他的设计对象作元件调用说明，并将此元件的端口与其他的元件、信号或高层次实体的端口进行连接
生成语句	生成语句可以简化有规则设计结构的逻辑描述，它可以复制一组完全相同的并行元件或设计单元电路结构

4.2.4 库、程序包及其他

1. 库(LIBRARY)

在利用 VHDL 进行工程设计中，为了提高设计效率以及使设计遵循某些统一的语言标准或数据格式，有必要将一些有用的信息汇集在一个或几个库中以供调用。这些信息可以是预先定义好的数据类型、子程序等设计单元的集合体，或预先设计好的各种设计对象。因此，可以把库看成是一种用来存储预先完成的程序包和数据集合体的仓库，通过其目录可查询和调用。

(1) 库的种类

VHDL 中的库大致可归纳为五种：IEEE 库、STD 库、WORK 库、VITAL 库和用户定义库。用户定义库是用户自己定义的一些库，除用户定义库外 VHDL 设计中的库具体如表 4-3 所示。

表 4-3 VHDL 设计中用的库

库的名称	所包含的程序包	使用特点
IEEE	STD_LOGIC_1164 STD_LOGIC_ARITH STD_LOGIC_UNSIGNED STD_LOGIC_SIGNED 等程序包	IEEE 库是 VHDL 设计中最为常用的库，但非 VHDL 标准库。在应用中它必须在实体的前面以显式表达出来。该库中的程序包是常用的程序包
STD	STANDARD TEXTIO	STD 库是 VHDL 标准库，在应用中不必如 IEEE 库那样以显式表达出来
WORK	用户自定义程序包	WORK 库是用户的 VHDL 设计的现行工作库，用于存放用户设计和定义的一些设计单元和程序包。WORK 库自动满足 VHDL 标准，在应用中也不必以显式预先说明
VITAL	VITAL_TIMING VITAL_PRIMITIVES	使用 VITAL 库，可以提高 VHDL 门级时序模拟的精度，因而只在 VHDL 仿真器中使用。VITAL 程序包已经成为 IEEE 标准

(2) 库的用法

在 VHDL 中,库的说明语句总是放在实体单元前面,而且库语言一般必须与 USE 语句同时使用。库语言关键词 LIBRARY,指明所使用的库名,USE 语句指明库中的程序包。一旦说明了库和程序包,整个设计对象都可进入访问或调用,但其作用范围仅限于所说明的设计对象。库(LIBRARY)的语句格式如下:

```
LIBRARY 库名;
```

2. 程序包(PACKAGE)

程序包主要由程序包首和程序包体构成。定义程序包的一般语句结构如下:

```
PACKAGE 程序包名  IS
    程序包首说明部分
END 程序包名;
PACKAGE  BODY 程序包名  IS
    程序包体说明部分以及包体内容
END 程序包名;
```

(1) 程序包首

程序包首的说明部分可收集多个不同的 VHDL 设计所需的公共信息,其中包括数据类型说明、信号说明、子程序说明及元件说明等。程序包结构中,程序包体并非是必需的,程序包首可以独立定义和使用。

(2) 程序包体

程序包体的说明部分是给出对应包首中说明的元件、子程序的完整程序描述,它的组成可以是 USE 语句、子程序定义、子程序体、数据类型说明、子类型说明和常数说明等。对于没有元件、子程序说明的程序包体可以省去。

程序包常用来封装属于多个设计单元分享的信息,程序包定义的信号、变量不能在设计对象之间共享。常用的程序包如表 4-3 所示。调用程序包的语句是 USE 语句,常用的调用格式如下:

用法	作用
USE 库名 . 程序包名 . 项目名;	向本设计对象开放指定库中的特定程序包内所选定的项目
USE 库名 . 程序包名 . ALL;	向本设计对象开放指定库中的特定程序包内所有的内容

3. 配置(CONFIGURATION)

配置可以把特定的结构体指定给一个确定的实体。在 VHDL 设计文件中可利用配置使仿真器为同一实体尝试配置不同的结构体以使设计者比较不同结构体的仿真差别后找到较合适的结构体描述方式并优化设计。配置语句的一般格式如下:

```
CONFIGURATION 配置名 OF  实体名 IS
      FOR 选配结构体名;
      END FOR
END 配置名;
```

4. 子程序(SUBPROGRAM)

VHDL 的子程序有两种类型,分别为过程(PROCEDURE)和函数(FUNCTION)。

(1) 过程(PROCEDURE)

过程语句的一般格式如下:

```
PROCEDURE 过程名(参数表)                    --过程首
PROCEDURE 过程名(参数表 )IS                 --过程体
      [说明语句];
BEGIN
      [顺序语句];
END 过程名;
```

过程语句的调用格式如下:

```
过程名(实际参数表);
```

【例 4-2】 过程语句的举例。

```
procedure max(a, b:in integer; c:out integer)is
begin
   if(a<b) then              c<=b;
   else                      c<=a;
   end if;
end  max;
```

过程调用如:max(x,y,z);

(2) 函数(FUNCTION)

函数语句的一般格式如下:

```
FUNCTION  函数名(输入参数表)RETUEN 数据类型            --函数首
FUNCTION  函数名(输入参数表)RETURN 数据类型 IS         --函数体
          [说明语句];
BEGIN
          [顺序语句];
RETURN  [返回变量名];
END  [函数名];
```

函数语句的调用格式如下。

```
函数名(实际参数表);
```

【例 4-3】 函数语句的举例。

```
function max(a,b:std_logic_vector) return std_logic_vector is
variable   tmp:std_logic_vector(a'range);
begin
   if(a>b) then      tmp:=a;
   else              tmp:=b;
   end   if;
 return tmp;
end max;
```

函数调用如:z=max(x,y);

过程的参数表有输入参数、输出参数和双向参数,过程被调用时是作为一种语句而单独存在,过程调用后可以有多个返回值;函数参数表仅定义输入参数,函数是作为表达式的一部分被调用,函数调用后只有一个返回值。如果所定义的子程序是要放入程序包作为可共享的资源,则必须在某个设计文件中的程序包首定义子程序首,程序包体定义子程序体,在另外一个设计文件的结构体和进程中调用已定义程序包中的子程序;而反之子程序不放入某个程序包作为可共享的资源,子程序体可以在其所在的设计文件的结构体和进程中单独定义和使用,无需定义子程序首。子程序可以在结构体或程序包的任何位置被调用,而且可以反复调用。子程序是一个非重入的程序,即子程序返回后才能再被调用。在调用时子程序首先要进行初始化,执行结束后子程序终止;再调用时要再进行初始化。因此,子程序内部的值不能保持。注意子程序调用不同于 C 语言的函数调用,每一个子程序调用都可能会带来硬件资源的消耗。

4.3 VHDL 要素

关键术语

数据对象:信号(SIGNAL),变量(VARIABLE),常量(CONSTANT)。

数据类型:VHDL 预定义数据类型,常用 IEEE 预定义数据类型,用户自定义数据类型。

操作符:逻辑运算符,算术运算符,重载操作符等。

4.3.1 VHDL 文字规则

电子教案 4-2:VHDL 要素

VHDL 除了具有类似于计算机高级语言所具备的一般文字规则外,还包含一些特有的文字规则和表达方式,在编程中需注意使用。

1. 数字型文字

数字型文字有整数文字、实数文字、以数制基数表示的文字、物理量文字等多种表达方式，现列举如表 4-4 所示。

表 4-4 数字型文字

整数文字	4,345,0,123E1(=1230),45_123_287(=45123287)
实数文字	234.345,22_345_551.243_119(=22345551.243119)
以数制基数表示的文字	10#170# --十进制数表示，等于 170
	2#1111_1110# --二进制数表示，等于 254
	16#E#E1 --十六进制数表示，等于 224
	16#F.01#E+2 --十六进制数表示，等于 3841.00
物理量文字	30 s(30 秒),10 m(10 米)

以数制基数表示的文字由五个部分组成。第一部分，用十进制数标明数制进位的基数；第二部分，数制隔离符号"#"；第三部分，表达的文字；第四部分，指数隔离符号"#"；第五部分，用十进制表示的指数部分，这一部分的数如果是 0 可以省去不写。

2. 字符串型文字

字符是用单引号引起来的 ASCII 字符，可以是数值，也可以是符号或字母，如：'a'，'B'，'L'。而字符串则是一维的字符数组，须放在双引号中。VHDL 中有两种类型的字符串：文字字符串和数位字符串。

(1) 文字字符串：是用双引号引起来的一串文字。如：

"RIGHT","BOTH M AND N EQUAL TO L","Z"

(2) 数位字符串：也称位矢量，它们所代表的是二进制、八进制或十六进制的数组，其位矢量的长度即为等值的二进制数的位数。数位字符串的表示首先要有计算基数，然后将该基数表示的值放在双引号中，基数符以 B(二进制)、O(八进制)和 X(十六进制)表示，并放在字符串的前面。如：

```
data1 <=B"0_1010_0101";    --二进制数数组，位矢量数组长度是 9
data2 <=O"18";             --八进制数数组，位矢量数组长度是 6
data3 <=X"AAA";            --十六进制数数组，位矢量数组长度是 12
```

3. 标识符

标识符用来定义常数、变量、信号、端口、子程序或参数的名字。VHDL 的基本标识符的书写规则为：

① 有效的字符，包括 26 个大小写英文字母，数字包括 0~9 以及下划线"_"；

② 任何标识符必须以英文字母开头；

③ 标识符中如出现下画线"_"，则必须是单一下划线，且其前后都必须有英文字母或数字；

④ 标识符中的英语字母不分大小写。

4. 下标名及下标段名

下标名用于指示数组型变量或信号的某一元素，而下标段名则用于指示数组型变量或信号的某一段元素，其语句格式如下：

标识符(表达式);标识符(表达式1 TO/DOWNTO 表达式2);

表达式的数值必须在数组元素下标范围以内,并且必须是可计算的。TO表示数组下标序列由低到高,如"2 TO8";DOWNTO表示数组下标序列由高到低,如"8 DOWNTO 2"。

下标名及下标段名使用如例4-4所示。

【例4-4】 下标名及下标段名使用。

```
signal  a,b,c:bit_vector(0 to 7);
signal  z:bit;
z<=b(3);                        --3是下标表示
c(0 to 3)<=a(4 to 7);           --以段的方式进行赋值
c(4 to 7)<=a(0 to 3);           --以段的方式进行赋值
```

4.3.2 VHDL数据对象

在VHDL中,数据对象(DATA OBJECTS)类似于一种容器,它接受不同数据类型的赋值。数据对象有三种:常量(CONSTANT)、变量(VARIABLE)和信号(SIGNAL)。

1. 常量(CONSTANT)

常量的定义和设置主要是为了使设计对象中的常数更容易阅读和修改。例如,将位矢量的宽度定义为一个常量,只要修改这个常量就能很容易地改变宽度,从而改变硬件结构。在程序中,常量是一个恒定不变的值,一旦作了数据类型的赋值定义后,在程序中不能再改变,因而具有全局意义。常量的定义形式如下:

CONSTANT 常量名:数据类型:=表达式;

【例4-5】 常量举例。

```
constant fbus:bit_vector:="010110";constant vcc:real:=5.0;
```

常量的可视性,即常量的使用范围取决于它被定义的位置。在程序包中定义的常量具有最大全局化特征,可以用在调用此程序包的所有设计对象中;定义在设计对象中的常量,其有效范围为这个实体定义的所有的结构体;定义在结构体中的常量,则只能用于此结构体;定义在结构体的某一单元的常量,如一个进程中,则这个常量只能用在这一进程中。

2. 变量(VARIABLE)

在VHDL语法规则中,变量是一个局部量,只能在进程和子程序中使用。变量不能将信息带出对它做出定义的当前设计单元。变量的赋值是一种理想化的数据传输,是立即发生,不存在任何延时的行为。定义变量的语法格式如下:

VARIABLE 变量名:数据类型[:=初始值];

【例4-6】 变量举例。

```
variable  a:integer;            --定义a为整数型变量
variable  b,c:integer:=2;       --定义b和c为整数型变量,初始值为2
```

变量的值将随变量赋值语句的运算而改变。变量定义语句中的初始值可以是一个与变量具有相同数据类型的常数值，也可以是一个全局静态表达式，这个表达式的数据类型必须与所赋值变量一致。此初始值不是必需的，综合过程中综合器将略去所有的初始值。变量数值的改变是通过变量赋值来实现的，其赋值语句的语法格式如下：

目标变量名:=表达式;

3. 信号(SIGNAL)

信号是描述硬件系统的基本数据对象，它类似于连接线。信号可以作为设计对象中并行语句模块间的信息交流通道。信号是具有更多的硬件特征的特殊数据对象，是 VHDL 中最有特色的语言要素之一。信号的定义格式如下：

SIGNAL 信号名:数据类型[:=初始值];

【例 4-7】 信号举例。

```
signal s1:std_logic:=0;     --定义了一个标准逻辑位的单值信号 s1,初始值为低电平
signal s2,s3:bit;           --定义了两个位数据信号 s2 和 s3
```

信号的使用和定义范围是实体、结构体和程序包。在进程和子程序中不允许定义信号，但可以在进程中使用。

4.3.3 VHDL 数据类型

VHDL 是一种强类型语言，要求设计对象中的每一个常数、信号、变量、函数以及设定的各种参量都必须具有确定的数据类型，并且相同数据类型的量才能互相传递和作用。VHDL 的数据类型包括预定义数据类型，IEEE 预定义数据类型，用户自定义数据类型。

1. 预定义数据类型

预定义数据类型都是在 VHDL 标准库 STD 中的程序包 STANDARD 中定义，其常用数据类型如表 4-5 所示。

表 4-5 预定义数据类型

数据类型	特点
布尔数据类型	布尔数据类型(BOOLEAN)实际上是一个二值枚举型数据类型，它的取值有 FALSE 和 TRUE 两种
位数据类型	位数据类型(BIT)也属于枚举型，取值只能是 **1** 或 **0**。位数据类型的数据对象，如变量、信号等，可以参与逻辑运算，运算结果仍是位的数据类型。VHDL 综合器用一个二进制位表示 BIT
位矢量类型	位矢量(BIT_VECTOR)只是基于 BIT 数据类型的数组，使用位矢量必须注明位宽，即数组中的元素个数和排列，例如："SIGNAL A :BIT_VECTOR(0 TO 7);" 信号 A 被定义为一个具有 8 位位宽的矢量，它的最左位是 A(0)，最右位是 A(7)
字符类型	字符类型(CHARACTER)通常用单引号引起来，如'A'。字符类型区分大小写，如'B'不同于'b'

续表

数据类型	特点
整数类型	整数类型(INTEGER)的数代表正整数、负整数和零。在VHDL中,整数的取值范围是 $-(2^{31}-1)\sim(2^{31}-1)$,即可用32位有符号的二进制数表示。在使用整数时,VHDL综合器要求用RANGE子句为所定义的数限定范围,然后根据所限定的范围来决定表示此信号或变量的二进制数的位数
自然数和正整数类型	自然数(NATURAL)是整数的一个子类型,非负的整数,即零和正整数;正整数(POSITIVE)也是整数的一个子类型,它包括整数中非零和非负的数值
实数类型	VHDL的实数(REAL)类型类似于数学上的实数,或称浮点数。实数的取值范围为-1.0E38~+1.0E38。实数常量的书写方式举例如:3.1, 8#4.6#E+4,3.6E-4。实数类型仅能在VHDL仿真器中使用,VHDL综合器不支持实数
字符串类型	字符串类型是字符数据类型的一个非约束型数组,或称为字符串数组。字符串必须用双引号标明。如:"VARIABLE STR: STRING (1 TO 4); STR: = "VHDL";"
时间类型	完整的时间(TIME)类型包括整数和物理量单位两部分,整数和单位之间至少留一个空格,如10 ms,10 ns,详见STANDARD程序包。VHDL综合器不支持时间类型

2. IEEE 预定义数据类型

在IEEE库的程序包STD_LOGIC_1164中,定义了两个非常重要和常用的数据类型,即标准逻辑位STD_LOGIC和标准逻辑矢量STD_LOGIC_VECTOR。

(1) 标准逻辑位 STD_LOGIC

标准逻辑位数据类型STD_LOGIC的定义为:TYPE STD_LOGIC IS('U','X','0','1','Z','W','L','H','-')。各值的含义分别是:①'U'—未初始化的;②'X'—强未知的;③'0'—强0;④'1'—强1;⑤'Z'—高阻态;⑥'W'—弱未知的;⑦'L'—弱0;⑧'H'—弱1;⑨'-'—忽略。由定义可见,STD_LOGIC是标准的BIT数据类型的扩展,共定义了9种值。就综合而言,只有'0'、'1'、'Z'和'-'可以综合,而其他取值对仿真有意义。

(2) 标准逻辑矢量 STD_LOGIC_VECTOR

标准逻辑矢量STD_LOGIC_VECTOR类型定义为:TYPE STD_LOGIC_VECTOR IS ARRAY(NATURAL RANGE< >)OF STD_LOGIC。STD_LOGIC_VECTOR数据类型的数据对象赋值的原则是:同位宽、同数据类型的矢量间才能进行赋值。

3. 用户自定义数据类型

VHDL允许用户自行定义新的数据类型,它们可以有多种,如枚举类型(ENUMERATION TYPE)、整数类型(INTEGER TYPE)、数组类型(ARRAY TYPE)等。用户自定义数据类型是用类型定义语句TYPE和子类型定义语句SUBTYPE实现。

(1) TYPE语句用法

```
TYPE 数据类型名 IS 数据类型定义 [OF 基本数据类型];
```

TYPE 语句语法结构如上。其中,数据类型名由设计者自定;数据类型定义部分用来描述所定义的数据类型的表达方式和表达内容;关键词 OF 后的基本数据类型是指数据类型定义中所定义的元素的基本数据类型,一般都是取已有的预定义数据类型。

(2) SUBTYPE 语句用法

子类型 SUBTYPE 只是由 TYPE 所定义的原数据类型的一个子集,它满足原数据类型的所有约束条件,原数据类型称为基本数据类型。子类型 SUBTYPE 的语句格式如下:

```
SUBTYPE 子类型名 IS   基本数据   RANGE   约束范围;
```

以下是自定义数据类型常用举例。

【例 4-8】 枚举类型举例。

```
type m _ state is( state1,state2,state3,state4,state5);
signal current _ state,next _ state:m _ state;
```

在这里,信号 current _ state 和 next _ state 的数据类型定义为 m _ state,它们的取值范围是可枚举的,即从 state1~state5 共 5 种。

【例 4-9】 整数类型举例。

```
type byte is range 0 to 255;                    --自定义数据类型 byte
subtype nibble is byte range 0 to 15;           --自定义数据子类型 nibble
signal counter:nibble;
```

定义为整数的信号 counter 的具体的数据类型必须由用户根据实际的需要重新定义,并限定其取值范围(0 to 15),以便能为综合器所接受,从而提高芯片资源的利用率。因此使用整数时,VHDL 综合器要求使用数值限定关键词 RANGE,对整数使用范围作明确的限制。

【例 4-10】 数组类型举例。

(1) 非限制性数组举例

```
type bit _ vector is array(natural range< >)of bit;
variable a:bit _ vector(1 to 6);                --将数组取值范围定在 1~6
```

(2) 限制性数组举例

```
type bit _ vector is array(0 to 7)of bit;       --限定性数组的定义
variable a:bit _ vector;
```

VHDL 允许定义两种不同类型的数组,即限定性数组和非限定性数组。它们的区别是,限定性数组下标的取值范围在数组定义时就被确定了,而非限定性数组下标的取值是当用到该数组类型时再填入具体的数值范围,符号“< >”是下标范围待定符号。数组类型属复合类型,是将一组具有相同数据类型的元素集合在一起,作为一个数据对象来处理的数据类型。数组可以是一维(每个元素只有一个下标)数组或多维数组(每个元素有多个下标)。VHDL 仿真器支持多维数组,但 VHDL 综合器只支持一维数组。

4. 数据类型转换

由于 VHDL 是一种强类型语言,这就意味着即使对于非常接近的数据类型的数据对象,在相互操作时,也需要进行数据类型转换。实现类型转换的常用方法有类型转换函数法、类型标记法。

(1) 类型转换函数方式

类型转换函数方式就是用类型转换函数将一种属于某种数据类型的数据对象转换成属于另一种数据类型的数据对象。VHDL 的 IEEE 库中的程序包提供了变换函数,这些程序包有三种,每个程序包中的变换函数不一样。现列转换函数表如表 4-6 所示。

表 4-6 转换函数表

包集合	函数	作用
STD_LOGIC_1164	TO_STDLOGICVECTOR(A)	由 BIT_VECTOR 转换为 STD_LOGIC_VECTOR
	TO_BITVECTOR(A)	由 STD_LOGIC_VECTOR 转换为 BIT_VECTOR
	TO_STDLOGIC(A)	由 BIT 转换为 STD_LOGIC
	TO_BIT(A)	由 STD_LOGIC 转换为 BIT
STD_LOGIC_ARITH	CONV_STDLOGICVECTOR(A,位长)	由 SIGNED 转换为 STD_LOGIC_VECTOR
	CONV_INTEGER(A)	由 UNSIGNED, SIGNED 转换为 INTEGER
STD_LOGIC_UNSINGED	CONV_INTEGER(A)	由 STD_LOGIC_VECTOR 转换为 INTEGER

(2) 类型标记转换法

用类型名称来实现关系密切的标量类型之间的转换,它类似于 C 语言的强制类型转换语句。

【例 4-11】 类型标记转换法实例。

```
variable  x:integer;
variable  y:real;
```

使用类型标记(即类型名)实现类型转换时,可采用赋值语句。

```
x:=integer(y);
y:=real(x);
```

4.3.4 VHDL 操作符

VHDL 的各种表达式由操作数和操作符组成,其中操作数是各种运算的对象,而操作符则规定运算的方式。在 VHDL 中,有四类操作符,即逻辑操作符(LOGICAL OPERATOR)、关系操作符(RELATIONAL OPERATOR)、算术操作符(ARITHMETIC OPERATOR)和重载操作符(OVERLOADING OPERATOR)。前三类操作符是完成逻辑和算术运算的最基本的操作符的单元,重载操作符是对基本操作符作了重新定义的函数型操作符。VHDL 操作符列表、VHDL 操作符优先级详见表 4-7 和表 4-8。

表 4-7 VHDL 操作符列表

类型	运算符	功能	操作数据类型
算术运算符	+	加	整数
	-	减	整数
	*	乘	整数和实数(包括浮点数)
	&	并置	一维数组
	/	除	整数和实数(包括浮点数)
	* *	乘方	整数
	MOD	求模	整数
	REM	求余	整数
	SLA	算术左移	位、布尔型一维数组
	SRA	算术右移	位、布尔型一维数组
	ABS	求绝对值	整数
关系运算符	=	等于	任何数据类型
	/=	不等于	任何数据类型
	<	小于	枚举和整数及对应的一维数组
	<=	小于或等于也作信号赋值	枚举和整数及对应的一维数组
关系运算符	>	大于	枚举和整数及对应的一维数组
	>=	大于或等于	枚举和整数及对应的一维数组
逻辑运算符	AND	逻辑与	Bit、Boolean、Std _ logic
	OR	逻辑或	Bit、Boolean、Std _ logic
	NAND	逻辑与非	Bit、Boolean、Std _ logic
	NOR	逻辑或非	Bit、Boolean、Std _ logic
	XOR	逻辑异或	Bit、Boolean、Std _ logic
	NOT	逻辑非	Bit、Boolean、Std _ logic
	XNOR	逻辑同或	Bit、Boolean、Std _ logic
	SLL	逻辑左移	位、布尔型一维数组
	SRL	逻辑右移	位、布尔型一维数组
	ROR	逻辑循环右移	位、布尔型一维数组
	ROL	逻辑循环左移	位、布尔型一维数组
连接运算符	+	正号	整数
	-	负号	整数

关于并置操作符 & 的使用举例如下所示。

```
…
  signal sel:std_logic_vector(1 downto 0);
  signal a,b : std_logic;
…
  sel <= a & b;
…
```

表 4-8 VHDL 操作符优先级

运算符	优先级
NOT、ABS、* *	最高
* 、/、MOD、REM	↓
+、(正号)-、(负号)	↓
+、-、&	↓
SLL、SLA、SRL、SRA、ROL、ROR	↓
=、/=、<、<=、>、>=	↓
AND、OR、NAND、NOR、XOR、XNOR	最低

为了方便各种不同数据类型间的运算，VHDL 允许用户对原有的基本操作符重新定义，赋予新的含义和功能，从而建立一种新的操作符，这就是重载操作符，定义这种操作符的函数称为重载函数。事实上，在程序包 STD _ LOGIC _ UNSIGNED 中已定义了多种可供不同数据类型间操作的算符重载函数。

4.4 VHDL 基本语句

关键术语

顺序语句：用在进程或子程序中，用来定义进程或子程序的行为。每一条语句的执行(指仿真执行)都是按语句排列的次序执行的。

并行语句：有多种语句格式，它们在结构体中的执行是同步进行的，或者说是并行运行的；其执行方式与书写顺序无关。

4.4.1 VHDL 顺序语句

顺序语句(SEQUENTIAL STATEMENTS)和并行语句(CONCURRENT STATEMENTS)是 VHDL 程序设计中两大基本描述语句系列。在逻辑系统的设计中，这些语句从多侧面完整地描述数字系统的硬件结构和基本逻辑功能，其中包括通信的方式、信号的赋值、多层次的元件例化以及系统行为等。

电子教案 4-3：
VHDL 顺序语句

顺序语句只能出现在进程(PROCESS)和子程序中。VHDL 有如下六类基本顺序语句：赋值语句、转向控制语句、等待语句、子程序调用语句、返回语句和空操作语句，如表 4-9 所示。

1. 赋值语句

赋值语句的功能就是将一个值或一个表达式的运算结果传递给某一数据对象，如信号或变量。VHDL 设计对象内的数据传递以及对端口界面外部数据的读写都必须通过赋值语句的运行来实现。赋值语句有两种，即变量赋值语句和信号赋值语句。变量赋值语句和信号赋值语句的语法格式如下：

表 4-9 顺序语句类型

赋值语句	赋值语句的功能就是将一个值或一个表达式的运算结果传递给某一数据对象，如信号或变量
转向控制语句：(1) IF 语句；(2) CASE 语句；(3) LOOP 语句；(4) NEXT 语句；(5) EXIT 语句；(6) ASSERT（断言）语句	转向控制语句通过条件控制开关决定是否执行一条或几条语句，或重复执行一条或几条语句，或跳过一条或几条语句
WAIT 语句	在进程中，当执行到 WAIT 等待语句时，运行程序将被挂起
NULL、RETURN、子程序调用语句	略（见后续说明）

赋值语句格式	注解
变量赋值目标:=表达式;	变量名和表达式类型相同，表达式可以是变量、信号和字符。
信号赋值目标<=表达式;	用在进程和子程序中的顺序语句序列中时，表现为顺序语句。同一进程中对同一信号多次赋值时，仅最后一次赋值有效

信号与变量的定义见本章例 4-6 和例 4-7。信号赋值与变量赋值语句功能比较如表 4-10 所示。

表 4-10 信号赋值与变量赋值语句功能比较

	信号 SIGNAL	变量 VARIABLE
基本用法	用于作为电路中的信号连线	用于作为进程中局部数据存储单元
适用范围	在整个结构体内的任何地方都能适用，不允许在进程或子程序中定义	所定义的进程、函数和过程中使用
行为特性	在进程的最后才对信号赋值	立即赋值
赋值符号	<=	:=

读者可以从例 4-12 中看出信号与变量赋值的特点及它们的区别。

【例 4-12】 信号与变量赋值的特点及它们的区别。

(1) 信号的赋值：

```
  signal s1:std_logig:=0;
                          --定义了一个标准逻辑位的单值信号 s1,初始值为低电平
  signal s2,s3:bit;       --定义了两个位 bit 的信号 s2 和 s3
process(a,b,c,d)
begin
        d<=a; x<=b+d; d<=c; y<=b+d;
                          --信号量的值是将进程语句最后带入值作为最终值
```

```
end process;
```

结果:x<=b+c;y<=b+c;

(2)变量的赋值:

```
variable  a:integer;                        --定义 a 为整数型变量
variable  b,c:integer:=2;                   --定义 b 和 c 为整数型变量,初始值为 2
process (a,b,c)
variable d : std_logic_vector(3 downto 0);
begin
      d :=a; x<=b+d; d :=c; y<=b+d;   --变量的值一经带入则立即改变
end process;
```

结果:x<=b+a;y<=b+c;

比较信号赋值和变量赋值的特点,信号量的值是将进程语句最后带入值作为最终值,变量值一经带入则立即改变。

2. 转向控制语句

转向控制语句通过条件控制开关决定是否执行一条或几条语句,或重复执行一条或几条语句,或跳过一条或几条语句。转向控制语句共有五种:IF 语句、CASE 语句、LOOP 语句、NEXT 语句和 EXIT 语句。

(1) IF 语句

IF 语句是一种条件语句,它根据语句中所设置的一种或多种条件,有选择地执行指定的顺序语句,其语句格式有以下三种结构:

IF 语句格式	功能
IF 条件表达式 THEN 顺序语句; END IF;	条件表达式成立,则执行顺序语句,否则结束 IF 语句,此时电路保持原状态。这种 IF 语句常用于对时序逻辑电路的复位和时钟信号的判断
IF 条件表达式 THEN 顺序语句 1; ELSE 顺序语句 2; END IF;	条件表达式成立,则执行顺序语句 1,否则执行顺序语句 2
IF 条件表达式 1 THEN 顺序语句 1; ELSE IF 条件表达式 2 THEN 顺序语句 2; ELSE 顺序语句 3; END IF;	依次判断各条件表达式,一旦有条件表达式成立,则执行其后的顺序语句,然后结束 IF 语句,排在后面的表达式无论是否成立,均被忽略

【例 4-13】 IF 语句举例。

```
…
process(i)
```

```
begin
    if(i(3)='0')then
            put <="00";         --(i(3)='0')
    elsif(i(2)='0')then
            put <="10";         --(i(3)='1')and(i(2)='0')
    elsif(i(1)='0')then
            put <="01";         --(i(3)='1')and(i(2)='1')and(i(1)='0')
    else
            put <="11";         --(i(3)='1')and(i(2)='1')and(i(1)='1' and(i(0)='0')
  end if;
end  process;
…
```

从上例可以看出,IF _ THEN _ ELSIF 语句中顺序语句的执行条件具有向上相与的功能,有的逻辑设计恰好需要这种功能。

【例 4-14】 IF 语句举例。

```
library ieee;
use ieee.std_logic_1164.all;
entity mux21 is
    port( s :in std_logic; a,b :in std_logic; y: out std_logic);
end entity mux21;
architecture art of mux21 is
    signal sel: std_logic;
    signal a, b, c: std_logic_vector(15 downto 0);
  mux2to1: process(sel, a, b)              --敏感信号表中有三个输入信号
            begin
                if sel = '0' then
                        c <= a;
                else
                        c <= b;
            end if;
      end process;
  end art;
```

本实例描述的是一个二选一数据选择器。

(2) CASE 语句

当单个表达式的不同值对应不同的操作时,用 CASE 语句。CASE 语句中的各操作没有确定的顺序。其语法格式如下:

```
CASE 表达式  IS
    WHEN 选择值   =>顺序语句;
              …
    WHEN   OTHERS   =>顺序语句;
END  CASE;
```

当执行到 CASE 语句时,首先计算表达式的值,然后根据条件句中与之相同的选择值,执行对应的顺序语句,最后结束 CASE 语句。表达式可以是一个整数类型或枚举类型的值,也可以是由这些数据类型的值构成的数组(请注意,条件句中的"=>"不是操作符,它只相当于"THEN"的作用)。选择值可以有四种不同的表达方式:①单个普通数值,如 4;②数值选择范围,如(2 TO 4),表示取值 2、3 或 4;③并列数值,如 3|5,表示取值为 3 或者 5;④混合方式,以上三种方式的混合。

【例 4-15】 CASE 语句举例。

```
library ieee;
use ieee. std _ logic _ 1164. all;
entity   mux21   is
    port( s :in std _ logic; a,b :in std _ logic; y: out std _ logic);
end   entity   mux21;
architecture   art   of   mux21   is
begin
process(s, a, b,)
begin
    case   s   is
        when   '0' =>y<=a;
        when   '1' =>y<=b;
        when   others   =>y<='X';
    end   case;
  end process;
    end   art;
```

上例对应的元器件是一个 2 选 1 器件,该器件通过 s 端口来选择 a,b 这两个输入端口的哪个端口信号由 y 端口输出。

与 IF 语句相比,CASE 语句组成的程序可读性比较好,这是因为它把条件中所有可能出现的情况全部列出来了,可执行条件一目了然。而且 CASE 语句的执行过程不像 IF 语句那样有一个逐项条件顺序比较的过程。CASE 语句中条件句的次序是不重要的,它的执行过程更接近于并行方式。一般地,综合后,对相同的逻辑功能,CASE 语句比 IF 语句的描述耗用更多的硬件资源,而且有的逻辑,CASE 语句无法描述,只能用 IF 语句来描述。这是因为 IF _ THEN _ ELSIF 语句具有条件相**与**的功能和自动将逻辑值"-"包括进去的功能(逻辑值"-"有利于逻辑化简),而 CASE 语句只有条件相**或**的功能。

(3) LOOP 语句

LOOP 是循环语句,需要重复操作时,使用循环语句。常用 LOOP 语句有如下两种格式:

LOOP 语句	LOOP 语句格式	注解
FOR _ LOOP 语句	FOR 循环变量 IN 循环范围 LOOP 循环语句; END LOOP;	循环变量是仅属于 LOOP 语句局部变量,不必事先定义,不能被赋值。循环范围规定了循环的次数
WHILE _ LOOP 语句	WHILE 循环控制条件 LOOP 循环语句; ENDLOOP;	当循环控制条件为 TRUE 时,就继续循环,为 FALSE,就结束循环。这种循环不规定循环的次数

【例 4-16】 FOR _ LOOP 语句举例。

```
…
architecture  art  of  p _ check  is
    signal  tmp: std _ logic;
begin
process(a)
begin
    tmp <='0';
    for n in 0 to 7 loop
              tmp <=tmp xor a(n);
    end  loop;
    y<=tmp;
  end  process;
end art;
```

例 4-16 是 FOR _ LOOP 语句的使用举例,该 VHDL 程序描述了一个 8 位奇偶校验逻辑电路。LOOP 循环的范围最好以常数表示,否则,在 LOOP 循环体内的逻辑可以重复任何可能的范围,这样将导致耗费过大的硬件资源,综合器不支持没有约束条件的循环。只要将例 4-16 的 FOR _ LOOP 语句部分稍加改写便成为用 WHILE _ LOOP 语句实现的形式,如例 4-17 所示。该例中当 i=8 时,结束循环。

【例 4-17】 WHILE _ LOOP 语句举例。

```
…
process(a)
variable i: integer;
begin
```

```
        tmp <='0'; i:=0;
        while  i<8  loop
              tmp <=tmp xor a(n);
           i:=i+1;
        end  loop;
   y<=tmp;
   end  process;
   …
```

(4) NEXT 语句

NEXT 语句主要用于 LOOP 语句执行中有条件的或无条件的转向控制,它类似于 C 语言中的 CONTINUE 语句作用。它的语句格式如下:

NEXI 语句	注解
NEXT;	当执行到 NEXT 时,终止当前的循环,跳回到本次循环 LOOP 语句处,重新开始循环
NEXT LOOP 标号;	当多个 LOOP 语句嵌套,执行到该语句时,跳到指定标号的 LOOP 语句处,重新开始循环
NEXT LOOP 标号 WHEN 条件表达式;	条件表达式为真时,执行跳转,否则执行下一条语句

(5) EXIT 语句

EXIT 语句也是 LOOP 语句的内部循环控制语句,它类似于 C 语言中的 BREAK 语句作用。它的语句格式如下:

EXIT 语句	注解
EXIT;	当执行到 EXIT,终止当前的循环,跳到当前循环 LOOP 语句的结束处,退出循环
EXIT LOOP 标号;	当执行到 EXIT,终止当前的循环,跳到指定标号的 LOOP 语句的结束处,退出循环
EXIT LOOP 标号 WHEN 条件表达式;	条件表达式为真时,执行跳转,跳到指定标号的 LOOP 语句结束处,退出循环

(6) 断言(ASSERT)语句

顺序断言语句主要用于仿真和调试时的人机交流,它可以给出一个字符串作为错误的信息。语法格式如下:

```
ASSERT 条件
REPORT 字符串
SEVERITY 严重程度
```

3. WAIT 语句

在进程中(包括过程中),当执行到 WAIT(等待)语句时,运行程序将被挂起(SUSPENSION),直到满足此语句设置的结束挂起条件后,将重新开始执行进程中的程序。但 VHDL 规定已列出敏感量的进程中不能使用任何形式的 WAIT 语句。WAIT 语句的语句格式如下:

WAIT 语句	注解
WAIT;	表示永远挂起
WAIT ON 信号表;	当信号表信号变化时,重新启动进程
WAIT UNTIL 条件表达式;	当条件表达式满足时,重新启动进程
WAIT FOR 时间表达式;	当满足时间表达式时,重新启动进程

一般地,只有 WAIT _ UNTIL 格式的等待语句可以被综合器接受(其余语句格式只能在 VHDL 仿真器中使用)。

【例 4-18】 WAIT UNTIL 语句举例。

```
…
process                                   --该进程未列出敏感信号,进程需靠 wait 语句来
                                            启动
begin
  wait until clk'event and clk ='1';     --等待 clk 激活进程
  if(rest ='0')then    q <='0';
  else    q <=d;
  end if;
end process;
…
```

在例 4-18 中用到了 VHDL 中专门用于检测时钟信号的表达式 clk'event and clk ='1',它由信号名和信号属性函数 EVENT 组成。时钟信号检测语句有多种,格式如下:

时钟检测表达式格式	功能及注解
信号名'EVENT AND 信号名='1' RISING _ EDGE(信号名)	功能:检测信号上升沿。当检测到信号发生跳变,且跳变后的状态为高电平 1,表明信号发生了正跳变,此时表达式输出为 TRUE,否则输出为 FALSE
信号名'EVENT AND 信号名='0' FALSE _ EDGE(信号名)	功能:检测信号下降沿。当检测到信号发生跳变,且跳变后的状态为低电平 0,表明信号发生了负跳变,此时表达式输出为 TRUE,否则输出为 FALSE

4. RETURN 语句

RETURN 语句有两种,格式如下:

RETURN 语句格式	功能
RETURN;	用于结束过程,并不返回任何值
RETURN 表达式;	用于结束函数,必须带返回值

5. NULL 语句

NULL 语句为空操作语句,即不做任何操作。但却意味着电路状态保持不变,在综合时会引入锁存器,因此在设计组合逻辑电路时,应避免使用 NULL 语句。在时序逻辑电路时,常利用 NULL 来表示 CASE 语句中所有其余条件的操作行为。NULL 语句格式如下:

```
NULL;    --空操作语句
```

6. 子程序调用语句

子程序调用语句格式如下:

```
过程名/函数名(实参表);
```

4.4.2 VHDL 并行语句

电子教案 4-4:
VHDL 并行语句

在 VHDL 中,并行语句具有多种语句格式,各种并行语句在结构体中的执行是同步进行的,或者说是并行运行的,其执行方式与书写的顺序无关。在执行中,并行语句之间可以有信息往来,也可以是互为独立、互不相关、异步运行的(如多时钟情况)。每一并行语句内部的语句运行方式可以有两种不同的方式,即并行执行方式(如块语句)和顺序执行方式(如进程语句)。因此,VHDL 并行语句勾画出了一幅充分表达硬件电路的真实的运行图景。结构体中并行语句主要有七种,并行语句在结构体中的使用格式如下:

```
ARCHITECTURE 结构体名 OF 实体名 IS
        说明语句
BEGIN
        并行语句
END ARCHITECTURE 结构体名;
```

1. 进程语句

进程(PROCESS)语句是最具 VHDL 特色的语句。因为它提供了一种用算法描述硬件行为的方法。进程实际上是用顺序语句描述的一种进行过程,也就是说进程用于描述顺序事件。一个结构体中可以有多个并行运行的进程结构,而每一个进程的内部结构却是由一系列顺序语句构成的。

(1) PROCESS 语句格式

PROCESS 语句的表达格式如下:

```
[进程标号:]PROCESS[(敏感信号参数表)][IS]
[进程说明部分]
BEGIN
顺序描述语句
END PROCESS[进程标号];
```

(2) PROCESS 的组成

PROCESS 的组成如表 4-11 所示。

表 4-11 PROCESS 的组成

<table>
<tr><td>进程说明部分</td><td colspan="3">用于定义该进程所需的局部数据环境。主要定义一些局部量,可包括数据类型、常数、属性、子程序等。但需注意,在进程说明部分中不允许定义信号和共享变量</td></tr>
<tr><td rowspan="6">顺序描述语句部分</td><td rowspan="6">一段顺序执行的语句,描述该进程的行为</td><td>变量赋值语句</td><td>在进程中以变量(VARIABLE)的形式存储计算的中间值</td></tr>
<tr><td>进程启动语句</td><td>当 PROCESS 的敏感信号参数表中没有列出任何敏感量时,进程只能通过 WAIT 语句启动。这时可以利用 WAIT 语句监视信号的变化情况,以便决定是否启动进程。WAIT 语句可以看成是一种隐式的敏感信号表</td></tr>
<tr><td>子程序调用语句</td><td>对已定义的过程和函数进行调用,并参与计算</td></tr>
<tr><td>顺序描述语句</td><td>包括 IF 语句、CASE 语句、LOOP 语句和 NULL 语句等</td></tr>
<tr><td>信号赋值语句</td><td>即在进程中将计算或处理的结果向信号(SIGNAL)赋值</td></tr>
<tr><td>进程跳出语句</td><td>包括 NEXT 语句和 EXIT 语句</td></tr>
<tr><td>敏感信号参数表</td><td colspan="3">用于列出启动本进程可读入的信号名(当进程中有 WAIT 语句时不允许出现参数表)</td></tr>
</table>

(3) PROCESS 执行原理

PROCESS 中规定了每个进程语句在它的某个敏感信号(由敏感信号参量表列出)的值改变时都必须立即完成某一功能行为。当进程中定义的任一敏感信号发生更新时,由顺序语句定义的行为就要执行一次,当进程中最后一个语句执行完成后,执行过程将返回到第一个语句,以等待下一次敏感信号变化,如此循环往复以至无限。

(4) 进程设计要点

进程设计注意事项为:①虽然同一结构体中的进程之间是并行运行的,但同一进程中的逻辑描述语句则是顺序运行的,因而在进程中只能设置顺序语句;②进程的激活必须由敏感信号表中定义的任一敏感信号的变化来启动,否则必须有一个显式的 WAIT 语句来激活,这就是说,进程既可以由敏感信号的变化来启动,也可以由满足条件的 WAIT 语句来激活,反之,在遇到不满足条件的 WAIT 语句后,进程将被挂起;③结构体中多个进程之所以能并行同步运行,一个很重要的原因是进程之间的通信是通过传递信号和共享变量值来实现的;④进程是重要的建模工具,进程结构不但为综合器所支持,而且进程的建模方式将直接影响仿真和综合结果;⑤PROCESS 里面不能出现任何形式的并行语句。

【例 4-19】 PROCESS 语句举例。

```
library ieee;                          --库描述
use ieee.std_logic_1164.all;           --程序包描述
entity mul is
 port (a, b, c, selx, sely:in bit;
          data_out :out bit );
end mul;
architecture ex of mul is
  signal temp : bit;
begin
p_a :process (a, b, selx)
    begin
      if (selx = '0') then   temp <= a;
      else      temp <= b;
      end if;
    end progress p_a;
p_b:progress(temp, c, sely)
     begin
      if (sely='0') then data_out <= temp;
      else   data_out <= c;
     end  if;
 end  progress p_b;
end architecture ex;
```

mul 对应的实体图和结构图如图 4-2 所示。

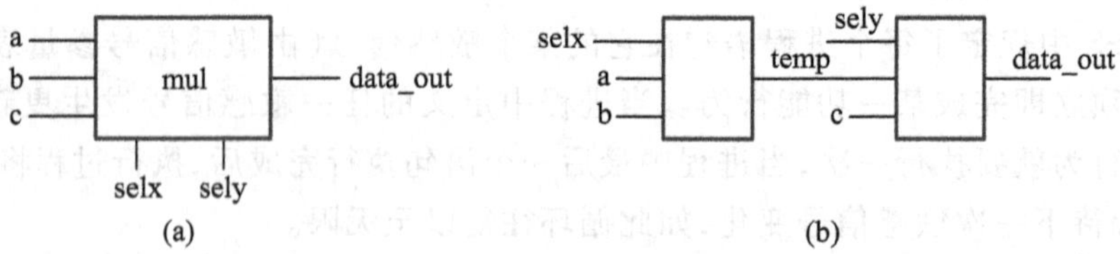

图 4-2 mul 对应的实体图和结构图

(a)实体图;(b)结构图

2. 块语句

(1) BLOCK(块)语句的格式

块语句是一种将结构体中的并行描述语句进行组合的方法,它的主要目的是改善并行语句及其结构的可读性,或是利用 BLOCK 的保护表达式关闭某些信号。BLOCK 语句的格式如下:

```
块标号:BLOCK[(块保护表达式)]      --块标号是必需的
       [接口说明]
       [类属说明]
       BEGIN
       并行语句 1;并行语句 2;
       …
       END  BLOCK[块标号];
```

BLOCK 语句主要由接口说明部分、类属说明部分和并行语句部分组成。接口说明部分类似于实体的定义部分,它可包含由关键词 PORT、GENERIC、PORT MAP 和 GENERIC MAP 引导的接口说明等语句,对 BLOCK 的接口设置以及与外界信号的连接状况加以说明;类属说明部分的适用范围仅限于当前 BLOCK,所有这些在 BLOCK 内部的说明对于这个块的外部来说是完全不透明的,即不能适用于外部环境,但对于嵌套于内层的块却是透明的,块的说明部分可以定义的项目主要有 USE 语句、子程序、数据类型、子类型、常数、信号、元件;并行语句部分可包含结构体中的任何并行语句结构。BLOCK 语句本身属并行语句,BLOCK 语句中所包含的语句也是并行语句。

(2) BLOCK 的应用

BLOCK 的应用可使结构体层次鲜明,结构明确。利用 BLOCK 语句可以将结构体中的并行语句划分成多个并列方式的 BLOCK,每一个 BLOCK 都像一个独立的设计对象,具有自己的类属参数说明和界面端口,以及与外部环境的衔接描述。

3. 并行信号赋值语句

并行信号赋值语句包括简单信号赋值语句、条件信号赋值语句和选择信号赋值语句。它们的共同点是:赋值目标必须都是信号,所有赋值语句与其他并行语句一样,在结构体内的执行是同时发生的,与它们的书写顺序和是否在块语句中没有关系。每一信号赋值语句都相当于一条缩写的进程语句,而这条语句的所有输入(或读入)信号都被隐性地列入此进程的敏感信号表中。因此,任何信号的变化都将启动相关并行语句的赋值操作,而这种启动完全是独立于其他语句的,它们都可以直接出现在结构体中。它们的语法格式如下:

并行信号赋值语句	语法格式	语句功能	注解
简单信号赋值语句	信号名<=表达式;	无条件赋值	赋值号两边数据类型必须一致
条件信号赋值语句	信号名<=表达式 1 WHEN 赋值条件 1 ELSE 表达式 2 WHEN 赋值条件 2 ELSE … 表达式 n;	当某个赋值条件为真时,将对应表达式的值赋值给信号。否则把最后一个表达式的值赋值给信号	功能与 IF 顺序语句相同

选择信号赋值语句	WITH 选择表达式 SELECT 信号名<=表达式 1 WHEN 选择值 1, 表达式 2 WHEN 选择值 2, … 表达式 *n* WHEN 选择值 *n*;	当选择表达式的值等于某个选择值时，将对应的表达式的值赋值给信号	该语句中的信号赋值子句用逗号结束，最后一个子句用分号结束

注意：并行赋值语句不能写在进程（PROCESS）里面。

【例 4-20】 选择信号赋值语句举例。

```
library ieee;
use ieee.std_logic_1164.all;
use ieee.std_logic_unsigned.all;
entity decoder is
  port (   a, b, c   : in std_logic;
         data1,data2 : in std_logic;
             dataout : out std_logic);
end decoder;
architecture concunt of decoder is
  signal instruction : std_logic _vector(2 downto 0) ;
  begin
  instruction <= c & b & a ;
  with instruction select
  dataout   <=   data1 and data2   when "000" ,
                 data1 or  data2   when "001" ,
                 data1 nand data2  when "010" ,
                 data1 nor  data2  when "011" ,
                 data1 xor  data2  when "100" ,
                 data1 xnor data2  when "101" ,
                        'Z'   when others ;
end concunt ;
```

4. 元件例化语句

元件例化就是将预先设计好的设计对象定义为一个元件（这个元件可以是已设计好的一个 VHDL 设计对象，可以是 FPGA 元件库中的元件，可以是其他硬件描述语言（如 Verilog HDL）设计对象，可以是软的 IP 核，可以是 FPGA 中的嵌入式硬 IP 核），然后利用特定的语句将此元件与当前的设计对象中的指定端口相连接，从而为当前设计对象引入一个新的低一级的设计层次。在这里，当前设计对象相当于一个较大的电路系统，所定义的例化元件相当于一个要插在这个电路系统板上的芯片,而当前设计对象中指定的端口则相当于这块电路板上准备接受此芯片的一个插座。元件例化是使 VHDL 设计对象构成自上而下层次化设计的一种重要途径,元件例化可以是多层次的,在一个设计对象中被调用安插的元件本身也可以是一个低层次的设计对象,因而可以调用其他的元件,以便构成更低层次的电路模块。元件例化语句的组成如表 4-12 所示。

表 4-12　元件例化语句的组成

元件定义语句	将一个现成的设计对象定义为一个元件的语句。相当于对一个现成的设计对象进行封装,使其只留出外面的接口界面。就像一个集成芯片只留几个引脚在外一样,它的类属表可列出端口的数据类型和参数,例化元件端口名表可列出对外通信的各端口名
元件例化语句	此部分是元件与当前设计对象中的连接说明。其中的元件例化名是必须存在的,它类似于标在当前系统(电路板)中的一个插座名,而例化元件名则是准备在此插座上插入的、已定义好的元件名。PORT MAP 是端口映射的意思,其中的例化元件端口名是在元件定义语句中的端口名表中已定义好的例化元件端口的名字,连接实体端口名则是当前系统与准备接入的例化元件对应端口相连的通信端口,相当于插座上各插针的引脚名

元件例化语句格式如下:

元件例化语句的格式	注解
COMPONENT　例化元件名　IS 　　GENERIC(类属表); 　　PORT(例化元件端口名表); END COMPONENT　例化元件名 ;	元件定义语句
元件例化名:例化元件名　PORT MAP([例化元件端口名=>]　连接实体端口名,…);	元件例化语句

元件例化语句中所定义的例化元件的端口名与当前系统的连接实体端口名的接口表达有两种方式,如表 4-13 所示。

表 4-13　关 联 方 式

名字关联方式	例化元件的端口名和关联(连接)符号“=>”两者都是必须存在的。这时,例化元件端口名与连接实体端口名的对应式,在 PORT MAP 句中的位置可以是任意的
位置关联方式	此方式下,端口名和关联连接符号都可省去,在 PORT MAP 子句中,只要列出当前系统中的连接实体端口名就行了,但要求连接实体端口名的排列方式与所需例化的元件端口定义中的端口名一一对应

5. 生成语句

生成语句可以简化有规则设计结构的逻辑描述。生成语句有一种复制作用,在设计中,只要根据某些条件,设定好某一元件或设计单位,就可以利用生成语句复制一组完全相同的并行元件或设计单元电路结构。生成语句组成如表 4-14 所示。

表 4-14 生成语句组成

生成方式	有 FOR 语句结构或 IF 语句结构，用于规定并行语句的复制方式
说明部分	这部分包括对元件数据类型、子程序和数据对象作一些局部说明
并行语句	生成语句结构中的并行语句是用来复制的基本单元，主要包括元件、进程语句、块语句、并行过程调用语句、并行信号赋值语句甚至生成语句
标号	生成语句中的标号并不是必需的，但如果在嵌套生成语句结构中就是很重要的

生成语句的语句格式有如下两种形式：

```
①[标号:]FOR 循环变量 IN 取值范围 GENERATE
  说明
 BEGIN
  并行语句
 END  GENERATE[标号];
②[标号:]IF 条件 GENERATE
  说明
 BEGIN
  并行语句
 END  GENERATE[标号];
```

相对于传统的软件描述语言，并行语句结构是最具 VHDL 特色的。并行语句与顺序语句并不是相互对立的语句，它们往往互相包含、互为依存，它们是一个矛盾的统一体。严格地说，VHDL 中不存在纯粹的并行行为和顺序行为的语句。例如，相对于其他的并行语句，进程属于并行语句，而进程内部运行的都是顺序语句，而一个单句并行赋值语句，从表面上看是一条完整的并行语句，但实质上却是一条进程语句的缩影，它完全可以用一个相同功能的进程来替代。所不同的是，进程中必须列出所有的敏感信号，而单纯的并行赋值语句的敏感信号是隐性列出的。

VHDL 中的并行运行有多层含义，即模块间的运行方式可以有同步运行、异步运行等方式，从电路的工作方式上可以包括组合逻辑运行方式、同步时序逻辑运行方式和异步时序逻辑运行方式等。

4.5 VHDL 描述风格

关键术语

行为级描述：只描述了所希望电路的功能或者说电路行为，而没有直接指明或涉及实现这些行为的硬件结构。

数据流描述：也称 RTL 描述，它是以类似于寄存器传输级的方式描述数据的传输和变换，以规定设计中的各种寄存器形式为特征，然后在寄存器之间插入组合逻辑。

结构描述：就是在多层次的设计中，高层次的设计可以调用低层次的设计模块，或直接用门电路设计单元来构成一个复杂逻辑电路的方法。

电子教案 4-5：
VHDL 描述风格

VHDL 的结构体用于具体描述整个设计对象的逻辑功能。对于所希望的电路功能行为，可以在结构体中用不同的语句类型和描述方式来表达；对于相同的逻辑行为，可以有不同的语句表达方式。在 VHDL 中，这些描述方式（建模方法）称为描述风格，通常可归纳为三种：行为描述、数据流（寄存器传输级）描述和结构描述。

在实际应用中，为了能兼顾整个设计的功能、资源、性能几方面的因素，通常混合使用这三种描述方式。

4.5.1 行为描述

如果 VHDL 的结构体只描述了所希望电路的功能或者说电路行为，而没有直接指明或涉及实现这些行为的硬件结构，则称为 BEHAVIOR 描述（行为描述）。行为描述只表示输入与输出间转换的行为，它不包含任何结构信息。行为描述主要使用函数、过程和进程语句，以算法形式描述数据的变换和传送。这里所谓的硬件结构，是指具体硬件电路的连接结构、逻辑门的组成结构、元件或其他各种功能单元的层次结构等。

【例 4-21】 三输入或门（行为描述）。

设或门有输入端 *a*，*b*，*c*，输出端 y。用真值表来描述，如表 4-15 所示。

表 4-15 三输入或门真值表

a	*b*	*c*	*y*	*a*	*b*	*c*	*y*
0	0	0	0	1	0	0	1
0	0	1	1	1	0	1	1
0	1	0	1	1	1	0	1
0	1	1	1	1	1	1	1

```
library ieee;
use ieee.std_logic_1164.all;
use ieee.std_logic_unsigned.all;
entity gatc3or is
    port(a,b,c:in std_logic;
         y:out std_logic);
end gate3or;
architecture  behavior  of gate3or is
begin
    process(a,b,c)
    variable temp:std_logic_vector(0 to 2);
    begin
      temp:=a&b&c;
      case temp is
```

```
            when"000" =>y<='0';
            when  others => y<='1';
        end  case;
      end  process;
end behavior;
```

例 4-21 的程序中,不存在任何与硬件选择相关的语句,也不存在任何有关硬件内部连线方面的语句。整个程序中,从表面上看不出是否引入寄存器方面的信息,或是使用组合逻辑还是时序逻辑方面的信息,只是对所设计的电路系统的行为功能作了描述,不涉及任何具体器件方面的内容,这就是所谓的行为描述方式,或行为描述风格。

VHDL 的行为描述功能具有很大的优越性。在应用 VHDL 系统设计时,行为描述方式是最重要的逻辑描述方式,行为描述方式是 VHDL 编程的核心,可以说,没有行为描述就没有 VHDL。

4.5.2 数据流描述

数据流描述,也称 RTL 描述,它是以类似于寄存器传输级的方式描述数据的传输和变换,以规定设计中的各种寄存器形式为特征,然后在寄存器之间插入组合逻辑。这类寄存器或者显式地通过元件具体装配,或者通过推论作隐含的描述。数据流描述主要使用并行的信号赋值语句,既显式表示了该设计单元的行为,又隐含了该设计单元的结构。

数据流的描述风格是建立在用并行信号赋值语句描述基础上的。当语句中任一输入信号的值发生改变时,赋值语句就被激活,随着这种语句对电路行为的描述,大量的有关这种结构的信息也从这种逻辑描述中"流出"。认为数据是从一个设计中流出,从输入到输出的观点称为数据流风格。数据流描述方式能比较直观地表述底层逻辑行为。例 4-22 是三输入或门的数据流描述。

【例 4-22】 三输入或门(数据流描述)。

```
library ieee;
use ieee.std_logic_1164.all;
entity gate3or is
        port(a,b,c:in std_logic; y:out std_logic);
end gate3or;
architecture dataflow of gate3or is
begin
        process(a,b,c)
        variable temp : std_logic;
        begin
             temp:=a or b; y<=temp or c;
       end process;
end   dataflow;
```

4.5.3 结构描述

STRUCTURE 描述(结构化描述)方式就是在多层次的设计中,高层次的设计可以调用低层次的设计模块,或直接用门电路设计单元来构成一个复杂逻辑电路的方法。利用结构化描述方法将已有的设计成果方便地用于新的设计中,能大大提高设计效率。在结构化描述中,建模的焦点是端口及其互连关系。利用结构描述可以用不同类型的结构,来完成多层次的工程,即从简单的门到非常复杂的元件(包括各种已完成的设计对象子模块)来描述整个系统。元件间的连接是通过定义的端口界面来实现的,其风格最接近实际的硬件结构,即设计中的元件是互连的。

结构描述就是表示元件之间的互连,这种描述允许互连元件的层次式安置,像网表本身的构建一样。结构描述建模步骤如下:

(1) 元件说明　描述局部接口;

(2) 元件例化　相对于其他元件放置元件;

(3) 元件配置　指定元件所用的设计对象。即对一个给定实体,如果有多个可用的结构体,则由配置决定模拟中所用的一个结构。

元件的定义或使用声明以及元件例化是用 VHDL 实现层次化、模块化设计的手段,与传统原理图设计输入方式相仿。在综合时,VHDL 综合器会根据相应的元件声明搜索与元件同名的实体,将此实体合并到生成的门级网表中。例 4-23 是三输入或门的结构描述。

【例 4-23】 三输入或门(结构描述)。

```
entity gate2or is
        port(in1,in2:in std_logic;out1:out std_logic);
end gate2or;
architecture dataflow of gate2or is
begin
  out1<=in1 or in2;
end dataflow;
```

将该 VHDL 文件以 gate2or.vhd 命名,放在文件夹 gate 下,并作为 gate 工程的底层文件。

```
library ieee;
use ieee.std_logic_1164.all;
entity gate3or is
        port(a,b,c:in std_logic; y:out std_logic);
end gate3or;
architecture structure of gate3or is
   component gate2or
         port(in1,in2: in std_logic; out1:out std_logic);
   end component gate2or;
   signal s :std_logic;
```

```
begin
    u1:gate2or port map(a,b,s);
    u2:gate2or port map(s,c,y);
end structure;
```

将该 VHDL 文件以 gate3or. vhd 命名,放在文件夹 gate 下,并作为 gate 工程的顶层文件。

由上例可见,对于一个复杂的电子系统,可以将其分解为若干个子系统,每个子系统再分解成模块,形成多层次设计。在多层次设计中,每个层次都可以作为一个元件,再构成一个模块或系统,可以先分别仿真每个元件,然后再整体调试。所以说结构化描述不仅是一种设计方法,而且是一种设计思想,是大型电子系统高层次设计的重要手段。

显然,在三种描述风格中,行为描述的抽象程度最高,最能体现 VHDL 描述高层次结构和系统的能力。

▶ 目标测评

1. VHDL 的结构一般由哪几部分组成？各部分的功能是什么？
2. VHDL 的顺序语句一般在哪里使用？并行语句呢？
3. 变量赋值语句和信号赋值语句有什么区别？
4. VHDL 有哪几种描述风格？有何区别？
5. 用 VHDL 设计一个三输入的**与非**门,并在 Quartus Ⅱ 软件中进行编译和仿真。

▶ 英文术语表

英文	中文	解释
VHDL	超高速度集成电路硬件描述语言	是用来描述硬件电路的一种语言,是 IEEE 标准语言
ENTITY	实体	实体是一个设计对象的表层设计单元,其功能是对这个设计与外部电路进行接口描述
ARCHITECTURE	结构体	结构体是用于描述设计对象的内部结构以及设计对象端口间的逻辑关系
CONFIGURATION	配置	配置就是把特定的结构体关联到一个确定的实体
PACKAGE	包集合	存放各设计模块能共享的数据类型、常数、子程序等
LIBRARY	库	用于存放已编译的实体、结构体、包集合和配置,便于其他设计对象共享
SEQUENTIAL STAEMENTS	顺序语句	用在进程或子程序中,用来定义进程或子程序的行为。每一条语句的执行(指仿真执行)都是按语句排列的次序执行的
CONCURRENT STATEMENTS	并行语句	有多种语句格式,它们在结构体中的执行是同步进行的,或者说是并行运行的,其执行方式与书写顺序无关
BEHAVIOR	行为描述	在 VHDL 的结构体中,只描述所希望电路的功能或者电路行为,而没有直接指明或涉及实现这些行为的硬件结构

续表

英文	中文	解释
RTL	数据流描述	以类似于寄存器传输级方式描述数据的传输和变换，以规定设计中各种寄存器形式为特征，然后在寄存器之间插入组合逻辑
STRUCTURE	结构描述	在多层次的设计中，高层次的设计可以调用低层次的设计模块，或直接用门电路设计单元来构成一个复杂逻辑电路的方法

本章小结

1. 一个完整的 VHDL 程序由实体、结构体、配置、程序包和库五个部分组成。

2. 一个最基本的 VHDL 程序主要由实体和对应的结构体构成。实体描述了硬件电路的端口特征，包括电路输入、输出端口及其属性，是硬件电路的外部视图符号；而对应实体的结构体则给出了该电路内部的逻辑功能，是电路的行为描述。

3. 实体和结构体是相互关联的一对有机体，一个实体只能对应一个结构体。虽然在设计过程中，一个实体下面可以写多个结构体，但在综合时，必须用配置语言为实体指定一个结构体。结构体是实体的行为描述，行为描述由一系列的并行语句构成，最常见的并行语言有信号赋值语句、子程序调用语句和进程语句。而进程语句又是由一系列的顺序语句组成的。

4. VHDL 的基本要素包括文字规则、数据对象、数据类型、运算规则（即运算符号的意义和运算的优先级）等。掌握信号、变量和常数三种数据对象的意义、使用场合范围；要注意在各种表达方式、赋值语句中的数据类型要一致；要熟悉各种运算符号的意义、运算结果和优先级，尤其是逻辑运算符，不要和逻辑代数中的运算优先级等同起来。

5. VHDL 基本语句主要包含顺序语句和并行语句。要理解顺序语句和并行语句的区别，分清两者的执行机制和执行效果。顺序语句的执行是按照语句书写的先后顺序执行的，前面一条语句执行的结果会影响到后面一条语句的执行结果；并行语句的执行是无序的，是由随机的敏感信号启动的，它可以表达电路中不同部分对各自的敏感信号产生的响应。

6. VHDL 的描述方式有行为描述、数据流描述和结构描述。

习题

习题详解 4-1：
[题 4-1]解答

[题 4-1] 试述 VHDL 程序中实体和结构体的相互关系。

[题 4-2] 函数和过程的作用是什么？有什么区别？

[题 4-3] 试说明条件信号赋值语句与 IF 语句的异同。

[题 4-4] 试说明选择信号赋值语句与 CASE 语句的异同。

[题 4-5] 在 VHDL 中有几种数据对象？分别是什么？

［题 4-6］ 顺序语句和并行语句的主要区别是什么？

［题 4-7］ 元件例化的作用是什么？

［题 4-8］ 用元件例化的方式设计一个三输入**与**门。

［题 4-9］ 试比较 C 语言和 VHDL 的区别。

［题 4-10］ 试设计一个具有高电平使能控制的 2 线-4 线译码器。

［题 4-11］ 试画出下面实体描述的视图符号：

```
entity ht is
port (en: in bit;
        a:in std_logic_vector(2 downto 0);
        d:in std_logic_vector(7 downto 0);
        y:out std_logic
     );
end entity ht;
```

习题详解 4-2：
［题 4-11］解答

［题 4-12］ 试设计一个 *JK* 边沿触发器。

［题 4-13］ 试写出 1 位全加器的 VHDL 程序，其结构体用行为描述法编写。

第 5 章　逻辑门电路

▶ 本章目标

1. 了解二极管、晶体管和场效应管的开关特性及基本门电路。
2. 掌握推拉结构输出门电路、三态门和开路门的工作原理和应用。
3. 掌握 TTL 和 CMOS 电路间的电平关系。
4. 了解门电路的 VHDL 描述。

▶ 引言

在计算机电路中，主要部件有运算器、程序控制器和存储器等电路，它们都是由逻辑门电路构成的，各个部件之间以三总线结构相连接，因此，这样的连接必须由三态门作为接口电路，下面我们介绍各种类型的门电路。

5.1 基本逻辑门电路

关键术语

基本逻辑门电路：由分立元件组成的逻辑门电路。

电子教案 5-1：
基本逻辑门电路

利用二极管的单向导电性、晶体管共射电路的集电极与基极交流反相、场效应管栅源电压与漏极电流之间的关系，都可以构造简易的基本逻辑门电路，这些由分立元件组成的简易逻辑门，性能较差，但对于理解逻辑门电路的工作原理很有帮助。

5.1.1 二极管、晶体管和场效应管的开关特性

1. 二极管的开关特性

二极管具有单向导电性，在两端加正向电压时导通，此时二极管视为开关闭合；加反向电压时截止，二极管视为开关断开，如图 5-1 所示。

2. 晶体管的开关特性

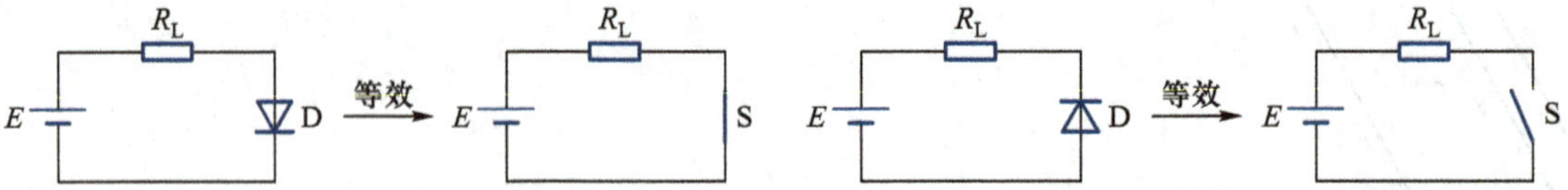

图 5-1 二极管的开关特性

晶体管工作在截止状态，可视为开关断开，若工作在饱和状态，相当于开关闭合。如果让晶体管在这两个状态之间进行快速转换，其工作情况称为晶体管处于开关工作状态，即为晶体管的开关特性，如图 5-2 所示。

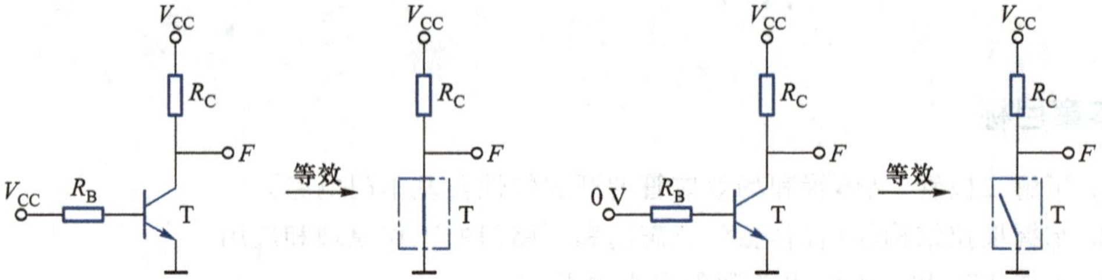

图 5-2 晶体管的开关特性

3. 场效应管的开关特性

在场效应管漏极和源极之间加上电压 V_{DS}，而使栅极和源极之间没有控制电压，即 $V_{GS}=V_{IL}=0$ 时，漏源电流 $i_D=0$，MOS 管处于截止状态。如果在栅极和源极之间加上的控制电压 $V_{GS}=V_{IH}>V_T$（V_T 为 MOS 管的开启电压），则 MOS 管处于导通状态，因此，场效应管也具有开关特性，如图 5-3 所示。

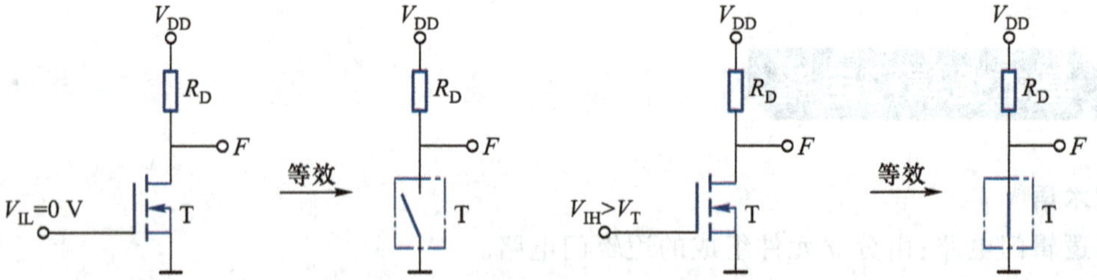

图 5-3 场效应管的开关特性

5.1.2 二极管门电路

由两个二极管和一个电阻构成最简单的**与**门电路如图 5-4 所示，A、B 为两个输入变量，Y 为输出变量。表 5-1 为该**与**门电路的真值表。真值表反映了输入与输出之间的对应关系，即**与**逻辑的运算 $Y=A\cdot B$。**与**门电路的输入端可以有多个。

由二极管和电阻组成的**或**门电路，如图 5-5 所示，A、B 为两个输入变量，Y 为输出变量。由图分析知，当 A、B 同时为低电平 0 V 时，输出 Y 才为低电平 0 V。只要 A、B 当中有一个是高电平，输出 Y 就是高电平 2.3 V（3 V−0.7 V=2.3 V）。不难得到输入、输出的逻辑电平表和真值表，如表 5-2 所示。Y 和 A、B 之间是逻辑**或**关系，即 $Y=A+B$。**或**门可以有多个输入端。

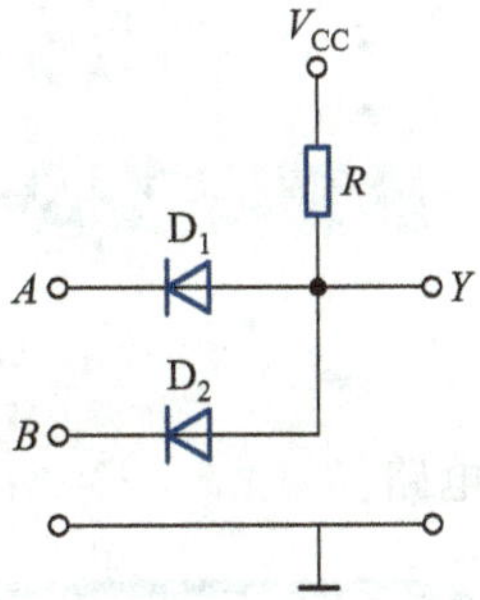

图 5-4 二极管与门电路

表 5-1 图 5-4 所示与门电路的真值表和逻辑电平

A		B		Y	
电平值	逻辑值	电平值	逻辑值	电平值	逻辑值
0 V	0	0 V	0	0 V	0
0 V	0	3 V	1	0 V	0
3 V	1	0 V	0	0 V	0
3 V	1	3 V	1	3 V	1

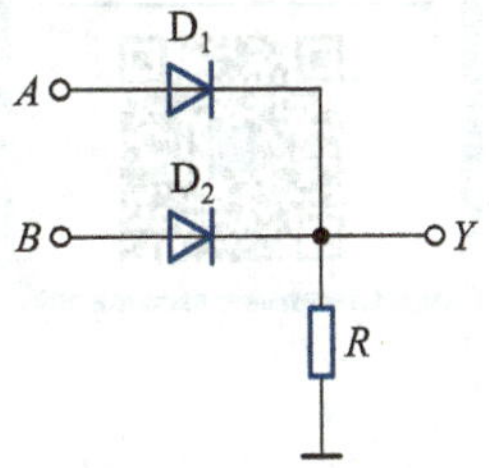

图 5-5 二极管或门电路

表 5-2 图 5-5 所示或门电路的逻辑电平和真值表

A		B		Y	
电平值/V	逻辑值	电平值/V	逻辑值	电平值/V	逻辑值
0	0	0	0	0	0
0	0	3	1	2.3	1
3	1	0	0	2.3	1
3	1	3	1	2.3	1

5.1.3 晶体管非门电路

由于晶体管共射放大器具有倒相的特性，在基极加入适当的控制电压，可以使晶体管工作状态在饱和与截止之间切换。所以，最基本的非门可采用晶体管共射结构，电路如图 5-6 所示。当输入控制端 A 为低电平 0 V 时，晶体管截止，输出 F 为高电平 V_{CC}。当 A 端为高电平时，晶体管饱和导通，输出 Y 为低电平 0.3 V。显然输出 F 与输入 A 为非逻辑关系，即 $F=\overline{A}$，真值表如表 5-3 所示。

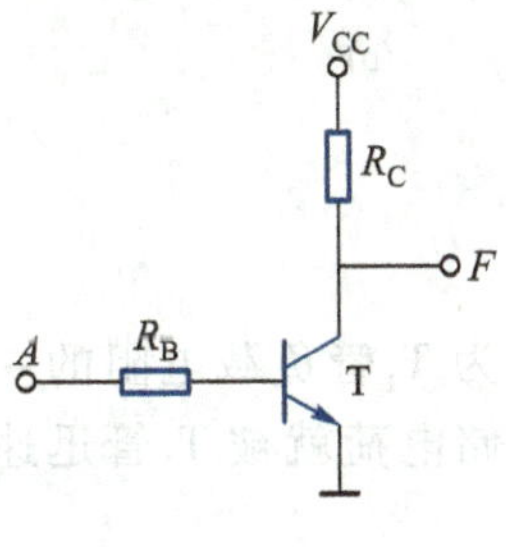

图 5-6 晶体管非门电路

表 5-3 图 5-6 所示非门电路的真值表

A	F
0	1
1	0

由分立元件组成的基本逻辑门电路，其优点为结构简单、成本低，但也存在着严重的缺点，如输出高、低电平数值和输入的高、低电平数值不相等。对于晶体管构成的非门电路，其输出的低电平和输入的低电平相差晶体管饱和导通压降。如果将这些门的输出作为下一级门的输入信号，将产生信号高、低电平的偏移，还有带负载能力差。因此，实际应用中，一般都采用集成门电路。

5.2 TTL 集成逻辑门电路

关键术语

TTL 集成电路：逻辑电路的输入和输出级均由晶体管构成的数字集成电路。

常用的集成门电路分为 TTL 和 CMOS 两大类。TTL 电路是晶体管-晶体管逻辑电路的简称，是目前使用最为广泛的一种门电路。

电子教案 5-2：TTL 集成逻辑门电路

5.2.1 TTL 与非门的基本结构和工作原理

1. 典型的 TTL 与非门

电路结构如图 5-7(a)所示，该电路可分解为三个部分：输入级、中间倒相级、输出级，图 5-7(b)是多发射管 T_1 等效电路。

(1) 输入级：由多发射极晶体管 T_1、电阻 R_1 和抗干扰二极管组

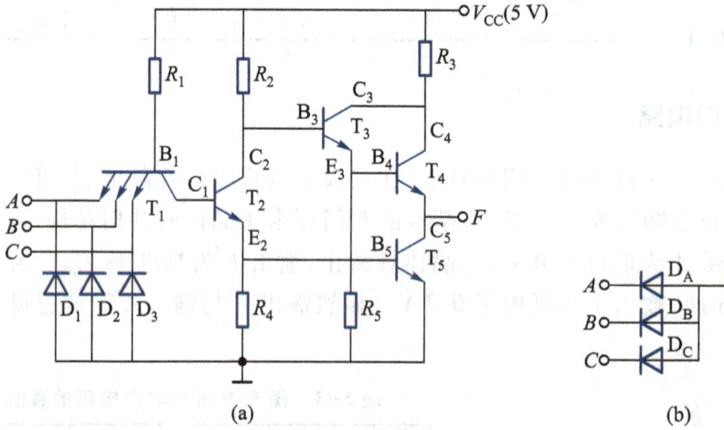

图 5-7 TTL 与非门电路

(a) TTL 与非门电路结构；(b) T_1 等效电路

成，通过多发射极晶体管 T_1 实现**与**逻辑功能。T_2 管的集电结作为 T_1 管负载电阻的一部分，当输入端 A、B、C 中任一个从高电平变为低电平时，T_2 管中的存储电荷就被 T_1 管迅速拉出，使 T_2 迅速截止，加快状态的转换，提高了开关速度。

(2) 中间倒相级：由晶体管 T_2 和电阻 R_2、R_4 组成，其作用是从 T_2 管的集电极和发射极同时输出两个相位相反的信号，分别驱动 T_3 和 T_5 管，保证 T_4 和 T_5 管有一个导通时，另一个就截止，实现倒相功能。

(3) 输出级：由晶体管 T_3、T_4、T_5 和电阻 R_3、R_5 组成，T_5 是反相器，T_3、T_4 组成复合管构成一个射随器，作为 T_5 管的有源负载，并与 T_5 组成推拉式电路，其特点是在稳定状态下 T_4 和 T_5 总是一个导通而另一个截止，无论输出高电平或低电平，其输出电阻都很小，使逻辑门具有很强的带负载能力。

2. TTL 与非门的功能分析

(1) 输入全接高电平(3.6 V)

TTL 与非门的工作状态如图 5-8 所示。

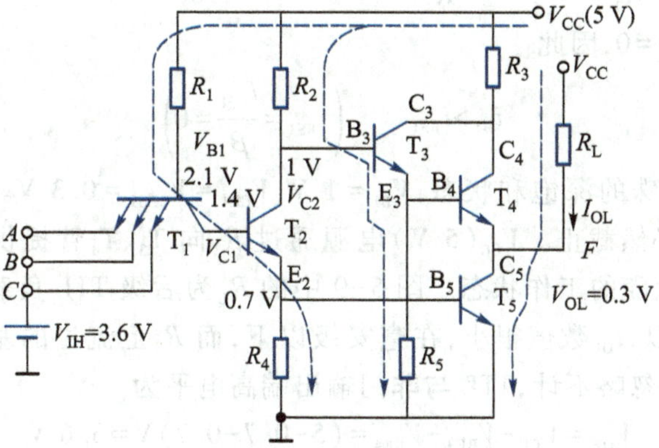

图 5-8 TTL 与非门输入全接高电平的工作状态

电源 V_{CC} 通过 R_1 和 T_1 的集电结向晶体管 T_2 和 T_5 提供基极电流,在参数设计上使 T_2 和 T_5 管能饱和导通。因此,T_2 管集电极电位 V_{C2} 为

$$V_{C2}=V_{BE5}+V_{CE2}=(0.7+0.3)\ V=1\ V$$

晶体管 T_4 必然是截止的。此时,T_1 管基极电位 V_{B1} 为

$$V_{B1}=V_{BC1}+V_{BE2}+V_{BE5}=(0.7+0.7+0.7)\ V=2.1\ V$$

T_1 管的发射结电压 $V_{BE1}=(2.1-3.6)\ V=-1.5\ V$,发射结处于反向偏置,而集电结处于正向偏置,$T_1$ 管处于倒置放大状态。此时,TTL 与非门输出低电平,称为 TTL 与非门的“开”状态。该 TTL 与非门接上后级负载门后,如图 5-8 中的 R_L 为后级负载门的等效电阻,I_{OL} 为负载电流,该电流构成 T_5 负载管的集电极电流 i_{C5},只要负载不要过重,I_{OL} 不过大,不超过 T_5 的最大饱和电流,使 T_5 维持饱和状态,输出电平为 0.3 V 低电平,实现了全 **1** 出 **0**。

(2) 输入端中有接低电平的情况($V_{IL}=0.3\ V$)

在输入端中接有低电平时如图 5-9 所示。

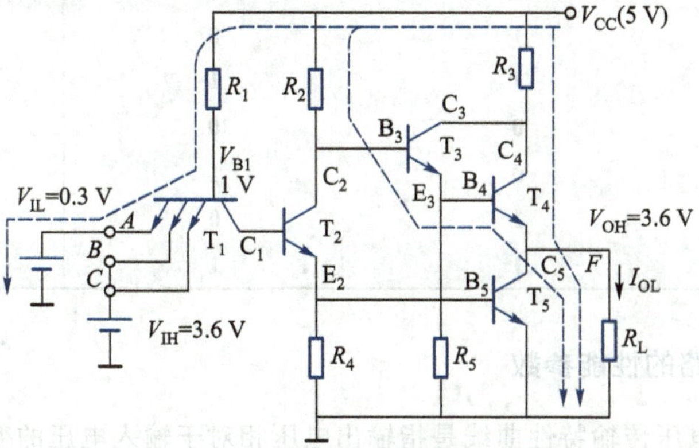

图 5-9 TTL 与非门输入端接低电平的工作状态

多发射极晶体管 T_1 接低电平输入信号的发射结导通，T_1 的基极电流 i_{B1} 为(设 R_1 为 16 kΩ)

$$i_{B1}=\frac{V_{CC}-V_{B1}}{R_1}=\frac{V_{CC}-(0.3+V_{BE1})}{R_1}=\frac{5-(0.3+0.7)}{16}\text{mA}=0.25\ \text{mA}$$

其集电极电流 $i_{C1}=0$，因此

$$i_{B1}>i_{BS1}\qquad\left(i_{BS1}=\frac{i_{CS1}}{\beta}=0\right)$$

T_1 管处于一种特殊的深饱和状态，$V_{B1}=1\ V$，$V_{CE1}=V_{CES1}=0.3\ V$。此时，T_2 管基极电位 $V_{B2}=V_{C1}$，因此 T_2、T_5 必然截止。V_{CC}(5 V)电源通过 R_2 向 T_3、T_4 管提供基极电流，使其均导通，输出级处于射极跟随的工作状态。图 5-9 中的 R_L 为后级 TTL 负载门电路的等效电阻，因为 R_L 一般很大，所以，I_{OL} 数值很小，在毫安级以下，而 R_2 上流过的基极电流更小，基极电流在 R_2 上的压降可以忽略不计，TTL **与非**门输出端高电平为

$$V_{OH}=V_{CC}-V_{BE3}-V_{BE4}=(5-0.7-0.7)\ V=3.6\ V$$

此时**与非**门是"关"状态，根据以上分析可得到表 5-4 所示的输入和输出电压关系。按正逻辑规定，实现了有 **0** 出 **1**，全 **1** 出 **0** 的**与非**逻辑功能，并可得表 5-5 所示**与非**门逻辑真值表。其逻辑表达式为 $F=\overline{ABC}$。

表 5-4 TTL 与非门输入、输出电压关系表

输入电平	输出电平
全部低电平($V_L=0.3\ V$)	高电平($V_{OH}=3.6\ V$)
有低($V_L=0.3\ V$)有高($V_H=3.6\ V$)	高电平($V_{OH}=3.6\ V$)
全部高电平($V_H=3.6\ V$)	低电平($V_{OL}=0.3\ V$)

表 5-5 逻辑真值表

输入逻辑变量			输出逻辑变量
A	*B*	*C*	*F*
0	**0**	**0**	**1**
0	**0**	**1**	**1**
0	**1**	**0**	**1**
0	**1**	**1**	**1**
1	**0**	**0**	**1**
1	**0**	**1**	**1**
1	**1**	**0**	**1**
1	**1**	**1**	**0**

5.2.2 TTL 门电路的性能参数

逻辑门电路的电压传输特性曲线是指输出电压相对于输入电压的变化关系曲线。按图 5-10 所示电路，在 TTL **与非**门输入端加可变的输入电压，测量输出电压 v_O 和相应的输入电

压 v_I，就可以描绘出 TTL 与非门的电压传输特性曲线 $v_O=f(v_I)$，如图 5-11 所示。该图描述了 TTL 与非门在空载条件下的输出电压和输入电压之间的对应关系，一般将电压传输特征分为 AB 段（截止区）、BC 段（线性区）、CD 段（过渡区）和 DE 段（饱和区）四个区段。

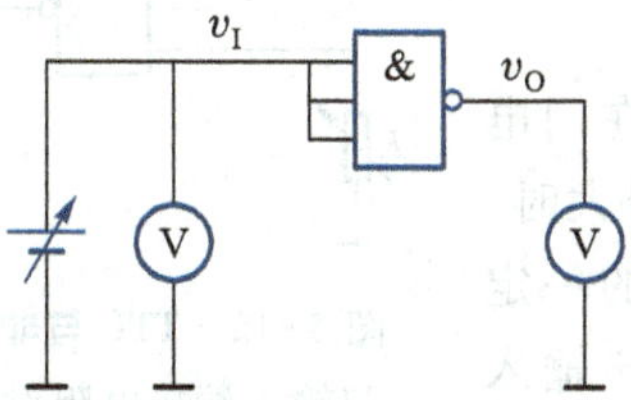

图 5-10 TTL 与非门电压传输特性测试电路

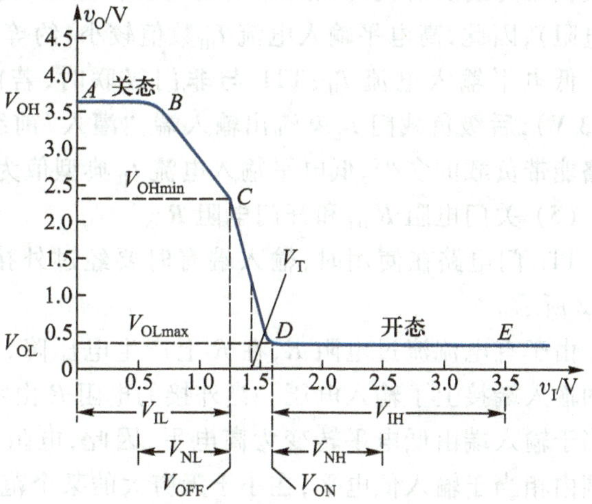

图 5-11 TTL 与非门电压传输特性

由图 5-11 可知逻辑门的主要技术参数。

（1）标准高低逻辑电平值 V_H 和 V_L

逻辑门在理想情况下表示正逻辑 1 电平的电压 V_H 和表示正逻辑 0 电平的电压值 V_L。这两个高低电平之差 $k=V_H-V_L$。

由电压传输特性知，TTL 与非门的高电平标称值 $V_H=3.6$ V，低电平标称值 $=0.3$ V，逻辑摆幅 $V_O=3.3$ V。

（2）关门电平 V_{OFF}、开门电平 V_{ON} 和阈值电压 V_T

当输入电压等于一定的值时，使输出电压处于规定高电平的下限值 V_{OHmin}，其对应的输入电压称为 TTL 与非门的关门电平 V_{OFF}，当输入电压使 TTL 门电路的输出处于规定低电平的上限值 V_{OLmax}，其对应的输入电压称为开门电平 V_{ON}。因此，当输入电压小于关门电平时，TTL 与非门处于关门状态，当输入电压大于开门电平时，TTL 与非门处于开门状态。电压传输特性过渡区中点所对应的输入电压称为阈值电压 V_T。

（3）输入信号噪声容限 V_{NL} 和 V_{NH}

从电压传输特性上可知，当输入电压偏离正常的电平，但不超过关门电平 V_{OFF} 或不低于开门电平 V_{ON}，其输出电压不会超过规定的高电平值或低电平值。关门电平 V_{OFF} 越大，在输入低电平时抗干扰能力越强；如果开门电平 V_{ON} 越小，在输入高电平时抗干扰能力越强，这个范围称为 TTL 门电路抗干扰能力，即输入噪声容限，它分为输入低电平时的噪声容限 V_{NL} 和输入高电平时的噪声容限 V_{NH}。

低电平和高电平抗干扰能力分别为

$$V_{NL}=V_{OFF}-V_{IL}=V_{OFF}-V_L$$

$$V_{NH}=V_{IH}-V_{ON}=V_H-V_{ON}$$

(4) 高电平输入电流 I_{IH} 和低电平输入电流 I_{IL}

高电平输入电流 I_{IH}:TTL **与非**门级联时,若前级**与非**门处于“关”状态而输出高电平时,后级负载门就从前级门电路输出端“拉出”电流,由于后级门电路输入阻抗很大(为 PN 结反向电阻),因此,高电平输入电流 I_{IH} 数值较小,约等于零。

低电平输入电流 I_{IL}:TTL **与非**门级联时,若前级**与非**门处于“开”状态,输出低电平(0.3 V),后级负载门 I_{IL} 就流出输入端,“灌入”前级门电路的输出级,其大小决定了前级门电路能带负载的多少,低电平输入电流 I_{IL} 典型值为 0.2 mA 左右。

(5) 关门电阻 R_{OFF} 和开门电阻 R_{ON}

TTL 门电路在使用时,输入端有时要经过外接电阻到地,如图 5-12 所示。

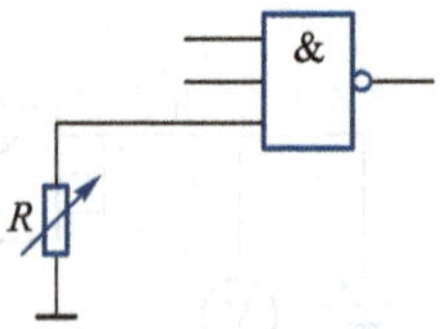

图 5-12 TTL **与非**门输入端接电阻对工作状态的影响

由于有电流流过电阻 R,在 R 上产生电压降,这相当于在门电路的输入端接上了输入电压。当外接的电阻 R 由零增至无穷大时,相当于输入端由低电平转变为高电平,因此,电阻在大于零的一定范围内相当于输入低电平,在小于无穷大的某个范围内相当于输入高电平。这样,将输入低电平的最大电阻称为关门电阻 R_{OFF},将输入高电平的最小电阻称为开门电阻 R_{ON}。

若输入端电阻 R 小于关门电阻 R_{OFF} 时,相当于 TTL 门电路输入端接低电平,此时,**与非**门处于关门状态;若 TTL 门的输入端电阻 R 大于开门电阻 R_{ON},相当于该输入端为高电平。所以,TTL 门电路的输入端悬空,等效为接入一个无穷大的电阻($R=\infty$),其输入端为高电平。

(6) 平均传输延迟时间 t_{pd}

与非门的平均传输延迟时间是指一个矩形脉冲信号从输入端输入,经过门电路再从其输出端输出所延迟的时间,它反映出门电路开关速度的快慢。平均传输延迟时间 t_{pd} 定义为

$$t_{pd}=\frac{(t_{pdL}+t_{pdH})}{2}$$

图 5-13 所示为 TTL **与非**门传输延迟波形图,不同系列的集成逻辑门其延迟时间是不一样的,74LS 系列的值约 10 ns。

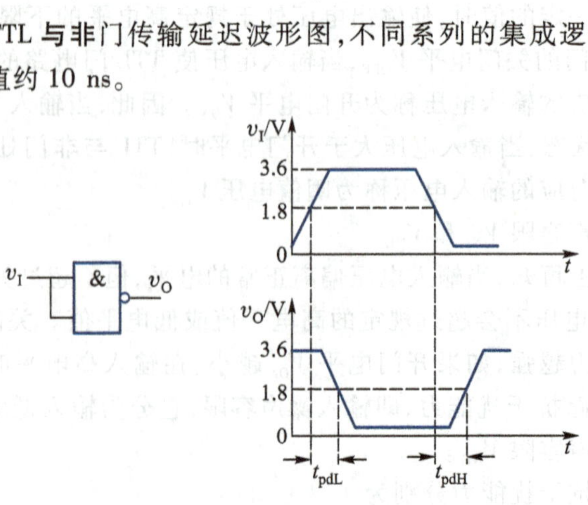

图 5-13 TTL **与非**门输入、输出延迟波形图

5.2.3 TTL 非门、或非门和与或非门

为了满足实际需要，在 TTL 与非门的基础上，经改进还有许多其他 TTL 门电路，如非门、或非门、与或非门、异或门、同或门、OC 门及三态门等。下面简述常用的 TTL 非门、或非门和与或非门。

1. TTL 非门

TTL 非门是最简单的一种集成门电路，在图 5-7 的基础上将多发射极管 T_1 更换成普通晶体管即可，其典型电路如图 5-14 所示。

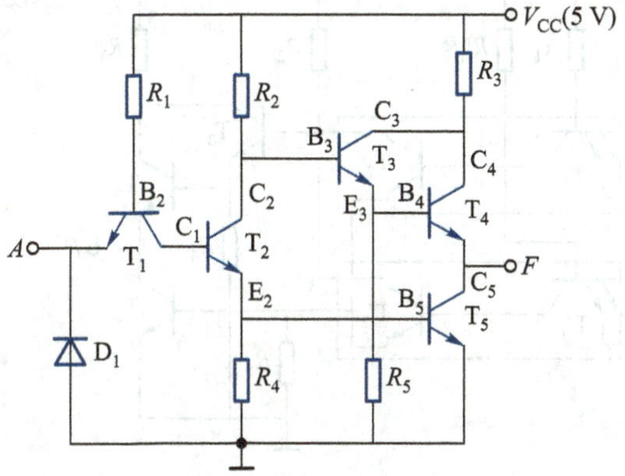

图 5-14 TTL 非门电路

在输入端加高电平或低电平。通过分析可知，该电路的输出和输入之间存在着非逻辑关系，即 $F=\overline{A}$。

2. TTL 或非门

图 5-15 是一个二输入或非门的典型电路，其中点画线所框选的部分电路共同实现了或扩展的功能，该电路是在非门电路基础上增加 T_1'、T_2' 和 R_1' 组成的。

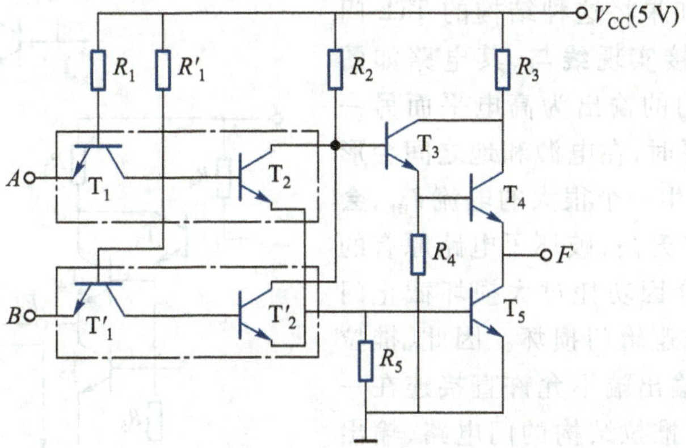

图 5-15 TTL 或非门电路

由图 5-15 分析可知，T_2 和 T_2' 的输出端是并联在一起的，当 A、B 中任何一个为高电平

时都将使 T_2 或 T_2' 导通，使 T_5 导通，T_4 截止，电路输出低电平。只有在 A、B 同时为低电平时，T_2 和 T_2' 同时截止，使 T_4 导通，T_5 截止，电路输出为高电平，因此，图 5-15 所示电路的逻辑功能为 $F=\overline{A+B}$。

3. TTL 与或非门

将**与**、**或非**两种方法组合运用，就可以得到如图 5-16 所示的**与或非**电路，由图分析可知，只要 A、B 或者 C、D 中任何一组输入同时为高电平，输出就为低电平，只有两组输入都不同时为高电平时，输出才为高电平，因此，该电路的逻辑功能为 $F=\overline{AB+CD}$。

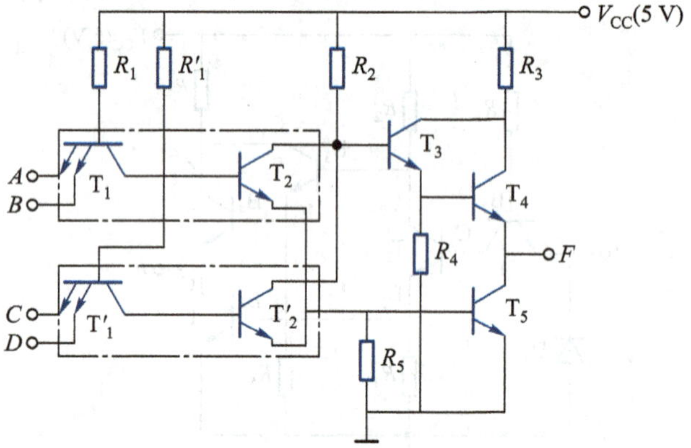

图 5-16 TTL 与或非门电路

5.2.4 TTL 集电极开路门和三态门

1. 集电极开路门

在实际应用中，希望电路结构简单，常常将多个逻辑门的输出端直接连在一起，实现逻辑**与**，这种直接将门电路的输出端连在一起的方法称为**线与**。但普通 TTL 逻辑门电路的输出级是推拉结构。如果将这种结构的 TTL 门电路输出端直接连接实现**线与**，其电路如图 5-17 所示，当一个门的输出为高电平而另一个门的输出为低电平时，在电源和地之间会形成一个低阻通路，产生一个很大的电流 I_{HL}，会使导通门输出低电平升高，破坏了电路原有的逻辑关系，另外，还会因功耗过大损坏截止门中的导通管 T_4，造成逻辑门损坏。因此，推拉结构的 TTL 门电路输出端不允许直接连在一起实现**线与**。另外，推拉结构的门电路，输出高电平由电源电压 V_{CC}决定。一旦 V_{CC}确定了，输出高电平的电压就不能改变了。但在实际应用中，我们经常遇到供电电压不同的电路之

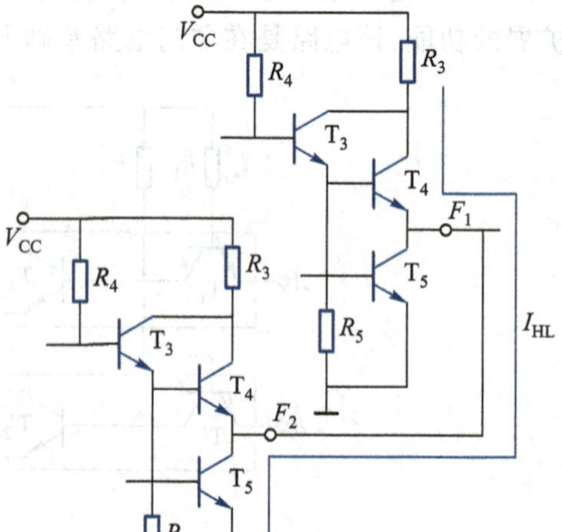

图 5-17 推拉结构的输出端直接相连的情况

间的接口问题，为此，需要根据情况调整逻辑门的输出电平。综上所述，为了克服推拉式电路的上述局限，在推拉结构门电路的基础上，提出了输出级集电极开路的逻辑门，简称 OC 门，它是一种数字系统中常用的特殊门。

(1) 电路结构

OC 门与推拉式 TTL 门的主要区别在于去掉了普通 TTL 门中输出级的复合晶体管和电阻 R_4，其逻辑电路图和逻辑符号如图 5-18 所示。

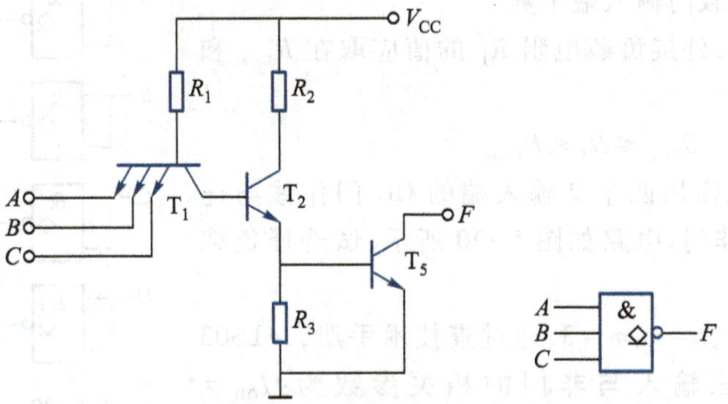

图 5-18 OC 门逻辑电路及逻辑符号

在该电路中，输出管 T_5 集电极开路，在使用时必须在外接电源 V_{CC} 和输出端之间外接一个上拉负载电阻 R_L。只要 R_L 的阻值选择适当，电路即可正常工作，如图 5-19(a) 所示，如果多个集电极开路门**线与**输出时，可共用一个负载电阻和电源，如图 5-19(b) 所示。

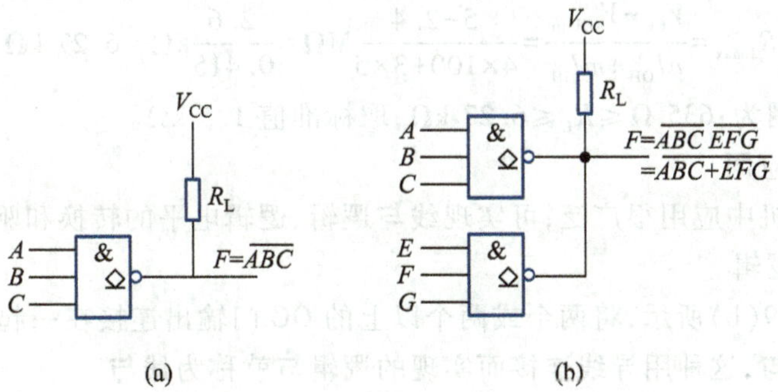

图 5-19 集电极开路门的应用电路

(a) 一个 OC 门；(b) OC 门线与

在外加电源电压确定后，还需选定负载电阻的大小，选择的原则为：保证 OC 门的输出高电平不低于 V_{OHmin}，低电平输出不高于 V_{OLmax}，还要保证门电路不被烧坏。

OC 门输出高电平不低于 V_{OHmin}，则要求负载电阻不能太大，OC 门输出低电平时，负载电阻又不能太小，为了保证输出高电平不低于规定的 V_{OHmin}，负载电阻 R_L 的最大取值 R_{Lmax} 为

$$R_{Lmax}=\frac{V_{CC}-V_{OHmin}}{nI_{OH}+mI_{IH}}$$

在保证 OC 门输出低电平时不高于 V_{OLmax}，并避免导通的 OC 门被烧毁，负载电阻 R_L 的

最小取值 R_{Lmin} 为

$$R_{Lmin}=\frac{V_{CC}-V_{OLmax}}{I_{OLmax}-mI_{IL}}$$

其中，I_{OH} 为 OC 门输出管的截止漏电流；I_{OL} 为 OC 门输出管最大负载电流；I_{IL} 负载门的低电平输入电流；I_{IH} 为负载门的高电平输入电流；n 为**线与**输出的 OC 门的个数；m 为接入电路的负载门输入端个数。

在实际应用中，外接负载电阻 R_L 的值应取在 R_{Lmax} 和 R_{Lmin} 之间，即

$$R_{Lmin}\leqslant R_L\leqslant R_{Lmax}$$

【例 5-1】 现需用四个 2 输入端的 OC 门作**线与**连接，来驱动三个**与非**门，电路如图 5-20 所示，试选择负载电阻 R_L。

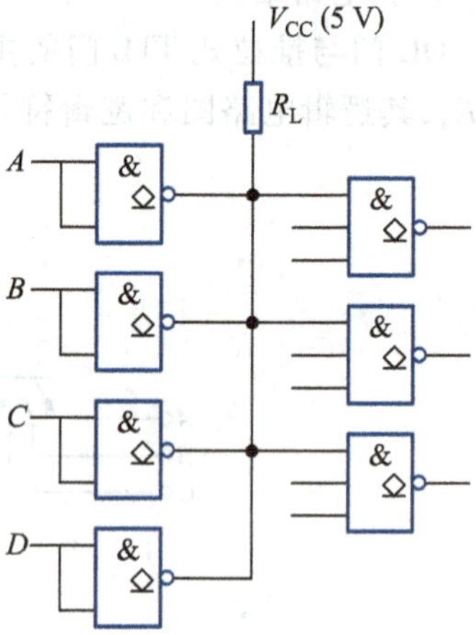

图 5-20 4 集电极开路门驱动三个门的应用电路

解 由图可知，$n=4$，$m=3$，通过查技术手册，74LS03 OC 门和 74LS10 三输入**与非**门的相关参数为：$I_{OH}=100\ \mu A$，$I_{OLmax}=8\ mA$，$I_{IH}=5\ \mu A$，$I_{IL}=0.2\ mA$，要保证高低电平值满足要求，取 $V_{OHmin}=2.4\ V$，$V_{OLmax}=0.3\ V$，外接电源电压为 $V_{CC}=5\ V$。

$$R_{Lmin}=\frac{V_{CC}-V_{OLmax}}{I_{OLmax}-mI_{IL}}=\frac{5-0.3}{8-3\times0.2}k\Omega=\frac{4.7}{7.4}k\Omega=635\ \Omega$$

$$R_{Lmax}=\frac{V_{CC}-V_{OHmin}}{nI_{OH}+mI_{IH}}=\frac{5-2.4}{4\times100+3\times5}M\Omega=\frac{2.6}{0.415}k\Omega=6.27\ k\Omega$$

R_L 的取值范围为：$635\ \Omega\leqslant R_L\leqslant 6.27\ k\Omega$，取标准值 1.5 kΩ。

(2) OC 门的应用

OC 门在计算机中应用很广泛，可实现**线与**逻辑、逻辑电平的转换和驱动大电流负载等。

① 实现**线与**逻辑。

电路如图 5-19(b)所示，将两个或两个以上的 OC 门输出连接在一起，总的输出为各个 OC 门输出的逻辑**与**，这种用导线连接而实现的逻辑**与**就称为**线与**。

② 逻辑电平转换。

在数字逻辑系统中，会应用到不同逻辑电平的电路，如，TTL 逻辑电平（$V_{OH}=3.6\ V$，$V_{OL}=0.3\ V$）与 CMOS 逻辑电平（$V_{OH}=12\ V$，$V_{OL}=0\ V$）不同。信号在不同逻辑电平的电路之间传输时，就产生信号不匹配问题，逻辑信号就不能正常传输，因此，中间必须加上接口电路，OC 门就可以实现这种接口电路，完成不同逻辑电平电路之间的信号传输。

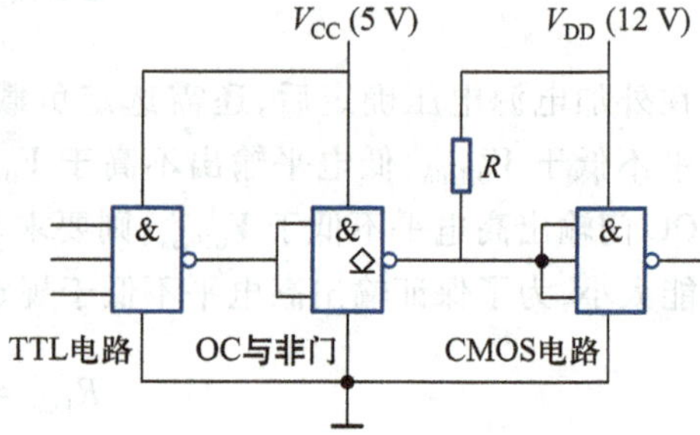

图 5-21 OC 与非门实现的电平转换

如图 5-21 所示就是用 OC 与非门作为

TTL 门电路和 CMOS 门电路之间电平转换的接口电路。当前级 TTL 电路输出高电平 V_{OH} = 3.6 V 时，经 OC **与非**门变换后输出低电平 V_{OL} = 0.3 V，这与 CMOS 门电路的逻辑低电平兼容。当前级 TTL 电路输出低电平 V_{OL} = 0.3 V 时，经 OC **与非**门变换后输出的高电平为外接电源，则 $V_{OH}=V_{DD}$，满足了 CMOS 门电路所要求的逻辑高电平，因而实现了逻辑电平的转换。

③ 驱动大电流负载。

可以采用 OC 门来驱动继电器、脉冲变压器和指示灯等大电流负载。当驱动指示灯时，负载电阻 R_L 可以用指示灯代替，如果电流太大，可适当串入一个限流电阻，以避免 OC 门烧毁。

2. 三态逻辑门

三态逻辑输出门，简称 TSL 门或三态门。它是在一般门电路的基础上增加控制电路和控制端构成。三态门的输出状态除了高电平和低电平为工作状态以外，还有高阻抗输出状态（称为禁止状态）。三态门是计算机电路中使用广泛的特殊逻辑门。

（1）电路结构与工作原理

电路和逻辑符号如图 5-22 所示。在电路中，若控制使能端 $\overline{EN}=\mathbf{0}$ 时，非门和二极管 D_1 构成的电路对 TTL 非门没有影响，输出 $F=\overline{A}$，门电路处于工作状态；当控制使能端 $\overline{EN}=\mathbf{1}$ 时，P 点为低电平，相当于在**与非**门的一个输入端加上低电平，因此 T_2、T_5 管截止。同时，二极管 D_1 导通，使 T_2 集电极电位 V_{C2} 钳位在 1 V，使 T_3 和 T_4 组成的复合管无法导通。此时，输出端 F 处于高阻悬浮状态，即三态门处于禁止状态。

三态门控制端有高电平或低电平有效的两种使能控制方式，若使能控制端 $EN=\mathbf{0}$ 时，门电路处于工作状态；则称控制端 EN 为低电平有效。当控制端 $EN=\mathbf{1}$ 时，门电路处于工作状态，则称控制端 EN 为高电平有效，如图 5-23 所示。

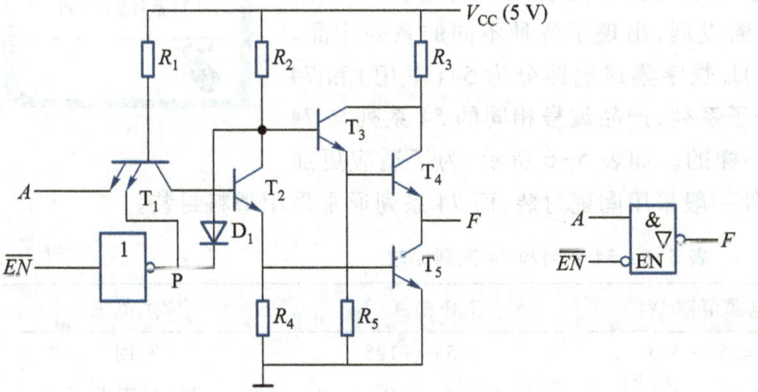

图 5-22 三态门电路

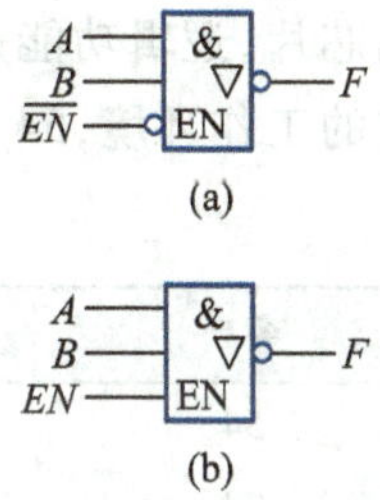

图 5-23 三态门逻辑符号

(a) 低电平有效；(b) 高电平有效

（2）三态门的应用

三态门主要应用于总线传送，它可进行单向或双向数据传送。

① 构成单向数据总线。

如图 5-24 所示是用三态门构成的单向数据总线。在任何时刻，n 个三态门中只允许其中一个控制输入端$\overline{EN_i}$ 为低电平有效，该门处于工作状态，相应的数据 D_i 就被输送到总线上去，而其他门的使能控制端均为 **1**，处于高阻状态。若某一时刻同时有两个以上的三态门控制输入端$\overline{EN_i}$ 为低电平，就有两个以上的三态门处于工作状态，那么总线传送信息就会出错，同时还会损坏三态逻辑门。

② 构成双向数据总线。

如图 5-25 所示是用三态门构成的双向数据总线。当控制使能 EN 为高电平时，G_1 三态门处于工作状态，G_2 三态门处于高阻状态，数据 D_1 通过 G_1 三态门传输到总线上；当控制使能 EN 为低电平时，G_1 三态门处于高阻状态，G_2 三态门处于工作状态，总线上的数据 D_2 通过 G_2 三态门接收。这样，通过改变控制信号 EN 的状态，实现了数据的分时双向传送。

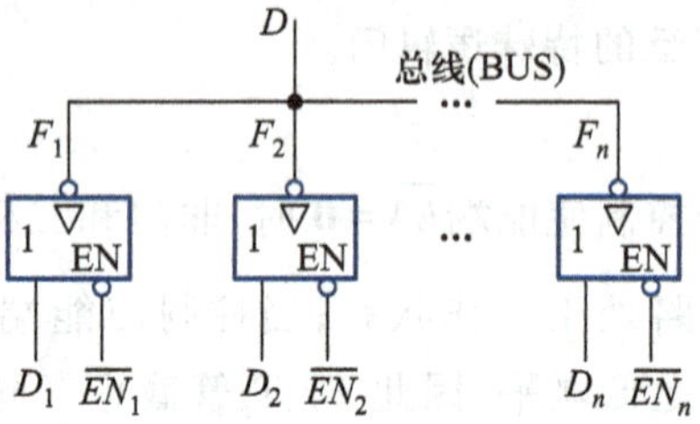

图 5-24 用三态门构成的单向数据总线

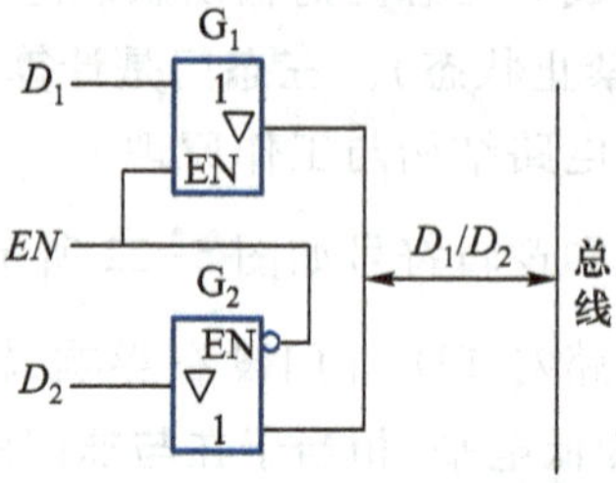

图 5-25 三态门构成的双向数据总线

5.2.5 TTL 数字集成电路的各种系列

TTL 数字集成电路是生产历史最久、数量最多、性能价格比较高、使用最为广泛的一种数字集成电路。随着技术的进步，TTL 集成电路在结构和性能上也不断发展，出现了各种不同的系列产品。根据集成电路的工作温度，TTL 数字集成电路分为 54(军用) 和 74 (民用)两大系列。还有各个子系列，产品编号相同的 54 系列与 74 系列芯片，逻辑功能是完全一样的。如表 5-6 所示，为了适应更加恶劣的工作环境，54 系列器件一般采用陶瓷封装，而 74 系列通常采用塑料封装。

微视频 5-1：
74 系列芯片介绍

表 5-6 54 系列和 74 系列比较

系列	电源范围/V	工作温度/℃	应用范围
54	+4.5～+5.5	-55～+125	军用
74	+4.75～+5.25	0～+70	民用(工业)

在 54/74 系列中，除基本系列以外，各个子系统主要向高速、低功耗和高速低功耗三个方面发展。如提高工作速度的 54/74H(高速)系列和 54/74S(肖特基)系列以及 54/74AS (先进肖特基)系列，如降低功耗的 54/74L(低功耗)系列和 54/74AL(先进低功耗)系列，还有降低功耗和提高工作速度的 54/74LS(低功耗肖特基)系列和 54/74ALS(先进低功耗肖特基)系列。下面简要介绍各系列的电路结构和电气特性。

1. 54/74 基本系列

这是第一种 TTL 数字集成电路系列，电路结构是晶体管-晶体管逻辑形式，如图 5-26 所示是一个**与非**门的电路，输出级为图腾柱式的推拉结构，其特点是在任何时候作为输出的两个晶体管，总有一个处于截止状态，另一个处于饱和导通状态，这样，该电路输出无论在什么状态，都有比较强的驱动能力。

2. 54/74H 系列

54/74H 系列在 54/74 基本系列基础上做了两个方面的改进：一是输出级采用了达林顿结构，用复合管代替了图 5-26 中的 T_3 和 D_4，提高输出高电平时的驱动能力；二是将所有电阻的阻值降低了一半左右。

3. 54/74S 系列

74S 系列在 74H 系列基础上又做了两方面的改进：一是用抗饱和的肖特基管代替了除 T_4 之外的所有普通双极晶体管；二是增加了有源泄放电路，以提高门电路的转换速度。

肖特基管由普通的双极晶体管和肖特基势垒二极管（SBD）组合而成，如图 5-27 所示。制作时采用了特殊的工艺，SBD 的开启电压很低，只有 0.3~0.4 V。因此，当晶体管的集电结正偏电压增加，饱和深度加剧时，SBD 率先导通，将集电结正偏电压钳制在 0.3~0.4 V，并将基极注入的过驱动电流分走，减小了电荷存储效应，有效地降低了晶体管的饱和深度，提高了晶体管的转换速度。

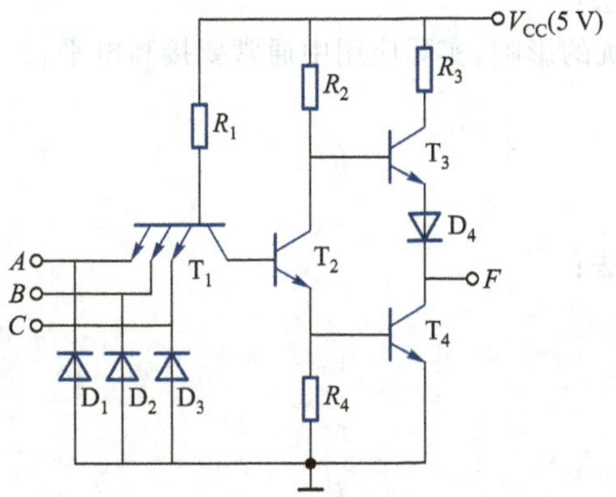

图 5-26 TTL **与非**门逻辑电路

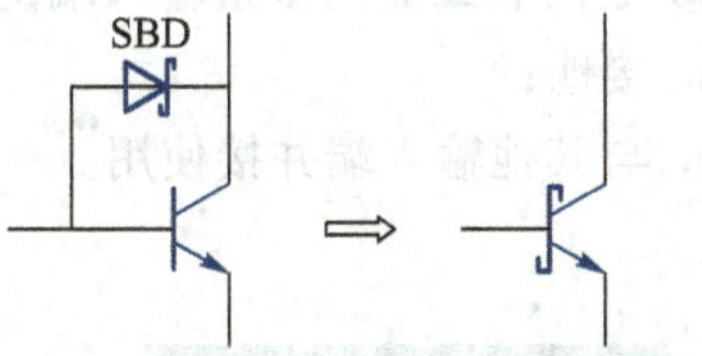

图 5-27 抗饱和的肖特基管电路结构

74S 系列是目前速度较快的一种 TTL 电路，平均传输延迟约为 4 ns，其缺点是功耗较大。

4. 54/74LS 系列

54/74LS 系列是在 74S 系列基础上发展的一种低功耗 DTL（二极管-晶体管逻辑）电路，但习惯上仍称为 LSTTL，与 74S 系统比较，有两方面的改进，一是采用 SBD 管组成**与**逻辑电路，代替了多发射极晶体管实现的逻辑**与**功能，二是增大电阻阻值，降低了电路的工作电流，减小了电路的功耗，但电路的速度仍然很高，平均传输延迟大约为 10 ns。74LS 系列电路的功耗大约只有 74S 系列的 10%，是目前最常用的一种 TTL 系列。

5. 54/74AS 系列

54/74AS 系列是为了进一步缩短传输延迟时间而设计的改进系列，其电路结构与 74LS

系列相似，但是电路中采用了很低的电阻值，从而提高了工作速度，但增加了功耗。

6. 54/74ALS 系列

54/74ALS 系列是为了获得更小的延迟功耗积而设计的改进系列，它的延迟功耗积是所有系列中最小的一种。为了降低功耗，电路中采用了较高的电阻阻值，并改进生产工艺缩小了内部各个器件的尺寸，获得了减小功耗和延迟时间的双重效果。

7. 54/74F 系列

54/74F 系列用新的集成电路制造工艺，主要是减少了器件之间的电容量，达到了减少传输延迟时间的目的。其性能介于 74AS 和 74ALS 系列之间。

5.2.6 TTL 数字集成电路使用中的注意事项

TTL 数字集成电路的使用方便简单，但还是要注意以下事项：

(1) TTL 数字集成电路对电源要求比较严格，在配置电源时，对 74 系列集成电路不超过(5±0.25)V，对 54 系列不超过(5±0.5)V，严禁颠倒电源极性。

(2) TTL 数字集成电路因为功耗比较大，在实现电路时，如果扇出系数较大，就要注意负载能力和总的功耗，以防驱动能力不足。

(3) TTL 数字集成电路在使用时，如果有多余的输入端，应妥善处理，以防影响其逻辑功能的实现。

① **与**门和**与非**门多余输入端的处理方法：

a. 悬空，相当于逻辑高电平，为防止干扰的影响，实际应用中通常要接高电平；

b. 接标准的高电平；

c. 与其他输入端并接使用；

d. 通过上拉电阻接电源正端。

② **或**门和**或非**门多余输入端的处理方法：

a. 接地；

b. 与其他输入端并接使用。

5.3 CMOS 门电路

关键术语

CMOS 门电路：由 NMOS 和 PMOS 管构成的互补型逻辑门电路。

数字集成电路除了 TTL 逻辑门外，常用的还有单极型逻辑门电路，单极型 MOS(Metal Oxide Semiconductor)集成电路分 PMOS、NMOS 和 CMOS 三种。其中，NMOS 电气性能较好，工艺较简单，适合制作高性能的存储器、微处理器等大规模集成电路。而 NMOS 和 PMOS 构成的互补型 CMOS 电路以其性能好、功耗低等显著优点，得到广泛的应用。下面主要介绍 CMOS 门电路。

电子教案 5-3：
CMOS 门电路及其他逻辑门

5.3.1 CMOS 反相器

CMOS 反相器是构成 CMOS 集成电路的基本单元。如图 5-28(a)所示为 CMOS 反相器,即 CMOS 非门,它由互补的增强型 NMOS 管 T_1和 PMOS 管 T_2串联组成,两管的栅极连在一起作为反相器的输入端,两个管子的漏极连在一起作为反相器的输出端。

当输入为高电平 V_{IH}且大于 V_{T1}时,T_1管导通,T_2管截止。由于 T_2截止时相当于一个大电阻,T_1的导通电阻相当于一个较小的电阻,所以电源电压几乎全部降落在负载管 T_2上,使反相器输出低电平且很低,$V_{OL}\approx 0$ V。等效电路如图 5-28(b)所示。

当输入为低电平 V_{IL}且小于 V_{T2}时,T_1管截止,T_2管导通。由于 T_1的截止电阻远比 T_2的导通电阻大得多,所以电源电压差不多全部降落在工作管 T_1的漏源之间,使反相器输出高电平 $V_{OH}\approx V_{DD}$,等效电路如图 5-28(c)所示。因此,CMOS 电路的阈值电压为 $V_{DD}/2$。

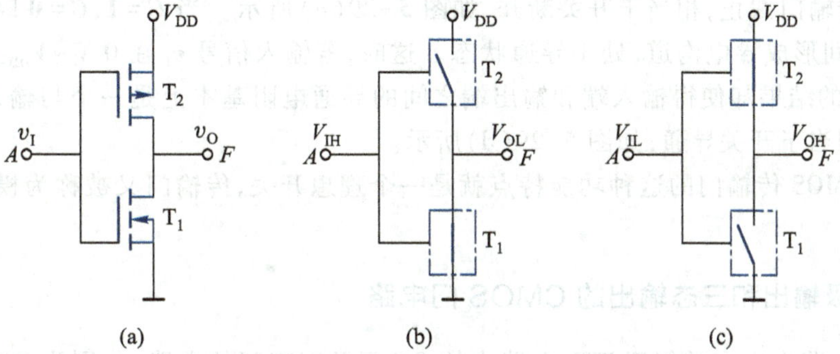

图 5-28 CMOS 反相器

(a)CMOS 反相器;(b)输入高电平等效电路;(c)输入低电平等效电路

由于 CMOS 反相器处于稳态时,无论是输出高电平还是输出低电平,其工作管 T_1和负载管 T_2必有一个截止而另一个导通,因此电源向反相器提供的仅为纳安级的漏电流,所以 CMOS 反相器的静态功耗非常小。

5.3.2 CMOS 传输门

CMOS 传输门是一种没有逻辑功能的 MOS 管电路,它是一个受电压控制的开关,可以传输数字信号或模拟信号。利用传输门和 MOS 逻辑门可以构成各种数字逻辑电路,因此,传输门的应用非常广泛。

如图 5-29(a)所示,CMOS 传输门是利用 P 沟道 MOS 管和 N 沟道 MOS 管的互补性制成的。在这个电路中,T_1为 N 沟道增强型 MOS 管,T_2为 P 沟道增强型 MOS 管,与前面应用方式不同,这里,T_1和 T_2的衬底并没有直接与源极相连,而是分别接到电路的最低电位“地”和最高电位 V_{DD}上。这样处理衬底的 MOS 管,其漏极和源极的位置是不固定的,会随着管子两边的电压变化。假设传输门左边的电位高于右边,则 T_1的左边为漏极,右边为源极;T_2的左边为源极,右边为漏极,若右边的电位高于左边,则情况正好相反,因此,源漏极可以相互对换,如同一个开关的两端,其逻辑符号如图 5-29(b)所示。

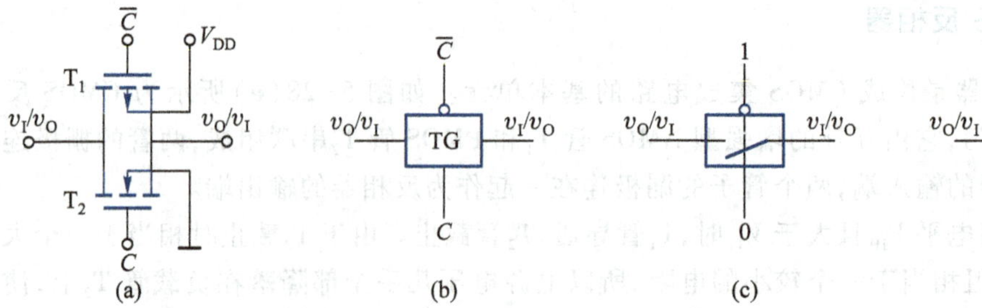

图 5-29 CMOS 传输门电路、逻辑符号及等效开关

设栅极控制信号 C 和 $\overline{C}$ 的高、低电平分别为 V_{DD} 和 0 V，当 $C=\mathbf{0}$，$\overline{C}=\mathbf{1}$ 时，只要输入信号 v_I 的变化范围不超出 0 V～V_{DD} 的范围，则 T_1、T_2 都没有导电沟道形成，输出与输入之间呈现高阻状态，传输门截止，相当于开关断开，如图 5-29(c)所示。当 $C=\mathbf{1}$，$\overline{C}=\mathbf{0}$ 时，T_1、T_2 的漏极和源极之间形成导电沟道，处于导通状态。这时，若输入信号 v_I 在 0 V～V_{DD} 上变化，两个 MOS 管并联的结果却使得输入端和输出端之间的导通电阻基本上是一个与输入、输出无关的恒定值，相当于开关导通，如图 5-29(d)所示。

因此，CMOS 传输门的这种功能特点就是一个理想开关，传输门又被称为模拟开关或电子开关。

5.3.3 漏极输出和三态输出的 CMOS 门电路

CMOS 电路中也有类似于 TTL 电路中的 OC 门及三态门的电路，分别为 OD 门和 CMOS 三态门，它们的逻辑符号完全相同，仅仅在于两者的工艺结构不同。其使用功能和作用基本一样，这里不再叙述。

5.3.4 CMOS 数字集成电路的各种系列

随着半导体技术的发展，现在已有各种不同性能的 CMOS 系列，并且性能越来越好，CMOS 集成电路不但能提供所有 TTL 中用到的逻辑功能，还提供 TTL 不具备的一些特殊逻辑功能，并逐渐取代 TTL 集成电路。

CMOS4000 数字集成电路系列为最早的 CMOS 数字集成电路，其特点为：有非常低的功耗，较宽的工作电压范围(3～15 V)，但传输延迟时间很长，带负载能力较弱，不具有与 TTL 系列的引脚兼容性。

为了方便与 TTL 电路的电平配合，发展了与 TTL 器件编号相同、引脚兼容和逻辑功能等效的不同系列的 CMOS 数字集成电路，即 74C×系列，其电气性能与 CMOS4000 系列相当。74HC 系列是高速 CMOS 系列，74AHC 系列是改进的高速 CMOS 系列，74AC 系列是先进 CMOS 逻辑系列。74HC、74AHC 和 74AC 系列各自有一个对应的系列——74HCT、74AHCT 和 74ACT 系列。它们能够直接接收 TTL 电路的输出信号，这些系列除了输入电路有稍许改变，电路工艺分别与 74HC、74AHC 和 74AC 系列相同。这些不同系列中，74AHC/AHCT 系列的工作速度比 HC 系列快 3 倍，带负载能力也高一倍，可以直接替换 HC 系列器件。因此，74AHC/AHCT 系列是目前应用最广的 CMOS 器件。

随着集成电路的技术和工艺提高，出现了低电压工作的 CMOS 系列集成电路，其工作电压为 1.2~3.3 V 之间，并具有较大的输出电流和很短的传输延迟时间。

5.3.5 CMOS 逻辑门使用中的注意事项

由于 CMOS 数字集成电路的输入端是绝缘栅极，具有很高的输入阻抗，很容易因静电感应被击穿损坏，因此，在使用 CMOS 电路时，要遵守以下注意事项：

(1) 做好电路的防护，CMOS 电路要在防静电材料中储存和运输；

(2) 组装调试 CMOS 电路时，所用仪器仪表、电路板等都必须有可靠的接地线，还要注意输入端的静电防护和过流保护；

(3) 焊接 CMOS 电路时，电烙铁必须有外接地线，以屏蔽交流电场击穿损毁 CMOS 电路，最好断电后利用电烙铁余热焊接；

(4) CMOS 电路的电源电压范围比较宽，但决不能超过电源电压的极限值，更不能接反电源极性，以免烧坏器件；

(5) 为防止晶闸管效应的产生而损毁电路，多余的输入端决不能悬空，一定要进行相应的处理，其方法以不影响逻辑功能为原则进行相应处理。

① **与门和与非门**的多余输入端接高电平；

② **或门和或非门**多余输入端接低电平。

在工作速度不高时，多余的输入端可与有用的输入端并联使用。

5.4 TTL 与 CMOS 电路接口原则

如果一个数字系统中有不同类型电路混用，其接口电路就要按照以下三点要求来设计。

1. 电平适配

要求前一级电路的输出电平必须落在后一级输入电平的允许范围内。

为了保证信息正确传递，当进行高电平传输时，前级电路输出高电平的最小值不得小于后级电路允许的输入高电平的最小值；当进行低电平传输时，前级电路输出低电平的最大值不得大于后级电路允许的输入低电平的最大值。

2. 电流适配

前一级电路的输出必须为后一级电路的所有输入端提供足够的驱动电流，否则，就不能保证信息的正确传递，它包括拉电流驱动能力和灌电流驱动能力。

3. 动态适配

数字信号的状态总是在高、低电平之间反复切换的。它涉及信号传输的快慢，而频繁变化的信号在传输过程中会受到电路上各种电容的影响，发生波形变差的现象，严重时会导致传输错误，由于影响信号波形的主要因素是电路输入端的等效电容，因此，为保证信号能够在前后级之间正确传输，要求电路中的各输入端等效电容之和不得大于输出端额定负载电容，这就是动态适配。

现介绍 TTL 电路驱动 CMOS 电路和 CMOS 电路驱动 TTL 电路时的常用接口方法。

5.4.1 TTL 电路驱动 CMOS 电路

TTL 电路驱动 CMOS 电路有两种情况，一是当 CMOS 电路的电源电压为+5 V，二是 CMOS 和 TTL 电路的电源电压不同。

当 CMOS 电路的电源电压与 TTL 电路相同时，其间的电平适配容易实现。由于 TTL 电路的输出高电平 V_{OH}为 3 V 左右，在 TTL 电路输出端接一个上拉电阻至电源+5 V，便可抬高输出电压，以满足后级 CMOS 电路高电平输入的需要，这时的 CMOS 电路就相当于一个同类的 TTL 负载，电路如图5-30所示。

当 CMOS 电路的电源电压和 TTL 电路不同时，这时主要考虑电压适配，使用转换电路实现相应的电平转换，通常采用 TTL 的 OC 门，如图 5-31 所示。上拉电阻上端接 CMOS 电路的电源，可将 TTL 电路输出的高电平 V_{OH}调整到 CMOS 电路电源的水平，以满足 CMOS 电路的需要。

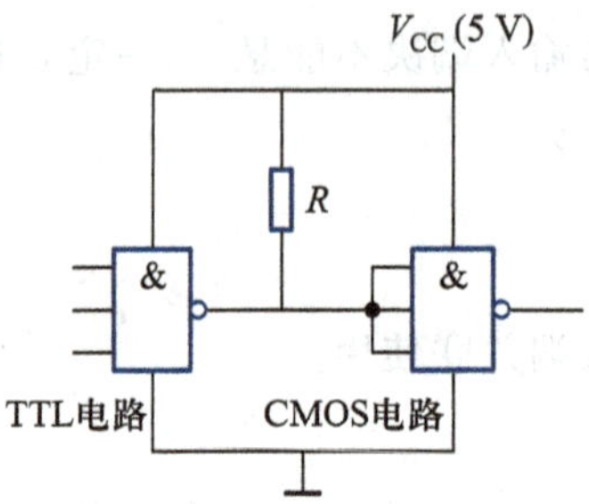

图 5-30 TTL 电路通过上拉电阻驱动 CMOS 电路

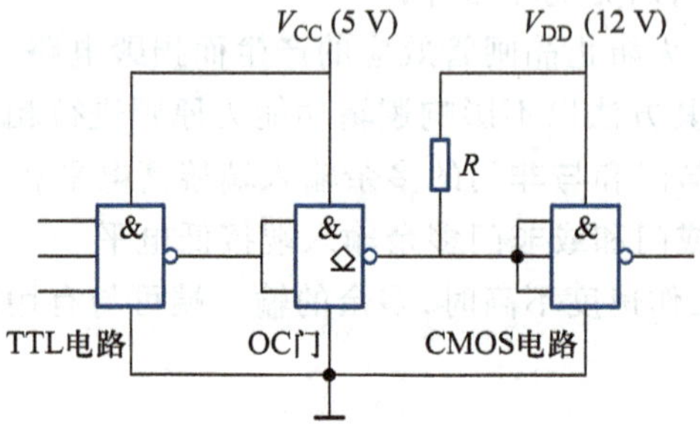

图 5-31 TTL 电路通过 OC 门驱动 CMOS 电路

5.4.2 CMOS 电路驱动 TTL 电路

由于 TTL 电路的低电平输入电流较大，CMOS 电路驱动 TTL 电路时，主要考虑电流适配，一般可将同一个芯片上的多个门电路并联起来，如图 5-32(a)所示；或者在 CMOS 和

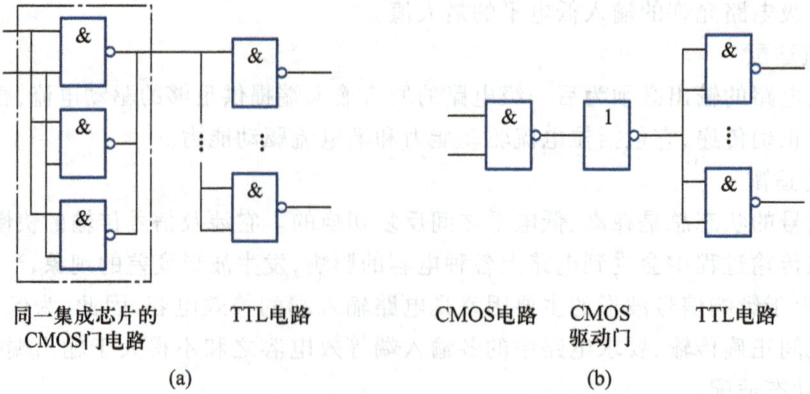

图 5-32 CMOS 电路驱动 TTL 电路的接口

TTL 两级之间接入一个 CMOS 缓冲器，以增大输出电流，达到 TTL 电路的驱动要求，其电路如图 5-32(b)所示。

采用 74HC/74HCT 系列或 74AHC/AHCT 系列的 CMOS 电路，可以直接驱动任何系列的 TTL 电路。

5.5 其他类型逻辑门电路

数字集成电路除了常用的 TTL 和 CMOS 电路外，还有其他不同结构及类型的逻辑门电路，如二极管-晶体管逻辑（DTL）、高阈值逻辑（HTL）、发射极耦合逻辑（ECL）和集成注入逻辑（I^2L）等电路类型。其中 DTL、HTL 等系列由于速度、功耗和集成度等原因，目前已经很少使用。本节仅对在某些领域中使用的 ECL 和 I^2L 电路特点作简要介绍。

5.5.1 ECL 门电路

由于 TTL 逻辑门中的晶体管工作时都是在饱和区与截止区之间切换，其饱和深度是影响电路工作速度的主要原因，要提高电路的工作速度，就必须使晶体管工作在非饱和状态，发射极耦合逻辑（ECL）电路就是一种非饱和型高速逻辑电路，它的输出端同时提供两个互补的逻辑，为逻辑扩展提供了方便，可以使电路设计得到简化，与 TTL 电路相比，ECL 电路有如下优缺点。

1. ECL 电路的优点

（1）速度快：ECL 电路是目前所有的数字电路中速度最快的一种。ECL 电路的传输延迟已能达到 0.1 ns 以下，广泛用于时钟缓冲、时钟分配等高速电路的制造。

（2）噪声低：电路的输入管和定偏管集电极电流设计得基本相同，开关过程中电源电流变化很小，噪声很低。

（3）负载能力强：ECL 电路的输出端采用射极输出结构，输出电阻很低，扇出系数大。

（4）具有**线或**功能：多个 ECL 电路的输出端可以直接连接在一起，实现逻辑**或**的功能，这被称为**线或**。

2. ECL 电路的缺点

（1）功耗大：晶体管导通时工作在放大状态，功耗较大，限制了 ECL 电路集成度的提高。

（2）抗干扰能力较差：ECL 电路的逻辑摆幅只有 0.8 V，噪声容限低。

（3）输出电平稳定性差：由于晶体管导通时处于放大状态，而输出电平与输出级发射结压降有关，输出电平对电路参数和环境温度比较敏感。

目前，ECL 电路只有中、小规模的产品，主要应用在高速及超高速电路中。

5.5.2 I^2L 门电路

为了提高数字电路集成度，应将电路的单元结构设计得尽可能简单，降低单元电路的功耗。但是 TTL 电路或者 ECL 电路都不能满足要求。由 IBM 公司研制成功的 I^2L 数字集成电路，它具备了结构简单和低功耗的优点，因而，非常适合制造大规模集成电路。I^2L 电路的优缺点如下。

1. I^2L 电路的优点

(1) 电路结构简单：I^2L 电路的基本单元仅包含一个 NPN 型晶体管和一个 PNP 型晶体管，电路中没有电阻元件，制造工艺简单。这样，既节省了硅片面积，又降低了电路功耗。

(2) 集成度高：因为 I^2L 电路中的所有 NPN 型晶体管的发射极是连在一起的，各个逻辑单元之间不必隔离，简化了生产工艺，提高了硅片的利用率。I^2L 的集成度大约是 TTL 电路的 10 倍。

(3) 电源电压低：I^2L 电路具有在低电压、微电流状态下工作的特性。

2. I^2L 电路的缺点

(1) 抗干扰能力差：I^2L 电路输出信号的摆幅，只有 0.6 V 左右，所以噪声容限低。

(2) 速度慢：I^2L 电路属于饱和型逻辑电路，传输延迟较长，输出高电平时，驱动能力较差，因而速度较慢。

目前，I^2L 工艺主要用在制作大规模集成电路的内部逻辑电路，很少用来制作独立的集成电路产品。

用 VHDL 描述基本门电路

```
library ieee;
use ieee.std_logic_1164.all;
entity gate is
port(a,b :in std_logic;
        yand,yor,ynand,ynor,ynot,yxor:out std_logic);
end entity gate;
architecture art of gate is
begin
    yand<=a and b;              --与门输出
    yor<=a or b;                --或门输出
    ynand<=a nand b;            --与非门输出
    ynor<=a nor b;              --或非门输出
    ynot<=not b;                --反相器输出
    yxor<=a xor b;              --异或门输出
end architecture art;
```

▶ 目标测评

1. 推拉输出结构的门电路与集电极开路的门电路在结构上有何区别？
2. 为什么推拉输出的门电路输出端不能并联连接？
3. 三态门主要的应用有哪些？
4. 试用 VHDL 描述一个 2 输入端的与非门。

▶ 英文术语表

英文	中文	解释
TTL	晶体管-晶体管逻辑电路	一种基于双极晶体管的逻辑器件系列
CMOS	互补金属氧化物半导体	一种基于 N 沟道和 P 沟道金属-氧化物-半导体场效应管开关的逻辑器件类

本章小结

本章从二极管门电路开始，系统地介绍了应用最为广泛的 TTL 系列集成门电路的工作原理和外部特性。介绍了常用门电路的结构、工作原理和特点。门电路是构成复杂数字电路的基本单元，掌握各种门电路的逻辑功能和电气特性，对于正确使用数字集成电路是十分必要的。

在学习集成逻辑门电路时，重点应放在它们的外部特性上。外部特性主要指逻辑功能、电压传输特性、输入特性、输出特性和动态特性等。

习　题

习题详解 5-1：
[题 5-2]解答

[题 5-1]　TTL 门电路的电压传输特性曲线上可以反映出数字电路的哪些主要技术参数？

[题 5-2]　如图 P5-1(a)～(f)所示的各 TTL 门电路，关门电阻 R_{OFF} 为 750 Ω，开门电阻 R_{ON} 为 3.3 kΩ，试判断出哪些门电路可正常工作，哪些不能正常工作，并写出可正常工作门电路的输出逻辑表达式。

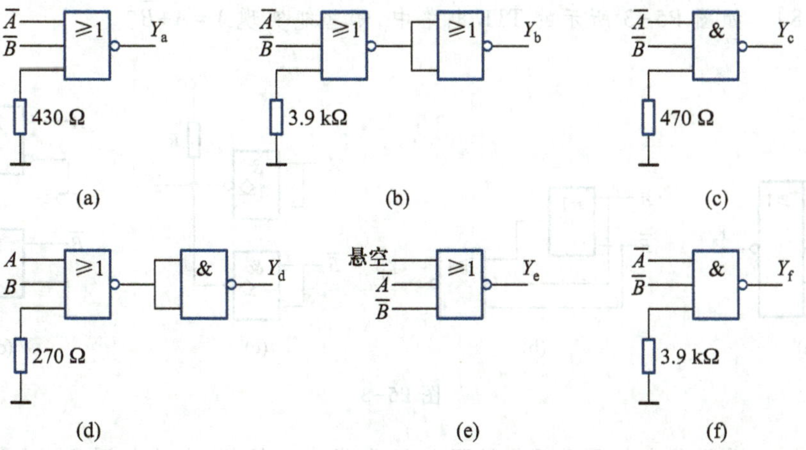

图 P5-1

［题5-3］ 如果将TTL逻辑门电路的输出采用下列接法，会产生什么样的结果？试说明原因。

(1) 输出端直接接地；

(2) 输出端直接接电源 $V_{CC}=+5\ V$；

(3) 多个输出端并接一起。

［题5-4］ 为什么TTL集成逻辑电路的输入端悬空相当于输入高电平，TTL集成**或非**门如有多余输入端，能否与其他输入端并接使用？能否接电源 V_{CC} 或悬空？为什么？

［题5-5］ OC门、三态门各有什么特点？它们各有什么用途？

［题5-6］ 下列各种门电路的输出端是否可以并接使用（输入端的状态不一定相同）？如果可以并接，试说明并接的功能。

(1) 推拉输出TTL电路；

(2) TTL电路的OC门和CMOS电路的OD门；

(3) TTL和CMOS电路的三态门。

［题5-7］ 如图P5-2所示为TTL门电路输出与输入之间的逻辑关系，哪些是正确的？哪些是错误的？并将错误接法进行改正。

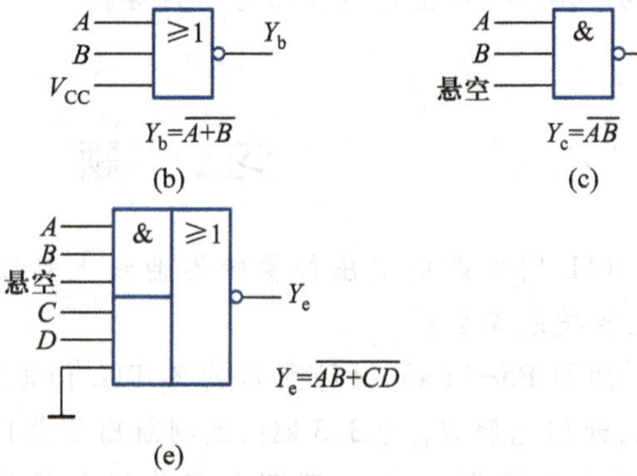

图 P5-2

［题5-8］ 如图P5-3所示的TTL电路中，哪些能实现 $Y=\overline{A+\overline{B}}$？

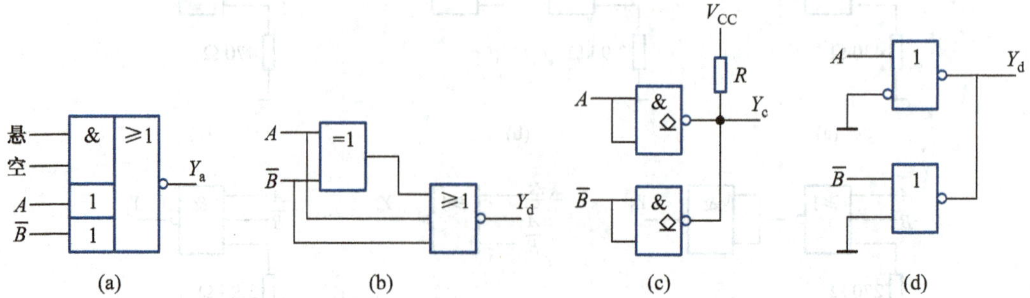

图 P5-3

［题5-9］ 采用集电极开路OC门驱动LED发光二极管，电路如图P5-4所示，发光二

极管工作电流 I_F 为 20 mA，导通电压 $V_P = 2.2$ V。试求：

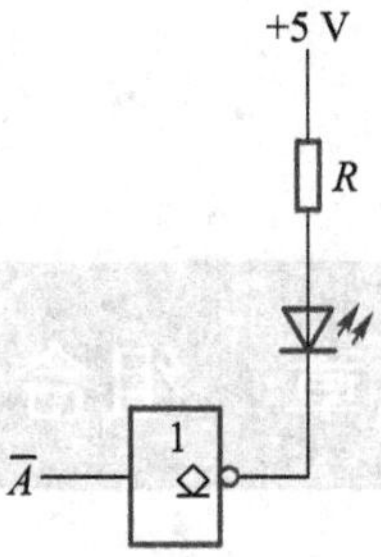

图 P5-4

(1) 当 OC 门输入低电平时，其门电路输出电压为多少？

(2) 为了保证发光二极管正常工作，限流电阻 R 应取值多少？

[题 5-10] 比较 TTL 和 CMOS 逻辑电路各有什么优缺点。

[题 5-11] 试说明 CMOS 逻辑电路输入端不能悬空。

[题 5-12] 分析如图 P5-5 所示电路的逻辑功能，并列出输出逻辑表达式。

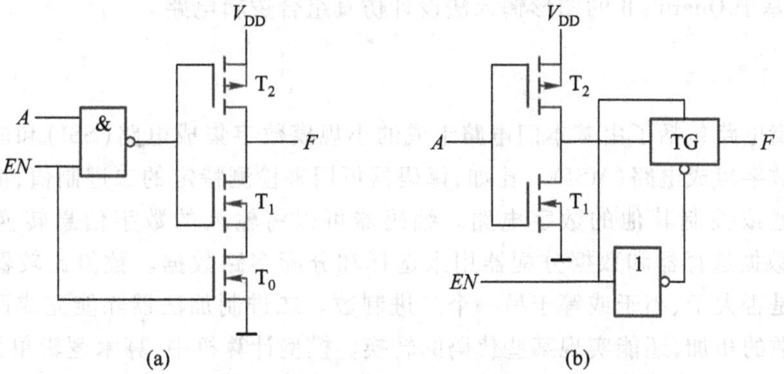

图 P5-5

第 6 章　组合逻辑电路

▶ 本章目标

1. 了解全加器、译码器、编码器、数据选择器的 VHDL 描述。
2. 掌握常规组合逻辑电路的分析与设计方法。
3. 掌握常用中规模组合逻辑器件的基本结构及扩展应用。
4. 掌握基于 QuartusⅡ的图形输入法设计仿真组合逻辑电路。

▶ 引言

组合逻辑电路包括了由基本门电路组成的小规模数字集成电路(SSI)和能完成特定功能的中规模数字集成电路(MSI)。比如,译码器可用来检测特定的二进制值,能根据不同的输入值去选通或控制其他的数字电路。编码器可以将输入的数字信息转换为二进制或 BCD 代码。数据选择器和数据分配器用来选择和分配多路数据。数值比较器用来确定一个二进制数是否大于、小于或等于另一个二进制数。二进制加法器除能完成两个 1 位或多位的二进制数的相加,还能实现某些代码的转换。模型计算机中,算术逻辑单元 ALU 的加/减运算电路可以由 4 位超前进位加法器和**异或**门组成,其指令译码器可由 2 线-4 线译码器和**与非**门组成。本章将分别介绍组合逻辑电路的结构、特点及电路分析、电路设计和工程运用实例。

6.1 组合逻辑电路的特点及功能描述

关键术语

小规模集成电路(SSI):一个封装内部的逻辑门个数小于 12 个的集成电路。

中规模集成电路(MSI):一个封装内部有 12~100 个等效逻辑门的集成电路。

组合逻辑电路在逻辑功能上的特点是:电路在任何时刻的输出状态仅仅取决于该时刻电路输入信号的状态,而与电路原有的状态无关,没有记忆功能。

组合逻辑电路在结构上的特点是:由各种门电路构成,不含存储元件。只有从输入到输出的通路,没有从输出到输入的反馈路径。可以是多输入单输出,也可以是多输入多输出。

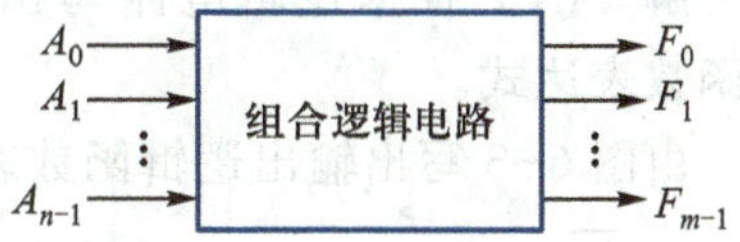

图 6-1 组合逻辑电路示意图

图 6-1 是组合逻辑电路示意框图,它是一个多输入、多输出结构。它有 n 个输入变量 $A_0,A_1,\cdots,A_{n-1}$,有 m 个输出函数 $F_0,F_1,\cdots,F_{m-1}$,输出函数与输入变量之间的关系可用一组逻辑函数表达式来描述

$$\begin{aligned} F_0&=f_0(A_0,A_1,\cdots,A_{n-1})\\ F_1&=f_1(A_0,A_1,\cdots,A_{n-1})\\ &\cdots\cdots\\ F_{m-1}&=f_{m-1}(A_0,A_1,\cdots,A_{n-1}) \end{aligned} \tag{6-1}$$

组合逻辑电路的功能可以用逻辑函数表达式、真值表和卡诺图来描述,也可以用硬件描述语言 VHDL、Verilog HDL 来描述。

6.2 采用 SSI 的组合逻辑电路的分析与设计

6.2.1 采用 SSI 的组合逻辑电路的分析

电子教案 6-1: 小规模组合逻辑电路的分析与设计

1. 分析步骤

(1) 写输出逻辑函数表达式

根据给出的逻辑电路图,从输入到输出或从输出到输入逐级写出各级门电路的输出逻辑函数式,合并整理后得到描述整个电路的输出逻辑函数表达式。

(2) 逻辑函数化简或变换

利用公式化简法或卡诺图化简法将得到的表达式化简或变换,求出最简逻辑函数式。

(3) 列真值表

将输入变量的各种取值组合(通常按二进制数递增顺序排列)代入输出逻辑函数式进行计算,求出相应的输出函数值,并一一对应地列出真值表。

(4) 说明电路逻辑功能

根据化简后的输出逻辑函数表达式或真值表说明电路的逻辑功能。图 6-2 所示为组合逻辑电路的分析步骤示意图。

图 6-2 采用 SSI 的组合逻辑电路的分析步骤示意图

2. 分析举例

【例 6-1】 试分析图 6-3 所示电路的逻辑功能。

解 (1) 根据逻辑电路写出输出逻辑函数表达式。

由图 6-3 写出输出逻辑函数表达式

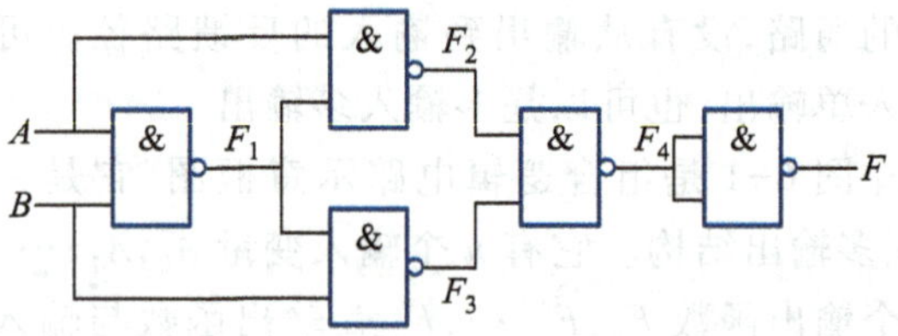

图 6-3 例 6-1 的逻辑图

$$
\begin{aligned}
&F_1=\overline{AB}\\
&F_2=\overline{AF_1}=\overline{A\overline{AB}}=\overline{A\overline{B}}\\
&F_3=\overline{BF_1}=\overline{B\overline{AB}}=\overline{B\overline{A}} \qquad (6\text{-}2)\\
&F_4=\overline{F_2\cdot F_3}=\overline{\overline{A\overline{B}}\cdot\overline{B\overline{A}}}=A\overline{B}+\overline{A}B=A\oplus B\\
&F=\overline{F_4}=\overline{A\oplus B}=A\odot B
\end{aligned}
$$

(2) 根据逻辑函数式列出真值表

将输入变量 A、B 的各种取值组合(通常按二进制数递增顺序排列)代入式(6-2)进行计算,求出对应的 Y 值,由此列出表 6-1 所示真值表。

表 6-1 例 6-1 的真值表

A	B	Y	A	B	Y
0	0	1	1	0	0
0	1	0	1	1	1

(3) 根据真值表说明逻辑功能

由表 6-1 可以看出,当 2 个输入变量 A 和 B 的状态相同时,输出为高电平(逻辑 **1**),当 2 个输入变量 A 和 B 状态相异时,输出为低电平(逻辑 **0**),这表示了一种**同或**(**异或非**)逻辑关系,即电路实现**同或**逻辑功能。

【例 6-2】 试分析如图 6-4 所示电路的逻辑功能。

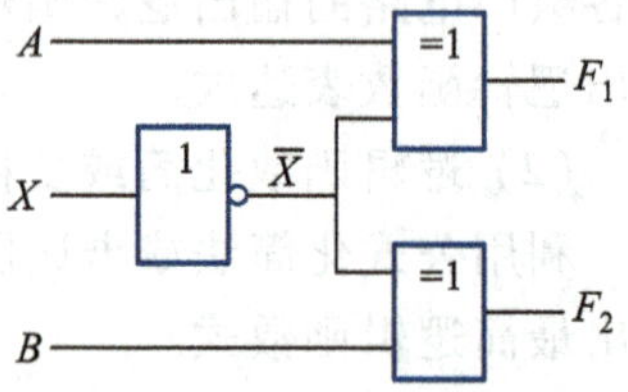

图 6-4 例 6-2 的逻辑图

解 (1) 根据逻辑电路写出输出逻辑函数表达式

$$
\begin{aligned}
&F_1=\overline{X}\oplus A=\overline{X}\,\overline{A}+\overline{\overline{X}}A=X\odot A\\
&F_2=\overline{X}\oplus B=\overline{X}\,\overline{B}+\overline{\overline{X}}B=X\odot B
\end{aligned}
\qquad (6\text{-}3)
$$

(2) 根据逻辑函数表达式列出列真值表

将输入变量 X、A、B 的各种取值组合代入式(6-3)进行计算,求出对应的 F_1、F_2 值,由此列出表 6-2 所示真值表。

表 6-2 例 6-2 的真值表

X	A	B	F_1	F_2	X	A	B	F_1	F_2
0	0	0	1	1	1	0	0	0	0
0	0	1	1	0	1	0	1	0	1
0	1	0	0	1	1	1	0	1	0
0	1	1	0	0	1	1	1	1	1

(3) 根据真值表说明逻辑功能

由表 6-2 可以看出,当电路的输入变量 $X=\mathbf{0}$ 时,输出 F_1 和 F_2 的值分别为输入变量 A 和 B 的反变量,反之,当电路的输入变量 $X=\mathbf{1}$ 时,输出 F_1 和 F_2 的值分别为输入变量 A 和 B 的原变量。可见,电路实现了两个变量 A 和 B 的原码、反码转换,是一个 2 位数码的原码、反码转换电路,其输入变量 X 为转换控制信号。

6.2.2 采用 SSI 的组合逻辑电路的设计

微视频 6-1:
小规模组合逻辑电路的设计

采用 SSI 的组合逻辑电路设计是根据给定的逻辑问题,求出能实现这一逻辑要求的最简逻辑表达式。并用 SSI 集成逻辑门电路来实现。电路的一般设计流程如图 6-5 所示。

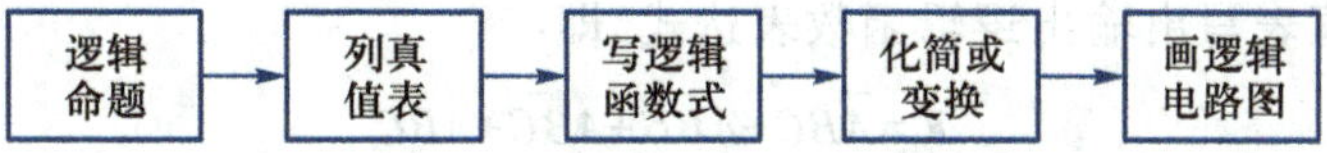

图 6-5 采用 SSI 的组合逻辑电路的设计流程图

1. 设计步骤

(1) 列真值表

首先根据命题分析事件的因果关系,确定输入变量和输出变量。一般把事件的起因定为输入变量,把事件的结果作为输出变量。然后对逻辑变量进行赋值。所谓逻辑赋值,就是用二值逻辑的 **0**、**1** 分别表示输入变量和输出变量的两种不同状态。最后根据输出和输入变量之间的因果关系列出真值表。

(2) 写输出逻辑函数式

将真值表中输出逻辑函数值为 **1** 所对应的各个最小项进行逻辑加,便得到输出逻辑函数的最小项表达式。如将真值表中输出逻辑函数值为 **0** 所对应的各个最小项进行逻辑加,则得到输出逻辑函数的反函数。如将真值表中输出逻辑函数值为 **0** 所对应的各个最大项进行逻辑乘,则得到输出逻辑函数的最大项表达式。这样,便将一个实际的逻辑问题抽象成一个逻辑函数了。

(3) 逻辑函数化简或变换

逻辑函数化简或变换与选择的器件型号有关。为了获得简单的设计结果,通常采用卡诺图法或代数法对逻辑函数进行化简。当所用器件的种类有所限制时,则要将函数表达式变换成与器件种类相适应的形式,如**与非**表达式、**或非**表达式、**与或非**表达式等。

(4) 画逻辑电路图

根据化简或变换后的逻辑函数表达式画出逻辑电路图。

2. 设计举例

【例 6-3】 某大楼电梯系统设有 3 部电梯,为了监测电梯运行情况,需要设计一个电梯运行情况监测电路,规定只要有 2 部以上电梯运行,则监测电路输出电梯系统正常工作信号,否则输出电梯系统故障信号。试用**与非**门和**或非**门分别设计该电梯系统运行情况监测电路。

解 (1) 根据题意,输入变量用 A、B、C 分别表示 3 部电梯的运行状态,输出变量用 F

表示监测电路输出信号状态。输入变量用逻辑 **1** 表示电梯正在运行，用逻辑 **0** 表示电梯停止运行；输出变量用逻辑 **1** 表示系统运行正常，用逻辑 **0** 表示系统运行故障。由此可列出表 6-3 所示真值表。

表 6-3 例 6-3 的真值表

A	B	C	F	A	B	C	F
0	0	0	0	1	0	0	0
0	0	1	0	1	0	1	1
0	1	0	0	1	1	0	1
0	1	1	1	1	1	1	1

（2）根据真值表写出输出逻辑函数表达式，即

$$F=\overline{A}BC+A\overline{B}C+AB\overline{C}+ABC \tag{6-4}$$

（3）用卡诺图对输出逻辑函数进行化简。由图 6-6 所示卡诺图，可得简化的逻辑表达式为

$$F=BC+AC+AB \tag{6-5}$$

（4）画逻辑图。图 6-7 是由式(6-5)**与或**表达式画出的逻辑图。根据要求的不同，实现该设计的电路可有多个不同的方案。下面介绍两种常用的方案。

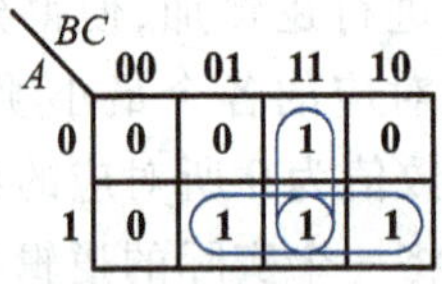

图 6-6 例 6-3 的卡诺图

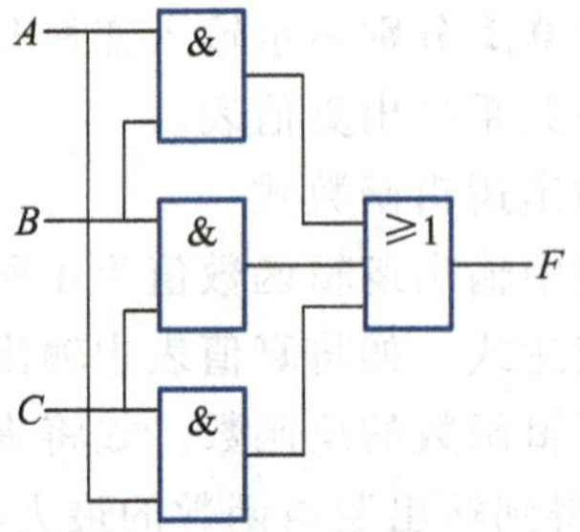

图 6-7 用与门和或门实现的逻辑图

方案一：用**与非**门实现

将式(6-5)变换为**与非与非**表达式，即

$$F=BC+AC+AB=\overline{\overline{BC}\cdot\overline{AC}\cdot\overline{AB}} \tag{6-6}$$

根据式(6-6)所示**与非与非**表达式，可画出图 6-8 所示的逻辑图。

方案二：用**或非**门实现

将式(6-4)变换为**或非或非**表达式，由图 6-6 卡诺图圈 **0**，化简出最简**或与**式，进而变换为**或非或非**表达式，即

$$F=(B+C)(A+C)(A+B)=\overline{\overline{B+C}+\overline{A+C}+\overline{A+B}} \tag{6-7}$$

根据式(6-7)所示的**或非或非**表达式，可画出图 6-9 所示的逻辑图。

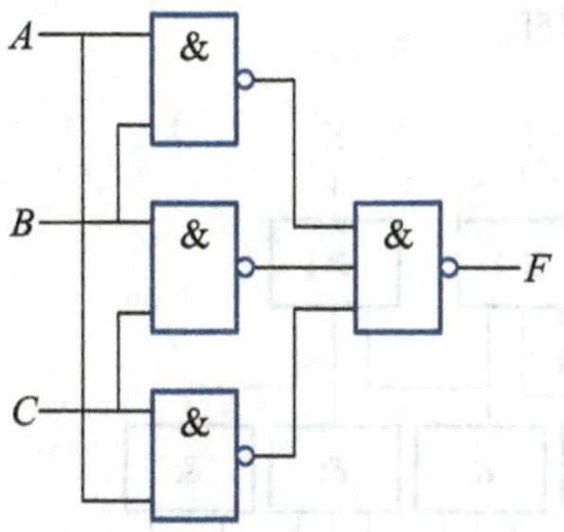

图 6-8 用与非门实现的逻辑图

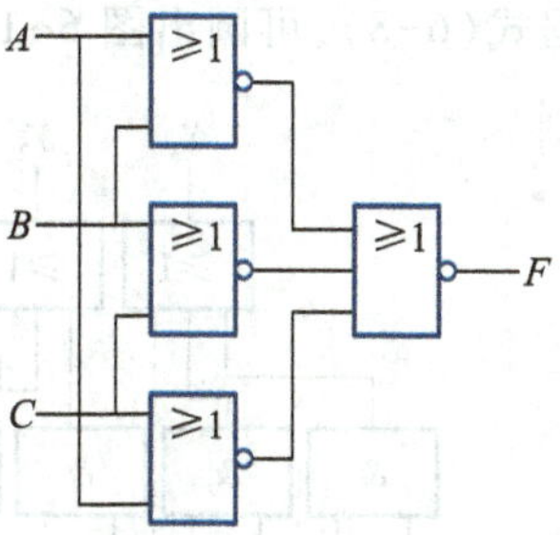

图 6-9 用或非门实现的逻辑图

【例 6-4】 试分别用逻辑门和 VHDL 设计一个 8421 码转换成 5421 码的变换电路。

解 （1）用逻辑门设计

① 根据题意列出真值表，如表 6-4 所示。

表 6-4 码组变换电路真值表

8421 码				5421 码				8421 码				5421 码			
A	B	C	D	Y_3	Y_2	Y_1	Y_0	A	B	C	D	Y_3	Y_2	Y_1	Y_0
0	0	0	0	0	0	0	0	0	1	0	1	1	0	0	0
0	0	0	1	0	0	0	1	0	1	1	0	1	0	0	1
0	0	1	0	0	0	1	0	0	1	1	1	1	0	1	0
0	0	1	1	0	0	1	1	1	0	0	0	1	0	1	1
0	1	0	0	0	1	0	0	1	0	0	1	1	1	0	0

② 用卡诺图化简。

由图 6-10 所示的卡诺图化简（注意无关项的使用）可得如下逻辑函数表达式：

$$
\begin{cases}
Y_3 = A + BC + BD \\
Y_2 = AD + B\overline{C}\,\overline{D} \\
Y_1 = A\overline{D} + \overline{B}C + CD \\
Y_0 = A\overline{D} + \overline{A}\,\overline{B}D + BC\overline{D}
\end{cases}
\tag{6-8}
$$

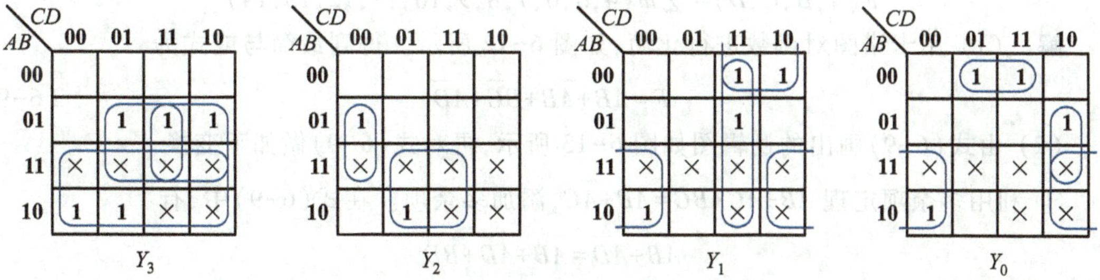

图 6-10 码组变换电路卡诺图

③ 根据式(6-8),可画出图 6-11 所示的电路逻辑图。

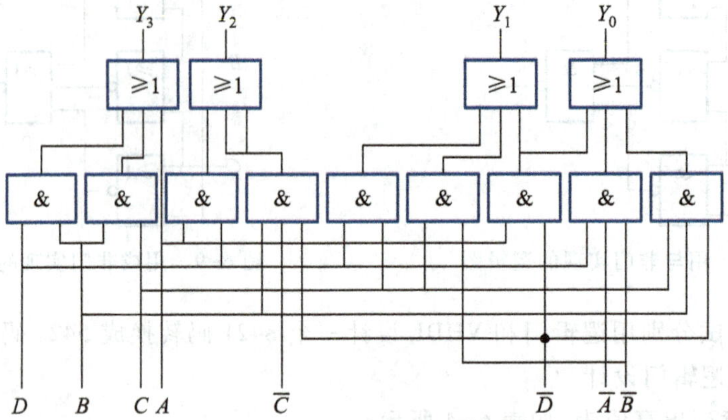

图 6-11 码组变换电路逻辑图

(2) 用 VHDL 实现

利用上面已推出的逻辑函数表达式,结构体采用数据流描述。其 VHDL 程序如下:

```
library ieee;
use ieee. std _ logic _ 1164. all;
entity xiti309 is
    port(a,b,c,d:in std _ logic;
        y3,y2,y1,y0:out std _ logic);
end;
architecture xiti309ar of xiti309 is
    begin
        y3<=a or (b and c)or(b and d);
        y2<=(a and d)or (b and (not c)and (not d));
        y1<=(a and (not d))or((not b)and c)or(c and d);
        y0<=(a and (not d))or((not a)and (not b)and d)or(b and c and (not d));
end xiti309ar;
```

*【例 6-5】 在只有原变量输入、没有反变量输入条件下,用最少**与非**门实现下列函数。

$$F(A,B,C,D)=\sum m(4,5,6,7,8,9,10,11,12,13,14)$$

解 (1) 用卡诺图对函数进行化简,如图 6-12 所示。得到最简与或式为

$$F=A\overline{B}+\overline{A}B+B\overline{C}+A\overline{D} \tag{6-9}$$

(2) 由式(6-9)画出的逻辑图如图 6-13 所示,再对式(6-9)做如下变换。

① 利用多余项定理 $AB+\overline{A}C+BC=AB+\overline{A}C$,添加多余项。在式(6-9)中,有

$$\overline{A}B+A\overline{D}=\overline{A}B+A\overline{D}+B\overline{D}$$

$$A\overline{B}+B\overline{C}=A\overline{B}+B\overline{C}+A\overline{C}$$

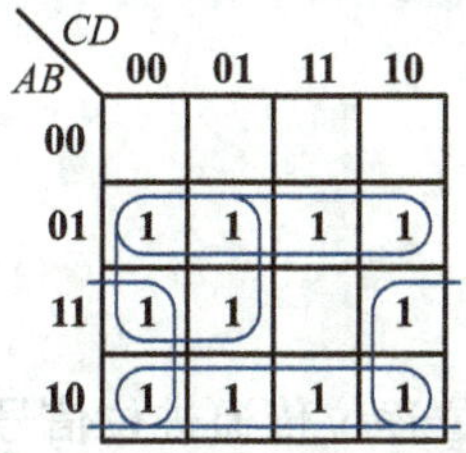

图 6-12 例 6-5 卡诺图

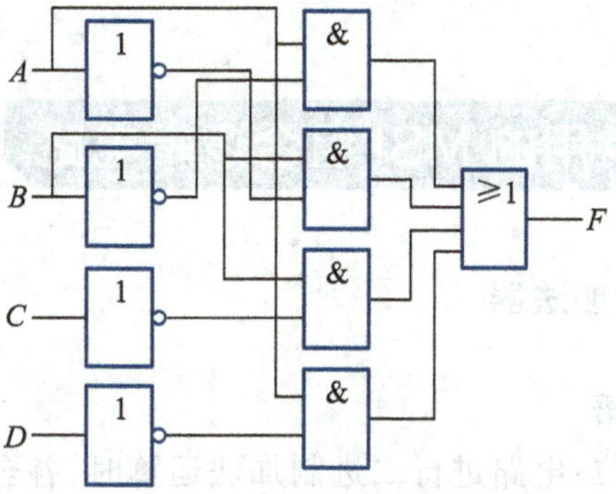

图 6-13 例 6-5 化简后逻辑图

其中 $B\overline{D}$和 $A\overline{C}$为添加的多余项，现在称它为生成项，加入这些生成项后，函数值不会改变，因此，式(6-9)变为

$$F=\overline{A}B+A\overline{B}+A\overline{D}+B\overline{C}+B\overline{D}+A\overline{C} \tag{6-10}$$

② 利用 $A\overline{B}+A\overline{C}=A\overline{BC}$合并尾部因子（函数各乘积项中带非号的变量，称为尾部因子）。利用 $A\overline{B}=A\overline{AB}$形成公共因子，尽量减少尾部因子的种类数。对式(6-10)进行合并可得

$$\begin{aligned}F&=A(\overline{B}+\overline{C}+\overline{D})+B(\overline{A}+\overline{C}+\overline{D})=A\overline{BCD}+B\overline{ACD}\\&=A\overline{ABCD}+B\overline{ABCD}\end{aligned} \tag{6-11}$$

(3) 画逻辑电路图。

① 根据题意将式(6-11)两次取反，得到**与非与非**表达式

$$F=A\overline{ABCD}+B\overline{ABCD}=\overline{\overline{A\overline{ABCD}}\cdot\overline{B\overline{ABCD}}} \tag{6-12}$$

② 根据式(6-12)画出逻辑图，如图 6-14 所示。

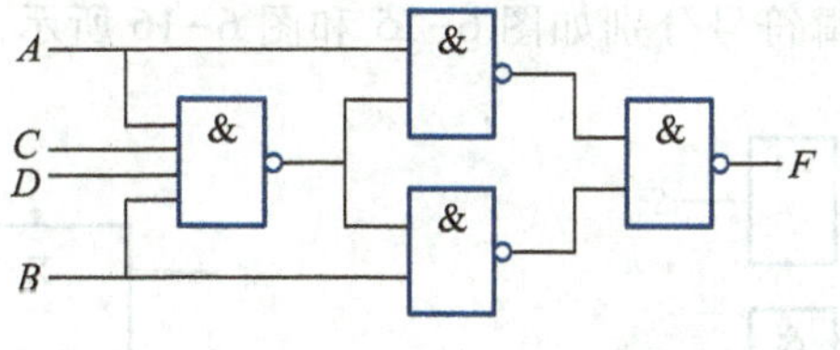

图 6-14 例 6-5 与非门实现的最简逻辑图

思考题

1. 什么叫组合逻辑电路？在电路结构上它主要有哪些特点？
2. 简述 SSI 组合逻辑电路的分析步骤。
3. 简述 SSI 组合逻辑电路的设计步骤。
4. 在用逻辑门电路设计组合逻辑电路时，为什么要对逻辑函数进行化简？
5. 简述输入端只有原变量，没有反变量，用最少的逻辑门设计组合逻辑电路的方法。

6.3 常用的MSI组合逻辑电路

6.3.1 加法器

关键术语

串行进位：电路进行二进制加法运算时，各全加器由低位到高位逐位传递进位信号。

超前进位：电路进行二进制加法运算时，通过快速进位电路几乎同时产生进位信号。

1. 半加器

电子教案6-2：常用中规模组合逻辑电路(1)

只考虑本位两个二进制数相加，而不考虑来自低位进位数相加的运算电路。

假设两个1位二进制数 A 和 B 相加，S 为 A 和 B 相加的和，C 为进位输出。按照二进制加法运算规则得到的半加器真值表如表6-5所示。

表6-5 半加器真值表

A	B	S	C	A	B	S	C
0	0	0	0	1	0	1	0
0	1	1	0	1	1	0	1

由真值表得到半加器的逻辑函数式为

$$\begin{aligned} S &= A \oplus B \\ C &= AB \end{aligned} \qquad (6-13)$$

半加器的逻辑图及逻辑符号分别如图6-15和图6-16所示。

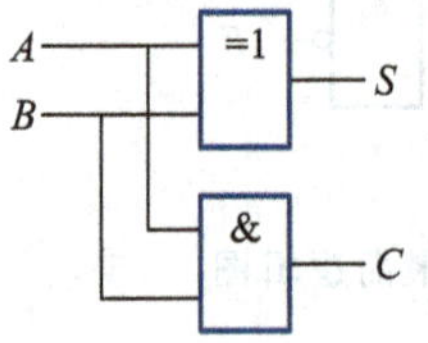

图6-15 半加器逻辑图

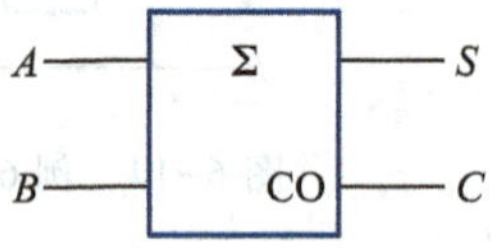

图6-16 半加器逻辑符号

2. 全加器

将两个多位二进制数相加时，除考虑第 i 位两个二进制数 A_i 和 B_i 相加外，还要考虑与相邻低位来的进位数 C_i 相加的运算电路，称为全加器。两个二进制数相加的结果有两个，一个是第 i 位的和 S_i，另一个是向相邻高位的进位数 C_{i+1}。因此，全加器有三个输入端，两个输出端。根据二进制加法运算规则列出的真值表如表6-6所示，其中 A_i 和 B_i 为两个加数，C_i 为低位到本位的进位输入，S_i 和 C_{i+1} 分别为本位和数及向高位进位。

表 6-6 1位全加器真值表

输入			输出		输入			输出	
A_i	B_i	C_i	S_i	C_{i+1}	A_i	B_i	C_i	S_i	C_{i+1}
0	0	0	0	0	1	0	0	1	0
0	0	1	1	0	1	0	1	0	1
0	1	0	1	0	1	1	0	0	1
0	1	1	0	1	1	1	1	1	1

由真值表得到全加器的逻辑表达式为

$$\begin{aligned} S_i &= \overline{A}_i\,\overline{B}_i C_i + \overline{A}_i B_i \overline{C}_i + A_i\,\overline{B}_i\,\overline{C}_i + A_i B_i C_i \\ &= (\overline{A}_i\,\overline{B}_i + A_i B_i)C_i + (A_i\overline{B}_i + \overline{A}_i B_i)\overline{C}_i \\ &= A_i \oplus B_i \oplus C_i \end{aligned} \tag{6-14}$$

$$\begin{aligned} C_{i+1} &= \overline{A}_i B_i C_i + A_i \overline{B}_i C_i + A_i B_i \overline{C}_i + A_i B_i C_i \\ &= A_i B_i + C_i(A_i \oplus B_i) \end{aligned} \tag{6-15}$$

由式(6-14)和式(6-15)画出全加器的逻辑图,如图 6-17 所示,图 6-18 是全加器的逻辑符号。

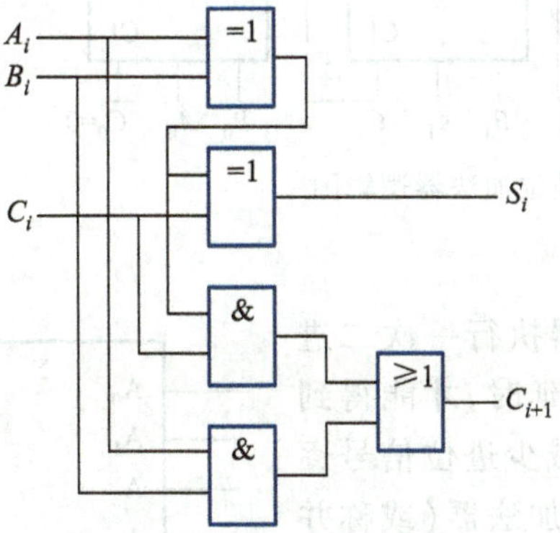

图 6-17 全加器逻辑图

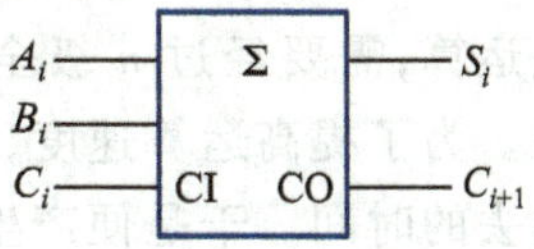

图 6-18 全器逻辑符号

用 VHDL 描述的 1 位全加器

```
library ieee;
use ieee. std _ logic _ 1164. all;
entity adder is
        port( ai, bi, ci : in std _ logic;
        si, co : out std _ logic);
end adder;
architecture adder of adder is
```

```
begin
    si<= ai xor bi xor ci;
    co<=(ai and bi)or(ci and(ai xor bi));
end adder;
```

3. 加法器

实现多位二进制数加法运算的电路称为加法器。按照电路结构及进位方式的不同，分为串行进位加法器和超前进位加法器。

(1) 串行进位加法器

一个全加器只能进行两个 1 位二进制数相加。因此，当进行多位二进制数相加时，就必须使用多个全加器才能完成。将 n 个全加器按照如图 6-19 所示的方式级联，电路中全加器的个数与加数的位数相同，把相邻低位全加器的进位输出端 CO 和相邻高位全加器的进位输入端 CI 相连，最低位的进位输入端 CI 接地。显然，每个全加器相加的结果必须等到相邻低位产生的进位信号输入后才能产生，完成一次加法运算的最长时间等于 n 个全加器传输延迟时间之和。因此，串行进位加法器的运算速度比较慢，这是它的主要缺点。但由于串行进位加法器的电路比较简单，所以，在运算速度不高的场合常被使用。

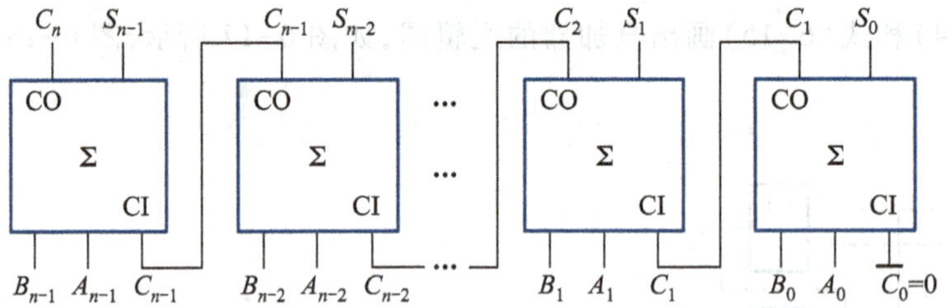

图 6-19 n 位串行进位加法器逻辑图

(2) 超前进位加法器

由图 6-19 可以看出，n 位串行进位加法器执行一次二进制数的加法运算，需要经过 n 级全加器的传输延时，才能得到最终的结果。为了提高运算速度，就必须设法减少进位信号逐级传递所占去的时间。于是便产生了超前进位加法器（或称并行进位加法器）。图 6-20 为中规模 4 位超前进位加法器 74LS283 的逻辑功能示意图。图中"Σ"为加法运算的总限定符号，$A_3 \sim A_0$ 和 $B_3 \sim B_0$ 为两个 4 位二进制数的输入端，$S_3 \sim S_0$ 为相加的和数输出端，CI 为相邻低位到本位的进位输入端，CO 为本位向相邻高位的进位输出端。

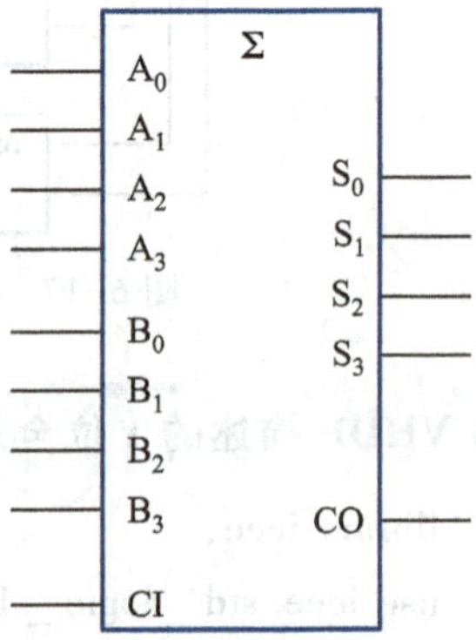

图 6-20 74LS283 的逻辑功能示意图

74LS283 由 4 个全加器和超前进位电路组成。图 6-21 是 4 位超前进位加法器的内部电路结构示意图。

我们知道，在两个多位数相加时，任何一位的进位输入信号都取决于两个加数中低于该位的各位数值。在给出两个多位数以后，可以通过进位生成电路直接判断出每一位的进位输入信号是 1 还是 0。因此，只要事先给出两个加数，就可以

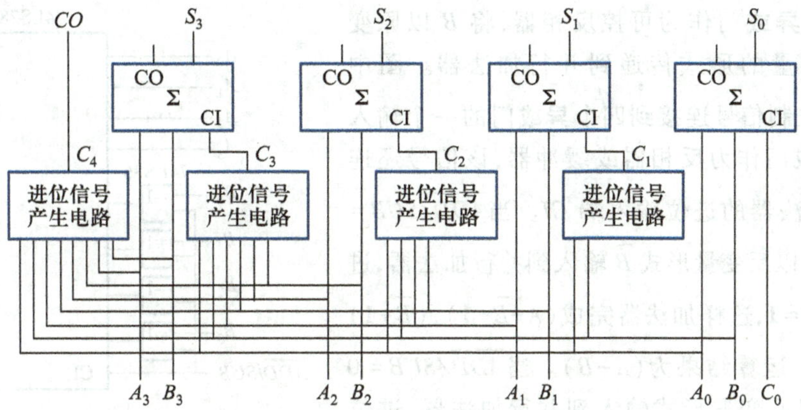

图 6-21 4 位超前进位加法器的内部电路结构示意图

直接得出每一位的进位信号，而不必等待从低位逐位传送过来的进位信号，从而有效地提高了运算速度。4 位超前进位加法器 74LS283 第 i 位进位信号的逻辑表达式为

$$C_{i+1}=A_iB_i+C_i(A_i\oplus B_i)=(C_i+A_iB_i)(A_i+B_i)\quad(i=0,1,2,3)\tag{6-16}$$

根据式(6-16)可推得各进位信号 C_1、C_2、C_3、C_4 的逻辑表达式为

$$\begin{cases}C_1=(C_0+A_0B_0)(A_0+B_0)\\C_2=(C_1+A_1B_1)(A_1+B_1)\\C_3=(C_2+A_2B_2)(A_2+B_2)\\C_4=(C_3+A_3B_3)(A_3+B_3)\end{cases}\tag{6-17}$$

可见，只要知道两个 4 位二进制数 $A_3A_2A_1A_0$ 和 $B_3B_2B_1B_0$ 及最低位进位数 C_0 就可以得到各级进位信号，当利用 74LS283 进行加法运算时，和数信号和进位信号几乎是同时产生的（忽略进位信号产生电路的短暂延迟），因而可视为并行加法器。

【例 6-6】 试用 4 位二进制加法器 74LS283 设计一个将 8421BCD 码转换为余 3 码的编码转换电路。

解 设输入 8421BCD 码用 $A_3A_2A_1A_0$ 表示，输出余 3 码用 $S_3S_2S_1S_0$ 表示。因 8421BCD 码与余 3 码的关系为

$$S_3S_2S_1S_0=A_3A_2A_1A_0+\mathbf{0011}$$

所以 74LS283 的一组数据输入为 $A_3A_2A_1A_0$，另一组数据输入为 $B_3B_2B_1B_0=\mathbf{0011}$，进位输入 $CI=\mathbf{0}$，其逻辑电路图如图 6-22 所示。

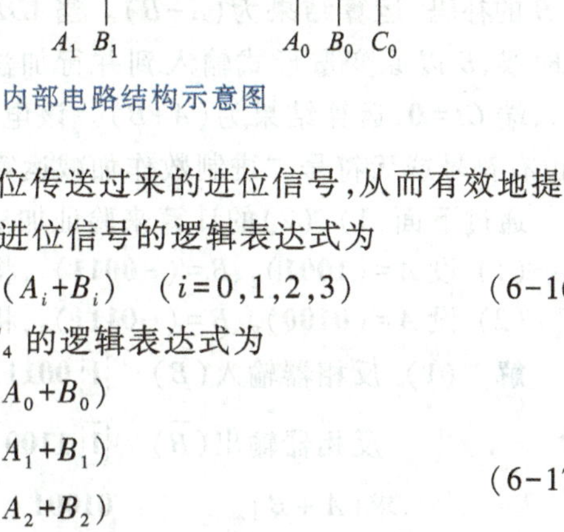

图 6-22 例 6-6 逻辑电路图

应用实例 1

【例 6-7】 计算机做减法运算通常是转换为补码的加法运算来进行。图 6-23 是由 4 位超前进位加法器 74LS283 和异或门 74LS86 组成的可控的 4 位并行二进制加法/减法运算

电路。其中**异或**门作为可控反相器，将 B 以原变量或者反变量的形式传递到并行加法器。图中 $\overline{ADD}/SUB$ 控制信号连接到四个**异或**门的一个输入端，控制**异或**门作为反相器或缓冲器，该信号还连接到并行加法器的进位输入端 CI。当 $\overline{ADD}/SUB=$ **1** 的时候，B 以反变量形式 $\overline{B}$ 输入到并行加法器，进位输入端 $CI=\mathbf{1}$，这样加法器完成 $(A+\overline{B}+\mathbf{1})$，$(\overline{B}+\mathbf{1})$ 为 B 的补码，运算结果为 $(A-B)$。当 $\overline{ADD}/SUB=0$ 的时候，B 以原变量形式输入到并行加法器，进位输入端 $CI=\mathbf{0}$，运算结果为 $(A+B)$。该电路可以对 4 位有符号或无符号二进制数作加减运算。

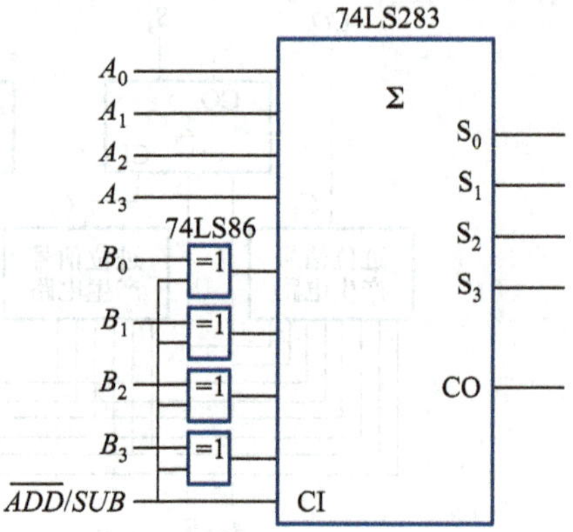

图 6-23 可控的并行二进制加法器/减法器

通过下面(1)、(2)的计算来验证加法/减法运算电路的运算过程。

(1) 设 $A=(\mathbf{1001})_2$、$B=(-\mathbf{0011})_2$，将 A、B 分别用 5 位原码表示，试求 $A+B$ 的值。

(2) 设 $A=(\mathbf{0100})_2$、$B=(-\mathbf{0111})_2$，将 A、B 分别用 5 位原码表示，试求 $A+B$ 的值。

解 (1) 反相器输入 (B) **1 0011**

反相器输出 $(\overline{B})$ **1 1100**

求 $[A+B]_{补}$

01001

11100

\+ **1**

1 00110 结果为正

（舍弃）

即 $[A+B]_{原}=[A+B]_{补}=\mathbf{0\ 0110}$

由此可得 $A+B=(\mathbf{0110})_2$

(2) 反相器输入 (B) **1 0111**

反相器输出 $(\overline{B})$ **1 1000**

求 $[A+B]_{补}$

00100

11000

\+ **1**

11101 结果为负

求 $[\mathbf{1\ 1101}]_{补}=\mathbf{1\ 0011}$

即 $[A+B]_{原}=[[A+B]_{补}]_{补}=\mathbf{1\ 0011}$

由此可得 $A+B=(-\mathbf{0011})_2$

思考题

1. 什么叫半加器？什么叫全加器？二者有何区别？
2. 什么叫串行进位加法器？
3. 什么叫超前进位加法器？与串行进位加法器相比，它的运算速度为什么会快？

6.3.2 译码器

关键术语

译码：利用译码表将具有特定含义的文字、符号和数码等信号译成控制信号。

译码器：将输入的代码译为特定对象（如逻辑电平），用于检测特定数字状态的组合逻辑电路。

使能端（控制端）：用于选通或禁止译码器工作的控制信号输入端，有高电平使能和低电平使能之分。

译码器的逻辑功能就是将输入的代码翻译成另外一种特定代码输出。根据输入输出代码的不同，可以设计成各种不同类型的译码器。常见的中规模集成译码器有二进制译码器、二-十进制译码器和七段显示译码器等几类。

译码器如有 3 个输入端 8 个输出端，称为 3 线-8 线译码器；如有 4 个输入端 10 个输出端，称为 4 线-10 线译码器。其余依此类推。

1. 简单逻辑门译码器

一个**与**(**或**)逻辑门就是最简单的译码器，可用于检测特定的二进制数值。图 6-24 给出了两个这样的译码器，它们都对输入值 $D_3D_2D_1D_0=\mathbf{1111}$ 进行检测，检测结果分别用低电平或高电平表示。

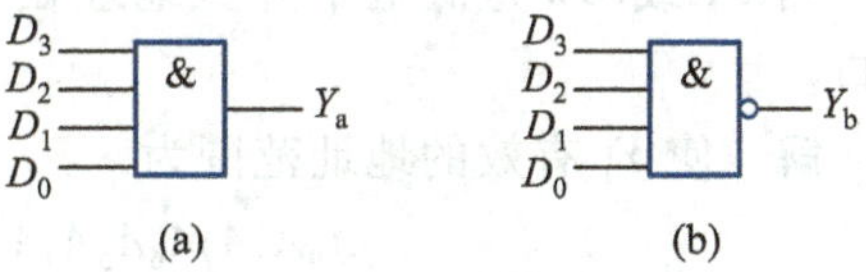

图 6-24 简单逻辑门译码器

图 6-24 图(a)所示的译码器在输入为 **1111** 时，$Y_a=D_3D_2D_1D_0=\mathbf{1}$，输出为高电平。而图 6-24(b)所示的译码器在输入为 **1111** 时，$Y_b=\overline{D_3D_2D_1D_0}=\mathbf{0}$，输出为低电平。

【例 6-8】 试分析图 6-25 所示简单逻辑门译码器。说出每个译码器的输入码及输出有效电平。

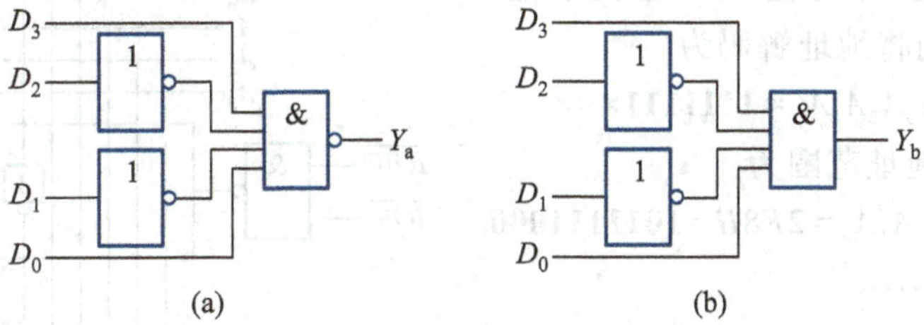

图 6-25 例 6-8 简单逻辑门译码器

解 图 6-25 所示简单逻辑门译码器分别由一个**与**门或者一个**与非**门及反相器组成。无论是**与**门还是**与非**门，只有当其输入全为高电平时输出才有效。由于加入了反相器，使得每个电路都只有一组不同的输入码可以满足这种要求。

图 6-25(a)中输入码 $D_3D_2D_1D_0=\mathbf{1001}$

输出 $Y_a=\overline{D_3\overline{D_2}\,\overline{D_1}D_0}=\mathbf{0}$ （低电平有效）

图 6-25(b)中输入码 $D_3D_2D_1D_0=\mathbf{1001}$

输出 $Y_b=D_3\overline{D_2}\,\overline{D_1}D_0=\mathbf{1}$ （高电平有效）

简单逻辑门译码器的输出信号，经常用于在不同工作条件下控制其他的数字电路。比如一个简单逻辑门电路可用于产生 PC 外围设备的使能信号。其输入的二进制数值的组合，称为地址，将每一个地址码转换成一个有效信号去选中对应的单元，它决定了 PC 访问外围器件的特定条件。

应用实例 2

【例 6-9】 计算机用户端口地址译码设计。

一台 PC 有两个串行口 COM1 和 COM2。当控制信号 $\overline{IOR}$(input/output read)和 $\overline{IOW}$(input/output write）中有一个为有效并且有一个 10 位（bit，比特）的地址时，就可以访问该串行口。$\overline{IOR}$和$\overline{IOW}$都是低电平有效。地址位由 $A_9A_8A_7A_6A_5A_4A_3A_2A_1A_0$ 来表示，也可以用 3 位十六进制数来表示。

试设计一个译码器，其输出 Y_1 和 Y_2 都是低电平有效。

当$\overline{IOR}$或$\overline{IOW}$为低电平并且地址在 3F8H 与 3FFH 之间的时候，Y_1 有效，可访问 COM1 串口。

当$\overline{IOR}$或$\overline{IOW}$为低电平并且地址在 2F8H 与 2FFH 之间的时候，Y_2 有效，可访问 COM2 串口。

解 使 Y_1 有效的地址范围为

$$\begin{cases} A_9A_8A_7A_6A_5A_4A_3A_2A_1A_0 = 3F8H = \mathbf{1111111000} \\ \cdots\cdots\cdots\cdots \\ A_9A_8A_7A_6A_5A_4A_3A_2A_1A_0 = 3FFH = \mathbf{1111111111} \end{cases}$$

因为这个范围内任何地址都是有效的。所以可把最后 3 位 $A_2A_1A_0$ 视为无关项。在译码器电路设计时，不考虑这 3 位的状态。因此，对于 Y_1，我们将地址解码为

$$A_9A_8A_7A_6A_5A_4A_3A_2A_1A_0 = \mathbf{1111111}\times\times\times$$

同理使 Y_2 有效的地址范围为

$$\begin{cases} A_9A_8A_7A_6A_5A_4A_3A_2A_1A_0 = 2F8H = \mathbf{1011111000} \\ \cdots\cdots\cdots\cdots \\ A_9A_8A_7A_6A_5A_4A_3A_2A_1A_0 = 2FFH = \mathbf{1011111111} \end{cases}$$

地址码为

$$A_9A_8A_7A_6A_5A_4A_3A_2A_1A_0 = \mathbf{1011111}\times\times\times$$

图 6-26 是由两个 8 输入端**与非**门 74LS30 构成的译码器电路，包括作为控制输入信号的$\overline{IOR}$和$\overline{IOW}$。

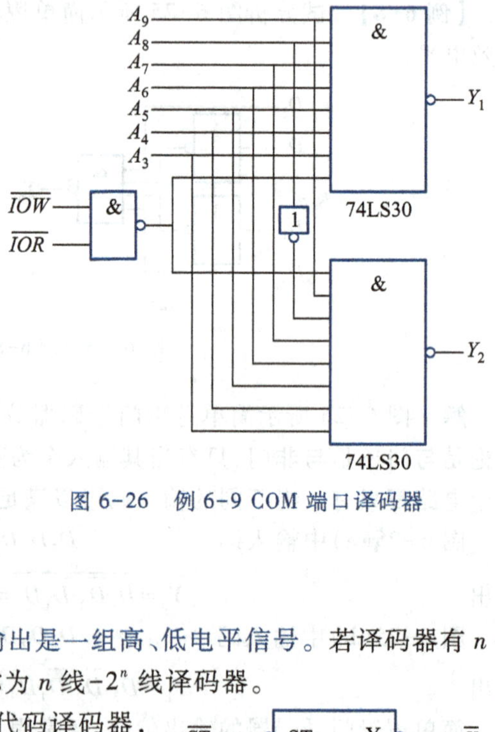

图 6-26 例 6-9 COM 端口译码器

2. 二进制译码器

二进制译码器的输入是一组二进制代码，输出是一组高、低电平信号。若译码器有 n 个输入端，则最多有 2^n 个输出端，这种译码器被称为 n 线-2^n 线译码器。

【例 6-10】 试设计一个 2 线-4 线二进制代码译码器，其逻辑框图如图 6-27 所示。设 A_1、A_0 为 2 位二进制代码输入。$\overline{Y}_0$、$\overline{Y}_1$、$\overline{Y}_2$、$\overline{Y}_3$ 为 4 个译码输出，低电平有效。$\overline{ST}$为译码器选通信号（使能信号），低电平有效，当$\overline{ST}=\mathbf{0}$ 时译码器被选通，当$\overline{ST}=\mathbf{1}$ 时译码器被禁止。

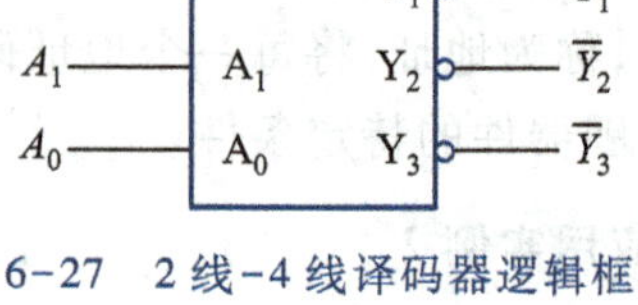

图 6-27 2 线-4 线译码器逻辑框图

表 6-7 2 线-4 线译码器真值表

输入			输出			
$\overline{ST}$	A_1	A_0	$\overline{Y}_3$	$\overline{Y}_2$	$\overline{Y}_1$	$\overline{Y}_0$
1	×	×	1	1	1	1
0	0	0	1	1	1	0
0	0	1	1	1	0	1
0	1	0	1	0	1	1
0	1	1	0	1	1	1

解 (1) 列出真值表。

根据题意要求,列出真值表如表 6-7 所示。

(2) 根据译码器的真值表写出输出逻辑函数式为

$$\begin{cases}\overline{Y}_3=\overline{\overline{\overline{ST}}\cdot A_1A_0}=\overline{A_1A_0}=\overline{m}_3\\ \overline{Y}_2=\overline{\overline{\overline{ST}}\cdot A_1\overline{A}_0}=\overline{A_1\overline{A}_0}=\overline{m}_2\\ \overline{Y}_1=\overline{\overline{\overline{ST}}\cdot\overline{A}_1A_0}=\overline{\overline{A}_1A_0}=\overline{m}_1\\ \overline{Y}_0=\overline{\overline{\overline{ST}}\cdot\overline{A}_1\overline{A}_0}=\overline{\overline{A}_1\overline{A}_0}=\overline{m}_0\end{cases}\tag{6-18}$$

由式(6-18)可看出,当$\overline{ST}=0$时,2 线-4 线译码器的 4 个输出逻辑函数为 4 个不同的最小项的反函数(如果是输出高电平有效的译码器,则输出函数应为 4 个不同的最小项),它包含了输入二进制代码变量的全部最小项。因此,二进制译码器又称全译码器。

(3) 根据式(6-18)可画出图 6-28 所示的 2 位二进制译码器的逻辑图。

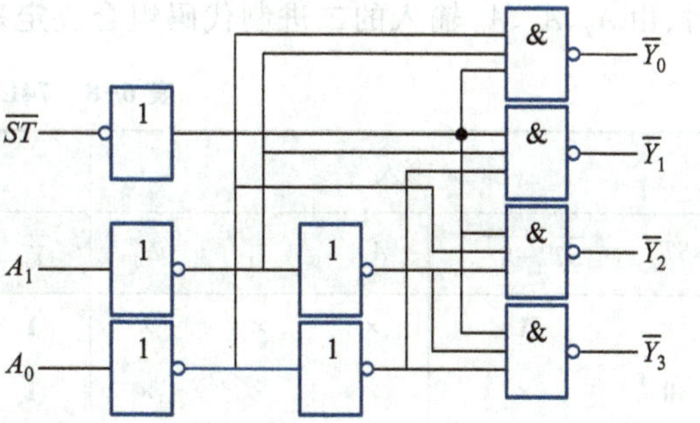

图 6-28 2 位二进制译码器逻辑图

实际应用中常使用的集成译码器 74LS139 就是由两个 2 线-4 线的二进制译码器构成的。

【例 6-11】 试用两个 2 线-4 线二进制译码器构成一个 3 线-8 线二进制译码器。

解 因 2 线-4 线二进制译码器只有两个输入端,而 3 线-8 线二进制译码器需要 3 个输入端,所以只能借用$\overline{ST}$作为 3 线-8 线译码器的第三个输入端 A_2。同时将两个 2 线-4 线译码器的 A_1、A_0 输入端并联在一起,并用$\overline{ST}$的 **0** 和 **1** 状态控制两个 2 线-4 线译码器,分别在输入 3 位二进制代码组合的低 4 位或高 4 位选通,输出译码信号。

图 6-29 为连接好的 3 线-8 线译码器逻辑图。可见,当$A_2=$**0** 时,两个 2 线-4 线译码器中(1)选通;(2)被禁止,输出$\overline{Y}_0$、$\overline{Y}_1$、$\overline{Y}_2$、$\overline{Y}_3$ 译码信号。当 $A_2=$**1** 时,两个 2 线-4 线译码器中

(2)选通;(1)被禁止,输出$\overline{Y}_4$、$\overline{Y}_5$、$\overline{Y}_6$、$\overline{Y}_7$译码信号。

图6-30是常用的集成3线-8线译码器74LS138的逻辑功能示意图,表6-8为74LS138的真值表。74LS138有3个二进制代码输入端A_2、A_1、A_0;8个译码输出端$\overline{Y}_0 \sim \overline{Y}_7$,低电平有效;3个使能输入端$ST_A$、$\overline{ST}_B$、$\overline{ST}_C$,其中$ST_A$高电平有效,$\overline{ST}_B$和$\overline{ST}_C$都为低电平有效。由表6-8可以看出:

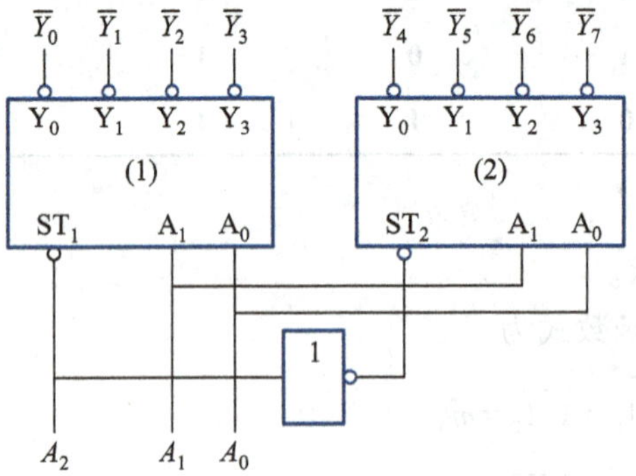

图6-29 例6-11组成的3线-8线二进制译码器

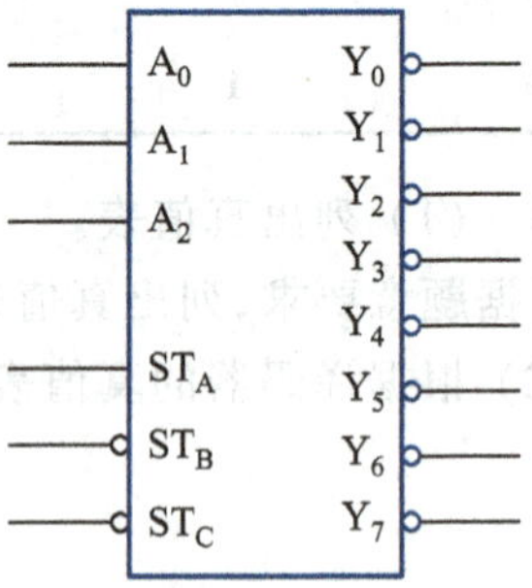

图6-30 74LS138的逻辑功能示意图

(1) 当$ST_A = \mathbf{0}$或$\overline{ST}_B + \overline{ST}_C = \mathbf{1}$($\overline{ST}_B$和$\overline{ST}_C$中至少有一个$\mathbf{1}$)时,译码器被禁止,即译码器不工作。$\overline{Y}_0 \sim \overline{Y}_7$输出都为高电平$\mathbf{1}$。

(2) 当$ST_A = \mathbf{1}$,同时$\overline{ST}_B + \overline{ST}_C = \mathbf{0}$($\overline{ST}_B = \overline{ST}_C = \mathbf{0}$)时,译码器被选通处于工作状态。此时,由$A_2$、$A_1$、$A_0$输入的二进制代码组合决定$\overline{Y}_0 \sim \overline{Y}_7$的译码输出。

表6-8 74LS138的真值表

输入					输出							
ST_A	$\overline{ST}_B + \overline{ST}_C$	A_2	A_1	A_0	$\overline{Y}_0$	$\overline{Y}_1$	$\overline{Y}_2$	$\overline{Y}_3$	$\overline{Y}_4$	$\overline{Y}_5$	$\overline{Y}_6$	$\overline{Y}_7$
×	1	×	×	×	1	1	1	1	1	1	1	1
0	×	×	×	×	1	1	1	1	1	1	1	1
1	0	0	0	0	0	1	1	1	1	1	1	1
1	0	0	0	1	1	0	1	1	1	1	1	1
1	0	0	1	0	1	1	0	1	1	1	1	1
1	0	0	1	1	1	1	1	0	1	1	1	1
1	0	1	0	0	1	1	1	1	0	1	1	1
1	0	1	0	1	1	1	1	1	1	0	1	1
1	0	1	1	0	1	1	1	1	1	1	0	1
1	0	1	1	1	1	1	1	1	1	1	1	0

由表 6-8 可写出 74LS138 的输出端逻辑表达式为

$$\begin{cases} \overline{Y}_0=\overline{\overline{A}_2\,\overline{A}_1\,\overline{A}_0}=\overline{m}_0 & \overline{Y}_4=\overline{A_2\overline{A}_1\,\overline{A}_0}=\overline{m}_4 \\ \overline{Y}_1=\overline{\overline{A}_2\,\overline{A}_1 A_0}=\overline{m}_1 & \overline{Y}_5=\overline{A_2\overline{A}_1 A_0}=\overline{m}_5 \\ \overline{Y}_2=\overline{\overline{A}_2 A_1\overline{A}_0}=\overline{m}_2 & \overline{Y}_6=\overline{A_2A_1\overline{A}_0}=\overline{m}_6 \\ \overline{Y}_3=\overline{\overline{A}_2 A_1 A_0}=\overline{m}_3 & \overline{Y}_7=\overline{A_2A_1A_0}=\overline{m}_7 \end{cases} \tag{6-19}$$

由式(6-19)可看出，74LS138 由于输出为低电平有效，因此，它的 8 个输出 $\overline{Y}_0\sim\overline{Y}_7$ 是对应输入变量 $A_2A_1A_0$ 的最小项非 $\overline{m}_0\sim\overline{m}_7$。

用 VHDL 描述 3 线-8 线译码器

```
library ieee;
use ieee.std_logic_1164.all;
use ieee.std_logic_unsigned.all;
entity decoder38 is
    port(inp:in std_logic_vector(2 downto 0);
         outp:out std_logic_vector(7 downto 0));
end entity decoder38;
architecture art4 of decoder38 is
begin
process(inp)
begin
case inp is
    when "000"=>outp<="11111110";
    when "001"=>outp<="11111101";
    when "010"=>outp<="11111011";
    when "011"=>outp<="11110111";
    when "100"=>outp<="11101111";
    when "101"=>outp<="11011111";
    when "110"=>outp<="10111111";
    when "111"=>outp<="01111111";
    when others=>outp<="xxxxxxxx";
end case;
end process;
end architecture art4;
```

【例 6-12】 试用两片 3 线-8 线译码器 74LS138 扩展成 4 线-16 线译码器。

解　图 6-31 为用两片 3 线-8 线译码器

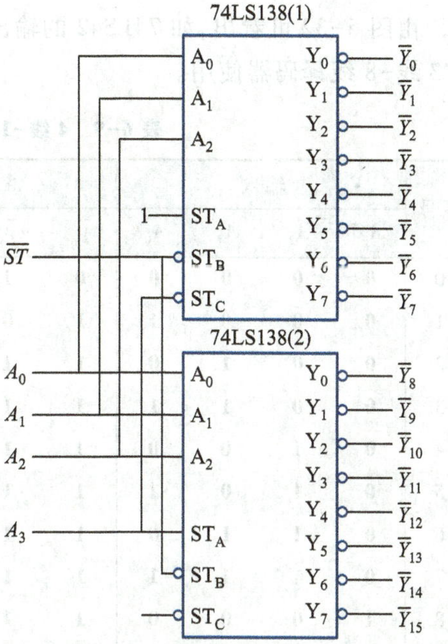

图 6-31　例 6-12 组成的 4 线-16 线译码器

74LS138 构成的 4 线-16 线译码器，74LS138(1)为低位片，74LS138(2)为高位片。$A_3A_2A_1A_0$ 为二进制代码输入端，$\overline{Y}_0 \sim \overline{Y}_{15}$ 为输出端。$\overline{ST}$ 为扩展成的 4 线-16 线译码器的选通输入端(使能端)，当 $\overline{ST}=\mathbf{1}$ 时，译码器被禁止。

在 $\overline{ST}=\mathbf{0}$ 情况下，输入 $A_3=\mathbf{0}$ 时，低位片 74LS138(1)工作，当输入 $A_3A_2A_1A_0$ 在 **0000**~**0111** 间变化时，$\overline{Y}_0 \sim \overline{Y}_7$ 对应输出低电平 **0**，而高位片 74LS138(2)因 $ST_A=A_3=\mathbf{0}$，被禁止译码，输出 $\overline{Y}_8 \sim \overline{Y}_{15}$ 都为高电平 **1**。

同样，在 $\overline{ST}=0$ 情况下，输入 $A_3=\mathbf{1}$ 时，低位片 74LS138(1)的 $\overline{ST}_C=A_3=\mathbf{1}$，被禁止译码，输出 $\overline{Y}_0 \sim \overline{Y}_7$ 都为高电平 **1**。而高位片 74LS138(2)被选通，当输入 $A_3A_2A_1A_0$ 在 **1000**~**1111** 间变化时，对应输出低电平 **0**。

3. 二-十进制译码器

将输入的 BCD 码的十个代码翻译成十个对应信号输出的逻辑电路，称为二-十进制译码器。也称为 4 线-10 线译码器。

图 6-32 是 4 线-10 线译码器 74LS42 的逻辑功能示意图。图中 A_3、A_2、A_1、A_0 为输入端，$\overline{Y}_0 \sim \overline{Y}_9$ 为输出端，输出低电平 0 有效。其真值表如表 6-9 所示。由该表可知，$A_3A_2A_1A_0$ 输入的为 8421BCD 码，用 **0000**~**1001** 表示 0~9 十个十进制数，输出 $\overline{Y}_0 \sim \overline{Y}_9$ 为低电平有效。

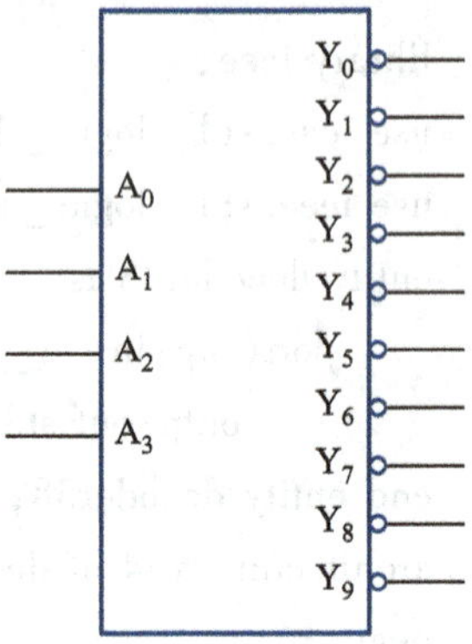

图 6-32 74LS42 的逻辑功能示意图

根据表 6-9 可写出 74LS42 的输出逻辑函数表达式，与式(6-19)类似，不再赘述。

由图 6-32 可看出，如 74LS42 的输出 $\overline{Y}_8$ 和 $\overline{Y}_9$ 不用，并将 A_3 作为使能端，则 74LS42 可作为 3 线-8 线译码器使用。

表 6-9 4 线-10 线译码器 74LS42 的真值表

序号	输入				输出									
	A_3	A_2	A_1	A_0	$\overline{Y}_0$	$\overline{Y}_1$	$\overline{Y}_2$	$\overline{Y}_3$	$\overline{Y}_4$	$\overline{Y}_5$	$\overline{Y}_6$	$\overline{Y}_7$	$\overline{Y}_8$	$\overline{Y}_9$
0	**0**	**0**	**0**	**0**	**0**	**1**	**1**	**1**	**1**	**1**	**1**	**1**	**1**	**1**
1	**0**	**0**	**0**	**1**	**1**	**0**	**1**	**1**	**1**	**1**	**1**	**1**	**1**	**1**
2	**0**	**0**	**1**	**0**	**1**	**1**	**0**	**1**	**1**	**1**	**1**	**1**	**1**	**1**
3	**0**	**0**	**1**	**1**	**1**	**1**	**1**	**0**	**1**	**1**	**1**	**1**	**1**	**1**
4	**0**	**1**	**0**	**0**	**1**	**1**	**1**	**1**	**0**	**1**	**1**	**1**	**1**	**1**
5	**0**	**1**	**0**	**1**	**1**	**1**	**1**	**1**	**1**	**0**	**1**	**1**	**1**	**1**
6	**0**	**1**	**1**	**0**	**1**	**1**	**1**	**1**	**1**	**1**	**0**	**1**	**1**	**1**
7	**0**	**1**	**1**	**1**	**1**	**1**	**1**	**1**	**1**	**1**	**1**	**0**	**1**	**1**
8	**1**	**0**	**0**	**0**	**1**	**1**	**1**	**1**	**1**	**1**	**1**	**1**	**0**	**1**
9	**1**	**0**	**0**	**1**	**1**	**1**	**1**	**1**	**1**	**1**	**1**	**1**	**1**	**0**

4. 七段显示译码器

在数字测量仪表或其他数字设备中,常常将测量或运算结果用数字、文字或符号显示出来。因此,显示译码器和显示器是数字设备不可缺少的组成部分。

目前常见的字符显示器主要为液晶显示器(liquid crystal display,LCD)、发光二极管(light emitting diode,LED)组成的数码管和点阵显示器。

七段数码管(又称 LED 数码显示器)是由 7 段条形发光二极管排列组合而成,7 个发光段分别对应 a,b,c,d,e,f,g。按内部的连接方式,七段数码管分为共阳极和共阴极两种类型,其结构如图 6-33 所示。共阴极 LED 使用时公共端阴极通常接地,a,b,c,d,e,f,g 为高电平时点亮对应的发光段。而共阳极 LED 使用时公共端阳极通常接+5V 电源,a,b,c,d,e,f,g 为低电平时点亮对应的发光段。

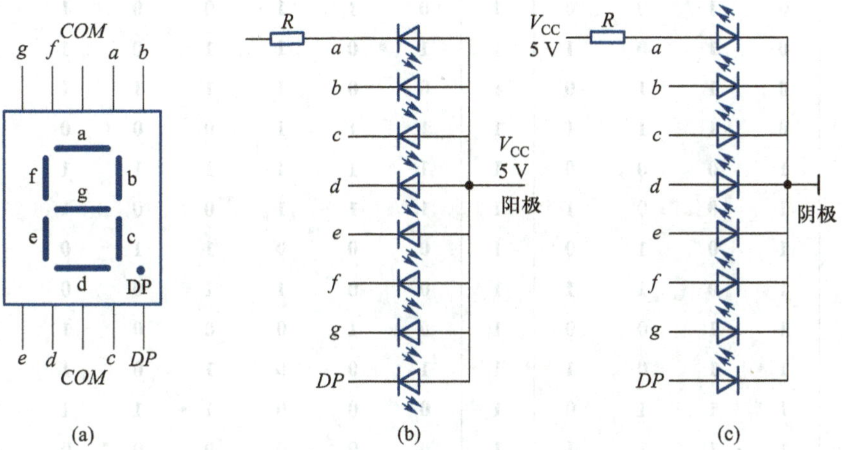

图 6-33 七段数码显示器及内部接法

(a)数码显示器;(b)共阳极接法;(c)共阴极接法

若要使用共阴极数码管来显示某字形,则需要由输出高电平有效的译码器去驱动各发光段。而共阳极数码管则需要由输出低电平有效的译码器去驱动各发光段。

图 6-34 给出了输出高电平有效的七段数码译码器 74LS48 的逻辑功能示意图。

$\overline{LT}$为灯测试输入。只要$\overline{LT}=\mathbf{0}$,$\overline{BI}=\mathbf{1}$,无论 $A_3A_2A_1A_0$ 输入为何种状态,输出 $Y_a \sim Y_g$ 均为高电平,数码管 7 段全亮显示“8”,可用来检查数码管各段是否能正常发光。

$\overline{BI}/\overline{RBO}$是双重功能端口,$\overline{BI}$为灭灯输入,$\overline{RBO}$为灭零输出。只要$\overline{BI}=\mathbf{0}$,输出 $Y_a \sim Y_g$ 均为低电平,共阴极数码管 7 段全熄灭。

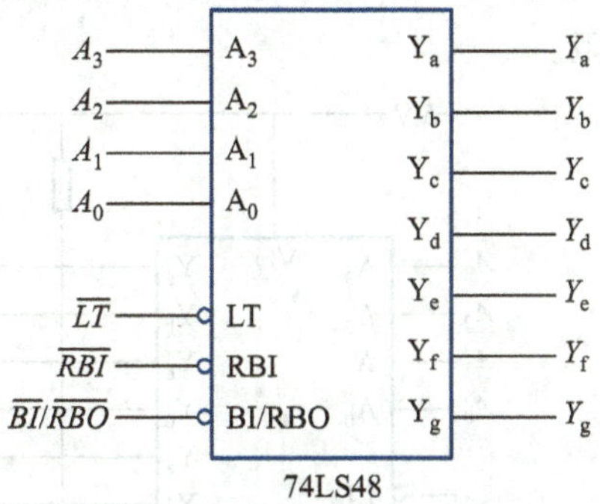

图 6-34 74LS48 的逻辑功能示意图

$\overline{RBI}$为灭零输入,是专为多位数字显示时灭掉不需要显示的 0 而设定的。在译码工作情况下,当$\overline{RBI}=\mathbf{0}$,$A_3A_2A_1A_0=\mathbf{0000}$ 时,共阴极数码管应显示的 0 被消隐。

$\overline{RBO}$和$\overline{RBI}$配合使用，可以实现多位数码显示的灭零控制。

七段数码译码器 74LS48 的真值表如表 6-10 所示。

表 6-10　74LS48 的真值表

输入						$\overline{BI}$/	输出							字形
$\overline{LT}$	$\overline{RBI}$	A_3	A_2	A_1	A_0	$\overline{RBO}$	Y_a	Y_b	Y_c	Y_d	Y_e	Y_f	Y_g	
1	1	0	0	0	0	1	1	1	1	1	1	1	0	0
1	×	0	0	0	1	1	0	1	1	0	0	0	0	1
1	×	0	0	1	0	1	1	1	0	1	1	0	1	2
1	×	0	0	1	1	1	1	1	1	1	0	0	1	3
1	×	0	1	0	0	1	0	1	1	0	0	1	1	4
1	×	0	1	0	1	1	1	0	1	1	0	1	1	5
1	×	0	1	1	0	1	0	0	1	1	1	1	1	6
1	×	0	1	1	1	1	1	1	1	0	0	0	0	7
1	×	1	0	0	0	1	1	1	1	1	1	1	1	8
1	×	1	0	0	1	1	1	1	1	0	0	1	1	9
1	×	1	0	1	0	1	0	0	0	1	1	0	1	
1	×	1	0	1	1	1	0	0	1	1	0	0	1	
1	×	1	1	0	0	1	0	1	0	0	0	1	1	
1	×	1	1	0	1	1	1	0	0	1	0	1	1	
1	×	1	1	1	0	1	0	0	0	1	1	1	1	
1	×	1	1	1	1	1	0	0	0	0	0	0	0	
×	×	×	×	×	×	0	0	0	0	0	0	0	0	消隐
1	0	0	0	0	0	0	0	0	0	0	0	0	0	灭 0
0	×	×	×	×	×	1	1	1	1	1	1	1	1	测试

图 6-35 给出了七段数码译码器 74LS48 驱动共阴极数码管的接线图，图中 R 为上拉电阻。

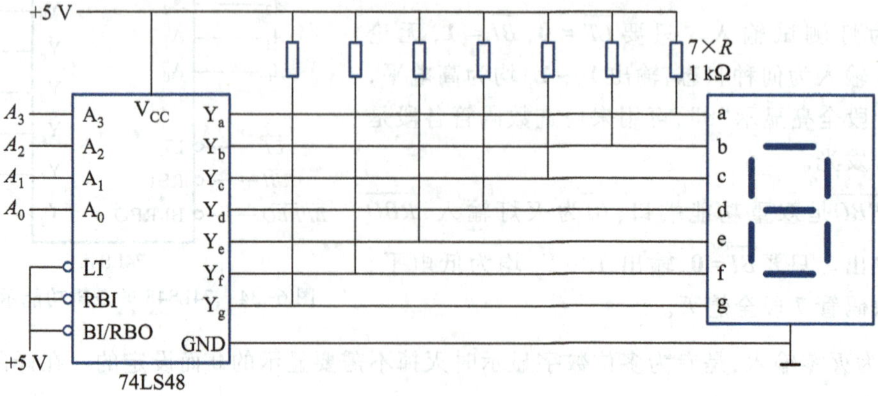

图 6-35　74LS48 驱动共阴数码管的接线图

用 VHDL 描述七段显示译码器

```
library ieee;
use ieee. std _ logic _ 1164. all;
use ieee. std _ logic _ unsigned. all;
entity led7s is
    port( din: in std _ logic _ vector( 3 downto 0) ;
        led7: out std _ logic _ vector( 6 downto 0)) ;
end led7s;
architecture behv of led7s is
begin
    process( din)
    begin
        case din is
            when "0000" =>led7 <="0111111";    --"0"
            when "0001" =>led7 <="0000110";    --"1"
            when "0010" =>led7 <="1011011";    --"2"
            when "0011" =>led7 <="1001111";    --"3"
            when "0100" =>led7 <="1100110";    --"4"
            when "0101" =>led7 <="1101101";    --"5"
            when "0110" =>led7 <="1111100";    --"6"
            when "0111" =>led7 <="0000111";    --"7"
            when "1000" =>led7 <="1111111";    --"8"
            when "1001" =>led7 <="1100111";    --"9"
            when others =>led7 <="0000000";    --"不显示"
        end case;
    end process;
end behv;
```

思考题

1. 什么叫译码？什么叫译码器？
2. 为什么说二进制译码器又称为全译码器？
3. 为什么说二进制译码器很适合用于实现多输出逻辑函数？
4. 二进制译码器、二-十进制译码器、显示译码器三者之间有哪些主要区别？

电子教案 6-3：
常用中规模组合逻辑电路(2)

6.3.3 编码器

编码是译码的逆过程，将某种特定信息用文字、符号和数码等来表示的过程称为编码，实现编码功能的电路称为编码器。编码器把输入的每一个有效信号(高、低电平)编成一组对应的代码输出。在数字系统中,通常是将信息编成若干位二进制代码或二-十进制代码。编成二进制代码的编码器称为二进制编码器,而对十进制数进行编码的编码器称为二-十进制编码器。

从逻辑功能的特点可将编码器分成普通编码器和优先编码器。普通编码器在任何时刻,输入信号中只能有 1 位信号有效。不允许同时有多位输入信号有效,否则输出将出现错误状态。优先编码器工作时允许有多位输入信号同时有效,按设定的优先权排队,任一时刻,优先编码器只对输入信号中优先权最高的一个编码。

1. 二进制普通编码器

将 $N=2^n$ 个输入信号转换成 n 位二进制代码输出的逻辑电路,称为二进制编码器。由于 n 位二进制代码有 2^n 个取值组合,可以表示 2^n 种信息,因此二进制编码器的输入信号个数 N 与输出二进制数位数 n 的关系满足 $N\leqslant 2^n$,故通常编码器的输入端比输出端个数多。如编码器有 8 个输入端 3 个输出端,称为 8 线-3 线编码器;如有 16 个输入端 4 个输出端,称为 16 线-4 线编码器。图 6-36 是 N 线-n 线($N>n$)二进制编码器的逻辑框图。

图 6-36 二进制编码器框图

编码器的输出代码可以是原码形式,也可以是反码形式,原码是指等值十进制数对应的二进制代码,而各位原码取反则称为反码。

【例 6-13】 试设计一个输入为低电平有效、输出为原码的 3 位二进制普通编码器,用与非门实现。

解 (1) 列真值表。

3 位二进制编码器也称为 8 线-3 线编码器。共有 8 个输入信号,分别用$\overline{A}_0\sim\overline{A}_7$ 表示,低电平有效;有 3 位二进制原码输出,用 Y_2、Y_1、Y_0 表示。根据题意列出该 8 线-3 线编码器真值表如表 6-11 所示。

表 6-11 例 6-13 的真值表

$\overline{A}_0$	$\overline{A}_1$	$\overline{A}_2$	$\overline{A}_3$	$\overline{A}_4$	$\overline{A}_5$	$\overline{A}_6$	$\overline{A}_7$	Y_2	Y_1	Y_0
0	1	1	1	1	1	1	1	0	0	0
1	0	1	1	1	1	1	1	0	0	1
1	1	0	1	1	1	1	1	0	1	0
1	1	1	0	1	1	1	1	0	1	1
1	1	1	1	0	1	1	1	1	0	0
1	1	1	1	1	0	1	1	1	0	1
1	1	1	1	1	1	0	1	1	1	0
1	1	1	1	1	1	1	0	1	1	1

(2) 由真值表写出输出函数表达式。

由真值表 6-11,根据普通编码器的特点,8 个输入信号中任何时候只可能有一个有效,也就是说，$\overline{A}_0 \sim \overline{A}_7$ 这 8 个编码信号是相互排斥的。因此，输出函数应为逻辑值 1 所对应的有效输入变量的逻辑加，即

$$
\begin{aligned}
Y_0&=\overline{\overline{A}}_1+\overline{\overline{A}}_3+\overline{\overline{A}}_5+\overline{\overline{A}}_7=\overline{\overline{A}_1\,\overline{A}_3\,\overline{A}_5\,\overline{A}_7}\\
Y_1&=\overline{\overline{A}}_2+\overline{\overline{A}}_3+\overline{\overline{A}}_6+\overline{\overline{A}}_7=\overline{\overline{A}_2\,\overline{A}_3\,\overline{A}_6\,\overline{A}_7}\\
Y_2&=\overline{\overline{A}}_4+\overline{\overline{A}}_5+\overline{\overline{A}}_6+\overline{\overline{A}}_7=\overline{\overline{A}_4\,\overline{A}_5\,\overline{A}_6\,\overline{A}_7}
\end{aligned}
\tag{6-20}
$$

（3）画逻辑图。

根据式(6-20)画出的逻辑电路如图 6-37 所示。应当指出，当 $\overline{A}_1 \sim \overline{A}_7$ 都为 **1** 时，输出 $Y_2Y_1Y_0=$ **000** 就是 $\overline{A}_0$ 的编码，所以 $\overline{A}_0$ 输入线可以不画出。

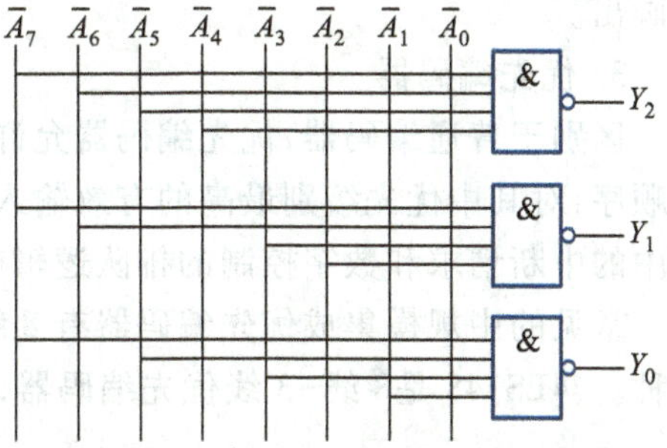

图 6-37 3 位二进制编码器逻辑图

2. 二-十进制普通编码器（8421BCD 码编码器）

用 4 位二进制代码对 1 位十进制数码 0～9 进行编码的电路，称为二-十进制编码器。

【例 6-14】 试设计一个输入为高电平有效、输出为原码的二-十进制普通编码器，用**与非**门实现。

解 （1）根据题意列出该 10 线-4 线编码器真值表如表 6-12 所示。

表 6-12 二-十进制编码器的真值表

A_0	A_1	A_2	A_3	A_4	A_5	A_6	A_7	A_8	A_9	Y_3	Y_2	Y_1	Y_0
1	0	0	0	0	0	0	0	0	0	0	0	0	0
0	1	0	0	0	0	0	0	0	0	0	0	0	1
0	0	1	0	0	0	0	0	0	0	0	0	1	0
0	0	0	1	0	0	0	0	0	0	0	0	1	1
0	0	0	0	1	0	0	0	0	0	0	1	0	0
0	0	0	0	0	1	0	0	0	0	0	1	0	1
0	0	0	0	0	0	1	0	0	0	0	1	1	0
0	0	0	0	0	0	0	1	0	0	0	1	1	1
0	0	0	0	0	0	0	0	1	0	1	0	0	0
0	0	0	0	0	0	0	0	0	1	1	0	0	1

二-十进制编码器也称为 10 线-4 线编码器。共有 10 个输入信号，分别用 $A_0 \sim A_9$ 表示，高电平有效，有 4 位二进制原码输出，分别用 Y_3、Y_2、Y_1、Y_0 表示。

（2）根据真值表写出输出逻辑函数表达式，并变换为如下的**与非**表达式：

$$
\begin{aligned}
Y_3&=A_8+A_9=\overline{\bar{A}_8\cdot\bar{A}_9}\\
Y_2&=A_4+A_5+A_6+A_7=\overline{\bar{A}_4\cdot\bar{A}_5\cdot\bar{A}_6\cdot\bar{A}_7}\\
Y_1&=A_2+A_3+A_6+A_7=\overline{\bar{A}_2\cdot\bar{A}_3\cdot\bar{A}_6\cdot\bar{A}_7}\\
Y_0&=A_1+A_3+A_5+A_7+A_9=\overline{\bar{A}_1\cdot\bar{A}_3\cdot\bar{A}_5\cdot\bar{A}_7\cdot\bar{A}_9}
\end{aligned}
\tag{6-21}
$$

（3）画逻辑图。

根据式(6-21)可画出图 6-38 所示的二-十进制编码器的逻辑图。同理 A_0 输入线可以不画出。

3. 优先编码器

区别于普通编码器，优先编码器允许在多个输入端同时输入有效信号，根据规定好的优先顺序，对其中优先级别最高的有效输入信号进行编码。这种编码器广泛应用于计算机系统中的中断请求和数字控制的排队逻辑电路中。

常见的中规模集成优先编码器有 8 线-3 线优先编码器和 10 线-4 线 BCD 优先编码器两种。74LS148 是8 线-3 线优先编码器，其逻辑框图如图 6-39 所示。图中除了 8 个请求编码信号输入端$\bar{A}_0\sim\bar{A}_7$ 和 3 个信号输出端$\bar{Y}_2$、$\bar{Y}_1$、$\bar{Y}_0$ 以外，还附加了一个输入控制端$\overline{ST}$，一个输出扩展端$\bar{Y}_{EX}$和一个选通输出端$\bar{Y}_S$。

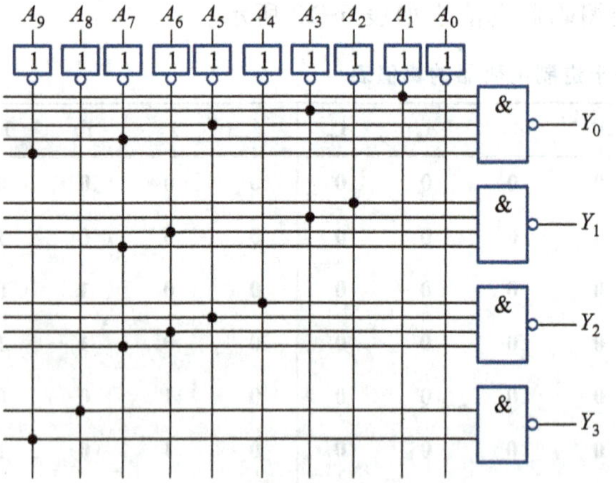

图 6-38 二-十进制编码器的逻辑图

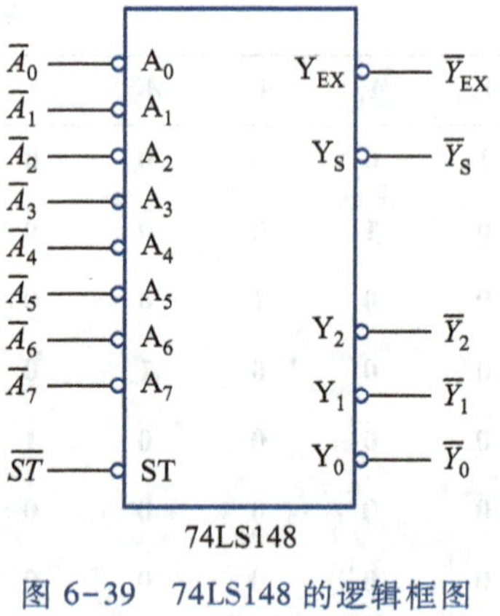

图 6-39 74LS148 的逻辑框图

$\overline{ST}$是选通输入端。当$\overline{ST}=\mathbf{1}$ 时，无论有没有编码输入，$\bar{Y}_2\ \bar{Y}_1\ \bar{Y}_0=\mathbf{111}$，没有有效编码信号输出。只有$\overline{ST}=\mathbf{0}$ 时，编码器才能正常工作。

$\bar{Y}_S$ 是选通输出端。只有$\overline{ST}=\mathbf{0}$，且$\bar{A}_0\sim\bar{A}_7$ 全部为高电平（没有有效编码信号输入），$\bar{Y}_S$ 才为 $\mathbf{0}$。因此，$\bar{Y}_S=\mathbf{0}$ 表示电路虽然处于工作状态，但没有有效编码信号输入。

$\bar{Y}_{EX}$称为扩展端，用以扩展编码器的功能。只要$\bar{A}_0\sim\bar{A}_7$ 中有任何一个为低电平，且$\overline{ST}=\mathbf{0}$，则$\bar{Y}_{EX}=\mathbf{0}$。因此，$\bar{Y}_{EX}=\mathbf{0}$ 表示电路处于工作状态，而且有有效编码信号输入。

表 6-13 是 74LS148 的真值表，它的输入和输出信号都是低电平有效，输入信号$\overline{A}_0 \sim \overline{A}_7$中$\overline{A}_7$ 的优先权最高，$\overline{A}_6$ 次之，$\overline{A}_0$ 的优先权最低，也就是说，当$\overline{A}_7=\mathbf{0}$ 时，其余输入信号不论是 **0** 还是 **1** 都不起作用，电路只对 $\overline{A}_7$ 进行编码，输出$\overline{Y}_2\ \overline{Y}_1\ \overline{Y}_0=\mathbf{000}$，为反码，其原码为 **111**。其余类推。

表 6-13　优先编码器 74LS148 的真值表

输入									输出				
$\overline{ST}$	$\overline{A}_0$	$\overline{A}_1$	$\overline{A}_2$	$\overline{A}_3$	$\overline{A}_4$	$\overline{A}_5$	$\overline{A}_6$	$\overline{A}_7$	$\overline{Y}_2$	$\overline{Y}_1$	$\overline{Y}_0$	$\overline{Y}_S$	$\overline{Y}_{EX}$
1	×	×	×	×	×	×	×	×	**1**	**1**	**1**	**1**	**1**
0	**1**	**1**	**1**	**1**	**1**	**1**	**1**	**1**	**1**	**1**	**1**	**0**	**1**
0	×	×	×	×	×	×	×	**0**	**0**	**0**	**0**	**1**	**0**
0	×	×	×	×	×	×	**0**	**1**	**0**	**0**	**1**	**1**	**0**
0	×	×	×	×	×	**0**	**1**	**1**	**0**	**1**	**0**	**1**	**0**
0	×	×	×	×	**0**	**1**	**1**	**1**	**0**	**1**	**1**	**1**	**0**
0	×	×	×	**0**	**1**	**1**	**1**	**1**	**1**	**0**	**0**	**1**	**0**
0	×	×	**0**	**1**	**1**	**1**	**1**	**1**	**1**	**0**	**1**	**1**	**0**
0	×	**0**	**1**	**1**	**1**	**1**	**1**	**1**	**1**	**1**	**0**	**1**	**0**
0	**0**	**1**	**1**	**1**	**1**	**1**	**1**	**1**	**1**	**1**	**1**	**1**	**0**

此外，优先编码器也有二-十进制编码器，如 74LS147 就是将代表十进制数的 10 个输入信号分别变换为对应的 BCD 代码输出的二-十进制编码器。其工作原理与 74LS148 基本相同不再赘述。

【例 6-15】 试用 VHDL 描述 4 线-2 线优先编码器。图 6-40 是 4 线-2 线优先编码器逻辑框图，表 6-14 是 4 线-2 线优先编码器的真值表。

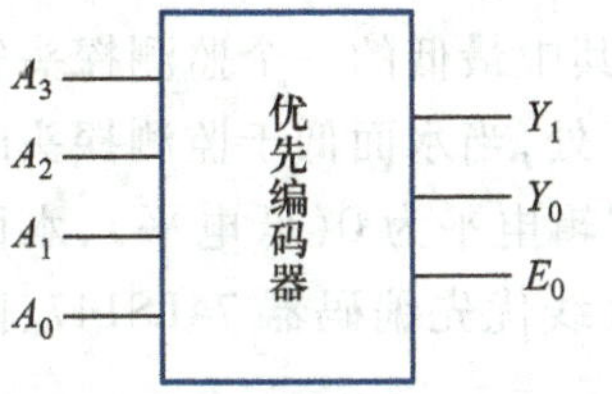

图 6-40　4 线-2 线优先编码器逻辑框图

表 6-14　4 线-2 线优先编码器的真值表

A_0	A_1	A_2	A_3	Y_1	Y_0	E_0
0	**0**	**0**	**0**	**0**	**0**	**0**
×	×	×	**1**	**1**	**1**	**1**
×	×	**1**	**0**	**1**	**0**	**1**
×	**1**	**0**	**0**	**0**	**1**	**1**
1	**0**	**0**	**0**	**0**	**0**	**1**

用 VHDL 描述 4 线-2 线优先编码器

```
library ieee;
```

```
use ieee.std_logic_1164.all;
entity encoder is
        port( a:in std_logic_vector(3 downto 0);
              y:out std_logic_vector(1 downto 0);
              eo:out std_logic);
end encoder;
architecture encoderp of encoder is
begin
  process(a)
  begin
    if a(3)='1' then
              y<="11";   eo<='1';
    elsif a(2)='1' then
              y<="10";   eo<='1';
    elsif a(1)='1' then
              y<="01";   eo<='1';
    elsif a(0)='1' then
              y<="00";   eo<='1';
    elsif a="0000" then
              y<="00";   eo<='0';
    end if;
  end process;
end encoderp;
```

应用实例 3

【例 6-16】 水箱水位监测显示电路设计。

已知一个水箱高 10 m,为了监测水箱水位的变化情况,试设计一个水箱中水面高度监测显示电路。显示分辨率以整数米(m)为单位。

解 根据题意,可在水箱内每隔 1 m 安装一个监测探头,其中最低的一个监测探头安装在距水箱底 1 m 处,最高的一个监测探头安装在距水箱底 9 m 处,当水面低于监测探头时对应的逻辑电平为 1(高电平),当水面高于监测探头时对应的逻辑电平为 0(低电平),水面高度用一个七段显示数码管来显示,故电路可以用一片 10 线-4 线优先编码器 74LS147、四个非门、一片七段显示译码器 74LS48 和数码管来实现。

(1) 列出编码器输入、编码器输出和译码器输入及显示字符的对应转换真值表如表 6-15 所示。

(2) 画出监测显示电路,如图 6-41 所示。

图 6-41 中 $T_1 \sim T_9$ 为水箱水位监测探头,其给出的数据作为优先编码器的输入,优先编码器的输出经非门反相后送给七段显示译码器,译码器输出直接驱动数码管显示水位高度。

表 6-15 编码和译码的对应转换真值表

水位逻辑电平输入									编码输出				译码输入				显示字符
$\overline{A}_1$	$\overline{A}_2$	$\overline{A}_3$	$\overline{A}_4$	$\overline{A}_5$	$\overline{A}_6$	$\overline{A}_7$	$\overline{A}_8$	$\overline{A}_9$	$\overline{Y}_3$	$\overline{Y}_2$	$\overline{Y}_1$	$\overline{Y}_0$	A_3	A_2	A_1	A_0	
1	1	1	1	1	1	1	1	1	1	1	1	1	0	0	0	0	0
0	1	1	1	1	1	1	1	1	1	1	1	0	0	0	0	1	1
×	0	1	1	1	1	1	1	1	1	1	0	1	0	0	1	0	2
×	×	0	1	1	1	1	1	1	1	1	0	0	0	0	1	1	3
×	×	×	0	1	1	1	1	1	1	0	1	1	0	1	0	0	4
×	×	×	×	0	1	1	1	1	1	0	1	0	0	1	0	1	5
×	×	×	×	×	0	1	1	1	1	0	0	1	0	1	1	0	6
×	×	×	×	×	×	0	1	1	1	0	0	0	0	1	1	1	7
×	×	×	×	×	×	×	0	1	0	1	1	1	1	0	0	0	8
×	×	×	×	×	×	×	×	0	0	1	1	0	1	0	0	1	9

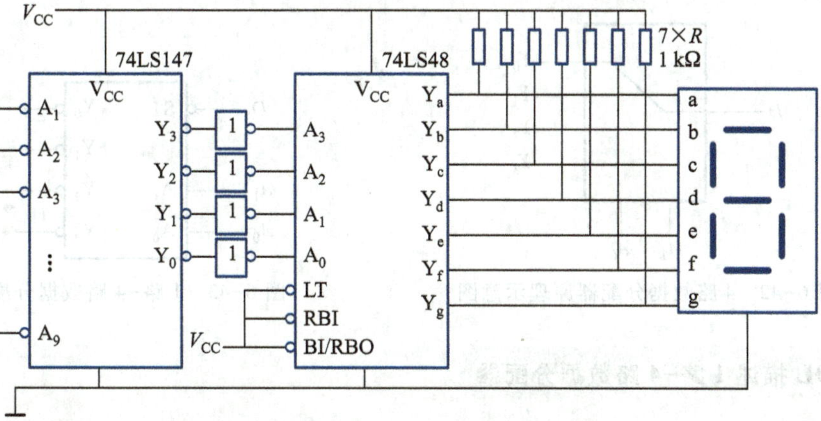

图 6-41 水箱水位监测显示电路原理

通常七段显示译码器的输出均采用集电极开路的结构，所以输出端要接上拉电阻，本例中七段显示译码器 74LS48 内部每个输出端已接有 2 kΩ 的上拉电阻，故外电路所接的 7 个上拉电阻可以不用。

思考题

1. 什么叫编码？什么叫编码器？它的主要功能是什么？
2. 一般编码器输入的编码信号为什么是相互排斥的？
3. 什么叫优先编码器？它是否存在编码信号间的相互排斥？
4. 和普通编码器相比，优先编码器的优点是什么？

6.3.4 数据分配器

在数字系统中，有时需要将 1 路数据分别传输到多路通道中去。实现这种数据分配功能的电路，叫作**数据分配器**(demultiplexer)，又称多路分配器。数据分配器有一个数据输入端，多个地址信号输入端和输出端。图 6-42 为 4 路数据分配器原理示意图。其中 D 为被传输的输入数据，$Y_0 \sim Y_3$ 为 4 路数据输出端，A_1、A_0 为输入地址，用以选择数据输出通道。

4 路数据分配器根据地址 A_1、A_0 的不同组合，将输入数据 D 分配到对应的输出通道输出，其函数表达式为

$$\begin{cases} Y_0 = D\overline{A}_1\overline{A}_0 \\ Y_1 = D\overline{A}_1 A_0 \\ Y_2 = DA_1\overline{A}_0 \\ Y_3 = DA_1A_0 \end{cases} \tag{6-22}$$

如将译码器的使能输入端作数据输入端，输入的二进制代码作为译码器的地址信号输入，则译码器便成为一个数据分配器。

图 6-43 所示为由 2 线-4 线译码器构成的 1 路-4 路数据分配器。A_1、A_0 为地址信号输入端，$\overline{Y}_0 \sim \overline{Y}_3$ 为数据输出端，使能端 $\overline{ST}$ 作为数据 D 输入端。当 A_1、A_0 地址信号变化时，对应输出端输出原码 D(如果使能端为高电平有效，则对应输出端输出反码 $\overline{D}$)。

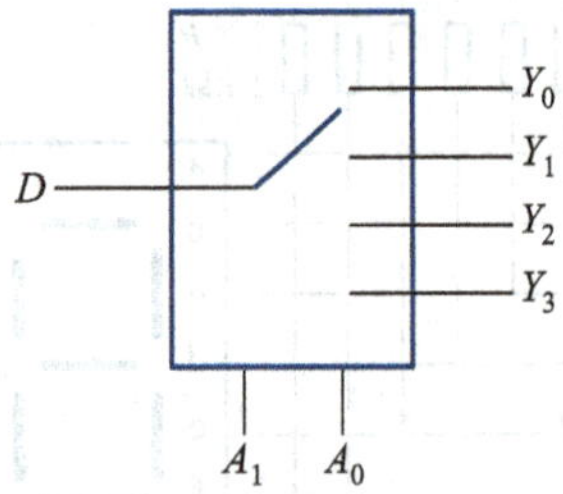

图 6-42 4 路数据分配器原理示意图

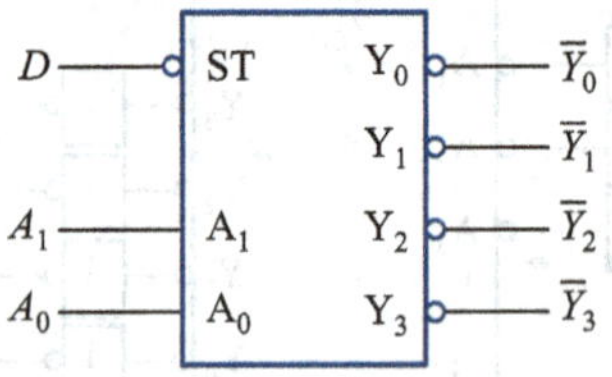

图 6-43 1 路-4 路数据分配器

用 VHDL 描述 1 路-4 路数据分配器

```
library ieee;
use ieee. std _ logic _ 1164. all;
entity mux4t1 is
    port ( s1, s2:in std _ logic;
                    datain:in std _ logic;
                    a, b, c, d:out std _ logic);
end mux4t1;
architecture one of mux4t1 is
signal s:std _ logic _ vector( 1 downto 0 );
signal dataout:std _ logic _ vector( 3 downto 0 );
    begin
        s <= s1&s2;
        process( s,datain)
```

```
        begin
            case s is
                when "00" => dataout<=datain&"zzz";
                when "01" => dataout<="z"&datain&"zz";
                when "10" => dataout<="zz"&datain&"z";
                when "11" => dataout<="zzz"&datain;
                when others => dataout <= "zzzz";
            end case;
        end process;
        a<=dataout(0);
        b<=dataout(1);
        c<=dataout(2);
        d<=dataout(3);
end architecture one;
```

图 6-44 是用 3 线-8 线译码器 74LS138 构成的 1 路-8 路反码和原码输出的数据分配器。图 6-44(a)是反码输出的数据分配器,图 6-44(b)是原码输出的数据分配器,其工作原理与由 2 线-4 线译码器构成的 1 路-4 路数据分配器相同,这里不再赘述。

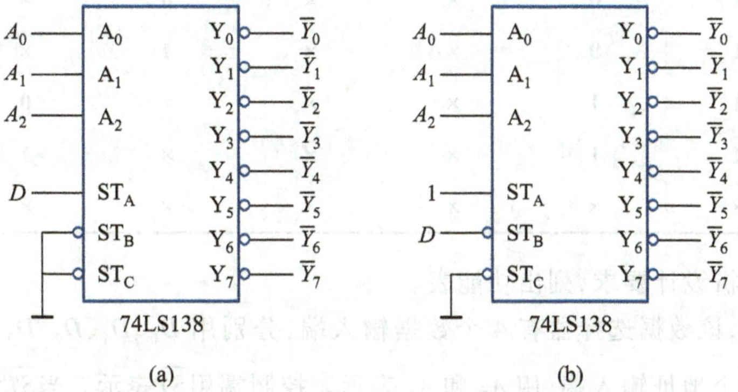

图 6-44 74LS138 构成的反码和原码输出数据分配器

(a)反码输出的数据分配器;(b)原码输出的数据分配器

思考题

1. 什么叫数据分配器?
2. 为什么可以用译码器构成数据分配器?
3. 用 4 线-10 线译码器 CT74LS42 能否构成 1 路-8 路数据分配器? 为什么?

6.3.5 数据选择器

数据选择器(multiplexer,简称 MUX)又称多路开关,它的功能和数据分配器正好相反,它是从输入的多路数据中选择一路输出的电路。在数据选择器中通常用地址信号来完成选择数据输出的任务,如一个 4 选 1 的数据选择器需有 2 位地址信号输入,共有 $2^2=4$ 种不同组合，每一种组合可选择对应的一路数据输出。同理，一个 8 选 1 的数据选择器应有 3 位地址信号输入，共有 $2^3=8$ 种不同组合，其余依此类推。

1. 4 选 1 数据选择器

根据 2 位输入地址信号的不同组合，从 4 路输入数据中选择 1 路输出的逻辑电路，称为 4 选 1 数据选择器。

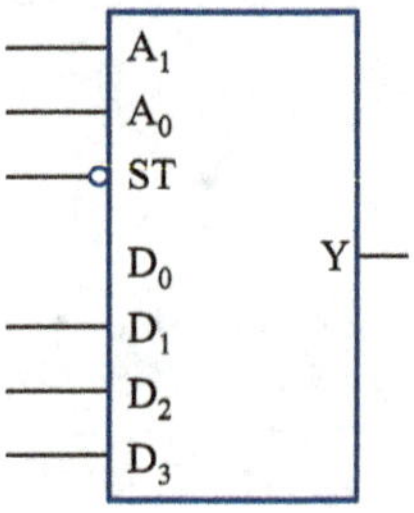

图 6-45 4 选 1 数据选择器逻辑功能示意图

【例 6-17】 试设计一个 4 选 1 的数据选择器，具有使能控制端。当控制信号为 **1** 时，数据选择器不工作。当控制信号为 **0** 时，数据选择器处于工作状态，用**与**、**或**、**非**门实现。其逻辑功能示意图如图 6-45 所示。

表 6-16 4 选 1 数据选择器的功能表

$\overline{ST}$	A_1	A_0	D_0	D_1	D_2	D_3	Y
0	0	0	0	×	×	×	0
0	0	0	1	×	×	×	1
0	0	1	×	0	×	×	0
0	0	1	×	1	×	×	1
0	1	0	×	×	0	×	0
0	1	0	×	×	1	×	1
0	1	1	×	×	×	0	0
0	1	1	×	×	×	1	1
1	×	×	×	×	×	×	0

解 (1) 分析设计要求，列出功能表。

由题意可知，该数据选择器有 4 个数据输入端，分别用 D_0、D_1、D_2、D_3 表示。一个输出端用 Y 表示。两个地址输入端，用 A_0 和 A_1 表示。控制端用 $\overline{ST}$ 表示。当 $\overline{ST}$ 为 **0** 时，数据选择器工作。当 $\overline{ST}$ 为 **1** 时，数据选择器被禁止，不工作。由此可列出 4 选 1 数据选择器的功能表，如表 6-16 所示。

(2) 根据表 6-16，写出 4 选 1 数据选择器的函数表达式为

$$\begin{aligned} Y &= \overline{\overline{ST}}(\overline{A}_1\overline{A}_0D_0+\overline{A}_1A_0D_1+A_1\overline{A}_0D_2+A_1A_0D_3) \\ &= \overline{\overline{ST}}(m_0D_0+m_1D_1+m_2D_2+m_3D_3) \end{aligned} \tag{6-23}$$

当 $\overline{ST}=\mathbf{1}$ 时，$\overline{\overline{ST}}=\mathbf{0}$，输出 $Y=\mathbf{0}$，数据选择器不工作。

当 $\overline{ST}=\mathbf{0}$ 时，$\overline{\overline{ST}}=\mathbf{1}$，数据选择器工作，输出逻辑函数为

$$\begin{aligned} Y &= \overline{A}_1\overline{A}_0D_0+\overline{A}_1A_0D_1+A_1\overline{A}_0D_2+A_1A_0D_3 \\ &= m_0D_0+m_1D_1+m_2D_2+m_3D_3 \end{aligned} \tag{6-24}$$

由上式可知，当数据 $D_0 \sim D_3$ 都为 1 时，数据选择器输出逻辑函数为输入地址变量的全部最小项之和。因此，数据选择器又称为最小项输出器。

(3) 画逻辑图。

根据式(6-23)可画出图 6-46 所示的 4 选 1 数据选择器的逻辑图。

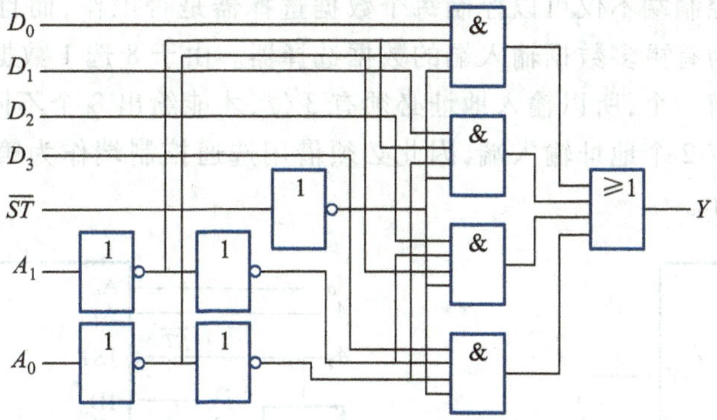

图 6-46　4 选 1 数据选择器的逻辑图

用 VHDL 描述 4 选 1 数据选择器

```
library ieee;
use ieee. std _ logic _ 1164. all;
entity mux41 is
   port( inp: in std _ logic _ vector(3 downto 0);
        a,b:in std _ logic;
        y:out std _ logic);
end entity mux41;
architecture art of mux41 is
signal sel:std _ logic _ vector(1 downto 0);
   begin
   sel<=b&a;
   process(inp,sel) is
      begin
         if (sel="00") then y<=inp(0);
         elsif (sel="01") then y<=inp(1);
         elsif (sel="10") then y<=inp(2);
         else y<=inp(3);
      end if;
   end process;
end architecture art;
```

图 6-47 所示为 HCMOS 双 4 选 1 数据选择器 CC74HC153 的逻辑功能示意图，它由两

个相同的 4 选 1 数据选择器组成，$D_0 \sim D_3$ 为数据输入端，A_1、A_0 为共用地址信号输入端，$1\ \overline{ST}$、$2\ \overline{ST}$ 和 $1Y$、$2Y$ 分别为两个 4 选 1 数据选择器的使能端（低电平有效）和数据输出端。CC74HC153 的功能表及输出逻辑表达式与表 6-16 及式(6-24)相同，不再给出。

【例 6-18】 试用 74HC153 的两个 4 选 1 数据选择器构成一个 8 选 1 数据选择器。

解 利用选通控制端不仅可以控制每个数据选择器是否工作，而且还能很方便地将几个数据选择器组合为有更多数据输入端的数据选择器。由于 8 选 1 数据选择器需要从 8 个输入数据中选中任何一个，所以输入地址必须有 3 位，才能给出 8 个不同的地址代码。而 4 选 1 数据选择器只有 2 个地址输入端，因此必须借用选通控制端作为第 3 位地址代码的输入端，如图 6-48 所示。

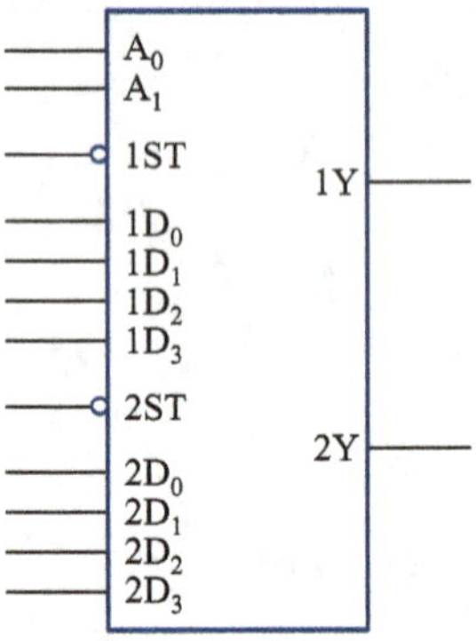

图 6-47 CC74HC153 的逻辑功能示意图

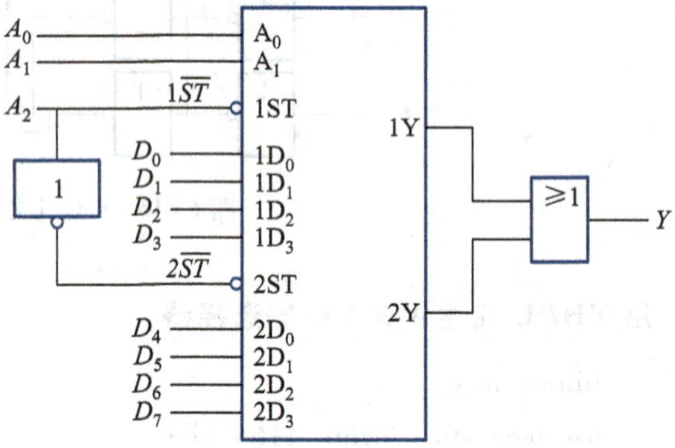

图 6-48 CC74HC153 构成的 8 选 1 数据选择器

把第 1 个 4 选 1 数据选择器的 $1\ \overline{ST}$ 接 A_2，而第 2 个 4 选 1 数据选择器的 $2\ \overline{ST}$ 接 $\overline{A}_2$，当 $A_2 = \mathbf{0}$ 时，第 1 个数据选择器工作，$D_0 \sim D_3$ 当中的一个数据被选中后送至 $1Y$ 端。当 $A_2 = \mathbf{1}$ 时，第 2 个数据选择器工作，$D_4 \sim D_7$ 当中的一个数据被选中后被送到 $2Y$ 端。将 $1Y$ 和 $2Y$ 相加，就得到了总的输出 Y，即 $Y = 1Y + 2Y$。

由式(6-23)可以得到

$$
\begin{aligned}
Y &= 1Y + 2Y \\
&= 1\ \overline{\overline{ST}}(\overline{A}_1\overline{A}_0 1D_0 + \overline{A}_1 A_0 1D_1 + A_1\overline{A}_0 1D_2 + A_1 A_0 1D_3) + \\
&\quad 2\ \overline{\overline{ST}}(\overline{A}_1\overline{A}_0 2D_0 + \overline{A}_1 A_0 2D_1 + A_1\overline{A}_0 2D_2 + A_1 A_0 2D_3) \\
&= \overline{A}_2(\overline{A}_1\overline{A}_0 1D_0 + \overline{A}_1 A_0 1D_1 + A_1\overline{A}_0 1D_2 + A_1 A_0 1D_3) + \\
&\quad A_2(\overline{A}_1\overline{A}_0 2D_0 + \overline{A}_1 A_0 2D_1 + A_1\overline{A}_0 2D_2 + A_1 A_0 2D_3) \\
&= (m_0 1D_0 + m_1 1D_1 + m_2 1D_2 + m_3 1D_3) + (m_4 2D_0 + m_5 2D_1 + m_6 2D_2 + m_7 2D_3) \\
&= m_0 D_0 + m_1 D_1 + m_2 D_2 + m_3 D_3 + m_4 D_4 + m_5 D_5 + m_6 D_6 + m_7 D_7
\end{aligned}
\tag{6-25}
$$

由式(6-25)可知，只要给定 A_2、A_1、A_0 的任一种取值组合，对应的最小项 $m_i = \mathbf{1}$，其余的最小项均为 $\mathbf{0}$，则输出 $Y = D_i$。

应用实例 4

【例 6-19】 简易数字音频切换电路。

图 6-49 所示为一个简易数字音频切换电路。这个电路可以从 4 个 CD 播放器信号源（CD_0~CD_3）中选择一路信号，并将其输出到一个数字信号处理器（DSP）。我们假设以数字形式直接访问声音信号。

图 6-49 中，CD_0~CD_3 为提供 4 路数字音频信号的 CD 播放器，S_0 和 S_1 两个开关用以控制 4 选 1 数据选择器从 4 路数字音频信号中选取 1 路送 DSP 做数字信号处理。

2. 8 选 1 数据选择器

图 6-50 所示为 8 选 1 数据选择器 CC74HCT151 的逻辑功能示意图。图中 D_0~D_7 为数据输入端，A_2、A_1、A_0 为地址信号输入端，Y 和 $\overline{Y}$ 为互补输出端，$\overline{ST}$为使能端，低电平有效，其功能表见表 6-17。

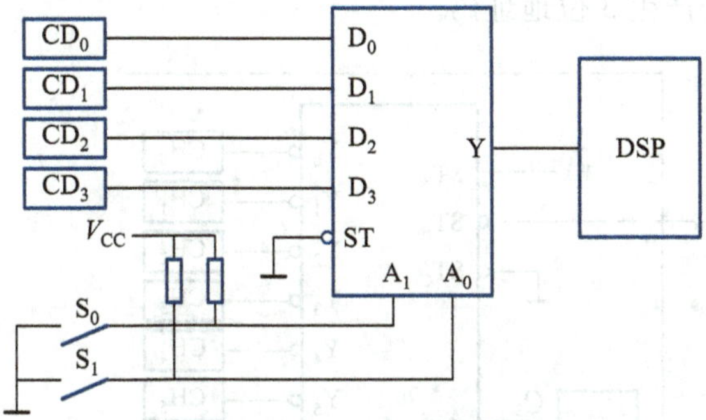

图 6-49 简易数字音频切换电路

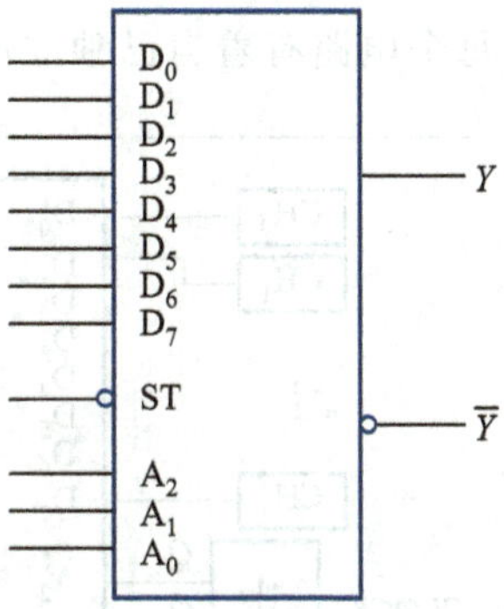

图 6-50 CC74HCT151 的逻辑功能示意图

表 6-17 CC74HCT151 的功能表

输入				输出	
$\overline{ST}$	A_2	A_1	A_0	Y	$\overline{Y}$
1	×	×	×	0	1
0	0	0	0	D_0	$\overline{D_0}$
0	0	0	1	D_1	$\overline{D_1}$
0	0	1	0	D_2	$\overline{D_2}$
0	0	1	1	D_3	$\overline{D_3}$
0	1	0	0	D_4	$\overline{D_4}$
0	1	0	1	D_5	$\overline{D_5}$
0	1	1	0	D_6	$\overline{D_6}$
0	1	1	1	D_7	$\overline{D_7}$

根据真值表写出输出逻辑函数表达式。当$\overline{ST}=1$ 时，输出 $Y=0$，数据选择器不工作，输入的数据和地址信号均不起作用。当$\overline{ST}=0$ 时，数据选择器工作，输出逻辑函数式为

$$Y=(\overline{A}_2\overline{A}_1\overline{A}_0D_0+\overline{A}_2\overline{A}_1A_0D_1+\overline{A}_2A_1\overline{A}_0D_2+\overline{A}_2A_1A_0D_3+ \\ A_2\overline{A}_1\overline{A}_0D_4+A_2\overline{A}_1A_0D_5+A_2A_1\overline{A}_0D_6+A_2A_1A_0D_7)\overline{\overline{ST}}$$

$$=(m_0D_0+m_1D_1+m_2D_2+m_3D_3+m_4D_4+m_5D_5+m_6D_6+m_7D_7)\overline{\overline{ST}} \tag{6-26}$$

应用实例 5

【例 6-20】 采用时分复用方式在一条线路上传送 8 路数字信号。

所谓时分复用,是一种利用一根传输线传输多路信号的技术,它是通过使被传输信号共享相同长度的时间段来实现的。

图 6-51 是由 8 选 1 数据选择器和 3 线-8 线的译码器接成的 1 路-8 路数据分配器及 3 位二进制计数器组成的 8 路数字信号传输系统原理电路。很明显,在这样的一个系统中,信号接收端必须能区分各路信号,并将其送往多个不同的目的地。所以系统电路的发送端和接收端共用了一个时钟信号,这个时钟信号是在发送端生成的。两边的电路共用了一个接地端。每个电路有着自己独立的计数器,用于产生 3 位地址码。

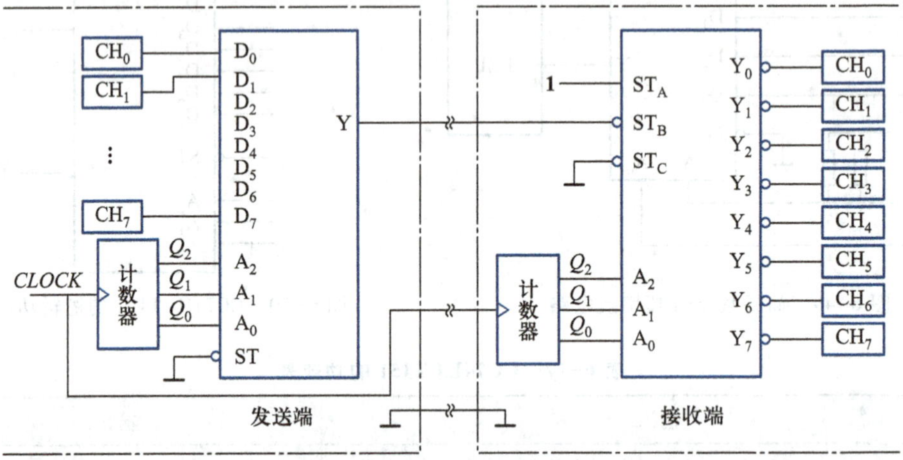

图 6-51 采用时分复用方式的 8 路数字信号传输系统

思考题

1. 16 选 1 数据选择器应当有几位地址输入?
2. 可否用 4 选 1 数据选择器组成 16 选 1 数据选择器,怎样连接?

6.3.6 数值比较器

在数字系统和计算机中,经常需要比较两个数的大小或是否相等,完成这一逻辑功能的电路称为数值比较电路(magnitude comparator)。

1. 1 位数值比较器

对两个 1 位的二进制数的数值进行比较的逻辑电路称为 1 位数值比较器。掌握 1 位数值比较器的原理对熟悉多位数值比较器的工作原理是很有帮助的。

【例 6-21】 试设计一个 1 位二进制数的数值比较器。

解 (1) 分析设计要求,列出功能表。

设输入的两个 1 位二进制数为 A、B,输出比较的结果有以下 3 种情况:$Y_{(A>B)}$、$Y_{(A<B)}$、$Y_{(A=B)}$,有输出时为 **1**,否则为 **0**,由此可列出表 6-18 所示的真值表。

表 6-18 1 位数值比较器的真值表

输入		输出			输入		输出		
A	B	$F_{(A>B)}$	$F_{(A<B)}$	$F_{(A=B)}$	A	B	$F_{(A>B)}$	$F_{(A<B)}$	$F_{(A=B)}$
0	**0**	**0**	**0**	**1**	**1**	**0**	**1**	**0**	**0**
0	**1**	**0**	**1**	**0**	**1**	**1**	**0**	**0**	**1**

(2) 根据真值表写出输出逻辑函数表达式为

$$
\begin{aligned}
F_{(A>B)} &= A\overline{B} \\
F_{(A<B)} &= \overline{A}B \\
F_{(A=B)} &= \overline{A}\,\overline{B}+AB=\overline{A\overline{B}+\overline{A}B}
\end{aligned}
\qquad (6-27)
$$

(3) 画逻辑图。

根据式(6-27)可画出图 6-52 所示的 1 位二进制数的数值比较器。

2. 多位数值比较器

当两个多位二进制数进行比较时，则需从高位到低位逐位进行比较。只有在高位相等时，才能进行低位数的比较。当比较到某一位二进制数不等时，其比较结果便为两个多位二进制数的比较结果。

两个 4 位二进制数进行比较时，应首先进行最高位即 A_3 与 B_3 的比较，若 $A_3=\mathbf{1}, B_3=\mathbf{0}$，也就是 $A_3>B_3$，此时就可断定$A>B$。如果 A、B 的最高位数码相同，则必须比较次高位，按此方法依次比较下去，就可以得出 A 与 B 的比较结果。

如果相比较的两个二进制数的位数大于 4 位，若 $A_3A_2A_1A_0$ 和 $B_3B_2B_1B_0$ 是最高 4 位，那么当这 4 位相等时，将由来自低位的比较结果 $I_{(A>B)}$、$I_{(A<B)}$ 和 $I_{(A=B)}$ 决定两个数的比较结果。

图 6-53 所示为 4 位数值比较器 74LS85 的逻辑能示意图，图中 A_3、A_2、A_1、A_0 和 B_3、B_2、B_1、B_0 为两组相比较的 4 位二进制数的输入端，$I_{(A>B)}$、$I_{(A<B)}$ 和 $I_{(A=B)}$ 为级联输入端，$Y_{(A>B)}$、$Y_{(A<B)}$ 和 $Y_{(A=B)}$ 为比较结果输出端。74LS85 的功能表如表 6-19 所示。

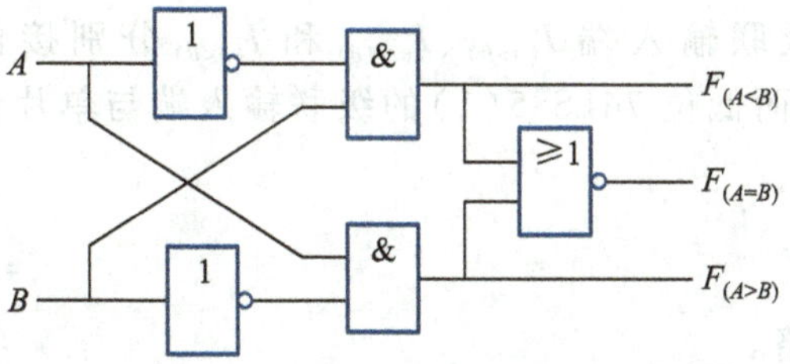

图 6-52 1 位数值比较器的逻辑图

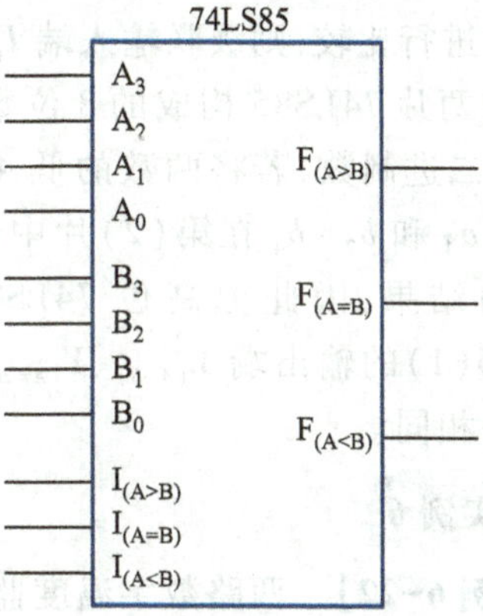

图 6-53 74LS85 的逻辑功能示意图

表 6-19 74LS85 的功能表

比较输入				级联输入			输出		
$A_3\ \ B_3$	$A_2\ \ B_2$	$A_1\ \ B_1$	$A_0\ \ B_0$	$I_{(A>B)}$	$I_{(A=B)}$	$I_{(A<B)}$	$F_{(A>B)}$	$F_{(A=B)}$	$F_{(A<B)}$
$A_3>B_3$	× ×	× ×	× ×	×	×	×	1	0	0
$A_3<B_3$	× ×	× ×	× ×	×	×	×	0	0	1
$A_3=B_3$	$A_2>B_2$	× ×	× ×	×	×	×	1	0	0
$A_3=B_3$	$A_2<B_2$	× ×	× ×	×	×	×	0	0	1
$A_3=B_3$	$A_2=B_2$	$A_1>B_1$	× ×	×	×	×	1	0	0
$A_3=B_3$	$A_2=B_2$	$A_1<B_1$	× ×	×	×	×	0	0	1
$A_3=B_3$	$A_2=B_2$	$A_1=B_1$	$A_0>B_0$	×	×	×	1	0	0
$A_3=B_3$	$A_2=B_2$	$A_1=B_1$	$A_0<B_0$	×	×	×	0	0	1
$A_3=B_3$	$A_2=B_2$	$A_1=B_1$	$A_0=B_0$	1	0	0	1	0	0
$A_3=B_3$	$A_2=B_2$	$A_1=B_1$	$A_0=B_0$	0	1	0	0	1	0
$A_3=B_3$	$A_2=B_2$	$A_1=B_1$	$A_0=B_0$	0	0	1	0	0	1

由表 6-19 可写出 $Y_{(A<B)}$、$Y_{(A=B)}$ 和 $Y_{(A>B)}$ 的逻辑表达式。

$$\begin{aligned}F_{(A>B)}=&A_3\overline{B}_3+(A_3\odot B_3)A_2\overline{B}_2+(A_3\odot B_3)(A_2\odot B_2)A_1\overline{B}_1+\\&(A_3\odot B_3)(A_2\odot B_2)(A_1\odot B_1)A_0\overline{B}_0+\\&(A_3\odot B_3)(A_2\odot B_2)(A_1\odot B_1)(A_0\odot B_0)I_{(A>B)}\end{aligned}\tag{6-28}$$

$$\begin{aligned}F_{(A<B)}=&\overline{A}_3B_3+(A_3\odot B_3)\overline{A}_2B_2+(A_3\odot B_3)(A_2\odot B_2)\overline{A}_1B_1+\\&(A_3\odot B_3)(A_2\odot B_2)(A_1\odot B_1)\overline{A}_0B_0+\\&(A_3\odot B_3)(A_2\odot B_2)(A_1\odot B_1)(A_0\odot B_0)I_{(A<B)}\end{aligned}\tag{6-29}$$

$$F_{(A=B)}=(A_3\odot B_3)(A_2\odot B_2)(A_1\odot B_1)(A_0\odot B_0)I_{(A=B)}\tag{6-30}$$

由 4 位数值比较器 74LS85 可知，如果只用一片 4 位数值比较器 74LS85 对两个 4 位二进制数进行比较，则级联输入端 $I_{(A>B)}$、$I_{(A<B)}$ 应接 **0**，$I_{(A=B)}$ 应接 **1**。

用两片 74LS85 构成的 8 位数值比较器如图 6-54 所示。其中 $a_7\sim a_0$ 和 $b_7\sim b_0$ 为两个 8 位的二进制数，若将两数的低 4 位 $a_3\sim a_0$ 和 $b_3\sim b_0$ 在第(1)片中比较，而将两数的高 4 位 $a_7\sim a_4$ 和 $b_7\sim b_4$ 在第(2)片中比较，则只有当高 4 位相等时，才由低 4 位比较结果决定最后的结果，因此把高位 74LS85(2) 的级联输入端 $I_{(A>B)}$、$I_{(A=B)}$ 和 $I_{(A<B)}$ 分别接低位 74LS85(1) 的输出端 $Y_{(A>B)}$、$Y_{(A=B)}$ 和 $Y_{(A<B)}$，而低位 74LS85(1) 的级联输入端与单片使用时接法相同。

应用实例 6

【例 6-22】 两路数字温度监测比较电路。

图 6-55 是一个两路数字温度监测比较电路。图中 T_1 和 T_2 为温度探头，其感应的温度信号分别经各自的转换器转换为 8 位数字信号。74LS85(1) 和 74LS85(2) 接成了一个 8 位

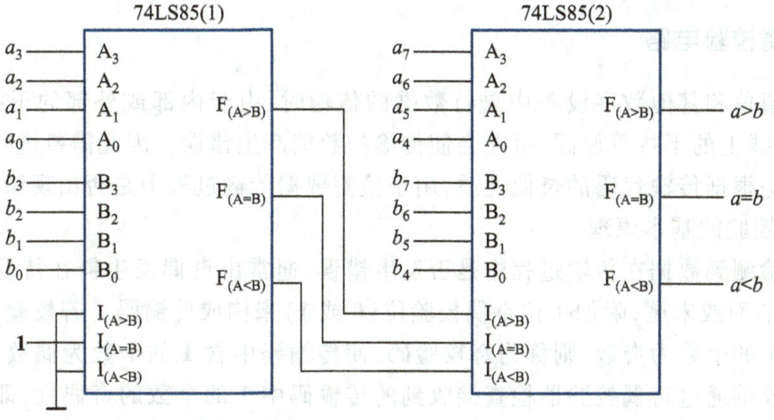

图 6-54 用两片 74LS85 接成的 8 位数值比较器

的数值比较器。转换器(1)和转换器(2)输出数字信号的高 4 位送 74LS85(2)进行高位比较，转换器(1)和转换器(2)输出数字信号的低 4 位送 74LS85(1)进行低位比较，低位比较结果输出分别连接到 74LS85(2)的级联输入端，74LS85(2)的最终比较结果输出分别驱动三个 LED，当 *A* 路监测到的温度高于 *B* 路监测到的温度时绿灯亮，当 *A* 路监测到的温度低于 *B* 路监测到的温度时红灯亮，两路监测到的温度相等时黄灯亮。

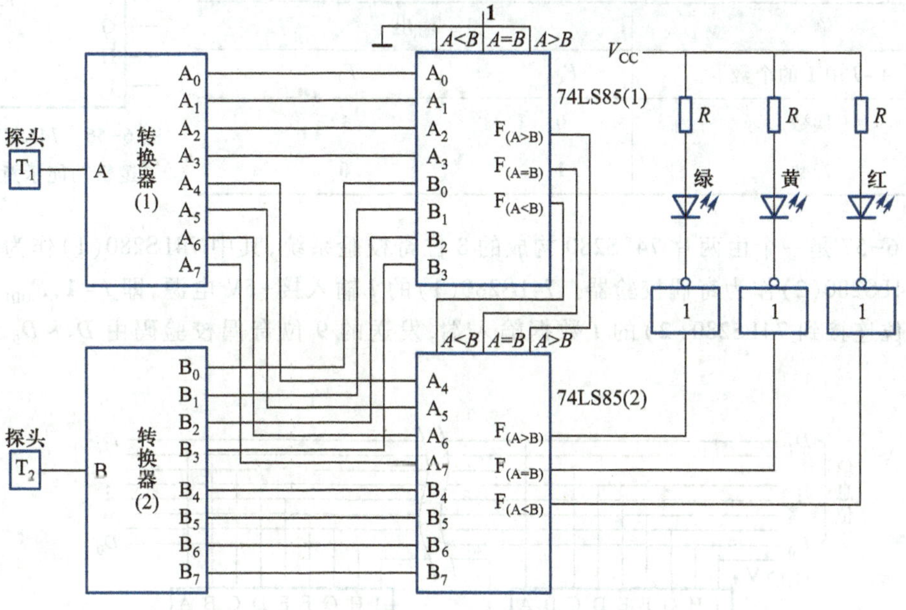

图 6-55 两路数字温度监测比较电路

思考题

1. 什么叫数值比较器？简述多位数值比较器的比较原理。
2. 二进制数进行大小比较时，为什么要从高位到低位进行逐位比较？
3. 能否用两片 74LS85 接成一个 6 位二进制数比较器？

6.3.7 奇偶校验电路

在数据通信和其他数字设备中进行数据的传输时，由于内部或外部的干扰，如电源瞬变、信号传输线上的干扰等原因，可能会使传输的数据产生错误。因此需要进行检验。奇偶校验电路就是根据传输代码的奇偶性质，用于检测数据传输过程中是否出现错误的电路。

1. 奇偶校验的基本原理

为了能检测到数据在传输过程中是否发生错误，通常由奇偶发生器在待发送的数据位（信息码）的前面或末尾，附加 1 位奇偶校验位（**0** 或 **1**）来构成传输码。若校验位的加入，使传输码中含 **1** 的个数为奇数，则称为奇校验码，使传输码中含 **1** 的个数为偶数，则称为偶校验码。在接收端通过奇偶校验器检查接收到的传输码中 **1** 的个数的奇偶性，即可得知信息码在传输过程中是否有 1 位发生了错误。若传输正确，则向接收端发出接收命令，否则发出报警信号。

2. 奇偶发生器/校验器

图 6-56 是中规模集成奇偶发生器/校验器 74LS280 的逻辑功能示意图。表 6-20 是 74LS280 功能表。其中 $A \sim I$ 是 9 位数码的输入端，F_{OD}是奇校验位输出端，F_E 是偶校验位输出端。

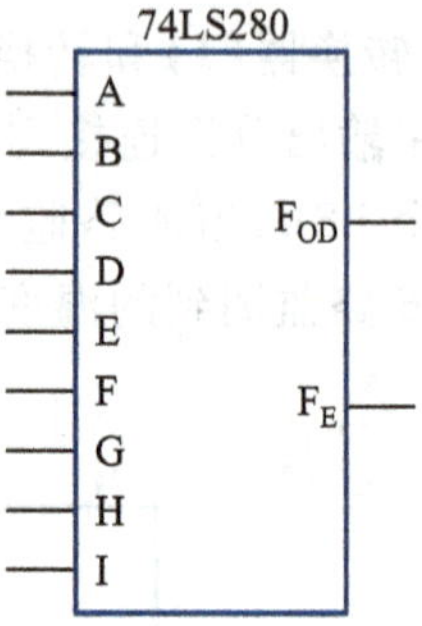

图 6-56 74LS280 的逻辑功能示意图

表 6-20 74LS280 功能表

输入	输出	
$A \sim I$ 中 **1** 的个数	F_{OD}	F_E
偶数	**0**	**1**
奇数	**1**	**0**

图 6-57 是一个由两片 74LS280 构成的 8 位奇校验系统，其中 74LS280(1)作为奇偶发生器，74LS280(2)作为奇偶校验器。74LS280(1)的 I 输入接+5V 电源，即 $I=\mathbf{1}$，F_{OD1}作为奇偶校验位连接到 74LS280(2)的 I 数据输入端，发送的 9 位奇偶校验码由 $D_7 \sim D_0$ 和 F_{OD1}构成。

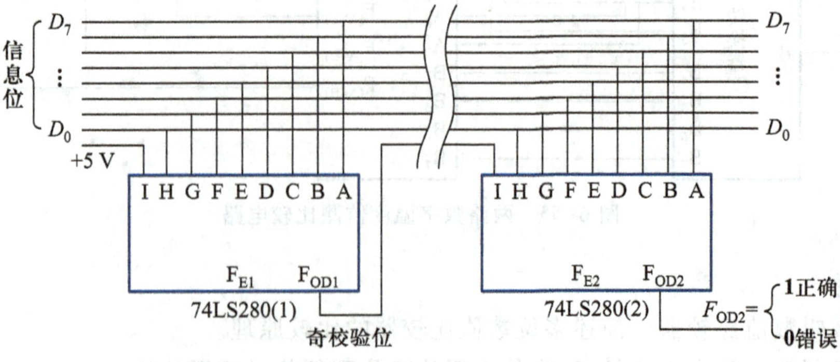

图 6-57 8 位奇校验系统

假设数据在转输中不会同时发生 2 位以上信息码的错误。若发送端的 8 位信息码 D_7 ~ D_0 中有奇数个 **1**，则 74LS280(1)的 A ~ I 输入为偶数个 **1**，F_{OD1} 输出为 **0**，此刻接收端 74LS280(2)收到的 9 位传输码是奇数个 **1**，则 F_{OD2} 输出 **1**，说明信息码传输正确，否则说明传输出错。若发送端 8 位信息码 D_7 ~ D_0 中有偶数个 **1**，则 74LS280(1)的 A ~ I 输入为奇数个 **1**，F_{OD1} 输出为 **1**。此刻接收端 74LS280(2)收到的 9 位传输码是奇数个 **1**，则 F_{OD2} 输出 **1**，说明信息码传输正确，否则说明传输出错。

用 VHDL 描述的 8 位奇偶校验器

```
library ieee;
use ieee.std_logic_1164.all;
entity p_check is
    port( a: in std_logic_vector(7 downto 0);
          y: out std_logic);
end p_check;
architecture behav of p_check is
begin
    process(a)
        variable tmp: std_logic;
        variable i: integer;
    begin
        tmp:='0';
        i:=0;
        while(i<8) loop
            tmp:=tmp xor a(i);
            i:=i+1;
        end loop;
        y<=tmp;
    end process;
end behav;
```

6.4 采用 MSI 的组合逻辑电路的分析与设计

6.4.1 采用 MSI 的组合逻辑电路的设计

中规模集成器件因具有体积小、功耗低、速度高及抗干扰能力强等一系列优点，得到了广泛的应用。在较复杂的数字逻辑电路设计中，以常用中规模集成器件和相应的功能电路为基本单元，取代门级组合电路，可以使设计过程大为简化，设计的电路工作更加可靠。另外也可以采用可编程逻辑器件设计。

通常采用中规模集成电路设计组合逻辑电路可按以下步骤进行。

(1) 根据题意列真值表。

(2) 由真值表写逻辑函数表达式，将要实现的逻辑函数表达式变换成与所用中规模集成器件逻辑函数表达式相似的形式，比较两逻辑函数表达式(比较法)。

逻辑函数比较可能出现下列几种情况：

① 若要实现的组合逻辑函数表达式与某种中规模集成器件的逻辑函数表达式形式上完全一致，则可选用该种器件实现设计；

② 若要实现的组合逻辑函数表达式是某种中规模集成器件的逻辑函数表达式的一部分，则只需对器件多余的输入端作适当处理(接 **1** 或接 **0**)即可；

③ 若要实现的组合逻辑函数的变量比某种中规模集成器件的输入变量多，则可通过扩展法或降维的方法来实现设计。

电子教案 6-4：中规模组合逻辑电路的分析与设计

微视频 6-2：中规模组合逻辑电路的设计

(3) 根据比较结果，画出逻辑电路图。

一般情况下，单输出的组合电路的逻辑函数选用数据选择器实现比较方便；而多输出的组合电路的逻辑函数选用译码器较好；对一些具有某些特点的逻辑函数，如逻辑函数输出为输入信号相加，则采用全加器实现较为方便。

1. 用具有 n 个地址输入端的中规模集成器件实现 n 变量逻辑函数

(1) 用译码器设计组合逻辑电路

由于 n 个输入变量的二进制译码器可提供 2^n 个最小项(或最小项的反函数)的输出，而任何一个逻辑函数都可变换为最小项之和的标准**与-或**表达式。因此，利用译码器和门电路可实现单输出和多输出组合逻辑电路。当译码器为输出低电平有效时，选用**与非**门；当译码器为输出高电平有效时，选用**或**门。

【例 6-23】 试用 3 线-8 线译码器 74LS138 和门电路实现下列多输出逻辑函数

$$\begin{cases} F_1 = A\overline{C} + \overline{A}BC + A\overline{B}C \\ F_2 = A\overline{B}\,\overline{C} + \overline{A}\,\overline{B}C + BC \\ F_3 = A + \overline{A}BC \end{cases}$$

解 ① 将 $F_1 \sim F_3$ 化为最小项之和形式，即

$$\begin{cases} F_1 = A\overline{C} + \overline{A}BC + A\overline{B}C = A\overline{B}\,\overline{C} + AB\overline{C} + \overline{A}BC + A\overline{B}C \\ \quad = m_3 + m_4 + m_5 + m_6 \\ F_2 = A\overline{B}\,\overline{C} + \overline{A}\,\overline{B}C + BC = A\overline{B}\,\overline{C} + \overline{A}\,\overline{B}C + \overline{A}BC + ABC \\ \quad = m_1 + m_3 + m_4 + m_7 \\ F_3 = A + \overline{A}BC = ABC + AB\overline{C} + A\overline{B}C + A\overline{B}\,\overline{C} + \overline{A}BC \\ \quad = m_3 + m_4 + m_5 + m_6 + m_7 \end{cases} \tag{6-31}$$

② 令 $A_2 = A, A_1 = B, A_0 = C$，将 $m_0 \sim m_7$ 用译码器的输出 $\overline{Y}_i$ 表示，因此有

$$\begin{cases} F_1=\overline{\overline{m_3}\;\overline{m_4}\;\overline{m_5}\;\overline{m_6}}=\overline{\overline{Y_3}\;\overline{Y_4}\;\overline{Y_5}\;\overline{Y_6}} \\ F_2=\overline{\overline{m_1}\;\overline{m_3}\;\overline{m_4}\;\overline{m_7}}=\overline{\overline{Y_1}\;\overline{Y_3}\;\overline{Y_4}\;\overline{Y_7}} \\ F_3=\overline{\overline{m_3}\;\overline{m_4}\;\overline{m_5}\;\overline{m_6}\;\overline{m_7}}=\overline{\overline{Y_3}\;\overline{Y_4}\;\overline{Y_5}\;\overline{Y_6}\;\overline{Y_7}} \end{cases} \tag{6-32}$$

③ 根据式(6-32)可画出 $F_1 \sim F_3$ 的逻辑电路如图 6-58 所示。

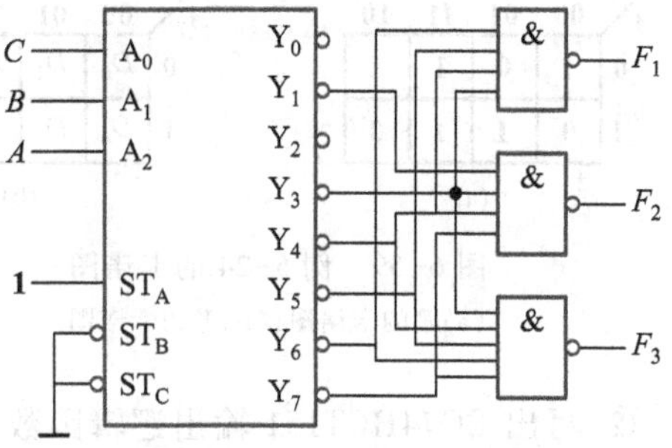

图 6-58 例 6-23 逻辑图

(2) 用数据选择器设计组合逻辑电路

由于数据选择器在输入全部数据都为 **1** 时，输出为输入地址变量全部最小项的和，而任一逻辑函数都可变换为最小项之和的标准**与或**表达式。如数据选择器的输入数据 $D_i=\mathbf{1}$，则在数据选择器输出逻辑函数表达式中，相应最小项保留；如数据 $D_i=\mathbf{0}$，则相应最小项就不存在。这里 $i=0,1,2,\cdots,n-1$。利用数据选择器的这一特点，可以方便地实现组合逻辑函数。

【例 6-24】 试用数据选择器 74LS151 实现下列逻辑函数

$$F=\overline{A}B+\overline{A\oplus C}$$

解 由于要实现的逻辑函数有 3 个变量，而 8 选 1 数据选择器 74LS151 有 3 位地址码，所以只要将这 3 个变量和 3 位地址码对应相连便可直接利用该数据选择器实现逻辑函数。

该题可用卡诺图法和代数法求解。

卡诺图法

① 写出逻辑函数 F 的标准**与或**表达式为

$$\begin{aligned} F &=\overline{A}B+\overline{A\oplus C} \\ &=\overline{A}\;\overline{B}\;\overline{C}+\overline{A}B\;\overline{C}+\overline{A}BC+A\;\overline{B}C+ABC \\ &=m_0+m_2+m_3+m_5+m_7 \end{aligned}$$

② 写出 CC74HCT151 的输出逻辑函数 Y 的表达式，$\overline{ST}=\mathbf{0}$ 时

$$\begin{aligned} Y=&\overline{A_2}\;\overline{A_1}\;\overline{A_0}D_0+\overline{A_2}\;\overline{A_1}A_0D_1+\overline{A_2}A_1\;\overline{A_0}D_2+\overline{A_2}A_1A_0D_3+ \\ &A_2\;\overline{A_1}\;\overline{A_0}D_4+A_2\;\overline{A_1}A_0D_5+A_2A_1\;\overline{A_0}D_6+A_2A_1A_0D_7 \\ =&m_0D_0+m_1D_1+m_2D_2+m_3D_3+m_4D_4+m_5D_5+m_6D_6+m_7D_7 \end{aligned}$$

③ 画出 F 和 Y 的卡诺图，如图 6-59 所示。

令 $A=A_2$、$B=A_1$、$C=A_0$，比较 F 和 Y 两个卡诺图可得

$$\begin{cases} D_1=D_4=D_6=\mathbf{0} \\ D_0=D_2=D_3=D_5=D_7=\mathbf{1} \end{cases} \tag{6-33}$$

④ 根据式(6-33)可画出图 6-60 所示的逻辑图。

代数法

① 写出逻辑函数 F 的最小项表达式为

$$\begin{aligned} F &=\overline{A}B+\overline{A\oplus C}=\overline{A}\;\overline{B}\;\overline{C}+\overline{A}B\;\overline{C}+\overline{A}BC+A\;\overline{B}C+ABC \\ &=m_0+m_2+m_3+m_5+m_7 \end{aligned}$$

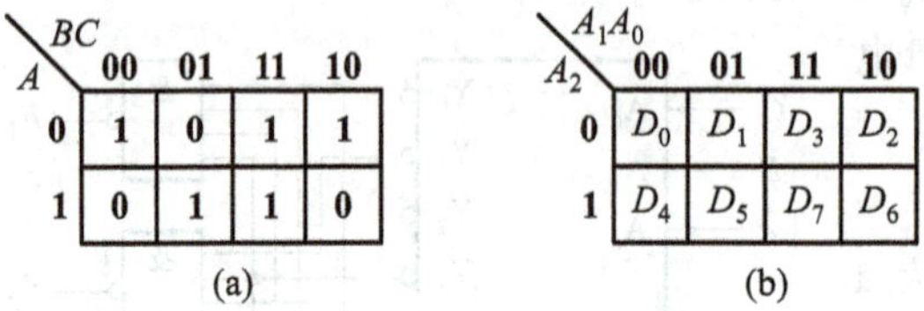

图 6-59 例 6-24 的卡诺图

(a) F 的卡诺图；(b) Y 的卡诺图

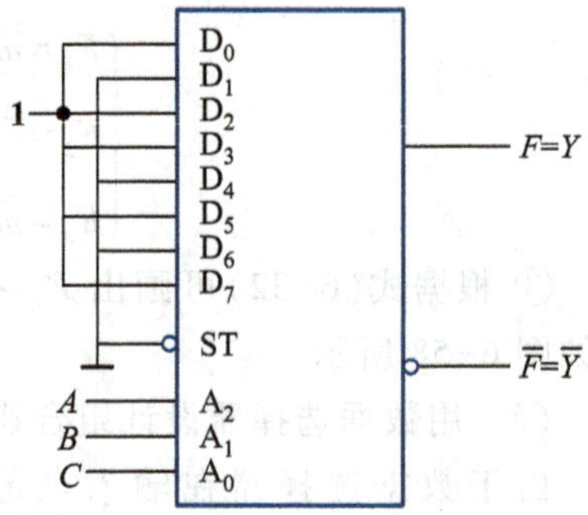

图 6-60 例 6-24 的逻辑图

② 写出 CC74HCT151 输出逻辑函数 Y 的表达式为

$$\begin{aligned}Y &= \overline{A}_2\,\overline{A}_1\,\overline{A}_0 D_0+\overline{A}_2\,\overline{A}_1 A_0 D_1+\overline{A}_2 A_1\,\overline{A}_0 D_2+\overline{A}_2 A_1 A_0 D_3+\\ &\quad A_2\,\overline{A}_1\,\overline{A}_0 D_4+A_2\,\overline{A}_1 A_0 D_5+A_2 A_1\,\overline{A}_0 D_6+A_2 A_1 A_0 D_7\\ &= m_0D_0+m_1D_1+m_2D_2+m_3D_3+m_4D_4+m_5D_5+m_6D_6+m_7D_7\end{aligned}$$

③ 比较 F 和 Y 两式中对应最小项的关系。

设 $A=A_2$、$B=A_1$、$C=A_0$，且 $F=Y$。比较 F 和 Y 两式中的最小项，若 F 式中的最小项为 m_i，则 Y 式中对应 m_i 最小项的数据 $D_i=\mathbf{1}$，若 F 式中没有的最小项为 m_j，则 Y 式中对应 m_j 最小项的数据 $D_j=\mathbf{0}$，由此可得

$$\begin{cases}D_1=D_4=D_6=\mathbf{0}\\ D_0=D_2=D_3=D_5=D_7=\mathbf{1}\end{cases}$$

④ 根据上式画出的逻辑图与图 6-60 相同。

2. 用具有 n 个地址输入端的数据选择器实现 m 变量逻辑函数（$m>n$）

（1）用两片 n 个地址输入端的数据选择器实现 m 变量逻辑函数（扩展法）

【例 6-25】 用双 4 选 1 数据选择器 74LS153 和少量逻辑门实现例 6-24 的逻辑函数。

$$F=\overline{A}B+\overline{A\oplus C}$$

解 先将 74LS153 扩展成 8 选 1 数据选择器，再用 8 选 1 数据选择器设计电路。

把第 1 个 4 选 1 数据选择器的 $1\,\overline{ST}$ 接 A_2，而第 2 个 4 选 1 数据选择器的 $2\,\overline{ST}$ 接 $\overline{A}_2$，当 $A_2=\mathbf{0}$ 时，第 1 个数据选择器工作，$D_0\sim D_3$ 当中的一个数据被选中后送至 $1Y$ 端。当 $A_2=\mathbf{1}$ 时，第 2 个数据选择器工作，$D_4\sim D_7$ 当中的一个数据被选中后送到 $2Y$ 端。将 $1Y$ 和 $2Y$ 相加，就得到了总的输出 Y，即 $Y=1Y+2Y$，如图 6-61 所示。以下解题过程与例 6-24 相同。

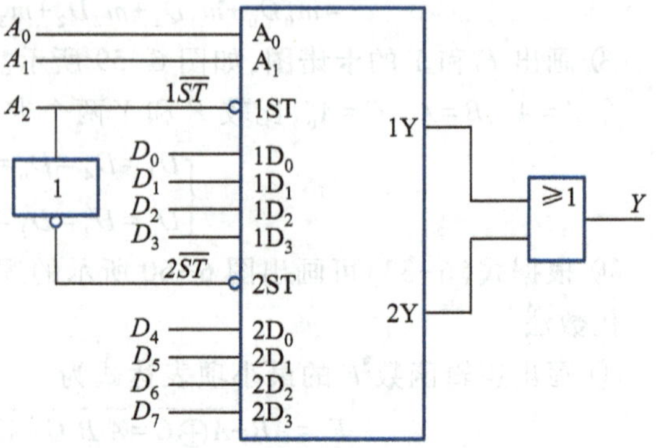

图 6-61 74LS153 扩展后逻辑图

① 写出逻辑函数 F 的标准**与或**表达式为

$$\begin{aligned}F&=\bar{A}B+\overline{A\oplus C}\\&=\bar{A}\,\bar{B}\,\bar{C}+\bar{A}B\,\bar{C}+\bar{A}BC+A\,\bar{B}C+ABC\\&=m_0+m_2+m_3+m_5+m_7\end{aligned}$$

② 写出数据选择器输出逻辑函数 Y 的表达式为

$$\begin{aligned}Y&=1Y+2Y\\&=1\overline{\overline{ST}}(\bar{A}_1\,\bar{A}_0 1D_0+\bar{A}_1A_0 1D_1+A_1\,\bar{A}_0 1D_2+A_1A_0 1D_3)+\\&\quad 2\,\overline{\overline{ST}}(\bar{A}_1\,\bar{A}_0 2D_0+\bar{A}_1A_0 2D_1+A_1\,\bar{A}_0 2D_2+2A_1A_0D_3)\\&=\bar{A}_2(\bar{A}_1\,\bar{A}_0 1D_0+\bar{A}_1A_0 1D_1+A_1\,\bar{A}_0 1D_2+A_1A_0 1D_3)+\\&\quad A_2(\bar{A}_1\,\bar{A}_0 2D_0+\bar{A}_1A_0 2D_1+A_1\,\bar{A}_0 2D_2+A_1A_0 2D_3)\\&=(m_0 1D_0+m_1 1D_1+m_2 1D_2+m_3 1D_3)+(m_4 2D_0+m_5 2D_1+m_6 2D_2+m_7 2D_3)\\&=m_0D_0+m_1D_1+m_2D_2+m_3D_3+m_4D_4+m_5D_5+m_6D_6+m_7D_7\end{aligned}$$

③ 画出 F 和 Y 的卡诺图，如图 6-62 所示。

设 $A=A_2$、$B=A_1$、$C=A_0$，比较 F 和 Y 两个卡诺图可得

$$\begin{cases}D_1=D_4=D_6=\mathbf{0}\\D_0=D_2=D_3=D_5=D_7=\mathbf{1}\end{cases}\tag{6-34}$$

④ 画逻辑图。根据式(6-34)可画出图 6-63 所示的逻辑图。

A \ BC	00	01	11	10
0	1	0	1	1
1	0	1	1	0

(a)

A_2 \ A_1A_0	00	01	11	10
0	D_0	D_1	D_3	D_2
1	D_4	D_5	D_7	D_6

(b)

图 6-62 例 6-25 的卡诺图

(a) F 的卡诺图；(b) Y 的卡诺图

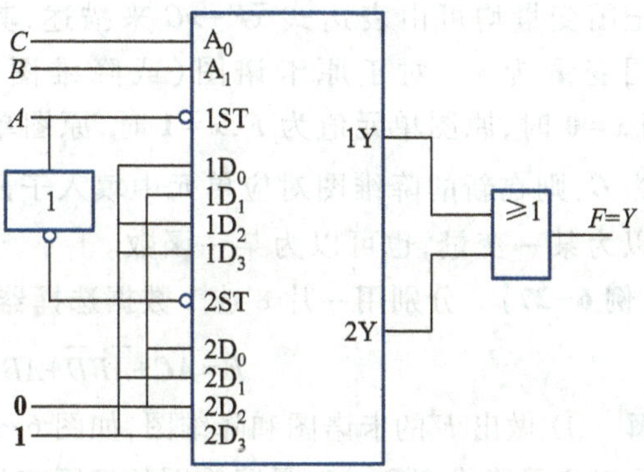

图 6-63 例 6-25 最终逻辑图

(2) 用具有 n 个地址输入端的数据选择器实现 m 变量逻辑函数(代数法)

【例 6-26】 用一个 4 选 1 数据选择器(1/2 74LS153)和少量逻辑门实现例 6-24 的逻辑函数。

$$F=\bar{A}B+\overline{A\oplus C}$$

解 ① 写出逻辑函数 F 的**与或**表达式为

$$F=\bar{A}B+\overline{A\oplus C}$$

$$=\bar{A}\,\bar{B}\,\bar{C}+\bar{A}B\,\bar{C}+\bar{A}BC+A\,\bar{B}C+ABC$$

$$=\bar{A}\,\bar{B}\,\bar{C}+\bar{A}B(\bar{C}+C)+A\,\bar{B}C+ABC$$

② 写出 4 选 1 数据选择器输出逻辑函数 Y 的表达式，当 $1\,\overline{ST}=\mathbf{0}$ 时有

$$1Y=1\,\overline{\overline{ST}}(\bar{A}_1\,\bar{A}_0 1D_0+\bar{A}_1A_0 1D_1+A_1\,\bar{A}_0 1D_2+A_1A_0 1D_3)$$

$$=\bar{A}_1\,\bar{A}_0 1D_0+\bar{A}_1A_0 1D_1+A_1\,\bar{A}_0 1D_2+A_1A_0 1D_3$$

③ 比较 F 和 $1Y$ 两式，设 $A=A_1$、$B=A_0$，且 $F=1Y$，可得

$$\begin{cases}1D_0=\bar{C} & 1D_1=\mathbf{1}\\ 1D_2=C & 1D_3=C\end{cases}\tag{6-35}$$

微视频 6-3：
降维图

④ 画逻辑图。根据上式可画出图 6-64 所示的逻辑图。

(3) 用具有 n 个地址输入端的数据选择器实现 m 变量逻辑函数(降维图)

在一个函数的卡诺图中，函数的所有变量均为卡诺图的变量，图中每一个最小项小方格，都填有 **1** 或 **0** 或任意值×。一般将卡诺图的变量数称为该图的维数。如果把某些变量也作为卡诺图小方格内的值，则会减少卡诺图的维数，这种卡诺图称为降维卡诺图，简称降维图。作为降维图小方格中的值的那些变量称为记图变量，每一个记图变量均可由表达式 $\bar{x}F+xG$ 来描述，其中记图变量为 x。对于原卡诺图(或降维图)中，当 $x=\mathbf{0}$ 时，原图单元值为 F，$x=\mathbf{1}$ 时，原图单元值为 G，则在新的降维图对应单元中填入子函数 $\bar{x}F+xG$。其中 F 和 G 可以为 **0**，可以为 **1**，可以为某一变量，也可以为某一函数。

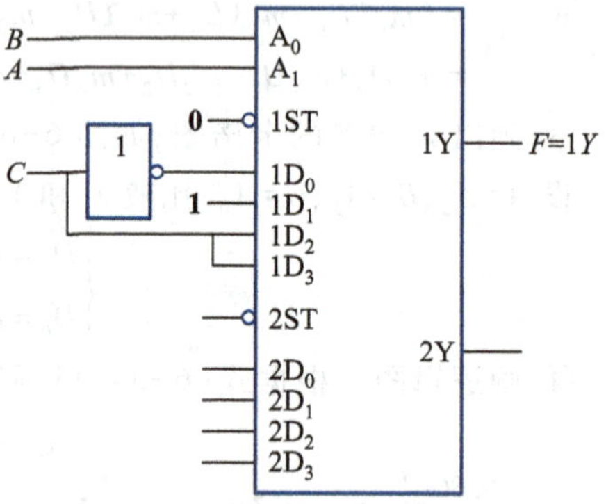

图 6-64 例 6-26 实现的逻辑图

【例 6-27】 分别用一片 8 选 1 数据选择器和一片 4 选 1 数据选择器实现以下函数

$$F=\bar{A}C+\bar{A}B\bar{D}+AB\bar{C}D+A\,\bar{B}\,\bar{C}\,\bar{D}$$

解 ① 做出 F 的卡诺图和降维图，如图 6-65 中(a)、(b)、(c)所示，其中把 D 和 C 分别作为三变量降维图和二变量降维图的记图变量。

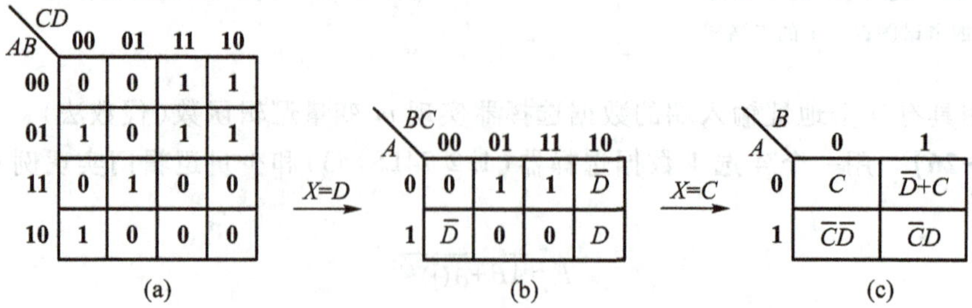

图 6-65 例 6-27 的卡诺图及其降维图
(a) 函数卡诺图；(b) 三变量降维图；(c) 二变量降维图

② 将函数降维图(b)、(c)分别与图 6-66 所示 8 选 1 和 4 选 1 数据选择器卡诺图比较可得：

A_2 \ A_1A_0	00	01	11	10
0	D_0	D_1	D_3	D_2
1	D_4	D_5	D_7	D_6

(a)

A_1 \ A_0	00	01
0	D_0	D_1
1	D_2	D_3

(b)

图 6-66 8 选 1 和 4 选 1 数据选择器卡诺图
(a) 8 选 1 数据选择器卡诺图；
(b) 4 选 1 数据选择器卡诺图

当采用 8 选 1 数据选择器时，数据输入端为

$$\begin{cases} D_0=D_5=D_7=\mathbf{0} \\ D_1=D_3=\mathbf{1} \\ D_2=D_4=\overline{D} \\ D_6=D \end{cases} \tag{6-36}$$

当采用 4 选 1 数据选择器时，数据输入端为

$$\begin{cases} D_0=C \\ D_1=\overline{D}+C=\overline{\overline{C}D} \\ D_2=\overline{C}\,\overline{D} \\ D_3=\overline{C}D \end{cases} \tag{6-37}$$

③ 由式(6-36)和式(6-37)分别画出逻辑电路，如图 6-67 所示。

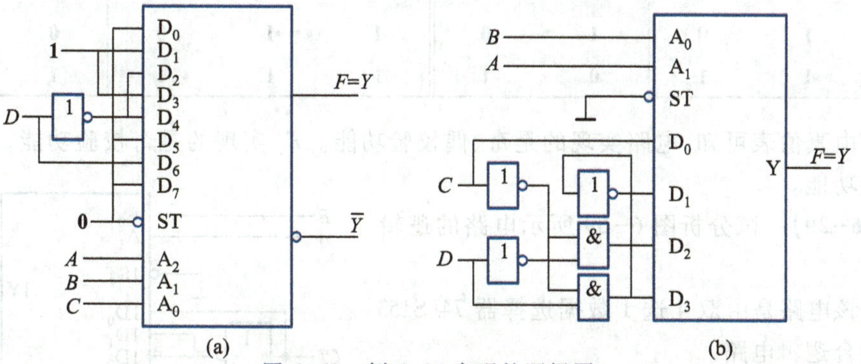

图 6-67 例 6-27 实现的逻辑图
(a) 用 8 选 1 数据选择器实现；(b) 用 4 选 1 数据选择器实现

6.4.2 采用 MSI 的组合逻辑电路的分析

以中规模集成电路为核心构成的组合逻辑电路的分析方法，与用小规模集成电路构成的组合电路的分析方法有不同之处。中规模集成电路的多样性和复杂性，给组合电路的分析带来一定的困难。分析的过程与结果是否正确，取决于分析者对常用功能电路的熟悉程度和经验。基本分析步骤如下：

(1) 对给定的逻辑电路图加以分析，根据电路的复杂程度和器件类型，将电路划分为一个或多个逻辑功能块；

(2) 写出功能块的逻辑函数表达式；

(3) 由逻辑函数式列真值表；

(4) 根据逻辑函数表达式或真值表分析出功能块的逻辑功能；

(5) 如果有多个逻辑功能块,则在各功能块电路分析的基础上,对整个电路进行整体功能的分析。

【例 6-28】 试分析图 6-68 所示电路的逻辑功能。

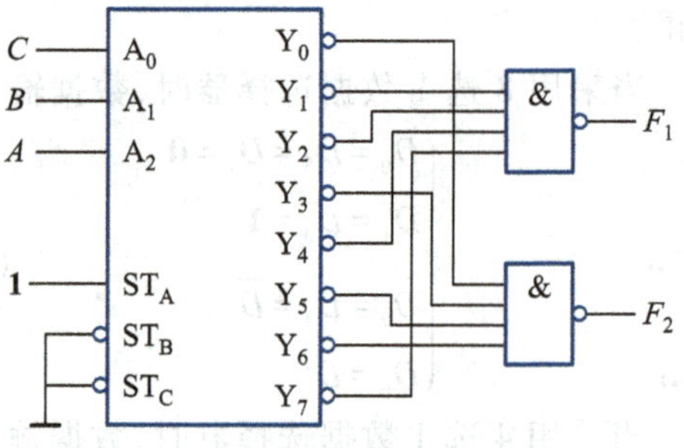

图 6-68　例 6-28 的逻辑图

解　该电路就只有一个译码器模块。

(1)根据电路图可以写出表达式为

$$F_2=\overline{\overline{Y}_0\ \overline{Y}_3\ \overline{Y}_5\ \overline{Y}_6}=\overline{\overline{m}_0\ \overline{m}_3\ \overline{m}_5\ \overline{m}_6}=m_0+m_3+m_5+m_6$$

$$=\overline{A}\ \overline{B}\ \overline{C}+\overline{A}BC+A\ \overline{B}C+AB\ \overline{C}$$

$$F_1=\overline{\overline{Y}_1\ \overline{Y}_2\ \overline{Y}_4\ \overline{Y}_7}=\overline{\overline{m}_1\ \overline{m}_2\ \overline{m}_4\ \overline{m}_7}=m_1+m_2+m_4+m_7$$

$$=\overline{A}\ \overline{B}C+\overline{A}B\ \overline{C}+A\ \overline{B}\ \overline{C}+ABC \qquad (6-38)$$

(2)根据表达式(6-38),可以列出如表 6-21 所示真值表。

表 6-21　例 6-28 的真值表

A	B	C	F_1	F_2	A	B	C	F_1	F_2
0	0	0	0	1	1	0	0	1	0
0	0	1	1	0	1	0	1	0	1
0	1	0	1	0	1	1	0	0	1
0	1	1	0	1	1	1	1	1	0

(3) 由真值表可知,电路实现的是奇、偶校验功能。F_1 实现的是奇校验功能,F_2 实现的是偶校验功能。

【例 6-29】 试分析图 6-69 所示电路的逻辑功能。

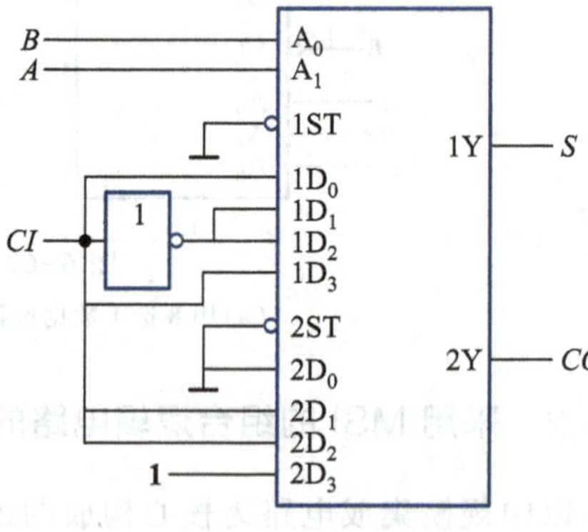

图 6-69　例 6-29 的逻辑图

解　该电路是由双 4 选 1 数据选择器 74LS153 构成的组合逻辑电路。

(1) 分析图 6-69 所示电路,得到双 4 选 1 数据选择器数据输入端数据。

$S=1Y$ 时有

$$\begin{cases}CI=1D_0=1D_3\\ \overline{CI}=1D_1=1D_2\end{cases} \qquad (6-39)$$

$CO=2Y$ 时有

$$\begin{cases}CI=2D_1=2D_2\\ 2D_0=0,2D_3=1\end{cases} \qquad (6-40)$$

(2) 在 $1\overline{ST}=2\ \overline{ST}=\mathbf{0},A=A_1,B=A_0$ 情况下,将式(6-39)和式(6-40)所示数据,分别代入式(6-41)所示的双 4 选 1 数据选择器输出端逻辑表达式 $1Y$、$2Y$,即可得出 S 和 CO 的逻辑表达式,如式(6-42)所示。

双 4 选 1 数据选择器输出端逻辑表达式为

$$\begin{cases}1Y=\overline{A}_1\ \overline{A}_0 1D_0+\overline{A}_1 A_0 1D_1+A_1\overline{A}_0 1D_2+A_1 A_0 1D_3\\ 2Y=\overline{A}_1\ \overline{A}_0 2D_0+\overline{A}_1 A_0 2D_1+A_1\overline{A}_0 2D_2+A_1 A_0 2D_3\end{cases} \tag{6-41}$$

S 和 CO 的逻辑表达式为

$$\begin{cases}S=\overline{A}\ \overline{B}CI+\overline{A}B\ \overline{CI}+A\ \overline{B}\ \overline{CI}+ABCI\\ CO=\overline{A}BCI+A\ \overline{B}CI+AB\ \overline{CI}+ABCI\end{cases} \tag{6-42}$$

(3) 由式(6-42)列出功能表如表 6-22 所示。

表 6-22 例 6-29 功能表

输入			输出		输入			输出	
A	B	CI	S	CO	A	B	CI	S	CO
0	0	0	0	0	1	0	0	1	0
0	0	1	1	0	1	0	1	0	1
0	1	0	1	0	1	1	0	0	1
0	1	1	0	1	1	1	1	1	1

(4) 根据功能表可以看出,例 6-28 所示逻辑电路是一个由双 4 选 1 数据选择器构成的 1 位二进制数全加器,其中输入 A 为被加数、B 为加数,CI 为来自低位的进位数,输出 S 为本位和, CO 为向相邻高位的进位数。

6.5 组合逻辑电路的竞争-冒险

6.5.1 竞争-冒险产生的原因

电子教案 6-5:
组合逻辑电路的竞争-冒险

前面介绍的组合逻辑电路都是在理想的情况下进行分析和设计的,逻辑表达式所描述的仅仅是电路在稳定状态下输入和输出之间的逻辑关系,并没有考虑信号通过导线和逻辑门电路产生的时间延迟,多个输入信号发生的变化都认为是同时完成的。而实际上门电路具有传输延迟时间 t_{pd},当信号通过导线和逻辑门电路时都要产生一定的时间延迟,这就可能导致逻辑门电路输出状态发生错误,从而影响电路的正常工作。

在组合逻辑电路中,不同信号经过不同长度的导线和不同级数的逻辑门电路而到达另一个门的输入端时有先有后,这种现象称为竞争。因门的输入端有竞争而导致输出端出现不应有的干扰脉冲(又称毛刺),这种现象称为冒险。根据干扰脉冲极性的不同,组合逻辑电路的冒险通常分为 0 型冒险和 1 型冒险两类。应当指出的是,有竞争现象不一定就会产生冒险。

1. 0 型冒险

在图 6-70(a)所示电路中,如不考虑 G_1 的传输延迟时间,输出 $Y=A+\overline{A}=\mathbf{1}$,工作波形如

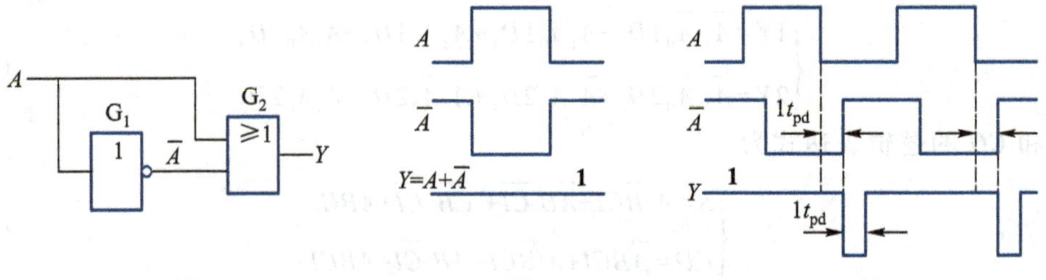

图 6-70 产生负干扰脉冲的冒险

(a)逻辑电路;(b)理想工作波形;(c)考虑门延迟时间的工作波形

图 6-70(b)所示。当考虑到逻辑门 G_1 和 G_2 的传输延迟时间 t_{pd}时,工作波形如图 6-70(c)所示。可见,当输入信号 A 经 G_1 门延迟 $1t_{pd}$时间后,使到达 G_2 两个输入信号 A 和 $\overline{A}$ 的时间不同,从而导致了输出 Y 出现了不应有的负向干扰脉冲(窄负脉冲),这种现象称为 **0** 型冒险。

2. 1 型冒险

在图 6-71(a)所示电路中,不考虑 G_1 延迟时间时,输出 $Y=A\cdot\overline{A}=\mathbf{0}$,工作波形如图 6-71(b)所示。当考虑到逻辑门 G_1 和 G_2 的传输延迟时间 t_{pd}时,工作波形如图 6-71 (c)所示。可见,输出 Y 出现了不应有的正向干扰脉冲(窄正脉冲),这种现象称为 **1** 型冒险。

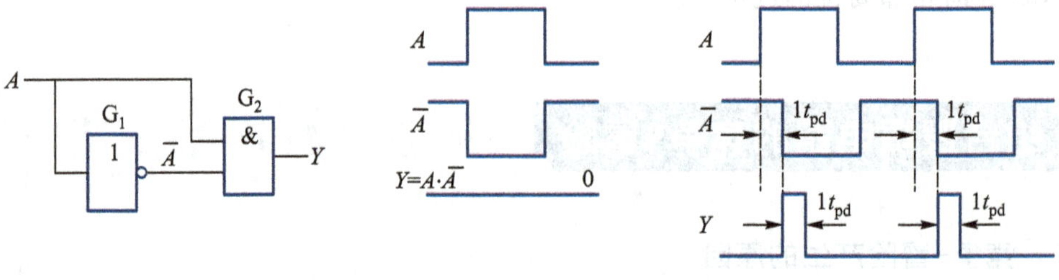

图 6-71 产生正干扰脉冲的冒险

(a)逻辑电路;(b)理想工作波形;(c)考虑门延迟时间的工作波形

通过以上分析可知,在组合逻辑电路中,当一个门的两个输入信号到达时间不同,且向相反方向变化时,则在输出端可能会产生不应有的干扰冒险脉冲,这是产生竞争冒险的主要原因。干扰冒险脉冲只在输入信号变化的瞬间发生,在稳定状态下是不会出现的。

6.5.2 消除冒险现象的方法

消除冒险的方法主要有修改逻辑设计、引入选通脉冲、输出端并联滤波电容等。

1. 修改逻辑设计,增加冗余项

逻辑函数 $Y=\overline{A}\,\overline{B}+AC$ 的电路如图 6-72 所示,当 $B=\mathbf{0}$、$C=\mathbf{1}$ 时,$Y=\overline{A}+A$ 存在 **0** 型冒险现象,消除冒险的方法是在逻辑函数式中增加$\overline{B}C$ 冗余项,使得当 $B=\mathbf{0}$、$C=\mathbf{1}$ 时,$Y=\mathbf{1}$。即消除了冒险现象。由修改后的逻辑函数 $Y=\overline{A}\,\overline{B}+AC+\overline{B}C$ 设计出的逻辑电路如图 6-73 所示。

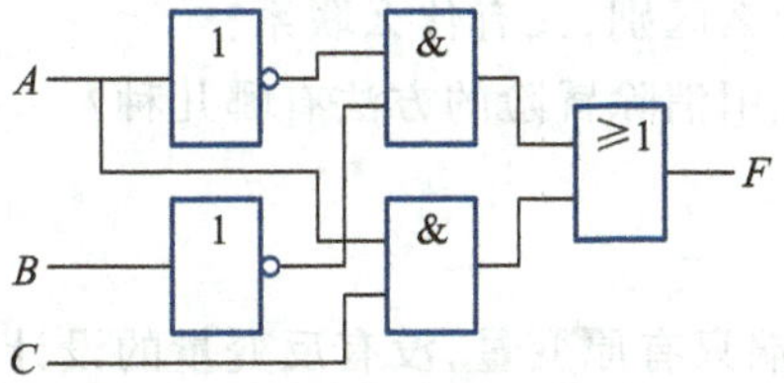

图 6-72 $Y=\overline{A}\,\overline{B}+AC$ 的逻辑电路

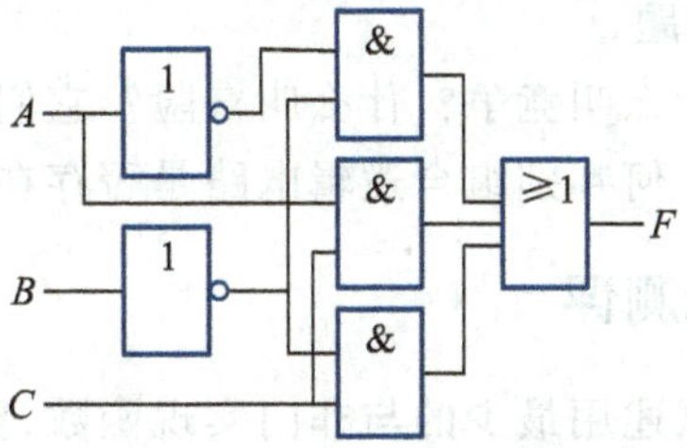

图 6-73 增加冗余项消除冒险的逻辑电路

2. 引入选通脉冲

由于冒险现象只发生在电路输入信号状态变化的瞬间，在稳定状态时是不会产生的，因此，在可能产生冒险脉冲门电路的输入端再加一个选通脉冲输入端。引入的选通脉冲，错开输入信号状态发生变化的瞬间，正确反映组合电路稳定时的输出值，可以有效地避免各种冒险产生。通常，**与**门或者**与非**门输入端应加正的选通脉冲，电路如图 6-74(a)所示；**或**门或者**或非**门输入端应加负的选通脉冲，电路如图 6-74(b)所示。

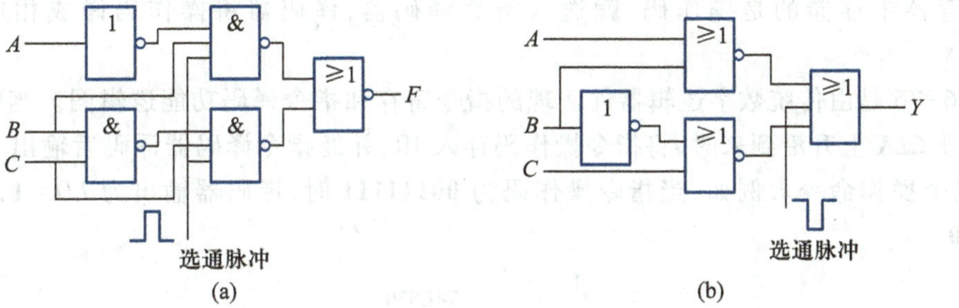

图 6-74 引入选通脉冲消除冒险的电路
(a)引入正选通脉冲；(b)引入负选通脉冲

应该说明，加选通脉冲时，对其脉冲宽度和脉冲产生的时间有一定要求。而且加入了选通脉冲后，组合电路的输出已不再是电位信号，而是脉冲信号。

3. 输出端并接滤波电容

由于冒险产生的尖脉冲宽度是很窄的，因此，在对输出波形边沿要求不高的情况下，可以在电路输出端并接一个不大的滤波电容 C 就可把尖脉冲的幅度削减到小于门电路的阈值电压，但 C 的引入会使输出波形边沿变差，故参数要选择合适，电路如图 6-75 所示。图中，滤波电容 C 的数值通常在数十到数百皮法。R_o 为 TTL 门电路的输出电阻。

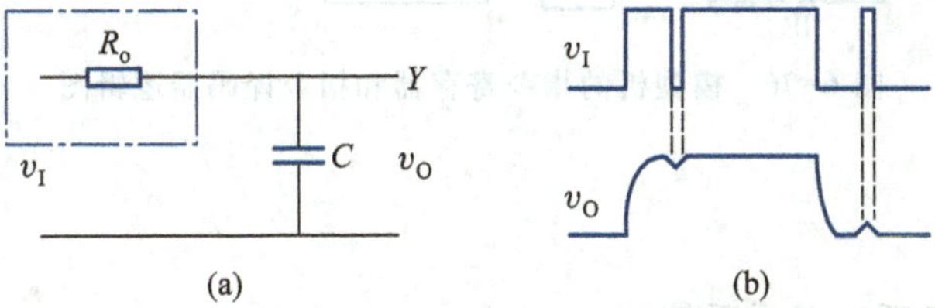

图 6-75 输出端并接滤波电容消除冒险
(a)引入 C 的等效电路；(b)引入 C 后电路的输入输出波形

思考题

1. 什么叫竞争？什么叫冒险？它们之间有什么区别，又有什么联系？
2. 如何判别组合逻辑电路是否存在冒险？常用消除冒险的方法有哪几种？

▶ 目标测评

1. 试述用最少的与非门实现函数，要求输入端只有原变量，没有反变量的设计方法。
2. 试用两片74LS138实现4线-10线和4线-12线的非完全译码，要求不外加门电路。
3. 试用VHDL描述中规模组合逻辑器件。
4. 试用Quartus Ⅱ软件的图形界面设计并验证组合逻辑电路。

▶ 实践与提高（8位模型计算机指令译码电路分析）

指令寄存器74LS377用来保存当前正在执行的一条指令。当模型计算机执行一条指令时，先把指令代码从主存储器中取到数据寄存器中，然后再传送到指令寄存器。如果指令寄存器中存储的是操作码，就送入指令译码器，译码器将操作码译成相应的操作指令。

图6-76是由传统数字逻辑器件实现的指令寄存和指令译码功能逻辑图。当 $IRI=\mathbf{0}$ 且时钟信号 CLK 上升沿到来时，将指令操作码存入IR，并经指令译码器译码后输出 LD、ADD、$HALT$ 三个操作命令。例如，当指令操作码为 **00111111** 时，译码器输出为 $LD=\mathbf{1}$，$ADD=\mathbf{0}$，$HALT=\mathbf{0}$。

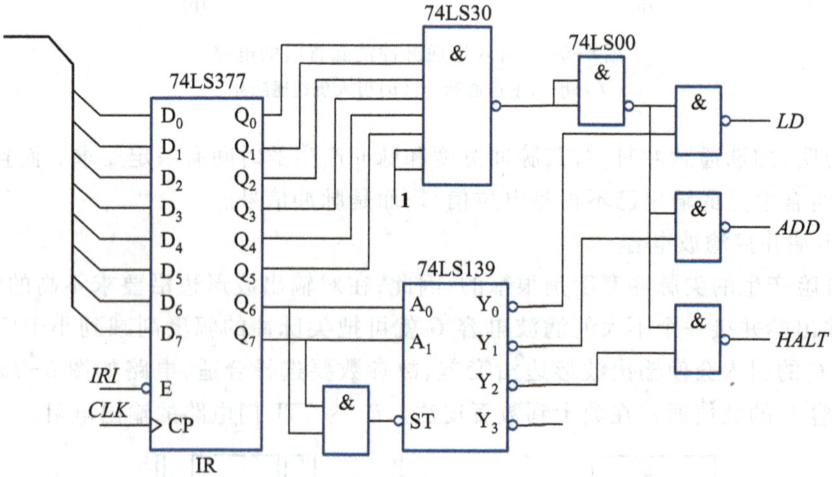

图6-76 模型机的指令寄存器和指令译码器逻辑图

▶ 工程训练项目

1. 旅馆客房服务呼叫显示系统。
2. 水箱液位监测显示系统。

3. 多路数字信号传输分配电路设计。
4. 双通道数字温度监测比较电路分析。

实现方式

1. 采用 MSI 组合逻辑电路设计。
2. 基于 Quartus Ⅱ 原理图输入方式实现。
3. 基于 Quartus Ⅱ 的 VHDL 方式实现。

▶ 英文术语表

英文	中文	解释
decoder	译码器	用于检测特定数字状态的数字电路
demultiplexer	多路输出选择器（数据分配器）	使用二进制译码器把一个数字信号从一个单一的源传送到多个目的地中的一个目的地一种电路
encoder	编码器	一种产生二进制代码的电路，它对于一个或者两个有效的输入产生特定的响应
magnitude comparator	数值比较器	一种电路，它能够比较两个 n 位二进制数字，指明这两个数字是否相同，如不相同指明哪个比较大
multiplexer	多路选择器（数据选择器）	根据选择信号的状态，从多路选择信号的状态，将多路数字信号转化成为 **1** 路信号的电路
parity	奇偶校验	一种通过检查 **1** 的个数来检验多位二进制数字中错误的系统
priority encoder	优先编码器	一种特殊的产生二进制或 BCD 码的编码器，它首先对拥有最高优先级的有效输入进行编码
seven-segment display	七段字码显示	由 7 段可以独立控制的发光二极管（LED）或液晶显示（LCD）单元组成，呈 8 字形，可用于显示十进制数字或其他字符

本 章 小 结

1. 组合逻辑电路功能上的特点：电路任一时刻的输出状态仅取决于同一时刻的输入状态，而与电路的原有状态无关。

2. 组合逻辑电路结构上的特点：电路全部由门电路组成，没有记忆电路。

3. 组合逻辑电路的分析步骤。

(1) 由输入到输出(或从输出到输入)逐级写出电路的输出逻辑函数表达式,并进行化简。

(2) 列出该逻辑函数的真值表,判别输出与输入之间的逻辑关系,确定其逻辑功能。

4. 用门电路设计组合逻辑电路的一般步骤。

(1) 根据设计要求确定输入变量和输出变量;

(2) 列出真值表;

(3) 写出输出逻辑函数表达式,进行化简和变换;

(4) 画出逻辑电路。

5. 用中规模集成电路设计组合逻辑电路的步骤和用门电路设计时基本相同,所不同的是在写出输出逻辑函数表达式时,应将该逻辑函数变换成和所选用的中规模集成电路的输出逻辑函数表达式相类似的形式,以便用中规模集成电路实现要求设计的组合逻辑电路的功能。

6. 用逻辑门设计组合逻辑电路最简的概念是使用门电路的数目和输入端数最少,门的种类最少。用中规模集成电路设计组合逻辑电路最简的概念是使用中规模集成电路芯片数目、品种型号最少,连线最少。

7. 硬件描述语言适用于描述数字电路工作过程的语言,是将硬件电路的设计软件化的工具。学习 VHDL,重要的是对逻辑理论和数字电路硬件有基本的了解,有分析和设计硬件电路的能力。VHDL 的很多描述语句是针对硬件结构的描述,如数据流描述是对硬件电路的逻辑表达式的描述,结构描述又是描述内部电路连接的一种基本方法,是硬件电路的一种层次化描述。

习 题

[题 6-1] 试分析图 P6-1 所示电路的逻辑功能。

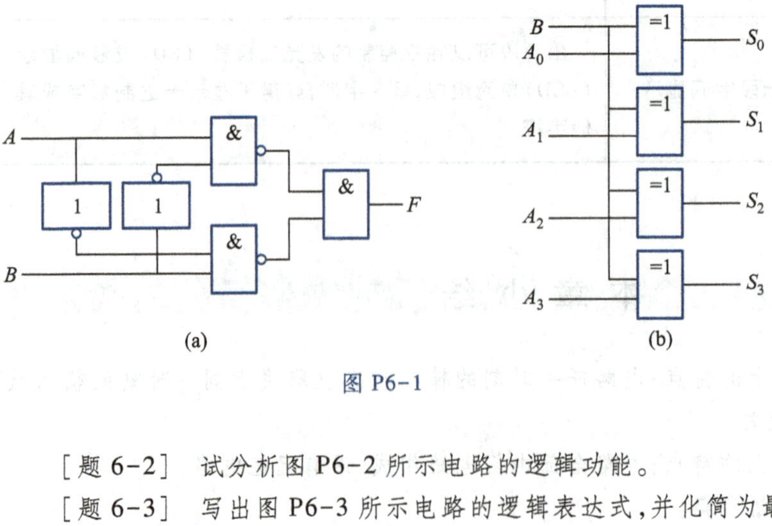

图 P6-1

习题详解 6-1:
[题 6-1]解答

[题 6-2] 试分析图 P6-2 所示电路的逻辑功能。

[题 6-3] 写出图 P6-3 所示电路的逻辑表达式,并化简为最简**与或**表达式。

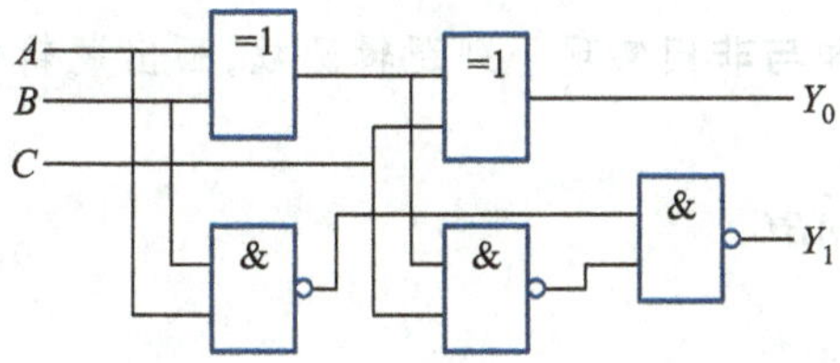

图 P6-2

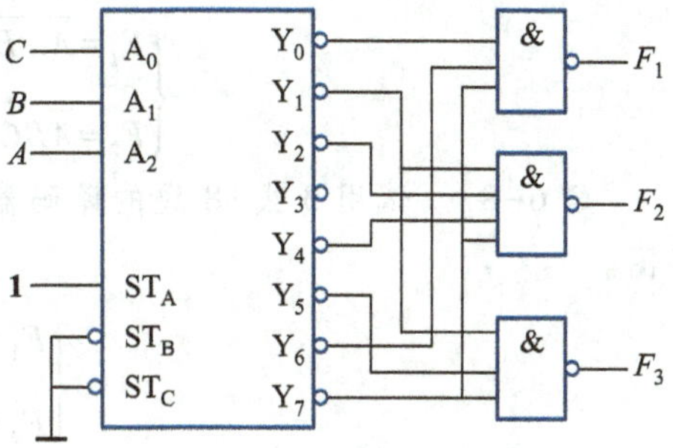

图 P6-3

［题 6-4］　写出图 P6-4 所示电路的逻辑表达式，并化简为最简**与或**表达式。

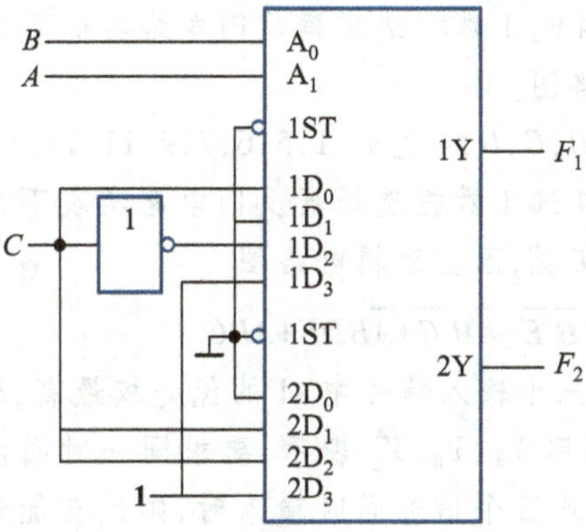

图 P6-4

［题 6-5］　写出图 P6-5 所示电路的逻辑表达式。

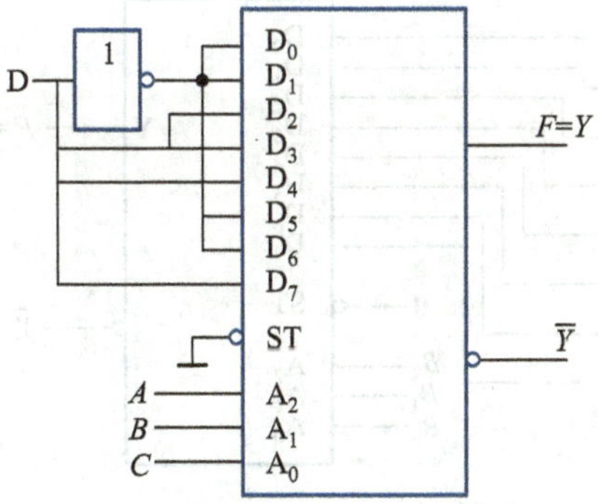

图 P6-5

习题详解 6-2：
［题 6-5］解答

［题 6-6］　在只有原变量输入条件下，用最少的**与非**门实现以下函数。

$$F=\overline{A}BC+A\,\overline{B}\,\overline{C}+A\overline{B}C+AB\overline{C}$$

习题详解 6-3：
［题 6-6］解答

［题 6-7］　采用扩展法，用两片 2 线-4 线译码器和门电路实现以下函数，写出设计全过程，并画出电路图。

$$\begin{cases}F_1=\overline{A}\cdot\overline{B}C+\overline{A}B\overline{C}+A\overline{B}\cdot\overline{C}+ABC\\ F_2=\overline{\overline{A}BC+A\overline{B}C+AB\overline{C}}\end{cases}$$

[题 6-8] 试用 3 线-8 线的译码器 74LS138 和**与非**门实现下列逻辑函数，画出逻辑电路图。

$$\begin{cases}F_1=\overline{A}\,\overline{C}+A\overline{C}+\overline{A}BC\\ F_2=AC+B\overline{C}\end{cases}$$

[题 6-9] 试用一片 8 选 1 数据选择器及门电路实现下列逻辑函数，分别用代数法和降维图法实现，画出逻辑电路图。

$$F(A,B,C,D)=\sum m(1,5,6,7,9,11,12,13,14)$$

[题 6-10] 试用一片 4 选 1 数据选择器及门电路实现下列逻辑函数，分别用代数法和降维图法实现，画出逻辑电路图。

$$F(A,B,C,D)=\sum m(1,5,6,7,9,11,12,13,14)$$

[题 6-11] 使用一片 4 选 1 数据选择器及门电路实现下列五变量逻辑函数，采用代数法实现，画出逻辑电路图。

$$F=\overline{A}\,\overline{B}\,\overline{D}+\overline{A}\,\overline{B}\,\overline{E}+\overline{A}B\overline{C}+\overline{A}BDE+ABC$$

习题详解 6-4：
[题 6-11]解答

[题 6-12] 在 A、B、C 三个输入信号中，A 的优先权最高，B 次之，C 最低，它们的输出分别用 Y_A、Y_B、Y_C 表示，要求同一时间内只有一个信号输出。如有两个或三个信号同时输入时，则只有优先权最高的信号输出，使用门电路设计一个能实现此要求的逻辑电路。

[题 6-13] 试用 QuartusⅡ原理图输入方式设计仿真如图 P6-6 所示组合逻辑电路。

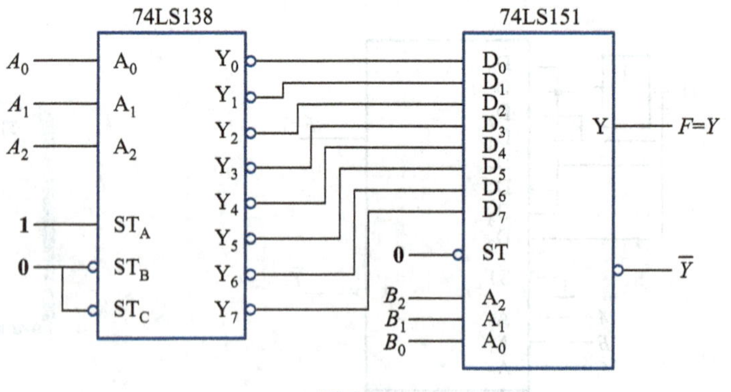

图 P6-6

要求：(1) 给出时序仿真波形；(2) 说明电路的逻辑功能。

[题 6-14] 试用 VHDL 设计一个半加器，要求采用布尔方程描述方法。

[题 6-15] 设计一个 1 位十进制数指示器，输入为 8421BCD 码，当输入数值大于 5 时输出为 1。要求采用两种方法实现：(1) 用逻辑门设计电路；(2) 用 VHDL 设计电路。

第7章　集成触发器

▶ 本章目标

1. 了解同步触发器的结构、工作特点和存在问题及不同功能触发器之间的相互转换。
2. 了解边沿 *D* 触发器、边沿 *JK* 触发器的 VHDL 描述。
3. 掌握与非门结构基本 *RS* 触发器的电路组成、逻辑功能和工作特点。
4. 掌握触发器的 **0** 态、**1** 态、置 **0**、置 **1**、触发方式、现态、次态和空翻等概念。
5. 重点掌握边沿 *D* 触发器、边沿 *JK* 触发器的逻辑功能及其特性方程。
6. 掌握基于 Quartus Ⅱ 的图形输入法设计仿真流水灯电路和抢答器电路。

▶ 引言

在数字系统中，常常需要将各种运算结果存储起来。触发器就是一种具有记忆功能，可以存储二进制信息的双稳态电路，它是组成时序电路的基本单元，也是最基本的时序电路。

集成触发器种类很多，根据逻辑功能的不同，触发器可分为：*RS* 触发器、*D* 触发器、*JK* 触发器、*T* 触发器和 *T'* 触发器。根据触发方式不同，触发器可分为：电平触发器、边沿触发器和主从触发器等。根据电路结构的不同，触发器可分为：基本 *RS* 触发器、同步触发器、边沿触发器、主从触发器等。

本章主要介绍 *RS* 触发器、同步触发器、边沿触发器、常用集成触发器的电路组成、工作原理和逻辑功能。

7.1 基本*RS* 触发器

关键术语

现态：指触发器在输入信号变化前的状态，用 Q^n 表示。

次态：指触发器在输入信号变化后的状态，用 Q^{n+1} 表示。

特性表：触发器次态与输入信号和电路原有状态之间关系的真值表。

特性方程：触发器特性方程是反映触发器次态 Q^{n+1} 与现态 Q^n 以及输入 $\overline{R}_d$、$\overline{S}_d$ 之间功能关系的逻辑表达式。

状态转换图：表示输出状态转换的条件和规律的图形方式。

基本 *RS* 触发器（Basic Flip-Flop）是各种触发器中结构最简单的一种。该触发器在结构上无时钟控制信号端，具有两个稳定状态，电路可用两个**与非**门或两个**或非**门通过交叉耦合构成。

电子教案 7-1：
基本 *RS* 触发器

7.1.1 基本 *RS* 触发器电路组成和工作原理

1. 电路组成

基本 *RS* 触发器又称为置 **0** 置 **1** 触发器，它由两个**与非**门交叉耦合构成。电路如图 7-1（a）所示，图 7-1（b）是它的逻辑符号。$\overline{R}_d$ 和 $\overline{S}_d$ 是触发器的输入端，其中：$\overline{S}_d$—Set 置位端；$\overline{R}_d$—Reset 复位端，字母上的反号表示低电平有效（逻辑符号中用小圈表示），两个输出端分别称为 Q 与 $\overline{Q}$，正常情况下，这两个输出端信号必须互补，否则会出现逻辑错误。

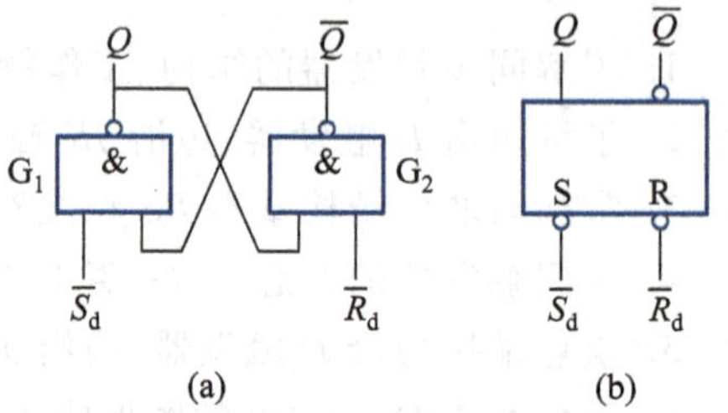

图 7-1 与非门组成的基本 *RS* 触发器及其逻辑符号

（a）电路图；（b）逻辑符号

2. 工作原理

（1）$\overline{R}_d=\overline{S}_d=\mathbf{1}$ 时：

若 $Q=\mathbf{0}$，$\overline{Q}=\mathbf{1}$，则**与非**门 G_1 的两个输入端均为 **1**，其输出为 **0**，**与非**门 G_2 的一个输入端为 **1**，另一个输入端为 **0**，其输出为 **1**，电路保持 **0** 状态不变；若 $Q=\mathbf{1}$、$\overline{Q}=\mathbf{0}$，则**与非**门 G_2 的两个输入端均为 **1**，其输出为 **0**，**与非**门 G_1 的一个输入端为 **1**，另一个输入端为 **0**，其输出为 **1**，电路保持 **1** 状态不变。$\overline{R}_d=\mathbf{1}$、$\overline{S}_d=\mathbf{1}$ 常表示无输入信号。由分析可以得出：在此情况下，触发器的状态保持不变。

（2）当 $\overline{R}_d=0$、$\overline{S}_d=1$ 时：

若 $Q=\mathbf{0}$、$\overline{Q}=\mathbf{1}$，由于 $\overline{R}_d$ 为 **0**，使**与非**门 G_2 的两个输入端均为 **0**，其输出保持为 **1**，因 $\overline{S}_d$ 为 **1**，使得**与非**门 G_1 的两个输入端都为 **1**，其输出保持为 **0**，触发器保持 **0** 状态；若 $Q=\mathbf{1}$、$\overline{Q}=\mathbf{0}$，因 $\overline{R}_d$ 为 **0**，将使**与非**门 G_2 的输出 $\overline{Q}$ 为 **1**，当 G_2 的输出变为 **1** 后，由于 $\overline{S}_d$ 为 **1**，**与非**门 G_1 的两个输入端都为 **1**，其输出将变为 **0**，触发器由原来的 **1** 状态变为 **0** 状态。$\overline{R}_d=0$、$\overline{S}_d=\mathbf{1}$ 表示有效输入信号为复位信号（置零信号）。由分析可得出：在此情况下，不管原来是 **0** 状态还是 **1** 状态，触发器都将变为 **0** 状态，称为置 **0**。

（3）当 $\overline{R}_d=\mathbf{1}$、$\overline{S}_d=\mathbf{0}$ 时：

若 $Q=\mathbf{0}$、$\overline{Q}=\mathbf{1}$，由于 $\overline{S}_d$ 为 **0**，将使**与非**门 G_1 的输出变为 **1**，当 G_1 的输出变为 **1** 后，因 $\overline{R}_d$ 为 **1**，**与非**门 G_2 的两个输入端都为 **1**，其输出将变为 **0**，触发器由原来的 **0** 状态变为 **1** 状态；

若 $Q=1$、$\overline{Q}=0$，由于$\overline{S}_d$ 为 0，使与非门 G_1 的输出保持为 1，因 $\overline{R}_d$ 为 1，使与非门 G_2 的两个输入端都为 1，其输出保持为 0，触发器保持为 1 状态。$\overline{R}_d=1$、$\overline{S}_d=0$ 表示有效输入信号为置位信号。由分析可得出：在此情况下，不管原来是 0 状态还是 1 状态，触发器都将变为 1 状态，称为置 1。

（4）当$\overline{R}_d=0$、$\overline{S}_d=0$ 时：

不管 Q 和$\overline{Q}$端是 0 还是 1，此时由于与非门 G_1 和 G_2 各有一个输入端$\overline{S}_d$ 和$\overline{R}_d$ 为 0，因此它们的输出均变为 1；即 $Q=\overline{Q}=1$，这不符合触发器的逻辑关系。并且由于与非门延迟时间不可能完全相等，在两输入端从 0 同时跳变为 1 后，将不能确定触发器是处于 1 状态还是 0 状态。当与非门 G_1 延迟时间小于 G_2 的延迟时间，则触发器最终稳定在 $Q=0$，$\overline{Q}=1$ 的状态；若 G_1 延迟时间大于 G_2 的延迟时间，则触发器最终稳定在 $Q=1$，$\overline{Q}=0$ 的状态。所以触发器不允许出现这种情况。为了保证基本 RS 触发器能正常工作，不能出现$\overline{R}_d$ 和$\overline{S}_d$ 同时为 0，需满足$\overline{R}_d+\overline{S}_d=1$，即 $R_dS_d=0$。

微视频 7-1：
触发器状态不确定

综上所述，由与非门组成的基本 RS 触发器具有置 0（复位）、置 1（置位）和保持三种功能。

3. 基本 RS 触发器的特点

（1）具有两个稳定状态，可分别用来表示二进制数的 0 和 1；

（2）在外信号作用下，两个稳定状态可相互转换，外信号消失后，已转换的状态可长期保留，因此，触发器可用来长期保存二进制信息；

（3）状态转换时刻和方向同受输入信号 R、S 控制，为异步时序电路；

（4）电路结构简单，是构成各种时钟触发器的基本电路，但输出受输入信号直接控制，输入信号有变化，输出也随之改变（抗干扰性差）。

7.1.2　基本RS 触发器描述方法

描述触发器逻辑功能的方法通常采用以下几种。

1. 特性表

设 Q^n 表示现态，即现时之状态；Q^{n+1} 表示次态，即触发器接收输入信号之后所处的新的稳定状态。触发器特性表是指次态 Q^{n+1} 与输入信号和电路原有状态（现态 Q^n）之间关系的真值表。因此，上述基本 RS 触发器的逻辑功能可用表 7-1 所示的特性表来表示。

表 7-1　基本 RS 触发器特性表

$\overline{S}_d$	$\overline{R}_d$	Q^n	Q^{n+1}	说明
0	0	0	×	两输入端从 0 同时变为 1 后触发器状态不确定
0	0	1	×	
1	0	0	0	触发器置 0
1	0	1	0	

续表

$\overline{S}_d$	$\overline{R}_d$	Q^n	Q^{n+1}	说明
0 0	1 1	0 1	1 1	触发器置 1
1 1	1 1	0 1	0 1	触发器状态保持不变

表中的"×"表示状态不定。

2. 特性方程

触发器特性方程是反映触发器次态 Q^{n+1} 与现态 Q^n 以及输入$\overline{R}_d$、$\overline{S}_d$ 之间功能关系的逻辑表达式。特性方程是由特性表推导而出，根据表 7-1 可画出基本 RS 触发器次态的卡诺图，如图 7-2 所示。

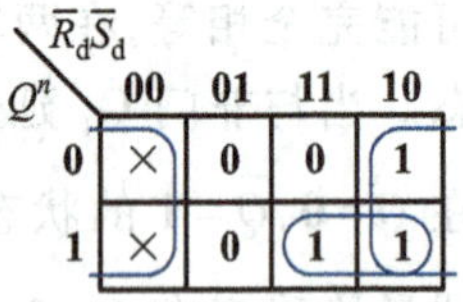

图 7-2 基本 RS 触发器次态的卡诺图

由卡诺图化简便得到基本 RS 触发器特性方程为

$$\begin{cases} Q^{n+1}=S_d+\overline{R}_dQ^n \\ \overline{S}_d+\overline{R}_d=1 \end{cases} \tag{7-1}$$

其中$\overline{S}_d+\overline{R}_d=1$ 是约束条件。

3. 状态转换图

状态转换图是一种以图形方式表示输出状态转换的条件和规律。图 7-3 表示 RS 触发器的状态转换图。

图中圆圈分别代表基本触发器的两个稳定状态，箭头表示在输入信号作用下状态转换的方向，箭头旁的一侧注明状态转换的条件/输出，条件可多个。状态转换图形象地描述了触发器状态变化的过程。

4. 时序图

时序图反映了触发器的输出状态在输入信号作用下随时间变化的规律。

【例 7-1】 图 7-4 所示为基本 RS 触发器$\overline{R}_d$、$\overline{S}_d$ 的波形，设初始状态为 **0**，试画出触发器输出 Q 和$\overline{Q}$的波形。

解 根据表 7-1 可画出 Q 和$\overline{Q}$的波形如图 7-4 所示，其中虚线部分表示状态不确定。

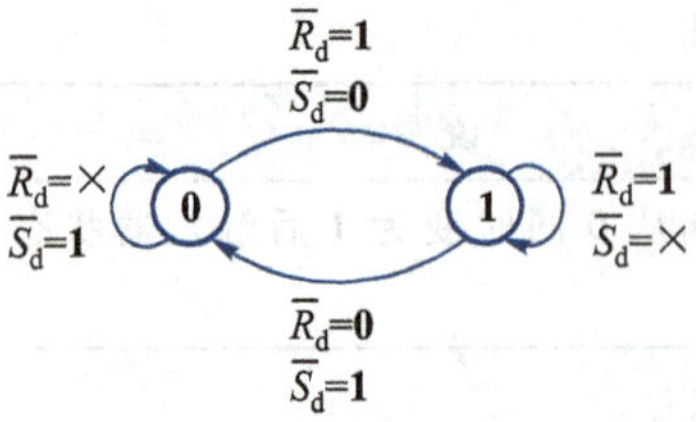

图 7-3 基本 RS 触发器的状态转换图

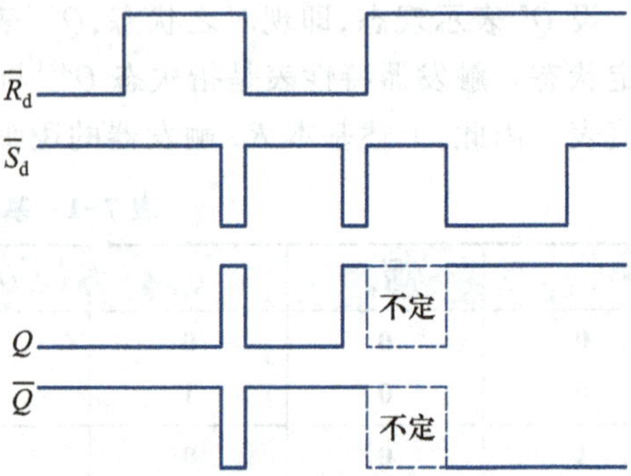

图 7-4 基本 RS 触发器波形图

应用实例 1

【例 7-2】 设计一个 3 人抢答电路。3 人 A、B、C 各控制一个按键开关 S_A、S_B、S_C 和一个发光二极管 D_A、D_B、D_C。若谁先按下开关，谁就抢答成功，他的发光二极管点亮，同时使其他人的抢答信号无效。

解 用基本 *RS* 触发器组成的抢答电路如图 7-5 所示，其中 S 为复位键，由裁判控制。开始抢答前，先按一下复位键 S，即 3 个触发器的 *R* 信号都为 **0**，使 Q_A、Q_B、Q_C 均置 0，3 个发光二极管均不亮。开始抢答后，如 S_A 第一个被按下，则 FF_A 的 $S=\mathbf{0}$，使 Q_A 置 **1**，G_A 门的输出变为 $v_{OA}=\mathbf{0}$，点亮发光二极管 D_A，同时，v_{OA} 的 **0** 信号封锁了 G_B、G_C 门，S_B、S_C 即使再按下也无效。然后松开 S_A，此时 FF_A 的 $S=R=\mathbf{1}$，触发器保持原状态 $Q_A=\mathbf{1}$，直到裁判重新按下 S 键，新一轮抢答开始。

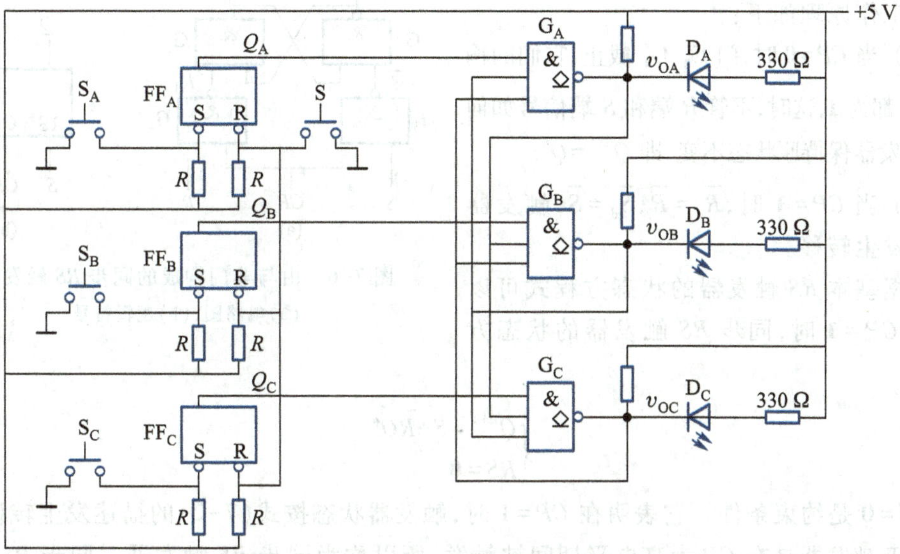

图 7-5 基本 *RS* 触发器组成的抢答电路

思考题

1. 基本 *RS* 触发器有哪几种常见形式？说明它们的逻辑功能。
2. 写出由或非门组成的基本 *RS* 触发器的特性表，并求出它的特性方程。

7.2 同步触发器

关键术语

同步触发器：工作状态转换受时钟脉冲控制的触发器。

时钟脉冲：时钟脉冲是一个按一定电压幅度，一定时间间隔连续发出的脉冲信号。脉冲信号之间的时间间隔称为周期；而将在单位时间（如 1 s）内所产生的脉冲个数称为频率。

前面介绍的基本 *RS* 触发器，只要输入信号发生变化，触发器状态就会根据其逻辑功能发生相应变化。但在数字系统中，为协调各部分的动作，常要求某些触发器在同一时刻动作。为此，必须引入同步脉冲，使这些触发器只在同步脉冲作用下才按输入信号改变状态，而在没有同步脉冲输入时，触发器状态保持不变。通常把这个同步脉冲称为时钟脉冲，用 *CP*(Clock Pulse 的缩写)表示。这种具有时钟脉冲控制的触发器称为时钟触发器，又称为同步触发器。

电子教案 7-2：同步触发器

7.2.1 同步 *RS* 触发器

同步 *RS* 触发器的电路如图 7-6 所示。图中门 G_1 和 G_2 构成基本触发器，门 G_3 和 G_4 构成触发导引电路。

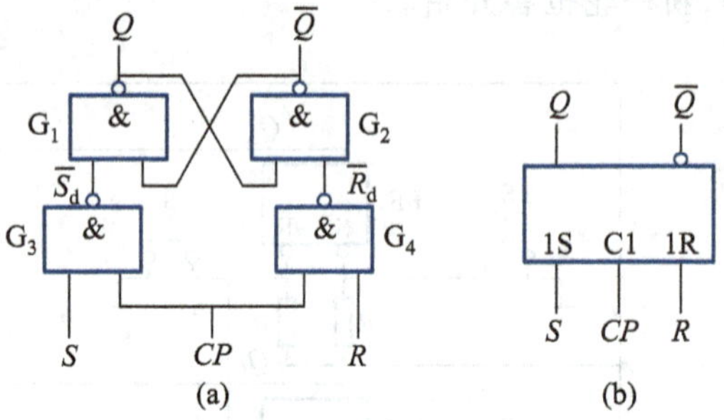

图 7-6 由与非门构成的同步 *RS* 触发器

(a) 电路图；(b) 逻辑符号

其工作原理如下：

(1) 当 $CP=\mathbf{0}$ 时，门 G_3、G_4 截止，它们的输出 $\overline{R}_d$、$\overline{S}_d$ 都为 **1**，这时，不管 *R* 端和 *S* 端信号如何变化，触发器保持原状态不变，即 $Q^{n+1}=Q^n$。

(2) 当 $CP=\mathbf{1}$ 时，$\overline{R}_d=\overline{R}$，$\overline{S}_d=\overline{S}$，触发器状态将发生转移。

根据基本 *RS* 触发器的状态方程式可以得到当 $CP=\mathbf{1}$ 时，同步 *RS* 触发器的状态方程为

$$\begin{cases} Q^{n+1}=S+\overline{R}Q^n \\ RS=\mathbf{0} \end{cases} \tag{7-2}$$

其中 $RS=\mathbf{0}$ 是约束条件。它表明在 $CP=\mathbf{1}$ 时，触发器状态按式(7-2)的描述发生转移。

由于触发器是在 *CP* 为高电平期间被触发，所以称为同步 *RS* 触发器。同步 *RS* 触发器的特性表如表 7-2 所示。

表 7-2 同步 *RS* 触发器的特性表

CP	*R*	*S*	Q^n	Q^{n+1}	功能
0	×	×	×	Q^n	$Q^{n+1}=Q^n$ 保持
1	**0**	**0**	**0**	**0**	$Q^{n+1}=Q^n$ 保持
1	**0**	**0**	**1**	**1**	
1	**0**	**1**	**0**	**1**	$Q^{n+1}=\mathbf{1}$ 置 **1**
1	**0**	**1**	**1**	**1**	
1	**1**	**0**	**0**	**0**	$Q^{n+1}=\mathbf{0}$ 置 **0**
1	**1**	**0**	**1**	**0**	
1	**1**	**1**	**0**	×	两输入端从 **1** 同时变为 **0** 后触发器状态不定
1	**1**	**1**	**1**	×	

由表 7-2 可见，同步 RS 触发器具有如下逻辑功能：当 $CP=\mathbf{0}$ 时，输入信号 RS 对触发器状态无影响；当 $CP=\mathbf{1}$ 时，触发器具有置 **1**、置 **0** 和保持原状态不变的功能，当 $R=S=\mathbf{1}$ 时，触发器输出状态不定，这是不允许的，为避免这种情况发生，输入信号应取 $RS=\mathbf{0}$。

同理可得到同步 RS 触发器的状态转换图如图 7-7 所示。

同步 RS 触发器的工作波形如图 7-8 所示。

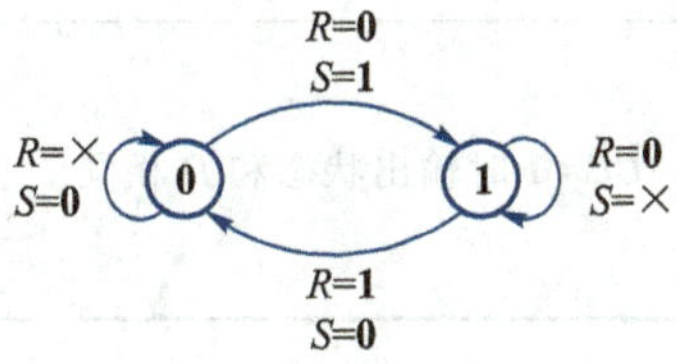

图 7-7 同步 RS 触发器的状态转换图

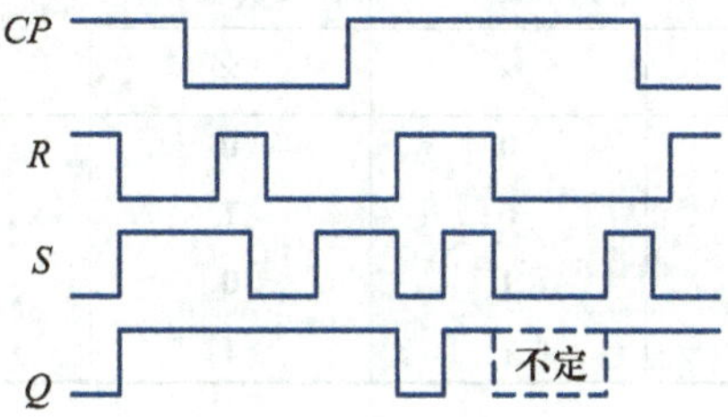

图 7-8 同步 RS 触发器工作波形

由图 7-8 可见，当 $CP=\mathbf{0}$ 时，不管 R、S 如何变化，触发器状态维持不变。而当 $CP=\mathbf{1}$ 时，R、S 的变化将引起状态的改变。

7.2.2 同步 D 触发器

无论是基本 RS 触发器还是同步 RS 触发器，R 和 S 都要满足约束条件。为了避免同步 RS 触发器 R 和 S 同时为 **1** 的情况出现，在 R 和 S 之间连接一个非门，使 R 和 S 互反。这样，除了时钟控制端之外，触发器只有一个输入信号，通常表示为 D，这种触发器称为 D 触发器。同步 D 触发器电路如图 7-9 所示。

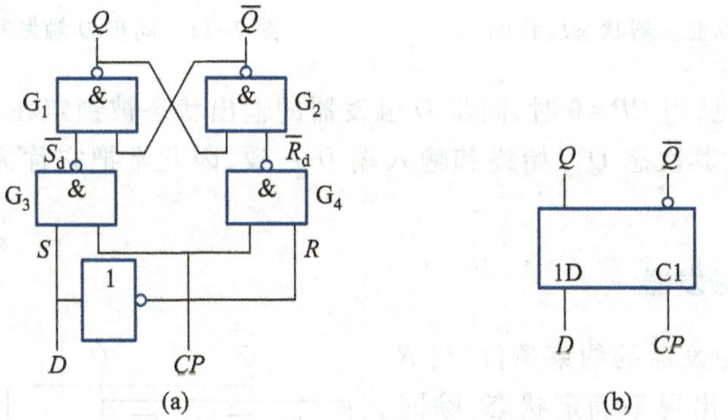

图 7-9 同步 D 触发器

(a) 电路图；(b) 逻辑符号

由图 7-9 可见：

(1) 当 $CP=\mathbf{0}$ 时，由 G_1、G_2 组成的基本 RS 触发器的状态保持不变；

(2) 当 $CP=\mathbf{1}$ 时，$S=D$，$R=\overline{D}$，RS 触发器的状态将发生转移。

把 $S=D$、$R=\overline{D}$ 代入同步 RS 触发器的特性方程，可得同步 D 触发器的特性方程为

$$Q^{n+1}=S+\overline{R}Q^{n}$$

$$=D+\overline{\overline{D}}Q^n=D \tag{7-3}$$

由于 S、R 恰好互补，因此约束条件始终满足。根据以上分析可得同步 D 触发器的特性表如表 7-3 所示。

表 7-3 同步 D 触发器的特性表

CP	D	Q^n	Q^{n+1}	说明
0	×	×	Q^n	CP=**0** 时，无论 D 为何值，均维持现状
1	**0**	**0**	**0**	CP=**1** 时输出状态和 D 相同
1	**0**	**1**	**0**	
1	**1**	**0**	**1**	
1	**1**	**1**	**1**	

由表 7-3 可知，同步 D 触发器的逻辑功能为：

当 CP 为 **0** 时，触发器状态保持不变；

当 CP 为 **1** 时，触发器的状态与 D 状态相同。

同步 D 触发器状态转移图如图 7-10 所示。

同步 D 触发器的波形分析如图 7-11 所示。

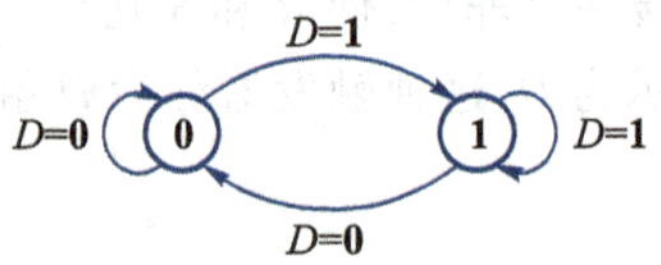

图 7-10 同步 D 触发器状态转移图

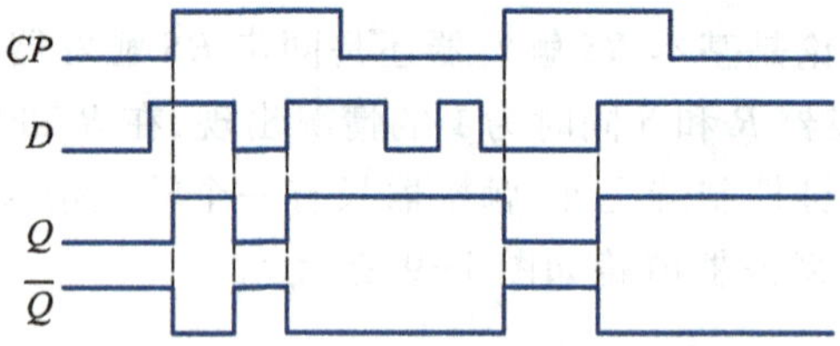

图 7-11 同步 D 触发器的波形

由图 7-11 可见，当 CP=**0** 时，同步 D 触发器的输出状态被锁定在 CP 刚变为 **0** 时的状态，而当 CP=**1** 时，其次态 Q^{n+1} 始终和输入端 D 一致，因此常把它称为数据锁存器或延迟(Delay)触发器。

7.2.3 同步JK 触发器

由于同步 RS 触发器的约束条件，当 R 和 S 同时为 **1** 时会出现不确定状态，除同步 D 触发器可消除约束条件外，还有一种方法是将触发器的互补输出端 Q 和 $\overline{Q}$ 分别反馈到门 G_4 和 G_3 的输入端，从而避免了不定状态的出现，这种电路称为同步 JK 触发器。电路如图 7-12 所示，图中 J 和 K 为信号输入端。

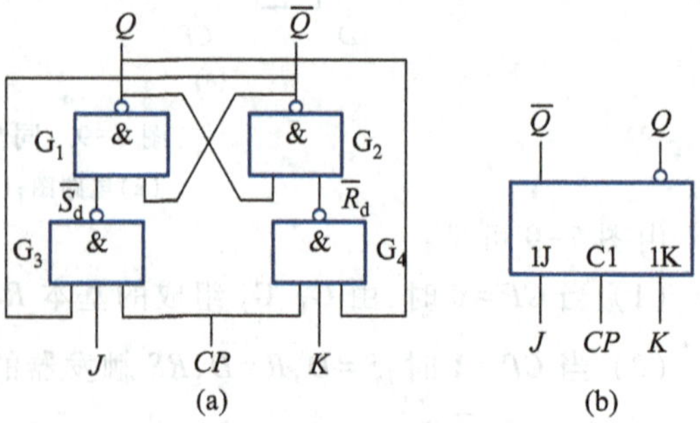

图 7-12 同步 JK 触发器及其逻辑符号

(a)电路图；(b)逻辑符号

由图 7-12 可见：

当 $CP=\mathbf{0}$ 时，$\overline{R}_d$、$\overline{S}_d$ 均为 **1**，触发器的状态保持不变；

当 $CP=\mathbf{1}$ 时，$\overline{S}_d=\overline{J\overline{Q^n}}$，$\overline{R}_d=\overline{KQ^n}$ 触发器接收输入信号，次态由输入和现态共同决定。

将 $\overline{S}_d=\overline{J\overline{Q^n}}$，$\overline{R}_d=\overline{KQ^n}$ 代入基本 RS 触发器的特性方程，可得到同步 JK 触发器的特性方程为

$$
\begin{aligned}
Q^{n+1} &= S_d+\overline{R}_d Q^n \\
&= J\overline{Q^n}+\overline{KQ^n}Q^n \\
&= J\overline{Q^n}+\overline{K}Q^n
\end{aligned}
\tag{7-4}
$$

其约束条件 $\overline{R}_d+\overline{S}_d=\overline{KQ^n}+\overline{J\overline{Q^n}}=\mathbf{1}$，因此不论 J、K 信号如何变化，基本触发器的约束条件始终满足。

图 7-12(a) 有一种情况会产生振荡。即当 $CP=\mathbf{1}$，且 $J=K=\mathbf{1}$ 时，G_1—G_4—G_2—G_1 组成了一个三级非门环形振荡器，（类似 G_2—G_3—G_1—G_2 也一样）。

上述电路只作为理论分析，实际应用中多采用边沿 JK 触发器。

由 $CP=\mathbf{0}$ 时情况和式(7-4)的特性方程可得同步 JK 触发器的特性表如表 7-4 所示。

表 7-4 同步 JK 触发器的特性表

CP	J	K	Q^n	Q^{n+1}	说明
0	×	×	×	Q^n	$Q^{n+1}=Q^n$ 保持
1	0	0	0	0	$Q^{n+1}=Q^n$ 保持
1	0	0	1	1	
1	0	1	0	0	$Q^{n+1}=0$ 置 **0**
1	0	1	1	0	
1	1	0	0	1	$Q^{n+1}=\mathbf{1}$ 置 **1**
1	1	0	1	1	
1	1	1	0	1	$Q^{n+1}=\overline{Q^n}$ 翻转
1	1	1	1	0	

由表 7-4 可见，在 CP 时钟脉冲控制下，根据输入信号 J、K 情况的不同，JK 触发器具有置 **0**、置 **1**、保持和翻转功能。

同步 JK 触发器的状态转移图如图 7-13 所示。

同步 JK 触发器的波形分析如图 7-14 所示。

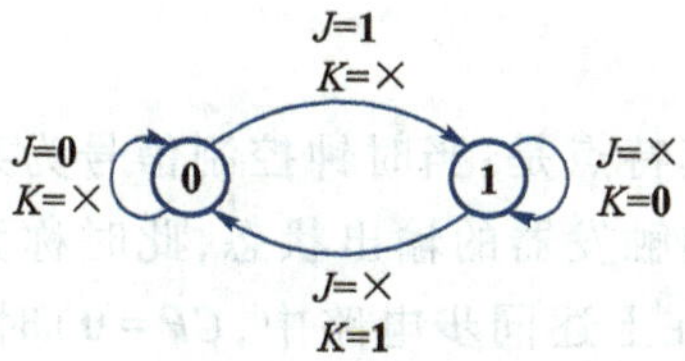

图 7-13 同步 JK 触发器的状态转移图

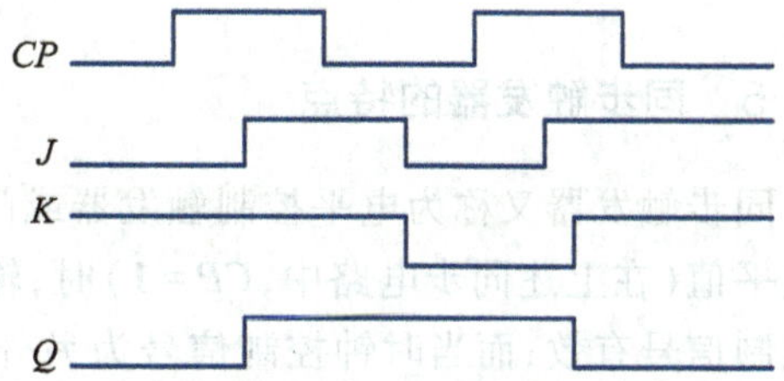

图 7-14 同步 JK 触发器的波形

由图 7-14 可见，当 $CP=\mathbf{0}$ 时，同步 JK 触发器的输出状态保持不变，而当 $CP=\mathbf{1}$ 时，其次态 Q^{n+1} 由输入信号 J、K 确定。

7.2.4 同步T、T′触发器

1. 同步 T 触发器

如果将图 7-12 所示同步 JK 触发器电路中的 J 和 K 连在一起改称 T 作为输入信号便构成同步 T 触发器。将 T 替代 JK 触发器特性方程中的 J 和 K 便得到 T 触发器的特性方程为

$$Q^{n+1}=T\overline{Q}^{n}+\overline{T}Q^{n} \tag{7-5}$$

同步 T 触发器特点：当 $T=\mathbf{1}$ 时，触发器在时钟 CP 作用下，每来一个时钟信号它的状态就翻转一次；而当 $T=\mathbf{0}$ 时，CP 信号到达后的状态保持不变。由此可得到同步 T 触发器的状态转移特性表如表 7-5 所示，状态转移图如图 7-15 所示。

表 7-5 同步 T 触发器的特性表

CP	T	Q^{n+1}
0	×	Q^n
1	**0**	Q^n
1	**1**	$\overline{Q}^n$

2. T'触发器

如果在 T 触发器中令 $T=\mathbf{1}$（即 $J=K=\mathbf{1}$），那么每输入一个 CP 脉冲，触发器状态翻转一次，这种触发器称为 T'触发器，其特征方程为

$$Q^{n+1}=\overline{Q}^{n} \tag{7-6}$$

它的逻辑符号如图 7-16 所示。

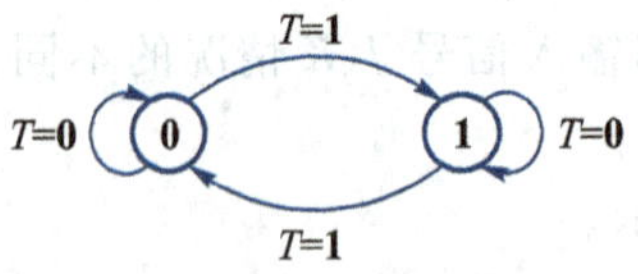

图 7-15 T 触发器状态转移图

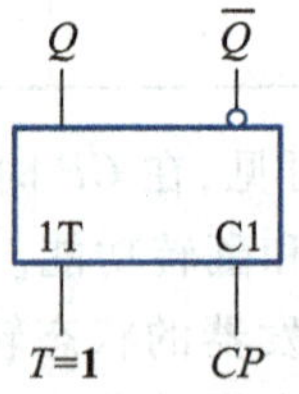

图 7-16 T'触发器逻辑符号

7.2.5 同步触发器的特点

同步触发器又称为电平控制触发器或门控触发器。其特点是：当时钟控制信号为某一种电平值（在上述同步电路中，$CP=\mathbf{1}$）时，输入信号能影响触发器的输出状态，此时称为时钟控制信号有效；而当时钟控制信号为另外一种电平值（在上述同步电路中，$CP=\mathbf{0}$）时，输入信号不影响触发器的输出，其状态保持不变，此时称时钟信号无效。另外，同步触发器存在空翻现象，所谓空翻就是同步触发器在 $CP=\mathbf{1}$ 期间，如同步触发器的输入信号发生多次

变化,则触发器的输出状态也会相应地发生多次变化。同步 D 触发器空翻波形如图 7-17 所示。由图看出:在 $CP=\mathbf{1}$ 期间,输入 D 端的波形发生多次变化时,其输出端的波形也发生了多次变化。因此,同步触发器只能用于数据锁存,不能用于计数器、移位寄存器和存储器等。

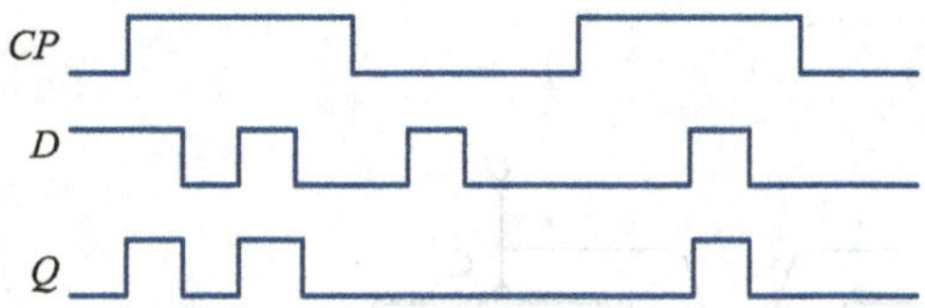

图 7-17 同步 D 触发器空翻波形

思考题

1. 与基本 RS 触发器相比,同步 RS 触发器在结构上有哪些特点?

2. 同步 RS 触发器在 $CP=\mathbf{0}$ 时,R 和 S 之间是否存在约束条件?为什么?$CP=\mathbf{1}$ 时又如何?

3. 同步 D 触发器和同步 JK 触发器是否存在约束条件?为什么?

7.3 边沿触发器

关键术语

边沿触发器:边沿触发器是只在时钟脉冲 CP 上升沿或下降沿时刻接收输入信号,并按输入信号决定的状态进行翻转的触发器。

电子教案 7-3: 边沿触发器与触发器逻辑功能转换

为了进一步提高可靠性,增强抗干扰能力,克服主从触发器存在的缺点,设计了边沿触发器。边沿触发器也是边沿动作的触发器。边沿触发器只在时钟脉冲 CP 上升沿(positive edge)或下降沿(negative edge)时刻接收输入信号,并按输入信号决定的状态进行翻转,而其他时刻输入信号的变化对触发器状态没有影响。TTL 边沿触发器主要有边沿 JK 触发器、维持阻塞 D 触发器、CMOS 边沿触发器等。

7.3.1 边沿 JK 触发器

1. 电路结构、逻辑符号

边沿 JK 触发器逻辑电路图如图 7-18 所示。图中两个**与或非**门构成基本 RS 触发器,两个**与非**门 G_3、G_4 用来接收 J、K 信号。在制造时要保证 G_3、G_4 的传输延迟时间比基本 RS 触发器的翻转时间长。时钟信号一路送给 G_3、G_4,另一路送给**与**门 A 和 D。其中$\overline{R}_d$ 为异步置 **0** 端,$\overline{S}_d$ 为异步置 **1** 端。

2. 工作原理

下面分几个阶段分析:

（1）当$\overline{R}_d=\mathbf{0}$、$\overline{S}_d=\mathbf{1}$时，门 A、B 均输出 **0**，$\overline{Q}=\mathbf{1}$，门 G_4 输出为 **1**，因此门 C 输出为 **1**，$Q=$ **0**，实现异步置 **0**。

（2）当$\overline{R}_d=\mathbf{1}$、$\overline{S}_d=\mathbf{0}$时，门 C、D 均输出 **0**，$Q=\mathbf{1}$，门 G_3 输出为 **1**，因此门 B 输出为 **1**，$\overline{Q}=$ **0**，实现异步置 **1**。

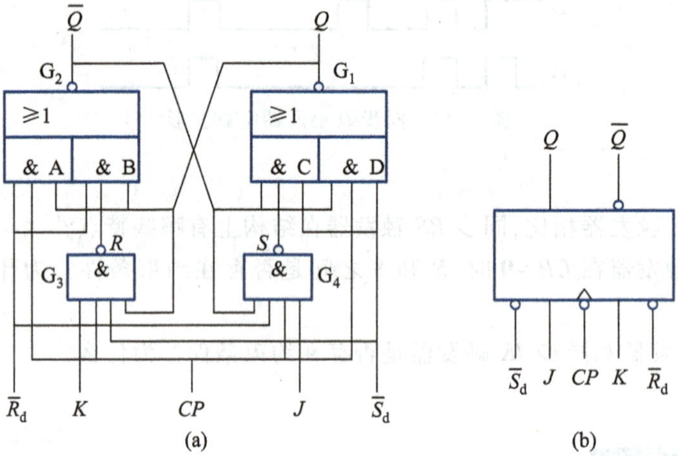

图 7-18 TTL 边沿 *JK* 触发器逻辑电路图及逻辑符号

（a）电路图；（b）逻辑符号

在$\overline{R}_d=\mathbf{1}$、$\overline{S}_d=\mathbf{1}$条件下：

（1）当 $CP=\mathbf{0}$，**与非**门 G_3、G_4 封锁，不接收 J、K 信号输入，其输出为 **1**，**与**门 A、D 被封锁，使触发器的状态保持不变。如触发器原状态为 $Q=\mathbf{0}$、$\overline{Q}=\mathbf{1}$，则**与**门 C 输入全 **1**，输出 $Q^{n+1}=\mathbf{0}$，**与**门 A 和 B 输入都有 **0**，输出$\overline{Q}^{n+1}=\mathbf{1}$，则触发器保持 **0** 状态不变。如触发器原状态为 **1**，同样能保持 **1** 状态不变。

（2）当 $CP=\mathbf{1}$ 时，**与非**门 G_3、G_4 打开，接收 J、K 信号输入，由图 7-18 可得输出表达式为

$$Q^{n+1}=\overline{\overline{Q}^n\cdot CP\cdot \overline{S}_d+\overline{Q}^n\cdot S\cdot \overline{S}_d}=\overline{\overline{Q}^n+\overline{Q}^n\cdot S}=Q^n \tag{7-7}$$

$$\overline{Q}^{n+1}=\overline{Q^n\cdot CP\cdot \overline{R}_d+Q^n\cdot R\cdot \overline{R}_d}=\overline{Q^n+Q^n\cdot R}=\overline{Q}^n \tag{7-8}$$

可见触发器的输出仍保持不变。

（3）在 CP 由 **1** 到 **0** 时，CP 信号是直接加到**与**门 A、D 输入端，但 G_3、G_4 的输出 S 和 R 需要经过一个**与非**门延迟 t_{pd} 才能变为 **1**。设$\overline{Q}$为 G_2 在这一瞬间的输出，则 S、R 在没有变为 **1** 以前，维持 CP 下降前的值为

$$S=\overline{J\overline{Q}^n}\qquad R=\overline{KQ^n}$$

由式(7-7)可得

$$Q^{n+1}=\overline{\overline{Q}^n\cdot 0+\overline{Q}^n\cdot S}=\overline{\overline{Q}^n\cdot S} \tag{7-9}$$

由式(7-8)可得

$$\overline{Q^n} = \overline{Q^n \cdot 0 + Q^n \cdot R} = \overline{Q^n \cdot R}$$

代入式(7-9)得

$$Q^{n+1} = \overline{\overline{\overline{Q^n} \cdot R} \cdot S}$$

将 S、R 代入上式，得

$$Q^{n+1} = \overline{\overline{\overline{Q^n} \cdot \overline{KQ^n}} \cdot \overline{J\,\overline{Q^n}}} = J\,\overline{Q^n} + \overline{K}Q^n \qquad (7\text{-}10)$$

显然，这是 JK 触发器的特征方程。

由以上分析可知，在 $CP=0$ 及 $CP=1$ 期间，触发器状态均维持不变，只有时钟下降沿到达时刻的 J、K 值才能对触发器起作用，并引起翻转，实现了边沿 JK 触发器的功能。

3. 集成边沿 JK 触发器 74LS112

集成边沿 JK 触发器常用芯片为 74LS112。该芯片由两个独立的下降沿触发的边沿 JK 触发器组成，其逻辑符号和功能表分别如图 7-19 和表 7-6 所示。

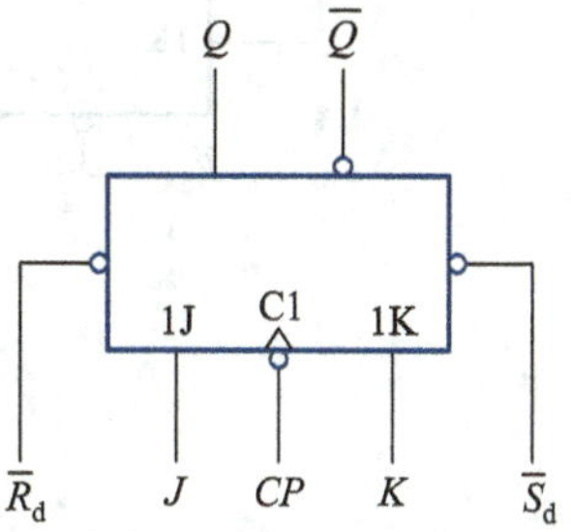

图 7-19 74LS112 双 JK 逻辑符号

表 7-6 74LS112 双 JK 触发器功能表

输入					输出		
$\overline{R}_d$	$\overline{S}_d$	CP	J	K	Q^{n+1}	$\overline{Q^{n+1}}$	功能说明
0	1	×	×	×	0	1	异步置 0
1	0	×	×	×	1	0	异步置 1
1	1	↓	0	0	Q^n	$\overline{Q^n}$	保持
1	1	↓	0	1	0	1	置 0
1	1	↓	1	0	1	0	置 1
1	1	↓	1	1	$\overline{Q^n}$	Q^n	计数
1	1	1	×	×	Q^n	$\overline{Q^n}$	保持
0	0	×	×	×	1	1	不允许

由该表可看出 74LS112 有如下主要功能：

(1) 异步置 **0**。当 $\overline{R}_d=0$、$\overline{S}_d=1$ 时，触发器立即置 **0**，它与时钟脉冲 CP 及 J、K 的输入信号无关。

(2) 异步置 **1**。当 $\overline{R}_d=1$、$\overline{S}_d=0$ 时，触发器立即置 **1**，它与时钟脉冲 CP 及 J、K 的输入信号无关。

由此可见，$\overline{R}_d$、$\overline{S}_d$ 端的置 **0**、置 **1** 信号对触发器的控制作用优先于 CP 和 J、K 的信号。

当 $\overline{R}_d=\overline{S}_d=1$ 时，其功能与同步 JK 触发器一样，只是 CP 脉冲触发方式为下降沿有效。

$\overline{R}_d$、$\overline{S}_d$ 同时为 **0** 时，触发器输出状态不确定，这种情况是不允许的。

【例 7-3】 边沿 JK 触发器输入信号 J 和 K、时钟脉冲 CP、异步置位端 $\overline{R}_d$ 和 $\overline{S}_d$ 的波形

如图 7-20 所示，试画出触发器输出端 Q 的波形，设初始状态为 **0**。

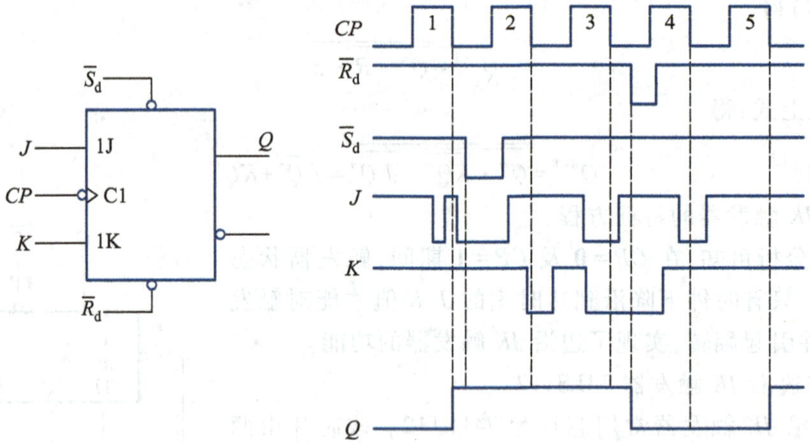

图 7-20 边沿 JK 触发器工作波形

解 第 1 个时钟脉冲下降沿到达时，由于 $\overline{R}_d=\overline{S}_d=\mathbf{1}$ 和 $J=K=\mathbf{1}$，所以触发器由 **0** 状态翻转到 **1** 状态。

第 2 个时钟脉冲下降沿到达前，由于 $\overline{R}_d=\mathbf{1},\overline{S}_d=\mathbf{0}$，触发器被强迫置 **1**，第 2 个时钟脉冲下降沿到达时 $J=\mathbf{1},K=\mathbf{0}$ 所以触发器为 **1** 状态。

第 3 个时钟脉冲下降沿到达时，$J=K=\mathbf{0}$，触发器状态保持 **1** 状态，第 3 个时钟脉冲下降沿到达后，$\overline{R}_d=\mathbf{0},\overline{S}_d=\mathbf{1}$，触发器被强迫置 **0**。

第 4 个时钟脉冲下降沿到达时，由于 $\overline{R}_d=\overline{S}_d=\mathbf{1},J=\mathbf{0},K=\mathbf{1}$，触发器置 **0**。

第 5 个时钟脉冲下降沿到达时，由于 $\overline{R}_d=\overline{S}_d=\mathbf{1},J=K=\mathbf{1}$，触发器由 **0** 状态翻转到 **1** 状态。

用 VHDL 描述的边沿 *JK* 触发器

```
library ieee;
use ieee. std_logic_1164. all;
entity jkcfq is
  port( j,k,clk:in std_logic;
              q,qb:out std_logic);
end entity jkcfq;
architecture art of jkcfq is
signal  q_s,qb_s:std_logic;
begin
process( clk,j,k) is
begin
 if ( clk' event and clk='1') then
```

```
        if(j='0' and k='1')then
              q_s<='0';
              qb_s<='1';
        elsif(j='1' and k='0')then
              q_s<='1';
              qb_s<='0';
        elsif(j='1' and k='1')then
           q_s<=not q_s;
           qb_s<=not qb_s;
      end if;
   end if;
   q<=q_s;
   qb<=qb_s;
   end process;
   end architecture art;
```

【例 7-4】 单脉冲发生器电路。

一个实用的单脉冲发生器电路及波形如图 7-21 所示。它由两个具有异步端的 *JK* 触发器和一个按钮开关 S 组成。当电源接通后，由于 FF_1 触发器的异步置 **0** 端$\overline{R}_d$ 为 **0**，所以触发器输出$\overline{Q}_1$=**1**。此时 FF_0 状态不确定，输出 Q_0 可能为 **1**，也可能为 **0**，但经过一个时钟脉冲作用后，由于 FF_0 控制输入端 J_0=**0**，K_0=**1**，则 Q_0=**0**。当用手按下按钮开关时，$J_0=K_0$=**1**，FF_0 的状态翻转为 **1**，又因 FF_1 的$\overline{R}_1$=**1**，且 $J_1=K_1$=**1**，所以 FF_1 触发器也处于翻转状态。所以按钮按下后第一个时钟下降沿 Q_0 由 **0** 变 **1**，第二个时钟脉冲下降沿 Q_0 由 **1** 变 **0**，产生一个负边沿引起 FF_1 触发器的翻转，$\overline{Q}_1$由 **1** 变 **0**。又由于$\overline{Q}_1$与 FF_0 触发器的异步置零端相连，因此 FF_0 触发器置 **0**。经过上述过程，一个单脉冲便可产生。这个单脉冲由 FF_0 触发器的 Q_0 端输出，它是一个正脉冲。正脉冲的宽度与按钮开关时间长短无关，仅由时钟周期确定。

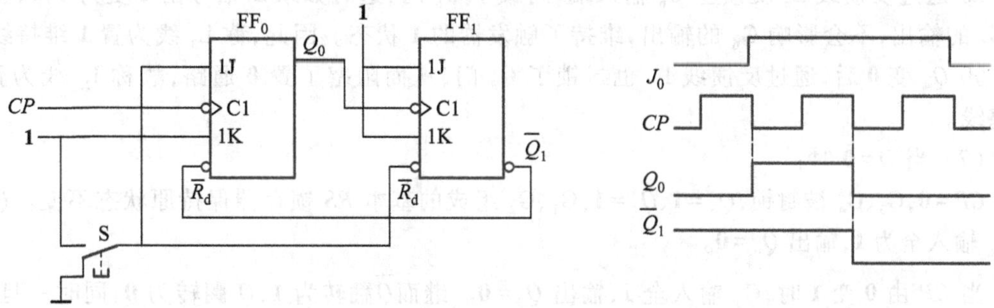

图 7-21 单脉冲发生器产生电路及波形

单脉冲发生器工作特点是：每按一次开关，只产生一个单脉冲，脉冲宽度与按动开关时间长短无关，每次产生的脉冲宽度为一个时钟周期。

7.3.2 边沿D触发器

1. 电路结构、逻辑符号

上升沿触发维持-阻塞D触发器电路如图 7-22 所示。这个电路在同步D触发器基础上，增加了置 **0**、置 **1** 维持、置 **0** 阻塞、置 **1** 阻塞四根反馈线。

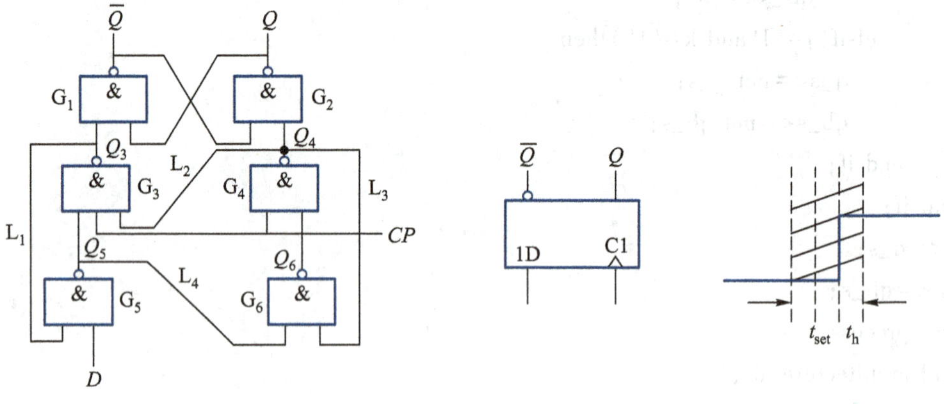

(a) (b) (c)

图 7-22 维持-阻塞D触发器逻辑电路、逻辑符号及建立时间和保持时间

(a)电路图;(b)逻辑符号;(c)建立时间和保持时间

2. 工作原理

(1) 当D=**1**时：

CP=**0**，G_3、G_4被封锁，Q_3=**1**、Q_4=**1**，G_1、G_2组成的基本RS锁存器保持原状态不变。因D=**1**，G_5输入全为**1**，Q_5=**0**，则Q_6=**1**。

当CP由**0**变**1**时，G_4输入全**1**，输出Q_4=**0**。

Q_4=**0**有三个作用：

① 触发器置**1**，使Q=**1**，$\overline{Q}$=**0**;

② 通过反馈线L_3反馈至G_6输入端，封锁了G_6门，这时如果D信号由**1**变为**0**，只会影响G_5的输出，不会影响G_6的输出，维持了触发器的**1**状态。因此，称L_3线为置**1**维持线；

③ Q_4变**0**后，通过反馈线L_2也封锁了G_3门，从而阻塞了置**0**通路，故称L_2线为置**0**阻塞线。

(2) 当D=**0**时：

CP=**0**，G_3、G_4被封锁，Q_3=**1**、Q_4=**1**，G_1、G_2组成的基本RS锁存器保持原状态不变。Q_5=**1**，G_6输入全为**1**，输出Q_6=**0**。

当CP由**0**变**1**时，G_3输入全**1**，输出Q_3=**0**。继而$\overline{Q}$翻转为**1**，Q翻转为**0**，同时一旦Q_3变为**0**，通过反馈线L_1封锁了G_5门，这时无论D信号怎么变化，Q_5的输出始终为**1**，Q_3=**0**。一方面维持了触发器的**0**状态，因此，称L_1线为置**0**维持线；另一方面使Q_6=**0**，封锁G_4门，从而阻塞了置**1**通路，故称L_4线为置**1**阻塞线。

由以上分析可见，维持-阻塞触发器是利用了维持线和阻塞线，将触发器的触发翻转控

制在 CP 上升沿到来的一瞬间，并接收 CP 上升沿到来前一瞬间的 D 信号，常称为上升沿触发 D 触发器。

3. 维持-阻塞 D 触发器的脉冲工作特性

从上面分析维持-阻塞 D 触发器的工作原理可知它的工作分为两个阶段，在 $CP=0$ 时，为准备阶段；CP 从 0 至 1 正向跳变时刻为状态转移阶段，为了使维持-阻塞 D 触发器（如图 7-22 所示电路）能可靠工作，要求如下：

（1）在 CP 从 0 正向跳变至 1 之前，门 G_5 和 G_6 输出端 Q_5 和 Q_6 应建立稳定状态。由于 Q_5 和 Q_6 稳定状态建立需要经历两个**与非**门的延迟时间，这段时间称为建立时间 $t_{set}t_{set}=2t_{pd}$，t_{pd} 为每一个**与非**门的延迟时间，如图 7-22（c）所示。在这段时间内要求输入激励信号 D 不能发生变化。所以 $CP=0$ 的持续时间应满足 $t_{CPL}\geqslant t_{set}=2t_{pd}$。

（2）在 CP 从 0 正向跳变至 1 时，脉冲前沿到达后，要达到维持-阻塞作用，必须使 Q_3 或 Q_4 从 1 变为 0，这需要经历一个**与非**门延迟时间。在这段时间内要求输入信号 D 也不能发生变化，将这段时间称作保持时间，$t_h=1t_{pd}$。

（3）从 CP 由 0 正向跳变至 1 开始，直到触发器状态转移完成稳定于新的状态，需经历 Q_3 或 Q_4 信号的建立以及经历基本触发器状态翻转时间，这一共需要经历 $3t_{pd}$ 的时间，故要求 $CP=1$ 的持续时间必须大于 $3t_{pd}$，即 $t_{CPH}>3t_{pd}$。

（4）为了让维持-阻塞 D 触发器稳定可靠的工作，CP 脉冲的工作频率应满足

$$f_{CPMAX}\leqslant\frac{1}{t_{CPL}+t_{CPH}}=\frac{1}{5t_{pd}} \tag{7-11}$$

由上面分析可知，在 CP 由 0 到 1 前沿到达之前 $2t_{pd}$ 时间内和前沿到达之后 $1t_{pd}$ 时间内，输入信号 D 不能发生变化，即在这段时间（如图 7-22（c）斜线部分所示）内对 D 信号敏感，而在其余时间内输入信号 D 的变化对触发器状态不会产生影响。

4. 集成边沿 D 触发器 74LS74

74LS74 芯片由两个独立的上升沿触发的维持-阻塞 D 触发器组成，它的逻辑符号如图 7-23 所示，其特性如表 7-7 所示。

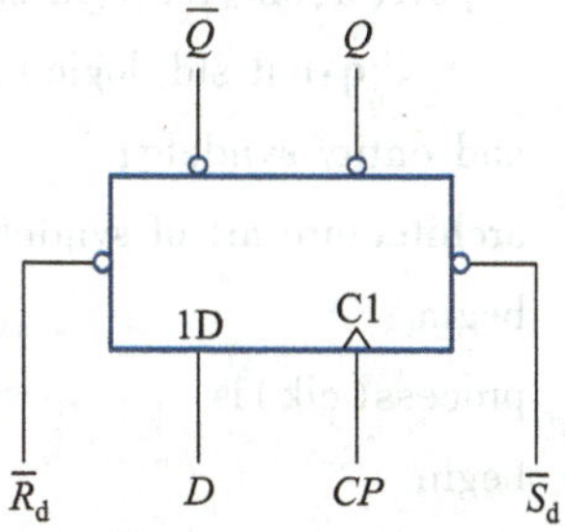

图 7-23 边沿 D 触发器逻辑符号

表 7-7 74LS74 双 D 触发器功能表

输入				输出		功能说明
$\overline{R}_d$	$\overline{S}_d$	D	CP	Q^{n+1}	$\overline{Q}^{n+1}$	
0	1	×	×	0	1	异步置 0
1	0	×	×	1	0	异步置 1
1	1	0	↑	0	1	置 0
1	1	1	↑	1	0	置 1
1	1	×	0	Q^n	$\overline{Q}^n$	保持
0	0	×	×	1	1	不允许

由表 7-7 可看出 74LS74 具有如下功能：

（1）异步置 **0**。当$\overline{R}_d$ = **0**、$\overline{S}_d$ = **1** 时，触发器置 **0**，Q^{n+1} = **0**，它与时钟脉冲 *CP* 及 *D* 的输入信号没有关系。

（2）异步置 **1**。当$\overline{R}_d$ = **1**、$\overline{S}_d$ = **0** 时，触发器置 **1**，Q^{n+1} = **1**，它同样与时钟脉冲 *CP* 及 *D* 的输入信号没有关系。

由此可见，$\overline{R}_d$、$\overline{S}_d$ 端的置 **0**、置 **1** 信号对触发器的控制作用优先于时钟脉冲 *CP* 和 *D* 的输入信号。

（3）置 **0**。取$\overline{R}_d$ = $\overline{S}_d$ = **1**，如 *D* = **0**，则在 *CP* 由 **0** 正跃到 **1** 时，触发器置 **0**，Q^{n+1} = **0**。

（4）置 **1**。取$\overline{R}_d$ = $\overline{S}_d$ = **1**，如 *D* = **1**，则在 *CP* 由 **0** 正跃到 **1** 时，触发器置 **1**，Q^{n+1} = **1**。

（5）保持。取$\overline{R}_d$ = $\overline{S}_d$ = **1**，在 *CP* = **0** 时，这时不论 *D* 输入信号为 **0** 还是 **1**，触发器都保持原状态不变。

74LS74 工作时，不允许$\overline{R}_d$ = $\overline{S}_d$ = **0**，而应取$\overline{R}_d$ = $\overline{S}_d$ = **1**。

用 VHDL 描述的边沿 *D* 触发器

```
library ieee;
use ieee. std_logic_1164. all;
entity syndcfq is
  port(d,clk,reset:in std_logic;
        q:out std_logic);
end entity syndcfq;
architecture art of syndcfq is
begin
process(clk)is
begin
if(clk' event and clk='1')then
  if(reset='0')then
        q<='0';       --时钟边沿到来且有复位信号，触发器被复位
  else   q<=d;
  end if;
end if;
end process;
end architecture art;
```

应用实例 2

微视频 7-2：
流水灯电路

【例 7-5】 试用边沿 *D* 触发器和 2 线-4 线译码器（74LS139）构成一个 4 位流水灯电路。

解 4 位流水灯电路如图 7-24（a）所示，图 7-24（b）为其波形

图。其中 FF_0 和 FF_1 构成四进制计数器，输出端 Q_0、Q_1 作为 2 线-4 线译码器（74LS139）的地址信号，译码输出信号让 4 个发光二极管从右向左依次点亮。

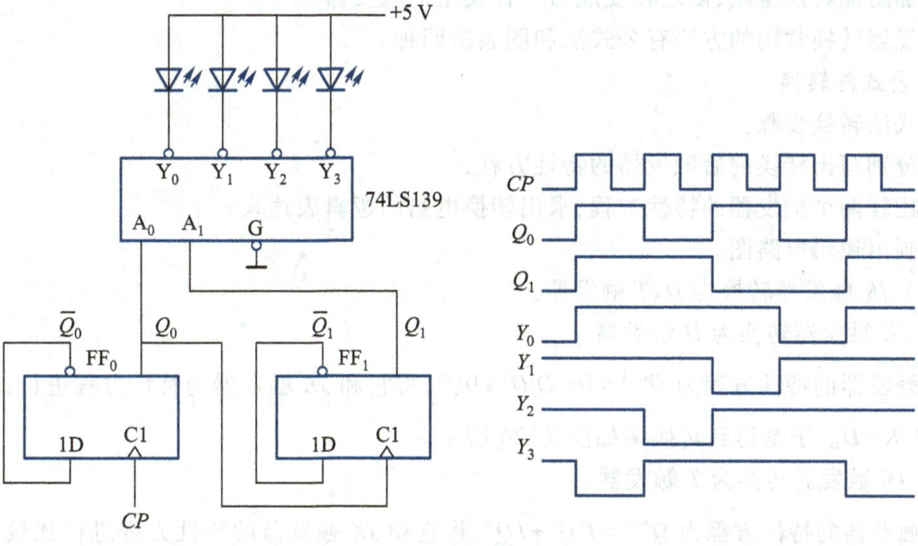

图 7-24 4 位流水灯电路

（a）电路图；（b）波形图

思考题

1. 什么叫边沿触发器？它具有什么特点？

2. TTL 边沿 *JK* 触发器工作时，其直接置 **0** 端 $\overline{R}_d$ 和直接置 **1** 端 $\overline{S}_d$ 应处于什么状态？

3. 试将维持阻塞 *D* 触发器转换成 *RS* 触发器，并写出它的特性方程。

4. 维持阻塞 *D* 触发器如图 7-22（b）所示，设初始状态为 **0**，已知输入 *D* 和时钟 *CP* 的波形如图 7-25 所示，画出输出 *Q* 的波形图。

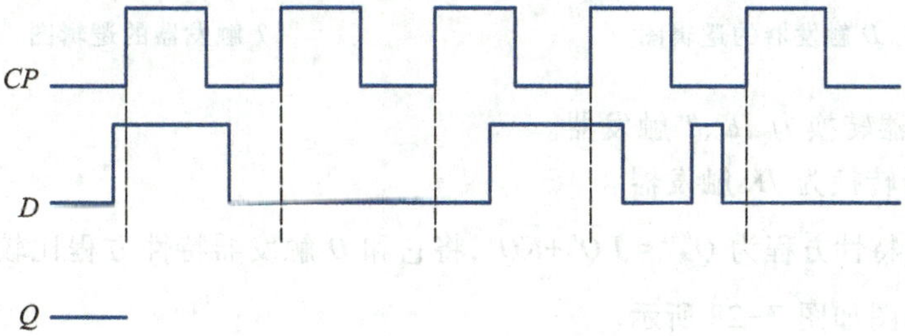

图 7-25 思考题 4 波形图

5. 写出具有异步清零、置位功能的 *RS* 触发器的 VHDL 描述。

7.4 触发器逻辑功能的转换

前面介绍了几种逻辑功能不同的触发器，但现市场上出售的集成触发器大多是 *D* 触发器和 *JK* 触发器。这是因为 *D* 触发器对于单端信号输入时使用最为方便，而 *JK* 触发器的逻辑功能最为完善。实际工作中经常需要利用手中现有的触发器完成其他触发器的逻辑,这就需要将不同逻辑功能的触发器进行转换。触发器间的转换就是在已有触发器的基础上,通过增加附加转换电路,使之转变成另一种类型的触发器。

触发器转换常用的方法有公式法和图表法两种。

1. 公式法转换

公式法转换步骤:

- 分别写出转换前后触发器的特性方程;
- 比较两个触发器的特性方程,求出转换电路的逻辑表达式;
- 画出逻辑电路图。

(1) *JK* 触发器转换为 *D*、*T* 触发器。

① *JK* 触发器转换为 *D* 触发器。

D 触发器的特性方程为 $Q^{n+1}=D=D\,\overline{Q}^n+DQ^n$,将它和 *JK* 触发器的特性方程进行比较,可得 $J=D, K=\overline{D}$。于是得到转换图如图 7-26 所示。

② *JK* 触发器转换为 *T* 触发器。

T 触发器的特性方程为 $Q^{n+1}=T\,\overline{Q}^n+\overline{T}Q^n$,将它和 *JK* 触发器的特性方程进行比较,显然,$J=K=T$。则得到转换图如图 7-27 所示。

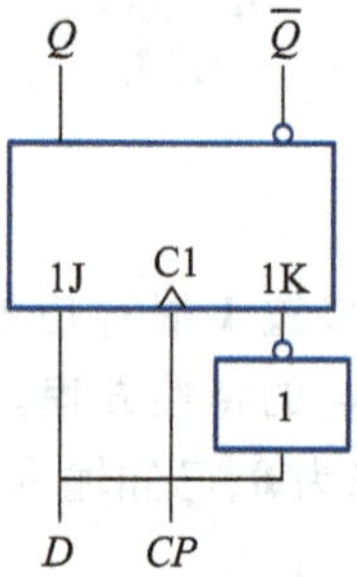

图 7-26 *JK* 触发器转换为 *D* 触发器的逻辑图

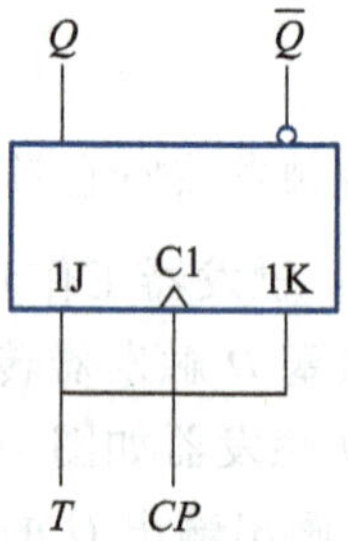

图 7-27 *JK* 触发器转换为 *T* 触发器的逻辑图

(2) *D* 触发器转换为 *JK*、*T* 触发器。

① *D* 触发器转换为 *JK* 触发器。

JK 触发器的特性方程为 $Q^{n+1}=J\,\overline{Q}^n+\overline{K}Q^n$,将它和 *D* 触发器特性方程比较,可得 $D=J\,\overline{Q}^n+\overline{K}Q^n$,则得到转换图如图 7-28 所示。

② *D* 触发器转换为 *T* 触发器。

T 触发器的特性方程为 $Q^{n+1}=T\,\overline{Q}^n+\overline{T}Q^n$,*D* 触发器的特性方程为 $Q^{n+1}=D$,使这两个特性方程相等,由此得

$$Q^{n+1}=D=T\,\overline{Q}^n+\overline{T}Q^n=T\oplus Q^n \tag{7-12}$$

D 触发器转换为 *T* 触发器的逻辑图如图 7-29 所示。

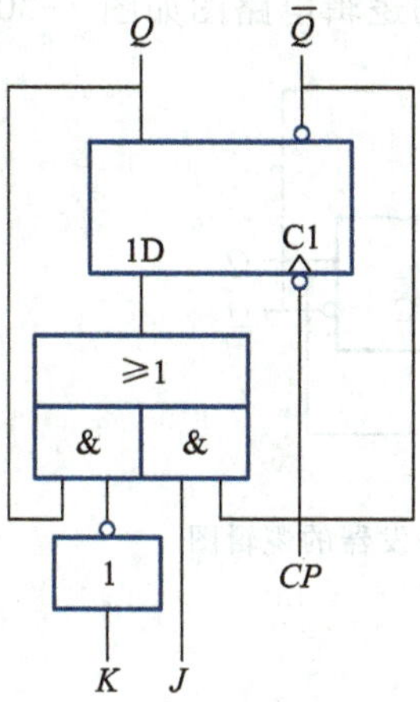

图 7-28 D 触发器转换为 JK 的逻辑图

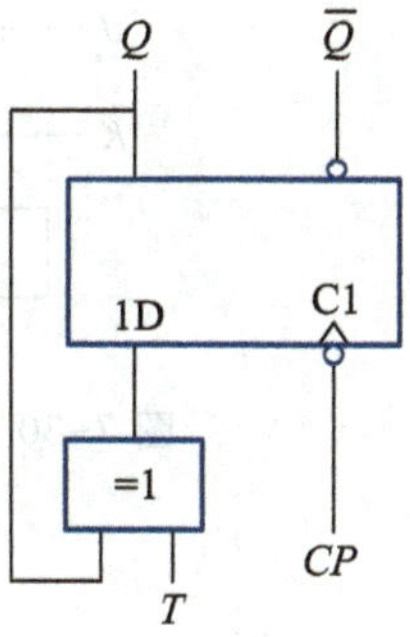

图 7-29 D 转换为 T 触发器的逻辑图

2. 图表法转换

图表法转换步骤:

- 根据期待触发器的特性表和已有触发器的驱动表列出转换电路的真值表;
- 根据真值表求出转换电路的逻辑表达式;
- 画出逻辑电路图。

T 触发器转换为 *JK* 触发器

首先将 *JK* 触发器特性表的各变量值填入表 7-8 的第一栏和第二栏中,然后根据 *T* 触发器的功能表和表中每行 Q、Q^{n+1} 的值填入所需的 *T* 值,如表 7-8 所示。例如第一行中 $Q=\mathbf{0}$,$Q^{n+1}=\mathbf{0}$,即触发器状态不变,根据 *T* 触发器功能表知,此时 *T* 应为 **0**。在最后一行中,因为 $Q=\mathbf{1}$,$Q^{n+1}=\mathbf{0}$ 即触发器状态翻转,根据 *T* 触发器功能表知 *T* 应为 **1**。

表 7-8 *T-JK* 触发器功能转换表

J	*K*	*Q*	Q^{n+1}	*T*
0	**0**	**0**	**0**	**0**
0	**0**	**1**	**1**	**0**
0	**1**	**0**	**0**	**0**
0	**1**	**1**	**0**	**1**
1	**0**	**0**	**1**	**1**
1	**0**	**1**	**1**	**0**
1	**1**	**0**	**1**	**1**
1	**1**	**1**	**0**	**1**

根据表 7-8 可以写出 *T* 触发器的逻辑表达式为

$$T(J,K,Q)=\overline{J}KQ+J\overline{K}\,\overline{Q}+JK\overline{Q}+JKQ$$

$$=J\overline{Q}+KQ=\overline{\overline{J\overline{Q}}\cdot\overline{KQ}} \qquad (7-13)$$

由式(7-12)可画出 T 触发器转换为 JK 触发器的逻辑电路图如图 7-30 所示。

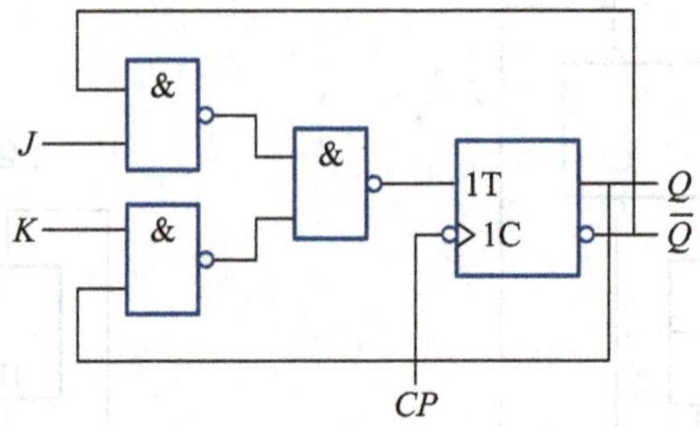

图 7-30　T 触发器转换为 JK 触发器的逻辑图

▶ 目标测评

1. 归纳基本 RS 触发器、同步触发器和边沿触发器各有何特点。
2. 如何将 T 触发器转换为 D 触发器?
3. 设维持-阻塞 D 触发器的初始状态为 0,CP、D 信号如图 7-31 所示,试画出触发器 Q 端的波形。
4. 设计一个 4 分频器电路。

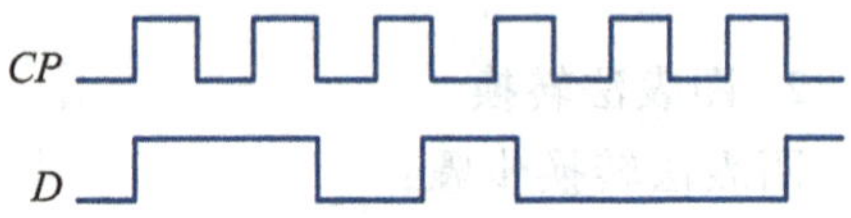

图 7-31　信号波形

▶ 工程训练项目

1. 8 位流水灯电路设计。
2. 8 人智力竞赛抢答电路设计。

实现方式

1. 项目 1 采用边沿触发器和门电路设计;项目 2 采用基本触发器和门电路设计。
2. 基于 Quartus Ⅱ 原理图输入方式实现。
3. 基于 Quartus Ⅱ 的 VHDL 方式实现。

▶ 英文术语表

英文	中文	解释
basic flip_flop	基本 RS 触发器	由两个与非门或两个或非门通过交叉耦合构成的结构最简单的一种触发器
$\overline{S}_d$—set	置位端	即置 **1** 端,使触发器处于 **1** 状态的输入端,低电平有效
$\overline{R}_d$—reset	复位端	即置 **0** 端,使触发器处于 **0** 状态的输入端,低电平有效
clock pulse	时钟脉冲	一个按一定电压幅度,一定时间间隔连续发出的脉冲信号
edge_triggeredjk flip_flop	边沿触发器	触发器状态翻转只发生在时钟脉冲 CP 上升沿或下降沿时刻的触发器
synchronous flip_flop	同步触发器	工作状态转换受时钟脉冲控制的触发器

本章小结

1. 触发器是具有记忆功能的基本逻辑单元，它有两个稳定状态，在外界信号作用下，可以从一个稳态转变为另一个稳态；无外界信号作用时状态保持不变。因此，触发器可以作为二进制存储单元使用和组成计数器等时序逻辑电路。

2. 触发器的逻辑功能可以用真值表、卡诺图、特性方程、状态图和波形图等五种方式来描述。触发器的特性方程是表示其逻辑功能的重要逻辑函数，在分析和设计时序电路时常用来作为判断电路状态转换的依据。

3. 根据逻辑功能不同，触发器可分为：*RS* 触发器、*JK* 触发器、*D* 触发器、*T* 触发器和 *T'* 触发器等几种类型。

4. 基本 *RS* 触发器可由两个**与非**门或两个**或非**门输出和输入交叉耦合构成，输出状态由输入信号的电平控制。由**与非**门组成的基本 *RS* 触发器的特性方程为

$$\begin{cases}Q^{n+1}=S_{\mathrm{d}}+\overline{R}_{\mathrm{d}}Q^{n}\\ \overline{S}_{\mathrm{d}}+\overline{R}_{\mathrm{d}}=\mathbf{1}\end{cases}$$

5. 同步触发器是在基本 *RS* 触发器的输入端增加了两个控制门组成的，触发器的输出状态由 *R*、*S* 端输入信号决定，输入时钟脉冲控制其翻转时刻。它们的特性方程为

同步 *RS* 触发器：

$$\begin{cases}Q^{n+1}=S+\overline{R}Q^{n}\\ RS=0\end{cases}\qquad (CP=\mathbf{1}\ \text{期间有效})$$

同步 *JK* 触发器：　$Q^{n+1}=J\overline{Q}^{n}+\overline{K}Q^{n}$　　（$CP=\mathbf{1}$ 期间有效）

同步 *D* 触发器：　$Q^{n+1}=D$　　（$CP=\mathbf{1}$ 期间有效）

同步 *T* 触发器：　$Q^{n+1}=T\overline{Q}^{n}+\overline{T}Q^{n}$　　（$CP=\mathbf{1}$ 期间有效）

同步 *T'* 触发器：　$Q^{n+1}=\overline{Q}^{n}$　　（$CP=\mathbf{1}$ 期间有效）

6. 边沿触发器主要有边沿 *JK* 触发器、边沿 *D* 触发器，它们输出状态的改变只发生在时钟脉冲的下降沿或上升沿时刻。触发器的输出状态由 *CP* 下降沿或上升沿到达前一瞬间的输入信号决定。因此，边沿触发器具有很强的抗干扰能力。它们的特性方程为

边沿 *JK* 触发器：　$Q^{n+1}=J\overline{Q}^{n}+\overline{K}Q^{n}$　　（*CP* 下降沿到达时刻有效）

边沿 *D* 触发器：　$Q^{n+1}=D$　　（*CP* 上升沿到达时刻有效）

习　题

［题 7-1］　*RS* 触发器有哪几种功能？写出特征方程和特性表。

［题 7-2］　基本 *RS* 触发器如图 P7-1 所示，试画出 *Q* 对应 $\overline{S}_{\mathrm{d}}$ 和 $\overline{R}_{\mathrm{d}}$ 的波形（设 *Q* 的初

态为 **0**)。

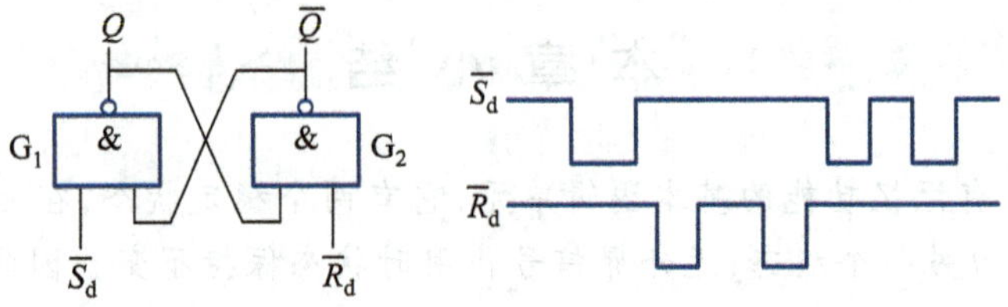

图 P7-1

[题 7-3] 同步 *RS* 触发器如图 P7-2 所示,试画出 *Q* 对应 *R* 和 *S* 的波形(设 *Q* 的初态为 **0**)。

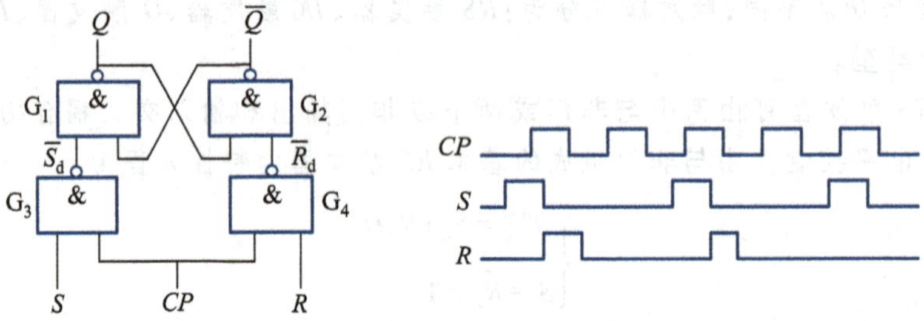

图 P7-2

[题 7-4] *JK* 触发器有哪几种功能?写出特征方程和特性表。

[题 7-5] *D* 触发器有哪几种功能?写出特征方程和特性表。

[题 7-6] 已知 *CP*、*D* 的波形如图 P7-3 所示,试画出高电平有效和上升沿有效 *D* 触发器 *Q* 的波形(设 *Q* 的初态为 **0**)。

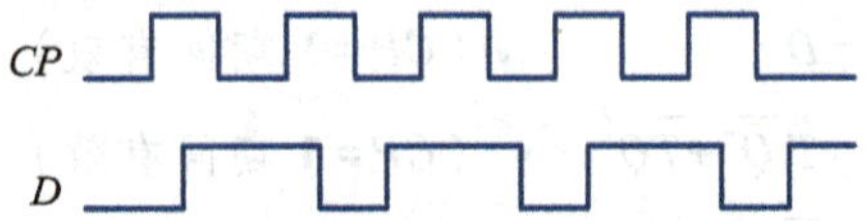

图 P7-3

[题 7-7] 维持-阻塞 *D* 触发器输入波形如图 P7-4 所示,试画出输出端的工作波形,设初始状态为 **0**。

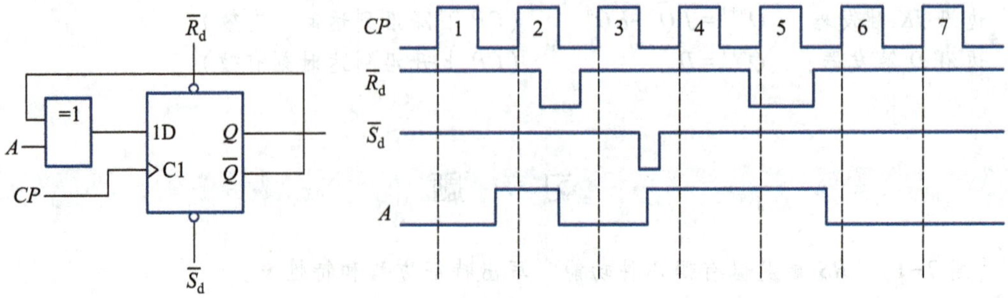

图 P7-4

［题 7-8］ 已知 *JK* 触发器输入信号 *J* 和 *K*、时钟脉冲 *CP*、异步置位端 $\overline{R}_d$ 和 $\overline{S}_d$ 的波形如图 P7-5 所示，试画出触发器输出端 *Q* 的波形，设初始状态为 **0**。

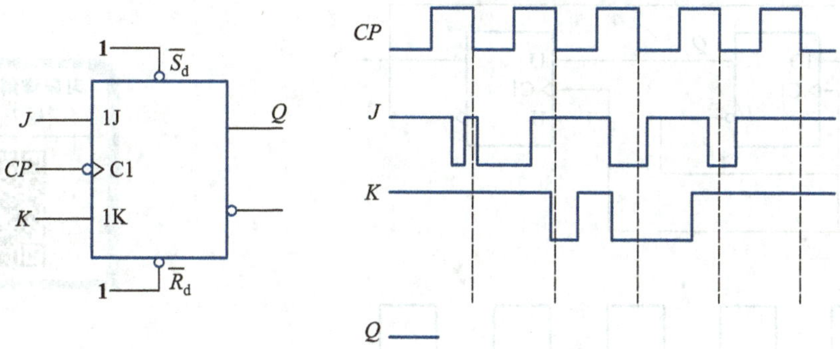

图 P7-5

［题 7-9］ 上升沿触发的 *JK* 触发器和输入波形如图 P7-6 所示，试画出输出 *Q* 的波形，设 *Q* 的初始状态为 **1**。

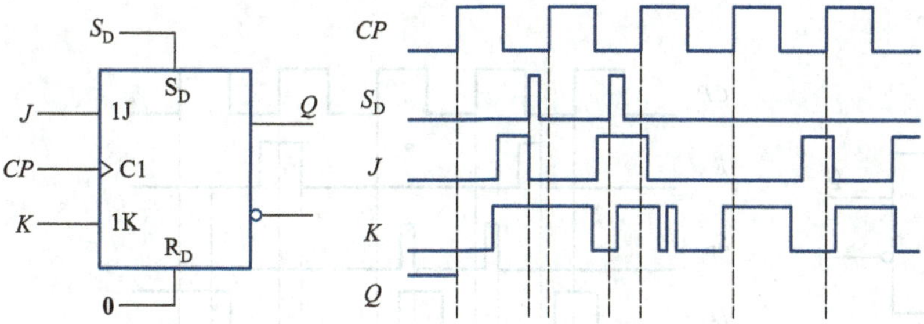

图 P7-6

习题详解 7-1：
［题 7-9］解答

［题 7-10］ 设图 P7-7 中的触发器的初态均为 **0**，试画出 *Q* 端的波形。

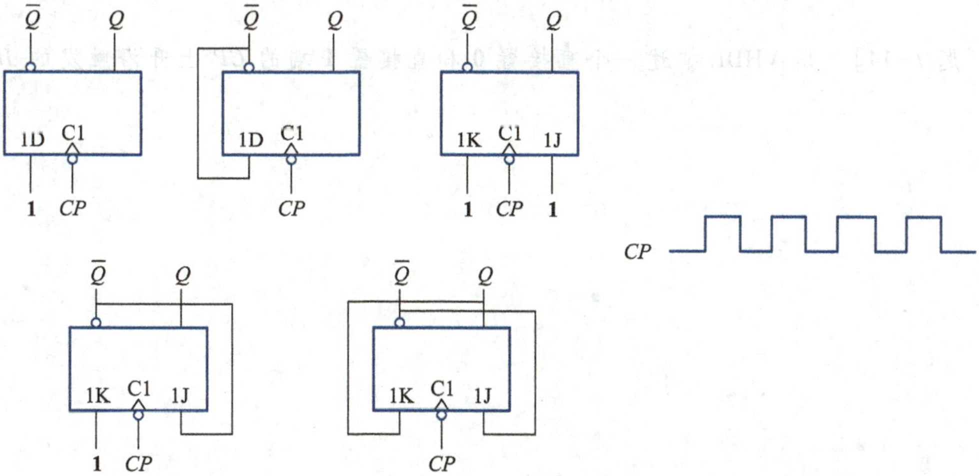

图 P7-7

［题 7-11］ 已知电路和 CP 波形如图 P7-8 所示，设各触发器的初态均为 **0**，试画出 Q_1、Q_0 的波形。

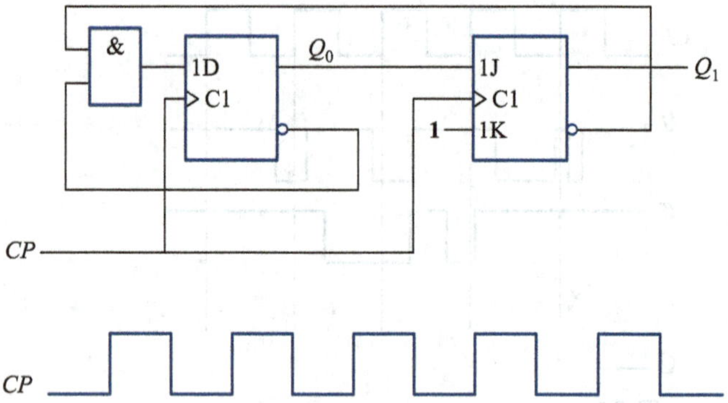

图 P7-8

习题详解 7-2：
［题 7-11］解答

［题 7-12］ 试设计一个下降沿触发 D 触发器的 VHDL 程序。

［题 7-13］ 下降沿触发的 D 触发器和输入波形如图 P7-9 所示，试画出输出 Q 的波形，设 Q 的初始状态为 **0**。

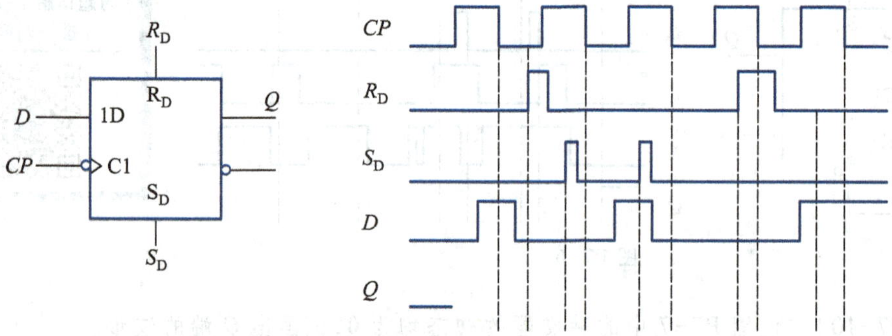

图 P7-9

［题 7-14］ 用 VHDL 描述一个直接置 **0** 和直接置 **1** 端的 CP 上升沿触发的 JK 触发器。

第 8 章　时序逻辑电路

▶ 本章目标

1. 了解异步时序逻辑电路的设计方法、计数器和寄存器的 VHDL 描述方法。
2. 理解计数器的工作特点、分类方法及有关概念。
3. 理解二进制、十进制计数器的工作原理及特点，同步与异步二进制计数器的区别。
4. 理解寄存器、移位寄存器、移位寄存型（环形、扭环形）计数器。
5. 掌握同步、异步时序电路的特点、功能描述和分析方法。
6. 掌握用中规模集成计数器实现任意模值计数（分频）器的方法。
7. 掌握同步时序逻辑电路的设计方法。

▶ 引言

逻辑电路分为两大类，即组合逻辑电路和时序逻辑电路。组合电路的分析和设计已在第 6 章作了介绍。时序电路包括由触发器和组合电路组成的小规模时序逻辑电路（SSI）和能完成特定功能的中规模数字集成电路（MSI）。比如，寄存器是能够存放二进制数码的电路，可实现数码的串并转换，可用于脉冲的节拍延迟，还可以构成计数分频电路、序列信号发生器等。计数器是数字系统中使用最多的时序电路，计数器可以用来对时钟脉冲计数，也可用来作为定时、分频和执行数字运算等。序列信号是一串周期性信号，其中 **1** 和 **0** 数码按一定的规则顺序排列，它可以用来作为数字系统的同步信号、地址码等。在模型计算机系统中，程序计数器 PC，其作用是确定下一条指令的地址，即选用了 74LS161（4 位同步二进制计数器）作为程序计数器。节拍发生器用于产生节拍脉冲信号，以便控制计算机按固定节拍有序地工作，电路中选用了移位寄存器构成环形计数器。地址寄存器 MAR、数据寄存器 DR、指令寄存器 IR 分别选用了 74LS373 和 74LS377 来暂时存放有用的数码。

本章首先概要地讲述了时序逻辑电路在逻辑功能和电路结构上的特点，并详细介绍了分析时序逻辑电路的具体方法和步骤。然后分别介绍了寄存器、计数器、顺序脉冲发生器等各类常用时序逻辑电路的工作原理和使用方法。最后讲述了时序逻辑电路的设计方法和工程运用实例。

8.1 时序逻辑电路的特点及功能描述

关键术语

时序逻辑电路:电路在任一时刻的输出状态不仅决定于该时刻的输入,还与上一时刻的输入有关。

同步时序电路:时序电路中所有触发器的状态更新都发生在同一时钟的同一时刻。

异步时序电路:时序电路中所有触发器的状态更新不都发生在同一时钟的同一时刻。

具有记忆能力的逻辑电路称为时序逻辑电路,简称时序电路。它必须含有记忆元件(如触发器),因此它和组合电路在电路特性、逻辑功能和描述方法上都有本质的不同,属逻辑电路中的另一大类。

时序逻辑电路示意图如图 8-1 所示。

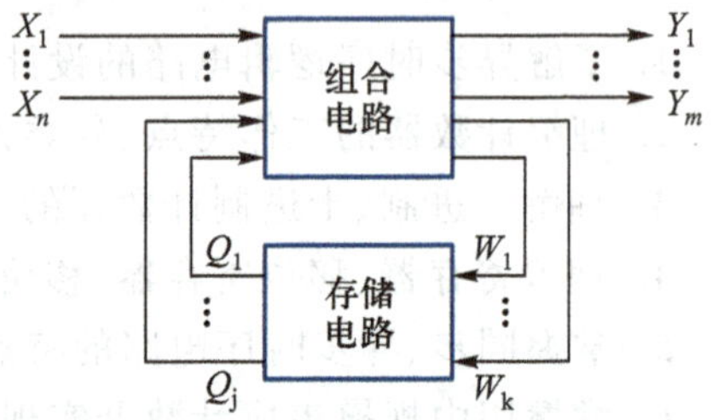

图 8-1 时序逻辑电路示意图

由图可知,时序电路的输出不仅仅取决于该时刻的输入,而且与上一个时刻的输入有关,具有记忆能力,电路在结构上必须包含存储元件,既有从输入到输出的通路,也有从输出到输入的反馈路径。时序电路的状态是由存储电路来记忆和表示的,所以电路可以没有组合电路,但一定不能没有作为存储单元的触发器。这是与组合电路有所区别的。

图 8-1 中的时序电路是一个多输入、多输出结构。它有 n 个输入变量 $X_1 \sim X_n$,有 m 个输出变量 $Y_1 \sim Y_m$,存储电路中有 j 个存储单元(触发器),描述时序电路功能的逻辑式一般需要以下三组:

输出方程 $$Y=F(X,Q^n) \quad (8-1)$$

驱动方程 $$W=G(X,Q^n) \quad (8-2)$$

状态方程 $$Q^{n+1}=H(W,Q^n) \quad (8-3)$$

其中,Q^n 为存储电路的现态,也是时序电路的现态,Q^{n+1} 为次态。

由此可见,时序电路的逻辑功能需要用输出方程、驱动方程和特性方程三者描述。为了更直观地描述时序电路的工作过程和逻辑功能,还要列出状态转换真值表(简称状态表)、状态转换图(简称状态图)和时序波形图(简称时序图或波形图),更具体的作法将在后面结合具体电路进行说明。

时序逻辑电路有多种类型,如按逻辑功能分有:计数器、寄存器、移位寄存器、读/写存储器、顺序脉冲发生器等;按电路中触发器状态变化是否与时钟同步可分为:同步时序电路和异步时序电路;按输出信号的特点可分为:米里(Mealy)型和摩尔(Moore)型两大类。米里型时序电路的输出状态与输入和触发器状态两者有关,即 Y 的表达式与图 8-1 中的输出函数一样。摩尔型时序电路的输出则只与触发器状态有关,即 $Y=F(Q^n)$,而与输入变量无关。

显然摩尔型电路只是米里型电路的一种特例。

8.2 时序逻辑电路分析

时序逻辑电路的分析是根据已知的时序逻辑电路图，写出描述电路的逻辑式，列状态表，画状态图或时序图，并分析电路的逻辑功能。

电子教案 8-1：
时序逻辑电路分析

图 8-2 给出了分析时序电路的一般过程，可供参考。

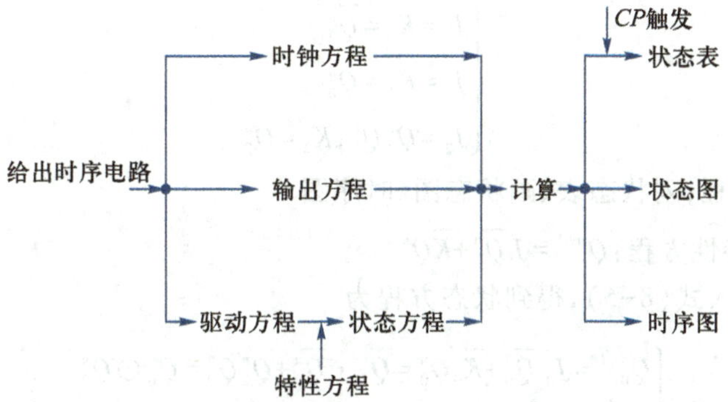

图 8-2 时序电路分析过程示意图

归纳起来，在一般情况下可按下列步骤进行。

微视频 8-1：
小规模时序逻辑电路分析

(1) 写方程式，分析给定时序逻辑电路，逐一写出

① 时钟方程：各个触发器时钟信号的逻辑表达式。

② 输出方程：时序电路各个输出的逻辑表达式。

③ 驱动方程：各个触发器输入端信号的逻辑表达式。

(2) 求状态方程，列状态表、画状态图和时序图

将驱动方程代入相应触发器的特性方程，即求出时序电路的状态方程，也就是各个触发器的次态输出逻辑表达式。当输入连续脉冲时，电路的现态会有多种取值组合，将其分别代入状态方程进行计算，求出相应的次态，从而列出状态表。

(3) 电路功能说明

一般情况下，用状态图或状态表就可以反映电路的工作特性。但是，在实际应用中，需要进一步说明电路的具体功能。

【例 8-1】 试分析如图 8-3 所示电路的逻辑功能。

解 电路属 Moore 型同步时序电路。按照时序电路的分析步骤，分析过程如下：

(1) 写方程式。

① 时钟方程：$CP_0 = CP_1 = CP_2 = CP$

对于同步时序电路，时钟方程一般都省略不写。

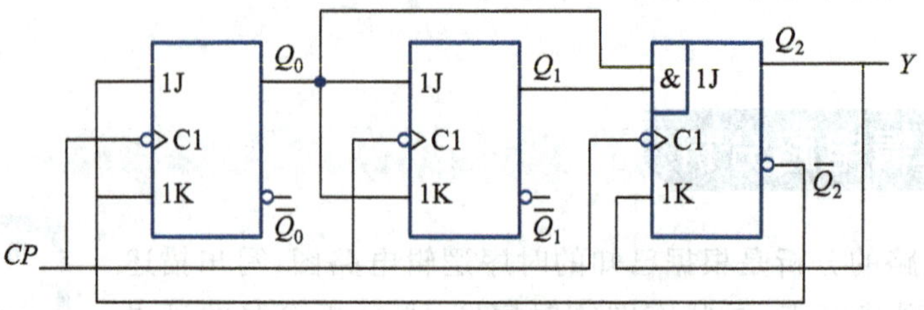

图 8-3 例 8-1 的时序电路

② 输出方程：$Y=Q_2^n$

③ 驱动方程：

$$\begin{cases} J_0=K_0=\overline{Q_2^n} \\ J_1=K_1=Q_0^n \\ J_2=Q_1^nQ_0^n, K_2=Q_2^n \end{cases} \tag{8-4}$$

（2）求状态方程，列状态表、画状态图、时序图。

JK 触发器的特性方程：$Q^{n+1}=J\,\overline{Q^n}+\overline{K}Q^n$ （8-5）

将式（8-4）代入式（8-5），得到状态方程为

$$\begin{cases} Q_0^{n+1}=J_0\,\overline{Q_0^n}+\overline{K_0}Q_0^n=\overline{Q_2^n}\cdot\overline{Q_0^n}+Q_2^nQ_0^n=Q_0^n\odot Q_2^n \\ Q_1^{n+1}=J_1\,\overline{Q_1^n}+\overline{K_1}Q_1^n=Q_0^n\,\overline{Q_1^n}+\overline{Q_0^n}Q_1^n=Q_0^n\oplus Q_1^n \\ Q_2^{n+1}=J_2\,\overline{Q_2^n}+\overline{K_2}Q_2^n=Q_1^nQ_0^n\,\overline{Q_2^n}+\overline{Q_2^n}Q_2^n=Q_1^nQ_0^n\,\overline{Q_2^n} \end{cases} \tag{8-6}$$

假设电路的现态为 $Q_2^nQ_1^nQ_0^n$，其初值为 0。在连续脉冲的作用下，上一个时刻的次态作为下一时刻的现态，从而依次求出各时刻的次态和输出，列出如表 8-1 所示状态表。

表 8-1 例 8-1 的状态表

CP 脉冲顺序	现态			次态			输出
	Q_2^n	Q_1^n	Q_0^n	Q_2^{n+1}	Q_1^{n+1}	Q_0^{n+1}	Y
0	0	0	0	0	0	1	0
1	0	0	1	0	1	0	0
2	0	1	0	0	1	1	0
3	0	1	1	1	0	0	0
4	1	0	0	0	0	0	1
无效状态	1	0	1	0	1	1	1
	1	1	0	0	1	0	1
	1	1	1	0	0	1	1

画状态图与时序图，如图 8-4、图 8-5 所示。

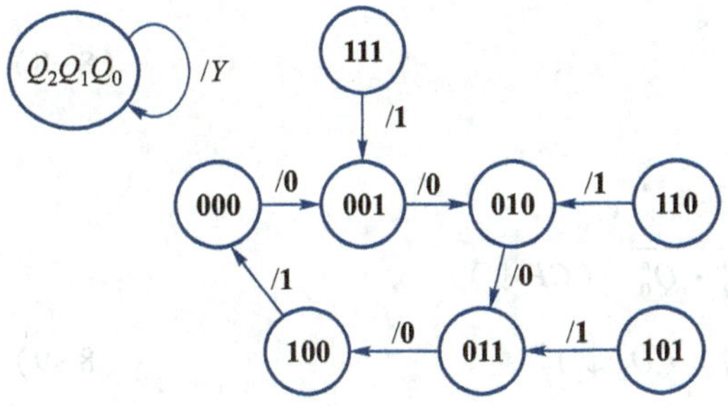

图 8-4 例 8-1 的状态图

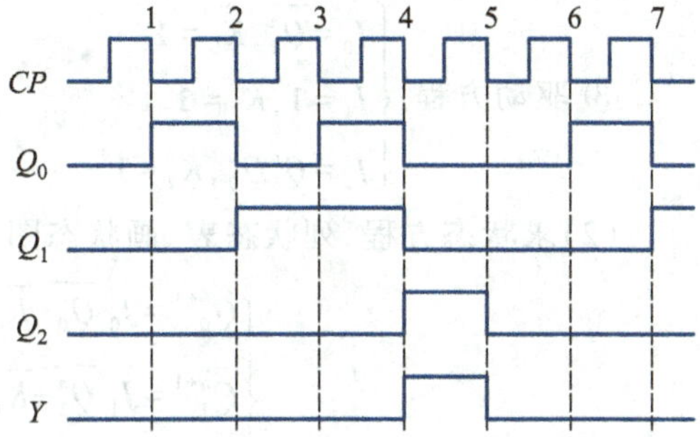

图 8-5 例 8-1 的时序图

在时序电路中，凡是处于有效循环的状态，被称为有效状态。例如，图 8-4 中 **000**，**001**，**010**，**011**，**100** 五个状态。有效状态形成的循环，称为主循环。**101**，**110**，**111** 三个状态不在主循环中出现，称为无效状态（或称偏离状态）。时序逻辑电路如果由于某种原因而处于无效状态时，只要继续输入时序脉冲 CP，电路最终能进入主循环，则称电路具有自启动特性。分析时序电路一般需要检查电路的自启动特性。

（3）功能说明。

从图 8-5 可看出，每经过 5 个时钟信号，电路的状态循环一次，并且 Y 端输出一个下降沿，所以这个电路具有对时钟信号计数的功能，Y 端输出进位脉冲。因此，图 8-3 所示电路是一具有自启动特性的同步五进制计数器。

常用的时序逻辑电路有寄存器、移位寄存器、计数器等，下面分别分析它们的典型电路及讨论它们的逻辑功能。

【例 8-2】 试分析如图 8-6 所示电路的逻辑功能。

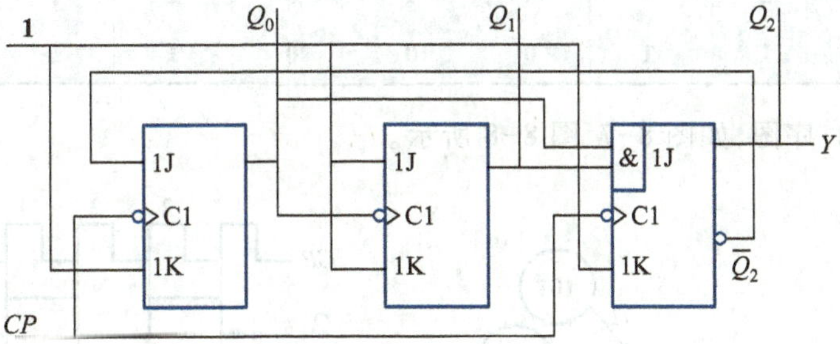

图 8-6 例 8-2 的时序电路

解 电路属 Moore 型异步时序电路。按照时序电路的分析步骤，分析过程如下：

（1）写方程式

① 时钟方程：$CP_0=CP_2=CP$， $CP_1=Q_0$ （8-7）

对于异步时序电路，时钟方程一般都不省略，因为各个触发器的时钟信号不尽相同，有部分是和输入时钟脉冲 CP 相连，其余则由电路内部提供。

② 输出方程：$Y=Q_2^n$

③ 驱动方程：
$$\begin{cases} J_0=\overline{Q_2^n}, K_0=\mathbf{1} \\ J_1=1, K_1=\mathbf{1} \\ J_2=Q_1^n Q_0^n, K_2=\mathbf{1} \end{cases} \tag{8-8}$$

(2)求状态方程，列状态表、画状态图、时序图

$$\begin{cases} Q_0^{n+1}=J_0\,\overline{Q_0^n}+\overline{K}_0 Q_0^n=\overline{Q_2^n}\cdot\overline{Q_0^n} \quad (CP\downarrow) \\ Q_1^{n+1}=J_1\,\overline{Q_1^n}+\overline{K}_1 Q_1^n=\overline{Q_1^n} \quad (Q_0\downarrow) \\ Q_2^{n+1}=J_2\,\overline{Q_2^n}+\overline{K}_2 Q_2^n=Q_1^n Q_0^n\,\overline{Q_2^n} \quad (CP\downarrow) \end{cases} \tag{8-9}$$

各个触发器的状态方程只有在时钟条件满足时才成立。设 $Q_2^n Q_1^n Q_0^n$ 初态为 **000**，代入状态方程计算，结果见表 8-2 所示。

表 8-2 例 8-2 的状态表

CP 脉冲顺序	现态			次态			输出	时钟条件		
	Q_2^n	Q_1^n	Q_0^n	Q_2^{n+1}	Q_1^{n+1}	Q_0^{n+1}	Y	CP_2	CP_1	CP_0
0	**0**	**0**	**0**	**0**	**0**	**1**	**0**	↓		↓
1	**0**	**0**	**1**	**0**	**1**	**0**	**0**	↓	↓	↓
2	**0**	**1**	**0**	**0**	**1**	**1**	**0**	↓		↓
3	**0**	**1**	**1**	**1**	**0**	**0**	**0**	↓	↓	↓
4	**1**	**0**	**0**	**0**	**0**	**0**	**1**	↓		↓
无效状态	**1**	**0**	**1**	**0**	**1**	**0**	**1**	↓	↓	↓
	1	**1**	**0**	**0**	**1**	**0**	**1**	↓		↓
	1	**1**	**1**	**0**	**0**	**0**	**1**	↓	↓	↓

画状态图与时序图，如图 8-7、图 8-8 所示。

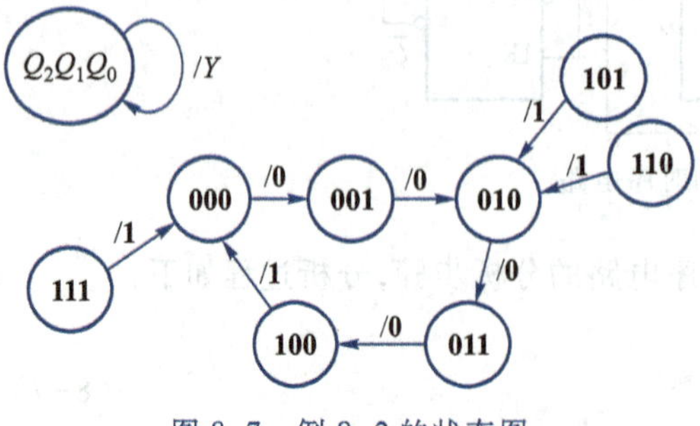

图 8-7 例 8-2 的状态图

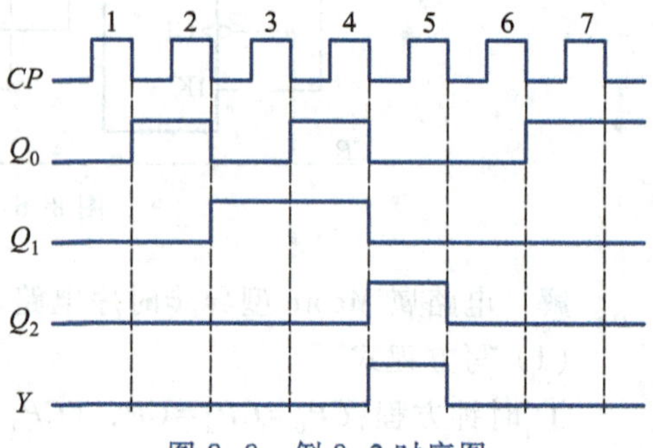

图 8-8 例 8-2 时序图

(3) 功能说明：

图 8-6 所示电路是一具有自启动特性的异步五进制计数器。

常用的时序逻辑电路有寄存器、移位寄存器、计数器等，下面分别分析它们的典型电路

及讨论它们的逻辑功能。

思考题

1. 时序逻辑电路在功能上和电路结构上各有什么特点？和组合电路相比，它们的主要区别是什么？

2. 什么是同步时序逻辑电路？什么是异步时序逻辑电路？

3. 简述时序逻辑电路的分析步骤。异步时序逻辑电路和同步时序逻辑电路的分析方法有什么主要区别？为什么？

8.3 寄存器

关键术语

寄存器：用于存储一组二进制代码的电路，一般由触发器构成。

移位寄存器：寄存器中存储的代码能在移位脉冲的作用下依次左移或右移。

顺序脉冲：每个循环周期内，在时间上按一定顺序排列的脉冲信号。

电子教案 8-2：寄存器

把二进制数据或代码暂时存储起来的操作称为寄存，具有寄存功能的电路称为寄存器。寄存器是一种时序电路，它被广泛地用于各类数字系统中。

图 8-9 所示是寄存器的结构示意框图。

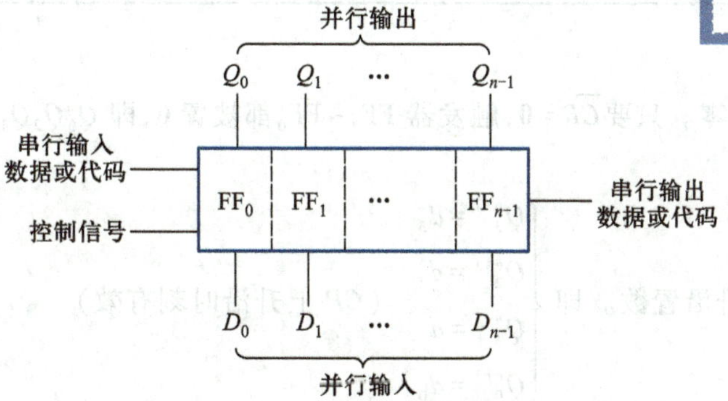

图 8-9　n 位寄存器结构示意框图

寄存器是由具有存储功能的触发器构成的，一个触发器能存储 1 位二进制，用 n 个触发器组成的寄存器能存储一组 n 位的二进制代码。

寄存器的主要任务是暂时存储二进制数据或代码，一般情况下不对存储内容进行处理，逻辑功能比较单一。寄存器按功能差别可分为寄存器和移位寄存器。移位寄存器中存储的数据或代码，在移位脉冲的操作下，可以依次逐位右移或左移，数据或代码的输入或输出既可以并行，也可以串行，使用更加灵活。

8.3.1 寄存器

图 8-10 所示是四边沿 D 触发器 74LS175 的逻辑图。$D_3 \sim D_0$ 是并行数码输入端，$\overline{CR}$是清零端，CP 是时钟脉冲输入端，$Q_3 \sim Q_0$ 是并行数码输出端。74LS175 的功能表见表 8-3 。由表可知它有如下主要功能。

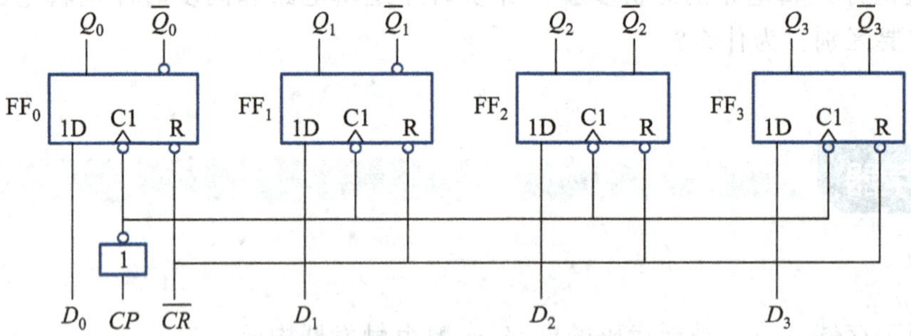

图 8-10 四边沿 D 触发器 74LS175 的逻辑图

表 8-3 74LS175 的功能表

输入						输出			
$\overline{CR}$	CP	D_3	D_2	D_1	D_0	Q_3	Q_2	Q_1	Q_0
0	×	×	×	×	×	0	0	0	0
1	↑	d_3	d_2	d_1	d_0	d_3	d_2	d_1	d_0
1	**0**	×	×	×	×	保持			

(1) 清零

$\overline{CR}=\mathbf{0}$，异步清零。只要$\overline{CR}=\mathbf{0}$，触发器 $FF_3 \sim FF_0$都被置 **0**，即 $Q_3Q_2Q_1Q_0=\mathbf{0000}$。

(2) 并行置数

$$\overline{CR}=\mathbf{1}，CP\text{ 上升沿置数。即}\begin{cases}Q_3^{n+1}=d_3\\Q_2^{n+1}=d_2\\Q_1^{n+1}=d_1\\Q_0^{n+1}=d_0\end{cases}\quad(CP\text{ 上升沿时刻有效})\tag{8-10}$$

(3) 保持功能

$\overline{CR}=\mathbf{1}$，只要 CP 无上升沿，$FF_3 \sim FF_0$的状态保持不变。

用 VHDL 描述的 4 位寄存器

```
library ieee;
use ieee. std _ logic _ 1164. all;
entity reg is
port( d:in std _ logic _ vector(3 downto 0);
     clk:in std _ logic;
```

```
    q:out std_logic_vector(3 downto 0));
end entity reg;
architecture art of reg is
begin
  process(clk)
begin
    if(clk'event and clk='1')then
        q<=d;
    end if;
end process;
end architecture art;
```

8.3.2 移位寄存器

移位寄存器除了具有存储代码的功能,还具有移位的功能。按照移位方式的不同,分为单向移位寄存器和双向移位寄存器两类。

(1) 单向移位寄存器

图 8-11 所示是由边沿 D 触发器构成的 4 位单向移位寄存器。

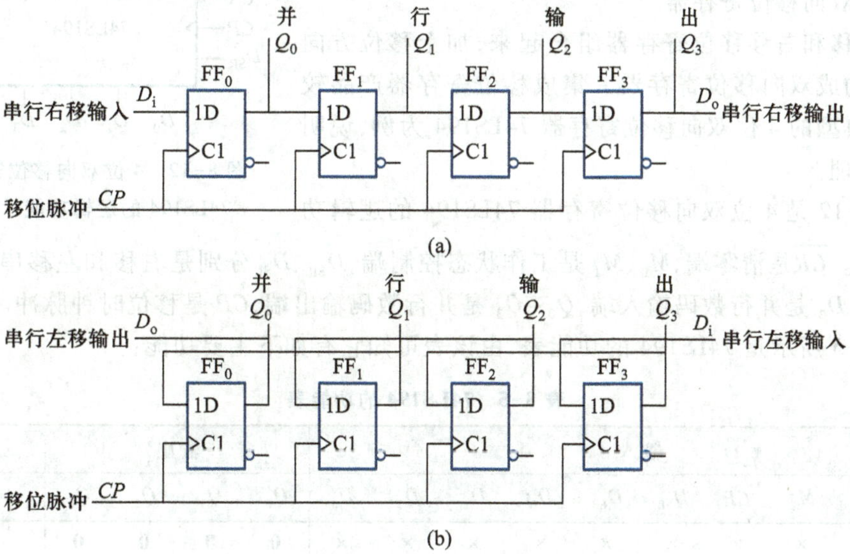

图 8-11　由边沿 D 触发器构成的 4 位单向移位寄存器

(a)右移;(b)左移

在图 8-11(a)所示右移移位寄存器中,第一个触发器 FF_0 的输入端接收输入信号 D_i,其余的每个触发器输入端均与前一个触发器的输出端 Q 相连。假设各个触发器的初始状态均为 **0**,即 $Q_3^nQ_2^nQ_1^nQ_0^n=\mathbf{0000}$,分析电路可得

时钟方程:$CP_0=CP_1=CP_2=CP_3=CP$

驱动方程:$D_0=D_i, D_1=Q_0^n,\ D_2=Q_1^n, D_3=Q_2^n$　　(8-11)

状态方程：$Q_0^{n+1}=D_i$，$Q_1^{n+1}=Q_0^n$，$Q_2^{n+1}=Q_1^n$，$Q_3^{n+1}=Q_2^n$

状态表：根据状态方程和假设的初始状态可列出如表 8-4 所示的状态表。

表 8-4 4 位右移移位寄存器的状态表

CP 的顺序	输入 D_i	Q_0	Q_1	Q_2	Q_3
0	**0**	**0**	**0**	**0**	**0**
1	**1**	**1**	**0**	**0**	**0**
2	**0**	**0**	**1**	**0**	**0**
3	**1**	**1**	**0**	**1**	**0**
4	**1**	**1**	**1**	**0**	**1**

表 8-4 所示状态表具体描述了移位寄存器中代码的右移过程。当连续输入数码 **1011** 时，D_i 在 CP 上升沿操作下，依次被移入寄存器中，经过 4 个脉冲，寄存器 $Q_3Q_2Q_1Q_0$ = **1011**，此时可从 Q_3 ~ Q_0 端获得并行的 4 位二进制数码 **1011**，如再连续输入 4 个脉冲，又可以从 D_o (Q_3) 端获得串行输出数码 **1011**。

图 8-11(b)所示左移移位寄存器，其工作原理与右移移位寄存器并无本质区别，只是移位方向变了。

(2) 双向移位寄存器

把左移和右移移位寄存器组合起来，加上移位方向控制，便构成双向移位寄存器。集成移位寄存器产品较多，现以典型的 4 位双向移位寄存器 74LS194 为例，说明其工作原理。

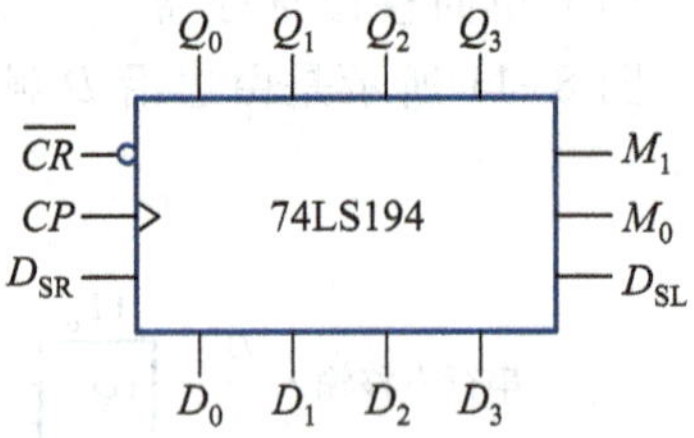

图 8-12 4 位双向移位寄存器 74LS194 的逻辑功能示意图

图 8-12 是 4 位双向移位寄存器 74LS194 的逻辑功能示意图。$\overline{CR}$是清零端，M_0、M_1 是工作状态控制端，D_{SR}、D_{SL} 分别是右移和左移串行数码输入端，D_0 ~ D_3 是并行数码输入端，Q_0 ~ Q_3 是并行数码输出端，CP 是移位时钟脉冲。

表 8-5 所示是 74LS194 的功能表，由该表可知它有如下主要功能：

表 8-5 74LS194 的功能表

输入										输出				说明
$\overline{CR}$	M_1	M_0	CP	D_{SL}	D_{SR}	D_0	D_1	D_2	D_3	Q_0	Q_1	Q_2	Q_3	
0	×	×	×	×	×	×	×	×	×	**0**	**0**	**0**	**0**	清零
1	×	×	**0**	×	×	×	×	×	×	保持				
1	**1**	**1**	↑	×	×	d_0	d_1	d_2	d_3	d_0	d_1	d_2	d_3	并行置数
1	**0**	**1**	↑	×	**1**	×	×	×	×	**1**	Q_0	Q_1	Q_2	右移输入 **1**
1	**0**	**1**	↑	×	**0**	×	×	×	×	**0**	Q_0	Q_1	Q_2	右移输入 **0**
1	**1**	**0**	↑	**1**	×	×	×	×	×	Q_1	Q_2	Q_3	**1**	左移输入 **1**
1	**1**	**0**	↑	**0**	×	×	×	×	×	Q_1	Q_2	Q_3	**0**	左移输入 **0**
1	**0**	**0**	×	×	×	×	×	×	×	保持				

① 清零功能。

当$\overline{CR}=\mathbf{0}$时，双向移位寄存器异步清零。

② 保持功能。

当$\overline{CR}=\mathbf{1}$，$CP=\mathbf{0}$，或$M_0=M_1=\mathbf{0}$时，双向移位寄存器保持状态不变。

③ 并行置数功能。

当$\overline{CR}=\mathbf{1}$，$M_0=M_1=\mathbf{1}$时，在CP上升沿可将加在并行输入端$D_0\sim D_3$的数码$d_0\sim d_3$并行送入寄存器中。

④ 右移串行送数功能。

当$\overline{CR}=\mathbf{1}$，$M_0=\mathbf{1}$，$M_1=\mathbf{0}$时，在CP上升沿可依次把加在D_{SR}端的数码从触发器FF_0串行送入寄存器中。

⑤ 左移串行送数功能。

当$\overline{CR}=\mathbf{1}$，$M_0=0$，$M_1=\mathbf{1}$时，在CP上升沿可依次把加在D_{SL}端的数码从触发器FF_3串行送入寄存器中。

用 VHDL 描述的移位寄存器

```
library ieee;
use ieee.std_logic_1164.all;
entity shifter is
  port(clk:in std_logic;
      data:in std_logic_vector(7 downto 0);
      shift_left:in std_logic;
      shift_right:in std_logic;
      reset:in std_logic;
      mode:in std_logic_vector(1 downto 0);
      qout:buffer std_logic_vector(7 downto 0));
end entity shifter;
architecture art of shifter is
begin
  process(clk)
    begin
      if(clk'event and clk='1') then
        if(reset='1')then
            qout<="00000000";        --同步复位功能的实现
        else
          case mode is
            when "01"=>qout<=shift_right&qout(7 downto 1);     --右移 1 位
            when "10"=>qout<=qout(6 downto 0)&shift_left;      --左移 1 位
```

```
                    when "11"=>qout<=data;                    --并行输入
                    when others=>null;
                end case;
            end if;
        end if;
    end process;
end architecture art;
```

8.3.3 移位寄存器的应用

(1) 环形计数器

图8-13所示是一个由74LS194构成的4位环形计数器，也称为顺序脉冲发生器。顺序脉冲是指每个循环周期内，在时间上按一定顺序排列的脉冲信号。在数字系统中，常用以控制某些设备按照事先规定的顺序进行运算或操作。

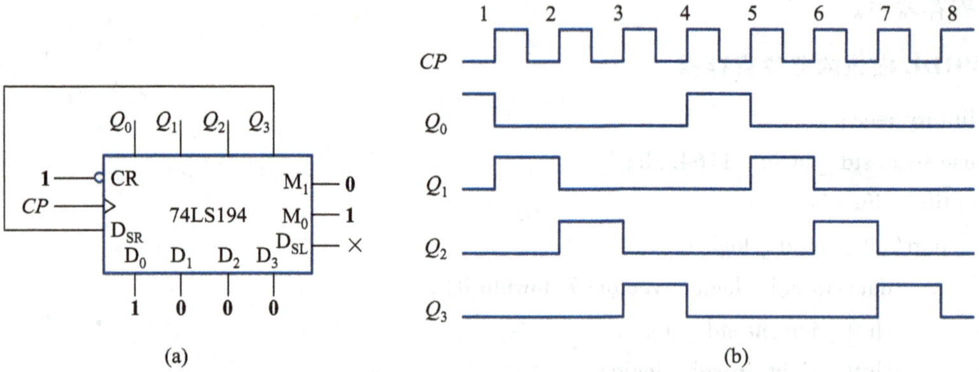

图8-13 由74LS194构成的4位环形计数器和工作波形

(a)4位环形计数器；(b)工作波形

取 $D_0D_1D_2D_3$ = **1000**，$\overline{CR}$ = **1**，Q_3 接右移串行数码输入端 D_{SR}，M_0 = **1**。先使 M_1 = **1**，即 M_1M_0 = **11**，输入时钟脉冲 CP 上升沿后，输入数置入移位寄存器，$Q_0Q_1Q_2Q_3=D_0D_1D_2D_3$ = **1000**。然后使 M_1 = **0**，即 M_1M_0 = **01**，CP 上升沿时，$Q_1^{n+1}=Q_0^n$，$Q_2^{n+1}=Q_1^n$，$Q_3^{n+1}=Q_2^n$，状态表见表8-6。

表8-6 4位环形计数器的状态表

CP 的顺序	串行输入 D_{SR}	Q_0	Q_1	Q_2	Q_3
0	**0**	**1**	**0**	**0**	**0**
1	**0**	**0**	**1**	**0**	**0**
2	**0**	**0**	**0**	**1**	**0**
3	**0**	**0**	**0**	**0**	**1**
4	**1**	**1**	**0**	**0**	**0**

随着移位脉冲 CP 的输入，电路进行右移操作，$Q_0 \sim Q_3$ 依次输出高电平，如图 8-13(b) 所示。由该图可以看出，每输入 4 个 CP 脉冲，电路返回初始状态，所以，它是一个 4 位环形计数器。

环形计数器的特点是：

① 电路需设置初态，$D_0 \sim D_3$ 中必须有标志位，即有 1 位与其他 3 位的状态不同。

② $Q_0 \sim Q_3$ 端作为电路的状态输出，不需要附加译码器即可作为控制信号。

③ n 位环形计数器模值即为 n，电路的状态利用率不高。

(2) 扭环形计数器

图 8-14 所示为由双向移位寄存器 74LS194 组成的五进制扭环形计数器。

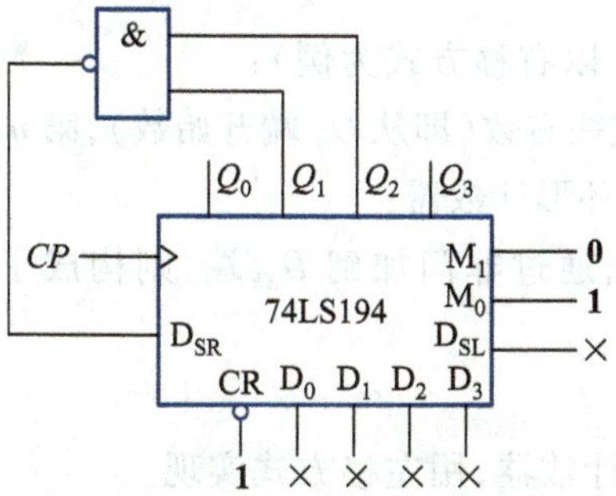

图 8-14　由 74LS194 右移实现的五进制扭环形计数器

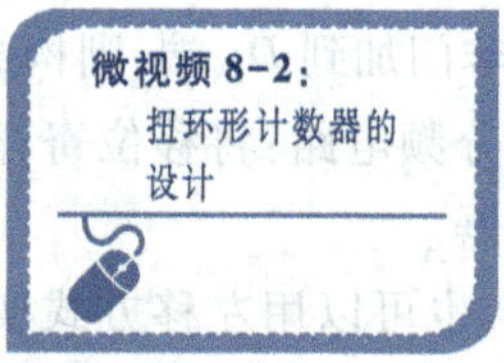

设双向移位寄存器的初始状态为 $Q_0^nQ_1^nQ_2^nQ_3^n = \mathbf{0000}$，$CP$ 上升沿时，$Q_0^{n+1} = D_{SR} = \overline{Q_1^nQ_2^n}$，$Q_1^{n+1} = Q_0^n$，$Q_2^{n+1} = Q_1^n$，$Q_3^{n+1} = Q_2^n$，随着移位脉冲 CP 的输入，电路开始右移操作。完整的状态转换图如图 8-15 所示，状态表如表 8-7 所示。

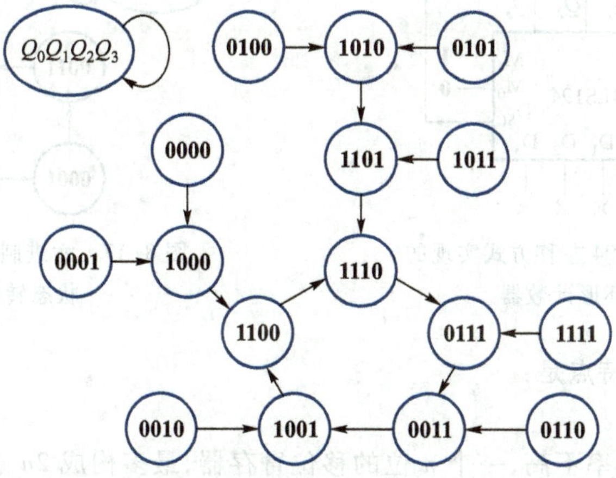

图 8-15　五进制扭环形计数器完整的状态转换图

如图 8-15 所示，主循环里有五个有效状态，因此为五进制计数器，也是一个 5 分频电路。

表 8-7 五进制扭环形计数器的状态表

CP 的顺序	$D_{SR}=\overline{Q_1Q_2}$	Q_0	Q_1	Q_2	Q_3
0	0	1	1	0	0
1	1	1	1	1	0
2	0	0	1	1	1
3	0	0	0	1	1
4	1	1	0	0	1
5	1	1	1	0	0

总结：

利用移位寄存器构成扭环形计数器的规律（以右移方式为例）：

奇数分频电路：将移位寄存器的输出端，从左往右数（即从 Q_0 端开始数），第 n 位和第 $n-1$ 位通过**与非**门加到 D_{SR} 端，则构成了 $2n-1$ 进制扭环形计数器；

偶数分频电路：将移位寄存器的第 n 位输出通过**非**门加到 D_{SR} 端，则构成了 $2n$ 进制扭环形计数器。

同理，也可以用左移方式实现。

【例 8-3】 由 74LS194 构成六进制扭环形计数器，用左移方式实现。

解 由于需要构成六进制计数器，是偶数分频电路，则将 74LS194 的第 3 位输出通过**非**门加到 D_{SL} 端。要求用左移方式实现，则在 74LS194 的四个输出 Q_0、Q_1、Q_2、Q_3 中，从右边数选出第 3 位，即为 Q_1，通过**非**门加到 D_{SL} 端，如图 8-16 所示。

图 8-17 为由 74LS194 左移实现的六进制扭环形计数器状态转换图。

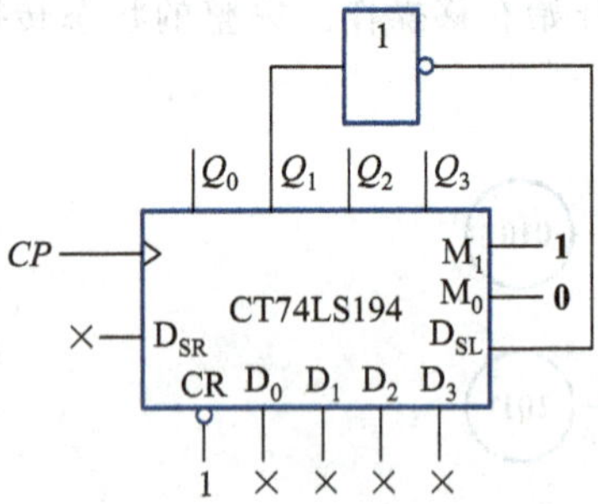

图 8-16 由 74LS194 左移方式实现的六进制扭环形计数器

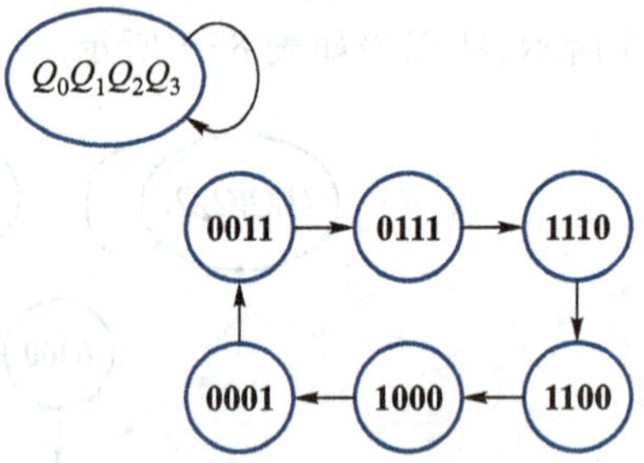

图 8-17 六进制扭环形计数器状态转换图

扭环形计数器的特点是：

① 电路比较简单。

② 电路状态利用率不高，一个 n 位的移位寄存器，最多构成 $2n$ 进制扭环形计数器，因此，有 2^n-2n 个状态没有利用。

应用实例 1

【例 8-4】 串并转换电路是通信系统中重要的组成部分，在远距离传输时，数据的收发端往往是并行信号，而传输时常用串行信号。图 8-18 是用两片 74LS194 4 位双向移位寄存器组成的 7 位数据并串-串并转换电路。输入端为并行-串行转换，输出端为串行-并行转换电路。

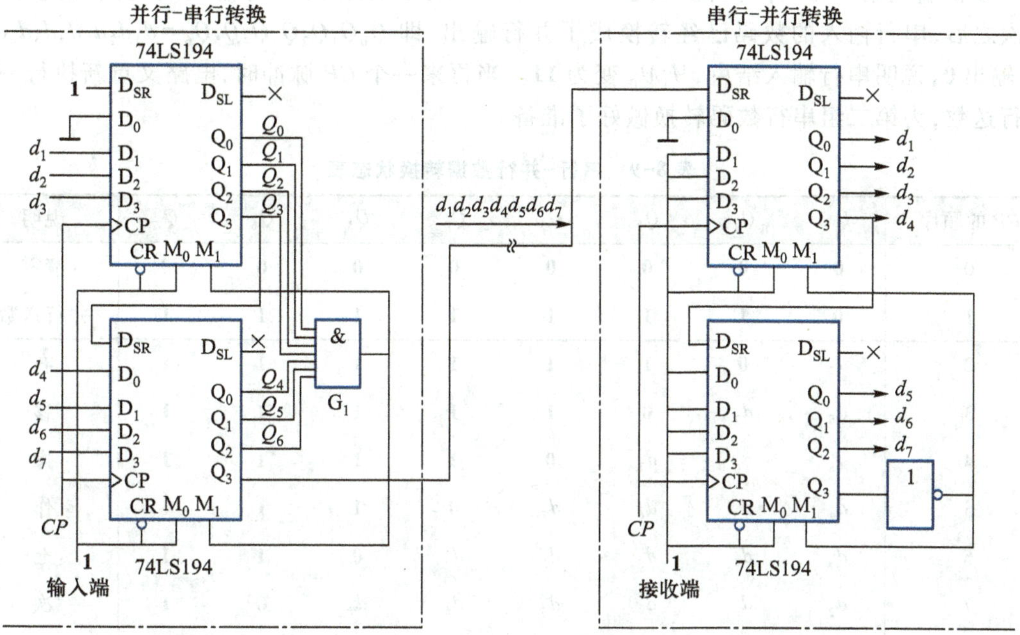

图 8-18　用两片 74LS194 构成的 7 位数据并串-串并转换电路

输入端数据并行-串行转换状态表如表 8-8 所示。由表 8-8 可见，最初输出被清零，第 1 个 CP 脉冲到来时，M_1M_0 由外部电路(图 8-18 中并没画出)控制为 **11**，并行送数；从第 2 个 CP 脉冲开始，M_1M_0 变为 **01**，执行右移操作，七次 CP 脉冲输入之后 Q_7 端依次串

表 8-8　并行-串行数据转换状态表

CP 的顺序	Q_0	Q_1	Q_2	Q_3	Q_4	Q_5	Q_6	Q_7	说明
0	**0**	**0**	**0**	**0**	**0**	**0**	**0**	**0**	清零
1	**0**	d_1	d_2	d_3	d_4	d_5	d_6	d_7	并行送数
2	**1**	**0**	d_1	d_2	d_3	d_4	d_5	d_6	右
3	**1**	**1**	**0**	d_1	d_2	d_3	d_4	d_5	移
4	**1**	**1**	**1**	**0**	d_1	d_2	d_3	d_4	操
5	**1**	**1**	**1**	**1**	**0**	d_1	d_2	d_3	作
6	**1**	**1**	**1**	**1**	**1**	**0**	d_1	d_2	七
7	**1**	**1**	**1**	**1**	**1**	**1**	**0**	d_1	次
8	**1**	**1**	**1**	**1**	**1**	**1**	**1**	**0**	
9	**0**	d_1	d_2	d_3	d_4	d_5	d_6	d_7	送数

行输出 $d_7d_6d_5d_4d_3d_2d_1$，Q_7 变为 **0**，说明并行输入结束，此时**与**门 G_1 输入全部为 **1**，M_1M_0 变为 **11**。当再来一个 *CP* 脉冲时，电路又重新执行一次并行送数，为第二组并行数码输入转换做好了准备。

接收端数据串行-并行转换状态表如表 8-9 所示。工作过程与输入端类似，右移操作七次之后，串行输入的数码已经转换成了并行输出，即 $Q_0Q_1Q_2Q_3Q_4Q_5Q_6=d_1d_2d_3d_4d_5d_6d_7$，$Q_7$ 输出 **0**，说明串行输入结束，M_1M_0 变为 **11**。当再来一个 *CP* 脉冲时，电路又重新执行一次并行送数，为第二组串行数码转换做好了准备。

表 8-9 串行-并行数据转换状态表

CP 的顺序	Q_0	Q_1	Q_2	Q_3	Q_4	Q_5	Q_6	Q_7	说明
0	**0**	**0**	**0**	**0**	**0**	**0**	**0**	**0**	清零
1	**0**	**1**	**1**	**1**	**1**	**1**	**1**	**1**	并行送数
2	d_7	**0**	**1**	**1**	**1**	**1**	**1**	**1**	右
3	d_6	d_7	**0**	**1**	**1**	**1**	**1**	**1**	移
4	d_5	d_6	d_7	**0**	**1**	**1**	**1**	**1**	操
5	d_4	d_5	d_6	d_7	**0**	**1**	**1**	**1**	作
6	d_3	d_4	d_5	d_6	d_7	**0**	**1**	**1**	七
7	d_2	d_3	d_4	d_5	d_6	d_7	**0**	**1**	次
8	d_1	d_2	d_3	d_4	d_5	d_6	d_7	**0**	
9	**0**	**1**	**1**	**1**	**1**	**1**	**1**	**1**	送数

应用实例 2

【例 8-5】 在道路的交叉路口一般设置了红、黄、绿三色交通信号灯，红灯亮禁止通行，绿灯亮允许通行，黄灯亮则给行驶中的车辆留出时间停靠在禁止线之外。试设计一交通灯控制电路，要求在一个循环周期内红、黄、绿三色灯依次点亮 24 s、4 s、20 s。要求电路由 74LS194 及门电路实现。

解 题目要求在一个循环周期内红、黄、绿三色灯依次点亮 24 s、4 s、20 s，如调整 *CP* 周期为 4 s，则只要红、黄、绿三色灯点亮时长所包含的 *CP* 周期个数依次为 6、1、5 个即可。因此，考虑用两片 74LS194 先接成一个模 12(6+1+5) 的扭环形计数器，再结合门电路构成三色交通信号灯点亮的控制电路。

如图 8-19 所示，74LS194(1) 的 Q_3 端接 74LS194(2) 的 D_{SR}，扩展成 8 位右移移位寄存器，$D_{SR}(1)=\overline{Q_1'}$，根据扭环计数器构成规则可知，电路接成了右移模 12 的计数器。状态转换表如表 8-9 所示，观察表 8-10 中 $Q_0'Q_1'$ 的状态，前 6 个 *CP* 周期内 $t=6T=24$ s，红灯亮，$Y_1=\overline{Q_1'}$；接着后 5 个 *CP* 周期内 $t=5T=20$ s，绿灯亮，$Y_3=Q_0'Q_1'$；下一个 *CP* 周期内 $t=T=4$ s，黄灯亮，$Y_2=\overline{Q_0'}Q_1'$，依次循环下去。

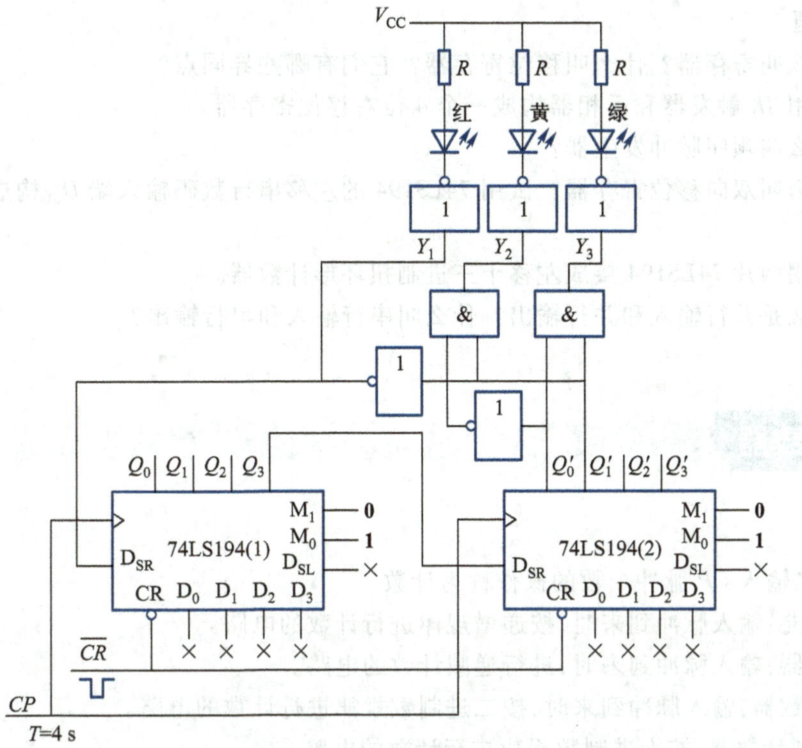

图 8-19 控制三色交通信号灯点亮的定时器电路

表 8-10 例 8-3 的模 12 扭环计数器状态表

CP 的顺序	$\overline{Q}'_1 = D_{SR}(1)$	Q_0	Q_1	Q_2	Q_3	Q'_0	Q'_1	CP 个数控制灯亮的时长
0	0	0	0	0	0	0	0 ←	
1	1	1	0	0	0	0	0	
2	1	1	1	0	0	0	0	
3	1	1	1	1	0	0	0	6(红灯亮)
4	1	1	1	1	1	0	0	
5	1	1	1	1	1	1	0	
6	1	1	1	1	1	1	1	
7	0	0	1	1	1	1	1	
8	0	0	0	1	1	1	1	5(绿灯亮)
9	0	0	0	0	1	1	1	
10	0	0	0	0	0	1	1	
11	0	0	0	0	0	0	1	1(黄灯亮)

思考题

1. 什么叫寄存器？什么叫移位寄存器？它们有哪些异同点？

2. 试用 *JK* 触发器和反相器构成一个 4 位右移位寄存器。

3. 什么叫顺序脉冲发生器？

4. 什么叫双向移位寄存器？试用 74LS194 的左移串行数码输入端 D_{SL} 构成一个顺序脉冲发生器。

5. 试用两片 74LS194 接成左移十三进制扭环形计数器。

6. 什么是并行输入和并行输出？什么叫串行输入和串行输出？

8.4 计数器

关键术语

计数：记忆输入 *CP* 脉冲个数的操作称为计数。
加法计数器：输入脉冲到来时，按递增规律进行计数的电路。
减法计数器：输入脉冲到来时，进行递减计数的电路。
二进制计数器：输入脉冲到来时，按二进制数规律进行计数的电路。
二-十进制计数器：按十进制数规律进行计数的电路。
任意 N 进制计数器：除了二进制和十进制计数器之外的其他进制计数器。

数字系统中，计数器是使用最多的时序电路，可以用来对时钟脉冲计数、也可用来定时、分频、产生节拍脉冲和脉冲序列以及进行数字运算等。把记忆输入 *CP* 脉冲个数的操作称为计数，能实现计数操作的电路称为计数器。构成计数器的主要器件是边沿触发器。

计数器的种类繁多，如果按计数脉冲引入方式不同，分为同步计数器和异步计数器两大类。根据计数器在计数过程中数字的增减趋势，分为加法计数器、减法计数器和加/减计数器。根据计数器中数字的编码方式不同，分为二进制计数器和二-十进制计数器、循环码计数器等。此外，也用计数容量来区分各种不同的计数器，称为 *N* 进制计数器，如十进制计数器、五十进制计数器等。

本节分类讨论二进制计数器、二-十进制计数器和任意进制计数器的工作原理以及分析方法。

8.4.1 同步计数器

(1) SSI 同步二进制计数器

① 同步 4 位二进制加法计数器

电子教案 8-3：
同步计数器

表 8-11 所示为小规模同步 4 位二进制加法计数器的状态表。如表 8-11 所示，每来一个 *CP* 脉冲，根据二进制递增规律，计数器状态码依次加 **1**，第 16 个 *CP* 脉冲到来时，计数器归零，同时送出进位信号 CO=**1**。

表 8-11 同步 4 位二进制加法计数器

CP 的顺序	Q_3	Q_2	Q_1	Q_0	进位输出 *CO*
0	**0**	**0**	**0**	**0** ←	**0**
1	**0**	**0**	**0**	**1**	**0**
2	**0**	**0**	**1**	**0**	**0**
3	**0**	**0**	**1**	**1**	**0**
4	**0**	**1**	**0**	**0**	**0**
5	**0**	**1**	**0**	**1**	**0**
6	**0**	**1**	**1**	**0**	**0**
7	**0**	**1**	**1**	**1**	**0**
8	**1**	**0**	**0**	**0**	**0**
9	**1**	**0**	**0**	**1**	**0**
10	**1**	**0**	**1**	**0**	**0**
11	**1**	**0**	**1**	**1**	**0**
12	**1**	**1**	**0**	**0**	**0**
13	**1**	**1**	**0**	**1**	**0**
14	**1**	**1**	**1**	**0**	**0**
15	**1**	**1**	**1**	**1**	**1**
16	**0**	**0**	**0**	**0** ┘	**0**

仔细观察表 8-11 所示状态表，每次到来一个计数脉冲 *CP*，Q_0 的状态就要翻转一次，故 FF_0 可接成 *T'* 触发器，即 $T_0=J_0=K_0=\mathbf{1}$；而当 Q_0 的现态为 **1** 时，Q_1 的次态翻转，即 FF_1 可接成 *T* 触发器，令 $T_1=J_1=K_1=Q_0^n$；同理，当 Q_0，Q_1 的现态同时为 **1** 时，Q_2 的次态翻转，即 FF_2 也可接成 *T* 触发器，令 $T_2=J_2=K_2=Q_1^nQ_0^n$；FF_3 同样接成 *T* 触发器，令 $T_3=J_3=K_3=Q_2^nQ_1^nQ_0^n$。据此，画出同步 4 位二进制加法计数器的逻辑电路图和波形图，如图 8-20 所示。

对于 *n* 位二进制同步加法计数器，可推论到

$$T_i=Q_{i-1}^n\cdot Q_{i-2}^n\cdots Q_1^n\cdot Q_0^n=\prod_{j=0}^{i-1}Q_j^n\quad(i=1,2,\cdots,n)$$

$$CO=Q_0^n\cdot Q_1^n\cdot Q_2^n\cdot Q_{n-1}^n \tag{8-12}$$

T_i 是第 *i* 位触发器 FF_i 的驱动信号。

计数器能够记忆输入脉冲的数目也称为计数器的计数容量、长度或模。例如，图 8-20(a)所示电路也可称为模 16 计数器。如果用 *n* 表示计数器中触发器的个数，用 *M* 表示计数器的容量、长度或模，则在二进制计数器中有 $M=2^n$。在任意进制计数器中要求：$2^n\geqslant M$。由图 8-20(b)所示波形图可以看出，Q_0、Q_1、Q_2、Q_3 端输出脉冲的频率分别为计数脉冲 *CP* 频率的 1/2、1/4、1/8、1/16，故该计数器可作为 2、4、8、16 分频器使用。

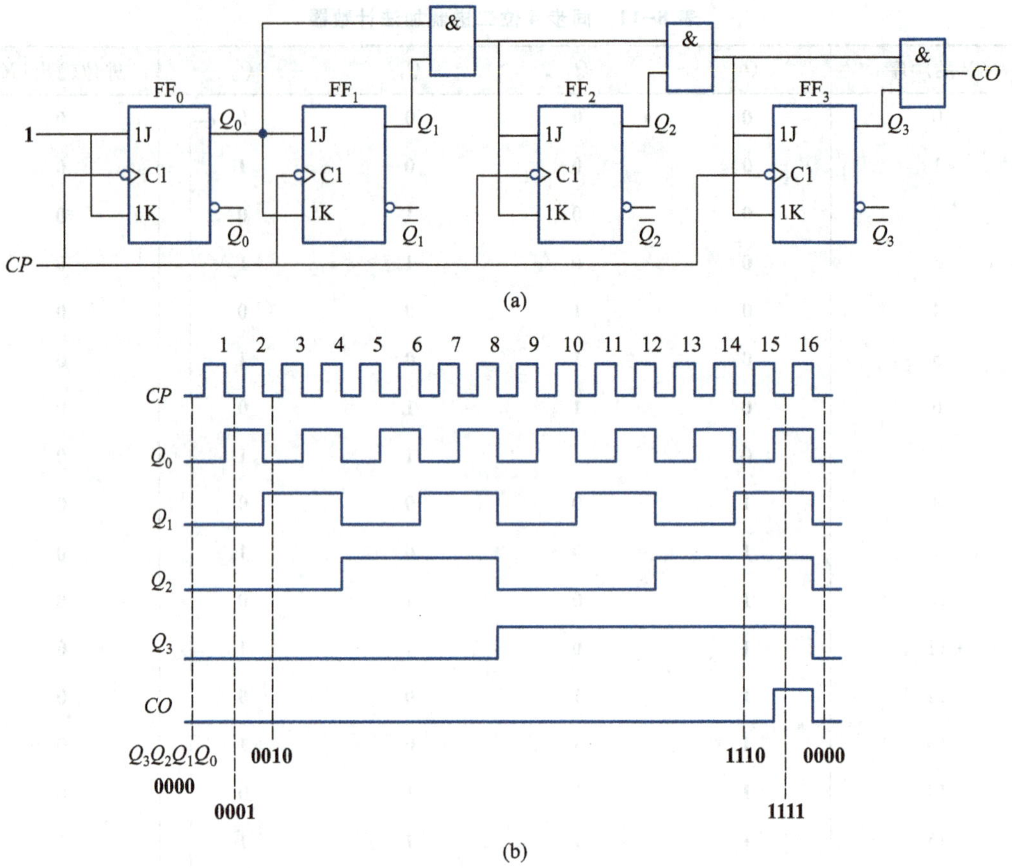

图 8-20　由 *JK* 触发器组成的 4 位二进制同步加法计数器

(a) 逻辑电路图；(b) 工作波形

图 8-21 所示为由 *D* 触发器构成的同步 3 位二进制加法计数器。

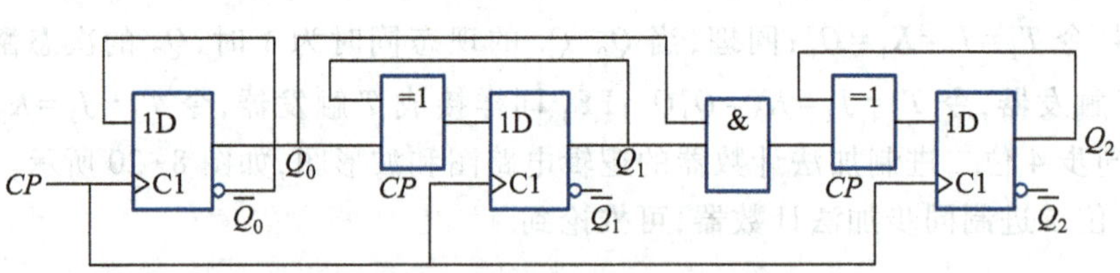

图 8-21　由 *D* 触发器构成的同步 3 位二进制加法计数器

由于 *T* 触发器的特性方程是：$Q^{n+1}=T\oplus Q^{n}$，而 *D* 触发器的特性方程为：$Q^{n+1}=D$，则先由 *D* 触发器接成 *T* 触发器：$D=T\oplus Q^{n}$。3 位二进制加法计数器的状态变化规律同 4 位二进制加法计数器相似，如表 8-12 所示。

② 同步 4 位二进制减法计数器

同步二进制减法计数器与加法计数器原理类似。表 8-13 为 4 位二进制减法计数器的状态表。

表 8-12 同步 3 位二进制加法计数器状态表

CP 的顺序	Q_2	Q_1	Q_0	进位输出 CO
0	0	0	0	0
1	0	0	1	0
2	0	1	0	0
3	0	1	1	0
4	1	0	0	0
5	1	0	1	0
6	1	1	0	0
7	1	1	1	1
8	0	0	0	0

表 8-13 同步 4 位二进制减法计数器的状态表

CP 的顺序	Q_3	Q_2	Q_1	Q_0	借位输出 BO
0	0	0	0	0	1
1	1	1	1	1	0
2	1	1	1	0	0
3	1	1	0	1	0
4	1	1	0	0	0
5	1	0	1	1	0
6	1	0	1	0	0
7	1	0	0	1	0
8	1	0	0	0	0
9	0	1	1	1	0
10	0	1	1	0	0
11	0	1	0	1	0
12	0	1	0	0	0
13	0	0	1	1	0
14	0	0	1	0	0
15	0	0	0	1	0
16	0	0	0	0	1

观察表 8-13 中每位触发器的输出状态可得，FF_0 依然为 T' 触发器，其余每一位输出状态的翻转总是发生在上一时刻比它低位全部输出同时为 **0** 时，因此 $FF_1 \sim FF_3$ 同理可接成 T 触发器，且：

$$T_i = \overline{Q}_{i-1}^n \cdot \overline{Q}_{i-2}^n \cdots \overline{Q}_1^n \cdot \overline{Q}_0^n = \prod_{j=0}^{i-1} \overline{Q}_j^n \quad (i=1,2,\cdots,n)$$

$$BO = \overline{Q}_0^n \cdot \overline{Q}_1^n \cdot \overline{Q}_2^n \cdots \overline{Q}_{n-1}^n \tag{8-13}$$

由 JK 触发器组成的 4 位二进制同步减法计数器电路图和波形图如图 8-22 所示。

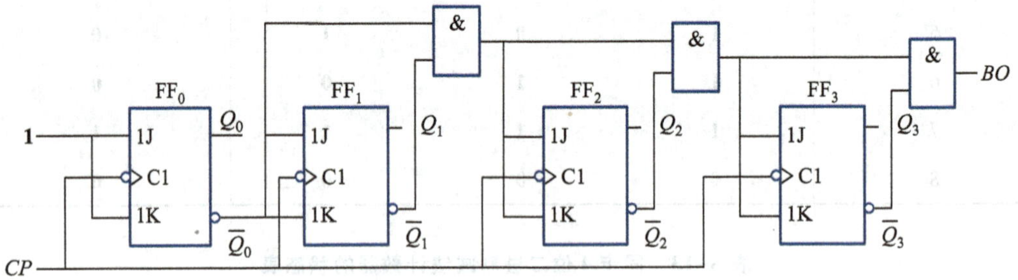

(a)

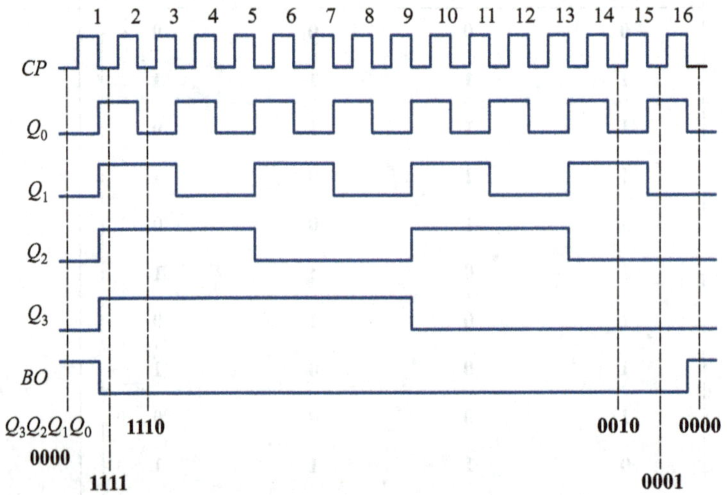

(b)

图 8-22 由 JK 触发器组成的 4 位二进制同步减法计数器

(a) 逻辑电路图；(b) 波形图

③ 同步 4 位二进制加/减法计数器

在加减控制信号作用下，同步二进制加法计数器和减法计数器可以组合起来构成同步二进制加/减法计数器。若 $\overline{U}/D$ 为加/减计数控制端，为 **0** 时进行加计数，为 **1** 时进行减计数，根据式(8-12)和式(8-13)可推出。

$$T_i = \overline{\overline{U}/D} \cdot \prod_{j=0}^{i-1} Q_j^n + \overline{U}/D \cdot \prod_{j=0}^{i-1} \overline{Q}_j^n \quad (i=1,2,\cdots,n) \tag{8-14}$$

同步 3 位二进制加法/减计数器三个驱动方程为

$$
\begin{cases}
T_0=J_0=K_0=\mathbf{1} \\
T_1=J_1=K_1=\overline{U}/D\cdot Q_0^n+U/D\cdot \overline{Q_0^n}=\overline{\overline{\overline{U}/D\cdot Q_0^n}\cdot\overline{U/D\cdot \overline{Q_0^n}}} \\
T_2=J_2=K_2=\overline{U}/D\cdot Q_1^nQ_0^n+U/D\cdot \overline{Q_0^n}\cdot \overline{Q_1^n}=\overline{\overline{\overline{U}/D\cdot Q_1^nQ_0^n}\cdot\overline{U/D\cdot \overline{Q_0^n}\cdot \overline{Q_1^n}}}
\end{cases}
\tag{8-15}
$$

图 8-23 便是根据式(8-15)画出的 3 位同步二进制加/减法计数器的逻辑图。

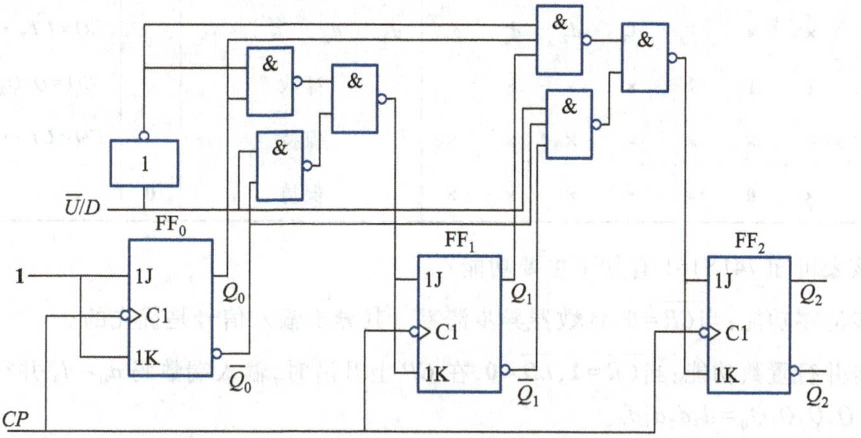

图 8-23 3 位同步二进制加/减法计数器的逻辑图

加/减法计数器也有双时钟输入的类型，如 CP_U，CP_D 两个时钟，它们是互相排斥的，只能分时工作，否则电路就无法正常计数。其电路用的是 T' 触发器，具体电路及工作原理不再详细介绍。

(2) 集成同步计数器

前面介绍的 SSI 同步计数器是组成中规模集成计数器的基础。集成同步计数器的产品种类多，品种全，通用性强，应用十分广泛。它主要有二进制计数器、十进制计数器；有加法计数器、加/减法计数器(又称可逆计数器)。这些计数器通常具有计数、保持、预置数、清零(置 **0**)等多种功能，使用方便灵活。

① 集成 4 位同步二进制计数器

常用的集成 4 位同步二进制计数器有加法计数和加/减法计数两类，采用的都是 8421 码。

74LS161 是比较典型的 4 位同步二进制加法计数器，其工作原理和逻辑电路与前面介绍的 SSI 同步二进制加法计数器类似，只是为了使用和扩展功能方便，在制作集成电路时，增加了一些辅助功能。图 8-24 所示为集成同步二进制加法计数器 74LS161 的逻辑功能示意图。

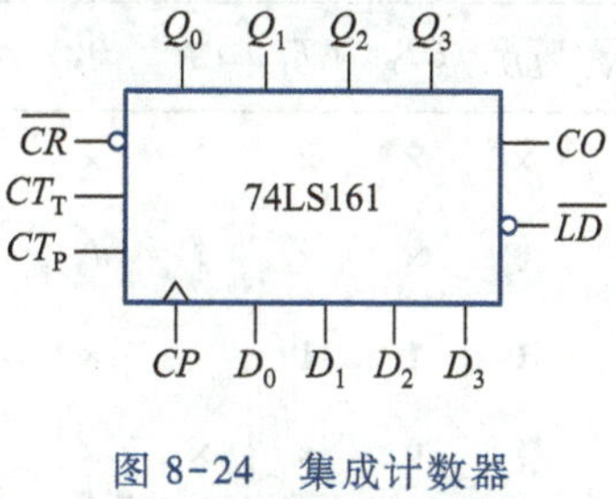

图 8-24 集成计数器 74LS161 的逻辑功能示意图

在图 8-24 中，CP 是输入计数脉冲，也就是加到各个触发器的时钟脉冲；$\overline{CR}$ 是清零端；$\overline{LD}$ 是置数控制端；CT_T、CT_P 是计数控制端；$D_0\sim D_3$ 是并行数码输入端；$Q_0\sim Q_3$

是计数器状态输出端；CO 是进位信号输出端。表 8-14 所示是集成计数器 74LS161 的功能表。

表 8-14 74LS161 的功能表

输入									输出					说明
$\overline{CR}$	$\overline{LD}$	CT_P	CT_T	CP	D_3	D_2	D_1	D_0	Q_3	Q_2	Q_1	Q_0	CO	
0	×	×	×	×	×	×	×	×	0	0	0	0	0	异步清零
1	0	×	×	↑	d_3	d_2	d_1	d_0	d_3	d_2	d_1	d_0		$CO=CT_T \cdot Q_3Q_2Q_1Q_0$
1	1	1	1	↑	×	×	×	×	计数					$CO=Q_3Q_2Q_1Q_0$
1	1	0	×	×	×	×	×	×	保持					$CO=CT_T \cdot Q_3Q_2Q_1Q_0$
1	1	×	0	×	×	×	×	×	保持				0	

由该表可知 74LS161 有如下主要功能：

异步清零功能：当 $\overline{CR}=\mathbf{0}$，计数器异步清零。其异步输入信号是优先的。

同步并行置数功能：当 $\overline{CR}=\mathbf{1}$，$\overline{LD}=\mathbf{0}$，在 CP 上升沿时，输入端数码 $d_0 \sim d_3$ 并行送入计数器中，即 $Q_3Q_2Q_1Q_0=d_3d_2d_1d_0$。

4 位二进制同步加法计数功能：当 $\overline{CR}=\overline{LD}=\mathbf{1}$ 时，若 $CT_T=CT_P=\mathbf{1}$，则计数器对 CP 信号按照 8421 码进行加法计数。

保持功能：当 $\overline{CR}=\overline{LD}=\mathbf{1}$ 时，若 $CT_T \cdot CT_P=\mathbf{0}$，则计数器将保持原来状态不变。

进位输出信号有两种情况：如 $CT_T=\mathbf{0}$，则 $CO=\mathbf{0}$；如 $CT_T=\mathbf{1}$，则 $CO=Q_3^nQ_2^nQ_1^nQ_0^n$。

综上所述，74LS161 是一个具有异步清零、同步置数的 4 位同步二进制加法计数器，模值为 16。

集成计数器 74LS163 也是 4 位二进制同步加法计数器，其逻辑功能、计数工作原理和引脚排列与 74LS161 都相同，74LS163 与 74LS161 的区别仅在于 74LS163 采用同步清零方式。74LS163 的功能表如表 8-15 所示。

表 8-15 74LS163 的功能表

输入									输出					说明
$\overline{CR}$	$\overline{LD}$	CT_P	CT_T	CP	D_3	D_2	D_1	D_0	Q_3	Q_2	Q_1	Q_0	CO	
0	×	×	×	↑	×	×	×	×	0	0	0	0	0	同步清零
1	0	×	×	↑	d_3	d_2	d_1	d_0	d_3	d_2	d_1	d_0		$CO=CT_T \cdot Q_3Q_2Q_1Q_0$
1	1	1	1	↑	×	×	×	×	计数					$CO=Q_3Q_2Q_1Q_0$
1	1	0	×	×	×	×	×	×	保持					$CO=CT_T \cdot Q_3Q_2Q_1Q_0$
1	1	×	0	×	×	×	×	×	保持				0	

集成 4 位二进制同步加/减法计数器,有单时钟和双时钟两种类型,它们的工作原理和构成方式与前面介绍的 SSI 同步 4 位二进制加/减法计数器没有区别。这里以单时钟的 74LS191 为例作简单说明。图 8-25 所示为集成 4 位同步二进制加/减法计数器 74LS191 的逻辑功能示意图。

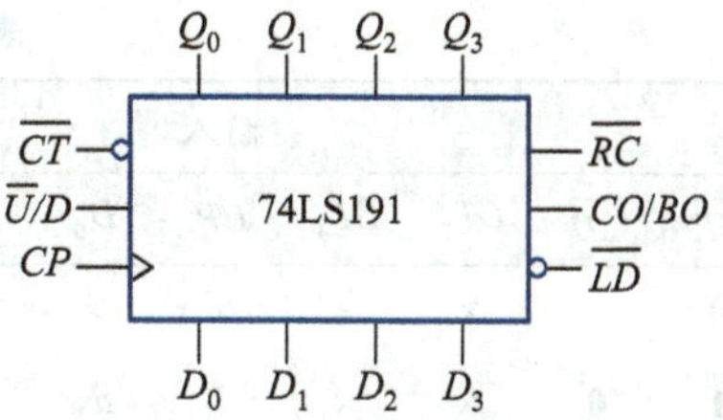

图 8-25 集成计数器 74LS191 的逻辑功能示意图

在图 8-25 中,$\overline{U}/D$ 是加减计数控制端;$\overline{CT}$是计数控制端;$\overline{LD}$是异步置数端,低电平有效;$D_0 \sim D_3$ 是并行数码输入端;$Q_0 \sim Q_3$ 是计数器状态输出端;CO/BO 是进位/借位信号输出端;$\overline{RC}$是多个芯片级联时串行计数使能端。表 8-16 所示是集成计数器 74LS191 的功能表。

表 8-16 74LS191 的功能表

输入								输出				说明
$\overline{LD}$	$\overline{CT}$	$\overline{U}/D$	CP	D_3	D_2	D_1	D_0	Q_3	Q_2	Q_1	Q_0	
0	×	×	×	d_3	d_2	d_1	d_0	d_3	d_2	d_1	d_0	并行异步置数
1	**0**	**0**	↑	×	×	×	×	加计数				$CO/BO=Q_3Q_2Q_1Q_0$
1	**0**	**1**	↑	×	×	×	×	减计数				$CO/BO=\overline{Q}_3\ \overline{Q}_2\ \overline{Q}_1\ \overline{Q}_0$
1	**1**	×	×	×	×	×	×	保持				

由表 8-16 可知 74LS191 有如下主要功能:4 位二进制同步加/减计数功能;并行异步置数功能;保持功能。74LS191 没有专门的清零输入端,但可以借助 $D_0 \sim D_3$ 异步并行置入数据 0000 间接实现清零功能。

$\overline{RC}$的作用:多个加/减法计数器级联时使用,其表达式为

$$\overline{RC}=\overline{\overline{CP}\cdot CO/BO\cdot \overline{CT}} \tag{8-16}$$

当$\overline{CT}=\mathbf{0}$,即 $CT=\mathbf{1}$、$CO/BO=\mathbf{1}$ 时,$\overline{RC}=CP$,因此由$\overline{RC}$端产生的输出进位脉冲的波形与输入计数脉冲的波形是相同的。

② 集成同步十进制计数器

十进制计数器是按照 8421BCD 码进行计数的,便于译码显示输出。常用的集成同步十进制计数器有加法计数器和加/减法计数器两类。现以 74LS160、74LS162 为例作简单说明。

74LS160、74LS162 的逻辑符号与 74LS161、74LS163 是相同的,如图 8-24 所示。它们的逻辑功能基本相同,区别在于 74LS160、74LS162 是十进制加法计数,采用的是 8421BCD 码,而 74LS161、74LS163 是 4 位二进制(模 16)加法计数;当正常计数时,74LS160、74LS162 的进位输出 $CO=Q_3^nQ_0^n$,而 74LS161、74LS163 的进位输出 $CO=Q_3^nQ_2^nQ_1^nQ_0^n$;74LS160 与 74LS161 为异步清零,而 74LS162 与 74LS163 为同步清零。74LS160、74LS162 的功能表如表 8-17 和表 8-18 所示。

表 8-17 74LS160 的功能表

输入									输出					说明
$\overline{CR}$	$\overline{LD}$	CT_P	CT_T	CP	D_3	D_2	D_1	D_0	Q_3	Q_2	Q_1	Q_0	CO	
0	×	×	×	×	×	×	×	×	0	0	0	0	0	异步清零
1	0	×	×	↑	d_3	d_2	d_1	d_0	d_3	d_2	d_1	d_0		$CO=CT_T\cdot Q_3Q_0$
1	1	1	1	↑	×	×	×	×	计数					$CO=Q_3Q_0$
1	1	0	×	×	×	×	×	×	保持					$CO=CT_T\cdot Q_3Q_0$
1	1	×	0	×	×	×	×	×	保持				0	

表 8-18 74LS162 的功能表

输入									输出					说明
$\overline{CR}$	$\overline{LD}$	CT_P	CT_T	CP	D_3	D_2	D_1	D_0	Q_3	Q_2	Q_1	Q_0	CO	
0	×	×	×	↑	×	×	×	×	0	0	0	0	0	同步清零
1	0	×	×	↑	d_3	d_2	d_1	d_0	d_3	d_2	d_1	d_0		$CO=CT_T\cdot Q_3Q_0$
1	1	1	1	↑	×	×	×	×	计数					$CO=Q_3Q_0$
1	1	0	×	×	×	×	×	×	保持					$CO=CT_T\cdot Q_3Q_0$
1	1	×	0	×	×	×	×	×	保持				0	

集成十进制同步加/减法计数器，也有单时钟和双时钟两种类型。这里以单时钟的 74LS190 为例作简单说明。74LS190 的逻辑功能示意图与 74LS191 相同，其工作原理和内部电路也与 74LS191 类似，区别仅仅在于计数的模值不同。当进行加计数时，74LS190 的 $CO/BO=Q_3^nQ_0^n$，进行减计数时，$CO/BO=\overline{Q_3^n}\cdot\overline{Q_0^n}$。

表 8-19 对 74LS160、74LS161、74LS162、74LS163、74LS190 和 74LS191 作了对比分析，以便更好地了解和使用各个集成同步计数器。

表 8-19 各种集成同步计数器功能对照表

同步集成计数器		模值	清零端	置数端	进位输出
加计数	74LS160	10	异步	同步	$CO=Q_3Q_0$
	74LS162		同步		
	74LS161	16	异步		$CO=Q_3Q_2Q_1Q_0$
	74LS163		同步		
加/减计数	74LS190	10		异步	$CO=Q_3Q_0$
	74LS191	16			$CO=Q_3Q_2Q_1Q_0$

用 VHDL 描述的同步计数器

【例 8-6】 用 VHDL 描述 4 位二进制加法计数器。程序中具有异步清零控制端 cr（低电平有效），同步置数控制端 sh（低电平有效），计数控制信号 en（高电平有效）。

```
library ieee;
use ieee.std_logic_1164.all;
use ieee.std_logic_unsigned.all;
entity cntm16 is
     port(clk,en,cr,sh:in std_logic;
        d:in std_logic_vector(3 downto 0);
        co:out std_logic;
        q:buffer std_logic_vector(3 downto 0));
end entity cntm16;
architecture art of cntm16 is
begin
co<='1' when(q="1111" and en='1') else '0';
process(clk,cr) is
begin
if(cr='0') then
          q<="0000";                          --异步清零
elsif(clk'event and clk='1')  then
       if(sh='0')then
          q<=d(3 downto 0);                   --同步置数
       elsif(en='1')then
       if(q="1111")then
          q<="0000";
       else
          q<=q+1;
       end if;
     end if;
end if;
end process;
end architecture art;
```

【例 8-7】 用 VHDL 描述同步二进制加/减法计数器 74LS190。在程序中该计数器计数控制端 ct（低电平有效）；d0～d3 为并行数据置入端，置数控制信号 ld（低电平有效）；加/减法计数控制信号为 u_d（高电平时作减法计数，低电平时加法计数）；输出信号为 q0～q3。

```
library ieee;
use ieee.std_logic_1164.all;
use ieee.std_logic_unsigned.all;
use ieee.std_logic_arith.all;
```

```
entity t74191 is
port( cp,ld,ct,u _ d: in std _ logic;
        d:in std _ logic _ vector(3 downto 0);
        q:out std _ logic _ vector(3 downto 0));
end t74191;
architecture behave of t74191 is
signal iq: std _ logic _ vector(3 downto 0);
begin
process( cp,ld,ct,u _ d ,iq)
begin
if (ld='0') then
    iq<=d;
elsif(cp'event and cp='1') then
    if(ct='0' and u _ d='0') then
        iq<=iq+1;
    elsif(ct='0' and u _ d='1') then
        iq<=iq-1;
    else
        iq<=iq;
    end if;
end if;
q<=iq;
end process;
end behave;
```

8.4.2 异步计数器

（1）SSI 异步 4 位二进制计数器

电子教案 8-4：
异步计数器

异步 4 位二进制加法计数器的状态表与同步 4 位二进制加法计数器一样，如表 8-11 所示，图 8-26 为异步 4 位二进制加法计数器时序波形图。如图可知，最低输出端 Q_0 的翻转发生在 CP 的下降沿，其余每个输出端的状态翻转正好发生在它相邻低位的下降沿边沿时刻。

作为异步加法计数器各触发器的时钟选择为

$$\begin{cases} CP_0 = CP\downarrow \\ CP_1 = Q_0\downarrow \\ CP_2 = Q_1\downarrow \\ CP_3 = Q_2\downarrow \end{cases} \tag{8-17}$$

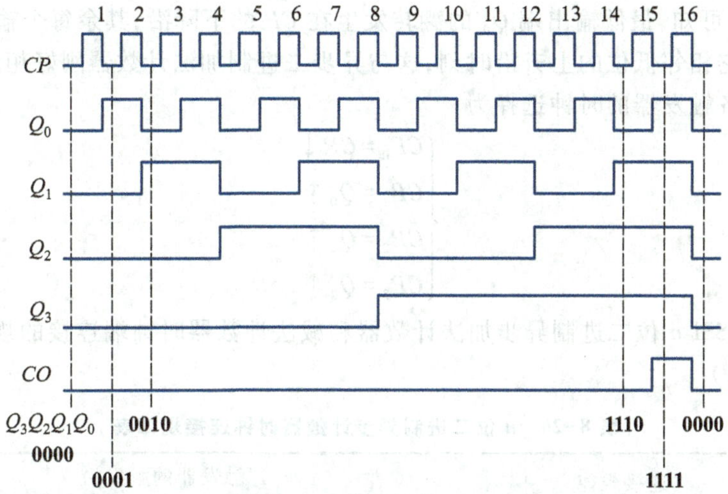

图 8-26 4 位二进制异步加法计数器的时序波形图

因此，每个触发器可接成 T' 触发器，时钟条件满足时，各个输出状态发生翻转。4 位二进制异步加法计数器的逻辑电路图如图 8-27 所示。

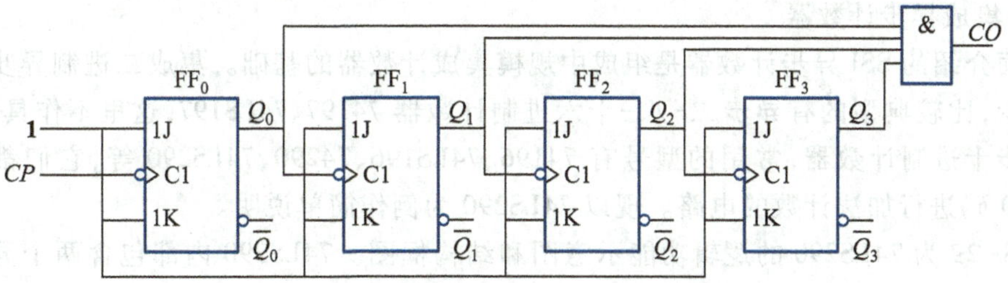

图 8-27 由 JK 触发器组成的 4 位二进制异步加法计数器

如果选用 D 触发器构成 4 位二进制异步加法计数器，同样需要将 D 触发器接成 T' 触发器，即 $D=\overline{Q}$。若选用上升沿触发的边沿触发器构成 4 位二进制异步加法计数器，则应将低位触发器的 $\overline{Q}$ 端和相邻高位触发器的时钟端相连（CP_0 除外，$CP_0=CP$）。图 8-28 为由上升沿 D 触发器构成的 4 位二进制异步加法计数器。

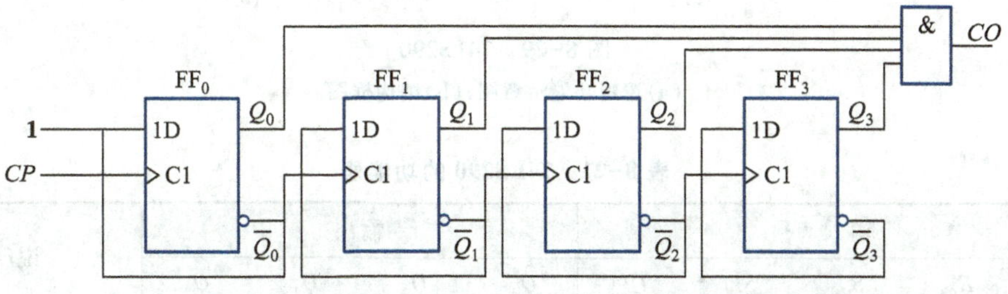

图 8-28 上升沿 D 触发器构成的 4 位二进制异步加法计数器

异步 4 位二进制减法计数器的状态表与同步 4 位二进制减法计数器一样，如表 8-13 所示。由表 8-13 可知，最低输出端 Q_0 的翻转发生在 CP 的下降沿，其余每个输出端状态的翻转正好发生在它相邻低位的上升沿时刻，这与异步二进制加法计数器刚好相反，因此作为异步减法计数器各触发器的时钟选择为

$$\begin{cases} CP_0 = CP\downarrow \\ CP_1 = Q_0\uparrow \\ CP_2 = Q_1\uparrow \\ CP_3 = Q_2\uparrow \end{cases} \tag{8-18}$$

综上所述：SSI n 位二进制异步加法计数器和减法计数器时钟端连接的规律，如表 8-20 所示（$i=1\sim n-1$）。

表 8-20 n 位二进制异步计数器时钟连接规律表

连接规律 \ 计数器	T'触发器的触发沿	
	上升沿	下降沿
加法计数	$CP_i=\overline{Q}_{i-1}$	$CP_i=Q_{i-1}$
减法计数	$CP_i=Q_{i-1}$	$CP_i=\overline{Q}_{i-1}$

（2）集成异步计数器

前面介绍的 SSI 异步计数器是组成中规模集成计数器的基础。集成二进制异步计数器品种不少，比较典型的有异步二-八-十六进制计数器 74197、74LS197，这里不作具体介绍。集成异步十进制计数器，常用的型号有 74196、74LS196、74290、74LS290 等，它们都是按照 8421BCD 码进行加法计数的电路。现以 74LS290 为例作简单说明。

图 8-29 为 74LS290 的逻辑功能示意图和结构框图。74LS290 内部包含两个异步加法计数器，一个模为 2，另一个模为 5，两部分在逻辑上无关联。表 8-21 为 74LS290 的功能表。

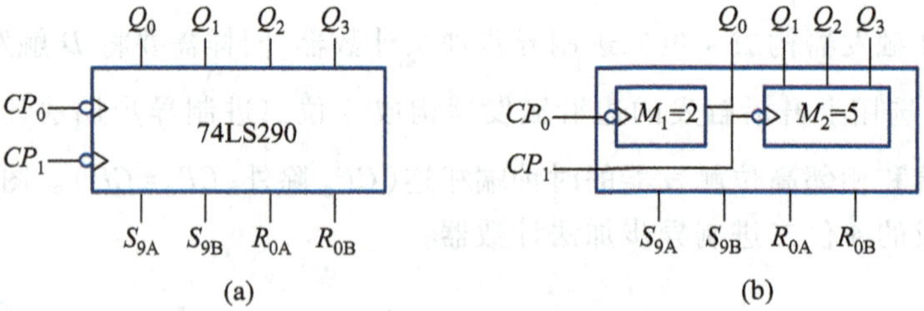

图 8-29 74LS290

（a）逻辑功能示意图；（b）结构框图

表 8-21 74LS290 的功能表

输入					输出				说明
R_{0A}	R_{0B}	S_{9A}	S_{9B}	CP	Q_3	Q_2	Q_1	Q_0	
1	1	0	×	×	0	0	0	0	异步清零
1	1	×	0	×	0	0	0	0	异步清零

续表

输入					输出				说明
R_{0A}	R_{0B}	S_{9A}	S_{9B}	CP	Q_3	Q_2	Q_1	Q_0	
0	×	**1**	**1**	×	**1**	**0**	**0**	**1**	异步置 9
×	**0**	**1**	**1**	×	**1**	**0**	**0**	**1**	异步置 9
×	**0**	×	**0**	↓	计数				
0	×	**0**	×	↓					
0	×	×	**0**	↓					
×	**0**	**0**	×	↓					

由表 8-21 可知 74LS290 有如下功能。

异步清零功能：当 $R_0=R_{0A}\cdot R_{0B}=\mathbf{1}$、$S_9=S_{9A}\cdot S_{9B}=\mathbf{0}$ 时，计数器清零，与 CP 无关，清零是异步的。

异步置 9 功能：当 $R_0=R_{0A}\cdot R_{0B}=\mathbf{0}$、$S_9=S_{9A}\cdot S_{9B}=\mathbf{1}$ 时，计数器置 9，即 $Q_3Q_2Q_1Q_0=$ **1001**，也与 CP 无关。

计数功能：当 $R_0=R_{0A}\cdot R_{0B}=\mathbf{0}$、$S_9=S_{9A}\cdot S_{9B}=\mathbf{0}$ 时，74LS290 处于计数工作状态。在 CP 脉冲下降沿作用下进行加法计数，有四种情况。

① 输入计数脉冲 CP 加在 CP_0 端，即 $CP=CP_0$，Q_0 输出，则构成 1 位二进制计数器（$M_1=2$），也称为 2 分频，即 Q_0 变化频率是 CP 频率的 1/2，FF_1、FF_2、FF_3 不工作。

② $CP=CP_1$，输出为 $Q_3Q_2Q_1$，则构成异步五进制加法计数器（$M_2=5$），显然，FF_0 不工作。

③ $CP=CP_0$，$CP_1=Q_0$，输出从高到低为 $Q_3Q_2Q_1Q_0$ 时，电路对 CP 按照 8421BCD 码进行异步十进制加法计数。

④ $CP=CP_1$，$CP_0=Q_3$，输出从高到低为 $Q_0Q_3Q_2Q_1$ 时，则构成 5421BCD 码异步十进制加法计数器。状态表如表 8-22 所示。

表 8-22　74LS290 接成 5421BCD 码异步十进制加法计数器状态表

CP 的顺序	Q_0	Q_3	Q_2	Q_1
0	**0**	**0**	**0**	**0**
1	**0**	**0**	**0**	**1**
2	**0**	**0**	**1**	**0**
3	**0**	**0**	**1**	**1**
4	**0**	**1**	**0**	**0**
5	**1**	**0**	**0**	**0**
6	**1**	**0**	**0**	**1**
7	**1**	**0**	**1**	**0**
8	**1**	**0**	**1**	**1**
9	**1**	**1**	**0**	**0**
10	**0**	**0**	**0**	**0**

8.4.3 任意进制计数器的构成方法

电子教案 8-5： 任意进制计数器的构成方法

从降低成本考虑，集成电路的定型产品必须有足够大的批量。因此，目前常见的计数器芯片在计数进制上只做成应用较广的几种类型，如十进制、十六进制、7 位二进制、12 位二进制、14 位二进制等。在需要其他任意一种进制计数器时，只能用已有的计数器产品经过外电路的不同连接方式得到。

集成计数器一般都设置有清零端和置数输入端，无论是清零端还是置数端都有同步和异步之分，有的集成计数器采用同步方式——当 CP 触发沿到来时才能完成清零或置数任务，有的则采用异步方式——通过异步清零输入端或置数输入端来实现清零或置数操作，而与 CP 信号无关。

参照表 8-19，对上节中介绍过的集成计数器各主要功能和输入、输出端特点做出对比分析，特别区别清零端和置数端的控制方式，见表 8-23。

表 8-23 各种集成计数器主要功能对照表

<table>
<tr><th colspan="3">集成计数器</th><th>模值</th><th>清零端</th><th>置数端</th><th>进位输出</th></tr>
<tr><td rowspan="3">同步集成计数器</td><td rowspan="2">加计数</td><td>74LS160
74LS162</td><td>10</td><td>异步
同步</td><td rowspan="2">同步</td><td>$CO=Q_3Q_0$</td></tr>
<tr><td>74LS161
74LS163</td><td>16</td><td>异步
同步</td><td>$CO=Q_3Q_2Q_1Q_0$</td></tr>
<tr><td>加/减计数</td><td>74LS190
74LS191</td><td>10
16</td><td></td><td>异步</td><td>$CO=Q_3Q_0$
$CO=Q_3Q_2Q_1Q_0$</td></tr>
<tr><td>异步集成计数器</td><td>加计数</td><td>74LS290</td><td>四种形式</td><td>异步</td><td>异步置 9</td><td></td></tr>
</table>

用清零端和置数端实现清零和置数，从而获得按自然态序进行计数的任意 M 进制计数器是以下要介绍的主要内容。假定已有的是 N 进制计数器，而需要得到的是 M 进制计数器。这时有 $M<N$ 和 $M>N$ 两种情况。下面分别讨论两种情况下构成任意进制计数器的方法。

(1) $M<N$ 的情况

微视频 8-3： 中规模计数器设计（清零法）

在 N 进制计数器的顺序计数过程中，若跳越 $N-M$ 个状态，就可以得到 M 进制计数器。实现跳跃的方法有反馈清零法和反馈置数法。

① 反馈清零法

微视频 8-4： 中规模计数器设计（置数法）

适用范围：在需要构成的 M 进制计数器中，初态必须为 **0**。

工作原理：需要得到的 M 进制计数器有效循环状态是 $S_0 \sim S_{M-1}$。设原有的计数器为 N 进制，当它从全 0 状态 S_0 开始计数并接收了 M 个计数脉冲以后，电路进入 S_{M-1} 状态。

清零端是同步清零：将 S_{M-1} 输出状态译码产生一个清零信号加

到计数器的同步清零端，计数器等到下一个脉冲 CP 到来时完成清零任务，即 S_M 被置成 0 态，这样就跳过了 $N-M$ 个状态而得到 M 进制计数器（或分频器）。

清零端是异步清零：将 S_M 状态译码产生一个清零信号加到计数器的异步清零端，则电路一进入 S_M 状态后立即被置成 S_0，即 0 态，这样同样实现了 $N-M$ 个状态的跳越，而得到 M 进制计数器。此时，S_M 状态仅在极短的瞬时出现，为暂态，在稳定的主循环中不包括 S_M 状态。

图 8-30 为反馈清零法将 N 进制计数器接成任意 M 进制计数器的原理示意图。

主要步骤如下。

第一步：若为同步清零，则写出状态 S_{M-1} 的二进制代码；异步清零则写出状态 S_M 的二进制代码。

第二步：求反馈归零函数。根据代码和清零端的有效电平，写出逻辑表达式。

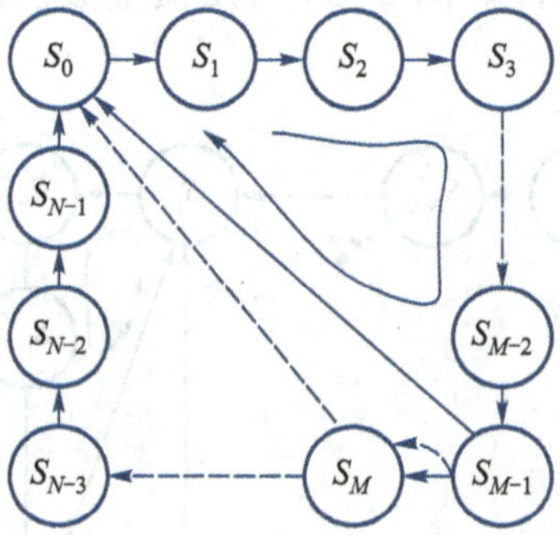

图 8-30　反馈清零法获得任意 M 进制计数器

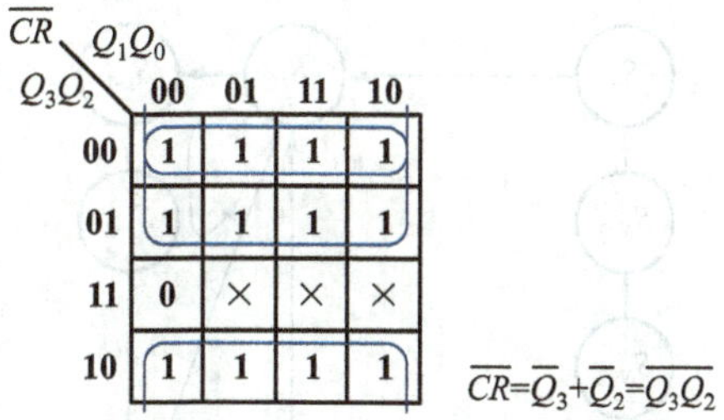

图 8-31　例 8-8 中 $\overline{CR}$ 的卡诺图

第三步：画逻辑图。根据反馈归零函数画逻辑图。

【例 8-8】 试用 74LS163 反馈清零法构成十三进制计数器。

解　十三进制计数器，即 $M=13$，有效状态循环为 $S_0 \sim S_{12}$，因为 74LS163 的 $\overline{CR}$ 是同步清零。

（1）写出 S_{M-1} 的二进制代码：$S_{M-1}=S_{12}=Q_3Q_2Q_1Q_0=\mathbf{1100}$。

（2）求反馈归零函数。

卡诺图法：对 $\overline{CR}$ 的卡诺图化简，如图 8-31 所示，求出最简函数表达式。

代数法：取 S_{M-1} 所对应二进制代码中状态为 **1** 的各个触发器 Q 端的与非表达式。

因为 $S_{12}=Q_3Q_2Q_1Q_0=\mathbf{1100}$，所以 $\overline{CR}=\overline{Q_3Q_2}$。

（3）画逻辑图，如图 8-32 所示。

若例 8-8 用 74LS161 反馈清零法来实现，由于 74LS161 $\overline{CR}$ 是异步清零，因此，计数器计到 $S_M=S_{13}$ 时给异步清零端一个清零信号，则 S_{13} 立即消失被置为 $S_0=\mathbf{0}$ 态，实现了十三进制计数器 $S_0 \sim S_{12}$ 的状态循环。$S_{13}=Q_3Q_2Q_1Q_0=\mathbf{1101}$，所以 $\overline{CR}=\overline{Q_3Q_2Q_0}$，逻辑图如图 8-33 所示。

② 反馈置数法

适用范围：在需要构成的 M 进制计数器中，初态可为 $S_0 \sim S_{N-1}$ 中的任意状态。

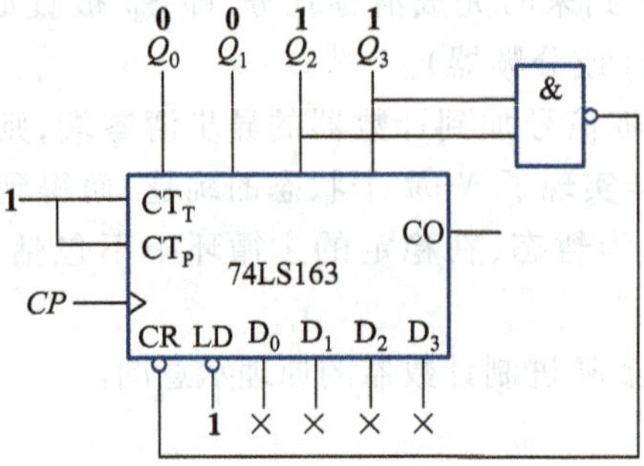

图 8-32 例 8-8 的逻辑图

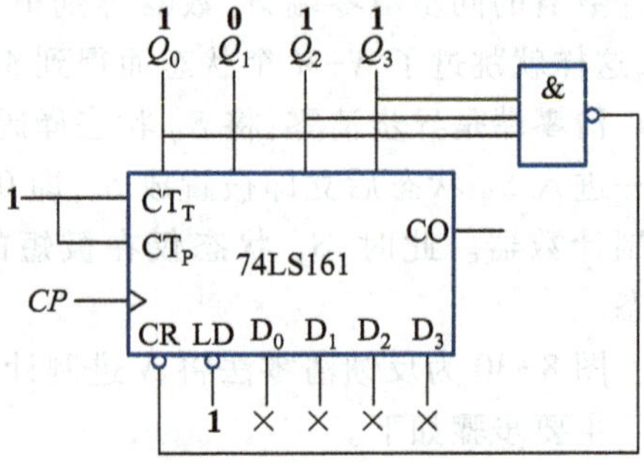

图 8-33 用反馈清零法将 74LS161 接成十三进制计数器

反馈置数法的工作原理和步骤与反馈清零法大致相同。图 8-34 为反馈置数法原理示意图，图中 S_i 为初态。

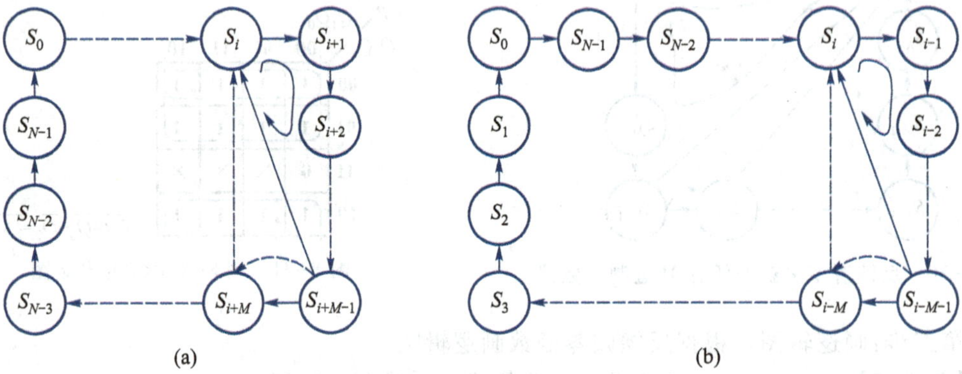

图 8-34 反馈置数法获得任意 M 进制计数器

(a) 加法计数；(b) 减法计数

【例 8-9】 试用 74LS161 构成十三进制计数器，初态为 **0010**。

解 十三进制计数器，即 $M=13$，初态为 **0010**，则 $D_3D_2D_1D_0=\mathbf{0010}$。主循环中有效状态是 $S_2\sim S_{14}$，由于初态不为 **0**，因此只能用反馈置数法。74LS161 的 $\overline{LD}$ 是同步置数，因此计到 $S_{14}=Q_3Q_2Q_1Q_0=\mathbf{1110}$ 状态时给 $\overline{LD}$ 一个置数信号，$\overline{LD}=\overline{Q_3Q_2Q_1}$，电路图如图 8-35 所示。

若例 8-9 用 74LS191 来实现，主循环有效状态依然为 $S_2\sim S_{14}$。由于 74LS191 的 $\overline{LD}$ 为异步置数，因此，计数器计到 S_{15} 时给异步置数端一个置数信号，即 S_{15} 立即消失被置为初态 S_2。由于 $S_{15}=Q_3Q_2Q_1Q_0=\mathbf{1111}$，所以 $\overline{LD}=\overline{Q_3Q_2Q_1Q_0}$，逻辑图如图 8-36(a) 所示。74LS191 加法计数计到 **1111** 状态时，CO/BO 端输出 **1**，因此 $\overline{LD}$ 还可等于 $\overline{CO/BO}$，电路如图 8-36(b) 所示。

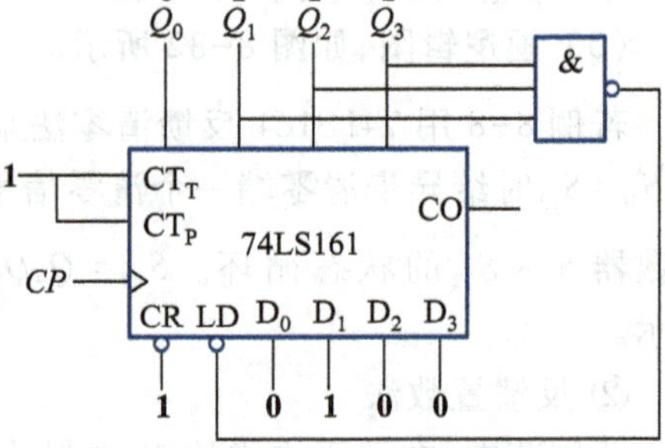

图 8-35 例 8-9 的逻辑图

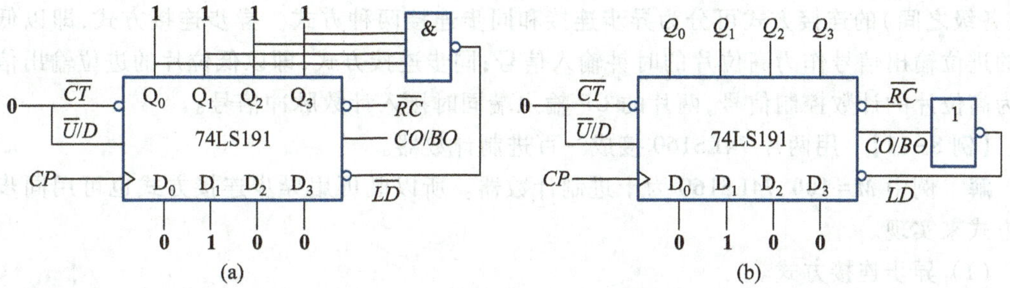

图 8-36 用 74LS191 构成十三进制计数器，初态为 **0010**

(a)外接与非门实现；(b)外接非门实现

【例 8-10】 试用 74LS191 接成减法计数器，有效状态为 **1001～0100**。

解 初态不为 0，所以，只能用反馈置数法。由于 74LS191 $\overline{LD}$为异步置数，所以计到 0100 的下一个状态 $S_3=Q_3Q_2Q_1Q_0=$ **0011** 时给置数端一个置数信号，此后 S_3 作为暂态消失，被置为初态 **1001**。用卡诺图法求出反馈归零函数，卡诺图如图 8-37 所示。

代数法：取 $S_3=Q_3Q_2Q_1Q_0=$ **0011** 所对应的二进制代码中状态为 **0** 的各个输出端的**或**表达式。所以$\overline{LD}=Q_3+Q_2$，逻辑图如图 8-38 所示。

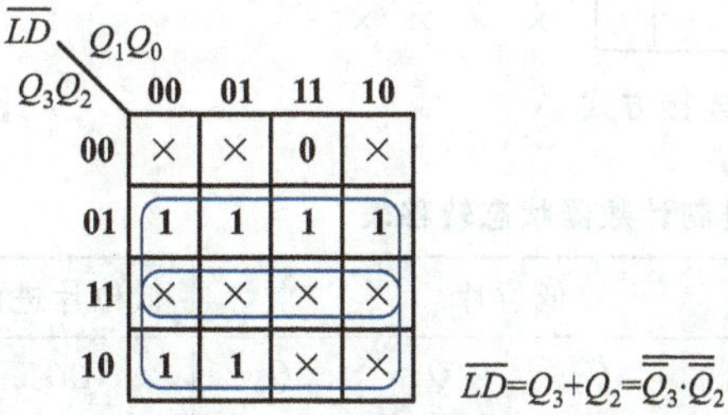

图 8-37 例 8-10 $\overline{LD}$的卡诺图

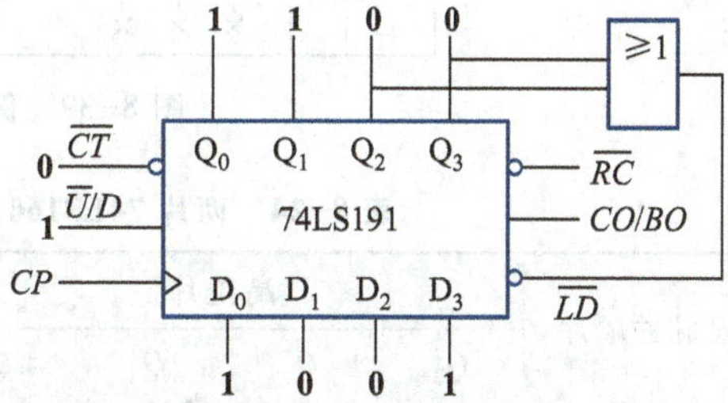

图 8-38 例 8-10 的逻辑图

综上所述：

① 要构成的 M 进制计数器，若没有特别指明，初态为 **0** 态。

② 如果置数端或清零端是同步的，则由 M 进制计数器有效循环状态中的最后一个状态译码产生反馈信号，进行清零或置数。

如果置数端或清零端是异步的，则由 M 进制计数器有效循环状态中最后一个状态的下一个状态译码产生反馈信号，进行清零或置数。

③ 如清零端或置数端低电平有效，则写反馈函数时：

若构成的是加法计数器，则取反馈状态所对应的二进制代码中状态为 **1** 的各个触发器 Q 端的**与非**表达式。

若构成的是减法计数器，则取反馈状态所对应的二进制代码中状态为 **0** 的各个触发器 Q 端的**或**表达式。

（2）$M>N$ 的情况

当 $M>N$ 时，必须用多片 N 进制计数器组合起来，才能构成 M 进制计数器。各片之间

（或各级之间）的连接方式可分为异步连接和同步连接两种方式。异步连接方式，即以低位片的进位输出信号作为高位片的时钟输入信号；同步连接方式，即以低位片的进位输出信号作为高位片的计数控制信号，两片的 CP 输入端同时接入计数脉冲信号。

【例 8-11】 用两片 74LS160 接成一百进制计数器。

解 例中 $M=\mathbf{100}$，74LS160 为十进制计数器。所以既可用异步连接方式也可用同步连接方式来实现。

（1）异步连接方式。

图 8-39 所示为异步连接方式。第（1）片为低位片，第（2）片为高位片。两片 74LS160 的 CT_T 和 CT_P 恒为 **1**，都处于计数工作状态。因为 74LS160 的 CP 是上升沿触发，因此低位片的进位输出 CO 反相后作为高位片时钟端 CP' 输入。每当低位片计到 1001 时 CO 输出 **1**，下一个计数脉冲 CP 到来时，CP' 产生一个上升沿，因此高位片计一次数，依次循环下去。其状态转移表如表 8-24 所示。

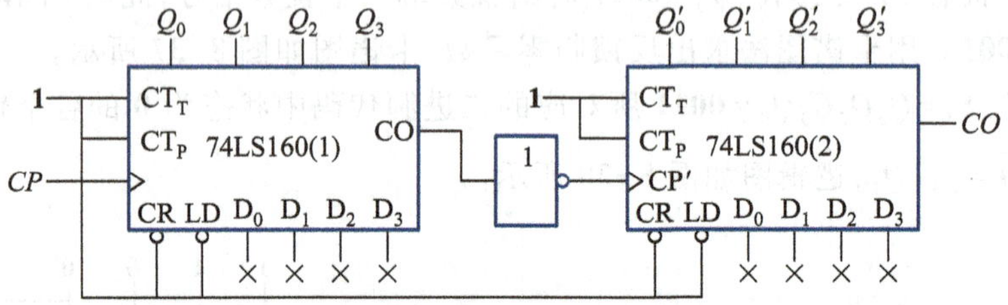

图 8-39　例 8-9 异步连接方式

表 8-24　两片 74LS160 接成一百进制计数器状态转移表

CP 脉冲顺序	高位片				低位片				低位片进位
	Q_3'	Q_2'	Q_1'	Q_0'	Q_3	Q_2	Q_1	Q_0	CO
0	**0**	**0**	**0**	**0**	**0**	**0**	**0**	**0**	**0**
1	**0**	**0**	**0**	**0**	**0**	**0**	**0**	**1**	**0**
2	**0**	**0**	**0**	**0**	**0**	**0**	**1**	**0**	**0**
⋮		⋮				⋮			⋮
9	**0**	**0**	**0**	**0**	**1**	**0**	**0**	**1**	**1**
10	**0**	**0**	**0**	**1**	**0**	**0**	**0**	**0**	**0**
11	**0**	**0**	**0**	**1**	**0**	**0**	**0**	**1**	**0**
⋮		⋮				⋮			⋮
19	**0**	**0**	**0**	**1**	**1**	**0**	**0**	**1**	**1**
20	**0**	**0**	**1**	**0**	**0**	**0**	**0**	**0**	**0**
⋮		⋮				⋮			⋮
99	**1**	**0**	**0**	**1**	**1**	**0**	**0**	**1**	**1**
100	**0**	**0**	**0**	**0**	**0**	**0**	**0**	**0**	**0**

(2) 同步连接方式。

图 8-40 所示为同步连接方式，两片 CP 端连一起。低位片的进位输出 CO 作为高位片 CT_T 和 CT_P 的输入。低位片始终处于计数工作状态，每当低位片计到 1001 时 CO 输出 **1**，下一个 CP 信号到达时高位片计一次数。其状态转移表和异步连接方式相同，如表 8-24 所示。图 8-41 为用两片 74LS161 同步连接方式接成二百五十六（16×16＝256）进制计数器。

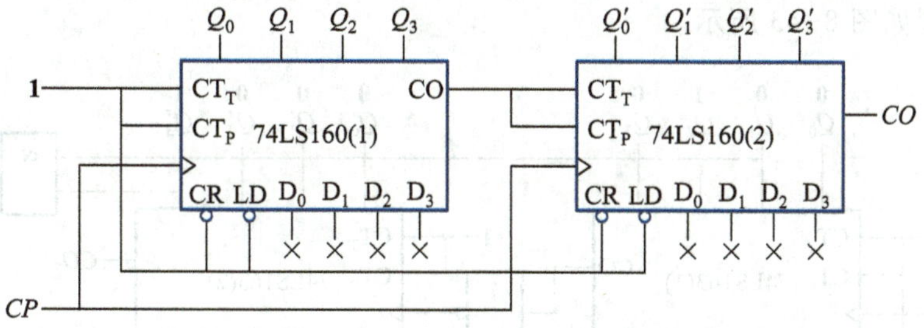

图 8-40　例 8-9 同步连接方式

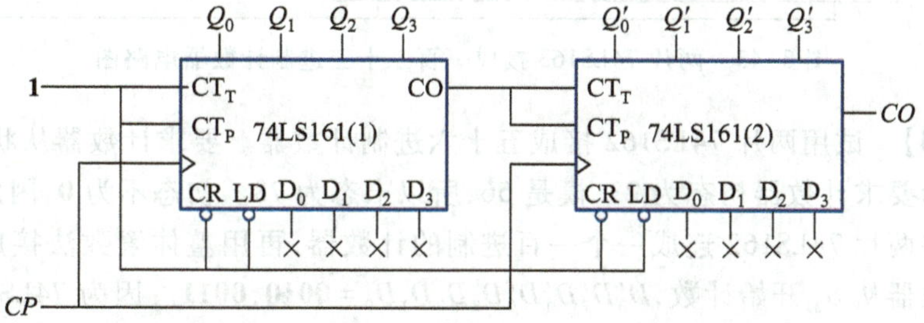

图 8-41　两片 74LS161 接成二百五十六进制计数器

【例 8-12】 试用两片 74LS160 接成三十一进制计数器。要求计数器从 **0** 态开始。

解 先将两片 74LS160 连成一百进制的计数器，再用整体反馈清零法接成三十一进制计数器。因为 74LS160 是异步清零，所以计入第 31 个脉冲时，经过**与非**门译码产生低电平信号将两片 74LS160 同时异步清零。

参考表 8-24，由于 74LS160 是十进制计数器，所以第 31 个脉冲到来时，计数器输出状态码为 **00110001**，于是 $\overline{CR}=\overline{Q_1'Q_0'Q_0}$。电路图如图 8-42 所示。

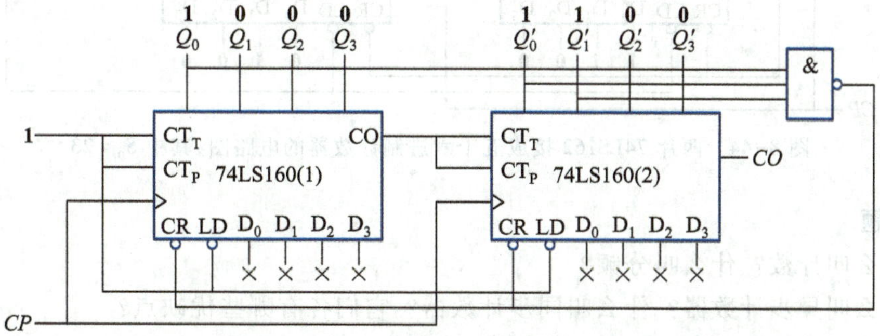

图 8-42　两片 74LS160 接成三十一进制计数器电路图

【例 8-13】 试用两片 74LS163 接成一百三十三进制计数器。要求计数器从 **0** 态开始。

解 先将两片 74LS163 接成一个二百五十六进制的计数器，再用整体反馈清零法接成一百三十三进制计数器。因为 74LS163 是同步清零，所以计入第 132 个脉冲时，经过**与非**门译码产生低电平信号将两片 74LS163 同时同步清零。

132 对应的 8 位二进制数为 **10000100**，因此 $Q'_3Q'_2Q'_1Q'_0Q_3Q_2Q_1Q_0=\mathbf{10000100}$。于是 $\overline{CR}=\overline{Q'_3Q_2}$。电路图如图 8-43 所示。

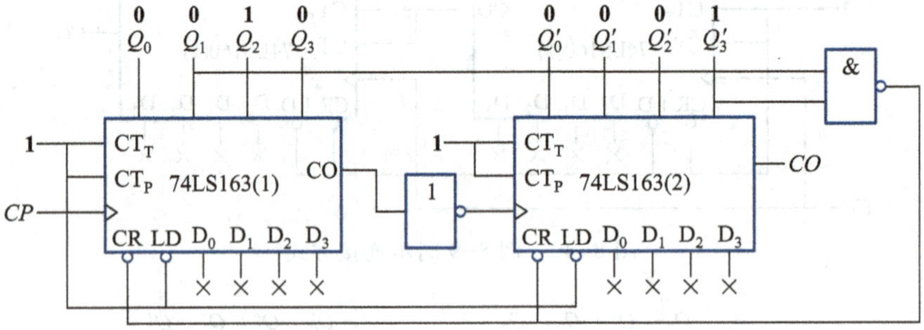

图 8-43 两片 74LS163 接成一百三十三进制计数器电路图

【例 8-14】 试用两片 74LS162 接成五十六进制计数器。要求计数器从状态 23 开始。

解 因为要求计数器初态为 23，模是 56，所以末态为 78。初态不为 **0**，因此不能用反馈清零法。先将两片 74LS162 连成一个一百进制的计数器，再用整体置数法接成五十六进制计数器。计数器从 S_{23} 开始计数，$D'_3D'_2D'_1D'_0D_3D_2D_1D_0=\mathbf{0010,0011}$。因为 74LS162 是同步置数，所以计入第 78 个脉冲时，经过**与非**门译码产生低电平信号，将两片 74LS162 同时同步置入初态 S_{23}。当第 78 个 CP 到来时，$S_{78}=Q'_3Q'_2Q'_1Q'_0Q_3Q_2Q_1Q_0=\mathbf{01111000}$，于是 $\overline{LD}=\overline{Q'_2Q'_1Q'_0Q_3}$。电路如图 8-44 所示。

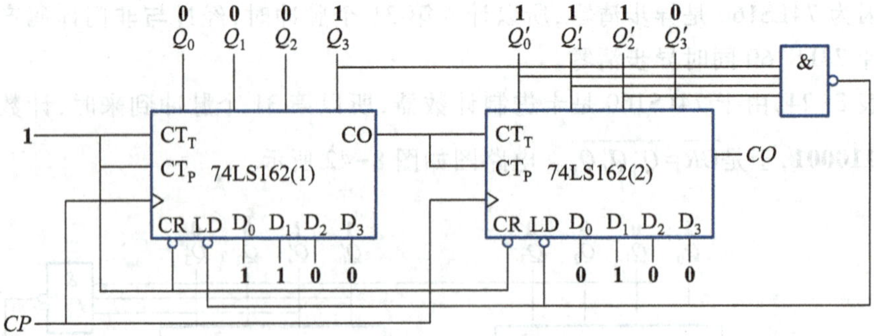

图 8-44 两片 74LS162 接成五十六进制计数器的电路图，其中 $S_0=23$

思考题

1. 什么叫计数？什么叫分频？
2. 什么叫异步计数器？什么叫同步计数器？它们各有哪些优缺点？
3. 什么叫加/减法计数器？它有何特点？

4. 试用 D 触发器构成 3 位异步二进制减法计数器。
5. 简述用同步反馈清零法和同步反馈置数法构成任意 N 进制计数器的方法。
6. 简述用异步反馈清零法和异步反馈置数法构成任意 N 进制计数器的方法。
7. 试用 74LS161 的异步清零和同步置数法构成七十八进制计数器,初态为 **0**。
8. 试用 74LS163 的同步清零和同步置数法构成六十五进制计数器,初态为 **0**。
9. 试用 74LS290 构成三十二进制计数器。
10. 试用 74LS191 构成八进制减法计数器,状态码为 **1110**~**0111**。

*8.5 序列信号发生器

关键术语

序列信号:**0** 和 **1** 数码按一定规则顺序排列形成的串行周期信号。

移存型序列信号:按移存规律,产生的序列信号。

计数型序列信号:按计数规律,产生的序列信号。

在数字系统中经常需要一些串行周期性信号,在每个循环周期中,**1** 和 **0** 数码按一定的规则顺序排列,称为序列信号。序列信号可以作为数字系统的同步信号,也可以作为地址码等。因此,序列信号在通信、雷达、遥控、遥测等领域都有广泛的应用。产生序列信号的电路称为序列信号发生器。

序列信号发生器的构成一般有三种形式:移存型序列信号发生器、计数型序列信号发生器、计数器和数据选择器组成的序列信号发生器。下面通过例题分别说明。

8.5.1 移存型序列信号发生器

移存型序列信号发生器以移位寄存器作为主要存储部件,如果序列信号的位数为 m,移位寄存器的位数为 n,则 $2^n \geqslant m$。

【例 8-15】 按移存规律,产生 5 位 **01110** 的序列信号。

解 序列信号的位数 $m=5$,则移位寄存器的位数选 $n=3$。将序列信号一次取 3 位序列码元,按移存规律形成 5 个状态的循环,输出 $F=Q_2^n$,状态表如表 8-25 所示。

表 8-25 按移存规律产生 5 位 01110 序列信号的状态表

CP 脉冲顺序	现态			次态			输出
	Q_2^n	Q_1^n	Q_0^n	Q_2^{n+1}	Q_1^{n+1}	Q_0^{n+1}	F
0	**0**	**1**	**1**	**1**	**1**	**1**	**0**
1	**1**	**1**	**1**	**1**	**1**	**0**	**1**
2	**1**	**1**	**0**	**1**	**0**	**0**	**1**
3	**1**	**0**	**0**	**0**	**0**	**1**	**1**

续表

CP 脉冲顺序	现态			次态			输出
	Q_2^n	Q_1^n	Q_0^n	Q_2^{n+1}	Q_1^{n+1}	Q_0^{n+1}	F
4	0	0	1	0	1	1	0
无效态	0	0	0	×	×	×	0
	0	1	0	×	×	×	0
	1	0	1	×	×	×	1

由于状态转移符合移存规律，因此只需要设计输入第 1 级的激励信号。通常采用 D 触发器构成移位寄存器。Q_0^{n+1} 卡诺图，如图 8-45 所示。

根据图 8-45 可得：$Q_0^{n+1}=D_0=\overline{Q_2^n}+\overline{Q_1^n}=\overline{Q_2^nQ_1^n}$　　(8-19)

最后检验是否具有自启动特性：有效状态 5 个，尚有 3 个偏离状态 **000**，**010**，**101**。根据式(8-19)及移存规律，不难求得偏离状态的转移为 **000→001**，**010→101→011**，具有自启动特性。完整状态转移图如图 8-46 所示。信号发生器电路如图 8-47 所示。

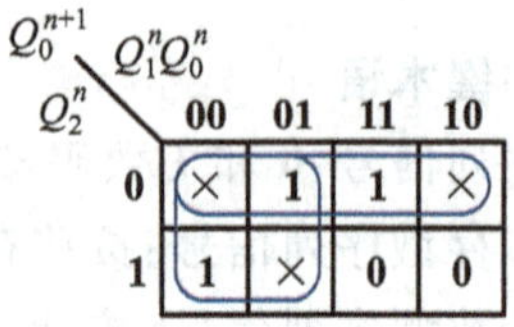

图 8-45　Q_0^{n+1} 卡诺图

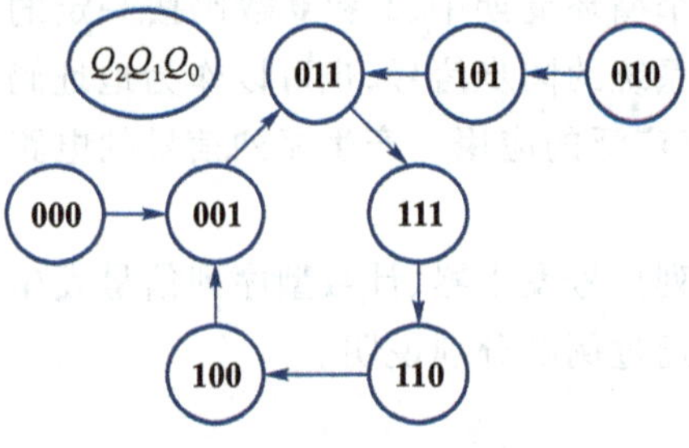

图 8-46　例 8-15 完整状态转移图

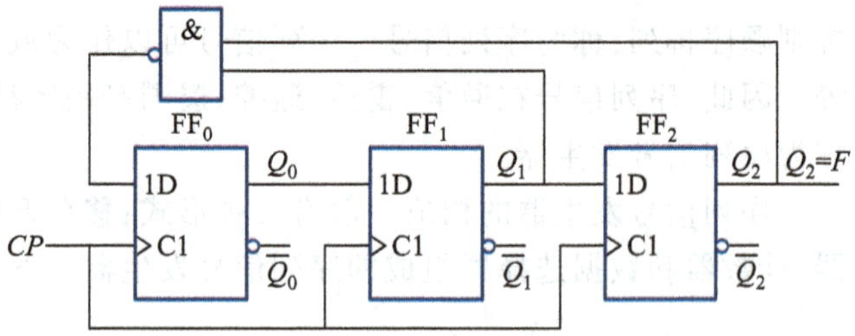

图 8-47　例 8-15 电路图

8.5.2 计数型序列信号发生器

计数型序列信号发生器是按计数规律产生序列信号的电路。

【例 8-16】 设计一个产生序列信号 **1010110011** 的计数型序列信号发生器。

解 由于给定序列长度 $m=10$，可选用一个模 10 的同步计数器，如 74LS160，令其在状态转移过程中，每一状态稳定时输出给定序列要求的信号，因此可以列出其输出 F 的真值表，如表 8-26 所示。

由表 8-26 画出 F 函数的卡诺图，如图 8-48 所示。得到 F 函数的最简逻辑表达式 $F=Q_3^n+\overline{Q_0^n}=\overline{\overline{Q_3^n}\cdot Q_0^n}$。这样，在 74LS160 模 10 同步计数器基础上加上 F 函数的输出组合电路，就产生了计数型序列信号 **1010110011**，电路如图 8-49 所示。

对于计数型序列信号发生电路，在同一计数器基础上，加上不同的输出电路，可以得到循环长度 m 相同的多组序列信号输出，但是由于输出是组合电路，因此在输出的序列中有可能有“冒险”毛刺。

表 8-26 例 8-16 的状态表

CR 脉冲顺序	输出状态				输出
	Q_3	Q_2	Q_1	Q_0	F
0	**0**	**0**	**0**	**0**	**1**
1	**0**	**0**	**0**	**1**	**0**
2	**0**	**0**	**1**	**0**	**1**
3	**0**	**0**	**1**	**1**	**0**
4	**0**	**1**	**0**	**0**	**1**
5	**0**	**1**	**0**	**1**	**1**
6	**0**	**1**	**1**	**0**	**0**
7	**0**	**1**	**1**	**1**	**0**
8	**1**	**0**	**0**	**0**	**1**
9	**1**	**0**	**0**	**1**	**1**
无效状态	**1**	**0**	**1**	**0**	×
	1	**0**	**1**	**1**	×
	1	**1**	**0**	**0**	×
	1	**1**	**0**	**1**	×
	1	**1**	**1**	**0**	×
	1	**1**	**1**	**1**	×

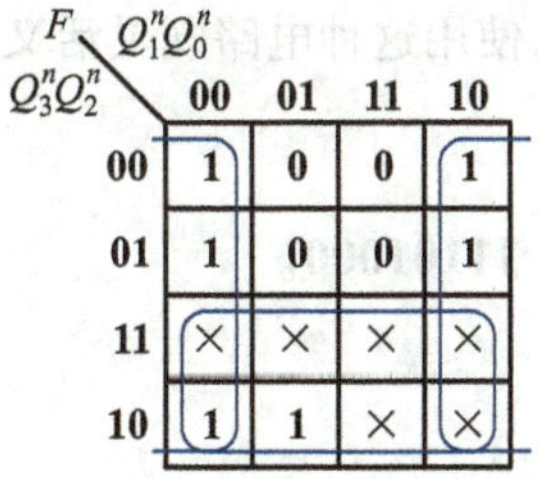

图 8-48 例 8-16F 输出的卡诺图

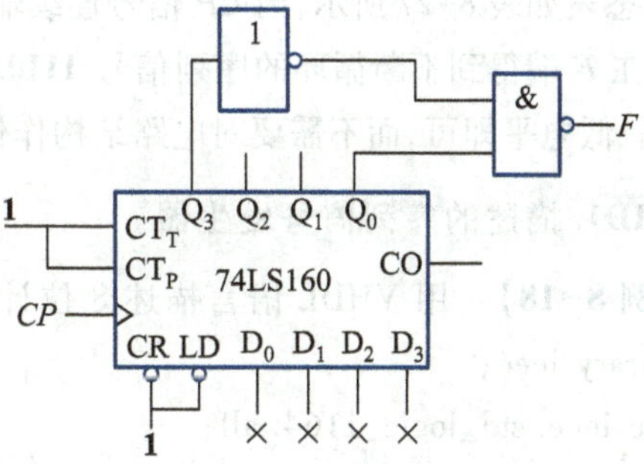

图 8-49 例 8-16 的电路图

8.5.3 计数器和数据选择器组成的序列信号发生器

【例 8-17】 由计数器和数据选择器，产生一个 8 位的序列信号 **11101000** 发生器，时间顺序为自左而右。

解 由于序列长度 $m=8$，因此可用一个八进制计数器和一个 8 选 1 数据选择器组成电路，电路如图 8-50 所示。其中八进制计数器取自 74LS161 的低 3 位，74LS151 是 8 选 1 数据选择器。

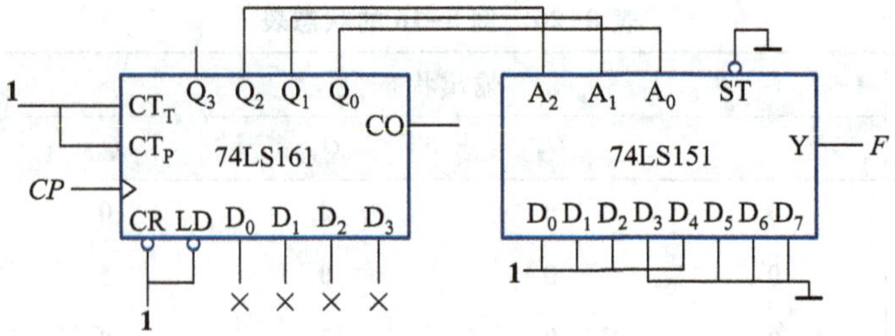

图 8-50 例 8-17 电路图

表 8-27 例 8-17 的状态表

CP 脉冲顺序	Q_2 / A_2	Q_1 / A_1	Q_0 / A_0	输出 F
0	**0**	**0**	**0**	**1**
1	**0**	**0**	**1**	**1**
2	**0**	**1**	**0**	**1**
3	**0**	**1**	**1**	**0**
4	**1**	**0**	**0**	**1**
5	**1**	**0**	**1**	**0**
6	**1**	**1**	**0**	**0**
7	**1**	**1**	**1**	**0**
8	**0**	**0**	**0**	**1**

状态表如表 8-27 所示，当 CP 信号连续输入时，只要令 $D_0=D_1=D_2=D_4=\mathbf{1}$，$D_3=D_5=D_6=D_7=\mathbf{0}$，便可在 F 端得到不断循环的序列信号 **11101000**。当需要修改序列信号时，只要修改加到 $D_0\sim D_7$ 的高、低电平即可，而不需要对电路结构作任何更改，因此，使用这种电路既灵活又方便。

用 VHDL 描述的序列信号发生器

【例 8-18】 用 VHDL 语言描述 8 位计数型序列信号 **11101000**。

```
library ieee;
use ieee. std_logic_1164. all;
use ieee. std_logic_arith. all;
use ieee. std_logic_unsigned. all;
entity senqgen is
 port( clk:in std_logic;
       z:out std_logic) ;
end entity senqgen;
architecture art of senqgen is
signal   count:std_logic_vector(2 downto 0) ;
```

```
begin
p1: process(clk) is                          --模 8 计数器进程
begin
if(clk'event and clk='1') then
    if(count="111") then
        count<="000";
    else
        count<=count +1;
    end if;
end if;
end process;
p2: process(count) is
begin
case count is
    when "000"=>z<='1';
    when "001"=>z<='1';
    when "010"=>z<='1';
    when "011"=>z<='0';
    when "100"=>z<='1';
    when "101"=>z<='0';
    when "110"=>z<='0';
    when others=>z<='0';
end case;
end process;
end architecture art;
```

8.6 时序逻辑电路的设计

8.6.1 概述

在设计时序逻辑电路时，要求设计者根据给出的具体逻辑问题，求出实现这一逻辑功能的逻辑电路。所得到的设计结果应力求简单。一般题目给定的是设计要求、文字描述或是状态图。设计的一般步骤如下。

电子教案 8-6：时序逻辑电路的设计

1. 进行逻辑抽象，建立原始状态图

(1) 分析给定设计要求，确定输入变量、输出变量、电路内部状态间的关系及状态数。

(2) 定义输入变量、输出变量的逻辑状态含义，进行状态赋值，对电路各个状态进行编号。

（3）按照题意建立原始状态图。

2. 进行状态简化，画最简状态图

（1）确定等价状态。

原始状态图中，凡是在输入相同时，输出相同、要转换到的次态也相同的状态，都是等价状态。

（2）合并等价状态，画最简状态图。

3. 进行状态分配，画出用二进制数进行编码后的状态图

（1）确定二进制代码的位数。

如果用 M 表示状态数，用 n 代表要使用的二进制代码的位数，那么根据编码的概念，应根据下列不等式来确定 n：$2^{n-1} \leqslant M \leqslant 2^n$。

（2）对电路进行状态编码。

n 位二进制代码有 2^n 种不同取值，用来对 M 个状态进行编码，方案有很多种。如果选择恰当，则可得到比较简单的设计结果；反之，若方案选得不好，设计出来的电路就会较复杂。至于如何才能获得最佳方案，目前尚无普遍有效的方法，常常要经过仔细研究，反复比较才会得到较好的方案，这里既有技巧问题，也与经验有关。

（3）画出编码后的状态图。

状态编码方案确定以后，便可画出用二进制代码表示电路状态的状态图。

4. 选择触发器、求时钟方程、输出方程和状态方程

（1）可供选择的是 JK 触发器和 D 触发器，前者功能齐全、使用灵活，后者控制简单、设计容易，在中、大规模集成电路中应用广泛。至于触发器的个数，当然应等于用于对电路状态进行编码的二进制代码的位数，即为 n。

（2）求时钟方程。

如果采用同步方案，那么情况十分简单，各个触发器的时钟信号都选用输入 CP 脉冲。如采用异步方案，则要根据以下两个原则来选择各级触发器的时钟。原则一，在该级触发器的状态发生翻转时，必须要有时钟信号触发沿到来；原则二，在满足第一原则的条件下，其他时刻到达该级触发器的时钟信号触发沿越少越好，这样有利于该级触发器驱动函数的简化。

（3）求输出方程。

可由状态图画出输出信号的卡诺图，化简得到最简表达式。注意，无效状态对应的最小项应当做约束项来处理。

（4）求状态方程。

① 采用同步方案时，由状态图求次态的最简逻辑函数表达式。

② 采用异步方案时，若注意一些特殊约束项的确认和处理，则可以得到更加简单的状态方程。

5. 求驱动方程

（1）变换状态方程，使之具有和触发器特性方程一致的表达形式。

（2）与特性方程进行比较，按照变量相同、系数相等、两个方程必等的原则，求出驱动方程，即各个触发器输入端信号的逻辑表达式。

6. 画逻辑电路图

(1) 画出触发器,并进行必要的编号,标出有关的输入端和输出端。

(2) 按照时钟方程、驱动方程和输出方程连线。有时还需要对驱动方程和输出方程作适当的变换,以便利用规定的或已有的门电路。

7. 检查设计的电路能否自启动

(1) 将电路无效状态依次代入状态方程进行计算,看其是否能回到有效状态。检查电路能否自启动。

(2) 若电路不能自启动,则应采取措施予以解决。可以修改设计重新进行状态分配,也可利用触发器的异步输入端强行预置到有效状态,等等。

8.6.2 同步时序逻辑电路的设计

【例 8-19】 根据所给状态图,如图 8-51 所示,设计一个能够自启动的同步时序电路。

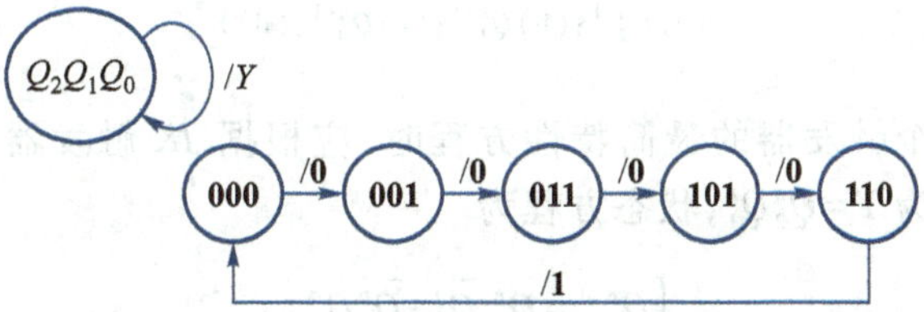

图 8-51 例 8-19 的状态图

解 题中已经给出了二进制编码的状态图,共有 5 个状态,二进制代码的位数是 3 位,故电路需要 3 个触发器。设计的 1、2、3 步可以省去,而直接从第 4 步开始。

由于 JK 触发器的功能齐全,使用灵活,在这里选用 3 个下降沿触发器的 JK 触发器。题目要求采用同步方案,故取 $CP_0=CP_1=CP_2=CP$,CP 是整个要设计的时序电路的输入时钟脉冲。从图 8-51 可以看出,**010**,**100**,**111** 三个代码状态没有出现,它们所对应的最小项是约束项。根据图 8-51 可画出电路的状态转换表,如表 8-28 所示。

表 8-28 例 8-19 状态转换表

CP 脉冲顺序	现态			次态			输出
	Q_2^n	Q_1^n	Q_0^n	Q_2^{n+1}	Q_1^{n+1}	Q_0^{n+1}	Y
0	0	0	0	0	0	1	0
1	0	0	1	0	1	1	0
2	0	1	1	1	0	1	0
3	1	0	1	1	1	0	0
4	1	1	0	0	0	0	1
无效状态	0	1	0	×	×	×	×
	1	0	0	×	×	×	×
	1	1	1	×	×	×	×

根据表 8-28 画出次态 Q_2^{n+1}、Q_1^{n+1}、Q_0^{n+1} 和输出 Y 的卡诺图，如图 8-52 所示。

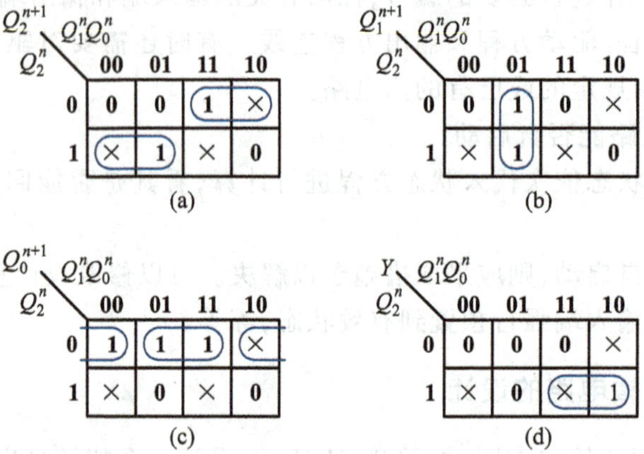

图 8-52 例 8-19 次态和输出的卡诺图

(a) Q_2^{n+1}；(b) Q_1^{n+1}；(c) Q_0^{n+1}；(d) Y

在用卡诺图求各个触发器的最简特性方程时，应根据 JK 触发器特性方程的标准形式画包围圈。输出方程为 $Y=Q_2^nQ_1^n$，状态方程为

$$\begin{cases} Q_2^{n+1}=Q_1^n\,\overline{Q_2^n}+\overline{Q_1^n}Q_2^n \\ Q_1^{n+1}=Q_0^n\cdot\overline{Q_1^n}+\overline{1}\cdot Q_1^n \\ Q_0^{n+1}=\overline{Q_2^n}\cdot\overline{Q_0^n}+\overline{Q_2^n}Q_0^n \end{cases}$$

将状态方程和 JK 触发器的特性方程 $Q^{n+1}=J\,\overline{Q^n}+\overline{K}Q^n$ 进行比较，从而求得驱动方程为

$$\begin{cases} J_2=Q_1^n, K_2=Q_1^n \\ J_1=Q_0^n, K_1=1 \\ J_0=\overline{Q_2^n}, K_0=Q_2^n \end{cases}$$

下面检查电路能否自启动。

方法一：将计数器的无效状态 **010**，**100**，**111** 分别代入状态方程中进行核算后得，**010→101**，**100→100**，**111→000**，可见 **100** 进入无效循环，因此，电路不能自启动。

方法二：根据图 8-44，Q_2^{n+1}、Q_1^{n+1}、Q_0^{n+1} 卡诺图中的约束项如果被包围圈圈中，则当 1 处理，否则作为 0。因此在卡诺图中很容易就确定三个无效状态的次态分别为：**010→101**，**100→100**，**111→000**。与方法一结论一致。

图 8-53 例 8-19 次态 Q_2^{n+1} 修改设计方案

修改设计，使电路能自启动。修改设计的原则是，改动的地方越少越好，使得电路尽可能简单。为了使得 **100** 进入有效循环，只需对图 8-52(a) 进行画圈的修改，如图 8-53 所示。检查自启动：**010→101**，**111→100→000**，电路能自启动。因此修改后状态方程：$Q_2^{n+1}=Q_1^n\overline{Q_2^n}+Q_0^nQ_2^n$，驱动方程：$J_2=Q_1^n$，$K_2=\overline{Q_0^n}$，其余驱动不变。其完整的状态转换图如图 8-54 所示，逻辑图如图 8-55 所示。

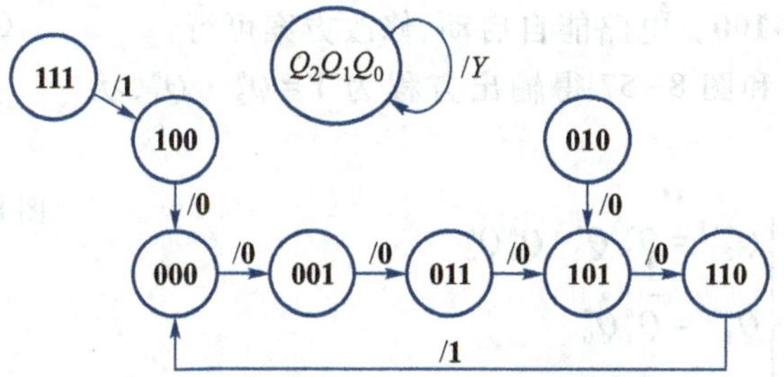

图 8-54 例 8-19 完整状态转换图

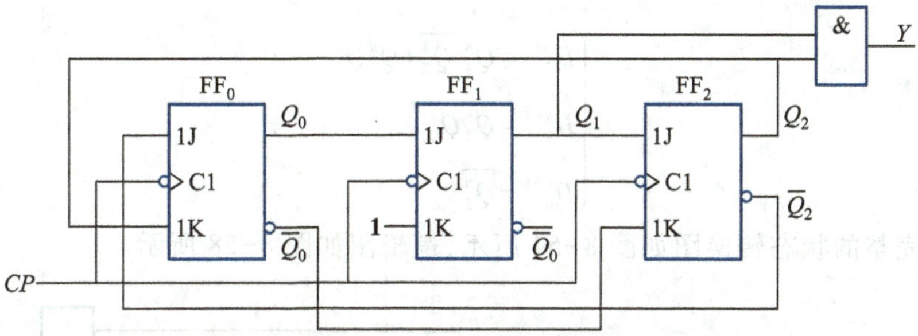

图 8-55 例 8-19 用 JK 触发器实现的电路图

【例 8-20】 将例 8-19 题目，用 D 触发器设计实现。

解 电路的状态转换真值表与表 8-28 相同，对图 8-52 的卡诺图，根据 D 触发器特性方程 $Q^{n+1}=D$ 的形式画包围圈，如图 8-56 所示。

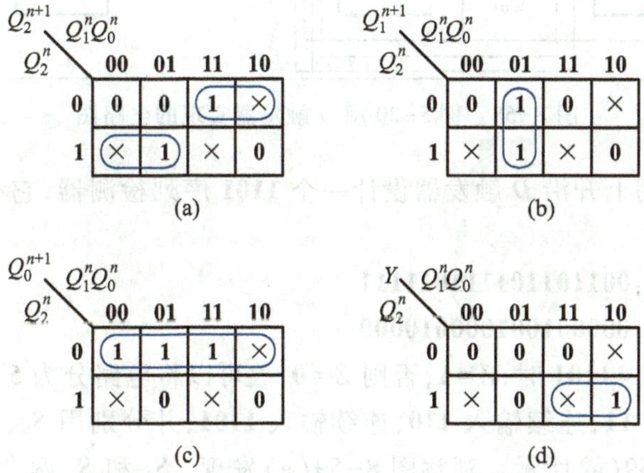

图 8-56 例 8-20 次态和输出的卡诺图

(a) $Q_2{}^{n+1}$；(b) $Q_1{}^{n+1}$；(c) $Q_0{}^{n+1}$；(d) Y

注：根据卡诺图化简的方法，个别包围圈的形式不唯一。

根据上述的方法二，检查自启动特性。确定三个无效态的次态分别为：**010→101**，**100→100**，**111→000**。电路不能自启动，修改设计方案，将图 8-56(a) 修改，如图 8-57 所示。

再次检查自启动特性，确定三个无效态的次态分别为：**010**→**101**，**100**→**000**，**111**→**100**。电路能自启动，修改方案可行。

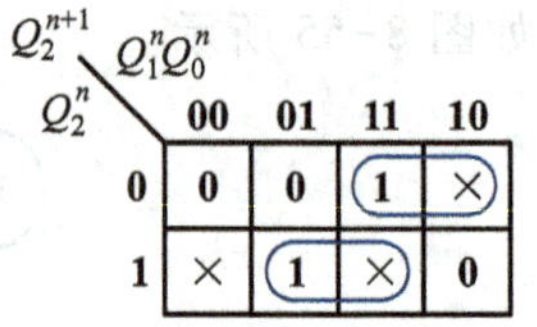

图 8-57 修改图 8-56(a) Q_2^{n+1}的卡诺图

根据卡诺图 8-56 和图 8-57 得输出方程为 $Y=Q_2^n\cdot Q_1^n$，状态方程为

$$\begin{cases}Q_2^{n+1}=Q_1^n\overline{Q_2^n}+Q_2^nQ_0^n\\Q_1^{n+1}=\overline{Q_1^n}Q_0^n\\Q_0^{n+1}=\overline{Q_2^n}\end{cases}$$

将状态方程和 D 触发器的特性方程 $Q^{n+1}=D$ 进行比较，从而求得驱动方程

$$\begin{cases}D_2^{n+1}=Q_1^n\overline{Q_2^n}+Q_2^nQ_0^n\\D_1^{n+1}=\overline{Q_1^n}Q_0^n\\D_0^{n+1}=\overline{Q_2^n}\end{cases}$$

画出其完整的状态转换图如图 8-54 所示，逻辑图如图 8-58 所示。

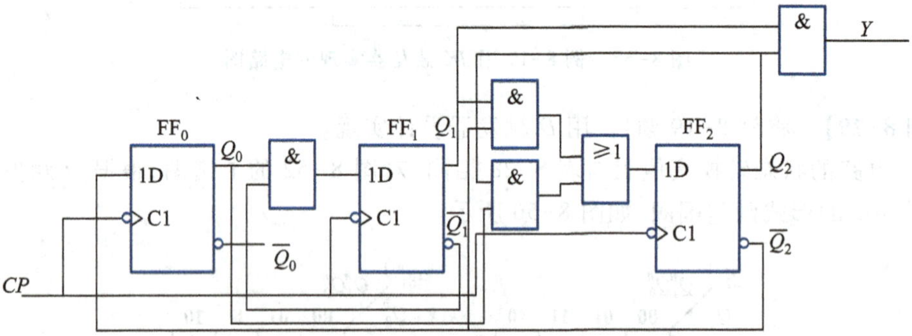

图 8-58 例 8-20 用 D 触发器实现的电路图

【例 8-21】 试用上升沿 D 触发器设计一个 **1101** 序列检测器，它有一个输入端和一个输出端。例如

输入 X 串行信号：**001101101111011111**

输出 Z 相应信号：**000001001000010000**

解 由题意，当 $X=$**1101** 时，$Z=$**1**，否则 $Z=$**0**，故可以将电路分为 5 个状态：输入一个 **0**，输入一个 **1**，连续输入 **11**，连续输入 **110**，连续输入 **1101**，并分别用 S_0、S_1、S_2、S_3、S_4 来表示，画出状态图，如图 8-59(a) 所示。观察图 8-59(a) 发现，S_1 和 S_4 两个状态，它们在同样的输入下有同样的输出，而且转换后得到同样的状态。因此 S_1 和 S_4 是等价状态，可合并为一个，可重画状态图如图 8-59(b) 所示。

故可用两个 D 触发器来形成 4 个状态，分配状态变量 $S_0=$**00**、$S_1=$**01**、$S_2=$**10**、$S_3=$**11**，则可得状态表如表 8-29 所示。

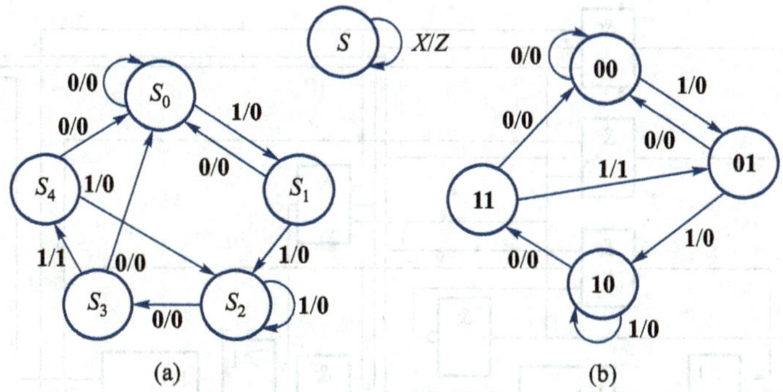

图 8-59 例 8-21 状态转换图

(a)原始状态图;(b)化简后状态图

表 8-29 例 8-21 状态表

	输入	现态		次 态		输出
CP 脉冲	X	Q_1^n	Q_0^n	Q_1^{n+1}	Q_0^{n+1}	Z
0	0	0	0	0	0	0
1	0	0	1	0	0	0
2	0	1	0	1	1	0
3	0	1	1	0	0	0
4	1	0	0	0	1	0
5	1	0	1	1	0	0
6	1	1	0	1	0	0
7	1	1	1	0	1	1

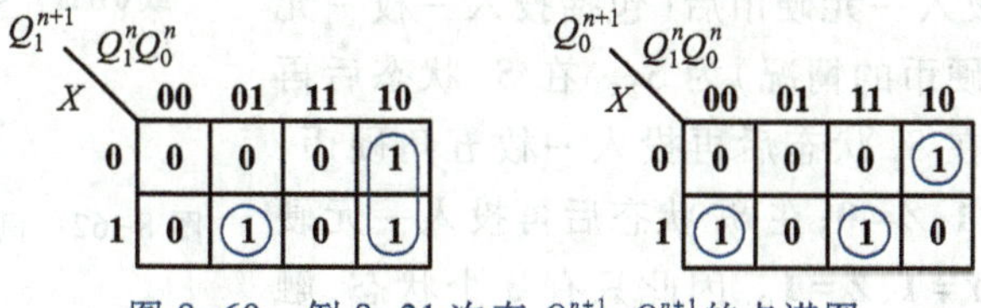

图 8-60 例 8-21 次态 Q_1^{n+1}、Q_0^{n+1} 的卡诺图

由图 8-60 可得驱动方程和输出方程为

$$\begin{cases} Q_1^{n+1}=D_1=X\overline{Q_1^n}Q_0^n+Q_1^n\overline{Q_0^n} \\ Q_0^{n+1}=D_0=\overline{X}Q_1^n\overline{Q_0^n}+X\overline{Q_1^n}\cdot\overline{Q_0^n}+XQ_1^nQ_0^n \end{cases} \tag{8-20}$$

$$Z=XQ_1^nQ_0^n$$

根据式(8-20),得到所要求设计的电路图,如图 8-61 所示。

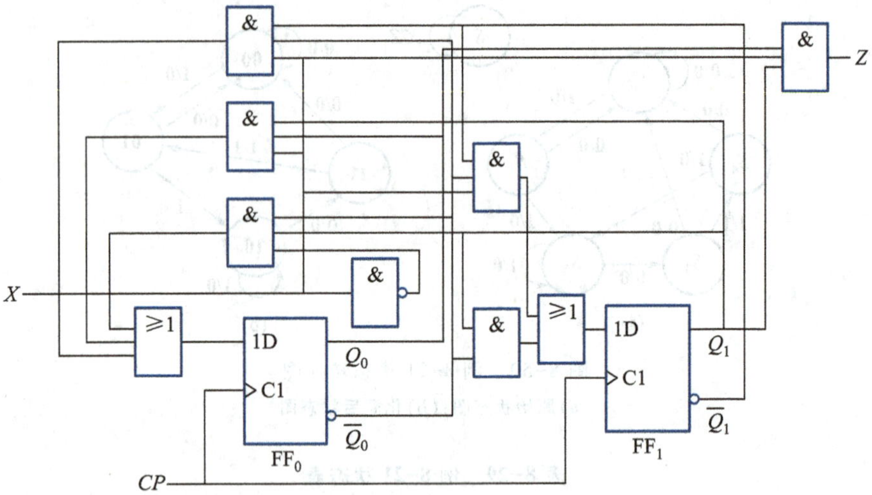

图 8-61 例 8-21 设计的电路图

应用实例 3

【例 8-22】 设计一个自动售饮料机的逻辑电路，要求投币口每次只能投入一枚五角或一元的硬币。投入一元五角钱硬币后机器自动给出一杯饮料；投入两元（两枚一元）硬币后，在给出饮料的同时找回一枚五角的硬币。

解 分析：取投入硬币的状态为输入逻辑变量，投入一枚五角硬币用 $A=\mathbf{1}$ 表示，未投入则用 $A=\mathbf{0}$ 表示；投入一枚一元硬币用 $B=\mathbf{1}$ 表示，未投入则用 $B=\mathbf{0}$ 表示。给出饮料和找五角钱为两个输出逻辑变量，$Y=\mathbf{1}$ 表示给出饮料，$Y=\mathbf{0}$ 则表示未给出饮料，$Z=\mathbf{1}$ 表示找回一枚五角硬币，$Z=\mathbf{0}$ 则表示不找。设未投币的状态为 S_0，投入一枚五角硬币后为 S_1，投入一元硬币后（包括投入一枚一元硬币和投入两枚五角硬币的情况）为 S_2。在 S_1 状态后再投入一枚一元硬币或在 S_2 状态后再投入一枚五角硬币，均应转回 S_0 状态，$Y=\mathbf{1}$，$Z=\mathbf{0}$；在 S_2 状态后再投入一元硬币后应转回 S_0 状态，$Y=\mathbf{1}$，$Z=\mathbf{1}$。因此只有 3 个状态，触发器确定用 2 个，令 $S_0=\mathbf{00}$、$S_1=\mathbf{01}$、$S_1=\mathbf{10}$，画出图 8-62 所示的状态转换图和表 8-30 所示的状态转移表。

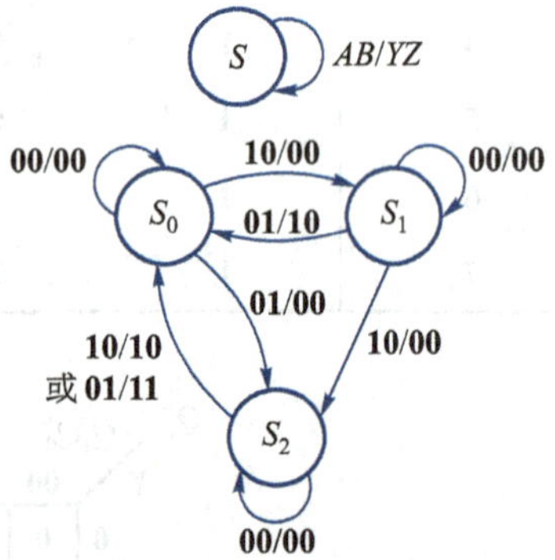

图 8-62 例 8-22 的状态转换图

表 8-30 例 8-22 的状态转移表

A	B	Q_1^n	Q_0^n	Q_1^{n+1}	Q_0^{n+1}	Y	Z
0	0	0	0	0	0	0	0
0	0	0	1	0	1	0	0
0	0	1	0	1	0	0	0
0	0	1	1	×	×	×	×

续表

A	B	Q_1^n	Q_0^n	Q_1^{n+1}	Q_0^{n+1}	Y	Z
0	**1**	**0**	**0**	**1**	**0**	**0**	**0**
0	**1**	**0**	**1**	**0**	**0**	**1**	**0**
0	**1**	**1**	**0**	**0**	**0**	**1**	**1**
0	**1**	**1**	**1**	×	×	×	×
1	**0**	**0**	**0**	**0**	**1**	**0**	**0**
1	**0**	**0**	**1**	**1**	**0**	**0**	**0**
1	**0**	**1**	**0**	**0**	**0**	**1**	**0**
1	**0**	**1**	**1**	×	×	×	×
1	**1**	×	×	×	×	×	×

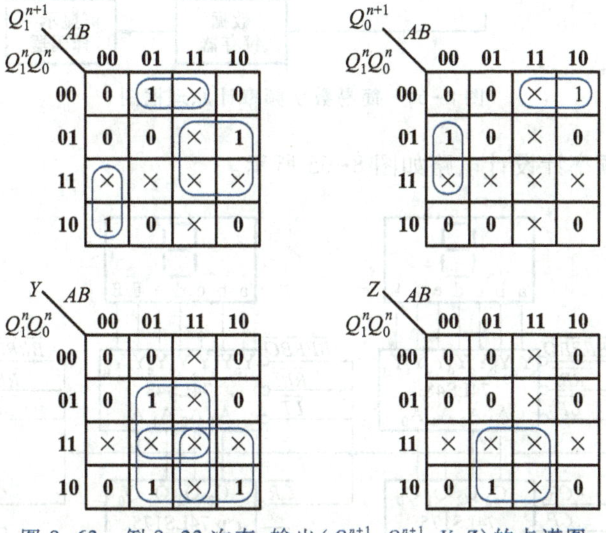

图 8-63 例 8-22 次态、输出（Q_1^{n+1}、Q_0^{n+1}、Y、Z）的卡诺图

假定选用 D 触发器，根据图 8-63 所示卡诺图，化简得到电路的状态方程、驱动方程和输出方程为

$$\begin{cases} Q_1^{n+1}=D_1=Q_0^nA+\overline{Q}_1^n\cdot\overline{Q}_0^nB+Q_1^n\overline{A}\cdot\overline{B} \\ Q_0^{n+1}=D_0=\overline{Q}_1^n\cdot\overline{Q}_0^nA+Q_0^n\overline{A}\cdot\overline{B} \end{cases} \tag{8-21}$$

$$\begin{cases} Y=Q_1^nA+Q_1^nB+Q_0^nB \\ Z=Q_1^nB \end{cases}$$

电路图略。自启动检查：当电路进入无效状态 **11** 后，在无输入信号的情况下（即 $AB=$ **00**）不能自行返回到有效循环，所以不能自启动。当 $AB=$ **01** 或 $AB=$ **10** 时电路在时钟信号作用下虽然能返回到有效循环中去，但收费结果是错误的。因此，在开始工作时应在异步置零端 $\overline{R}_D$ 上加入低电平信号将电路置为 **00** 状态。

应用实例 4

【例 8-23】 设计一简易的数字频率计电路,最高测量频率为 999 Hz。数字频率计的主要功能是测量周期信号的频率。频率是单位时间(1 s)内信号发生周期变化的次数,如果我们能在给定的 1 s 时间内对信号波形计数,并将计数结果显示出来,就能读取被测信号的频率。数字频率计首先必须获得相对稳定与准确的时间,同时将被测信号转换成幅度与波形均能被数字电路识别的脉冲信号,然后通过计数器计算这一段时间间隔内的脉冲个数,将其换算后显示出来,这就是数字频率计的基本原理。简易频率计原理框图如图 8-64 所示。

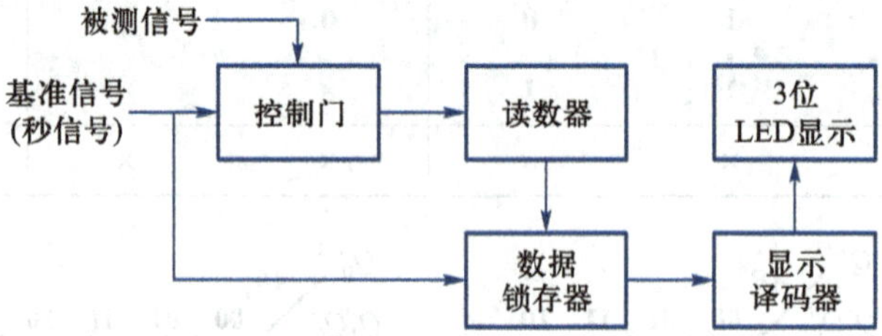

图 8-64 简易数字频率计原理框图

解 简易数字频率计设计电路如图 8-65 所示。

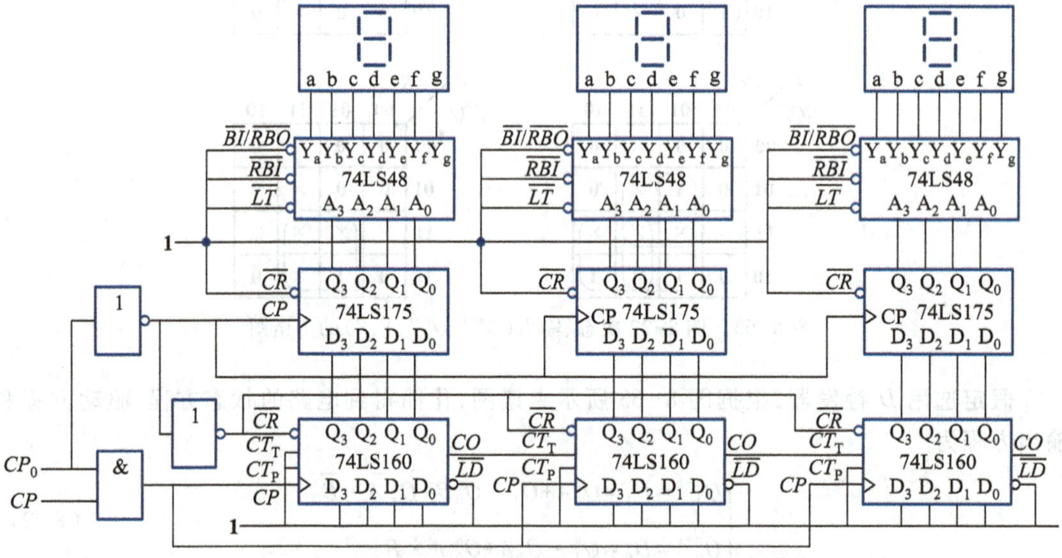

图 8-65 简易数字频率计电路图(CP_0:基准脉冲;CP:被测脉冲)

首先通过对 50 Hz 交流电进行全波整流形成数字电路能识别的脉冲方波信号,经过分频得到占空比为 50%,脉冲宽度为 1 s 的方波信号,由此获得测量频率的基准脉冲 CP_0。与门为控制门,一输入端接标准信号 CP_0,另一输入端接被测脉冲 CP,当基准信号为正时计数。计数器的作用是对被测的输入脉冲计数,根据设计要求,最高测量频率为 999 Hz,则采用 3 位十进制计数器,74LS160 是十进制集成计数器。在确定的时间(1 s)内计数器的计数结果(被测信号频率)必须经锁定后才能获得稳定的显示值,74LS175 为 4 位并行输入数据寄存器,通过触发脉冲的控制,将测得的数据寄存起来,送显示译码器。显示译码器的作用是把 BCD 码表示的十进制数译码输出,驱动数码管正常显示,图中七段译码器 74LS48 驱动共阴数码管。基准信号 CP_0通过两个非门延迟产生计数器清零信号,在锁存器锁存数据显示后计数器清零,等待重新输入。各信号波形示意图如图 8-66 所示。

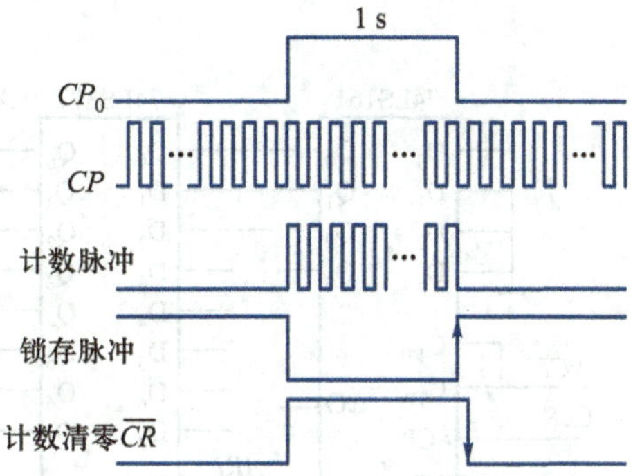

图 8-66 简易数字频率计信号波形图

思考题

1. 试述同步时序逻辑电路的设计步骤。
2. 如何检查设计出来的同步时序逻辑电路能否自启动?
3. 如设计的计数型序列脉冲信号为 **110110**,应选用几个触发器?
4. 同步时序逻辑电路的设计和异步时序逻辑电路设计步骤有何异同?
5. 怎样选择异步时序逻辑电路各触发器的时钟信号?

▶ 目标测评

1. 如何用右移方式,使用两片 74LS194 构成十三进制扭环形计数器?试画出电路图和状态表。两片 74LS194 最多可构成多少进制计数器?

2. 设计一个序列信号检测器电路,功能是检测出串行输入数据中的 4 位二进制序列 **0101**(从左至右输入),当检测到该序列时,输出 **1**,否则输出 **0**,要求画出状态图,给出状态编码。

3. 设计一个异步十进制加法计数器。

4. 试用 VHDL 描述中规模时序逻辑器件。

5. 试用 Quartus Ⅱ 软件的图形界面设计并验证时序逻辑电路。

▶ 实践与提高(8 位模型计算机系统相关电路分析)

1. 程序计数器 PC

程序计数器的作用是确定下一条指令的地址。在模型计算机中,选用 74LS161(4 位同步二进制计数器)作为程序计数器。由于模型计算机只有 5 个字节的机器码,所以程序计数器 PC 的输出只使用 3 位,其连线如图 8-67 所示。当 PCI=**0** 时,计数器保持原状态;当 PCI=**1** 时,计数器处于计数状态,当时钟信号 CLK 上升沿到来时,进行加 **1** 计数。

2. 地址寄存器 MAR

地址寄存器 MAR 用来保存当前 CPU 所访问的主存储器单元的地址,由于主存储器与 CPU 之间存在操作速度上的差别,所以必须使用地址寄存器来保存地址信息,直到主存储器的读/写操作完成为止。在模型计算机中,因为存储器只使用了 5 个存储单元,所以可用

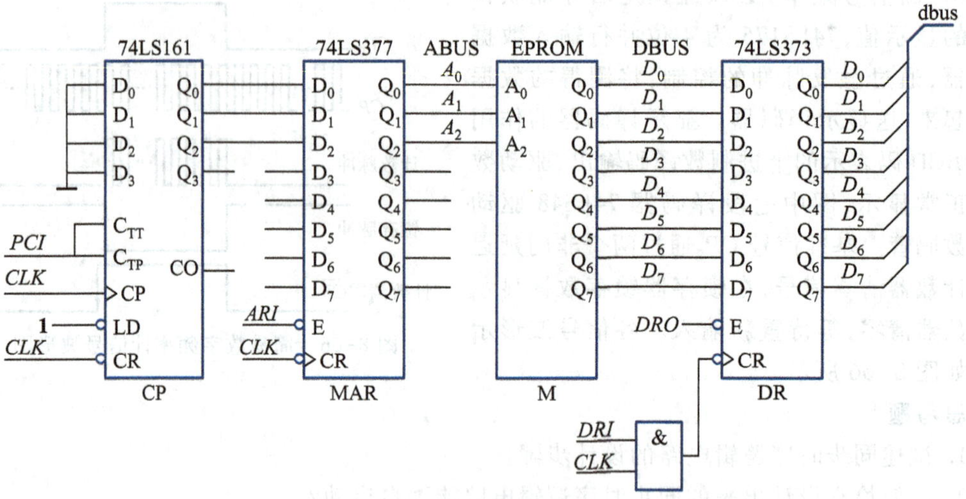

图 8-67 程序计数器、地址寄存器、存储器、数据寄存器的逻辑图

3 个 D 触发器实现地址寄存器的功能，图 8-67 中选用 74LS377（八 D 触发器）芯片，但只使用了其中的三个 D 触发器。当 ARI = **0** 且时钟信号 CLK 上升沿到来时，将地址存入，并直接输出到存储器 EPROM 的地址线上。

3. 数据寄存器 DR

数据寄存器用来暂时存放由主存储器读出的一条指令或一个数据字。由于模型计算机是 8 位，所以图 8-67 中选用 74LS373 作数据寄存器，它是八 D 锁存器，并有三态输出功能，可以直接与总线相连。当 DRI = **1** 且时钟信号 CLK 上升沿到来时，将被选中的存储单元中的数据存入 DR。当 DRO = **1** 时，DR 输出呈高阻态；当 DRO = **0** 时，DR 将所存数据送到数据总线。

4. 节拍发生器

节拍发生器用于产生 $T_0 \sim T_7$ 八个节拍脉冲信号，以便控制计算机按固定节拍有序地工作。节拍发生器逻辑图如图 8-68 所示，它是一个环形移位寄存器，产生的波形如图 8-69 所示。构成节拍发生器的关键在于环形移位寄存器的初始状态要置成 **10000000**，为此模型计算机的节拍发生器由两片 74LS194（4 位双向移位寄存器）和逻辑门构成。在系统复位信号 CLR = **0** 时，将初始状态置成 **10000000**。

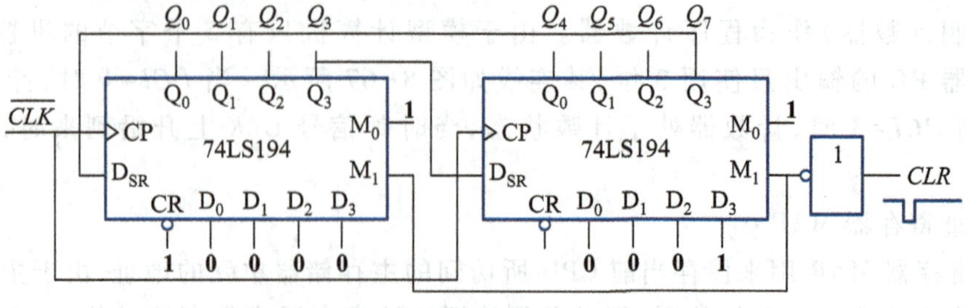

图 8-68 节拍发生器逻辑图

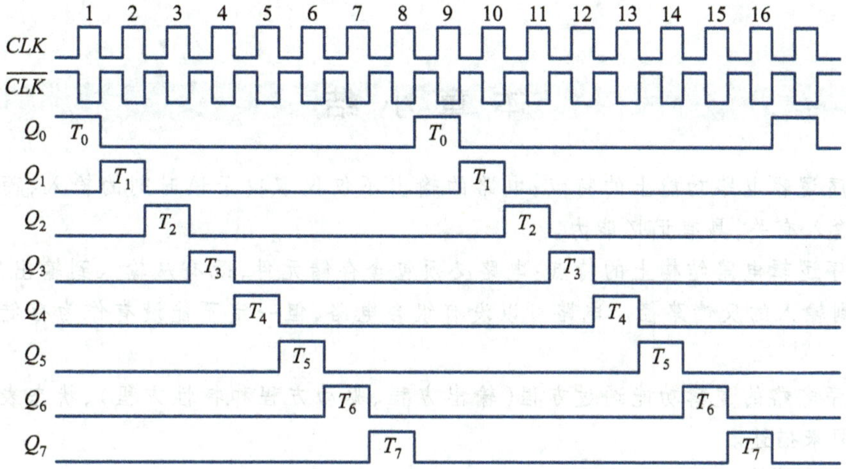

图 8-69 节拍发生器脉冲波形图

▶ 工程训练项目

1. 交通灯。
2. 数字频率计。

实现方式

1. 采用 MSI 组合逻辑电路设计。
2. 基于 Quartus Ⅱ 原理图输入方式实现。

▶ 英文术语表

英文	中文	解释
counter	计数器	一种时序数字电路，其输出按照一种可预计的重复模式进行，每一个时间脉冲经历一个状态
shift register	移位寄存器	一种通过 n 个触发器串行或并行存储和移动 n 比特数据的同步时序电路
synchronous	同步计数器	计数器中所有触发器的时钟都由相同信号驱动，触发器状态变化相互同步
up counter	加法计数器	计数器计数序列增加
bidirectional counter	双向计数器	通过一个控制输入状态使计数器的计数序列可以增加或者减少
bidirectional shift register	双向移位寄存器	可以向左或向右串行移位的移位寄存器，通过方向控制输入的状态来确定

本章小结

1. 时序逻辑电路功能上的特点：电路的输出不仅仅取决于该时刻的输入，而且与上一个时刻的输入有关，具有记忆能力。

2. 时序逻辑电路结构上的特点：电路必须包含存储元件，既有从输入到输出的通路，也有从输出到输入的反馈路径。电路可以没有组合电路，但一定不能没有作为存储单元的触发器。

3. 时序电路的逻辑功能通过方程（输出方程、驱动方程和特性方程）、状态表、状态图、时序波形图来描述。

4. 时序逻辑电路的分析步骤：

(1) 写方程式（时钟方程、输出方程、驱动方程）。

(2) 求状态方程，列状态表、画状态图和时序图。

将驱动方程代入触发器的特性方程，即求出时序电路的状态方程。将电路现态的多种取值组合代入状态方程进行计算，求出相应的次态，列出状态表。

(3) 电路功能说明。

5. 常用的时序逻辑电路有寄存器、移位寄存器、计数器和顺序脉冲信号发生器等。寄存器是由触发器构成的，可分为寄存器和移位寄存器。移位寄存器中输入或输出代码既可以并行，也可以串行。74LS194是比较典型的4位双向移位寄存器。移位寄存器可构成环形计数器和扭环形计数器。

6. 计数器的种类繁多，可分为同步计数器和异步计数器两大类。在SSI计数器中，根据计数状态的不同，可构成不同类型的计数器。根据计数器在计数过程中数字的增减趋势，分为加法计数器、减法计数器和加/减法计数器。根据计数器中数字的编码方式不同，分为二进制计数器和二-十进制计数器、任意N进制计数器。

7. 常用的MSI集成同步加法计数器有74LS160、74LS161、74LS162、74LS163，同步加/减法计数器有74LS190、74LS191，异步计数器有74LS290。这些计数器除具有基本计数功能外，通常还有使能端、扩展端、清零端和置数端，灵活区别和运用这些端口便于扩展时序逻辑电路的功能和构成较复杂的系统。

8. 利用中规模集成计数器的清零端和置数端可获得任意模值的计数器。若已有的是N进制计数器，而需要得到的是M进制计数器，这时有$M<N$和$M>N$两种情况。当$M<N$时，利用反馈清零法和反馈置数法，在N进制计数器的顺序计数过程中，跳越$N-M$个状态，就可以得到M进制计数器。当$M>N$时，需要多片N进制计数器级联，各片之间（或各级之间）的连接可分为异步连接和同步连接两种方式，同样需要利用反馈清零法和反馈置数法。

9. 在数字系统中1和0数码按一定的规则顺序排列，称为序列信号。产生序列信号的电路称为序列信号发生器，其构成一般有三种形式：移存型序列信号发生器，计数型序列信号发生器，用计数器和数据选择器组成的序列信号发生器。

10. 设计时序逻辑电路时，可利用状态转换表，通过化简各触发器次态及输出的卡诺图得到各个驱动以及输出的表达式。异步时序逻辑电路的设计需要考虑设计时钟条件。

习　题

［题 8-1］ 试分析图 P8-1 所示时序逻辑电路的逻辑功能，列出状态转换真值表，画出状态转换图和时序图。

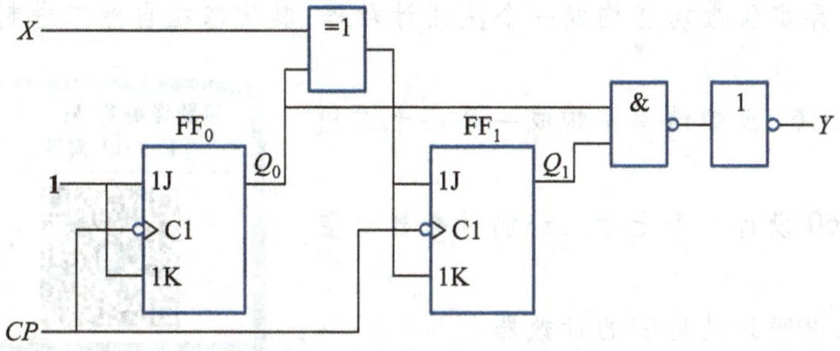

图 P8-1

习题详解 8-1：
［题 8-1］解答

［题 8-2］ 试分析图 P8-2 所示电路的逻辑功能。列出状态转换真值表，画出状态转换图和时序图。

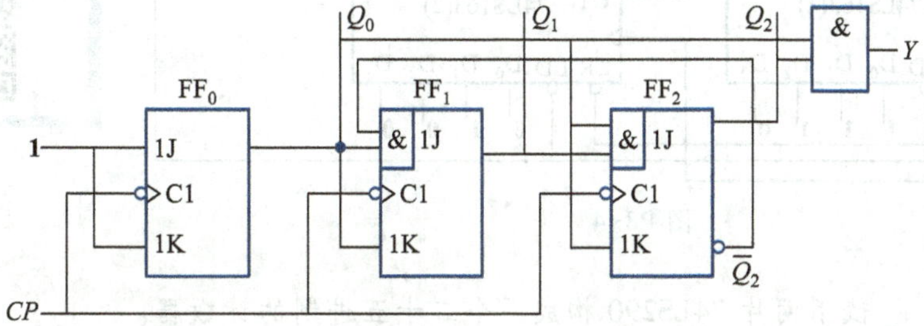

图 P8-2

［题 8-3］ 试分析图 P8-3 所示电路的逻辑功能。列出状态转换真值表，画出状态转换图和时序图。

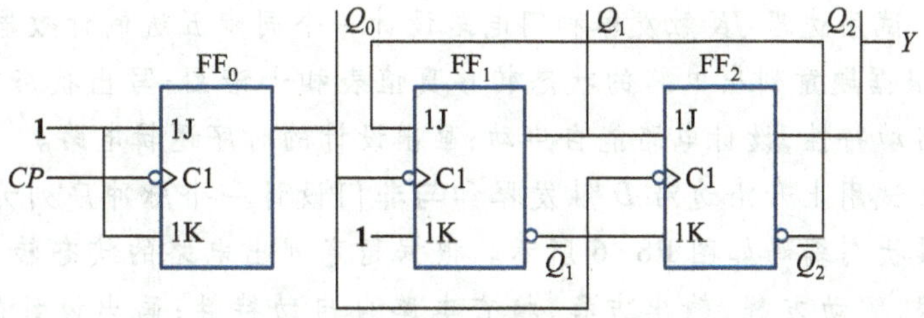

图 P8-3

[题 8-4] 用 74LS194 设计一个右移八进制扭环计数器。

[题 8-5] 用 74LS194 设计一个左移十三进制扭环计数器。

习题详解 8-2:
[题 8-5]解答

[题 8-6] 试用 74LS161 同步置数功能构成一个十进制计数器,其状态在自然二进制代码 **0110~1111** 之间循环。

[题 8-7] 试用 74LS160 同步置数和异步清零功能构成一个六进制计数器。

[题 8-8] 试用 74LS190 异步置数功能构成一个七进制计数器。

[题 8-9] 试用 74LS290 异步置数功能构成一个八进制计数器。

[题 8-10] 试用 74LS191 异步置数功能构成一个减法计数器,其状态在自然二进制代码 **1110~0110** 之间循环。

[题 8-11] 试用两片 74LS161 反馈清零法构成一个四十二进制的计数器。

习题详解 8-3:
[题 8-12]解答

[题 8-12] 用两片 74LS160 设计一个七十八进制计数器。要求初态为 14。

[题 8-13] 分析图 P8-4,说明是几进制的计数器。

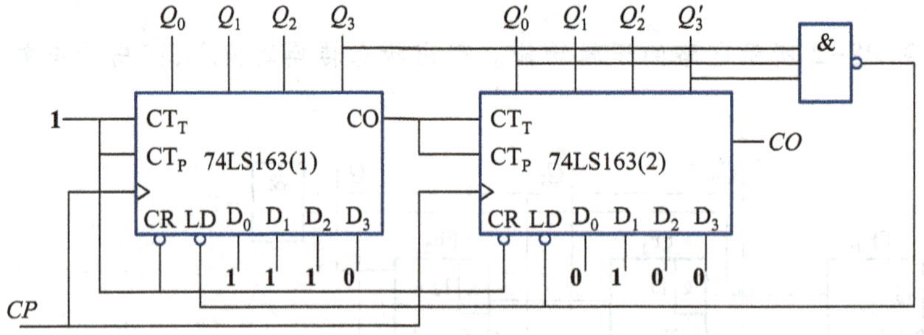

图 P8-4

习题详解 8-4:
[题 8-13]解答

[题 8-14] 试用两片 74LS290 构成一个二十五进制的计数器。

[题 8-15] 试用下降沿 *JK* 触发器设计一个递增同步六进制计数器。要求计数器的状态转换代码具有相邻性(相邻两组代码中只有 1 位代码不同),且代码不包含全 **0** 和全 **1** 的码组。根据题意列出电路的状态转移真值表和卡诺图;写出状态方程、驱动方程、输出方程,检查启动特性,设计电路能自启动;画出设计的逻辑电路。

[题 8-16] 试用边沿 *JK* 触发器和门电路设计一个同步五进制计数器,其状态编码如图 P8-5 所示。根据题意列出电路的状态转移真值表和卡诺图;写出状态方程、驱动方程、输出方程,检查启动特性,设计电路能自启动;画出设计的时序逻辑电路。

[题 8-17] 试用上升沿边沿 *D* 触发器和**与非**门设计一个脉冲序列为 **100110** 的序列脉冲产生电路,其状态编码如图 P8-6 所示。根据题意列出电路的状态转移真值表和卡诺图;写出状态方程、驱动方程、输出方程,检查电路自启动特性;画出设计的序列脉冲产生电路。

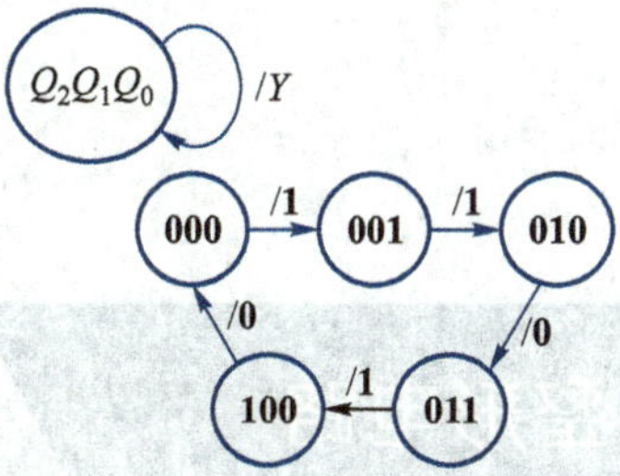

图 P8-5

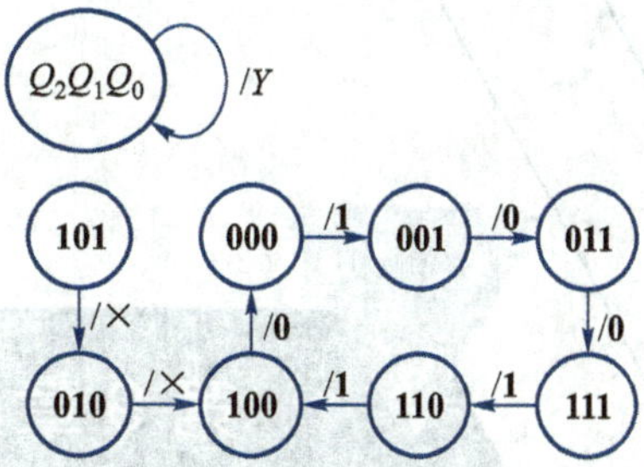

图 P8-6

[题 8-18] 试用 VHDL 设计一个 4 位二进制可逆计数器,该计数器具有同步预置数功能。

[题 8-19] 试用 VHDL 设计一个双向移位寄存器。

[题 8-20] 用 VHDL 设计一个模为 12 的加法计数器,要求该计数器能够同步清零,异步置数,而且有计数使能端和进位输出端,并用 Quartus Ⅱ 软件进行仿真,并给出详细的仿真波形图。

第 9 章　脉冲产生与整形电路

▶ 本章目标

1. 了解多谐振荡器、单稳态触发器、施密特触发器的工作原理。

2. 掌握 555 定时器电路工作原理。

3. 重点掌握 555 定时器电路的应用。

电子教案 9-1：
脉冲产生与整形电路

▶ 引言

在数字系统中，经常需要各种宽度、幅度的脉冲信号，如模型机时钟信号、定时信号等，因此必须考虑脉冲信号的产生与变换问题。本章介绍了 555 定时器的电路结构及工作原理，主要讨论用于脉冲变换与整形的施密特触发器，用于定时、延时、调整信号脉宽的单稳态触发器和能直接产生脉冲波形的多谐振荡器。

9.1 555 定时器

关键术语

555 定时器：555 定时器是一种模拟和数字功能相结合的中规模集成器件。

555 定时器是应用十分广泛的多功能电路，利用它可方便地组成单稳态触发器、施密特触发器、多谐振荡器等。555 定时器的电源电压范围宽，双极性结构的 555 定时器为 5～16 V，单极性结构的 555 定时器为 3～18 V，可提供与 TTL 及 CMOS 数字电路兼容的接口电平，还可输出一定功率，驱动微电机、指示灯、扬声器等。现市场上产品虽然众多，但所有的 TTL 单定时器型号的最后 3 位数为 555，双定时器为 556；CMOS 单定时器的最后 4 位数为 7555，双定时器为 7556，它们的逻辑功能和引脚排列完全相同，一般可以互换使用。

9.1.1 555 定时器的电路结构

555 定时器电路结构如图 9-1 所示。它由电阻分压器、电压比较器 C_1、C_2，基本 RS 触发器、输出缓冲级 G_3、晶体管五部分构成。

电阻分压器由 3 个阻值相同的电阻 R 串联而成，为两个电压比较器提供基准电压。CO 为控制端，若 CO 端外加控制电压 U_{CO}，则比较器 C_1 的基准电压 $U_{R1}=U_{CO}$，C_2 的基准电压 $U_{R2}=\frac{1}{2}U_{CO}$。不加控制电压时，该引出端一般要通过一个 0.01 μF 小电容接地，以消除高频干扰。这时两基准电压分别为 $U_{R1}=\frac{2}{3}V_{CC}$，$U_{R2}=\frac{1}{3}V_{CC}$。

G_1 和 G_2 构成基本 RS 触发器。$\overline{R}_D$ 为直接置零端。当 $\overline{R}_D=\mathbf{0}$ 时，基本 RS 触发器 $\overline{Q}=\mathbf{1}$，使输出 v_O 为低电平，它与阈值输入端 TH 和触发输入端 $\overline{TR}$ 有无信号无关。正常工作时，$\overline{R}_D$ 端应接高电平 1。

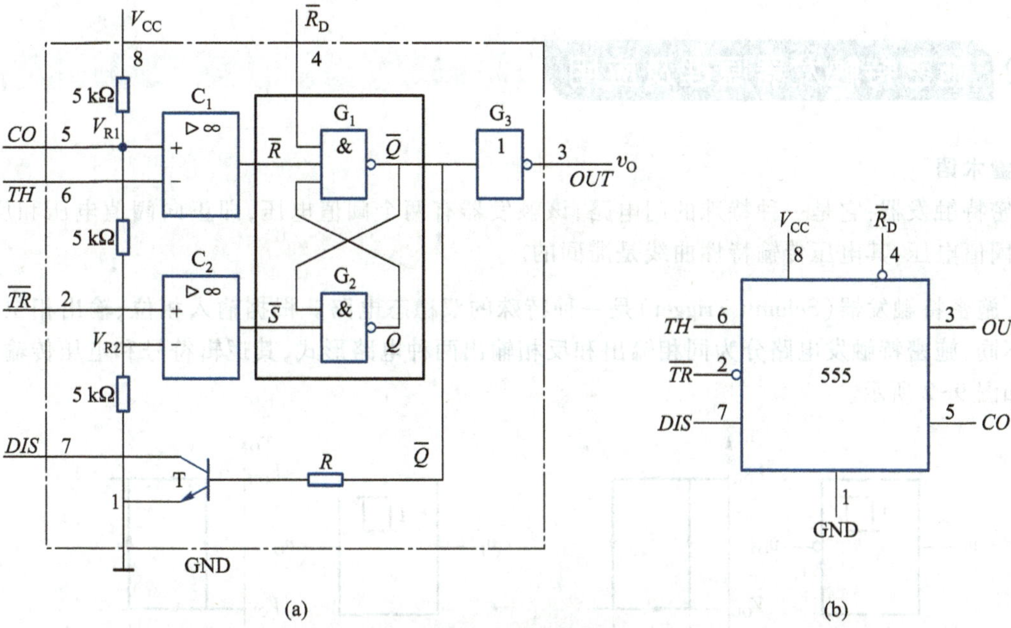

图 9-1 555 定时器的逻辑图及逻辑功能示意图

(a)原理图；(b)电路符号

9.1.2 555 定时器的工作原理

(1) 当 TH 端电压大于 $U_{R1}=\frac{2}{3}V_{CC}$，$\overline{TR}$端电压大于 $U_{R2}=\frac{1}{3}V_{CC}$时，比较器 C_1 的输出 $\overline{R}=\mathbf{0}$，C_2 的输出 $\overline{S}=\mathbf{1}$，基本 RS 触发器被置 $\mathbf{0}$，MOS 管 T 导通，同时输出 v_O 为低电平。

(2) 当 TH 端电压小于 $U_{R1}=\frac{2}{3}V_{CC}$，$\overline{TR}$端电压大于 $U_{R2}=\frac{1}{3}V_{CC}$时，比较器 C_1 的输出 $\overline{R}=\mathbf{1}$，C_2 的输出 $\overline{S}=\mathbf{1}$，基本 RS 触发器的状态保持不变，因而 T 和输出的状态也维持不变。

(3) 当 TH 端电压小于 $U_{R1}=\frac{2}{3}V_{CC}$，$\overline{TR}$端电压小于 $U_{R2}=\frac{1}{3}V_{CC}$时，比较器 C_1 的输出 $\overline{R}=\mathbf{1}$，C_2 的输出 $\overline{S}=\mathbf{0}$，基本 RS 触发器被置 $\mathbf{1}$，MOS 管 T 截止，同时输出 v_O 为高电平。

根据以上分析可得 NE555 定时器的功能表如表 9-1 所示。

表 9-1 NE555 定时器的功能表

输入			输出		输入			输出	
TH	$\overline{TR}$	$\overline{R}_D$	v_O	T 状态	TH	$\overline{TR}$	$\overline{R}_D$	v_O	T 状态
×	×	**0**	低	导通	$<\frac{2}{3}V_{CC}$	$>\frac{1}{3}V_{CC}$	**1**	不变	不变
$>\frac{2}{3}V_{CC}$	$>\frac{1}{3}V_{CC}$	**1**	低	导通	$<\frac{2}{3}V_{CC}$	$<\frac{1}{3}V_{CC}$	**1**	高	截止

9.2 施密特触发器原理及应用

关键术语

施密特触发器:它是一种特殊的门电路,该触发器有两个阈值电压,即正向阈值电压和反向阈值电压,其电压传输特性曲线是滞回的。

施密特触发器(Schmitt Trigger)是一种特殊的双稳态电路。根据输入相位、输出相位关系不同,施密特触发电路分为同相输出和反相输出两种电路形式,其逻辑符号和电压传输特性如图 9-2 所示。

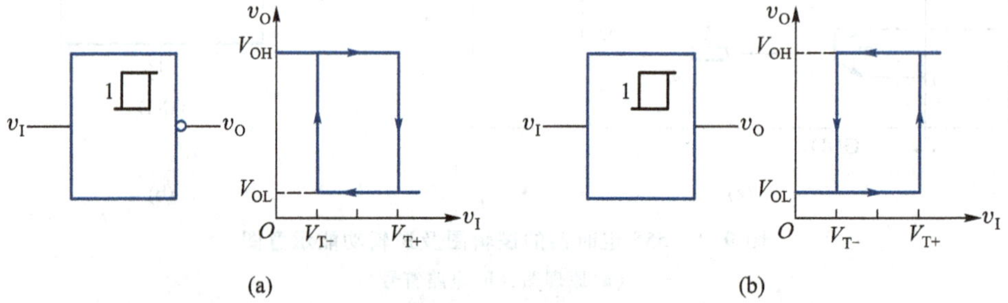

图 9-2 施密特触发器的逻辑符号和电压传输特性
(a)反相输出;(b)同相输出

由施密特触发器的电压传输特性可以看出,它具有如下特点。

(1) 有两个稳定状态。一个稳态输出为高电平 V_{OH},另一个稳态输出为低电平 V_{OL},这两个稳态需要输入电平来维持。

(2) 具有滞回电压传输特性。当输入信号高于 V_{T+} 时,电路处于某稳定状态,V_{T+} 称为正向阈值电压;当输入电压低于 V_{T-} 时,电路处于另一稳定状态。V_{T-} 称为负向阈值电压;而当输入电压处于两阈值电压之间时,其输出将保持原状态不变。正向阈值电压和负向阈值电压之差称为施密特触发器的回差电压,用 ΔV_T 表示,其值为 $\Delta V_T = V_{T+} - V_{T-}$。

9.2.1 用555定时器电路组成的施密特触发器

将阈值输入端 TH 和触发输入端 $\overline{TR}$连在一起作为输入信号端 v_I，同时将置 0 端$\overline{R}_D$接电源 V_{CC}，便组成了如图 9-3 所示的施密特触发器电路。其中 5 脚到地之间接的 0.01 μF 电容是为了提高比较器参考电压的稳定性。

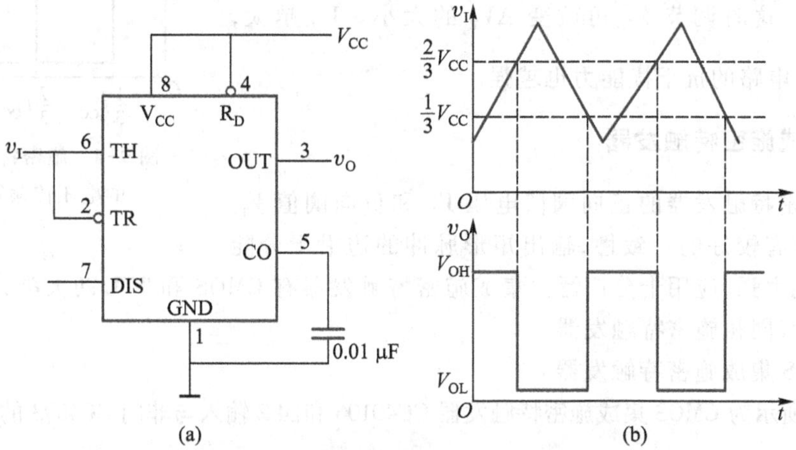

图 9-3 用 555 定时器构成的施密特触发器和工作波形

(a)电路图；(b)工作波形

下面根据图 9-3(b)所示波形分析施密特触发器的工作原理。

当输入电压 $v_I<\frac{1}{3}V_{CC}$时，比较器 C_1、C_2 分别输出 $\overline{R}=\mathbf{1}$，$\overline{S}=\mathbf{0}$，触发器置 **1**，输出$v_O=V_{OH}$。

当输入电压上升到$\frac{1}{3}V_{CC}<v_I<\frac{2}{3}V_{CC}$时，比较器 C_1、C_2 的输出都为高电平即 $\overline{R}=\mathbf{1}$，$\overline{S}=\mathbf{1}$，触发器保持 **1** 状态不变，输出 $v_O=V_{OH}$不变。

当输入电压 $v_I>\frac{2}{3}V_{CC}$时，比较器 C_1、C_2 的输出分别是 $\overline{R}=\mathbf{0}$，$\overline{S}=\mathbf{1}$，触发器被置 **0**，输出 v_O 由高电平跳变到低电平，所以，施密特触发器的正向阈值电压 $V_{T+}=\frac{2}{3}V_{CC}$。

其次，再看输入电压 v_I 大于$\frac{2}{3}V_{CC}$下降的过程。

当$\frac{1}{3}V_{CC}<v_I<\frac{2}{3}V_{CC}$时，比较器 C_1、C_2 的输出都为高电平即 $\overline{R}=\mathbf{1}$，$\overline{S}=\mathbf{1}$，触发器保持 **0** 状态不变，输出 $v_O=V_{OL}$不变。

当输入电压 $v_I<\frac{1}{3}V_{CC}$时，比较器 C_1 的输出 $\overline{R}=\mathbf{1}$，C_2 的输出 $\overline{S}=\mathbf{0}$，触发器被置 **1**，输出由低电平跃到高电平，即 $v_O=V_{OH}$；所以，施密特触发器的负向阈值电压 $V_{T-}=\frac{1}{3}V_{CC}$。由此可得电路的回差电压为

$$\Delta V_T = V_{T+} - V_{T-} = \frac{1}{3}V_{CC} \tag{9-1}$$

图 9-4 所示为施密特触发器的电压传输特性。

如在控制端 CO 接直流电压 V_{CO}，则 $V_{T+}=V_{CO}$，$V_{T-}=\frac{1}{2}V_{CO}$，$\Delta V_T=\frac{1}{2}V_{CO}$。这时调节 V_{CO} 可改变 ΔV_T 的大小。V_{CO} 越大，ΔV_T 也越大，电路的抗干扰能力也越强。

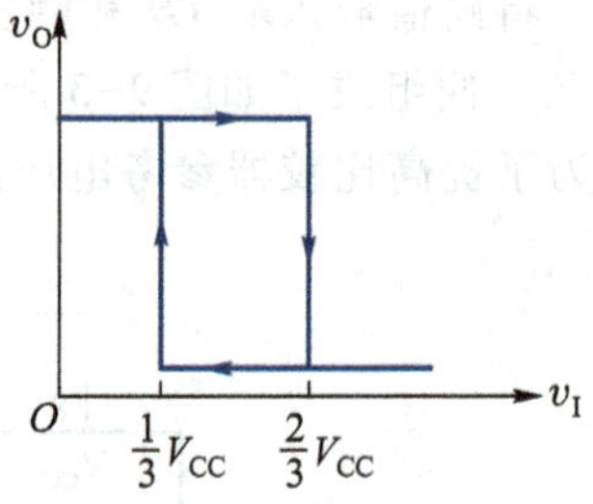

图 9-4 施密特触发器的电压传输特性

9.2.2 集成施密特触发器

集成施密特触发器的正向阈值电压 V_{T+} 和负向阈值 V_{T-} 电压稳定，具有较好的一致性，输出矩形脉冲的边沿十分陡峭，抗干扰能力强，应用十分广泛。集成施密特触发器有 CMOS 和 TTL 两大类，有反相施密特触发器也有同相施密特触发器。

1. CMOS 集成施密特触发器

图 9-5 所示为 CMOS 集成施密特触发器 CC40106 和四 2 输入与非门 CC4093 的逻辑符号。

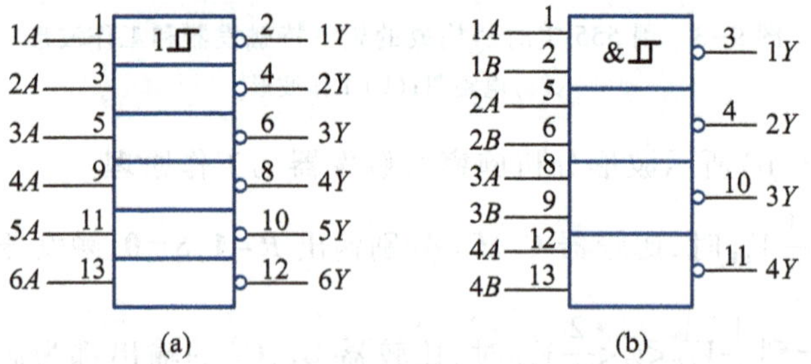

图 9-5 CMOS 集成施密特触发器的逻辑符号

(a) 六反相器；(b) 四 2 输入与非门

表 9-2 所示是 CMOS 施密特触发器的一些主要参数。

表 9-2 CMOS 施密特触发器电路的主要参数

电路名称	型号	V_{CC}/V	V_{T+}/V		V_{T-}/V		ΔV_T/V		t_{pd}/ns
			最小值	最大值	最小值	最大值	最小值	最大值	
六反向器	CC40106	5	2.2	3.6	0.9	2.8	0.3	1.6	280
		10	4.6	7.1	2.5	5.2	1.2	3.4	140
		15	6.8	10.8	4.0	7.4	1.6	5.0	120
四 2 输入与非门	CC4093	5	2.2	3.6	0.9	2.8	0.3	1.6	380
		10	4.6	7.1	2.5	5.2	1.2	3.4	180
		15	6.8	10.8	4.0	7.4	1.6	5.0	130

CMOS 集成施密特触发器的特点如下：

(1) 可将变化非常缓慢的信号变换为上升沿和下降沿很陡直的脉冲信号。

(2) 在电源电压 V_{CC} 一定时，触发阈值电压稳定，但其值会随 V_{CC} 变化。

(3) 电源电压 V_{CC} 变化范围宽，输入阻抗高，功耗极小。

(4) 抗干扰能力很强。

2. TTL 集成施密特触发器

图 9-6 所示为 TTL 集成施密特触发器 74LS14 的逻辑符号。其主要参数的典型值如表 9-3 所示。

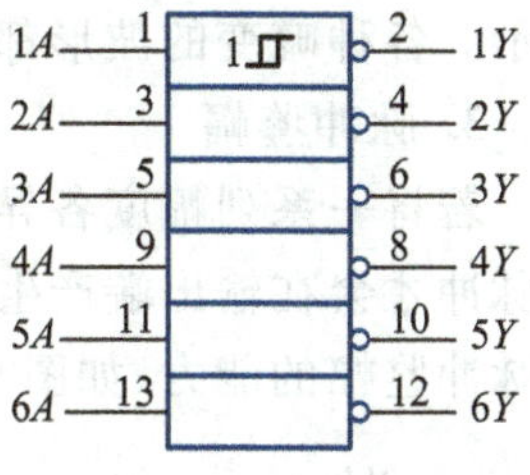

图 9-6 TTL 集成施密特触发器的逻辑符号

表 9-3 TTL 施密特触发器的主要参数

电路名称	型号	每门功耗/mW	V_{T+}/V	V_{T-}/V	ΔV_T/V	延迟时间/ns
六反向器	CT7414	25.5	1.7	0.9	0.8	15
	CT74LS14	8.6	1.6	0.8	0.8	15
四 2 输入与非门	CT74132	25.5	1.7	0.9	0.8	15
	CT74LS132	8.8	1.6	0.8	0.8	15
双 4 输入与非门	CT7413	42.5	1.7	0.9	0.8	16.5
	CT74LS13	8.75	1.6	0.8	0.8	15

TTL 施密特触发器具有如下特点：

(1) 可将变化缓慢的信号变换成上升沿和下降沿都很陡直的脉冲信号；

(2) 对于阈值电压和回差电压均有温度补偿；

(3) 具有很强的抗干扰能力和带负载能力。

9.2.3 施密特触发器的应用

施密特触发器的用途很广泛，常用于波形的变换、整形、幅度鉴别等。以下是按照同相输出施密特触发器特性画出的应用波形。

1. 脉冲波形变换

利用施密特触发器状态转换过程中的正反馈作用，可将三角波、正弦波及变化缓慢的波形变换成矩形脉冲，如图 9-7 所示。

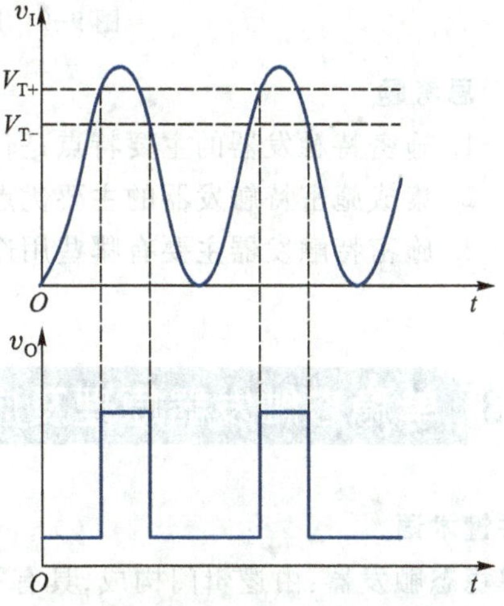

图 9-7 用施密特触发器实现波形变换

2. 脉冲整形

在数字系统中，矩形脉冲经传输线传输后往往会发生波形畸变。不同的因素将引起不同畸变，如图 9-8所示。图 9-8(a) 中矩形波的上升沿和下降沿都明显变坏了，这是因为传输线上电容较大造成的。图 9-8(b) 的波形是因传输线过长，而且接收端的阻抗与传输线的阻抗不匹配时，使得波形的上升沿和下降沿都产生振荡现象。当在传输过程中受到干扰，在脉冲信号上叠加上噪声时波形将如图 9-8(c)

所示。各种畸变的波形都可用施密特触发器进行整形，而获得较理想的矩形脉冲。

3. 脉冲鉴幅

若将一系列幅度各异的脉冲信号加到施密特触发器的输入端，只有那些幅度大于 V_{T+} 的脉冲才会在输出端产生输出信号。因此，施密特触发器能将幅度大于 V_{T+} 的脉冲选出，具有脉冲鉴幅的能力，如图 9-9 所示。

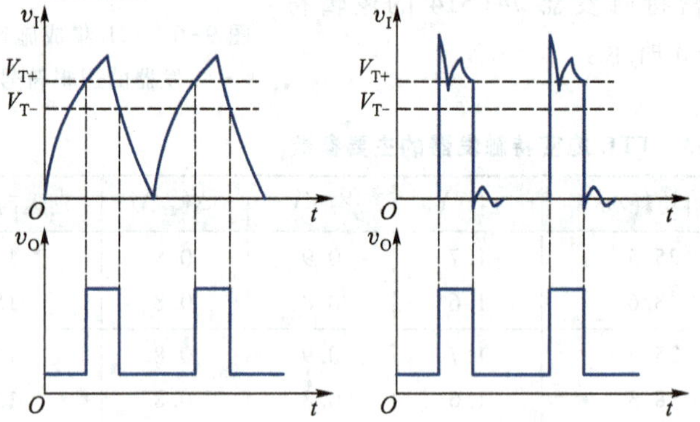

图 9-8 用施密特触发器实现脉冲整形

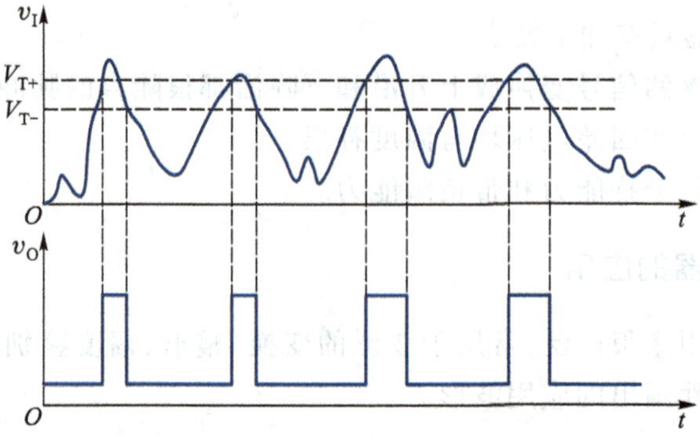

图 9-9 用施密特触发器实现脉冲鉴幅

思考题

1. 施密特触发器的主要特点是什么？
2. 集成施密特触发器的主要优点是什么？
3. 施密特触发器主要有哪些用途？

9.3 单稳态触发器原理及应用

关键术语

单稳态触发器：由逻辑门构成，具有一个稳定状态和一个暂稳态的电路，在外加脉冲的作用下，单稳态触发器可以从一个稳定状态翻转到一个暂稳态。

单稳态触发器(monostable trigger)是广泛应用于脉冲整形、定时和延时的常用电路。它有稳态和暂稳态两个不同的工作状态,在外加脉冲作用下,电路从稳定状态进入暂稳态,在暂稳态维持一段时间后,又自动返回到原来的稳定状态。暂稳态维持时间取决于电路本身的参数。

9.3.1 用 555 定时器构成单稳态触发器

将 555 定时器的$\overline{TR}$端作为触发信号的输入端,同时将放电端 *DIS* 和阈值输入端 *TH* 相连后和定时元件 *R*、*C* 相连,通过 *R* 接电源 V_{CC},并通过电容 *C* 接地,便组成了如图 9-10 所示的单稳态触发器,*R* 和 *C* 为定时元件。

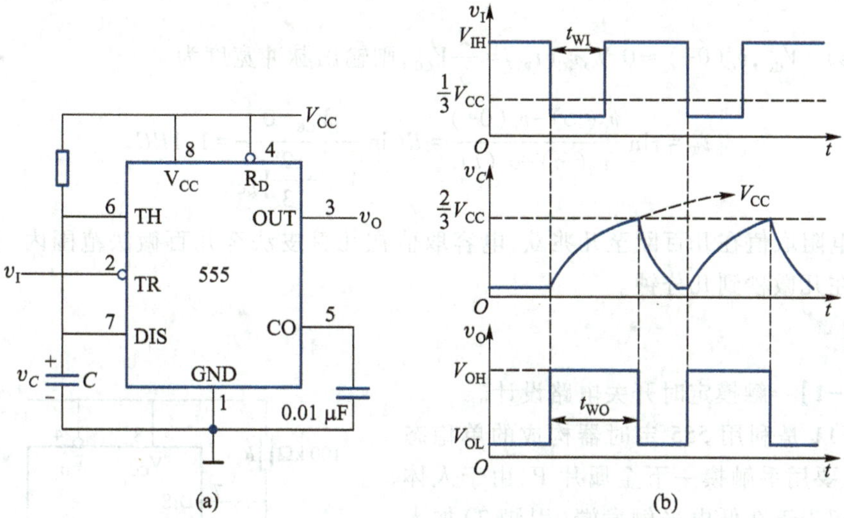

图 9-10 用 555 定时器构成的单稳态触发器和工作波形

(a)电路图;(b)工作波形

下面据图 9-10(b)所示波形分析单稳态触发器的工作原理。

(1) 稳定状态

刚接通电源时,如果没有触发信号时,v_I 为高电平,它大于$\frac{1}{3}V_{CC}$,因此比较器 C_2 输出高电平。接着电源 V_{CC}通过电阻 *R* 对 *C* 充电,使 6 脚电位上升。当 *TH*(6)充电至大于$\frac{2}{3}V_{CC}$,则比较器 C_1 输出低电平,使与非门 G_1 输出高电平,则输出 v_O 为低电平。同时 G_1 输出高电平使 T 导通,电容通过 T 放电,当放电到小于$\frac{2}{3}V_{CC}$,比较器 C_1 输出高电平,最后 $v_C=\mathbf{0}$,这时 $\overline{R}=\overline{S}=1$,触发器保持 **0** 状态,电路处于稳定状态。

(2) 暂稳态

当输入 v_I 由高电平负跃到小于$\frac{1}{3}V_{CC}$,比较器 C_2 输出低电平。与非门 G_2 输出高电平,使与非门 G_1 输出低电平,输出 v_O 由低电平正跃到高电平。电路受触发,发生一次翻转。与此同时,晶体管 T 截止,电源 V_{CC}经电阻 *R* 对电容 *C* 进行充电,电路进入暂稳态。充电时间

常数 $\tau=RC$。

(3) 自动返回稳定状态

随着 C 的充电，v_C 随之升高，在此期间，v_I 回到高电平 V_{IH}。当 $v_C \geqslant \frac{2}{3}V_{CC}$ 时，比较器 C_1 输出低电平，这样使与非门 G_1 输出高电平，电路输出 v_O 为低电平。又自动发生一次翻转，暂稳态结束。同时因与非门 G_1 输出高电平，使晶体管 T 导通，电容 C 经 T 迅速放电至 0，电路返回到稳定状态。

单稳态触发器输出脉冲宽度 t_W 为电容 C 由 0 V 充到 $\frac{2}{3}V_{CC}$ 所需的时间，由图 9-10(b) 可知：$v_C(\infty)=V_{CC}$，$v_C(0+)\approx 0\ \text{V}$，$v_C(t_W)=\frac{2}{3}V_{CC}$，则输出脉冲宽度为

$$t_W=\tau\ln\frac{v_C(\infty)-v_C(0+)}{v_C(\infty)-v_C(t)}=RC\ln\frac{V_{CC}-0}{V_{CC}-\frac{2}{3}V_{CC}}=1.1RC \tag{9-2}$$

通常电阻取值在几百欧至几兆欧，电容取值在几百皮法至几百微法范围内，所以 t_W 对应范围可在几微秒到几分钟。

应用实例 1

【例 9-1】 触摸定时开关电路设计。

图 9-11 是利用 555 定时器构成的单稳态触发器，只要用手触摸一下金属片 P，由于人体感应电压相当于在低电平触发端（引脚 2）加入一个负脉冲，电路进入暂稳态，v_O 输出高电平，灯 R_L 发光，当暂稳态时间 t_W 结束后，v_O 恢复低电平，灯熄灭。该触摸开关可用于夜间定时照明，定时时间可由 RC 参数调节。

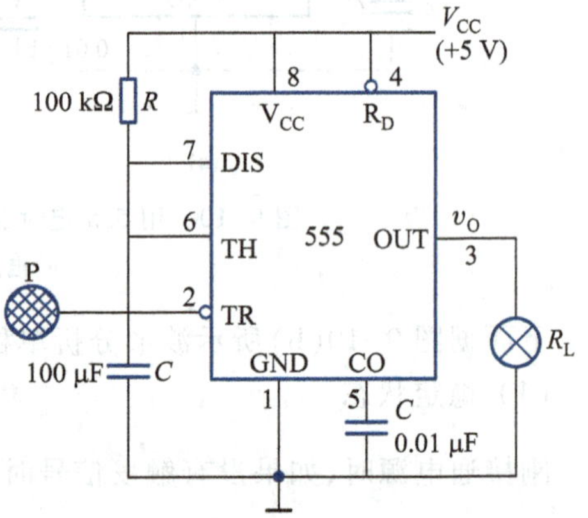

图 9-11 触摸定时开关电路图

9.3.2 TTL 集成单稳态触发器

由于集成单稳态触发器外接元件和连线少，使用方便，工作稳定性好，因此得到了广泛的应用。集成单稳态触发器又分为非重复触发和可重复触发两种，逻辑符号如图 9-12 所示。

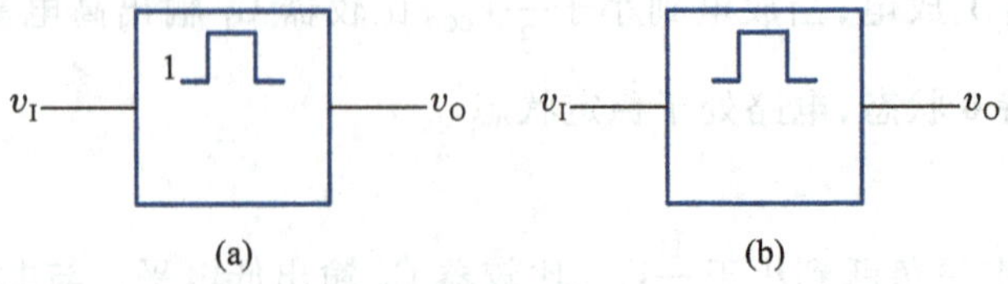

图 9-12 单稳态触发器通用逻辑符号

(a) 非重复触发型；(b) 可重复触发型

非重复触发单稳态触发器，是指在暂稳态时间 t_W 之内，若有新的触发脉冲输入，电路不会产生任何响应，如图 9-13(a)所示。可重复触发单稳态触发器，是指在暂稳态时间 t_W 之内，若有新的触发脉冲输入，可被重新触发，如图 9-13(b)所示。电路在受到 A 输入脉冲触发后，电路进入暂稳态。在暂稳态 t_W 期间，经 $t_\Delta(t_\Delta<t_W)$ 时间后，又受到 B 输入脉冲的触发，电路的暂稳态时间又将从受 B 脉冲触发开始，因此输出信号的脉冲宽度将为 $t_\Delta+t_W$。采用可重复触发单稳态触发器，只要在输出的暂稳态持续期 t_W 结束前，再输入触发脉冲，就可方便地产生持续时间很长的输出脉冲。

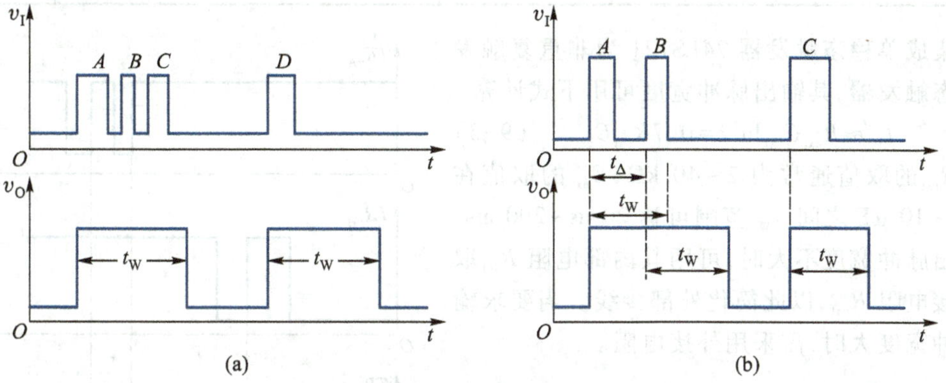

图 9-13 集成单稳态触发器的工作波形
(a)非可重触发；(b)可重触发

单稳态触发电路应用广泛，在 TTL 和 CMOS 电路的产品中，都有集成单稳态触发电路。TTL 集成单稳态触发器 74LS121 的逻辑符号如图 9-14 所示。它是在基本微分型单稳态触发器的基础上附加了输入控制电路和输出缓冲电路而构成的。

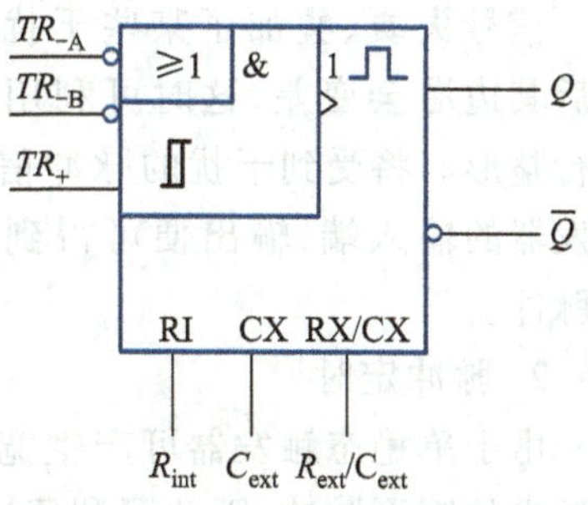

图 9-14 单稳态触发器 74LS121 的逻辑符号

TR_+ 是上升沿有效的触发输入端，TR_{-A} 和 TR_{-B} 是两个下降沿有效的输入端，Q、$\overline{Q}$ 为两个状态互补的输出端，R_{ext}/C_{ext}、C_{ext} 外接定时电阻和电容的连接端。74LS121 内已经设置了一个 2 kΩ 的定时电阻，使用时只需将 R_{int} 引脚与电源引脚相连即可，不用时应将 R_{int} 引脚悬空。

74LS121 的功能表如 9-4 所示，工作波形如图 9-15 所示。

表 9-4 74LS121 的功能表

输入			输出		说明
TR_{-A}	TR_{-B}	TR_+	Q	$\overline{Q}$	
0	×	1	0	1	稳态
×	0	1	0	1	
×	×	0	0	1	
1	1	×	0	1	

续表

输入			输出		说明
TR_{-A}	TR_{-B}	TR_{+}	Q	$\overline{Q}$	
1	↓	1	⊓	⊔	暂稳态
↓	1	1	⊓	⊔	
↓	↓	1	⊓	⊔	
0	×	↑	⊓	⊔	
×	0	↑	⊓	⊔	

集成单稳态触发器 74LS121 为非重复触发单稳态触发器，其输出脉冲宽度可用下式计算

$$t_W \approx R_{ext}C_{ext}\ln 2 = 0.7R_{ext}C_{ext} \tag{9-3}$$

R_{ext}的取值通常为 2～40 kΩ，C_{ext}的取值在 10 pF～10 μF 之间，t_W 范围可达 20 ns～200 ms。在输出脉冲宽度不大时，可用其内部电阻 R_{int} 取代外接电阻 R_{ext}，以此简化外部接线。当要求输出脉冲宽度大时，需采用外接电阻。

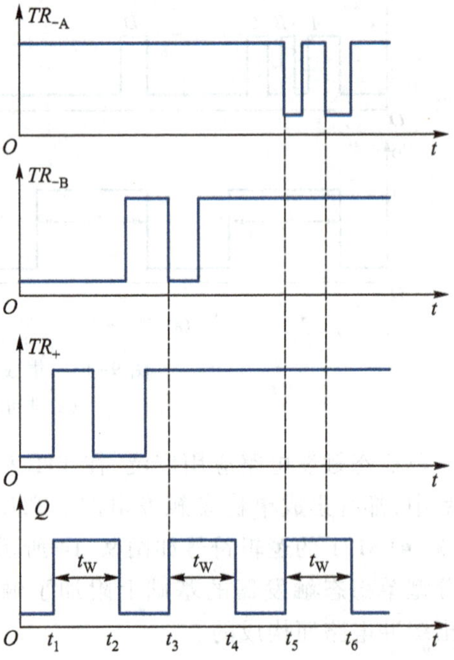

图 9-15 单稳态触发器 74LS121 的工作波形

9.3.3 单稳态触发器的应用

1. 脉冲整形

信号失真、叠加了某些干扰或经长距离传输后其边沿会变差，这时可利用单稳态触发器进行整形。将受到干扰的脉冲信号加到单稳态触发器的输入端，输出便可得到符合要求的矩形脉冲。

2. 脉冲定时

由于单稳态触发器可产生宽度和幅度都符合要求的矩形脉冲，因此可利用这个矩形脉冲作为定时信号去控制某电路。单稳态触发器组成的定时电路和工作波形如图 9-16 所示。

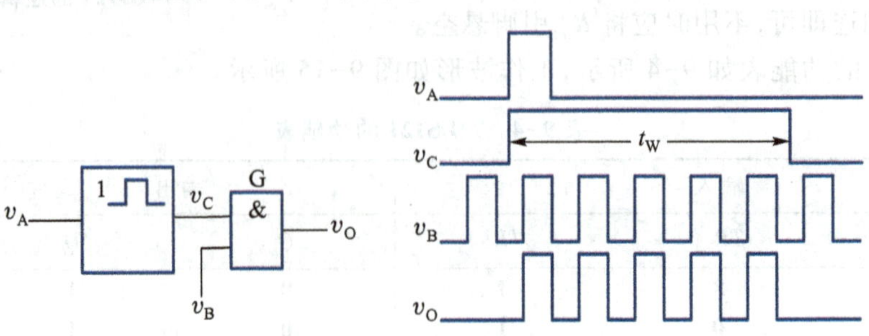

图 9-16 单稳态触发器组成的定时电路和工作波形

图中 v_A 为触发信号，v_B 为被测信号，输出电压 v_C 作为**与**门 G 的输入控制信号。在 t_W 时间内 v_C 为高电平，门 G 开通，信号 v_B 通过门 G 输出；当 $v_C=0$ 时，门 G 关闭，信号 v_B 不能输出。因此，利用单稳态触发器可以控制门的开通与关闭，以及开通时间的长短。

3. 脉冲展宽

当脉冲宽度较窄时，可用单稳态触发器展宽，应用电路如图 9-17 所示。合理选择 C_{ext} 和 R_{ext} 的值，可获得宽度符合要求的矩形脉冲。若已知 $R_{ext}=10\ \text{k}\Omega$，$C_{ext}=1\ \mu\text{F}$，矩形脉冲宽度 $t_W\approx0.7R_{ext}C_{ext}=7\ \text{ms}$。

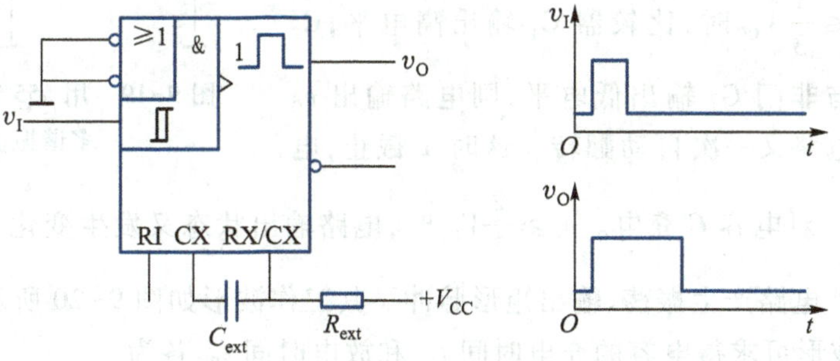

(a) (b)

图 9-17 脉冲展宽电路和工作波形
(a) 电路图；(b) 工作波形

思考题

1. 单稳态触发器的特点是什么？它主要有哪些用途？
2. 非重复触发单稳态触发器和可重复触发单稳态触发器的主要区别是什么？

9.4 多谐振荡器原理及应用

关键术语

多谐振荡器：产生矩形脉冲波的自激振荡器。

多谐振荡器(multi-harmonic oscillator)是一种自激振荡器，它不需要输入触发信号，接通电源后便能自动地产生具有一定频率和一定脉宽的矩形脉冲。由于矩形波中含有丰富的高次谐波，故习惯称为多谐振荡器。它是常用的矩形脉冲产生电路。和单稳态触发器电路不同，多谐振荡器没有稳定状态，只有两个暂稳态。多谐振荡器的逻辑符号如图 9-18 所示。

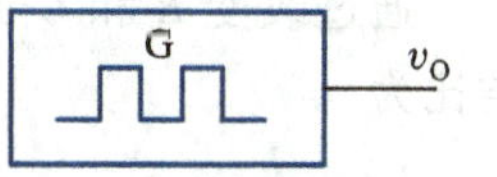

图 9-18 多谐振荡器的逻辑符号

9.4.1 用 555 定时器构成多谐振荡器

用 555 构成的多谐振荡器电路如图 9-19 所示。图中 R_1、R_2 和 C 为外接定时元件。

接通电源瞬间，电容 C 上的电压 $v_C\approx0$，v_O 为高电平，放电管 T 截止。接通电源后，V_{CC}

经 R_1、R_2 向 C 充电，u_C 随之上升，这时电路进入暂稳态。随着电容 C 的充电，v_C 电位不断升高，当 v_C 上升到 $v_C \geqslant \frac{2}{3}V_{CC}$ 时，比较器 C_1 输出低电平，使与非门 G_1 输出高电平，则电路输出 v_O 跃变为低电平，同时放电管 T 导通，C 经 R_2 和 T 放电，v_C 随之下降，电路进入另一暂稳态。在此期间，随着 C 的放电，v_C 电位将逐步下降，当 v_C 下降到 $v_C \leqslant \frac{1}{3}V_{CC}$ 时，比较器 C_1 输出高电平，C_2 输出低电平，使与非门 G_1 输出低电平，则电路输出 v_O 跳变为高电平，电路又一次自动翻转。这时 T 截止，电源 V_{CC} 又经 R_1、R_2 对电容 C 充电。$v_C \geqslant \frac{2}{3}V_{CC}$ 时，电路输出状态又发生变化。电容 C 如此循环充电和放电，使电路产生振荡，输出矩形脉冲。其工作波形如图 9-20 所示。

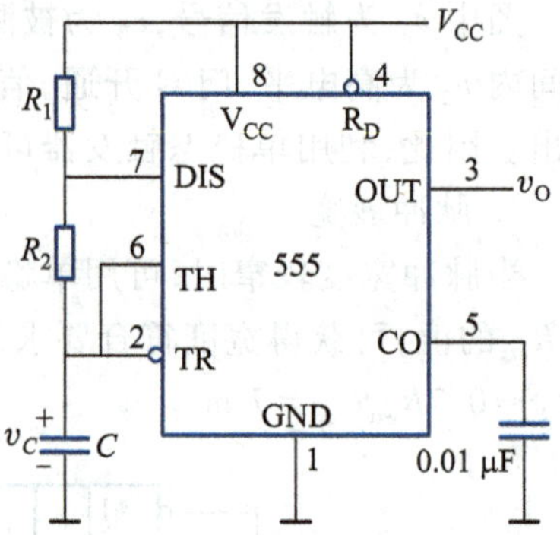

图 9-19　用 555 定时器构成的多谐振荡器

由图中 v_C 波形可求得电容的充电时间 t_{W1} 和放电时间 t_{W2} 各为

$$t_{W1}=(R_1+R_2)C\ln\frac{V_{CC}-\frac{1}{3}V_{CC}}{V_{CC}-\frac{2}{3}V_{CC}}=0.7(R_1+R_2)C \tag{9-4}$$

$$t_{W2}=R_2C\ln\frac{0-\frac{2}{3}V_{CC}}{0-\frac{1}{3}V_{CC}}=0.7R_2C \tag{9-5}$$

所以，多谐振荡器的振荡周期为

$$T=0.7(R_1+2R_2)C \tag{9-6}$$

振荡频率为

$$f=\frac{1}{T}=\frac{1}{0.7(R_1+2R_2)C} \tag{9-7}$$

通过改变 R 和 C 的参数即可改变振荡频率。由式(9-4)和式(9-6)求出输出脉冲的占空比为

$$q=\frac{t_{W1}}{T}=\frac{R_1+R_2}{R_1+2R_2} \tag{9-8}$$

上式说明图 9-20 所示电路输出脉冲的占空比始终大于 50%。为了得到小于或等于 50%的占空比，就需采用占空比可调的多谐振荡器，如图 9-21 所示。由于接入了两只二极管，从而使电容的充放电电流流经不同的路径，充电回路为经 R_1、D_1 对 C 充电，时间常数为 R_1C。放电回路为 C 经 R_2、D_2 和放电管 T 放电，时间常数为 R_2C。由图 9-21 可得

$$t_{W1}\approx 0.7R_1C \tag{9-9}$$

$$t_{W2}\approx 0.7R_2C \tag{9-10}$$

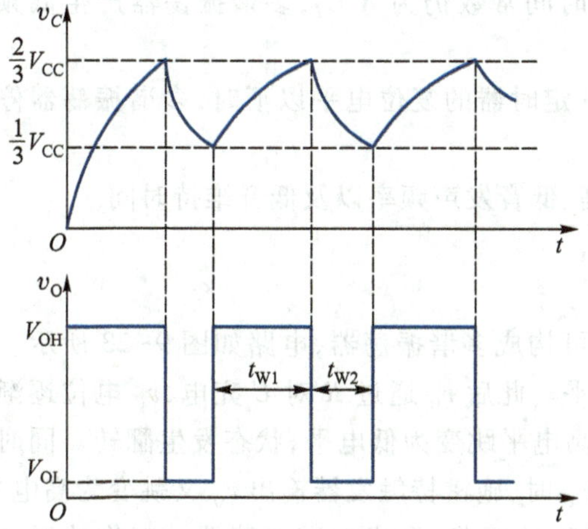

图 9-20 555 定时器构成的多谐振荡器工作波形

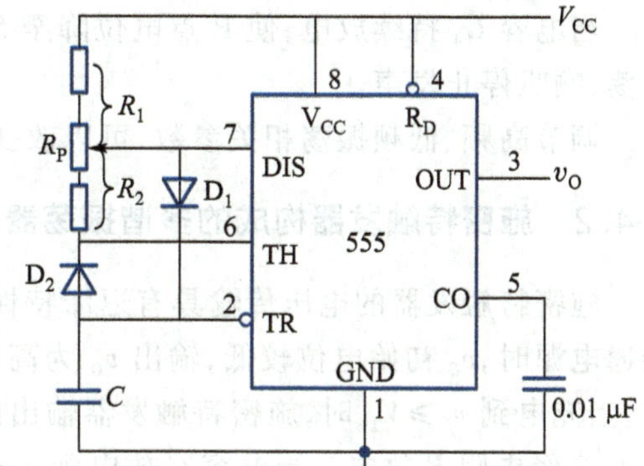

图 9-21 占空比可调的多谐振荡器

因此，占空比为

$$q=\frac{t_{W1}}{T}=\frac{0.7R_1C}{0.7R_1C+0.7R_2C}=\frac{R_1}{R_1+R_2} \tag{9-11}$$

由式(9-11)可知，调节电位器 R_P 可改变 R_1 和 R_2 比值，即改变了占空比。

应用实例 2

【例 9-2】 双音门铃电路设计分析。

图 9-22 是用多谐振荡器构成的电子双音门铃电路。

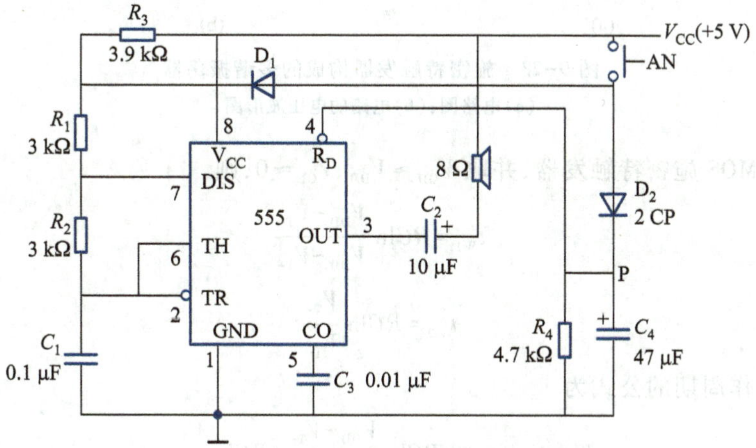

图 9-22 电子双音门铃电路

当按钮开关 AN 按下时，开关闭合，V_{CC} 经 D_2 向 C_4 充电，P 点(4 脚)电位迅速充至 V_{CC}，复位解除，电路起振。由于 D_1 将 R_3 旁路，故充电时间常数为$(R_1+R_2)C_1$，放电时间常数为 R_2C_1，多谐振荡器产生高频振荡，喇叭发出高音。

当按钮开关 AN 松开时，开关断开，由于电容 C_4 储存的电荷经 R_4 放电要维持一段时间，在 P 点电位降至复位电平之前，电路将继续维持振荡。但此时 V_{CC} 经 R_3、R_2、R_1 向 C 充电，充电时间常数增加为 $(R_3+R_2+R_1)C_1$，放电时间常数仍为 R_2C_1，多谐振荡器产生低频振荡，喇叭发出低音。

当电容 C_4 持续放电，使 P 点电位降至 555 定时器的复位电平以下时，多谐振荡器停止振荡，喇叭停止发声。

调节高频、低频振荡相关参数，可以改变高、低音发声频率以及低音维持时间。

9.4.2 施密特触发器构成的多谐振荡器

施密特触发器的电压传输具有迟滞特性，可构成多谐振荡器，电路如图 9-23 所示。当接通电源时，v_C 初始电位较低，输出 v_O 为高电平。此后 v_O 通过 R 对 C 充电，v_C 电位逐渐上升，当充电到 $v_C \geqslant V_{T+}$ 时，施密特触发器输出由高电平跳变为低电平，状态发生翻转。同时电容 C 又经电阻 R 放电。当电容 C 放电到 $v_C \leqslant V_{T-}$ 时，施密特触发器输出 v_O 又跳变为高电平，电容 C 重新开始充电。如此周而复始，电路不停地振荡，形成多谐振荡器。工作波形如图 9-23(b)所示。

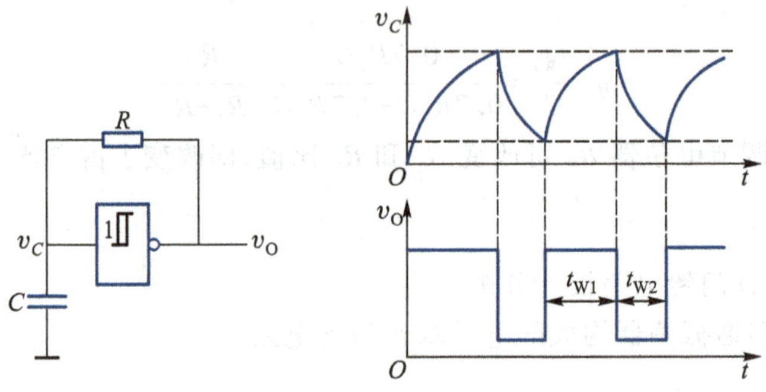

图 9-23 施密特触发器构成的多谐振荡器

(a)电路图；(b)电路的电压波形图

若采用 CMOS 施密特触发器，并取 $V_{OH} \approx V_{DD}$、$V_{OL} \approx 0$，则

$$t_{W1} = RC\ln\frac{V_{DD}-V_{T-}}{V_{DD}-V_{T+}} \tag{9-12}$$

$$t_{W2} = RC\ln\frac{V_{T+}}{V_{T-}} \tag{9-13}$$

振荡器工作周期的公式为

$$T = t_{W1}+t_{W2} = RC\ln\frac{V_{DD}-V_{T-}}{V_{DD}-V_{T+}}+RC\ln\frac{V_{T+}}{V_{T-}} \tag{9-14}$$

$$= RC\ln\left(\frac{V_{DD}-V_{T-}}{V_{DD}-V_{T+}}\cdot\frac{V_{T+}}{V_{T-}}\right)$$

9.4.3 石英晶体多谐振荡器

前面介绍的多谐振荡器虽然电路结构很容易实现，但它的频率稳定度较差，容易受到电

源电压的波动、温度变化和 *RC* 参数误差等因素的影响，而在对振荡频率稳定性有严格要求的场合，如计算机等数字设备中，则必须采取稳频措施。显然，采用前面讨论的几种多谐振荡器都难以满足这个要求，因此，需采用频率稳定度很高的石英晶体振荡器（Crystal Oscillator）。

1. 石英晶体的选频特性

图 9-24 所示为石英晶体的阻抗频率特性。由该图可看出，当外加信号的频率 f 和石英晶体的固有谐振频率 f_0 相同时，石英晶体的电抗 $X=0$，在其他频率下电抗都很大。因此，石英晶体具有很好的选频特性，并且频率稳定度高，可达 $10^{-10}\sim10^{-11}$。

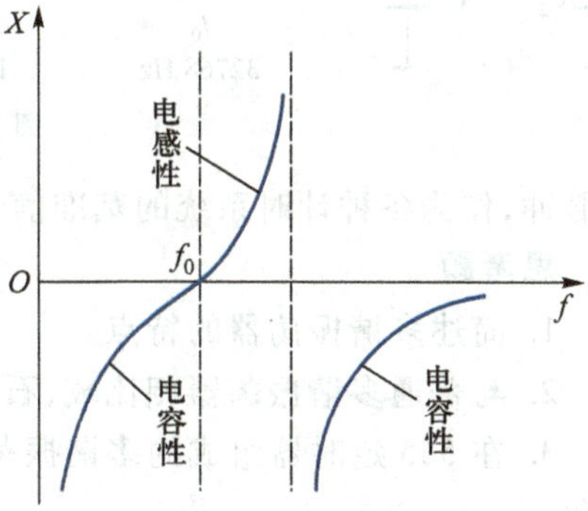

图 9-24　石英晶体的阻抗频率特性

2. 对称石英晶体振荡器

对称石英晶体振荡器电路如图 9-25 所示。图中 R_1 和 R_2 用于确定非门 G_1 和 G_2 的静态工作点，使其工作在电压传输特性的转折区（放大区），以利于起振。对于 TTL 门电路，R_1 和 R_2 值通常取 0.7～2 kΩ；对于 CMOS 门电路，R_1 和 R_2 值通常取 10～100 MΩ 为宜，电容 C_1 和 C_2 用于 G_1 和 G_2 之间的耦合，在频率为 f_0 时，它们呈现的容抗极小，可忽略不计。把晶体串入两级正反馈支路中，振荡器只有在晶体的振荡频率 f_0 时满足起振条件而起振。这种振荡器的频率稳定度极易达到 10^{-7} 左右。

3. 并联石英晶体振荡器

并联石英晶体振荡器电路如图 9-26 所示，R、G_1 构成放大器，与石英晶体、C_1、C_2 构成电容三点式振荡电路。C_1、C_2 和石英晶体组成 π 形选频网络，振荡频率近似为石英晶体的谐振频率 f_0，改变电容 C_1 可微调振荡频率。反相器 G_2 可对波形进行整形及隔离负载，防止对振荡电路的工作产生影响。

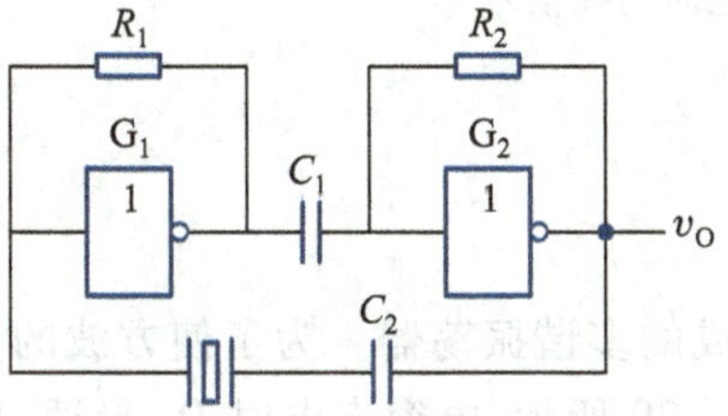

图 9-25　对称石英晶体振荡器

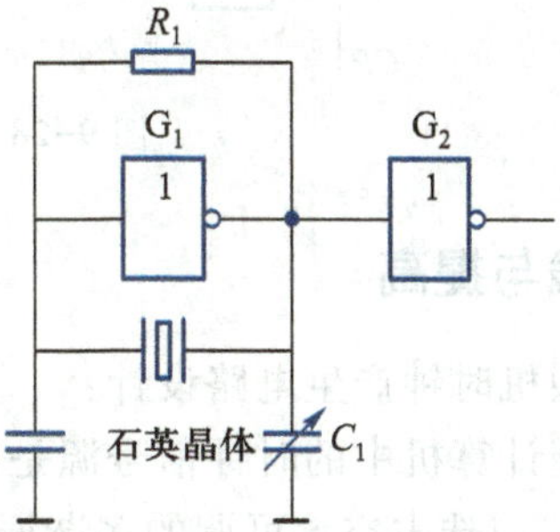

图 9-26　并联石英晶体振荡器

应用实例 3

【例 9-3】　秒脉冲发生器。

图 9-27 所示是一个秒脉冲发生器的逻辑电路图。CMOS 石英晶体振荡器产生 $f=32\,768$ Hz 的基准信号，经 T' 触发器构成的 15 级异步计数器分频后便可得到稳定度极高的

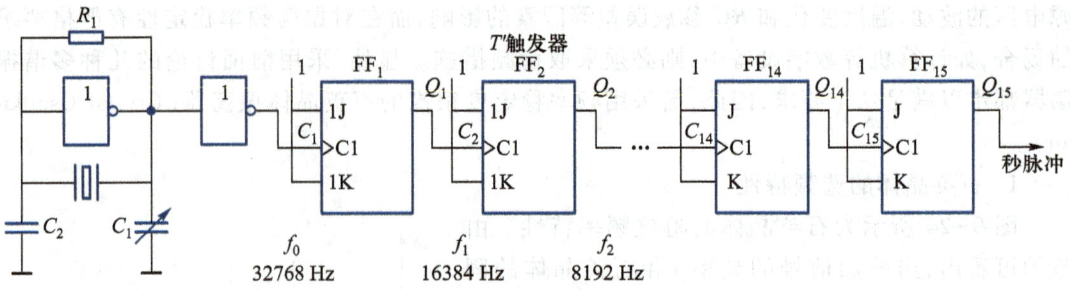

图 9-27 秒脉冲发生电路

秒脉冲,作为各种计时系统的基准信号源。

思考题

1. 简述多谐振荡器的特点。
2. 与普通多谐振荡器相比较,石英晶体振荡器的主要优点是什么?
3. 在 555 定时器组成的多谐振荡器中,控制电压不变,增大电源电压时,振荡频率如何变化?
4. 要使 555 定时器组成的多谐振荡器停止振荡,应使 GND 端接什么电平?

▶ 目标测评

1. 试比较施密特触发器、多谐振荡器、单稳态触发器、双稳态触发器的工作特点。
2. 石英多谐振荡器的特点是什么?其振荡频率与电路中的 R、C 有无关系?为什么?
3. 试分析图 9-28 的工作原理,并画出 v_O 的波形。

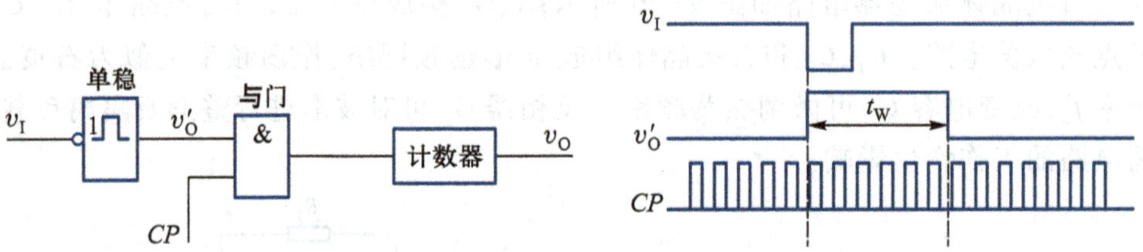

图 9-28 数字频率计中的定时门控信号

▶ 实践与提高

模型机时钟产生电路设计:

模型计算机中的时钟信号源是由 555 定时器组成的多谐振荡器。为了使方波的占空比等于 1/2,应选占空比可调的多谐振荡器,电路如图 9-29 所示,电容充电时 D_1 导通,电容放电时 D_2 导通。为了使显示译码后的数据能看得清楚,时钟信号周期选在 0.25~0.5 s。

$$T=0.7(R_1+R_2)C_1=0.7\times66\times10^3\times10\times10^{-6}\ \text{s}\approx0.5\ \text{s}$$

▶ 工程训练项目

1. 简易电容表设计。
2. 电子门铃电路设计。

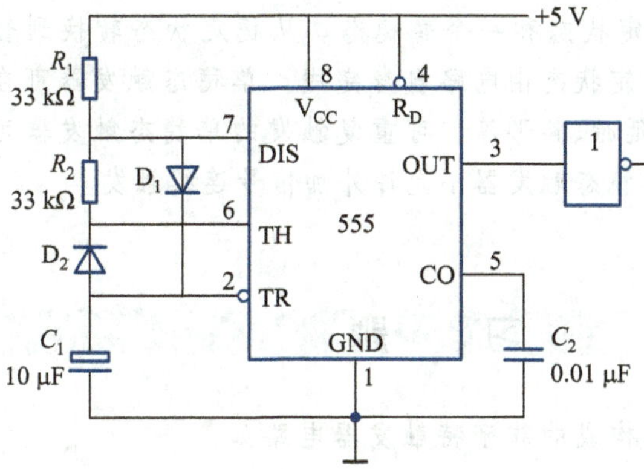

图 9-29 时钟信号源原理图

实现方式

1. 采用 555 定时器或 556 双定时器电路设计。

▶ 英文术语表

英文	中文	解释
Schmitt trigger	施密特触发器	它是脉冲波形变换中经常使用的一种电路
monostable trigger	单稳态触发器	广泛应用于脉冲整形、定时和延时的常用电路
multi-harmonic oscillator	多谐振荡器	产生矩形脉冲波的自激振荡器
crystal oscillator	石英晶体振荡器	频率稳定性较高的一种多谐振荡器

本章小结

1. 555 定时器是一种用途非常广泛的集成电路，除了能组成施密特触发器、单稳态触发器和多谐振荡器以外，还可以接成各种灵活多变的应用电路。

2. 施密特触发器有两个稳定状态，而每个稳定状态都是依靠输入电平来维持的。施密特触发器具有滞后传输特性，它有两个阈值电压。调节回差电压大小，可改变电路的抗干扰能力。回差越大抗干扰能力越强。施密特触发器虽然不能自动地产生方波信号，但却可以把其他形状的信号变换成为方波，为数字系统提供标准的脉冲信号。

3. 多谐振荡器是一种自激振荡电路，它没有稳定状态，只有两个暂稳态。不需要外加输入信号，就可以自动地产生矩形脉冲。构成多谐振荡器有多种电路形式，可用门电路组成，可用 555 定时器组成，也可用石英晶体组成。石英晶体振荡器一般在振荡频率要求很高的情况下采用。

4. 单稳态触发器有一个稳定状态和一个暂稳态。从稳定状态转换到暂稳态时必须外加触发信号，从暂稳态转换到稳定状态由电路自身完成。单稳态触发器可在触发信号作用下输出固定脉宽，常用来定时、延时、整形等。可重复触发的单稳态触发器可以被外加信号连续触发，而不可重复触发的单稳态触发器不允许外加信号连续触发。

习 题

［题 9-1］ 用 555 定时器构成的施密特触发器电路如图 9-3 所示，试问：

（1）当 $V_{CC}=12$ V，而且没有外接控制电压时，V_{T+}、V_{T-}及ΔV_T 各为多少伏？

（2）当 $V_{CC}=9$ V，控制电压 $V_{CO}=5$ V 时，V_{T+}、V_{T-}及 ΔV_T 各为多少伏？

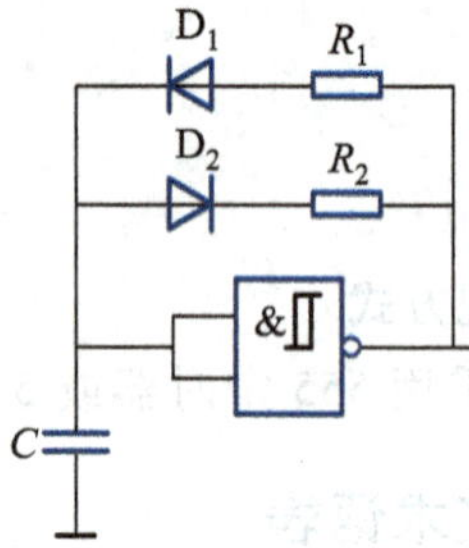

图 P9-1

［题 9-2］ 试用 555 定时器设计一个单稳态触发器，要求输出脉冲宽度在 1～10 s 的范围内可调，给定 555 定时器的电源为 15 V。触发信号来自 TTL 电路，高、低电平分别为 3.4 V 和 0.1 V。

［题 9-3］ 在图 9-19 所示用 555 定时器组成的多谐振荡器电路中，若 $R_1=R_2=5.1\ \text{k}\Omega$，$C=0.01\ \mu\text{F}$，$V_{CC}=12$ V，试计算电路振荡频率。

［题 9-4］ 由 CMOS 施密特**与非**门组成的占空比可调的多谐振荡器如图 P9-1 所示，设已知电路中 R_1、R_2、C、V_{DD}、V_{T+}、V_{T-}的值，定性画出 v_C、v_O 的波形图，并写出输出信号频率的表达式。

［题 9-5］ 图 P9-2(a)所示为施密特触发**与非**门，如在 AB 端输入图 P9-2(b)所示的电压波形，试对应画出 v_O 的电压波形。

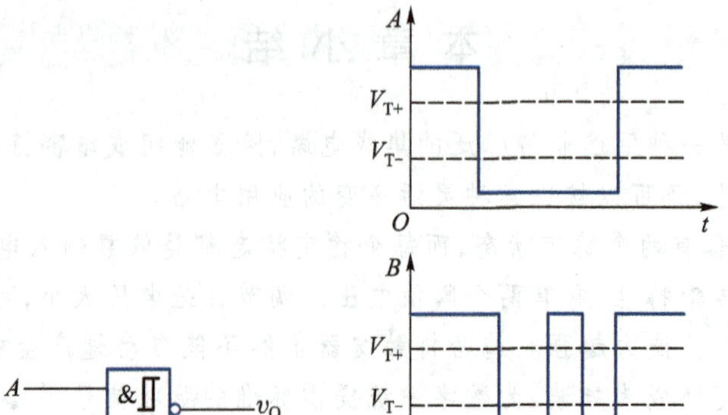

图 P9-2

[题 9-6]　图 P9-3 所示为 555 定时器构成的单稳态触发器。已知 $V_{CC}=12\ V$、$R=10\ k\Omega$、$C=0.01\ \mu F$，试求输出脉冲宽度 t_W，并画出 v_I、v_C 和 v_O 的波形。

习题详解 9-1：
[题 9-7]解答

[题 9-7]　图 P9-4 所示电路中。已知：$V_{CC}=10\ V$、$R=15\ k\Omega$、$C=0.01\ \mu F$。试求：

(1) 多谐振荡器的振荡周期和振荡频率为多少？

(2) 输出脉冲宽度和占空比为多少？

(3) 画出 v_C 和 v_O 的波形。

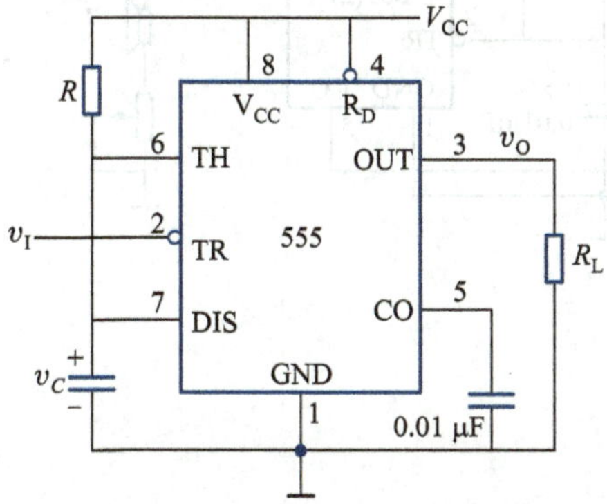

图 P9-3

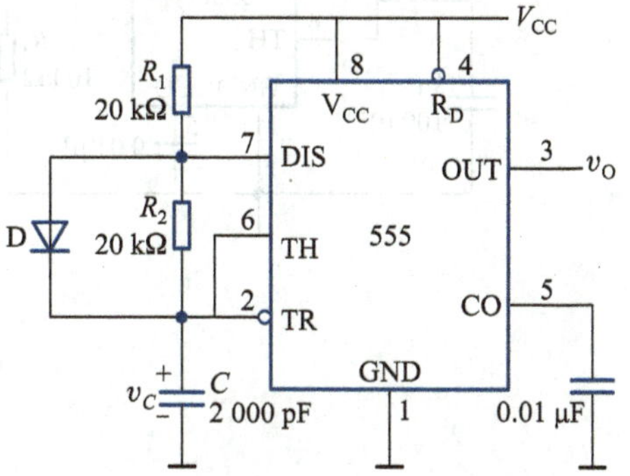

图 P9-4

[题 9-8]　试用 555 定时器设计一个振荡频率为 10 kHz，占空比为 25% 的多谐振荡器。计算出外接电阻和电容的值，并画出电路。设定时电阻 $R_1=10\ k\Omega$。

习题详解 9-2：
[题 9-8]解答

[题 9-9]　图 P9-5 所示为用 555 定时器组成的电子门铃电路。当每按一次按钮开关 S，电子门铃以 1 kHz 频率响 10 s。

(1) 指出 555(1) 和 555(2) 各是什么电路，并简要说明电子门铃电路的工作原理。

(2) 如果要改变音响的音调，应改变哪个电路的哪些元件参数？

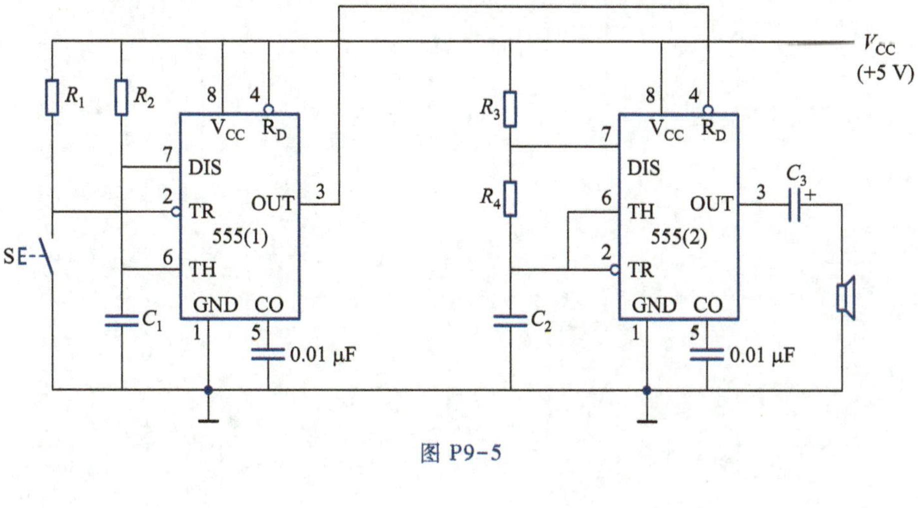

图 P9-5

［题 9-10］ 图 P9-6 所示为救护车发声电路。图中给定电路参数，设 $V_{CC}=12\ \mathrm{V}$ 时，555 定时器输出的高低电平分别是 11 V 和 0.2 V，输出电阻小于 100 Ω，试计算扬声器发出的高低音的持续时间。

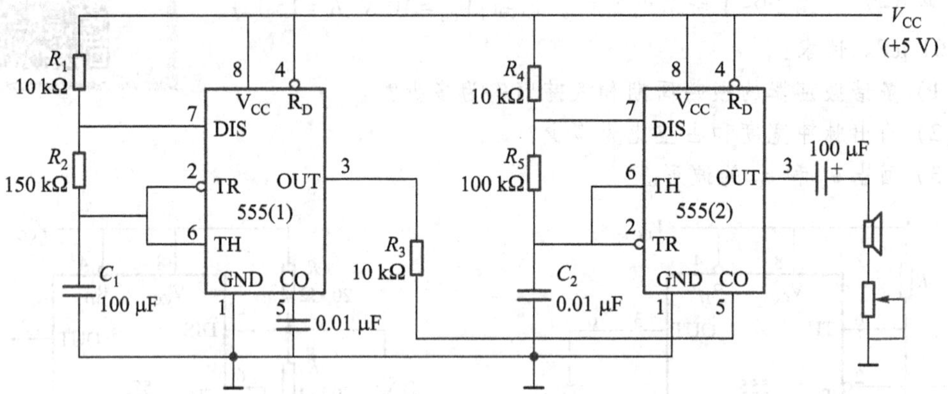

图 P9-6

第 10 章　半导体存储器

▶ 本章目标

1. 了解顺序存储器的结构和工作原理。
2. 掌握只读存储器的类型、工作原理和特点。
3. 掌握随机存储器的类型、工作原理和应用。
4. 掌握用存储器实现组合逻辑函数的方法。

▶ 引言

半导体存储器是数字系统中不可缺少的组成部分，计算机每次启动时，都要对其内部组件和外设进行检查和初始化，这些过程步骤，在每次开机后完成的次序是固定的，其相应的程序在每次开机时就要从存储器中读出执行，完成计算机的开机自检和初始化，这个自检和初始化程序在机器中是不需要修改的，存储该程序的存储器叫只读存储器 ROM(read only memory)。另外计算机在运行过程中，还需要用随机存储器 RAM(random access memory)来保存准备处理的数据和已经处理完的结果。下面分别介绍半导体存储器的特点、电路结构、工作原理及应用。

10.1　半导体存储器概述

10.1.1　半导体存储器的特点与应用

电子教案 10-1：
概述、顺序存储器及随机存储器

半导体存储器是一种能存储大量二值数据的半导体器件，种类很多，有不同的分类方法。总体来看，按存取方式不同，半导体存储器可分为只读存储器 ROM、随机存储器 RAM 和顺序存储器 SAM。

1. 只读存储器(ROM)

ROM 工作时存储的数据只能读出，而不能写出数据，断电以后，所存数据不会丢失。

2. 随机存储器(RAM)

RAM 的优点是读、写方便，使用灵活。缺点是一旦断电以后所存储的数据将随之丢失。

3. 顺序存储器(SAM)

SAM 一般是利用 MOS 管栅极和基片之间的输入电容来暂存数据,并将其级联起来构成动态移存器,再将动态移存器组合构成先入先出或先入后出的不同类型的顺序存储器,电路断电数据丢失。SAM 还可以由触发器级联组成。

从制造工艺上又可以把半导体存储器分为双极型和 MOS 型。MOS 型(尤其是 CMOS 电路)具有工艺简单、集成度高、功耗低、成本低等特点,常用作计算机的大容量主存储器。目前大容量的存储器都是采用 MOS 工艺制作。双极型速度快,常用做计算机的高速缓冲存储器。

10.1.2 半导体存储器的主要技术指标

半导体存储器的性能指标主要有两个方面,一为存储二值数据量的多少,即存取容量;二是存取速度,即存取时间和存取周期。

1. 存储容量

通常采用存储器的存储单元个数表示存储器的存储容量,即存储容量表示存储器存放二进制数据的多少,存储容量用字数乘以位数来表示。字由若干位组成,字的位数称为字长。例如,8 位构成一个字,那么该字的字长为 8 位。一个基本存储单元只能存放 1 位二进制数,即只能存一个 0 或者一个 1。这样要存储字长为 8 的一个字,就需要 8 个基本存储单元。若存储器能够存储 1 024 个字,需要 1 024×8 个基本存储单元。例如,某存储器能存储 1 024 个字,每个字 4 位,那它的存储容量就为 1 024×4=4 096 个基本存储单元。

选中哪些存储单元,由输入给存储器的地址码来决定。地址码的位数 n 与字数 N 之间存在 $2^n=N$ 的关系。如某存储器有 11 条地址线,那它就能寻址 $2^{11}=2\ 048$ 个字单元。

2. 存取时间和存取周期

存储器的一次操作(读或写)所需要的时间,称为存储器存取访问时间。

把连续两次读(写)操作间隔的最短时间称为存取周期。存储器的存取速度用存取周期或读写周期来表示。存取周期取决于存储介质的物理特性,也取决于所使用的读出电路结构的类型。某些存储器读写操作后,其内部电路还有一段恢复时间,才能进行下一次读写操作。

10.2 顺序存储器

关键术语

顺序存储器(SAM):按某种顺序进行存取的存储电路,有先入先出和先入后出两类,存取时间与存储单元的物理位置有关。

顺序存储器 SAM(sequential access memory),也叫串行存储器。它的存取方式与 RAM、ROM 不同,数据只能按照一定的顺序写入和读出,因此,每个存储单元的访问时间与其在存储器中的位置有关。SAM 多由动态移存器或移位寄存器和控制电路组成,根据存取方式不同，分为先入先出型和先入后出型两类。

10.2.1 先入先出的顺序存储器

图 10-1 为一个静态移位寄存器的 1 024×1 位 SAM 的原理图，其中，控制电路为一个 2 选 1 数据选择器，移位寄存器的输出通过数据选择器反馈到输入端，构成循环移位寄存器，它有写入和读出两种工作方式。执行写入操作时，控制输入端 $R/\overline{W}=0$，数据选择器选中输入端 D_0，在时钟脉冲 CP 的作用下，新的数据 D_I从 D_0端逐位输入，按顺序送入 k 位移位寄存器，而移位寄存器中原有的数据逐位右移，从 D_{k-1} 端移出，实现数据的新旧交替。$R/\overline{W}=\mathbf{1}$，数据选择器选中输出端 D_1，数据从 D_{k-1} 输出的同时，又经过数据选择器返回到移位寄存器的输入端，实现存储数据的循环移位。从电路结构可以看出，在读出某位数据时，必须将该位数据通过移位操作转移到输出端 D_{k-1}上。假定时钟信号的周期为 T_C，则存储深度为 k 的 SAM 完成一次刷新需要的时间为 $T=kT_C$。

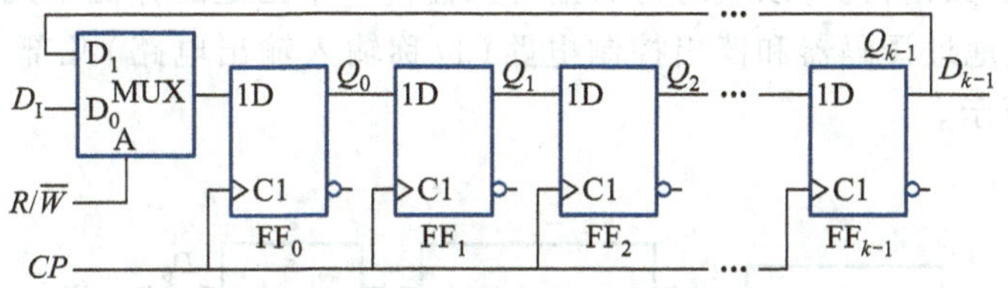

图 10-1 静态移位寄存器的 1 024×1 位 SAM

因此，SAM 电路的读/写时间与数据在寄存器中的位置有关。将数据写入触发器 FF_{k-1}，需要时间最长，为 k 个时钟周期；从 FF_0读取数据，需要时间最长，为 $k-1$ 个时钟周期。显然，存储器的深度 k 越大，最大读写时间就越长。

图 10-1 所示电路中，先写入的数据在读出时也会先到达输出端，所以称这种结构的 SAM 为先入先出型，简称 FIFO（first-in first-out）型。

10.2.2 先入后出的顺序存储器

在图 10-2 所示 SAM 电路的读/写过程中，最后写入的数据是最先读出，而最先写入的数据总是最后读出，所以称这种结构的 SAM 为先入后出型，简称 FILO（first-in last-out）型。

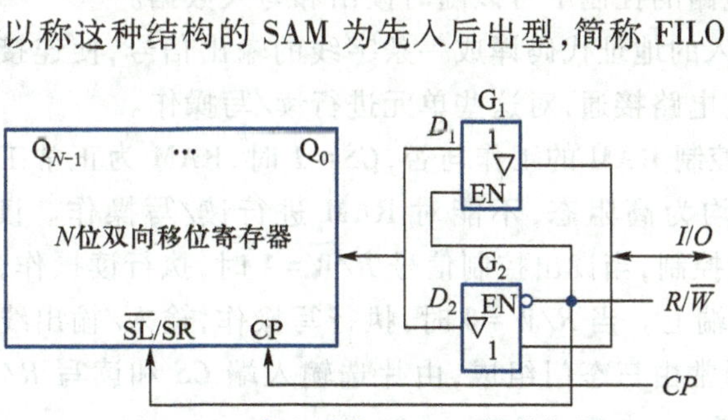

图 10-2 先入后出型 SAM 结构框图

写操作：$R/\overline{W}=\mathbf{0}$，$\overline{SL}/SR=\mathbf{0}$。移存器执行左移操作，由 I/O 端最先送入的数据存于移存器的最右端。

读操作：$R/\overline{W}=\mathbf{1}$，$\overline{SL}/SR=\mathbf{1}$。移存器执行右移操作，存于移存器最右端的数据最先由

I/O 端读出。

10.3 随机存储器

关键术语

随机存储器(RAM):工作时可以随机读写某个存储单元数据的存储器,按存储单元不同分为静态和动态两种类型。

10.3.1 随机存储器概述

随机存储器又称随机读/写存储器,简称 RAM。其工作时可以根据地址码从任何一个指定存储单元读出数据,也可以随时将数据写入任何一个指定的存储单元中去。RAM 电路结构由存储矩阵、地址译码器和读出控制电路(也称输入输出电路)几部分组成,电路结构框图如图 10-3 所示。

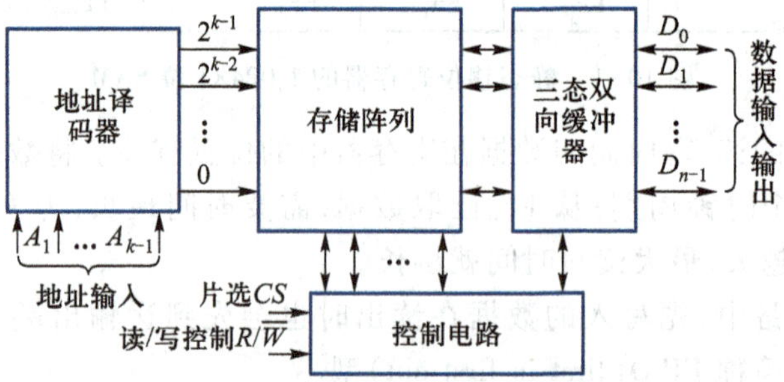

图 10-3 RAM 的电路结构框图

存储矩阵由许多存储单元排列而成,每个存储单元能存储 1 位二进制数据(**1** 或 **0**),在译码器和读/写控制电路的控制下可以随时读出和写入数据。

地址译码器将输入的地址代码译成一条字线的输出信号,使连接在该字线上的存储单元与相应的读/写控制电路接通,对这些单元进行读/写操作。

片选输入端 CS,控制 RAM 的工作与否,$CS=\mathbf{1}$ 时,RAM 为正常工作状态;当 $CS=\mathbf{0}$ 时,RAM 的输入/输出端均为高阻态,不能对 RAM 进行读/写操作。读/写控制电路用于对 RAM 的工作状态进行控制,当读出控制信号 $R/\overline{W}=\mathbf{1}$ 时,执行读操作,将存储单元里的内容送到输入/输出(I/O)端上。当 $R/\overline{W}=\mathbf{0}$ 时,执行写操作,输入/输出线上的数据写入存储器中。输入/输出电路通常由三态门组成,由片选输入端 CS 和读写 $R/\overline{W}$ 控制,实现输入(写入)或输出(读出)功能。

RAM 因存储单元的组成结构不同分为静态随机存储器 SRAM(高速存储器)和动态随机存储器 DRAM 两大类。

10.3.2 静态随机存储器

静态随机存储器 SRAM 的存储单元是在触发器的基础上附加控制线或门控管而构成的锁存器。它们是靠电路状态的自保功能存储数据的。由于使用的器件不同，静态存储单元又分为 MOS 型和双极型两种。MOS 型的基本电路结构如图 10-4 所示。

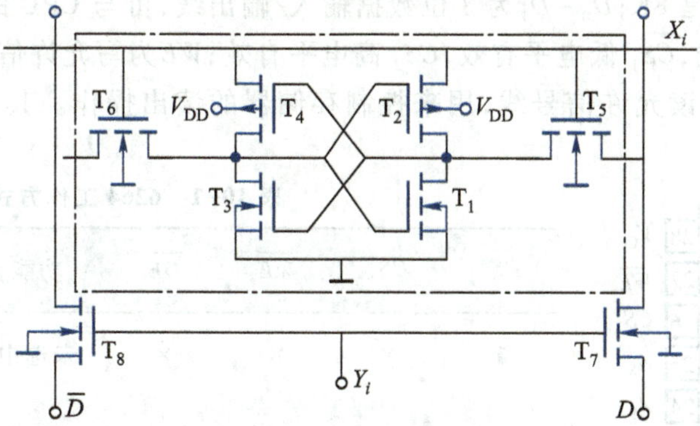

图 10-4　6 只增强型 MOS 管组成的 CMOS 静态存储单元

图 10-4 是用 6 只增强型 MOS 管组成的 CMOS 静态存储单元。$T_1 \sim T_4$组成基本 *RS* 触发器，用于记忆 1 位二值代码，$T_5 \sim T_8$为门控部分，完成模拟开关的作用，T_5和 T_6受控于行地址译码器的输出端，T_7和 T_8决定存储单元是否与输入/输出电路相连，受控于列地址译码器，所以，在行列选中时，$T_5 \sim T_8$同时导通，存储单元与输入/输出电路连接，由读/写端控制该存储单元的读出或写入数据。

10.3.3 动态随机存储器

DRAM 由 MOS 工艺制造，并以其高容量、低功耗和运算速度适中而著称。DRAM 不像 SRAM 那样把信息存储在触发器中，而是存储在一个小的电容中，通过充放电来存储 1 或 0。为防止因电荷泄漏而丢失信息，需要周期性地对这种存储器的内容进行重写，称为刷新。图 10-5 是单管动态 MOS 存储单元电路，由门控管 T 和 C_S 构成。写入信息时，字线为高电平，T 导通，对电容 C_S充电，相当于写入 **1** 信息。读出信息时，字线仍为高电平，T 导通，C_S的信号电压 V_{CS}经过 T 对 C_B提供电荷，使 C_S 上的电荷将在 C_S和 C_B上重新分配，使位线上获得读出的电压信号。

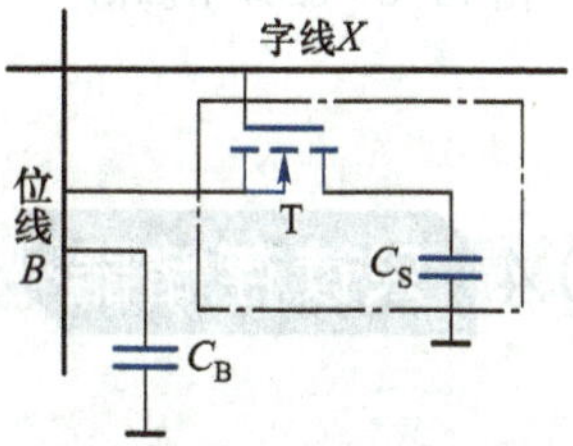

图 10-5　单管动态 MOS 存储单元

由于在实际的存储器电路中位线上同时接有很多存储单元，使 $C_B \geqslant C_S$，所以读出电压比 V_{CS}小得多，而且每读一次，C_S上电荷要少很多，造成破坏性读出。所以通常要求将读出的数据重新写入原单元。

单管电路的结构简单，但需要使用较灵敏的读出放大器，而且每次读出后必须刷新，因而外围控制电路比较复杂。

动态存储单元的电路结构比静态存储单元的结构简单，所以动态存储单元可以做到很高的集成度。但动态存储器不如静态存储器使用方便，而存取数据的速度也比静态存储器慢得多。

10.3.4 RAM 集成芯片 6264 简介

图 10-6 是 6264（8K×8 位）的引脚图，它有 28 个引脚，使用 5 V 电源供电，6264 有 13 条地址线，寻址范围是 8K；$D_0 \sim D_7$ 为 8 位数据输入/输出线，可与 CPU 的数据总线连接；$\overline{CS_1}$ 和 CS_2 为片选信号线，$\overline{CS_1}$ 低电平有效，CS_2 高电平有效；$\overline{WE}$ 为写允许信号线，用来控制存储器的写入操作；$\overline{OE}$ 为读允许信号线，用来控制存储器的读出操作。其工作方式如表 10-1 所示。

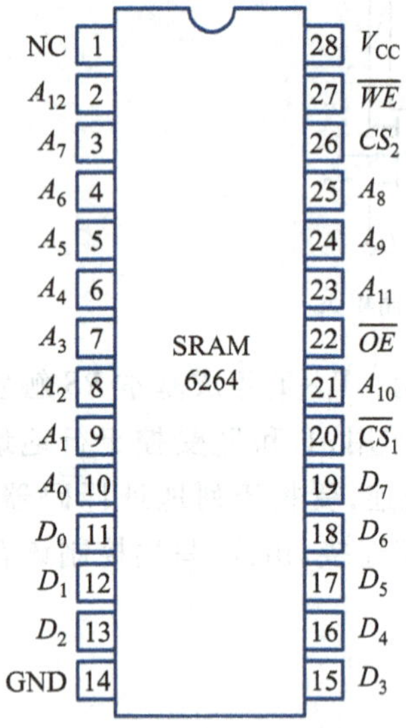

图 10-6 6264 引脚图

表 10-1 6264 工作方式

$\overline{CS_1}$	CS_2	$\overline{WE}$	$\overline{OE}$	功能	$D_7 \sim D_0$
1	×	×	×	未选中	高阻
×	0	×	×	未选中	高阻
0	1	1	1	输出禁止	高阻
0	1	1	0	读出	输出存储数据
0	1	0	1	写入	存储数据
0	1	0	0	写入	存储数据

10.4 只读存储器

关键术语

只读存储器（ROM）：正常工作状态下，只能读出不能随意改写的存储器。

10.4.1 只读存储器概述

电子教案 10-2：只读存储器及存储器的扩展

只读存储器（read only memory，ROM）用来保存不常改变或永久不变的数据。在正常工作状态下，只能从 ROM 中读取数据，而不能修改或重新写入数据。

ROM 的特点是电路结构简单，电路形式和规格比较统一，结构框图如图 10-7 所示，其内部电路由存储矩阵、地址译码器、输出缓冲器

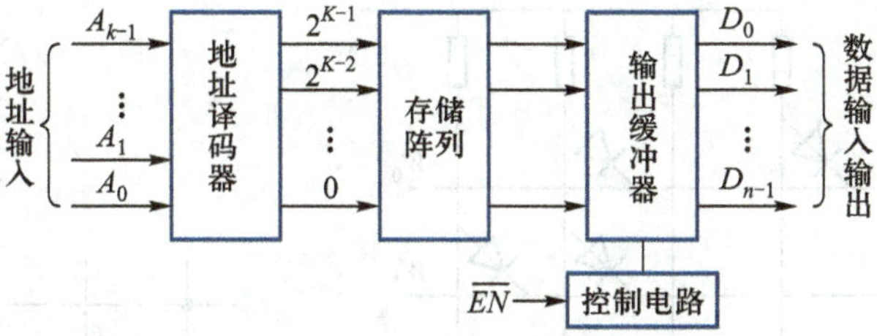

图 10-7 只读存储器(ROM)的电路结构框图

和存储器控制等组成。根据存储单元类型不同,ROM 可分为掩模只读存储器(mask read only memory,MROM)、可编程只读存储器(programmable read only memory,PROM),可擦除可编程只读存储器(erasable programmable read only memory,EPROM),电可擦除可编程只读存储器(electrically erasable programmable read only memory,EEPROM),以及 Flash 存储器(也称快闪存储器)。

只读存储器的核心部分是存储体本身,它由若干个存储单元组成。每个存储单元又包含若干个基本存储单元,构成一个存储矩阵。组成 ROM 基本存储单元的元件可以是电阻、半导体二极管、晶体管和 MOS 管等。每个存储单元或基本存储单元有一个对应的地址编码。若按编址形式,存储单元可分为:①字结构方式,即一旦被地址选中,读出一个字的存储信息,译码器采用线选法;②位结构方式,即一旦被地址选中,读出一个基本存储单元的信息。

地址译码器的作用是将输入的地址码译成相应的控制信号,利用这个控制信号从存储矩阵中将指定的单元选出,并把其中的数据送到输出缓冲器。

输出缓冲器的作用有两个:一是能提高存储器的带负载能力;二是实现对输出状态的三态控制,以便与系统的总线连接。

10.4.2 固定(掩模)只读存储器

掩模只读存储器所存储的数据是按照用户的要求而专门设计的,由用户向生产厂家定做,在出厂时内部存储的数据就已经被“固化”在里边了,只能读出,不能写入。掩模只读存储器的存储单元可以用二极管构成,也可以用双极晶体管或 MOS 管构成。每个单元能存放 1 位二值代码(0 或 1),每个或一组存储单元有一个对应的地址代码。

由二极管构成具有 2 位地址输入码 A_1、A_0和 4 位数据输出 $D_0 \sim D_3$的 4×4 位二极管掩模 ROM。原理图如图 10-8(a)所示。EN 为读出数据控制使能端,高电平有效。

该掩模只读存储器存储矩阵,字线与位线的交叉点上接有二极管时相当于存储了数据 **1**,没有接二极管时相当于存储了数据 0。当 $EN=\mathbf{1}$,A_1A_0给定地址代码后,经译码器译码,$W_0 \sim W_3$ 4 根线中某一根字线上的低电平,使接在这根字线上的二极管导通,并使与这些二极管相连的位线为低电平,经输出缓冲器反相后,在数据输出端得到高电平,输出 = **1**。

所以,$A_1A_0=\mathbf{00}$ 时,字线 $W_0=\mathbf{0}$ 选中,存储矩阵中接 W_0字线的二极管导通,就有存储数据 $D_3D_2D_1D_0=\mathbf{0101}$。同理,当 $A_1A_0=\mathbf{01}$ 时,有 $D_3D_2D_1D_0=\mathbf{1100}$;当 $A_1A_0=\mathbf{10}$ 时,有 $D_3D_2D_1D_0=\mathbf{0100}$;当 $A_1A_0=\mathbf{11}$ 时,有 $D_3D_2D_1D_0=\mathbf{1011}$。字线 $W_3 \sim W_0$上的电平高低控制由二极管构成的

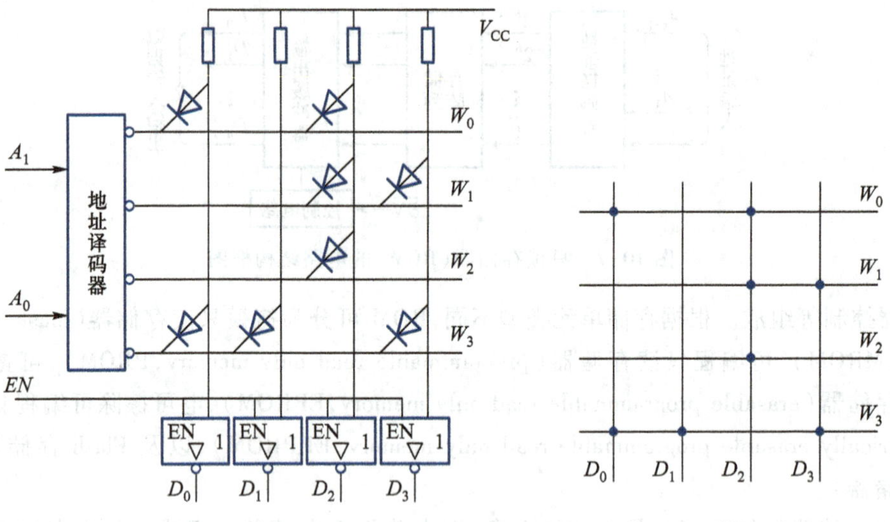

(a) (b)

图 10-8 二极管构成的掩模只读存储器存储矩阵和阵列图

(a)二极管 ROM 原理图;(b)ROM 阵列图

掩模只读存储器的存储矩阵,$D_3 \sim D_0$称为位线(或数据线),当 $W_3 \sim W_0$ 4 根线上给出电平信号时,都会在 $D_3D_2D_1D_0$ 4 根线上输出一个 4 位二值代码。

根据图 10-8(a)的存储矩阵中二极管的分布情况,可画出存储矩阵简化图,即阵列图,如图 10-8(b)所示,其中,存储矩阵中存储单元为 1 的地方,用“点”表示,由阵列图可以写出位线与字线之间的逻辑关系表达式。图 10-8(b)中 $D_0 \sim D_3$的逻辑表达式为

$$D_0 = W_0 + W_3$$

$$D_1 = W_3$$

$$D_2 = W_0 + W_1 + W_2$$

$$D_3 = W_1 + W_3$$

存储矩阵的输出和输入是**或**的关系,这种存储矩阵是**或**矩阵。地址译码器的输出和输入是**与**关系,所以,ROM 是一个多输入变量(地址)和多输出变量(数据)的**与或**逻辑矩阵。

10.4.3 可编程只读存储器

可编程只读存储器(PROM)的总体结构与掩模 ROM 相同,不同的是在存储矩阵的所有交叉点上全部制作了存储元件。其存储元件通常有两种电路形式:一种是二极管组成的结破坏型电路;另一种是由晶体管组成的熔丝型电路。PROM 的存储单元结构示意图如图10-9 所示。

PROM 出厂时的内容全是 0 或全是 1,结破坏型的 PROM 内容全是 **0**,熔丝型的 PROM 内容全是 **1**,用户使用时根据需要编好代码,通过编程器写入 PROM 中,但只能写入一次,一经写入就不能再更改。PROM 和 ROM 的区别在于,ROM 由厂家编程,而 PROM 由用户编程。

在结破坏型 PROM 中,每个存储单元都有两个对接的二极管。这两个二极管将字线与位线断开,相当于每个存储单元都存有信息 **0**,如图 10-9(a)所示,位线 D 通过 R_2接地,$D=0$。如果将某个单元的字线和位线接通,即将该单元改写为 **1**,如图 10-9(a)所示,字线 W 和

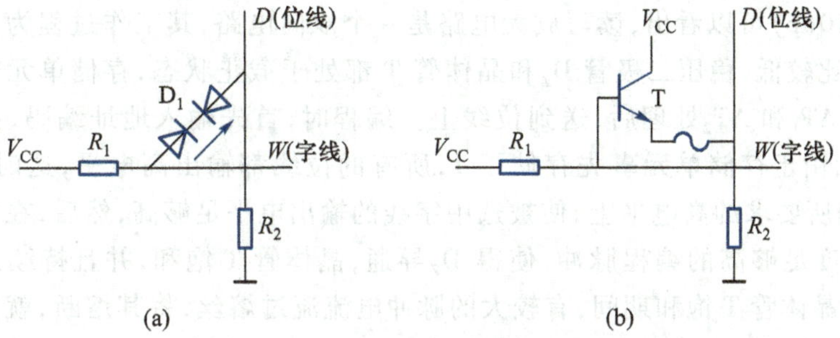

图 10-9 PROM 的存储单元结构示意图

(a)结破坏型;(b)熔丝型

位线 D 接通,V_{CC}通过 R_1连接到位线 D,$D=\mathbf{1}$。接通字线 W 和位线 D 需要在位线 D 和字线 W 之间加上一个高电压和大电流,使二极管 D_1的 PN 结击穿短路,字线 W 和位线 D 接通,该单元被改写为 1。

在熔丝型可编程只读存储器中,存储矩阵的每个存储单元都有一个晶体管。该晶体管的基极和字线 W 相连,发射极通过一段镍铬熔丝和位线 D 相连,相当于每个存储单元都存有信息 **1**,如图 10-9(b)所示,V_{CC}通过 R_1连接到 T 的基极,T 正偏导通,字线 W 和位线 D 接通,V_{CC}通过 R_1和 T 的 PN 结连接到位线 D,$D=\mathbf{1}$。在正常工作电流下,熔丝不会烧断,该单元存有信息 **1**。

如果要写入数据,就在某个存储单元的字线和位线之间通过几倍的工作电流,该单元的熔丝立刻会被烧断。这时字线、位线断开,该单元被改写为 **0**,如图 10-9(b)所示,熔丝烧断,W 和位线 D 断开,位线 D 通过 R_2接地,$D=\mathbf{0}$。

图 10-10 是一个 8×8 位 PROM 电路结构原理图。从图 10-10(a)可以看出,它与 ROM 电路的主要区别在于读写放大器,其电路如图 10-10(b)所示。

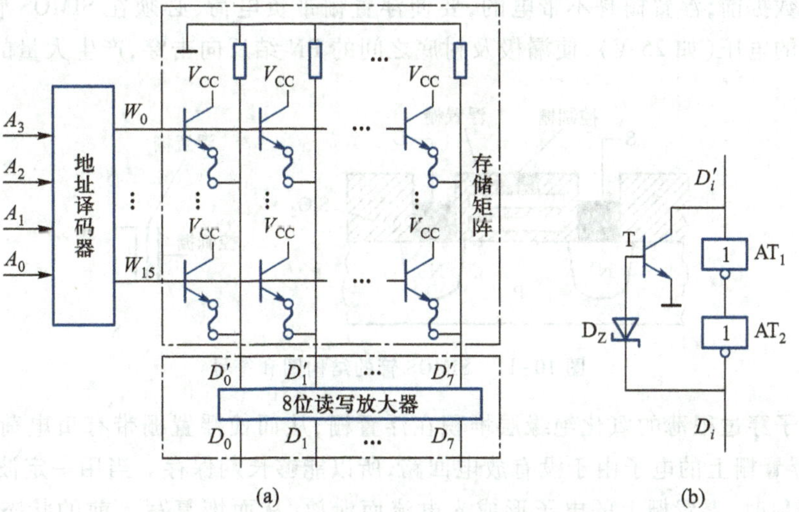

图 10-10 8×8 位 PROM 电路结构原理图

(a)8×8 位 PROM 电路原理图;(b)读写放大电路原理图

由图 10-10(b)可以看出,读写放大电路是一个双向电路,其工作过程为:读取时,由于位线上的电压比较低,稳压二极管 D_Z和晶体管 T 都处于截止状态,存储单元输出的信号经过输出驱动器 AT_1和 AT_2处理后,送到位线上。编程时,首先输入地址编码,找到要写入信息的存储单元,由于存储单元事先存储了 **1**,所有的位线都输出高电平,这时,将电源电压 V_{CC}提高到编程所要求的高电平上,使被选中字线的输出电平足够高,然后,在需要写入 **0** 的位线上加入幅度足够高的编程脉冲,使得 D_Z导通,晶体管 T 饱和,并且持续足够长的时间(十几微秒)。晶体管 T 饱和期间,有较大的脉冲电流流过熔丝,将其熔断,就完成了对相应地址的编程。执行读取操作时,若被选中存储单元的熔丝已经熔断,则相应的位线输出低电平,反之,则输出高电平。正常读取时,由于 AT_2输出的高电平不足以使 D_Z导通,晶体管 T 处于截止状态,不影响存储单元的内容通过 AT_1和 AT_2输送到位线上。

10.4.4 可擦除可编程只读存储器

可擦除可编程只读存储器(EPROM)的存储内容可以通过编程方式改变,但所存内容的擦除或改写,需要专门的擦除器和编程器实现。在正常使用时,只能读出。

EPROM 与 PROM 的电路结构组成相同,只是存储单元不同,早期的 EPROM 采用浮栅雪崩注入 MOS 管(简称 FAMOS 管)工艺。现在 EPROM 的存储单元采用叠栅注入 MOS 管技术,其存储单元由 N 沟道叠栅 MOS 管(stacked-gate injuction metal oxide semiconductor,简称 SIMOS)构成。

图 10-11 是 SIMOS 管的结构图和符号,它是一个 N 沟道增强型的 MOS 管,有两个重叠的栅极:控制栅和没有外引线的浮置栅。当浮置栅上没有电荷时,给控制栅加上控制电压,MOS 管导通;而当浮置栅上带有负电荷时,则衬底表面感应的是正电荷,这使得 MOS 管的开启电压变高,如果给控制栅加上同样的控制电压,MOS 管仍处于截止状态。由此可见,SIMOS 管可以利用浮置栅是否累积有负电荷来存储二值数据。

在写入数据前,浮置栅是不带电的,要使浮置栅带负电荷,必须在 SIMOS 管的漏、栅极加上足够高的电压(如 25 V),使漏极及衬底之间的 PN 结反向击穿,产生大量的高能电子。

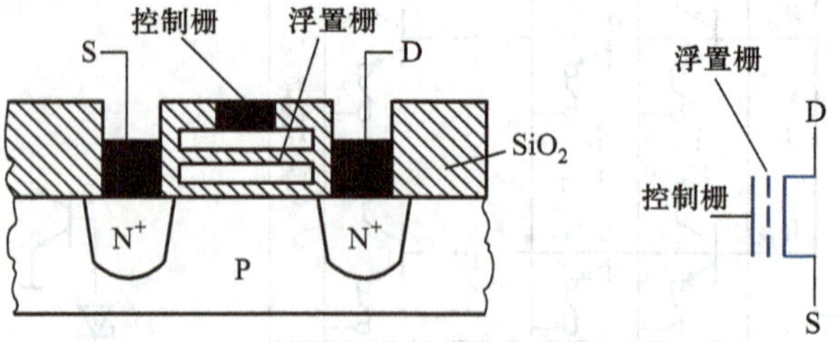

图 10-11 SIMOS 管的结构图和符号

这些电子穿过很薄的氧化绝缘层堆积在浮置栅,从而使浮置栅带有负电荷。当移去外加电压后,浮置栅上的电子由于没有放电回路,所以能够长期保存。当用一定波长的紫外线或 X 射线照射时,浮置栅上的电子形成光电流而泄放,从而恢复写入前的状态。照射一般需要10~20 min;为了便于照射擦除,芯片的封装外壳装有透明的石英盖板。EPROM 的擦除为一次全部擦除,其数据写入需要专用的编程器。

常用的 EPROM 有美国 Intel 公司的 27(27C)系列芯片,如 2716(2K×8 位)、2732(4K×8 位)、2764(8K×8 位)和 27512(64K×8 位)等。

2716 的封装引脚排列如图 10-12 所示。2716 有 24 个引脚,内部有行、列译码,地址输入端为 $A_0 \sim A_{10}$;数据输出端 $D_0 \sim D_7$ 为双向三态,编程时作为输入,为写入数据的输入端,正常工作时为输出端,可直接与数据总线相接;有两种电源输入端,正常工作时 V_{CC} 和 V_{PP} 接 5 V,编程写入时 V_{PP} 接 25 V;$\overline{CS}$ 端为允许输出控制端(片选控制端),低电平时允许读出,高电平时编程或使输出呈高阻状态;PD/PGM 为低功耗编程控制端,用于器件功耗选择,编程时加入 TTL 电平的正脉冲,最大宽度为 55 ms。注意不允许加直流信号。该器件设置了低功耗工作方式,在两次读出之间的等待时间里可以使器件工作在低功耗方式。令 $PD/PGM = \mathbf{1}$, $V_{PP} = 5$ V,输出端为高阻状态,器件静态功耗减少 75%为 125 mW。表 10-2 给出了 2716 的 6 种工作方式(表中×表示无关项)。

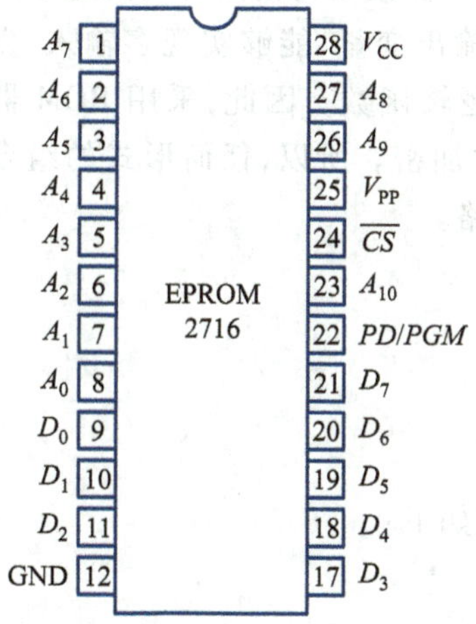

图 10-12 EPROM2716 封装图

表 10-2 2716 的工作方式及条件

PD/PGM	$\overline{CS}$	V_{PP}	V_{CC}	功能	$D_7 \sim D_0$
V_{IL}	V_{IL}	+5 V	+5 V	读出	输出存储数据
×	V_{IH}	+5 V	+5 V	未选中	高阻
V_{IH}	×	+5 V	+5 V	低功耗	高阻
正脉冲	V_{IH}	+25 V	+5 V	编程	数据输入
V_{IL}	V_{IL}	+25 V	+5 V	程序检验	数据输出
V_{IL}	V_{IH}	+25 V	+5 V	禁止编程	高阻

10.4.5 电可擦除可编程只读存储器

电可擦除可编程只读存储器(EEPROM,E^2PROM)的电路结构与 EPROM 相比,主要区别是存储单元的 MOS 管不同。E^2PROM 的存储单元采用浮栅隧道氧化层场效应管(floating gate tunnel oxide,简称 Flotox 管),其结构和符号如图 10-13 所示,Flotox 管也属于 N 沟道增强型的 MOS 管。这种场效应管有两个浮置栅,漏极上方有一个隧道二极管。在第二栅极与漏极之间电压提供的电场作用下,漏极电荷通过隧道二极管流向第一浮栅,使管子导通,起到编程作用。若提供电压的极性相反,浮栅上的电荷将反向流入漏极,起到擦除作用。由于编程和擦除所需电流极小,所以,第二栅极与漏极之间的电压可采用芯片的普通工作电源。E^2PROM 的存储单元如图 10-14 所示。

E^2PROM 具有 ROM 的非易失性,也可以像 RAM 一样随机地进行读/写,是一种可以用电擦除和改写的可编程 ROM,其存储单元可以重复进行 1 万次改写,存储的信息可以保留 20 年,但是擦、写的时间较长。E^2PROM 不仅可以整体擦除存储单元内容,还可进行逐字擦除和逐字改写。

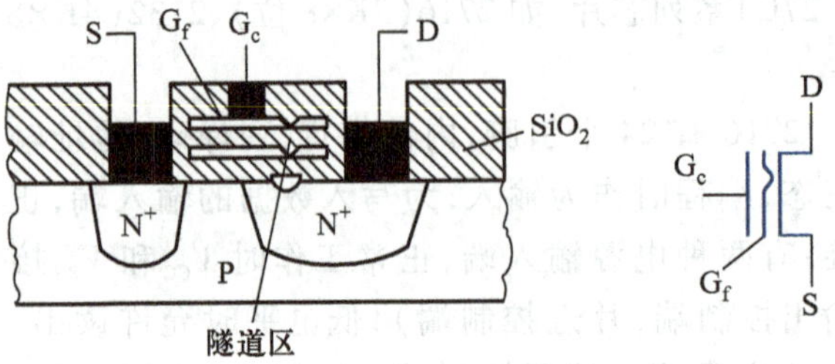

图 10-13 Flotox 管的结构和符号

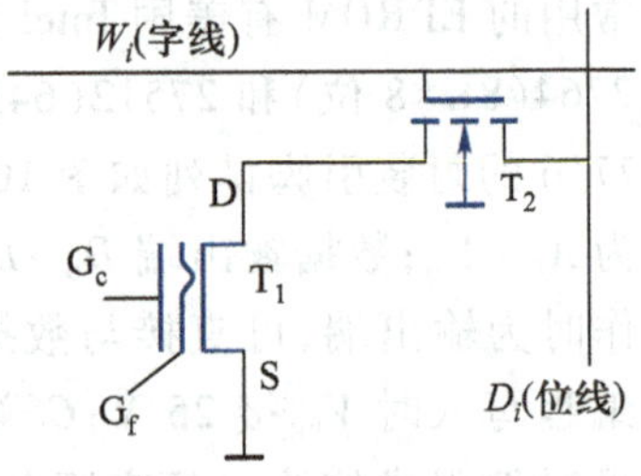

图 10-14 E^2PROM 的存储单元

10.4.6 用 ROM 实现组合逻辑函数

由于 ROM 是一个多输入变量(地址)和多输出变量(数据)的**与或**逻辑矩阵。从 ROM 结构可以看出,其译码器输出是全部输入变量的最小项,而每一位数据的输出可以是这些最小项之和。将存储器的地址线作为输入变量,其数据线作为输出变量,能够实现多输入、多输出的组合逻辑电路的功能,即用存储器 ROM 来实现组合逻辑函数。因此,采用 ROM 器件,理论上可以实现任何形式的组合逻辑电路,还能进行硬件加密。所以,任何形式的组合逻辑函数均能通过向 ROM 写入相应的数据来实现其逻辑电路。

【例 10-1】 用 ROM 实现下列逻辑函数:

$$Y_1=\overline{A}\,\overline{B}C+\overline{A}\,B\,\overline{C}+ABC$$

$$Y_2=BC+AC$$

$$Y_3=AB+AC+BC$$

解 根据已知条件整理得各个逻辑函数的最小项表达式如下:

$$Y_1=\sum m(1,2,7)$$

$$Y_2=\sum m(3,5,7)$$

$$Y_3=\sum m(3,5,6,7)$$

根据最小项表达式做出上述逻辑函数的 ROM 阵列图,其电路如图 10-15 所示。

从该例看出,用 ROM 实现组合逻辑电路,就是按照设计要求确定输入、输出变量,列出输出函数的真值表或者最小项表达式,然后,在 ROM 阵列图的**或**阵列中指定与每个输出变量对应的位线,根据输出变量在真值表中出现 1 的位置或者根据它所包含的最小项序号,在位线与对应字线的交叉点上画上圆点。

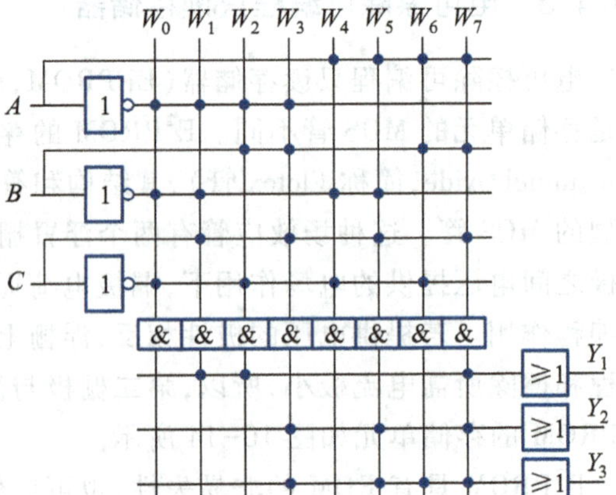

图 10-15 ROM 阵列图

ROM 电路结构简单,容量大,设计方便,因而应用非常广泛,在数字系统中用来制作码制转换电路、字符发生器、微指令存储器和数学用表等。

10.4.7 快闪存储器

快闪存储器(flash memory),简称闪存。它有 EPROM 的结构简单、编程可靠的优点,同时又具有 E^2PROM 在电路中的电擦除特性,与 E^2PROM 相比较,集成度有较大幅度的提高。

快闪存储器的存储单元也是采用叠栅 MOS 管,其结构图和符号如图 10-16 所示,它与 EPROM 中的 SIMOS 管非常相似,其区别是浮置栅与衬底间氧化层的厚度不同,EPROM 氧化层厚度大于快闪存储器中氧化层一倍左右,浮栅与源区重叠的部分是由源区的横向扩散形成的,面积极小,因而浮置栅-源区间的电容要比浮置栅-控制栅间的电容小得多。当在控制栅和源极之间加上电压时,大部分压降都降在浮栅与源极之间的电容上面,使得闪存的写入和擦除电压远低于 E^2PROM。

快闪存储器的存储单元如图 10-17 所示。在读出状态下,字线给出+5 V 的逻辑高电平,存储单元公共端 V_{SS} 为 0 电平。如果浮置栅上没有充电,则叠栅 MOS 管导通,位线输出低电平;如果浮置栅上充有负电荷,则叠栅 MOS 管截止,位线上输出高电平。

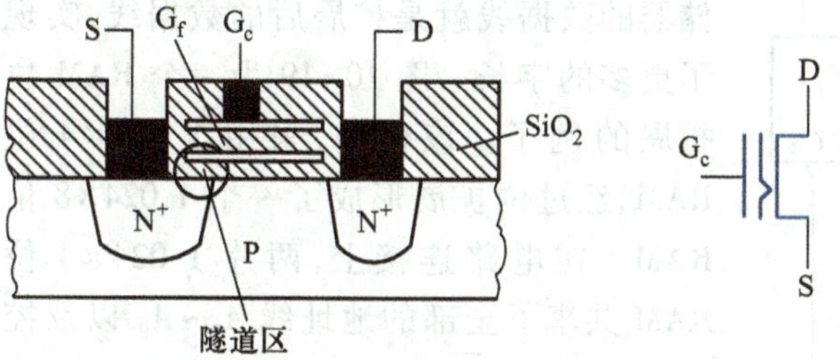

图 10-16 快闪存储器的叠栅 MOS 管的结构图和符号

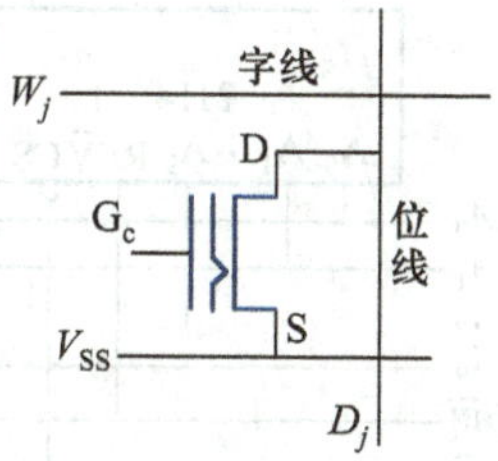

图 10-17 快闪存储器的存储单元

闪存的存储阵列组成方式有两种方式,即**或非**门方式(NOR)和**与非**门方式(NAND)。**或非**门方式(NOR)如图 10-18(a)所示,NAND 结构如图 10-18(b)所示。由于存储阵列结构不同,在编程和擦除方面,二者有一定的区别。**或非**门方式(NOR)的闪存与 EPROM 相同,采用类似雪崩注入方式进行写入操作,擦除操作则利用与 Flotox 管类似的隧道效应来实现。**与非**门方式(NAND)的闪存,数据的写入和擦除,都是利用隧道效应来实现的。这两种类型的闪存中,**与非**门方式(NAND)的闪存在写入、擦除速度及使用寿命方面都高于**或非**门(NOR)闪存器件。而且,NAND 结构的集成度要比 NOR 器件高一倍左右。

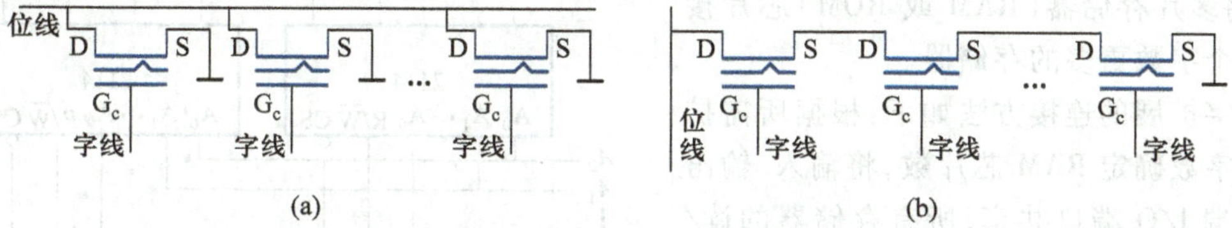

图 10-18 快闪存储器的两种构造形式

(a)NOR 结构图;(b)NAND 结构图

实际应用中,NOR 闪存通常带有 SRAM 接口,能直接访问其中的每一个字,所以,NOR 器件通常在数字系统中用做 CPU 的程序存储器,但容量较小。而 NAND 闪存采用命令、地址和数据复用的接口形式，类似磁盘数据管理的形式来访问，主要应用在大容量闪存盘（如 U 盘）的制造方面。

10.5 存储器容量的扩展

微视频 10-1：
存储器的扩展

当 ROM 或 RAM 器件容量不能满足要求时，就需要将若干片 ROM 或 RAM 组合起来，形成一个容量更大的存储器，这就是存储器容量扩展。存储器的扩展是将地址线、数据线和控制信号线通过一定方式进行连接，有位扩展、字扩展和字位同时扩展三种方式。

10.5.1 位扩展

位扩展的方法是根据所需要扩展的位数，确定 RAM/ROM 的芯片数，使需要扩展的多片存储器共享地址和控制信号，而多片存储器的数据线就是扩展后的数据线，实现了更多的字长。图 10-19 为一个 RAM 位扩展的例子。该例中，采用 1 024×4 位 RAM，经过位扩展形成了一个 1 024×8 位 RAM。在电路连接上，两片 1 024×4 位 RAM 共享了全部的地址线 $A_0 \sim A_9$ 以及控制线 $R/\overline{W}$ 和 $\overline{CS}$。这样，系统访问该电路时，就会同时访问到两片 1 024×4 位 RAM，整个电路就像一片 1 024×8 位的 RAM 一样。总的存储容量也达到了每片的存储容量的 2 倍。

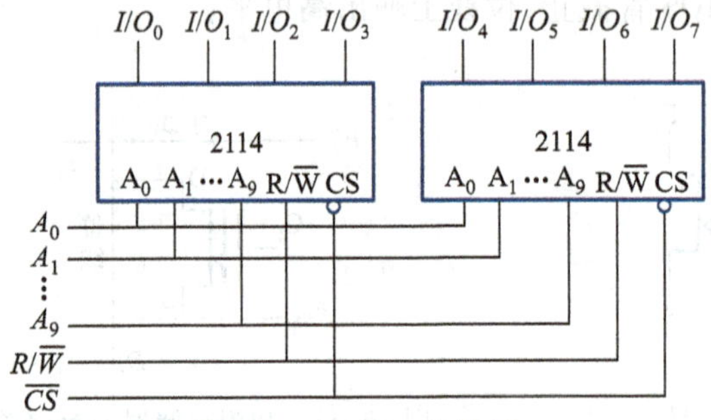

图 10-19 RAM 位扩展

如要对 ROM 进行位扩展，其方法与 RAM 类似。只是 ROM 没有读/写控制信号 $R/\overline{W}$，其他引脚的处理方法与 RAM 完全相同。

10.5.2 字扩展

如果每一片存储器的数据位数够用而字数不够用时，则需要采用字扩展方式，将多片存储器（RAM 或 ROM）芯片接成一个字数更多的存储器。

字扩展的连接方法如下：根据所需扩展的字数确定 RAM 芯片数，将输入/输出数据端 I/O 端口共享，所有存储器的读/写控制信号和低位地址共享，片选信号由高位地址通过译码器产生。

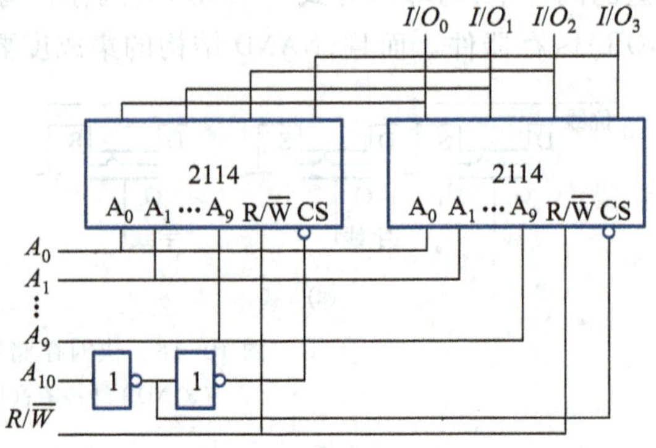

图 10-20 RAM 的字扩展

图 10-20 是用字扩展方式将两片 1 024×4 位的 RAM 接成一个 2 048×4 位

RAM 的例子。因为两片中共有 2 048 个字，所以必须使用 11 条地址线；然而每片芯片上有 10 位地址线，增加了 1 位地址线 A_{10}，通过控制电路分别接两片 RAM 的片选信号 $\overline{CS}$。

10.5.3 字位同时扩展

当存储器的字长和字数都不能满足实际应用的要求时，则需要对存储器的字和位同时扩展。字位同时扩展的方法是先进行一个方面的扩展，并使一个指标满足要求。然后，将扩展之后的电路当作一个存储器件，再进行另一个方面的扩展，使另一个指标也满足要求。但根据字和位扩展的原理，一般是先进行位扩展，然后进行字扩展。图 10-21 是一个字位扩展的例子，采用四片 1 024×4 位 RAM 存储器，将其扩展成 2 048×8 位 RAM 存储器。

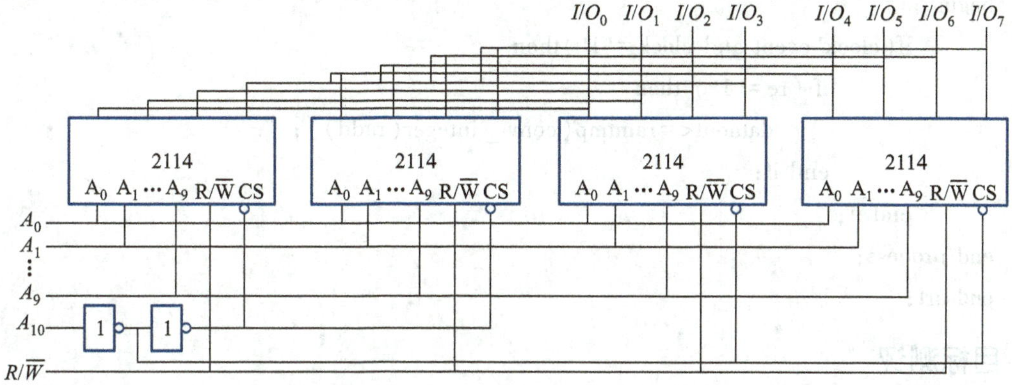

图 10-21 RAM 的字位同时扩展

用 VHDL 描述 8×8 位的双口 SRAM

```
library ieee;
use ieee. std _ logic _ 1164. all;
use ieee. std _ logic _ arith. all;
use ieee. std _ logic _ unsigned. all;
entity dpram is
   port( datain:in std _ logic _ vector(7 downto 0);
         dataout:out std _ logic  vector(7 downto 0);
         clock:in std _ logic;
         we,re:in std _ logic;
         wadd:in std _ logic _ vector(2 downto 0);
         radd:in std _ logic _ vector(2 downto 0));
end dpram;
architecture art of dpram is
type mem is array(0 to 7) of std _ logic _ vector(7 downto 0);
signal ramtmp:mem;
begin
```

```
process(clock)                                  --写进程
begin
if (clock'event and clock='1') then
      if(we='1')then
            ramtmp(conv_integer(wadd))<=datain;
      end if;
end if;
end process;
process(clock)                                  --读进程
begin
      if(clock'event and clock='1')then
            if (re='1') then
                  dataout<=ramtmp(conv_integer(radd));
            end if;
      end if;
end process;
end art;
```

▶ 目标测评

1. 简述半导体存储器的分类和用途。
2. 举例说明先进后出型 SAM 的工作原理。
3. 为什么掉电后 ROM 中的信息可以保存而 RAM 中的信息会丢失?
4. 用 PROM 实现多输出组合逻辑函数。

▶ 英文术语表

英文	中文	解释
memory	存储器	存储数字数据的器件
read only memory	只读存储器 ROM	数据被永久保存,且只能被读取不能被修改的一种存储器
random access memory	随机存储器 RAM	数据可以以任何顺序,更确切地说是随机存取的一种存储器
sequential access memory	顺序存储器 SAM	存储器中存储的数据不能以随机的顺序被读取或写入,而必须按照一定的顺序被寻址
flash memory	快闪存储器	一种永久的存储器,可以按照扇区编程和擦除,而不是每次一个字节

本章小结

1. 半导体存储器是一种能存储大量的二值数据的半导体器件。半导体存储器可以有不同分类方法，按照存取方式可分为只读存储器 ROM、随机存储器 RAM 和顺序存储器 SAM，还有同时具有只读存储器 ROM 和随机存储器 RAM 优点的快闪存储器。

2. 只读存储器 ROM 按照编程方式可分为掩模只读存储器 ROM、可编程只读存储器 PROM、可擦除可编程只读存储器 EPROM、电可擦除可编程只读存储器 EEPROM 以及快闪存储器。

3. 随机存储器 RAM 可分为静态随机存储器 SRAM 和动态随机存储器 DRAM。

4. 不同类型的存储器具有不同的应用场合。使用时可以通过存储器的不同扩展方式由存储容量较小的存储器芯片扩展为更大的存储容量空间。

习　题

［题 10-1］ 试说明 RAM 和 ROM 的区别。

［题 10-2］ RAM 有几种不同的类型？

［题 10-3］ PROM、EPROM 和 EEPROM 各有什么特点？

［题 10-4］ 2 048×8 位的存储芯片，地址线和数据线各有几位，有多少个基本存储单元？

习题详解 10-1：
［题 10-4］解答

［题 10-5］ 试用 PROM 实现 8421BCD 码转换为格雷码。

［题 10-6］ 试用 PROM 实现下列逻辑函数，画出阵列图：

$$Y_1=\overline{A}\,B\,\overline{C}D+BCD$$

$$Y_2=A\,\overline{B}+\overline{C}D+\overline{A}C+B\,\overline{D}$$

$$Y_3=\overline{A}CD+ABC\,\overline{D}+\overline{B}CD$$

习题详解 10-2：
［题 10-5］解答

［题 10-7］ 试将 2 048×2 位的 RAM 扩展为 2 048×8 位的 RAM，并画出接图。

［题 10-8］ 试用 2K×8 位的 RAM 扩展为 8K×8 位的 RAM，并画出接线图。

［题 10-9］ 现有 1K×4 位的 RAM 芯片若干，因设计需要 4K×8 位的 RAM 电路，试问：

(1) 需要多少个 1K×4 位的 RAM 芯片？

(2) 画出设计的连接电路。

第 11 章　数模和模数转换器

▶ 本章目标

1. 了解数模转换器和模数转换器的基本工作原理及其分类。
2. 掌握数模转换器和模数转换器的参数指标。
3. 进行应用设计时，能够根据参数指标进行器件选型。
4. 能够使用典型数模及模数转换器件进行常规模数与数模接口电路设计。

电子教案 11-1：
数模和模数转换器

▶ 引言

随着数字技术，特别是信息技术的飞速发展与普及，在现代控制、通信及检测等领域，为了提高系统的性能指标，对信号的处理广泛采用了数字计算机技术。由于系统的实际对象往往都是一些模拟量(如温度、压力、位移、图像等)，要使计算机或数字仪表能识别、处理这些信号，必须首先将这些模拟信号转换成数字信号；而经计算机分析、处理后输出的数字量也往往需要将其转换为相应模拟信号才能为执行机构所接受。这样，就需要一种能在模拟信号与数字信号之间起桥梁作用的电路——模数和数模转换电路。

11.1 概述

在数字系统内部，只能对数字信号进行处理，而自然界的电压、电流、声音、图像、温度、压力等实际信号大多是连续变化的模拟信号，因此，必须把这些模拟量转换成数字量才能由数字系统进行处理，这种将模拟信号转换成数字信号的过程称为模数转换(A/D 转换)。

相反，经数字系统处理后的数字量，如用于控制调节电机转速、合成函数信号、数字音频功放等场合，又常常要求将其转换为模拟量，这种将数字信号转换成模拟信号的过程称为数模转换(D/A 转换)。

完成模数转换的电路称为模数转换器，简称 ADC(analog to digital converter)；完成数模转换的电路称为数模转换器，简称 DAC(digital to analog converter)，ADC 和 DAC 是数字系统与模拟系统及自然界的关键接口部件。ADC 及 DAC 构成的数字系统如图 11-1 所示。

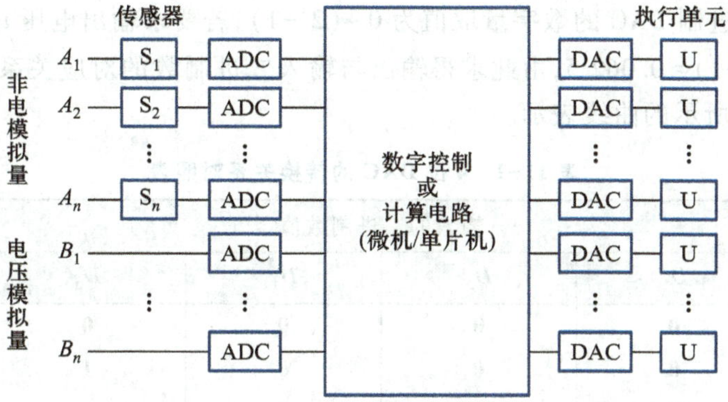

图 11-1 数字系统结构框图

为确保系统处理结果的精确度,ADC 和 DAC 必须具有足够的转换精度;如果要实现快速变化信号的实时控制与检测,ADC 与 DAC 还要求具有较高的转换速度。转换精度与转换速度是衡量 ADC 与 DAC 的重要技术指标。随着集成电路技术的发展,现已研制和生产出许多单片的和混合集成型的 ADC 和 DAC,它们的技术指标越来越先进,在各领域电路系统得到广泛应用。

11.2 数模转换器

关键术语

分辨率:指数模转换器(DAC)能够转换的二进制数的位数,位数越多分辨率也就越高。

转换误差:转换误差是指 DAC 输出模拟电压与理论输出模拟电压的最大差值。

转换时间:转换时间是指 DAC 在输入数字信号开始转换到输出模拟电压达到稳定值时所需的时间。

11.2.1 数模转换的表示

数字量通常是用有权代码按数位组合起来表示的,每一位代码都有固定的"权",大多采用二进制代码,DAC 实际上就是将输入的二进制代码(数字量)转换为相应的模拟电压输出,二者的大小成正比,数模转换器的输出电压 v_O 与数字量的一般关系式为

$$v_O = k \cdot \sum_{i=0}^{n-1} (D_i \times 2^i) \tag{11-1}$$

其中,常数 k 为比例系数,$\sum_{i=0}^{n-1} (D_i \times 2^i)$ 为二进制数按位权展开所对应的十进制数值。

两个相邻二进制数码转换出的模拟电压值实际上是不连续的,两者的电压差值由最低码位所代表的位权值决定,它是信息所能分辨的最小量,用 LSB(least significant bit)表示,即 **00…01** 所对应的十进制值乘以系数 k 的结果。而最大输入数字量时的最大电压输出值用 FSR 表示(full scale range)表示,即 **11…11** 所对应的十进制值乘以系数 k 的结果。

例如,4 位二进制 DAC 的数字量取值为 0~(2^4-1),若要求输出电压 v_O 变化范围为 0~1 V,则 $k=1/(2^4-1)=0.062\,5$,由此求得输出与输入二进制数的对应关系如表 11-1 所示。也可以用图11-2 所示的曲线表示。

表 11-1 4 位 DAC 的转换关系对照表

十进制数	输入的二进制数值				输出电压 v_O/V
	D_3	D_2	D_1	D_0	
0	0	0	0	0	0
1	0	0	0	1	0. 062 5
2	0	0	1	0	0. 012 5
3	0	0	1	1	0. 187 5
4	0	1	0	0	0. 250 0
5	0	1	0	1	0. 312 5
6	0	1	1	0	0. 375 0
7	0	1	1	1	0. 437 5
8	1	0	0	0	0. 500 0
9	1	0	0	1	0. 562 5
10	1	0	1	0	0. 625 0
11	1	0	1	1	0. 687 5
12	1	1	0	0	0. 750 0
13	1	1	0	1	0. 812 5
14	1	1	1	0	0. 875 0
15	1	1	1	1	0. 937 5

11.2.2 DAC 的一般构成

DAC 主要由数字寄存器、模拟电子开关、位权网络、求和运算放大器和基准电压源(或恒流源)组成,如图 11-3 所示。

图中数字寄存器用于存放待转换的数字量,分别控制对应位的模拟电子开关,使数码为 **1** 的位在位权网络上产生与其位权成正比的电流值,再由求和运算放大器对各电流值求和,并转换成电压值。

根据位权网络不同,DAC 可分为权电阻网络 DAC、R-2R 倒 T 形电阻网络 DAC 和权电流型网络 DAC。下面以权电阻网络 DAC 为例,分析 D/A 转换的一般工作原理。

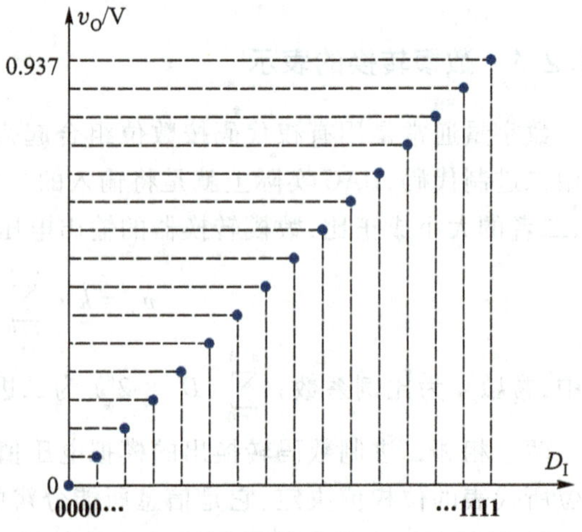

图 11-2 4 位 DAC 的转换关系曲线

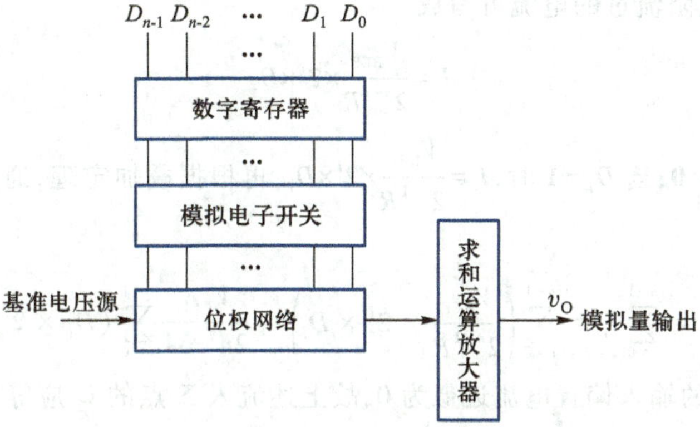

图 11-3 DAC 原理方框图

11.2.3 权电阻网络 DAC

1. 电路结构

图 11-4 所示为 4 位权电阻网络 DAC 电路。

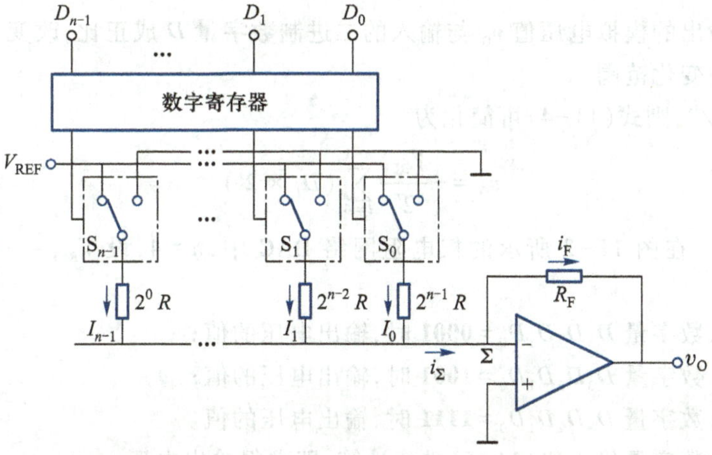

图 11-4 权电阻网络 DAC 电路

基准电压源为完成数模转换提供基准电压 V_{REF}，输入数字量 $D_{n-1}\cdots D_1D_0$存于数字寄存器，分别控制 4 个模拟电子开关 S_{n-1}、…、S_1、S_0。例如，当 $D_0=0$ 时，电子开关 S_0接向右边，使电阻 $2^{n-1}R$ 接地；$D_0=\mathbf{1}$ 时，S_0接向左边，使电阻 R 与 V_{REF} 接通。2^0R、2^1R、2^2R、…、$2^{n-1}R$ 构成的电阻网络称为权电阻。某位权电阻的阻值大小和该位的权值成反比，相邻低位权电阻值是其高位电阻值的 2 倍。相邻权电阻值差 2 倍，则流过的电流差 1/2，通过各权电阻的电流由运算放大器求和，并转换成对应的电压值，作为模拟量输出。

2. 工作原理

运算放大器的 Σ 点是虚地，该点电位总是近似为零。假设输入是 n 位二进制数，因此当任一位的 $D_i=0$，经电子开关 S_i使该位的权电阻 $2^{n-1-i}R$ 接地时，因 $2^{n-1-i}R$ 两端电位相等，故流过该电阻的电流 $I_i=\mathbf{0}$；而当 $D_i=\mathbf{1}$，S_i使该电阻接 V_{REF}时，$I_i=V_{REF}/(2^{n-1-i}R)$。因此，对于

受 D_i 位控制的权电阻流过的电流可写成

$$I_i=\frac{V_{\text{REF}}}{2^{n-1}R}\times 2^i\times D_i \tag{11-2}$$

当 $D_i=\mathbf{0}$ 时，$I_i=\mathbf{0}$；当 $D_i=\mathbf{1}$ 时，$I_i=\dfrac{V_{\text{REF}}}{2^{n-1}R}\times 2^i\times D_i$，再根据叠加定理，通过各权电阻的电流之和应为

$$i_\Sigma=\sum_{i=0}^{n-1}I_i=\sum_{i=0}^{n-1}\left(\frac{V_{\text{REF}}}{2^{n-1}R}\times 2^i\times D_i\right)=\frac{V_{\text{REF}}}{2n-1}\sum_{i=0}^{n-1}(D_i\times 2^i) \tag{11-3}$$

因运算放大器的输入偏置电流近似为 0，故上述流入 Σ 点的 i_Σ 应等于流向反馈电阻 R_F 的电流 i_F，即 $i_\Sigma=i_F$。又因 $i_F=(0-v_O)/R_F=-v_O/R_F$，故得到输出电压

$$v_O=-i_FR_F=-i_\Sigma R_F=-\frac{V_{\text{REF}}R_F}{2^{n-1}R}\sum_{i=0}^{n-1}(D_i\times 2^i) \tag{11-4}$$

与式(11-1)相比较，转换比例系数 k 为

$$k=-\frac{V_{\text{REF}}R_F}{2^{n-1}R} \tag{11-5}$$

该式说明输出的模拟电压值 v_O 与输入的二进制数字量 D 成正比，改变 V_{REF} 或 R_F，即可改变输出电压的变化范围。

若取 $R_F=R/2$，则式(11-4)可简化为

$$v_O=-\frac{V_{\text{REF}}}{2^n}\sum_{i=0}^{n-1}(D_i\times 2^i) \tag{11-6}$$

【例 11-1】 在图 11-3 所示的权电阻网络 DAC 中，$n=4$，设 $V_{\text{REF}}=-10\text{ V}$，$R_F=R/2$，试求：

(1) 当输入数字量 $D_3D_2D_1D_0=\mathbf{0001}$ 时，输出电压的值；

(2) 当输入数字量 $D_3D_2D_1D_0=\mathbf{1001}$ 时，输出电压的值；

(3) 当输入数字量 $D_3D_2D_1D_0=\mathbf{1111}$ 时，输出电压的值。

解 将输入数字量代入式(11-6)进行计算，即求得输出电压 v_O。

(1) $v_O=-\dfrac{-10}{2^4}(0\times2^3+0\times2^2+0\times2^1+1\times2^0)\text{ V}=0.625\text{ V}=1\text{ LSB}$

(2) $v_O=-\dfrac{-10}{2^4}(1\times2^3+0\times2^2+0\times2^1+1\times2^0)\text{ V}=5.625\text{ V}$

(3) $v_O=-\dfrac{-10}{2^4}(1\times2^3+1\times2^2+1\times2^1+1\times2^0)\text{ V}=9.375\text{ V}=1\text{ FSR}$

显然，输出电压的范围是 0~9.375 V，且相邻两个二进制数码所对应的模拟电压差值 Δ 为 1 LSB，即 0.675 V。

权电阻 DAC 的优点是电路简单，转换速度也比较快，其转换精度取决于 V_{REF}、权电阻精度及模拟电子开关。若各个电阻的阻值相差较大，而且随着输入二进制数码位数的增多，电阻的差值也随之增加，难以保证对电阻精度的要求，这给电路的转换精度带来很大影响，也

不利于集成化，因此权电阻 DAC 并不单独使用，而是将其权电阻网络由相应的权电流网络替换，以保证转换精度，即权电流型网络 DAC。

R-$2R$ 倒 T 形电阻网络 DAC 克服了权电阻网络带来的较大误差，结构简单、工作速度快，得到广泛应用，图 11-5 给出了 R-$2R$ 倒 T 形电阻网络 DAC 的电路结构原理图。

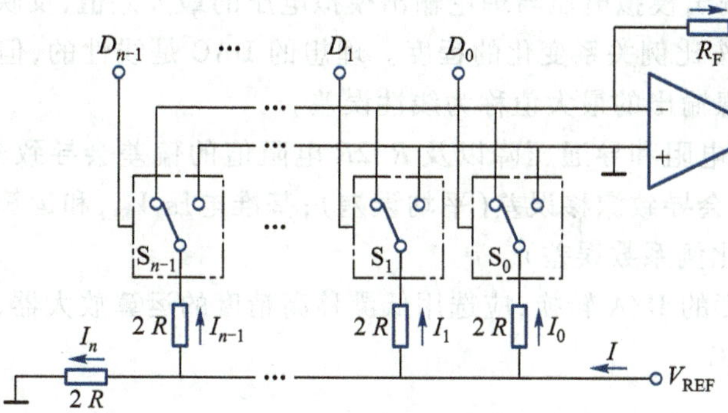

图 11-5 R-$2R$ 倒 T 形电阻网络 DAC 的电路原理图

因运算放大器的 Σ 点为虚地，故不论输入数字量 D 取值为 0 还是 1，对于 R-$2R$ 电阻网络来说，各 $2R$ 电阻的上端均相当于接地，所以依次从网络的各节点向左看的对地电阻都是 $2R$，因此在网络中的电流分配如图中标注，由基准电源 V_{REF} 流出的总电流 I，每经过一个 $2R$ 电阻就被分流一半，这样流过 n 个 $2R$ 电阻的电流分别是 $I/2$、$I/4$、…、$I/(n-1)$。n 个电流是流入地，还是流向运算放大器，由输入数字量 D 控制的电子开关 S 决定，因此

$$v_O=-\frac{V_{REF}R_F}{2^nR}(2^{n-1}D_{n-1}+2^{n-2}D_{n-2}+\cdots+2^1D_1+2^0D_0)$$

$$=-\frac{V_{REF}R_F}{2^nR}\sum_{i=0}^{n-1}D_i\times 2^i \tag{11-7}$$

11.2.4 DAC 的主要参数

从例 11-1 可看出，相邻两个二进制数码所对应的模拟电压差值 Δ 实际上取决于 V_{REF} 及 DAC 的位数，V_{REF} 越小，Δ 就越小；同时，DAC 的位数越多，Δ 也越小，越逼近真实的模拟电压值。实际上，从数字寄存器输出数码到 DAC 转换完成后在运算放大器输出端产生模拟电压值，也需要一定的时间。

衡量一个 DAC 的性能的主要参数有分辨率、转换误差和转换时间。

1. 分辨率

是指 DAC 能够转换的二进制数的位数，位数越多分辨率也就越高。一般用 DAC 的位数来衡量分辨率的高低，因为位数越多，其输出电压 v_O 的取值个数就越多（2^n 个），也就越能反映出输出电压的细微变化，分辨能力就越高。

分辨率为 DAC 最低位有效数字量（**00…01**）对应输出的模拟电压与最大数字量（**11…11**）对应的输出模拟电压的比值。因此，n 位 DAC 的分辨率为

$$分辨率=\frac{V_{LSB}}{V_{FSR}}=\frac{1}{2^n-1} \tag{11-8}$$

例如集成 DAC 器件 AD7524 的分辨率是 8 位，其分辨率可以表示为

$$分辨率=\frac{1}{2^8-1}=0.004$$

2. 转换误差

转换误差是指 DAC 输出模拟电压与理论输出模拟电压的最大差值，反映了当数字量变化时，DAC 输出的模拟量按比例关系变化的程度。理想的 DAC 是线性的，但是实际上是有误差的，模拟输出偏离理想输出的最大值称为线性误差。

模拟电子开关的导通电阻和导通压降以及 R、$2R$ 电阻值的偏差会导致非线性误差；求和运算放大器的零点漂移会导致漂移误差（平均误差）；基准电压 V_{REF} 和运算放大器的增益不稳定会导致增益误差（比例系数误差）。

因此，为了实现高精度的 D/A 转换，应选用低漂移高精度的运算放大器，采用高稳定度的 V_{REF}，选用高分辨率 DAC。

3. 转换时间

转换时间是指 DAC 从输入数字信号开始转换到输出模拟电压达到稳定值时所需的时间。这个时间越短，器件的工作速度越高。

转换速度一般由建立时间决定。从输入由全 **0** 突变为全 **1** 时开始，到输出电压稳定在 FSR±(1/2)LSB 范围内为止，这段时间称为建立时间，它是 DAC 的最大响应时间，用它衡量转换速度的快慢。

电流型 DAC 转换较快，一般在几纳秒到几百纳秒之间。电压型 DAC 转换较慢，取决于运算放大器的响应时间。例如 10 位 D/A 转换器 AD7520 的建立时间不大于 500 ns。

11.3 集成 DAC 及其应用

11.3.1 集成 DAC 在数字系统中的应用

DAC 目前已被广泛集成，由于实现 D/A 转换的原理和电路结构及工艺技术有所不同，因而出现各种各样的 DAC。它们在转换速度、转换精度、分辨率以及使用价值上都各具特色。

DAC 广泛用于各种数模接口的系统中，如用于构成数控电压或电流源、数字衰减器、数控增益放大器、频率合成器、可编程有源滤波器、数控频率波形发生器等。

1. 数字系统的输出通道

例如，采用数控电源控制电动机转速，将计算机给出的数字量经过数模转换器变成电压信号，再经功率放大之后，为电动机（执行部件）提供一个可控的电源电压，通过计算机改变电动机转速。电动机的运转速度变化一般较慢，控制精度要求也不高，考虑到价格成本，一般选用 8 位的低速 DAC 即可，如 DAC0832。

又如，MP3 播放器读取内存卡上的媒体文件，解码后转换为数字音频流，然后通过 DAC 转换为模拟音频流，再经功率放大后，经扬声器向自然界还原出优美的乐曲。MP3 解码出

的数字音频是连续的数据流,为了不失真地还原音乐信号,需要高位数、转换速率高的 DAC,TI 公司的 TLV320AIC23B,转换位数达 32 位,支持 8~96 kHz 采样速率,被广泛用于数字音频的应用场合。

2. 波形发生器

(1) 锯齿波发生器

把计数器的计数输出直接送给数模转换器,可得到一锯齿波,如图 11-6 所示。

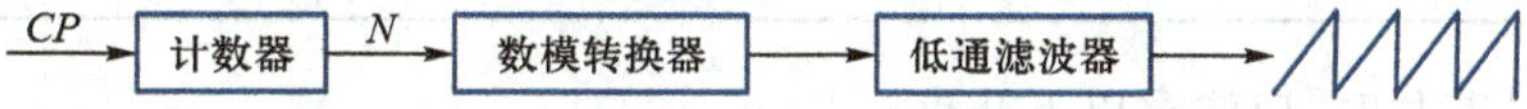

图 11-6 锯齿波发生器

计数器计数值按时钟脉冲的频率不断地增加,使数模转换器输出一个阶梯电压,再经过低通滤波器滤除高频分量之后形成线性增长的锯齿波电压。待计数器计满之后,自动回到全零状态,输出电压迅速下降到初始的电位,再开始下一个锯齿波周期。

(2) 任意波形的产生

将计数器的计数值作为地址码,控制波形数据存储器的地址端,读出存储器中预存的离散波形数据,送给数模转换器,即得与预存数据相对应的波形,改变存储不同数据的只读存储器便可得到不同形状的波形。

(3) 特殊形状波形的产生

专用信号发生器产生特殊形状的波形。例如,雷达模拟信号发生器可产生云雨、杂波和各种干扰的雷达回波信号。它可利用专门设计的数字系统通过软件编程的方法产生所要求的数据输出,再经数模转换器形成模拟信号输出。

进行波形合成时,为了进一步提高合成波形的频率,要求 DAC 具有更高的转换速率,达到 1 MSPS(即每秒可完成 100 万次数据转换)以上,甚至更高。BB 公司的 DAC900 具有 10 位的转换精度,转换速率可达 165 MSPS,用于合成 1 MHz 以上的波形完全可行。

11.3.2 集成 DAC 的选型原则

针对不同应用指标需求的场合,DAC 目前已形成了齐全的集成产品型号系列。集成 DAC 芯片通常只将电阻网络、电子开关等集成到芯片上,多数芯片中并不包含运算放大器。实现 D/A 转换功能时要外接运算放大器,有时还要外接电阻。有的芯片中包含数据锁存器及一些逻辑功能电路。常用的 DAC 芯片有 8 位、10 位、12 位、16 位等品种。

几种常用 DAC 芯片及主要技术指标如表 11-2 所示。

表 11-2 几种常用 DAC 芯片及其主要技术指标

型号	位数	精度	转换时间	电源电压
DAC0832	8	0.3%	1 μs	5~15 V
AD7524	8	0.25%	400 ns	5~15 V
AD7520	10	(1/2) LSB	500 ns	5~15 V
DAC1210	12	0.05%	1 μs	4.75~16 V

续表

型号	位数	精度	转换时间	电源电压
AD7546	16	0.012%	10 μs	5 V,-5 V
DAC900	10	-75 DB	10 ns	2.7 V
TLV320AIC23B	16/20/24/32	100 DB	8~96 kHz	1.42~3.6 V
ADV7123	24		10 ns	3.3 V

选用 DAC 芯片时,应注意以下几点:

(1) 要选择分辨率(8~32 位)、精度、速度足够的 DAC 芯片。

(2) 要选择功能特征符合需要的 DAC 芯片。

① 输入特征。不同的集成芯片,对输入数字信号的要求是不一样的。例如,多数输入为纯二进制代码,但有的却为 8421 BCD 码;多数芯片要求并行输入,但有的输入却必须是串行的,如 MAX515,TLC5618 等。

② 输出特征。有的集成 DAC 必须外接运算放大器和基准电压,但有的内部已包含运放和基准电源。另外,输出电平一般是 5~10 V,电流型输出为 20 mA 以下,但也有低压输出型,如 ADV7123,用于 VGA 接口,满幅电压输出仅为 0.7 V。

③ 控制功能。根据片选、锁存、电平转换等功能,选用合适的芯片。

(3) 基准电源要求。有固定、可变、内载和外接之分。

(4) 其他特性,如温度特性、产品工艺等,可视价格、功耗、使用环境等选择决定。

11.3.3 集成 DAC 应用实例

【例 11-2】 实现数模转换。

选用 AD7524 实现数模转换,由于 AD7524 是电流输出型,因此输出端要进行电流-电压变换,一般通过运算放大器实现。运算放大器选用精密运放 OP07,接成如图 11-7 所示的电路。

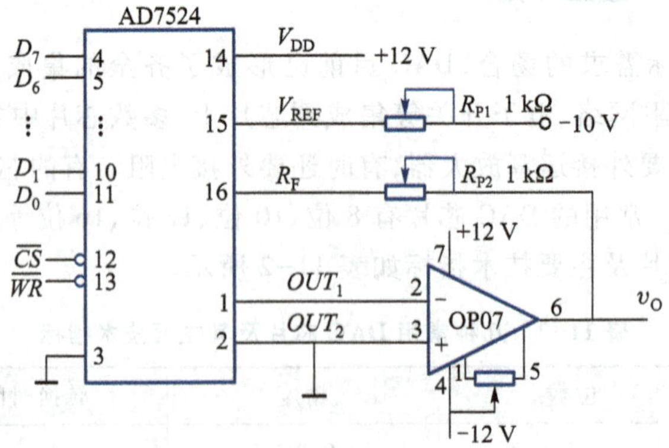

图 11-7 AD7524 数模转换电原理图

图中电位器 R_{P1}、R_{P2}、R_{P3} 用于电路校准,$\overline{CS}$ 和 $\overline{WR}$ 分别为片选和写有效控制,低电平有效,数字量从 D_0~D_7 端输入,在运放输出端第 6 脚即可产生对应的模拟电压 v_O 输出,从而实现 D/A 转换。

AD7524 的输出电压范围是 0~9.96 V，可输出 $2^8=256$ 个模拟电压值，相邻电压差值为 1 LSB = 39.1 mV。

当输入最小数字量“**00000000**”时，输出的电压模拟量应为 **0**，若不为 **0**，可调节调零电位器 R_{P3}，使输出为 0 V，这一过程称为零点校准。

当输入最大数字量“**11111111**”时，输出电压应为

$$V_{omax}=-\frac{V_{REF}}{2^n}(2^n-1)=\frac{10}{2^8}(2^8-1)\text{ V}=9.96\text{ V(FSR)}$$

若实测值小于 9.96 V，可调节 R_{P2}，使其阻值逐步增大，以增大反馈电阻，提高运算放大器的放大倍数，使 V_{omax} 上升到 9.96 V；若实测输出值大于 9.96 V，可增大 R_{P1} 的阻值，以降低 V_{REF}，使 V_{omax} 下降，这一过程称为增益校准。

【例 11-3】 DAC0832 的三种典型应用方式。

DAC0832 是 8 位 D/A 转换器，内有 8 位输入寄存器、8 位 DAC 寄存器，因此可进行二次缓冲操作，可直接与微机总线相连而无须附加逻辑部件，所以，DAC0832 有三种典型应用方式：两级缓冲型、一级缓冲型和无缓冲型（直通式），如图 11-8 所示。

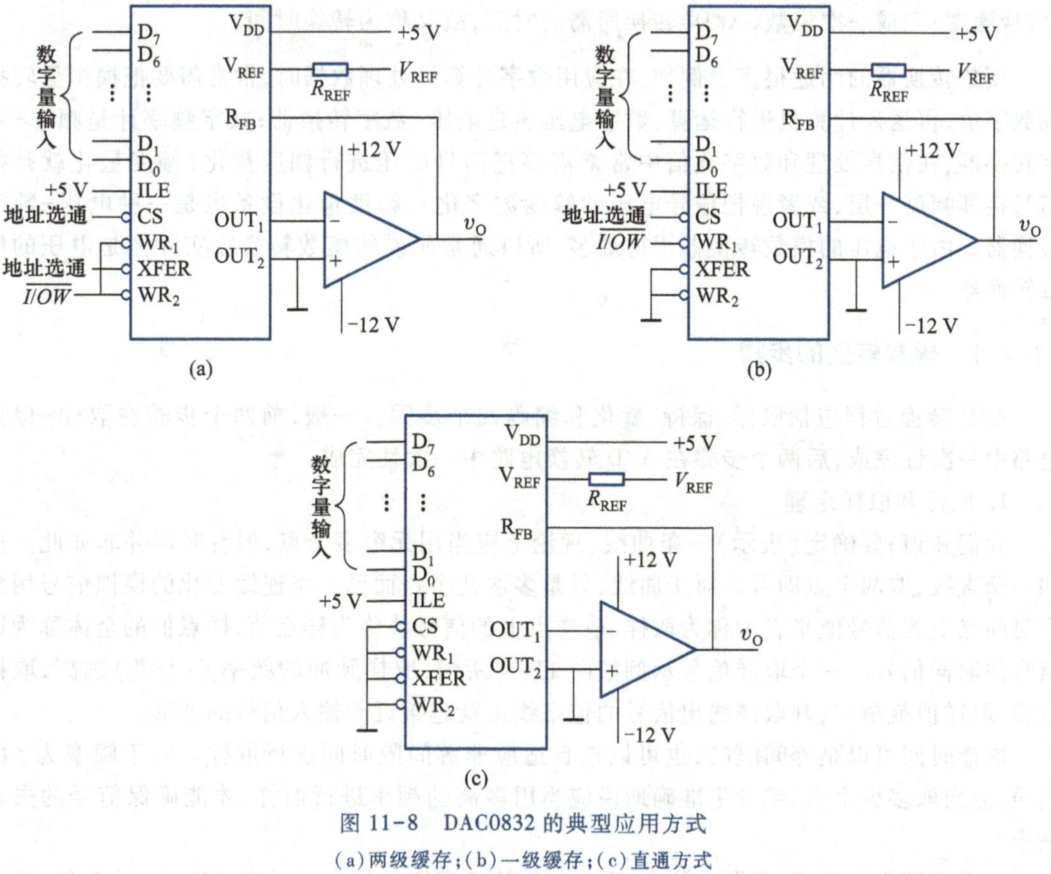

图 11-8 DAC0832 的典型应用方式

(a) 两级缓存；(b) 一级缓存；(c) 直通方式

当输入锁存控制信号 ILE、片选信号 $\overline{CS}$ 和写控制信号 $\overline{WR}_1$ 同时有效时，数据总线上的数字信号 $D_7D_6\cdots D_0$ 被写入输入寄存器中，对输入数据进行第一次缓冲锁存；当传输控制信号

$\overline{XFER}$和写控制信号$\overline{WR}_2$同时有效时，输入寄存器中的数据被送入 DAC 寄存器中，进行第二次缓冲锁存，同时开始 D/A 转换，这就是两级缓存型应用方式，如图 11-8(a)所示。这种方式有利于多路同步 D/A 变换。

如果$\overline{XFER}$和$\overline{WR}_2$输入端始终有效（即始终接地），则只有一级缓存，电路如图 11-8(b)所示。如果所有的控制信号始终有效，即 $ILE = \mathbf{1}$、$\overline{WR}_1 = \overline{XFER} = \overline{WR}_2 = \overline{CS} = \mathbf{0}$（全部接地），则 DAC0832 失去缓存功能，这就是无缓存、直通型应用方式，电路如图 11-8(c)所示。由于 DAC0832 是电流输出型 DAC，运算放大器的作用是将电流转换为电压。

11.4 模数转换器

关键术语

分辨率：模数转换器(ADC)输出最低位(LSB)变化一个数码对应输入模拟量的变化量。

转换误差：也称相对精度，是 ADC 实际输出数字量与理论输出数字量之间的差值。

转换速度：完成一次模数(A/D)转换所需的时间，故又称为转换时间。

模数转换器的用途很多。例如，在应用数字计算机处理数据时，常常需要把模拟量转换成数字量，再送入计算机进行运算；数字电压表是电压-数字转换器；数字频率计是频率-数字转换器；在信息处理和数字通信中常常需要把信号电压进行幅度量化（幅度量化就是把信号接其幅度分层，或者说把信号电压的幅度数字化），幅度量化设备也是一种电压-数字转换器。由于电压的模数转换器用得最多，所以通常所说的模数转换器实际上是电压的模数转换器。

11.4.1 模数转换的步骤

A/D 转换过程包括取样、保持、量化和编码四个步骤。一般，前两个步骤在取样-保持电路中一次性完成，后两个步骤在 A/D 转换电路中一次性完成。

1. 取样和取样定理

我们知道，要确定（表示）一条曲线，理论上应当用无穷多个点，但有时却并非如此。比如一条直线，取两个点即可。对于曲线，只是多取几个点而已。将连续变化的模拟信号用多个时间点上的信号值来表示称为取样，取样点上的信号值称为样点值，样点值的全体称为原信号的取样信号。一个取样信号示例如图 11-9 所示，取样脉冲的频率 $f_s(1/T_s)$ 越高，取样越密，取样值就越多，其取样输出信号的包络线也就越接近于输入信号的波形。

取样时间可以是等间隔的，也可以按自适应非等间隔时间进行取样。对于频率为 f 的信号，应当取多少个点，或者更准确地说应当用多高的频率进行取样，才能确保信号的失真最小？

取样定理告诉我们，只要取样频率 f_s 大于等于模拟信号中的最高频率 f_{max} 的 2 倍，利用理想滤波器即可无失真地将取样信号恢复为原来的模拟信号。也就是说，对于一个正弦信号，每个周期只要取两个样点值即可，条件是必须用理想滤波器复原信号。这就是著名的香

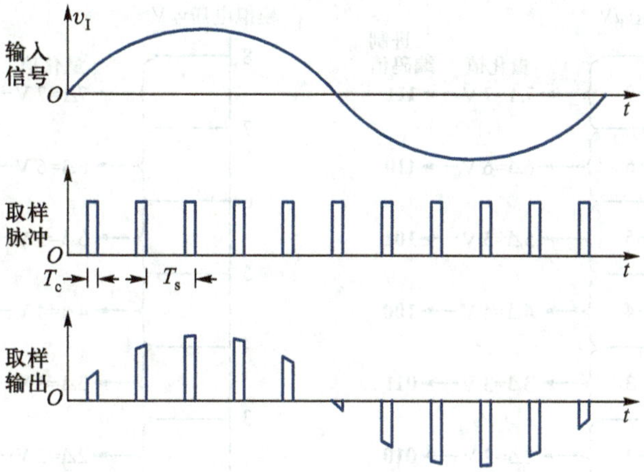

图 11-9 取样信号示意图

农(Shannon)取样定理,用公式表示即为

$$f_s \geqslant 2f_{max} \tag{11-9}$$

在工程上,一般取 $f_s \geqslant (4\sim5)f_{max}$,例如话音信号的 $f_{max}=3.4$ kHz,一般取 $f_s=8$ kHz。

2. 取样-保持

要使取样后的样点值能够被转换为数字量,应通过取样-保持电路将样点值保存下来,并在取样脉冲结束之后到下一个取样脉冲到来之前保持不变。取样-保持器 LF198 可以实现取样-保持功能,它依靠电容器 C 上的电压不会突变而使样值电压得以保持。

3. 量化与编码

将样值电压变为量化单位整数倍的过程称为量化。样值电压的大小仍属于模拟量,要将取样-保持电路输出的样值电压变换成与其成正比的数字量,还必须对样值电压进行量化,通常将数字信号最低位(LSB)为 **1** 时(即 **00…01**)对应的模拟电压作为量化单位,用 Δ 表示。在量化时,样值电压一般不能被 Δ 整除,非整数部分的余数被舍去,这就必然会产生误差,这个误差称为量化误差。图 11-10 给出了四舍五入及去余取整的两种量化方法。

采用四舍五入法量化时,凡落在某一量化级范围内的模拟电压都取整归并到该量化值上,例如,1.5 V 的输入电压,应量化到量化值 2 V 上,而 1.49 V 则应量化到量化值 1 V 上。

由于量化过程中四舍五入的结果,必然造成实际输入电压值与量化值之间的偏差,如输入 1.5 V 与其量化值 2 V 之间差 0.5 V;而输入 1.49 V 与其量化值 1 V 之间差 0.49 V。这种偏差称为量化误差。按上述四舍五入的量化方法,其最大量化误差为 $\Delta/2$。实际上可通过提高编码位数,从而将量化单位再进一步分割,即可减小量化误差电压。

去余取整法量化结果可用下式计算

$$(N)_{10}=(v_I/\Delta)_{\text{舍去小数}}$$

这种方法的最大量化误差为 Δ,量化误差比四舍五入法大。ADC 位数越多,量化单位越小,则量化误差也越小。

将量化的结果用二进制代码表示的过程称为编码,量化与编码过程由 ADC 完成。

ADC 种类很多,按工作原理的不同,可分成间接 ADC 和直接 ADC。间接 ADC 是先将

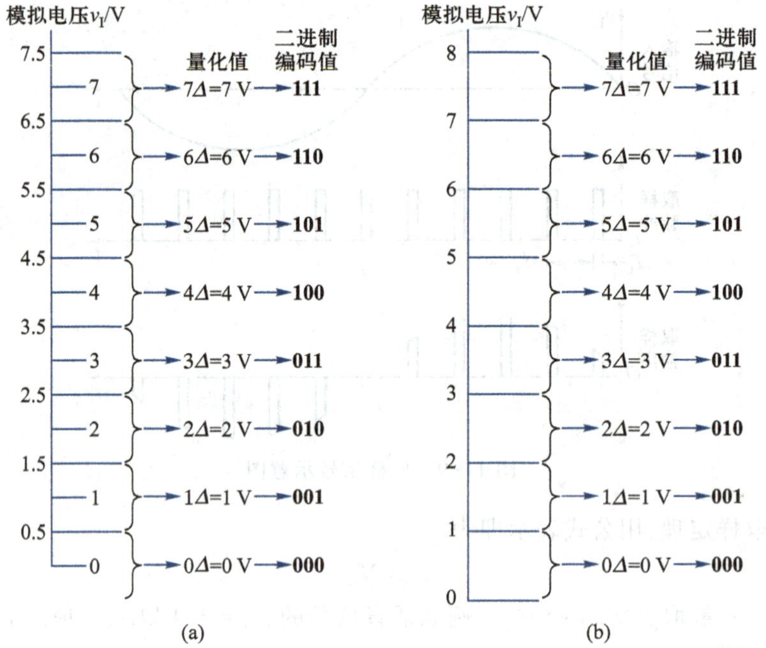

图 11-10　量化方法

(a)量化方法之四舍五入法;(b)量化方法之去余取整法

输入模拟电压转换成时间或频率,然后再把这些中间量转换成数字量,常用的有中间量是时间的双积分型 ADC;直接 ADC 则直接将输入模拟电压转换成数字量,常用的有并联比较型 ADC、逐次逼近型 ADC,下面通过并联比较型 ADC 和逐次逼近型 ADC 的结构原理介绍直接 ADC。

11.4.2　并联比较型 ADC

3 位并联比较型 ADC 结构原理图如图 11-11 所示,它由电阻分压网络、电压比较器、锁存器及编码器组成。图中的 8 个电阻将参考电压 V_{REF} 分成 8 个等级,其中 7 个等级的电压分别作为 7 个比较器 $C_1 \sim C_7$ 的参考电压,其数值分别为 $V_{REF}/15, 3V_{REF}/15, \cdots, 13V_{REF}/15$。输入电压为 v_S,它的大小决定各比较器的输出状态。D 触发器构成锁存器,通过锁存脉冲 CP,再由高电平输出有效的优先编码器产生相应的二进制代码,从而完成 A/D 转换的过程。

如当 $0 \leqslant v_S < (V_{REF}/15)$ 时,$C_1 \sim C_7$ 的输入状态都为 **0**;当 $(3V_{REF}/15) < v_S < (5V_{REF}/15)$ 时,比较器 C_1 和 C_2 的输出 $C_{o1} = C_{o2} = \mathbf{1}$,其余各比较器输出状态都为 **0**。根据各比较器的参考电压值,可以确定输入模拟电压值与各比较器输出状态的关系。比较器的输出状态由 D 触发器存储,CP 作用后,触发器的输出状态 $Q_7 \sim Q_1$ 与对应的比较器的输出状态 $C_{o7} \sim C_{o1}$ 相同。经代码转换网络(优先编码器)输出数字量 $D_2D_1D_0$。优先编码器优先级别最高是 Q_7,最低是 Q_1。3 位并联比较型 ADC 量化编码表如表 11-3 所示。

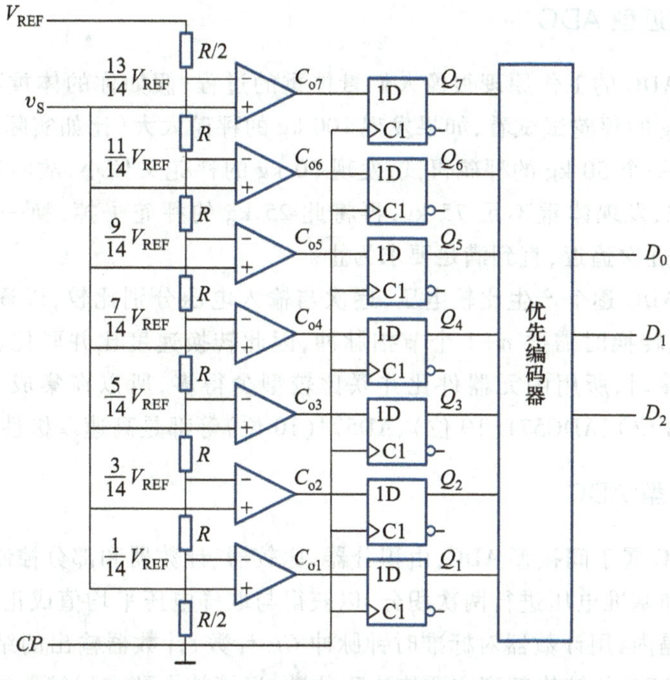

图 11-11　3 位并联比较型 ADC 结构原理图

表 11-3　3 位并联比较型 ADC 量化编码表

模拟量输出	比较器输出状态							数字输出		
	C_{o7}	C_{o6}	C_{o5}	C_{o4}	C_{o3}	C_{o2}	C_{o1}	D_2	D_1	D_0
$0 \leqslant v_S < V_{REF}/15$	0	0	0	0	0	0	0	0	0	0
$V_{REF}/15 \leqslant v_S < 3V_{REF}/15$	0	0	0	0	0	0	1	0	0	1
$3V_{REF}/15 \leqslant v_S < 5V_{REF}/15$	0	0	0	0	0	1	1	0	1	0
$5V_{REF}/15 \leqslant v_S < 7V_{REF}/15$	0	0	0	0	1	1	1	0	1	1
$7V_{REF}/15 \leqslant v_S < 9V_{REF}/15$	0	0	0	1	1	1	1	1	0	0
$9V_{REF}/15 \leqslant v_S < 11V_{REF}/15$	0	0	1	1	1	1	1	1	0	1
$11V_{REF}/15 \leqslant v_S < 13V_{REF}/15$	0	1	1	1	1	1	1	1	1	0
$13V_{REF}/15 \leqslant v_S < 15V_{REF}/15$	1	1	1	1	1	1	1	1	1	1

在并联比较型 ADC 中，输入电压 v_S 同时加到所有比较器的输入端，从 v_S 加入到稳定输出所经历的时间为比较器、D 触发器和编码器延迟时间之和。如不考虑上述器件的延迟，可认为 3 位数字量是与 v_S 输入时刻同时获得的。所以并联比较型 ADC 转换速度最快，但所用的元器件较多。如一个 n 位转换器，所用的比较器的个数为 2^n-1 个。

单片集成并联比较型 ADC 产品很多，如 AD 公司的 AD9012（TTL 工艺，8 位）、AD9002（ECL 工艺，8 位）、AD9020（TTL 工艺，10 位）等。

11.4.3 逐次逼近型 ADC

逐次逼近型 ADC 的工作原理很像人们量体重的过程；假如你的体重不超过 200 kg，你会先加一个 100 kg 的秤砣试试看，如果发现 100 kg 的秤砣太大（比如实际体重是 70 kg），就将此秤砣去掉，换一个 50 kg 的秤砣再试，发现 50 kg 的秤砣又偏小，故将其保留，然后再加一个 25 kg 的秤砣，发现体重不足 75 kg，再将此 25 kg 的秤砣去掉，换一个更小一点的秤砣……如此进行，逐次逼近，直到满足要求为止。

逐次逼近型 ADC 逐个产生比较电压，逐次与输入电压分别比较，以逐渐逼近的方式进行模数转换，每次转换时需要 $n+1$ 个节拍脉冲，因此转换速度比并联比较型慢，属于中速 ADC 器件。位数多时，所用的元器件比并联比较型少得多，所以在集成 ADC 中应用最广泛，如 ADC0809（8 位）、ADC571（10 位）、AD574（10 位）等都是高速双极性 ADC。

11.4.4 双积分型 ADC

双积分型 ADC 属于间接型 ADC，由积分器、比较器、计数器和部分控制电路组成。它先对输入取样电压和基准电压进行两次积分，以获得与取样电压平均值成正比的时间间隔，同时在这个时间间隔内，用计数器对标准时钟脉冲 *CP* 计数，计数器输出的结果就是对应的数字量。双积分型 ADC 的转换精度主要取决于位数、运算放大器和比较器的灵敏度和零点漂移等因素的影响。

双积分型 ADC 的转换精度高，由于输入端使用了积分器进行取样，抗干扰能力强，选取合适的取样时间，可以有效地滤除工频干扰。不足之处是转换速度慢，主要用于数字万用表等低速测试系统中，典型器件如 ICL7107、ICL7135、MC14433 等。

11.4.5 ADC 的主要参数

ADC 的性能参数主要有分辨率、转换误差和转换速度。

1. 分辨率

分辨率为 ADC 输出最低位（LSB）变化一个数码对应输入模拟量的变化量，反映了 ADC 能够分辨最小信号的能力，一般用输出的二进制位数来表示。输出的二进制位数越多，量化单位越小，能分辨出的最小模拟电压越小，分辨率也越高。如 ADC0809 的分辨率为 8 位，输入满量程模拟电压为 5 V，则其最小模拟电压为

$$\text{最小模拟电压}=\frac{5}{2^8}\text{V}=19.53\ \text{mV}$$

而对于输入同样为 5 V 满量程模拟电压的 10 位 ADC，其分辨率为

$$\text{最小模拟电压}=\frac{5}{2^{10}}\text{V}=4.88\ \text{mV}$$

因此，A/D 转换器位数越高，其分辨率也越高。

2. 转换误差

转换误差，也称相对精度，是 ADC 实际输出数字量与理论输出数字量之间的差值。常

用 LSB 的倍数表示，如 AD5711 的转换误差≤$\frac{1}{2}$ LSB，说明其实际输出的数字量和理论上得到的数字量之间的误差不大于最低位为 1 的一半。

3. 转换速度

转换速度是完成一次 A/D 转换所需的时间，故又称为转换时间。它是 A/D 转换启动时刻起到输出端输出稳定的数字信号所经历的时间。

ADC 的转换速度主要取决于转换电路的类型，并联比较型 ADC 的转换速度最高（转换时间可小于 50 ns），逐次逼近型次之（转换时间在 10~100 μs 之间），双积分型 ADC 转换速度最低（转换时间在几十至数百毫秒之间）。

11.5 集成 ADC 及其应用

11.5.1 集成 ADC 在数字系统中的应用

集成 ADC 的应用比集成 DAC 更为广泛，由于转换的原理和电路结构及工艺技术有所不同，不同型号的集成 ADC 在转换速度、转换精度、分辨率以及价格上都各具优势。

集成 ADC 广泛用于各种模数接口的系统中，用以将自然界的温度、电压、声音、图像等物理量转化为数字量，再由计算机进行处理，如在数字温度计、数字电压表、手机的受话器、数字视频监控系统、有线电视机顶盒等数字设备中，ADC 是必不可少的关键环节。

11.5.2 集成 ADC 的选型原则

目前，ADC 已形成齐全的集成产品门类，应用于不同的需求场合，有效位数有 8、10、12、14、16、24 位以及 BCD 码输出的 3 位半、4 位半和 5 位半等多种；转换速度有低速（≤1 s）、中速（≤1 ms）、高速（≤1 μs）和超高速（≤1 ns）等；就芯片组成而言，有些芯片不但包括 ADC 基本电路，还包括多路转换开关、时钟电路、基准电压源等，功能更加齐全。表 11-4 给出了部分 ADC 芯片的一些特征参数，从中可了解当前 ADC 芯片的状况，并可供使用参考。

表 11-4 常见 ADC 芯片的型号及参数

型号	位数	电路类型	主要参数	输出格式
ADC0804	8	CMOS，逐次逼近	转换时间 100 μs	1 路 8 位二进制代码输出
ADC0809	8	CMOS，逐次逼近	8 路，转换时间 100 μs	8 路 8 位二进制码
AD7552	12+1 符号位	CMOS，双积分	转换时间 = 160 ms	二进制补码输出
ICL7106	3 位半	CMOS，双积分	含有内部时钟	7 段译码输出
ICL7135	4 位半	CMOS，双积分	含有内部时钟	BCD 格式输出
AD9215	10	CMOS，并联比较	105 MHz	二进制并行输出
AD7794	24	CMOS，Σ-Δ 型	4.17~470 Hz	二进制串行输出
TLC1549	10	CMOS，逐次逼近	转换速率 45 500 次/s	二进制串行输出

选用 ADC 芯片主要根据系统对于转换精度、转换误差、分辨率的实际需求进行,此外还要考虑其他一些特性,如输入通道数(即 A/D 转换路数)、输出方式,其中包括输出编码方式(如二进制代码、BCD 码、7 段显示译码)、输出逻辑电平(CMOS、LSTTL)与微机接口能力等。其他方面可参考 DAC 的选型原则综合进行。

如在数字温度计的设计中,一般温度只需精确到小数点后 1 位有效数字即可,测量范围也不宽,且变化缓慢,因此 8 位的 AD0804 足以胜任;而在数字电压表的设计中,往往要求测量电压的精度达到毫伏级以下,因此要选择 10 位或 10 位以上的 ADC,由于对速度要求不高,考虑到成本,中速、低速的逐次逼近型、双积分型集成 ADC 是不错的选择,如 TLC1549、ICL7135、ICL7106 等;语音/话音信号频率成分复杂,故手机的受话器中一般使用专用的音频 ADC,如 AIC23;有线电视机顶盒的闭路输入、数字视频监控系统需要专用的视频 ADC,为了保证快速取样,一般采用结构复杂的并联比较型集成 ADC,如 SAA7113、ADV7181 等。

11.5.3 集成 ADC 应用实例

【例 11-4】 设计 AD0809 与 FPGA 的接口电路,实现 8 路 A/D 转换。

AD0809 是 8 路 8 位 ADC 芯片,片内有 8 路模拟开关、地址锁存与译码、256 电阻梯形网络、电子开关树、逐次逼近寄存器、比较器和三态输出锁存器等,特别适合与微机及单片机等微处理器接口,各引脚功能描述如下。

ALE 为地址锁存允许输入线,高电平有效,当 *ALE* 线为高电平时,地址锁存与译码器将 *A*、*B*、*C* 三条地址线的地址信号进行锁存,经译码后被选中的通道的模拟量进入转换器进行转换。

A、*B*、*C* 为地址输入端,用于选通 $IN_0 \sim IN_7$ 上的一路模拟量输入。

START 为转换启动信号,当 *START* 上升沿时,所有内部寄存器清零;下降沿时,启动 A/D 转换,在转换期间,*START* 应保持低电平。

EOC 为转换结束信号,当 *EOC* 为高电平时,表明转换结束;否则,表明正在进行 A/D 转换。

OE 为输出允许信号,用于控制输出锁存器向单片机输出转换得到的数据。$OE=\mathbf{1}$,输出转换得到的数据;$OE=\mathbf{0}$,输出数据线呈高阻状态。

$D_7 \sim D_0$为 8 位数字量输出端口。

FPGA 是现场可编程门阵列(参见 12 章),提供了大量等效的可用 I/O 单元,能够很容易地与其他外设进行接口。通过灵活的软件设计,检测外部温度、压力、电流等物理量所对应的电压值,进行相应处理并通过数码管显示出来。AD0809 和 FPGA 的接口电路如图 11-12 所示。

8 路模拟信号由 ADC0809 的 $IN_0 \sim IN_7$ 端输入,由于 AD0809 片内不含时钟电路,因此需要外接,可通过 FPGA 的内部逻辑产生约 500 kHz 的时钟频率,通过 I/O 口送至 ADC0809 的 *CLK* 脚作为 ADC 的时钟信号。

在启动 A/D 转换时,FPGA 通过 3 个指定功能的 I/O 口输出 *A*、*B*、*C* 地址信号,选择转换通道,并将 *ALE* 置为高电平,锁存地址;然后由相应 I/O 口输出一个下降沿,并保持为低电平,即启动 A/D 转换;转换期间,$EOC=\mathbf{0}$,表示正在进行 A/D 转换,转换完毕后,$EOC=\mathbf{1}$,

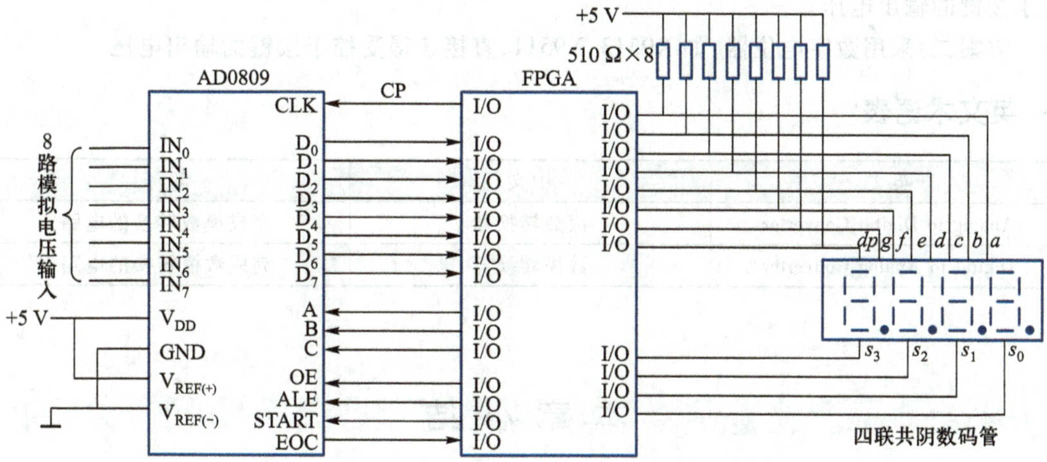

图 11-12　用 AD0809 和 FPGA 组成的多路 A/D 转换器

相应 I/O 口检测到 $EOC=1$ 时,即将 OE 置为高电平,此时就可以通过 8 位指定的 I/O 口读取 AD0809 转换产生的 8 位数据了,A/D 转换过程随之结束。需要进行下次转换时,重复上述操作流程即可。

▶ 目标测评

1. 数模转换器和模数转换器分别分为哪几类?

2. 数模转换器和模数转换器的性能参数如何衡量?

3. 若要对一个 5 V 供电的系统实现数字取样(A/D 转换),取样精度不大于 20 mV,可采用几位 ADC? 试给出一参考型号。

▶ 实践与提高

1. 使用 4 位同步二进制计数器 74LS161、数模转换器 DAC0832、2 输入**与非**门 74LS00、运算放大器 OP07 设计一个能产生如图 11-13 所示波形的 10 阶梯波形发生器。

2. 使用数模转换器 DAC0832,结合运算放大器 OP07,实现模数转换功能。

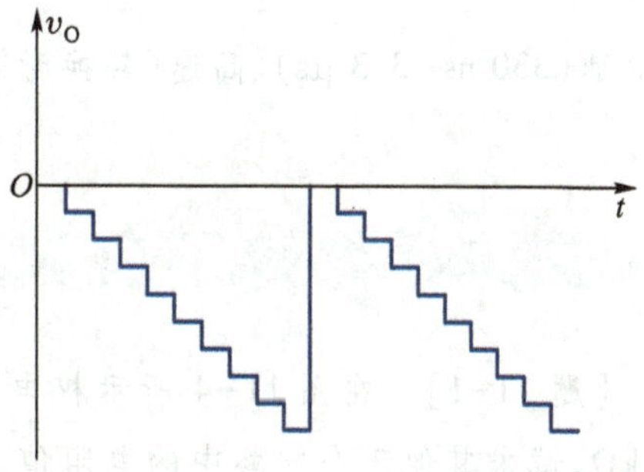

图 11-13　10 阶梯波形

▶ 工程训练项目

1. 电机转速温度控制系统设计。

设计一个电机转速温度控制系统,使用热敏电阻检测温度,当温度升高时,电机转速增大,当温度降低时,电机转速减小。(温度大小及转速大小不做要求。)

2. 简易数控电源设计。

设计一个数控电源,通过按键控制,改变输出电压值。(输出电压范围不做要求。)

方案一:采用三端可调稳压芯片 LM317,通过 DAC0832 控制其调整端的电压值,获得受控于按键的输出电压。

方案二:采用数字电位器,如 X9313、X9511,直接获得受控于按键的输出电压。

▶ 英文术语表

英文	中文	解释
Analog to Digital Converter	模数转换器	完成模数转换的电路
Digital to Analog Converter	数模转换器	完成数模转换的电路

本章小结

1. DAC 和 ADC 是数字系统和模拟系统的接口电路,在数字系统中,数字信号处理的精度和速度最终取决于 DAC 和 ADC 的位数、转换精度和速度。

2. DAC 按构成结构可分为权电阻网络型、权电流型和 $R-2R$ 倒 T 形电阻网络型三种,其中 $R-2R$ 倒 T 形易实现,转换速度快,便于集成化,得到了广泛应用。权电流型转换速度和精度也较高,不过结构相对复杂。

3. ADC 按结构特点可分为并联比较型、逐次逼近型和双积分型,其中并联比较型的转换速度最快,逐次逼近型次之,双积分型最慢,各自适用于不同的取样速度要求。

ADC 的功能是把模拟量转换成数字量。由于实现这种转换的工作原理和采用的工艺技术不同,因此生产出种类繁多的 A/D 转换芯片。ADC 按分辨率分为 4 位、6 位、8 位、10 位、14 位、16 位和 BCD 码的 $3\frac{1}{2}$位、$5\frac{1}{2}$位等。按照转换速度可分为超高速(转换时间 ≤330 ns)、次超高速(330 ns~3.3 μs)、高速(转换时间 3.3~333 μs),低速(转换时间>330 μs)等。

习 题

[题 11-1] 在图 11-4 所示权电阻网络 DAC 中,若 $n=4$,开关 S_1 支路中的权电阻为 20 kΩ,试求其他三个支路中的电阻值。

[题 11-2] 设 DAC 的输出电压为 0~2.5 V,试求 12 位 DAC 的分辨率为多少?

[题 11-3] 若 ADC 输入的模拟电压不大于 5 V,则基准电压 V_{REF} 应为多大?如果转换成 8 位二进制代码,它能分辨最小的模拟电压为多大?16 位转换呢?

[题 11-4] 向 8 位集成 DAC0832 输入二进制数据“**10010110**”,采用 5 V 供电,可输出多大模拟电压?

[题 11-5] 什么是量化、量化值、量化单位及量化误差?

[题 11-6] 实现 A/D 转换需要哪四个步骤?

[题 11-7] 试比较并联比较型、逐次逼近型和双积分型三种 ADC 的主要优点和缺点,

指出它们各自在什么场合下采用。

［题 11-8］ 接在 AD0809 IN_1 上的模拟电压为 2.3 V，采用 5 V 供电，得到的数字量为多少？

［题 11-9］ 请根据 AD0809 的工作原理及过程，用 VHDL 完成图 11-12 所示的 AD0809 的控制程序设计。

［题 11-10］ 设计一个正弦波发生器，通过计数器连续读取 ROM 中预存的波形码数据，送给 DAC，转换为模拟电压后再经低通滤波器进行平滑滤波，合成线性度较好的正弦波。（正弦波频率不做要求。）

第 12 章　可编程逻辑器件及其应用

▶ 本章目标

1. 了解可编程逻辑器件 FPGA/CPLD 的基本工作原理及其分类。

2. 了解不同厂商的可编程逻辑器件 FPGA/CPLD 产品。

3. 根据设计要求，能够熟练地对可编程逻辑器件 FPGA/CPLD 进行选型。

4. 能够根据 FPGA/CPLD 的开发流程进行应用设计。

电子教案 12-1：
可编程逻辑器件及其应用

▶ 引言

可编程逻辑器件（programmable logic devices，PLD）是 20 世纪 70 年代发展起来的一种新的集成器件，是大规模集成电路技术发展的产物，是一种半定制的集成电路，它的出现使得借助计算机快速、方便地构建数字系统成为现实。

广义上讲，可编程逻辑器件是指一切通过软件手段更改、配置器件内部连接结构和逻辑单元，完成既定设计功能的数字集成电路。**主要有简单的逻辑阵列（PAL/GAL）、复杂可编程逻辑器件（CPLD）和现场可编程门阵列（FPGA）三大类**。

可编程逻辑器件是作为一种通用型器件生产的，然而它们的逻辑功能又是由用户通过对器件编程来自行设定的。它可以由用户把一个数字系统集成在一片 PLD 上，进行调试及系统开发，为研发工程师提供了极大的方便，设计效率大大提高。

12.1 概述

12.1.1 可编程逻辑器件综述

传统的数字系统设计，采用中小规模数字逻辑器件（通用型器件），通过设计电路来实现系统功能。PLD 的出现，改变了传统的数字系统设计方法。采用 PLD，通过定义器件内部的逻辑和输入、输出引出端，将原来由电路板设计完成的大部分工作放在芯片设计中进行。这样不仅可通过芯片设计实现各种数字逻辑系统功能，而且由于可以灵活地分配功能端，大大减轻了电路图设计和电路板设计的工作量和难度，从而有效地增强了设计的灵活性，提高了工作效率，是实现现代数字系统的理想器件。

在采用 PLD 设计逻辑电路时，设计者借助计算机在相关集成开发软件平台上完成数字逻辑电路的描述，通过编译和逻辑网表的生成，将相关数据写入 PLD 器件，最终在器件上实现逻辑电路。

自 20 世纪 80 年代以来，PLD 发展非常迅速，器件的速度指标得到飞速提高，FPGA 的门延时已小于 5 ns，CPLD 的工作速度也已达到数百兆赫以上。采用 PLD 设计的数字系统的工作速度及工作可靠性远远优于传统的中小规模数字逻辑器件。

12.1.2 可编程逻辑器件的发展历程

历史上，可编程逻辑器件经历了从 PROM(programmable read only memory，可编程只读存储器)、PLA(programmable logic array，可编程逻辑阵列)、PAL(programmable array logic，可编程阵列逻辑)、GAL(generic array logic，通用阵列逻辑)，直至现今主流的 CPLD 及 FPGA 的发展历程，在结构、工艺、集成度、功能、速度和灵活性方面都有全面的改进和提高。

可编程逻辑器件大致的演变过程如下：

(1) 20 世纪 70 年代，出现了熔丝编程的 PROM 和 PLA 器件，是最早的可编程逻辑器件。

(2) 20 世纪 70 年代末，AMD 公司对 PLA 进行了改进，推出 PAL 器件。

(3) 20 世纪 80 年代初，Lattice 公司发明电可擦写的、比 PAL 更灵活的 GAL 器件。

(4) 20 世纪 80 年代中期，Xilinx 公司提出现场可编程概念，同时生产出了世界上第一片 FPGA 器件。同一时期，Altera 公司推出 EPLD 器件，较 GAL 器件有更高的集成度，可以用紫外线或电擦除。

(5) 20 世纪 80 年代末，Lattice 公司推出一系列具备在系统可编程(ISP)能力的 CPLD 器件，将可编程逻辑器件的性能和应用技术推向了一个全新的高度。

(6) 进入 20 世纪 90 年代后，可编程逻辑集成电路技术进入飞速发展时期。器件的可用逻辑门数超过了百万，并出现了内嵌复杂功能模块(如加法器、乘法器、RAM、CPU 核、DSP 核、PLL 等)的 SOPC。

12.1.3 可编程逻辑器件的分类

经过几十年的发展，可编程逻辑器件已形成了丰富的产品系列，几乎每个大的可编程逻辑器件供应商都能提供具有自身结构特点的 PLD 器件，各厂商的可编程逻辑器件的命名各异。可以从以下几个方面进行分类。

1. 按集成度来进行分类

以 GAL22V10 作为比对，集成度大于 GAL22V10 的称为复杂 PLD，反之归类为简单 PLD，将其分为两大类器件，如图 12-1 所示。

(1) 低集成度 PLD：早期出现的 PROM、PLA、PAL、GAL 都属于这类，可用的逻辑门数在 500 门以下，称为简单 PLD。

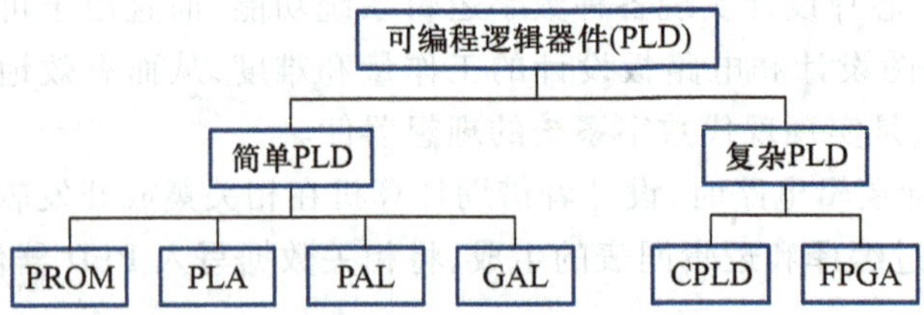

图 12-1 PLD 按集成度分类

(2) 高集成度 PLD:如现在大量使用的 CPLD、FPGA 器件,称为复杂 PLD。

2. 按阵列结构进行分类

PROM、PLA、PAL、GAL 都是从“与或阵列”和“门阵列”两类基本结构发展起来的,所以可编程逻辑器件从结构上可分为两大类器件。

(1) 乘积项结构 PLD:其基本结构为“与或阵列”的器件,大部分简单 PLD 和 CPLD 都属于这个范畴。

(2) 查找表结构器件:由简单的查找表(LUT)组成可编程门,再构成阵列形式,大多数 FPGA 属于此类器件。

3. 按编程工艺进行分类

(1) 熔丝(Fuse)型器件:早期的 PROM 器件就是采用熔丝结构的,编程过程就是根据设计的熔丝图文件来烧断对应的熔丝,达到编程的目的。

(2) 反熔丝(Anti-fuse)型器件:是对熔丝技术的改进,在编程处通过击穿漏层使得两点之间获得导通,这与熔丝烧断获得开路正好相反。某些 FPGA 采用了此种编程方式,如 Actel 公司的 FPGA 器件。

无论是熔丝还是反熔丝结构,都只能编程一次,因而又被合称为 OTP 器件,即一次性可编程(one time programming)器件,这类器件的最大不足就是一旦编程错误或失败,器件只能报废。

(3) EPROM 型:称为紫外线擦除可编程逻辑器件。是用较高的编程电压进行编程,当需要再次编程时,用紫外线进行擦除。与熔丝、反熔丝型 PLD 不同,EPROM 可多次编程。

(4) EEPROM 型:即电可擦写编程器件,现有的大部分 CPLD 及 GAL 器件采用此类结构。它是对 EPROM 的工艺改进,不需要紫外线擦除,而是直接用电擦除。

(5) SRAM 型:即 SRAM 查找表结构的器件。大部分 FPGA 器件都是采用此种编程工艺。这种编程方式编程速度最快,不过 FPGA 器件的编程信息存放在 SRAM 中,在断电后数据立即丢失,再次上电需要再次编程(配置)。可通过外挂专用的 EEPROM 器件来辅助存储编程数据,下次上电时自动将数据导入 FPGA 的 SRAM 即可。

(6) Flash 型:Actel 公司的 FPGA 产品采用了 Flash 工艺,为了解决上述反熔丝器件的不足之处,推出了采用 Flash 工艺的 FPGA,可以实现多次编程,同时做到掉电后不需要重新配置。另外,Altera 公司的新型 CPLD 器件 MAX Ⅱ 系列也采用了 Flash 的编程工艺。

12.2 简单 PLD 的可编程原理

数字电路系统都是由基本门来构成的，如**与**门、**或**门、**非**门、传输门等。由基本门可构成两类数字电路：一类是组合电路，在逻辑上输出总是当前输入状态的函数；另一类是时序电路，其输出是当前系统状态与当前输入状态的函数，它含有存储元件。事实上，不是所有的基本门都是必需的，如用基本**与非**门就可以构成其他的逻辑门。

任何的组合逻辑函数都可以化为**与或**表达式，即任何的组合电路可以用"**与**门-**或**门"二级电路实现。同样，任何时序电路都可由组合电路加上存储元件，即锁存器、触发器来构成。由此，人们提出了一种可编程电路结构，即乘积项可编程结构，通过编程的方式来实现数字逻辑电路，其原理结构图如图 12-2 所示。

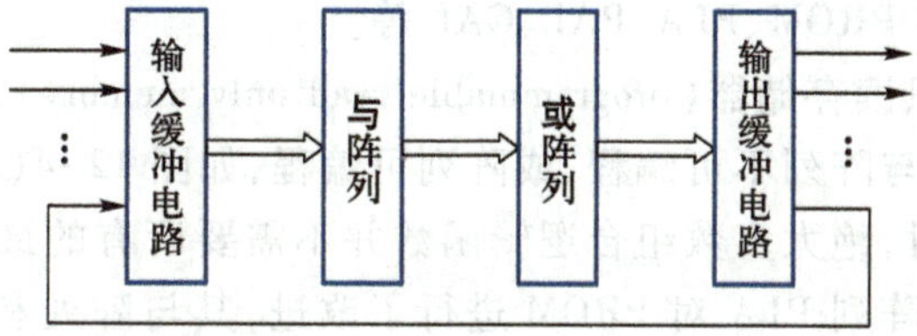

图 12-2 乘积项可编程结构

12.2.1 电路符号表示

任何组合逻辑都是由基本逻辑门复合而成的，下图是常用基本逻辑门的常用符号。由于 PLD 的结构特殊，用通用的逻辑门符号表示比较繁杂，为简化电路表达，需用一种约定的符号来简化逻辑图形。

接入 PLD 内部的**与或**阵列输入缓冲器电路，一般采用互补结构，可用图 12-3(a)来表示，它等效于图 12-3(b)的逻辑结构，即当信号输入 PLD 后，分别以其同相信号和反相信号接入。

图 12-3(c)是 PLD 中**与**阵列的简化图形，表示可以选择 *A*、*B*、*C*、*D* 4 个信号中的任一组或全部输入**与**门。在这里用以形象地表示**与**阵列，这是在原理上的等效。当采用某种硬件实现方法时，如 NMOS 电路时，在图中的**与**门可能根本不存在，但 NMOS 构成的连接阵列中却含有了**与**的逻辑。同样，**或**阵列也用类似的方式表示，原理相同。图 12-3(d)是 PLD 中**或**阵列的简化图形表示。

图 12-3(e)是在阵列中连接关系的表示。十字交叉线表示交叉点未连接；交叉线的交点上打黑点，表示是固定连接，即在 PLD 出厂时已连接；交叉线的交点上打叉，表示该点可编程，在 PLD 出厂后通过编程，其连接可根据需要而改变。

12.2.2 PROM、PLA、PAL 及 GAL

简单 PLD 是早期出现的可编程逻辑器件，它们的逻辑规模都比较小，只能实现通用数

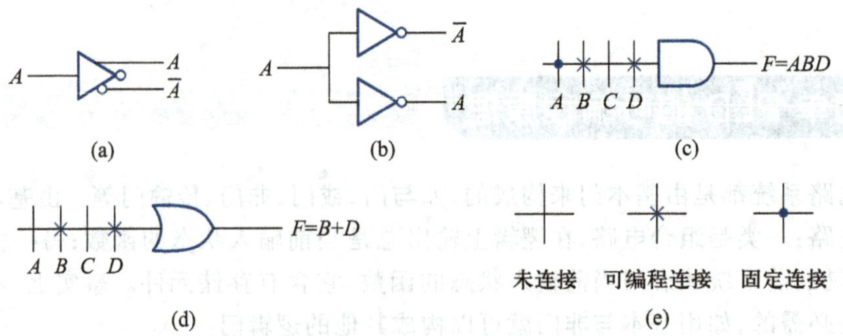

图 12-3 PLD 中的简化图形表示

(a) PLD 的互补缓冲器;(b) PLD 的互补输入;(c) PLD 中与阵列的表示;(d) PLD 中或阵列的表示;(e) 阵列线连接表示

字逻辑电路(如 74 系列)的一些功能,在结构上是由简单的**与或**门阵列和输入/输出单元组成。常见的简单 PLD 有 PROM、PLA、PAL、GAL 等。

PROM:即可编程只读存储器(programmable read only memory),它可用做只读存储器,也可用做 PLD。PROM **与**阵列不可编程,**或**阵列可编程,如图 12-4(a)所示。

PLA:在实际应用时,绝大多数组合逻辑函数并不需要所有的最小项,因此 PROM 资源浪费严重。可编程逻辑阵列 PLA 对 PROM 进行了改进,其**与**阵列和**或**阵列都可编程,如图 12-4(b)所示。

PAL:是 PLA 的改进型,它也包含**与**阵列和**或**阵列。与 PAL 不同之处在于,PAL 的**或**阵列是固定的,只有**与**阵列可编程,如图 12-4(c)所示。

GAL:GAL 是在 PAL 的基础上"进化"而来,开始采用 EEPOM 工艺,从而可以进行重复编程,克服了上述三种器件只能一次编程的问题。结构上,相比于 PAL,GAL 对输出 I/O 进行了较大改进,增加了 OLMC(output logic macro cell,输出逻辑宏单元),为逻辑电路设计提

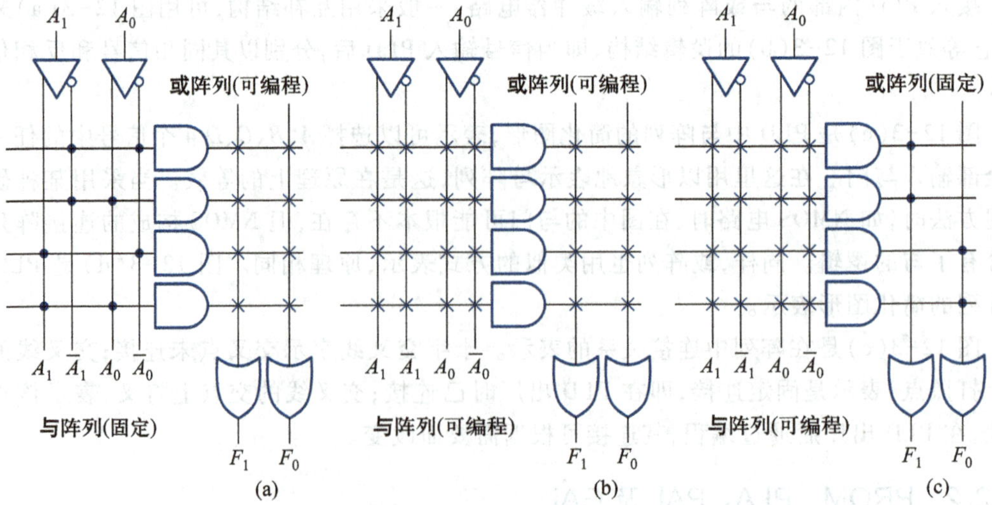

图 12-4 简单 PLD 阵列示意图

(a) PROM 表示的 PLD 阵列图;(b) PLA 逻辑阵列示意图;(c) PAL 逻辑阵列示意图

供了极大的灵活性。

它们的特征及优缺点对比如表 12-1 所示。

表 12-1 PROM、PLA、PAL、GAL 特征及优缺点对比

	PROM	PLA	PAL	GAL
中文名称	可编程只读存储器	可编程逻辑阵列	可编程阵列逻辑	通用阵列逻辑
结构特征	与阵列固定,或阵列可编程	与、或阵列都可编程	与阵列可编程,或阵列固定	改进了 RAL 的 I/O,通用性好
主要应用	组合逻辑电路	组合逻辑电路	组合、时序电路,但 I/O 通用性差	组合、时序逻辑电路
优点	与或式表达的函数易实现	阵列利用率高	允许反馈及互连,便于实现多个乘积项	先进的 OLMC 单元,可多次重复编程
缺点	阵列利用率低,不适合编程表达多输入变量的组合电路函数,只能一次编程	软件算法复杂,工作速度低,只能一次编程	不同功能电路,要采用不同 I/O 结构的 RAL,只能一次编程	相比于复杂 PLD,单元容量小,不易实现大规模逻辑电路

12.3 CPLD 与 FPGA 的基本结构

随着微电子设计技术与工艺的发展,数字集成电路从电子管、晶体管、中小规模集成电路、超大规模集成电路(VLSIC)逐步发展到今天的专用集成电路(ASIC)。ASIC 即固定的或定制的逻辑器件,是为了满足特定的用途而设计的芯片,例如 MP3 解码芯片、USB 摄像头控制芯片等。其优点是通过固化的逻辑功能和大规模的工业化生产,降低了芯片的成本,同时提高了产品的可靠性。随着集成度的提高,ASIC 的物理尺寸也在不断缩小。

但是,ASIC 设计的周期很长,而且投资大,风险高。一旦设计结束后,功能就固化了,以后的升级改版难度、投资都比较大、灵活性差等缺陷制约着它的应用。硬件工程师希望有一种更灵活的设计方法,根据需要,在实验室就能设计、更改大规模数字逻辑,研制自己的 ASIC 并马上投入使用,这便提出了大规模可编程逻辑器件的基本思想。

可以完成超大规模的复杂组合逻辑与时序逻辑的复杂可编程逻辑器件(CPLD)和现场可编程门阵列(FPGA)已取代传统小规模器件,成为当今两大主流大规模可编程逻辑器件。

12.3.1 CPLD 结构

CPLD 即复杂可编程逻辑器件(complex programmable logic device),是在 PAL、GAL 基础上发展起来的,也采用 EEPROM 工艺,可实现的逻辑功能比 PAL、GAL 有了大幅度的提升,一般可以完成设计中较复杂、较高速度的逻辑功能,如接口转换、总线控制等。

CPLD 一般都是基于乘积项结构的,它的结构相对比较简单,基本都由可编程 I/O 单元、基本逻辑单元、布线池和其他辅助功能模块构成，原理结构如图 12-5 所示。

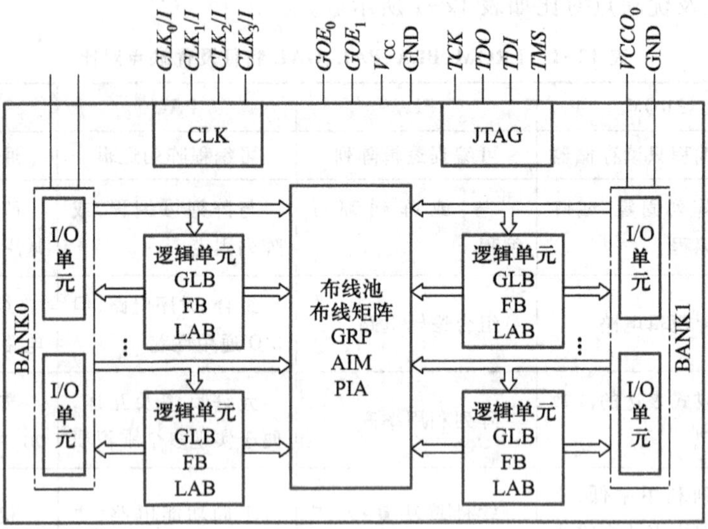

图 12-5 CPLD 结构图

1. 可编程 I/O 单元

可编程 I/O 单元用来完成不同电气特性下对输入/输出信号的驱动与匹配。与 FPGA 相比，CPLD 的可编程 I/O 的性能和复杂度都较低。

2. 基本逻辑单元

基本逻辑单元也被称为 MC（Macro Cell，宏单元），它是 CPLD 的主体，通过不同的配置，CPLD 的基本逻辑单元可以完成不同类型的逻辑功能。MC 的本质是由一些**与**、**或**阵列加上触发器构成的。其中**与或**阵列完成组合逻辑功能，触发器用以完成时序逻辑。器件规模一般用 MC 的数量表示。CPLD 厂商将若干个 MC 连接起来完成相对复杂的逻辑功能。

3. 布线池、布线矩阵

CPLD 由于结构较简单，其布线资源相对有限，一般采用集中式布线池结构。所谓布线池本质上就是一个开关矩阵，通过设置节点可以完成不同 MC 的输入与输出项之间的连接。

Altera 公司的布线池称为 PIA（programmable interconnect array，可编程互联阵列）；Lattice 公司的布线池被称为 GRP（global routing pool，全局布线池）；Xilinx 9500 系列 CPLD 的布线池被称为高速互联与交叉矩阵，而 CoolRunner Ⅱ 系列 CPLD 则称为先进的互联矩阵（advanced interconnect matrix，AIM）。

由于 CPLD 的布线池结构固定，所以 CPLD 的输入引脚到输出引脚的标准延时固定，被称为 Pin to Pin 延时，用 T_{pd} 表示，Pin to Pin 延时反映了 CPLD 器件可以实现的最高频率，也就清晰地表明了 CPLD 器件的速度等级。

4. 其他辅助功能模块

CPLD 中还有一些其他的辅助功能模块，如 JTAG（IEEE 1532、IEEE 1149.1）编程模块，一些全局时钟、全局使能、全局复位/置位单元等。

12.3.2 FPGA 结构

FPGA 即现场可编程门阵列(field programmable gate array)是 Xilinx 公司于 1985 年首先发明的,它是在 CPLD 的基础上发展起来的,是一种新型高性能可编程逻辑器件,它一般采用 SRAM 工艺。FPGA 的集成度很高,其器件密度从数万系统门到数千万系统门不等,可以完成极其复杂的时序与组合逻辑电路功能,适用于高速、高密度的高端数字逻辑电路设计领域,如数字信号处理、高速数据采集等。

FPGA 技术具有巨大的市场吸引力,通过 FPGA 可以解决电子系统小型化、低功耗、高可靠性等问题,而且其开发周期短、投入少,芯片价格不断下降。目前,FPGA 正在越来越多地取代传统 ASIC,特别是在小批量、个性化的产品市场方面。

FPGA 一般分为两大阵营,一方面是通用性较强、目标市场范围很广、价格适中的 FPGA,即主流低成本;另一方面是针对性较强、目标市场明确、价格较高的 FPGA,即高端市场的可编程逻辑器件。

FPGA 的基本结构都是基于查找表加寄存器结构的,Xilinx、Altera、Lattice、Actel 和 Atmel 公司都是知名的 FPGA 供应商,这些厂商的 FPGA 产品的基本构架都可简化为 6 个部分,分别为可编程输入/输出单元、基本可编程逻辑单元、嵌入式块 RAM、丰富的布线资源、底层嵌入功能单元和内嵌专用硬核等,如图 12-6 所示。

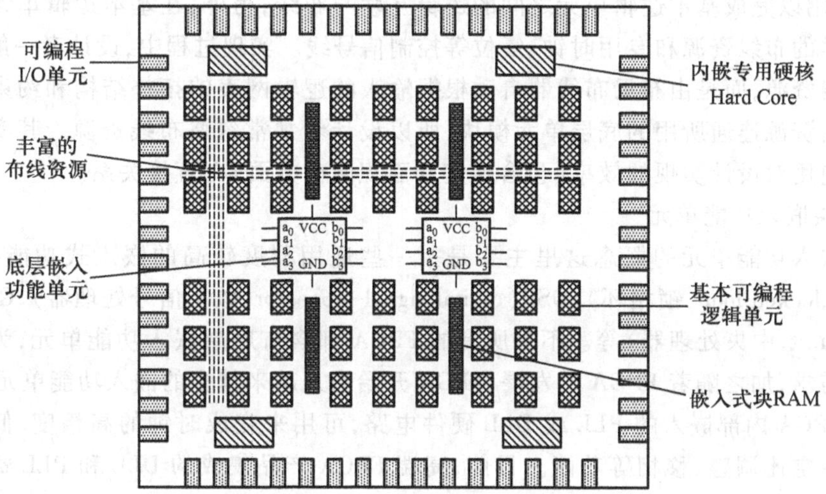

图 12-6 FPGA 的结构原理图

1. 可编程 I/O 单元

输入/输出(input/output)单元简称 I/O 单元,它们是芯片与外界电路的接口部分,完成不同电气特性下对输入/输出信号的驱动与匹配需求。目前大多数 FPGA 的 I/O 单元都被设计为可编程模式,即通过软件的灵活配置,可以适配不同的电气标准与 I/O 物理特性;I/O 匹配阻抗特性、上下拉电阻、输出驱动电流的大小等都可通过软件调整。

2. 基本可编程逻辑单元

基本可编程逻辑单元是可编程逻辑的主体,通过改变其内部连接来配置不同的逻辑功能。FPGA 一般是基于 SRAM 工艺的,其基本可编程逻辑单元几乎都是由查找表(LUT,look up table)和寄存器(register)组成的。查找表一般完成纯组合逻辑功能,FPGA 内部查找表一般为 4 输入。

时序逻辑需要 FPGA 内部寄存器与查找表配合来实现,一般来说,比较经典的基本可编程单元的配置是一个寄存器加一个查找表,但是不同厂商的寄存器和查找表的内部结构有一定的差异,而且寄存器和查找表的组合模式也不同。

3. 嵌入式块 RAM

FPGA 通过内部嵌入可编程 RAM 模块,大大地拓展了 FPGA 的应用范围和使用灵活性。FPGA 内嵌的块 RAM 一般可以灵活配置为单端口 RAM(single port RAM,SPRAM)、双端口 RAM(double ports RAM,DPRAM)、伪双端口 RAM(pseudo DPRAM)、CAM(content addressable memory)、FIFO(first-in first-out)等常用存储结构。

4. 丰富的布线资源

FPGA 内部有着非常丰富的布线资源,它是 FPGA 内部各单元的连接纽带,连线的长度和工艺决定着信号在连线上的驱动能力和传输速度。布线资源根据工艺、长度、宽度和分布位置的不同而被划分为不同的等级,有一些是全局性的专用布线资源,用以完成器件内部的全局时钟和全局复位/置位的布线;一些称为长线资源,用以完成器件 Bank(分区)间的一些高速信号和一些第二全局时钟信号(有时也被称为 Low Skew 信号)的布线;还有一些称为短线资源,用以完成基本逻辑单元之间的逻辑互联与布线;另外,在基本逻辑单元内部还有着各式各样的布线资源和专用时钟、复位等控制信号线。实现过程中,设计者一般不需要直接选择布线资源,而是由布局布线器自动根据输入的逻辑网表的拓扑结构和约束条件选择可用的布线资源连通所用的底层单元模块,所以设计者常常忽略布线资源。其实布线资源的优化与使用对设计实现的效率(包含速度和面积两个方面)有直接关系。

5. 底层嵌入功能单元

底层嵌入功能单元的概念这里主要是指一些通用程度较高的嵌入式功能模块,比如 PLL(phase locked loop,锁相环)、DSP(digital signal processor,数字信号处理器)、CPU(central processing unit,中央处理器)等。不是所有的 FPGA 都含有底层嵌入功能单元,为了满足不同场合的需求,加之随着 FPGA 的发展,FPGA 开始嵌入越来越多的嵌入功能单元模块。

(1) FPGA 内部嵌入的 PLL 或 DLL 硬件电路,可用来完成时钟的高精度、低抖动的倍频、分频、占空比调整、移相等功能。目前,高端 FPGA 产品集成的 DLL 和 PLL 资源越来越丰富,功能越来越复杂,精度越来越高(一般为皮秒数量级)。

(2) 通过在 FPGA 内部嵌入 CPU 或 DSP 等处理器,使 FPGA 由传统的硬件设计手段逐步过渡为系统级设计平台,在一定程度上具备了实现软硬件联合系统的能力,FPGA 正逐步成为 SOPC(system on a programmable chip)的高效设计平台。

12.3.3 CPLD 和 FPGA 的比较

CPLD/FPGA 继承了 ASIC 大规模、高集成度、高可靠性的优点,克服了普通 ASIC 设计周期长、投资大、灵活性差的缺点,已成为数字硬件电路的理想选择。

CPLD 与 FPGA 在硬件结构上有一定差异,所针对的对象也各有侧重,但是对于用户而言,它们的设计流程、所用的 EDA(electronic design automation,电子设计自动化)软件、设计方法基本相同,设计者只需要根据所选器件型号充分发挥器件的特性即可。

当今的 CPLD 与 FPGA 器件的主要区别在于:

(1) CPLD 逻辑单元较少,内部触发器较少,适用于实现组合逻辑电路及要求不高的时序逻辑电路设计;编程数据通过 JTAG 接口直接固化在其内部 EEPROM 中,掉电后数据不会丢失;一般内部没有嵌入式块 RAM,因此不能实现进行在线调试;价格较为便宜。

(2) FPGA 逻辑单元远多于 CPLD,内部触发器很多,适用于实现各种复杂的组合逻辑及时序逻辑设计;编程数据通过 JTAG 接口只能加载在其内部 SRAM 中,掉电后数据会丢失。可通过 AS 编程模式,将编程数据载入其外部专用的 EEPROM 配置器件中,实现掉电保持,每次上电时,FPGA 自动从配置器件中去引导加载编程数据;内部设有丰富的嵌入式块 RAM 资源,能够进行灵活的在线调试;价格相对 CPLD 较贵。

二者其他的区别与联系见表 12-2。

表 12-2 FPGA 与 CPLD 的区别与联系

项目	FPGA	CPLD	说明
结构工艺	多为 LUT 加寄存器结构,实现工艺多为 SRAM	多为乘积项结构,工艺多为 EEPROM	
触发器数目	多,更适合时序逻辑	少,更适合组合逻辑	
规模与逻辑复杂度	规模大,逻辑复杂度高,新型器件高达千万门级	规模小,逻辑复杂度低	FPGA 多用于实现复杂设计,CPLD 多用于实现简单设计
成本与价格	成本高,价格高	成本低、价格低	FPGA 多用于对价格不敏感场合
编程与配置	多数属于 SRAM 型,掉电后程序丢失,需通过外部器件配置	通过 ISP 模式编程,掉电后程序不丢失	FPGA 掉电后一般将丢失原有逻辑配置
保密性	不易实现加密	好	Actel 公司的反熔丝型 FPGA 例外
连线资源	分布式,布线资源丰富	集总式	FPGA 布线更灵活
适用的设计	复杂的时序逻辑,算法	简单的组合逻辑控制	

12.3.4 主流 CPLD/FPGA 厂商及其代表产品

目前市场上 CPLD/FPGA 芯片主要来自 Xilinx 和 Altera 公司,它们占据了 FPGA 80%以上的市场份额。Lattice 公司只提供 CPLD 器件,Actel 公司主要生产反熔丝结构的 FPGA,主要应用于航空、航天领域产品,价格较高,因此,Lattice 及 Actel 在 FPGA 的市场占有比例较低。

1. Lattice 公司及其 CPLD/FPGA 器件

Lattice 是最早推出 PLD 的公司,是 GAL 器件的发明者。20 世纪 90 年代,Lattice 首创了 ISP 技术(in-system programmability,在系统可编程),使 CPLD 的应用领域有了巨大的扩展,也为设计人员调试程序提供了极大的方便。Lattice 公司的 CPLD 产品主要有 GAL、ispLSI、ispMACH、LatticeEC、LatticeECP 系列等。

2. Xilinx 公司及其 CPLD/FPGA 器件

Xilinx 公司成立于 1984 年,Xilinx 首创了现场可编程逻辑阵列(FPGA)这一创新性的技术,并于 1985 年首次推出商业化产品。Xilinx 研发、制造并销售范围广泛的高级集成电路、软件设计工具以及作为预定义系统级功能的 IP(intellectual property)核。客户使用 Xilinx 及其合作伙伴的自动化软件工具和 IP 核对器件进行编程,从而完成特定的逻辑操作。眼下 Xilinx 满足了全世界对 FPGA 产品一半以上的需求。Xilinx 产品线除了 FPGA 产品外还包括复杂可编程逻辑器件(CPLD)。

3. Altera 公司及其 CPLD/FPGA 器件

Altera 公司是著名的 PLD 生产厂商,多年来一直占据着行业领先的地位。Altera 公司的 PLD 产品具有高性能、高集成度和高性价比的优点,此外它还提供了功能全面的开发工具和丰富的 IP 核、宏功能库等,因此 Altera 公司的产品获得了广泛的应用。

Altera 公司可编程逻辑器件可以分为高密度 FPGA、低成本 FPGA 和 CPLD 等三类,每个产品类别在不同时期都有其主流产品。在 Altera 产品系列的历史沿革中,按先后顺序排列,高端高密度 FPGA 有 APEX(advanced logic element matrix)系列、FLEX(flexible logic element matrix)系列和 Stratix 系列;低成本 FPGA 有 ACEX 系列、Cyclone 系列和 Cyclone Ⅱ 系列;CPLD 有 MAX7000B 系列、MAX3000A 系列和 MAX Ⅱ 系列等。

4. Actel 公司的 FPGA 器件

Actel 公司生产的 FPGA 采用了反熔丝工艺,反熔丝工艺未编程时内部节点开路,编程后接通,与传统编程方法正好相反,使用 Flash 存储器,加密性能最好,因此被广泛应用于航空航天、军事等保密性要求高的场合。

12.3.5 工程项目中 CPLD/FPGA 芯片的选型原则

由于 CPLD/FPGA 具备设计灵活、可以重复编程的优点,因此在电子产品设计领域得到了越来越广泛的应用。器件选型是一个综合性问题,涉及设计需求、成本压力、规模、速度等级、时钟资源、I/O 特性、封装、专用功能模块等方面,因此在工程项目或者产品设计中,可参考如下几个原则。

1. 选择 Altera/Xilinx 公司的产品

Xilinx 和 Altera 公司都是知名的 CPLD/FPGA 供应商,二者的产品各有特色。应尽量选择一个公司的产品,这样不仅可以降低采购成本,而且可以降低开发难度。

2. 考虑开发平台和开发人员熟悉程度

Xilinx 和 Altera 公司分别拥有自己成熟的开发软件平台,开发人员可根据自己的熟悉程度来选择。应优先选择开发软件成熟、界面良好、开发人员熟悉的开发软件相关产品,这样有助于提高开发速度。

3. 选择 CPLD/FPGA 器件

CPLD 器件逻辑规模小于 FPGA,价格低廉,在用于简单逻辑控制等场合,选择 CPLD 即可。FPGA 专为数字信号处理的实现而设计,逻辑容量大、内嵌许多专用功能模块,在对成本不敏感及复杂的时序设计的场合适宜选择 FPGA。

4. 选择器件所属系列和型号

(1) 逻辑容量。一般来说,较新的产品系列市场供货充足、功耗及逻辑较早期系列均有优化;在同一个产品系列内,再结合自己的设计需求,选定逻辑容量适宜的系列型号,考虑到日后升级的需要,逻辑容量应适当留有余量。

(2) 应用的速度要求。每种 PLD 都有一个典型的速度指标,决定了该器件的最高工作速度,设计要求的速度不得超出所选器件的最高工作速度。

(3) 功耗。功耗通常由电压可以反映出来,功耗越低,电压也越低。一般来说,要选用低功耗、低电压的产品。较新的产品系列一般都能满足该要求。

(4) 可靠性。可靠性是产品最关键的特性之一,结构简单,质量等级高,可靠性就高。采用 CPLD 器件实现的系统,不用配置器件,具有较高的可靠性;质量等级高的产品,具有较高的可靠性;环境等级高的型号产品,如军用产品具有较高的可靠性。

12.4 CPLD/FPGA 的开发流程

CPLD/FPGA 只是数字可编程逻辑设计的承载器件,而逻辑的设计实现则依靠软件进行,进行逻辑设计时,可以通过传统的原理图方式进行,也可以通过专有的硬件描述语言(HDL)来实现。合理的软件设计能够有效节约 CPLD/FPGA 的逻辑资源,并保证系统高效稳定可靠地运行,对 CPLD/FPGA 进行开发也称为 EDA 设计。

CPLD/FPGA 的开发流程如图 12-7 所示。

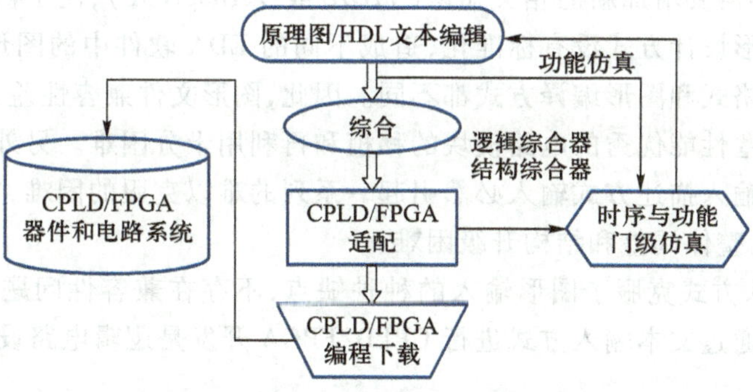

图 12-7 CPLD/FPGA 开发流程图

在上图的开发流程中,编辑部分由设计者在集成开发软件平台上进行设计描述、综合、适配、仿真及编程下载。完成对 CPLD/FPGA 的编程下载后,所进行的逻辑设计即得以通过器件和电路系统运行。

目前,Altera 公司的 CPLD/FPGA 产品由 Quartus Ⅱ 软件进行设计开发;Xilinx 公司的 CPLD/FPGA 产品由 ISE 软件进行设计开发;它们又可借助第三方的软件平台进行设计仿真,如 ModelSim。Quartus Ⅱ、ISE、ModelSim 等后文统称 EDA 软件。对 CPLD/FPGA 进行

EDA 设计开发需要从如下几点出发。

12.4.1 设计输入方式

设计输入方式主要分为图形输入法和文本输入法，具体见表 12-3。

表 12-3 设计输入方式

图形输入	状态图输入	用绘图的方法，根据电路的控制条件和一定的转换方式，在 Quartus Ⅱ 或 ISE 软件的状态图编辑器上绘出状态图
	波形图输入	在 Quartus Ⅱ 或 ISE 软件中绘出目标电路的输入和输出时序波形图，EDA 工具根据此波形完成目标电路的设计
	原理图输入	这是一种类似于传统电子设计方法的原理图编辑输入方式，即在 Quartus Ⅱ 或 ISE 的图形编辑界面绘制能完成特定功能的电路原理图。原理图由逻辑器件（符号）和连接线构成，图中的逻辑器件可以是 EDA 软件库中预置的功能模块，如与门、非门、触发器以及各种含 74 系列器件功能的宏功能块，甚至还用一些类似于 IP 的功能块
HDL 文本输入	这种方式与传统的计算机软件语言编辑输入基本一致。就是将使用了某种硬件描述语言（HDL）的电路设计文本，如 VHDL 或 Verilog 的源程序，进行编辑输入。编辑输入时可以采用任何文本编辑器，也可以采用专用的 HDL 编辑环境。通常 VHDL 文件保存为 *.vhd 文件，Verilog 文件保存为 *.v 文件	

设计输入方式中，文本输入法需要通过 VHDL 或 Verilog HDL 来进行逻辑设计的描述，这需要设计者对于这类硬件描述语言的语法规则有初步的了解。

原理图输入方式与使用 PROTEL 绘制电路原理图类似，设计直观，易于掌握，设计者进行电子线路设计不需要增加新的相关知识（VHDL 或 VerilogHDL），便于初学者使用。

但是，由于图形设计方式没有标准化，造成不同的 EDA 软件中的图形处理工具对图形的设计规则、存档格式和图形编译方式都不同。因此，图形文件兼容性差。正是由于图形文件兼容性较差，一些性能优秀的电路模块的移植和再利用十分困难。另外，随着电路设计规模的扩大，原理图输入描述方式输入必然引起一系列的难以克服的困难，如电路的易读性下降，错误排查困难，整体调整和结构升级困难。

HDL 文本输入方式克服了图形输入的种种缺点，不存在兼容性问题，在电路设计规模急剧扩大的今天，通过文本输入方式进行 CPLD/FPGA 开发是逻辑电路设计的首选。

12.4.2 常用硬件描述语言简介

顾名思义，硬件描述语言（hardware description language，HDL）就是指对硬件电路进行行为描述、寄存器传输描述或者结构化描述的一种语言。HDL 是用文本的形式描述硬件电路的功能、信号连接关系以及时序关系。它可以进行大规模，多个芯片的数字系统的设计。目前主流硬件描述语言有 VHDL 和 Verilog HDL。VHDL 起源于美国国防部的 VHSIC，Verilog HDL 起源于专用集成电路（ASIC）的（仿真）设计。它们在各方面有着自己的特点，具体对比见表 12-4。

表 12-4 VHDL 和 Verilog HDL 的对比

逻辑描述层次	一般的硬件描述语言可在三个层次上进行电路描述，其层次由高到低依次可分为行为级、RTL 级和门电路级。VHDL 适用于行为级和 RTL 级的描述，最适于描述电路的行为；Verilog 语言适用于 RTL 级和门电路级的描述，最适于描述门级电路
设计细节要求	VHDL 进行电子系统设计时可以不了解电路的结构细节，设计者所做的(细节)工作较少；Verilog 语言进行电子系统设计时需了解电路的结构细节
综合过程	VHDL 源程序的综合通常要经过行为级→RTL 级→门电路级的转化，VHDL 几乎不能直接控制门电路的生成。而 Verilog 语言源程序的综合过程要稍简单，即经过 RTL 级→门电路级的转化，易于控制电路资源
对综合器的要求	VHDL 描述语言层次较高，不易控制底层电路，因而对综合器的性能要求较高，Verilog 对综合器的性能要求较低
支持的 EDA 工具	第三方支持 VHDL 和 Verilog 的 EDA 工具很多
国际化程度	VHDL 和 Verilog 已成为 IEEE 标准

12.4.3 主流 EDA 软件概述

1. Quartus Ⅱ概述

QuartusⅡ是 Altera 公司的综合性 CPLD/FPGA 开发软件，支持原理图、VHDL、Verilog HDL 等多种 HDL 语言，以及它们之间的混合输入形式，内嵌自有的综合器以及仿真器，可以完成从设计输入到硬件配置的完整 PLD 设计流程。

Quartus Ⅱ具有完善的用户图形界面设计方式，具有运行速度快、界面统一、功能集中、易学易用等特点。QuartusⅡ支持 Altera 公司的 IP 核，包含了 LPM/MegaFunction 宏功能模块库，使用户可以充分利用成熟的模块，简化了设计的复杂性，加快了设计速度。Quartus Ⅱ支持第三方 EDA 工具，用户可以在设计流程各个阶段使用熟悉的第三方 EDA 工具。Quartus 平台与 Cadence、ExemplarLogic、MentorGraphics、Synopsys 和 Synplicity 等 EDA 供应商的开发工具相兼容。

Quartus Ⅱ通过和 DSP Builder 工具与 MATLAB/Simulink 相结合，可以方便地实现各种 DSP 应用系统；支持 Altera 公司的片上系统(SOPC)开发，集系统级设计、嵌入式软件开发、可编程逻辑设计于一体，是一种综合性的开发平台。Altera 在 Quartus Ⅱ中包含了许多诸如 SignalTap Ⅱ、Chip Editor 和 RTL(寄存器传输级)Viewer 的设计辅助工具，集成了 SOPC 和 HardCopy 设计流程。

2. ISE 概述

ISE 是由著名的可编程器件开发商 Xilinx 公司提供的集成化开发平台。ISE 具有界面良好、操作简单的特点，使得 ISE 成了非常通用的 FPGA 工具软件。ISE 提供了包括代码编写、库管理以及 HDL 综合、仿真、下载等几乎所有 FPGA 开发所需的功能。具体情况见表 12-5。

表 12-5 ISE 功能表

设计输入	ISE 软件提供的设计输入工具包括用于 HDL 代码输入和报告查看的 ISE 文本编辑器(TextEditor),用于原理图编辑的工具 ECS(Engineering Capture System),用于 IP CORE 的 COREGenerator,用于状态机设计的 StateCAD,以及用于约束文件编辑的 Constraint Editor 等
综合	ISE 的综合工具不但包括了 Xilinx 自身提供的综合工具 xsr,同时还可以集成 MentorGraphics 公司的 LeonardoSpectrum 和 Synplicity 公司的 Synplify
仿真	ISE 本身自带了图形化波形编辑功能的仿真工具 HDL Bencher,同时又提供了使用 Model Technology 公司的 ModelSim 进行仿真的接口
实现	ISE 的实现功能包括了翻译(Translate)、映射(Map)、布局布线(Place and Route)等
下载	下载功能包括了 BitGen,用于将布局布线后的设计文件转换为比特流(Bitstream)文件。还包括了 iMPACT 功能,用于进行设备配置和通信,控制将程序烧写到 FPGA 芯片中去

3. Vivado 概述

Vivado 设计套件,是 FPGA 厂商 Xilinx 公司 2012 年发布的 FPGA 集成开发设计平台。包括高度集成的设计环境和新一代从系统到 IC 级的工具,这些均建立在共享的可扩展数据模型和通用调试环境基础上。这也是一个基于 AMBA AXI4 互联规范、IP-XACT IP 封装元数据、工具命令语言(TCL)、Synopsys 系统约束(SDC)以及其他有助于根据客户需求量身定制设计流程并符合业界标准的开放式环境。

Vivado 工具采用层次化器件编辑器和布局规划器、速度提升了 3~15 倍,且为 SystemVerilog 提供了业界最好支持的逻辑综合工具、速度提升 4 倍且确定性更高的布局布线引擎,以及通过分析技术可最小化时序、线长、路由拥堵等多个变量的“成本”函数。此外,增量式流程能让工程变更通知单(ECO)的任何修改只需对设计的一小部分进行重新实现就能快速处理,同时确保性能不受影响。最后,Vivado 工具通过利用最新共享的可扩展数据模型,能够估算设计流程各个阶段的功耗、时序和占用面积,从而达到预先分析,进而优化自动化时钟门等集成功能。

4. ModelSim 概述

仿真是指在软件环境下,验证电路的行为和设计意图是否一致。在逻辑设计领域,仿真与验证是整个设计流程中最重要、最复杂与最耗时的步骤。虽然 CPLD/FPGA 设计灵活,可以反复编程,这种灵活性在一定程度上可以弥补仿真与验证的不足,但对于大型、高速或复杂的系统设计,仿真和验证仍是整个流程中最重要的环节。

目前,Altera 公司的 QuartusⅡ和 Xilinx 公司的 ISE 本身也具备仿真功能,它们自带的仿真功能有限,一般在小型设计中较为常用,在从事大型数字系统的设计开发时,软件自带的仿真工具仿真起来十分耗时,这时采用第三方工具 ModelSim 进行仿真是最有效的手段,可以大幅度地提高仿真速度,而且具有仿真精度高等特点。

Mentor Graphics ModelSim 是业界公认的最优秀的 HDL 仿真器,它提供最友好的调试环境,是单内核支持 VHDL 和 Verilog HDL 混合仿真的仿真器,是做 FPGA/ASIC 设计的 RTL 级和门级电路仿真的首选。ModelSim 采用直接优化的编译技术、Tcl/Tk 技术和单一内核仿真技术,编译仿真速度快,编译的代码与平台无关,便于保护 IP 核。ModelSim 个性化的图形界面和用户接口,为用户加快调试提供强有力的手段。ModelSim 全面支持 VHDL 和 Verilog HDL 的 IEEE 标准,支持 C/C++功能调用和调试,具有快速的仿真性能和最先进的调试能力,全面支持 UNIX(包括 64 位)、Linux 和 Windows 平台。

12.5 Altera 主流 FPGA 的应用开发设计

一个最基本的 CPLD/FPGA 最小系统是可以使 CPLD/FPGA 正常工作的最简单的系统,只包括 CPLD/FPGA 必要的电源电路、下载/配置电路、外部时钟电路、I/O 接口电路等。

由于 CPLD 和 FPGA 最小系统的构成基本相同,下面以 Altera 公司主流低成本 Cyclone Ⅱ系列 FPGA 的 EP2C35F484C8 器件为例,进行应用设计开发,读者可根据设计流程,掌握对 CPLD/FPGA 进行开发的基本方法,本小节也可作为相应的实验教学指导。

12.5.1 FPGA 最小系统

进行 FPGA 最小系统设计时,首要的考虑是 FPGA 芯片的封装形式,FPGA 最常见的封装形式是 PQFP、TQFP 及 BGA 封装。如 EP2C35F484C8 器件采用 484 引脚球形阵列栅的 BGA 封装形式,为了保证可用 I/O 被充分引出,至少需要通过 4 层印制电路板完成设计,而 4 层以上印制电路板往往价格不菲。在一般的实验性场合,为了降低印制电路板的成本压力,可以考虑选用其他封装形式的 FPGA 型号。如 EP2C8Q208C8 采用 PQFP 封装,往往只需 2 层印制电路板即可完成设计。

对 FPGA 进行设计开发工作往往在已有的硬件平台上进行,因此对于 FPGA 最小系统的具体设计过程这里不再赘述,下面根据已有的教学实验平台,介绍 FPGA 的基本应用设计流程。

12.5.2 SOPC-Nios Ⅱ-EP2C35 实验教学开发平台简述

SOPC-Nios Ⅱ-EP2C35 实验教学开发平台主芯片采用 EP2C35F484C8,该平台由核心板和开发平台两部分构成,如图 12-8 所示。

核心板具有完备的 FPGA 最小系统所需的电源电路、下载/配置电路、外部时钟电路、I/O 接口电路及大量的存储器,可以独立工作。FPGA 开发平台具有丰富的接口外设器件,可用于绝大多数的设计需求。

1. EP2C35 核心板

EP2C35 核心板主芯片采用 484 引脚、BGA 封装的 EP2C35 FPGA,它拥有 33 216 个 LE,1 054K 片上 RAM(共计 483 840 位),4 个高性能 PLL 以及多达 322 个用户自定义 I/O。它可以为基于 Altera Cyclone 器件的嵌入式系统开发提供了一个很好的硬件平台,EP2C35 核心板系统功能框图如图 12-9 所示,该核心板具有以下资源:

(1) 主芯片采用 Altera Cyclone Ⅱ 器件 EP2C35F484C8

(2) EPCS4I8 配置芯片

(3) 两路 SRAM 容量为 256K×32 位

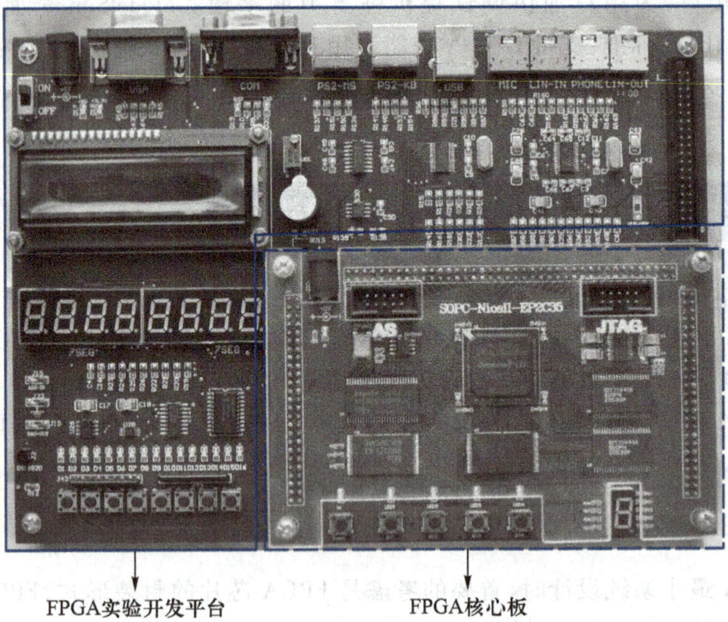

图 12-8 SOPC-NiosⅡ-EP2C35 实验教学开发板外观图

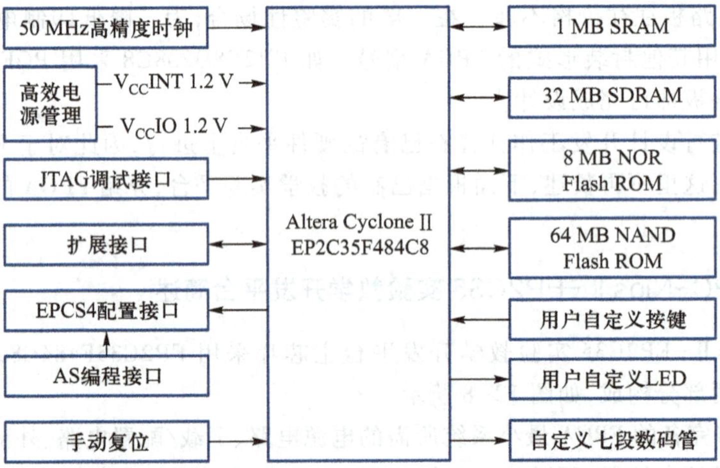

图 12-9 EP2C35 核心板系统功能框图

(4) 一路 NOR Flash,采用 AM29LV065D,容量为 8M×8 位

(5) 一路 NAND Flash,容量为 64 MB

(6) 一路 SDRAM,容量为 32 MB

(7) 4 个用户自定义按键

(8) 4 个用户自定义 LED

(9) 1 个七段数码 LED

(10) 标准 AS 编程接口和 JTAG 调试接口

(11) 50 MHz 高精度时钟源

(12) 三个高密度 I/O 扩展接口

(13) 系统上电复位电路

(14) 支持+5 V 直接输入，板上电源管理模块

2. FPGA 实验开发平台

FPGA 开发平台提供了丰富的资源供用户学习使用，资源包括接口通信、控制、存储、数据转换以及人机交互显示等几大模块，接口通信模块包括 SPI 接口、I^2C 接口、VGA 接口、RS232 接口、USB 接口、PS2 键盘/鼠标接口、1-Wire 接口等；存储模块包括 EEPROM 存储器模块等；数据转换模块包括串行 ADC、DAC 以及音频 CODEC 等；人机交互显示模块包括 8 个按键、16 个 LED 发光二极管、1602 字符型点阵 LCD、8 位动态七段数码管、实时时钟、SD 卡等。上述的这些资源模块既可以满足初学者入门的要求，也可以满足开发人员进行二次开发的要求。FPGA 系统平台功能框图如图 12-10 所示，该开发平台提供的资源有：

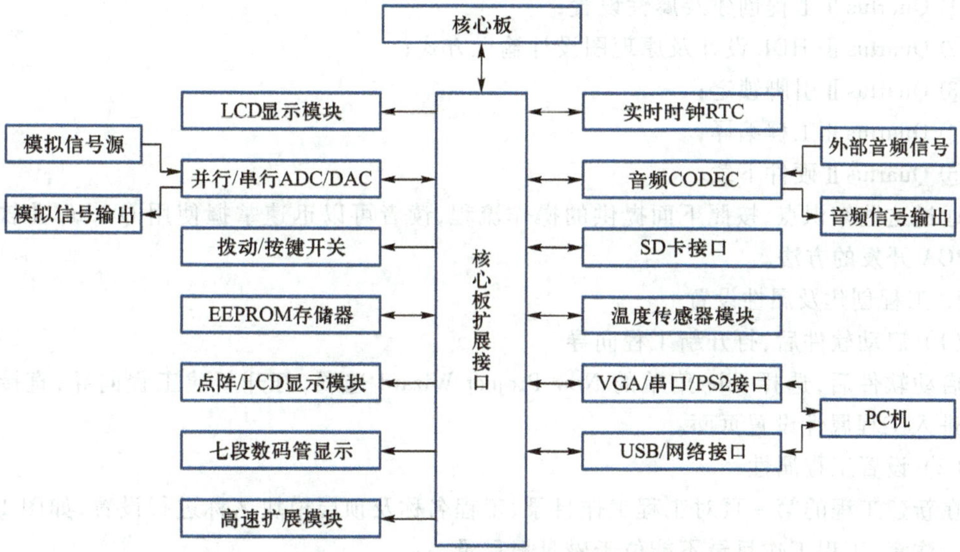

图 12-10 FPGA 系统平台功能框图

(1) 1602 字符型液晶点阵

(2) RTC，提供系统实时时钟

(3) 1 个 256 色 VGA 接口

(4) 1 个标准串行接口

(5) 1 个 USB 设备接口，利用 PDIUSBD12 芯片实现 USB 协议转换

(6) 基于 SPI 或 I^2C 接口的音频 CODEC 模块

(7) 1 个蜂鸣器输出模块

(8) 2 个 PS2 键盘/鼠标接口

(9) 串行 ADC 和串行 DAC 模块

(10) I^2C 接口的 EEPROM 存储器模块

(11) 基于 1-Wire 接口的数字温度传感器

(12) 8 位动态七段数码管

(13) 16 个用户自定义 LED,8 个用户自定义按键输出

(14) 一个 SD 卡接口模块

(15) 扩展接口,供用户高速稳定的自由扩展

12.5.3 基于 SOPC-NiosⅡ-EP2C35 实验教学开发平台的实例设计

本节旨在通过“流水灯设计”来熟悉 QuartusⅡ软件的基本操作、设计、编译、引脚锁定流程。同时使用 SOPC-NiosⅡ-EP2C35 开发平台进行下载、验证及调试,完成工程设计的硬件实现,掌握该开发平台的使用及配置方式。

本设计中,软件采用 QuartusⅡ6.0,在 SOPC-NiosⅡ-EP2C35 开发平台上设计实现 8 位流水灯,在秒脉冲作用下,实现 8 个 LED 7 亮 1 暗循环流动。

通过本设计,将讲解如下知识点:

① QuartusⅡ工程创建及属性设置;

② QuartusⅡ HDL 设计及原理图设计输入方式;

③ QuartusⅡ引脚锁定;

④ QuartusⅡ工程编译;

⑤ QuartusⅡ硬件下载。

通过这些知识点,按照下面提供的操作流程,读者可以迅速掌握使用 QuartusⅡ软件进行 FPGA 开发的方法。

1. 工程创建及属性设置

(1) 启动软件后,打开新工程向导

启动软件后,选择 File 菜单的 New Project Wizard 选项,打开新建工程向导,直接单击 Next 进入工程属性设置页面。

(2) 设置工程属性

在新建工程的第一页对工程工作目录、工程名称及顶层模块名称进行设置,如图 12-11 所示。注意,工程工作目录不能位于磁盘根目录。

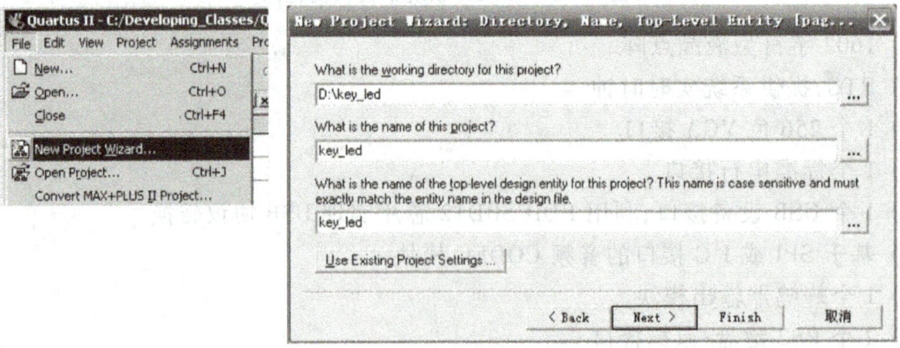

图 12-11 新建工程及设置工程属性

(3) 添加设计文件

在新建工程的第二页,为工程添加已有设计文件,已有文件须放置于工程所在目录下。若无已有设计文件,直接单击 Next 进入下一页,如图 12-12 所示。

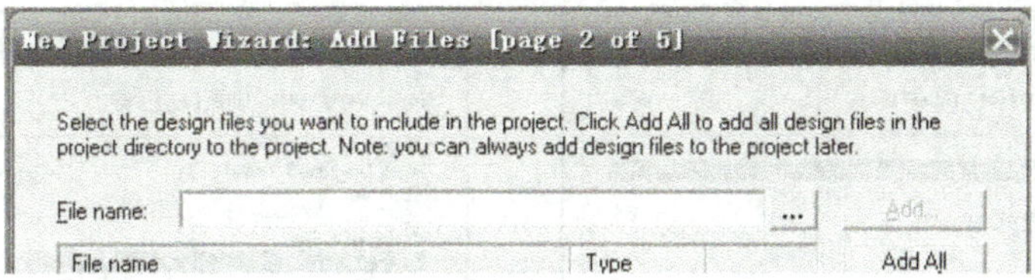

图 12-12 添加设计文件

(4) 选择目标 FPGA 器件

在新建工程的第三页,为工程选择对应的器件系列和型号,所选取的器件型号将在完全编译时将工程设计映射到对应的器件逻辑资源上。Family 选择 Cyclone Ⅱ,Available devices 选择 EP2C35F484C8,如图 12-13 所示。

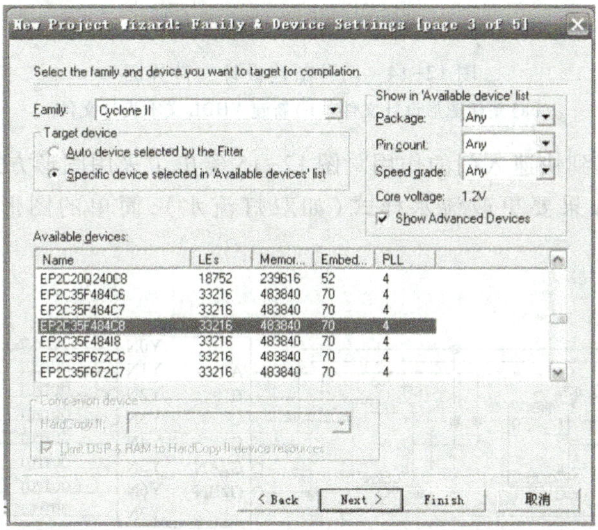

图 12-13 选择 FPGA 器件

(5) 完成工程创建

选择 Quartus Ⅱ 默认的综合工具、仿真工具及时序分析工具,这里暂时都不选择,单击 Finish 完成工程创建。

2. 设计输入

如果在创建工程时没有为工程添加设计文件,这里可以选择 Project 菜单的 Add/Remove File inProject 选项,为工程添加设计文件。

Quartus Ⅱ 支持新建 HDL 文本设计和图形设计两种最常用的设计方式。选择 File 菜单的 New 选项,即弹出新建设计文件页面。图 12-14(a)、(b)分别给出了新建图形设计文件及新建 VHDL 设计文件两种操作界面,选定后直接单击相应的 OK 即可。

(1) 图形设计方式

新建图形设计文件方式支持直接在库中调取相应的逻辑器件或模块,进行组合并添加输入输出端口后,即成为原理图形式的逻辑电路图。这种设计方式简明直观,如同常规画电路图的方式,只要具有数字逻辑基础的使用者都可以使用。对于初次入门 FPGA 的初学者,

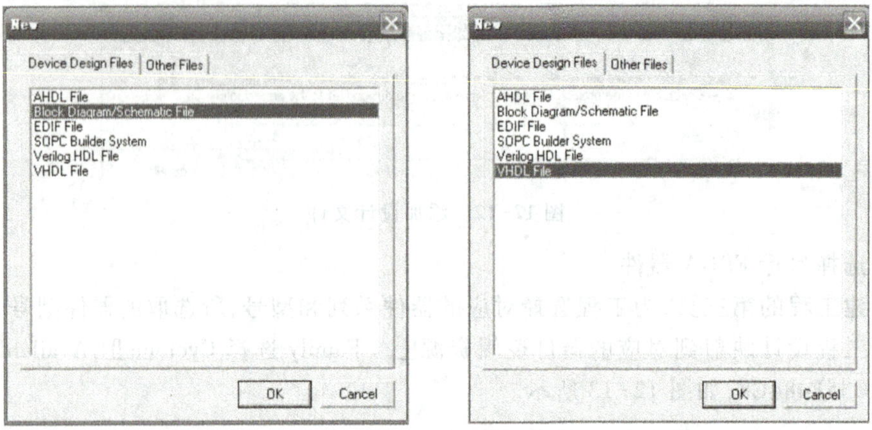

(a) (b)

图 12-14 两种新建设计文件界面

(a)新建图形设计文件;(b)新建 VHDL 文本设计文件

图形设计方法可以起到快速入门的作用。图 12-15 给出了采用图形方式设计的 8 位流水灯的图形电路。不过如果要更改流水样式(如双灯流水),简单的图形描述方式是难以实现的。

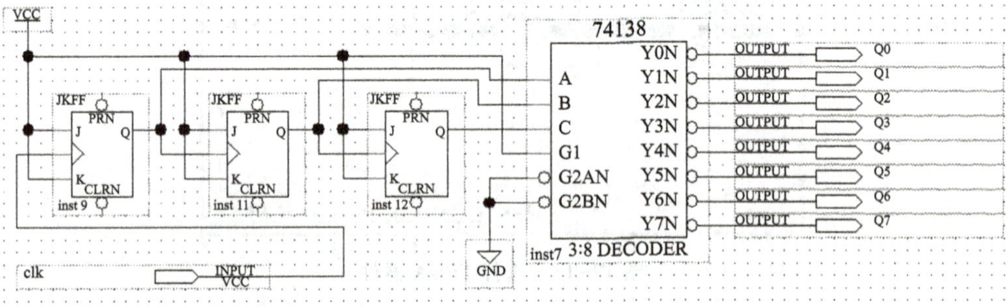

图 12-15 图形方式设计的 8 位流水灯电路

(2) HDL 文本设计方式

这种设计方式要求设计者具有一定的 HDL 语法功底,在进行逻辑电路设计时,不必过于依赖对既定电路的构成的了解,只需通过语句描述“做什么”,至于“如何做”及结果则由 Quartus Ⅱ 综合器来生成。这种方式将设计者从繁重的电路具体结构中解放出来,设计效率高,是目前主流的逻辑电路设计方式。下文给出了 8 位流水灯的 VHDL 代码,若需更改流水样式,只需更改 case 语句下的译码器描述即可灵活实现多种流水样式。

```
library ieee;
use ieee.std_logic_1164.all;
use ieee.std_logic_unsigned.all;
entity dec3_8 is
    port(clk:in std_logic;                          --定义流水灯的时钟端
         Q:out std_logic_vector(0 to 7));    --定义流水灯的 8 个输出端口
```

```
end dec3_8;
architecture behv of dec3_8 is
signal cnt:std_logic_vector(2 downto 0);
begin
process(clk)
begin
    if clk event and clk='1' then
        cnt<=cnt+1;                         --模 8 计数器
    end if;
    case cnt is                             --3 线-8 线译码器描述
        when "000"=>Q<="01111111";
        when "001"=>Q<="10111111";
        when "010"=>Q<="11011111";
        when "011"=>Q<="11101111";
        when "100"=>Q<="11110111";
        when "101"=>Q<="11111011";
        when "110"=>Q<="11111101";
        when "111"=>Q<="11111110";
    end case;
end process;
end behv;
```

设计输入完毕并保存文件后，选择 Processing 下拉菜单，选择 Start Compilation，执行一次全程编译。需要强调的是，VHDL 文本文件的文件名必须与代码中的实体名一致。

3. 引脚锁定

引脚锁定的作用在于将设计输入文件的端口与实际硬件系统上的器件进行映射，实现设计输入模块端口在实际器件引脚上的实例化。在 Quartus Ⅱ 软件中，单击 Assigments 下拉菜单，选择 Pins，即弹出引脚分配界面，按照表 12-6 的第 1、2 行对设计进行引脚锁定。

表 12-6 设计端口与 FPGA 引脚锁定一览表

原理图端口	clk	Q0	Q1	Q2	Q3	Q4	Q5	Q6	Q7
FPGA 引脚	L1	U10	U9	U8	R16	R15	R14	J6	R4
实验板外设	50 MHz	D1	D2	D3	D4	D5	D6	D7	D8

引脚锁定完毕后选择 Processing 下拉菜单，选择 Start Compilation，再执行一次全程编译。

图 12-16 给出了在 Quartus Ⅱ 下进行引脚锁定的界面结果。

4. 下载程序

上述步骤完成了流水灯的设计、编译及引脚锁定过程，“下载程序”这个步骤将编译生

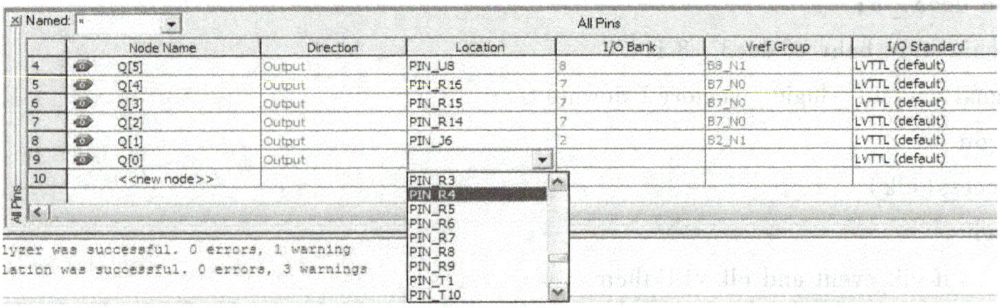

图 12-16　引脚锁定界面

成的目标文件下载到实验开发平台上进行结果验证，观察流水效果。

下载程序需要通过专用的下载电缆将 PC 机与目标实验板相连，这里使用 USB-Blaster 下载电缆。只有要 USB 口的计算机都能使用 USB-Blaster，该设备即插即用，下载速度快。传统的 ByteblasterⅡMV/ByteblasterⅡ下载电缆要求计算机带有并口，目前许多笔记本电脑，甚至台式机都不再配备并口，此时 ByteblasterⅡMV/ByteblasterⅡ将无法使用。初次使用时，需要为 USB-Blaster 配置驱动程序，驱动程序源文件已存在于 QuartusⅡ的安装目录下。

(1) USB-Blaster 驱动程序安装

首先安装 QuartusⅡ软件，指定合法的授权文件。将 USB-Blaster 编程器的 USB 端通过 USB 数据线连接到计算机，此时面板上的红灯（电源指示灯）点亮。如果是第一次使用 USB-Blaster，会出现找到新硬件向导窗口，选择“从列表或指定位置安装（高级）”，选择 QuartusⅡ软件自带的 USB-Blaster 驱动所在的路径，分别如图 12-17 及图 12-18 所示。

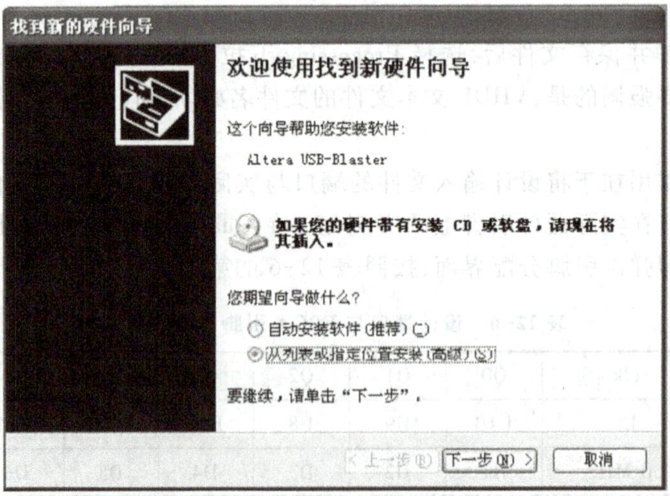

图 12-17　USB-Blaster 硬件安装向导

按提示完成驱动程序安装，如图 12-19 所示。重新插拔一次 USB 线，USB-Blaster 即可使用，以后使用 USB-Blaster 时就不需要此配置过程了。

(2) USB-Blaster 的使用

在 QuartusⅡ主菜单下选择 Tools/Programmer，然后在弹出的窗口下单击 HardWare Setup

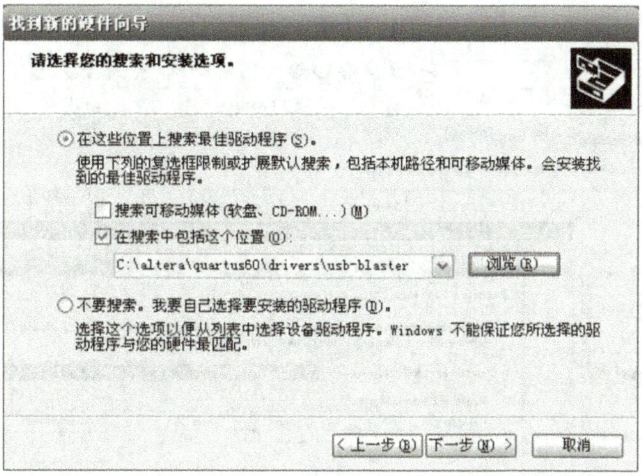

图 12-18　为 USB-Blaster 指定驱动程序路径

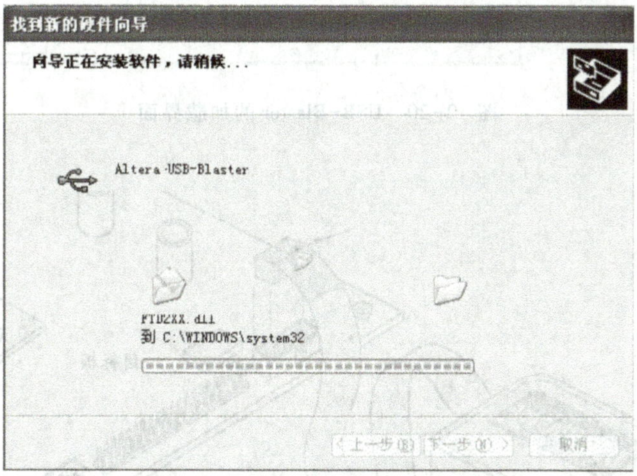

图 12-19　驱动程序安装进程

搜索端口硬件设备,搜索完成后在 HardWare Setup 编程设备列表子菜单(如图 12-20 所示)下选择编程设备为 USB-Blaster,并双击,然后单击 Close,关闭此窗口,即完成 USB-Blaster 的选择。

(3) 下载程序

下载电缆配置完毕后,将下载电缆 10 芯扁平电缆双列 10 芯一段接口与目标板的 JTAG 接口相连,如图 12-21 所示。

然后打开开发板电源,在 Quartus Ⅱ 的编程界面 *.sof 文件列表中勾选 Program/Configure 复选框,如图 12-22 所示。

最后单击图 12-20 窗口左上区域的 Start 按钮即开始下载,待 Process 进度显示 100%时,表示下载成功。

故障分析:很多错误操作情况下,Quartus Ⅱ 的信息区出现下述两种情况的错误提示。

① Error:JTAG Server can't access selected programming hardware

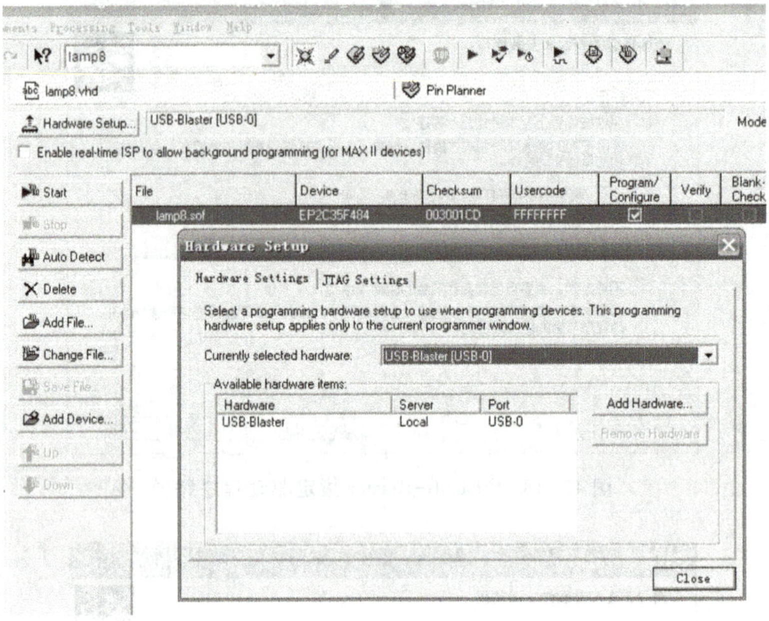

图 12-20 USB-Blaster 的加载界面

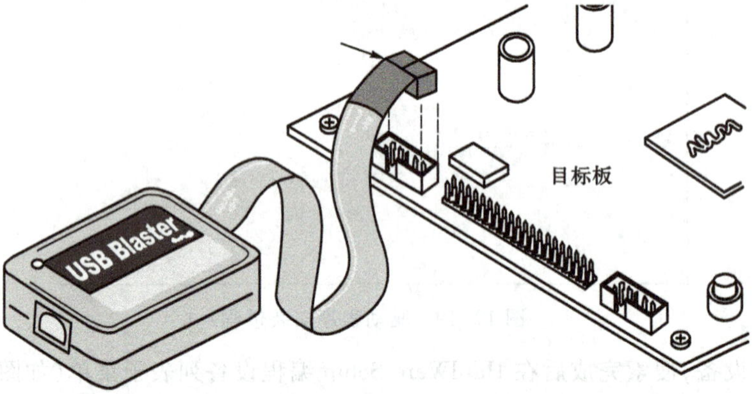

图 12-21 USB-Blaster 与目标板的连接示意图

图 12-22 勾选 Program/Configure 复选框

Error:Operation failed

表示下载线 USB 端未与计算机相连，接通后重新选择 HardWare Setup 即可；

② Error:Can't access JTAG chain

Error:Operation failed

原因可能是 USB-Blaster 与目标板接口未连接、开发板未上电、接口或电缆接触不良、JTAG 接口损坏、FPGA 器件损坏等，逐步排除这些原因即可解决。

5. 结果验证

下载结束后,用户应该可以观察到开发板上的 LED 有 7 亮 1 暗的流水效果。不过实际上按上述设计只能看到 8 个 LED 常亮,并无流水效果。

原因在于,直接采用系统上 50 MHz 的主时钟作为计数时钟,会导致计数及译码变化过快,由于人眼的反应时间有限,会产生视觉暂留而看不到流水效果。因此需要在原设计的时钟输入后加入一级分频器,先将 50 MHz 时钟频率降低至数赫[兹],再用来进行计数,即可观察到流水效果。

上述流程给出了一个完整的 FPGA 设计流程,限于篇幅,上文并未给出进行功能仿真及时序仿真的方法,请读者参考相关书籍,自行掌握。

虽然实例实现的功能比较简单,但对于初学者而言,可作为不错的入门实例。其主要目的就是让初学者对 FPGA 的设计有一个初步了解,通过该实例来熟悉 Quartus Ⅱ 软件的使用,为后续学习打下基础。

在实际的 FPGA 设计中,在每个阶段都会遇到很多问题,为了实现最终的目标,需要充分利用 Quartus Ⅱ 软件。这需要一个比较长的时间的学习和积累,希望通过这个实例能够引导初学者快速入门。

▶ 目标测评

1. 如何解决上面计数过快导致的无法观察到流水灯运行过程的问题?

2. 通过自学,对上面所设计的流水灯进行功能仿真及时序仿真,掌握 Quartus Ⅱ 的仿真方法。

▶ 实践与提高

1. 进一步熟悉 Quartus Ⅱ 软件的使用,掌握参数可定制宏功能库及 IP 核的配置、使用方法,能够用 Quartus Ⅱ 完成简单的信号处理过程。

2. 通过自学,掌握 ModelSim 仿真软件的使用方法,能够使用 ModelSim 对一般的逻辑设计进行仿真分析。

▶ 工程训练项目

1. 如图 12-23 所示,在 Quartus Ⅱ 软件环境下,选择 EP2C35F484C8 器件,建立相关设计文件,在实验开发平台上实现无须数模转换器的 DDS 正弦函数信号发生器(输出频率不作要求)。

2. 用 FPGA 设计模型计算机的操作控制器,并给出相关设计描述。

操作控制器是根据指令操作码和时序信号,产生各种操作控制信号,以便正确地建立数据通路,从而完成取指令和执行指令的控制。在模型计算机中,操作控制器的任务是按照时间节拍 $T_0 \sim T_7$,并根据指令译码器输出的各个指令的不同操作要求,向各个功能部件发出一系列有序的控制命令。模型计算机中控制信号共有 9 个,分别是:

- 程序计数器 PC 的计数控制信号 *PCI*
- 地址寄存器 MAR 的寄存命令信号 *ARI*

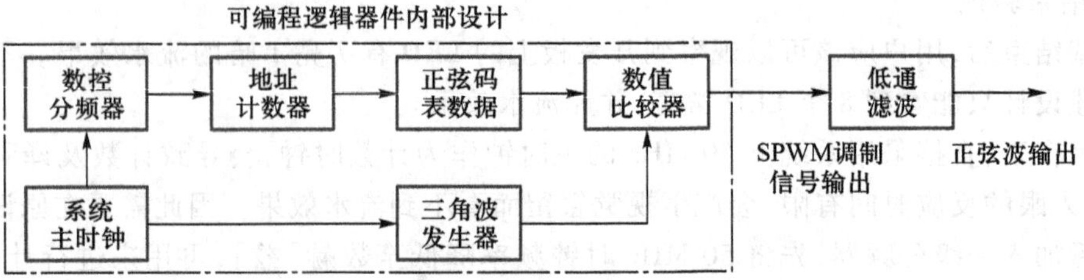

图 12-23 SWPM 调制法的 DDS 产生单一正弦波系统框图

- 数据寄存器 DR 的寄存命令信号 *DRI*
- 数据寄存器 DR 的输出控制信号 *DRO*
- 累加器 A 的输入命令信号 *AI*
- 累加器 A 的输出控制信号 *AO*
- ALU 的加法运算控制信号 *SUMI*
- ALU 的输出控制信号 *SUMO*
- 指令寄存器 IR 的寄存命令信号 *IRI*

各控制命令与节拍脉冲信号、指令操作命令之间的关系为

$$ARI=\overline{T_0+T_3\cdot LD+T_3\cdot ADD} \tag{12-1}$$

$$IRI=\overline{T_2} \tag{12-2}$$

$$AI=\overline{T_6\cdot LD+T_6\cdot ADD} \tag{12-3}$$

$$DRI=T_1+T_4\cdot LD+T_4\cdot ADD \tag{12-4}$$

$$PCI=T_2+T_5\cdot LD+T_5\cdot ADD \tag{12-5}$$

$$SUMI=\overline{T_5\cdot ADD} \tag{12-6}$$

$$SUMO=T_6\cdot ADD \tag{12-7}$$

$$AO=\overline{T_7\cdot ADD} \tag{12-8}$$

$$DRO=T_6\cdot ADD+T_7\cdot ADD \tag{12-9}$$

操作控制器在现有 FPGA 实验系统上实现，主芯片型号为 Altera 公司 CycloneⅡ系列的 EP2C35F484C8。

实现方法一：原理图描述方式

在集成开发平台软件 QuartusⅡ界面下，建立图形描述文件，按图 12-24 所示设计逻辑电路，产生的各控制信号即为模型计算机的操作控制信号。

实现方法二：VHDL 描述

在集成开发平台软件 QuartusⅡ界面下，建立 VHDL 描述文件，用逻辑方程描述式(12-1)～式(12-9)的逻辑函数，产生的各控制信号即为模型计算机的操作控制信号，下面给出了完整的 VHDL 描述。

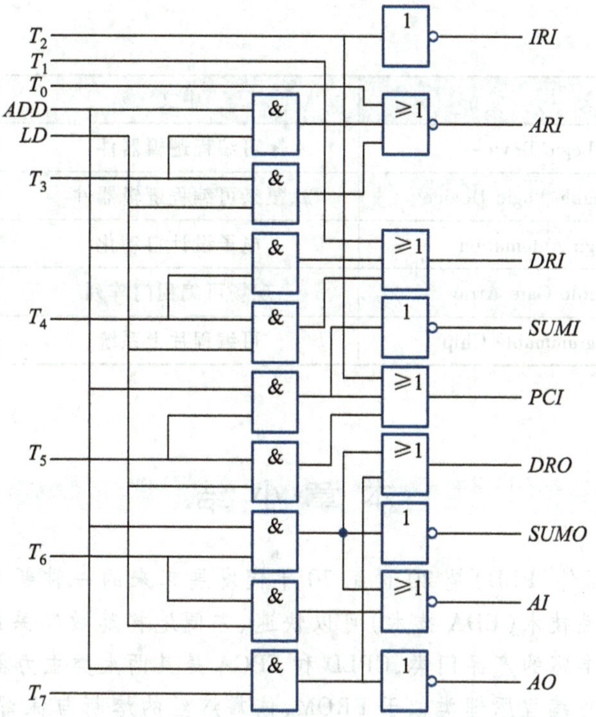

图 12-24 操作控制器逻辑电路图

```
library ieee;
use ieee. std _ logic _ 1164. all;
entity operctrl is
port( add,ld:in std _ logic;
        t0,t1,t2,t3,t4,t5,t6,t7:in std _ logic;
        iri,ari,dri,sumi,pci,sumo,ai,dro,ao:out std _ logic);
end operctrl;
architecture behv of operctrl is
begin
    ari  <=t0 or(t3 and add)or(t3 and ld);
    iri  <=not t2;
    ai   <=not((t6 and add)or(t6 and ld));
    dri  <=t1 or(t4 and add)or(t4 and ld);
    pci  <=t2 or(t5 and add)or(t5 and ld);
    sumi<=t5 nand add;
    sumo<=t6 nand add;
    ao   <=t7 nand add;
    dro  <=(t6 and add)or(t7 and add);
end behv;
```

▶ 英文术语表

英文	中文	缩写
Programmable Logic Devices	可编程逻辑器件	PLD
Complex Programmable Logic Device	复杂可编程逻辑器件	CPLD
Electronic Design Automation	电子设计自动化	EDA
Field Programmable Gate Array	现场可编程门阵列	FPGA
System On a Programmable Chip	可编程片上系统	SoPC

本章小结

1. 可编程逻辑器件(PLD)是 20 世纪 70 年代发展起来的一种新型的功能可定制集成器件,结合计算机软件技术(EDA 技术)可以快速、方便地构建数字系统。经过几十年的发展,目前已经形成了丰富的产品门类,CPLD 和 FPGA 是其两大类主力器件。

2. 简单 PLD 的可编程原理类似于 PROM,依靠熔丝的熔断与保留来存储二进制信息,随着工艺的发展进步,已经形成了以 SRAM 和 EEPROM 为信息载体的产品系列门类。

3. CPLD 与 FPGA 在内部结构上各有侧重,前者组合逻辑资源丰富,适合组合逻辑电路的实现,后者含有丰富的触发器资源,适合用来实现各类时序电路。

4. 可编程逻辑器件的主要供应厂商有 Altera、Xilinx、Lattice、Actel 等公司,其产品具有各自的特色,Altera 公司、Xilinx 公司已经形成了极为丰富的产品型号,在选型时,用户可根据自己的喜好与系统的实际需求进行选型。

5. 设计 CPLD 与 FPGA 的最小系统时,都需要考虑电源供电电路、下载/配置电路、时钟电路及引出可用 I/O,具备了这些外围电路即成为可运行的最小系统,初学者可以自制。

6. 在进行 CPLD 与 FPGA 的应用开发时,绝大多数的设计任务都是在厂商提供的工具软件上进行设计完成的,Altera 公司提供的 Quartus Ⅱ 软件具有界面友好、功能强大的特点,能够熟练使用 Quartus Ⅱ 软件,也就相当于进入了应用 Altera 公司产品进行设计开发的大门。

习题

[题 12-1] 可编程逻辑器件的主要分类依据是什么?可以划分为哪几个大类?

[题 12-2] 比较 PAL、GAL、CPLD 及 FPGA 可编程逻辑器件各自的特点。

[题 12-3] GAL 和 PAL 的相同点是什么?最大的不同是什么?

[题 12-4] 就编程原理而言,FPGA 与 PAL 和 GAL 有什么不同?

[题 12-5] 简述 CPLD/FPGA 的原理、特点与应用。

[题 12-6] 简述 FPGA 的基本结构。

[题 12-7] FPGA 与 CPLD 都是大规模可编程逻辑器件,它们的结构有什么不同? 使用上有什么区别?

[题 12-8] CPLD/FPGA 的几大供应厂商是哪几个?

[题 12-9] 目前市场份额最大的两大 CPLD/FPGA 供应厂商是哪两个? 它们各自使用什么软件平台?

[题 12-10] 简述使用 Quartus Ⅱ 软件进行 FPGA 开发的基本流程。

[题 12-11] 试用 FPGA 设计一个彩灯控制器,彩灯共 20 只,排成圆形,要求彩灯每一周期按如下规则变化:

(1) 在第 1 min 内,彩灯顺时针方向运动,且每秒只有 1 只彩灯发光;

(2) 在第 2 min 内,彩灯逆时针方向运动,且每秒只有 1 只彩灯发光;

(3) 在第 3 min 内,彩灯顺时针方向运动,且每秒只有 2 只彩灯发光;

(4) 在第 4 min 内,彩灯逆时针方向运动,且每秒只有 2 只彩灯发光。

请用 VHDL 完成其控制代码设计。

第 13 章　数字系统设计基础

▶ 本章目标

1. 了解数字系统的基本概念，理解数字系统的基本构成及各部分的功能。
2. 了解数字系统的设计方法及设计步骤，理解基于 EDA 的自顶向下的设计方法。
3. 了解状态机的基本概念，了解状态机的 VHDL 设计方法。
4. 了解 8 位模型计算机系统的 VHDL 设计过程。

▶ 引言

数字系统无处不在，比如常用的计算机就是一个典型的数字系统，它能对输入的信息进行处理、运算。但是，计算机内部结构非常复杂，为了便于分析、设计，这里以计算机实际结构为基础，将其简化，构成了所谓的模型计算机。模型计算机是计算机的缩微模型，通过它可以理解计算机整机的结构、功能，以及各部件之间的接口关系。模型计算机一般是由存储器、时钟信号源、节拍发生器、操作控制器、程序计数器、地址寄存器、数据寄存器、累加器、算术逻辑单元、指令寄存器和指令译码器以及译码显示电路等功能模块组成。其结构框图如图13-1所示。

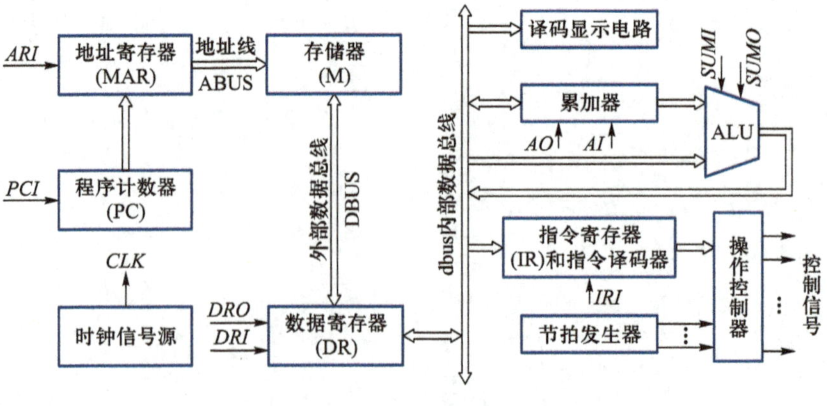

图 13-1　模型计算机结构框图

该模型计算机以操作控制器为中心，首先操作控制器从指令寄存器取得指令，编译指令，再输出控制信号，控制 ALU 的运算，并且从 ROM 中取出数据运算，运算后再把结果通过数据总线存到 ROM,指令寄存器再读下一条指令,依次循环。

根据模型计算机框图,可以将模型计算机系统划分成一些基本逻辑功能模块,各个功能模块用地址总线和数据总线连接在一起,构成简易的模型计算机。这些基本逻辑功能模块的工作原理和设计方法在前面的章节里已经学习过了。如何将这些逻辑功能模块结合起来,在统一的控制器的指挥下按照要求协同工作,也就是说,如何将这些单一的逻辑功能模块构成一个完整的数字系统,是本章讨论的主要内容。本章将以 8 位模型计算机系统为例,详细介绍数字系统的设计方法。

13.1 数字系统概述

关键术语

数字系统(Digital System):由若干数字电路和逻辑部件构成的能够处理或传送数字信息的设备。

13.1.1 数字系统的优点

数字系统具有以下优点:

(1) 工作稳定,抗干扰能力强;

(2) 精确度高;

(3) 系统可靠性高;

(4) 便于系统的模块化;

(5) 便于大规模集成,易于实现小型化;

(6) 基于可编程逻辑器件,可实现嵌入式系统。

电子教案 13-1:
数字系统及其设计

13.1.2 数字系统的基本构成

一个完整的数字系统通常可分为五个部分:输入电路、输出电路、数据处理器、控制器和时钟电路。各部分具有相对的独立性,在控制器的协调和指挥下完成各自的逻辑功能,其中控制器是整个系统的核心。图 13-2 所示为数字系统的结构框图。

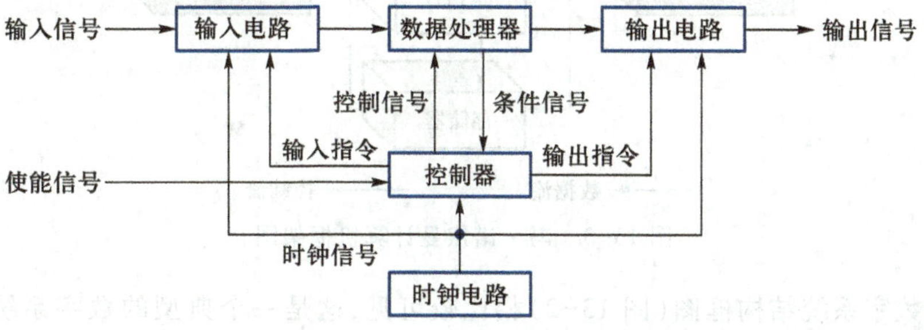

图 13-2 数字系统的结构框图

输入/输出电路是整个数字系统对外信号交流的接口，是完成将物理量转化为数字量或将数字量转化为物理量的功能部件。输入电路用于将外部输入信号转换成系统能接受和处理的数字信号，并传送到数据处理器，一般可由模数转换器、译码器、数据选择器和寄存器等组成。输出电路用于将经过数据处理器运算和处理后的数字信号转换成模拟信号或开关信号，以驱动执行机构，一般可由译码器、显示电路、寄存器和数模转换器等来实现。

数据处理器主要完成数据的采集、存储、运算和传输等功能。数据处理器由寄存器和组合电路组成。寄存器用于短暂存储信息，组合电路实现对数据的加工和处理。数据处理器与外界进行数据交换，在控制器发出的控制信号作用下，数据处理器将进行数据的存储和运算等操作。

控制器是执行数字系统算法的核心，具有记忆功能，因此控制器为时序系统。控制器负责规定算法的步骤，在每一个计算步骤给数据处理器发出命令信号，同时接收来自数字处理器的状态变量，确定下一个计算步骤，以确保算法按正确的次序实现。控制器的输入信号是外部控制信号和由数据处理器送来的条件信号，按照数字系统设计方案要求的算法流程，在时钟信号的控制下进行状态的转换，同时产生与状态和条件信号相对应的输出信号。

时钟电路是用来产生系统工作的同步时钟信号，使整个系统在时钟信号的作用下，一步一步地按顺序完成各种操作。

并非每一个数字系统都严格按上述五部分组成。对于简单的数字系统，其输入和输出电路可以省略，但数据处理器和控制器是不能缺少的。对于复杂的数字系统，每个组成部分都可以看成是一个子系统或若干子系统的组合，每个子系统用来完成一项相对独立的任务，即某种局部的工作，并将运行的情况反馈到控制器，然后控制器根据使能信号和反馈的条件信号，发出下一个控制信号，来启动下一个子系统工作。因此，数字系统可以被认为是由控制器将若干个子系统组合起来的总系统。

例如，经典的冯·诺依曼计算机硬件系统由运算器、控制器、存储器、输入设备和输出设备五大部分组成，其框架图如图 13-3 所示。

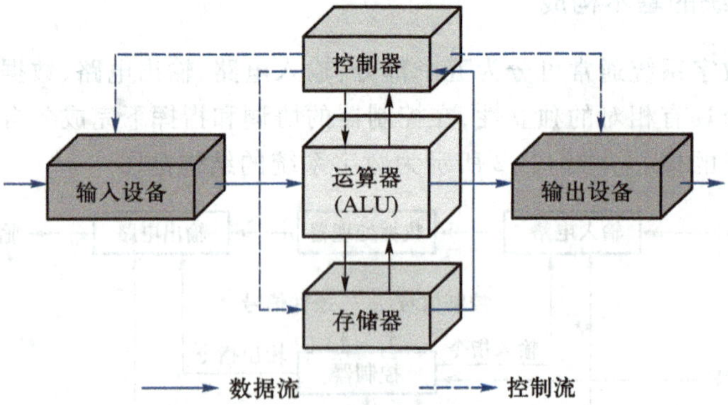

图 13-3 冯·诺依曼计算机框架图

和上述数字系统结构框图（图 13-2）相比较可见，这是一个典型的数字系统，其中运算器和存储器一起作为该数字系统的数据处理器，在控制器发出的控制信号的作用下，对数据进行存储和运算等操作。

思考题

1. 什么是数字系统？它有哪些优点？
2. 数字系统通常由哪几部分构成？简述各部分的基本功能。

13.2 数字系统的设计方法

13.2.1 传统的设计方法

数字系统设计有多种方法，传统的方法有试凑设计法、MCU（微控制单元或单片机：Microcontroller Unit）设计法等。

试凑设计法也称模块设计法，就是用试探的方法，将系统按给定的功能要求分解成若干个相对独立的功能模块或子系统，选择合适的功能部件实现各模块来拼凑数字系统。试凑法主要是凭借设计者对逻辑设计的熟练技巧和经验来构思方案，划分模块，选择器件，拼接电路。通常，这种设计方法选用中小规模以及大规模集成器件来实现数字系统，适合设计规模不大、功能不太复杂的小型数字系统，对于复杂的数字系统，这种设计方法就不再适用。

复杂的数字系统设计可以采用 MCU 设计法。由于 MCU 的应用，过去难以甚至不能用 SSI 和 MSI 实现的复杂数字系统在 MCU 的软件设计中可以轻松实现。同时 MCU 的使用使电子系统的智能化水平在广度和深度上产生了质的飞跃。但是用 MCU 设计的系统存在运行速度和可靠性不高的缺点，设计成果移植困难、大规模复杂设计不便于多人协作并行工作，因此 MCU 设计法主要用于对智能化要求较高或需要进行人机对话的应用场合。

传统的设计方法都是采用“自下而上（Bottom Up）”的设计方法，即首先确定可用的元件，然后根据这些器件进行逻辑设计，完成各模块后，进行连接形成系统，最后经调试、测量观察整个系统是否达到规定的性能指标。这种设计方法具有以下一些缺点：

（1）要求设计者具有丰富的设计经验，设计受市场器件情况等因素的限制，而且设计方法没有明显的规律可循；

（2）系统调试是在系统完成后进行的，如果发现系统设计需要修改，则需要重新制作电路板、重新购买器件、重新调试和设计，设计过程反复较多，开发效率低，开发时间长；

（3）传统的设计方法一般都是基于原理图的设计，可移植性差，可继承性差，对于复杂系统的设计、阅读、交流、修改、更新、保存都十分困难，不利于复杂系统的任务分解和综合。

13.2.2 基于 EDA 的现代数字系统设计方法

随着电子技术和计算机技术的发展，数字系统的设计方法和设计手段已经发生了很大的变化，传统的设计方法已逐步退出历史舞台，而基于 EDA 技术的层次化设计正在成为现代数字系统设计的主流。

1. EDA（电子设计自动化：electronics design automation）技术概述

现代电子系统领域中的 EDA 技术随着 CAD（计算机辅助设计：computer aided design）技术的提高和可编程逻辑器件的应运而生而不断完善。特别是目前 CPLD/FPGA 的广泛应用,为数字系统的设计带来极大的灵活性。由于该器件可以通过软件编程,对其硬件的结构和工作方式进行重构,使得硬件的设计可以像软件设计那样灵活方便。这一切极大地改变了传统的数字系统设计方法、设计过程,甚至设计观念。

EDA 技术以计算机为工具进行电子设计。现代的 EDA 软件平台集设计、仿真、测试于一体,配备了系统设计自动化的全部工具,配置了多种能兼用和混合使用的逻辑描述输入工具,同时还配置了高性能的逻辑综合、优化和仿真模拟工具。EDA 技术借助于大规模可编程逻辑器件(programmable logic device,PLD)和高效的设计软件,用户不仅可通过直接对芯片结构的设计来实现复杂系统的逻辑功能,而且由于引脚定义的灵活性,大大减轻了电路图设计和电路板设计的工作量和难度。同时,这种基于可编程逻辑器件芯片的设计,大大减少了系统芯片的数量,缩小了系统的体积,提高了系统的可靠性。如今只需一台个人计算机、一套 EDA 软件和一片 PLD 芯片,就能完成大规模集成电路和数字系统的设计。

目前,大规模 PLD 已为设计者提供了在系统编程技术,即只要将器件插在系统电路板上,就可以对其进行编程或再编程,这就为设计者进行电子系统设计和开发提供了可实现的最新手段。采用在系统编程技术,使得系统内硬件的功能可以像软件一样编程配置,从而可以使电子系统的设计和产品性能的改进及扩展变得十分简单。采用这种技术不仅对系统的设计、制造、测试和维护产生了重大的影响,也给样机设计、电路板调试、系统制造和系统升级带来了革命性的变化。

2. 自顶向下的设计方法

基于 EDA 技术的现代数字系统的设计一般采用自顶向下的方法。自顶向下(top to down)法是一种从抽象定义到具体实现,从高层次到低层次逐步求精的分层次、分模块的设计方法,它是数字系统设计中最常用的设计方法之一。

该设计方法的具体实施过程是:

(1) 首先根据系统的总体功能要求进行系统级设计;

(2) 然后按照一定的标准将整个系统划分成若干个子系统;

(3) 接着将各个子系统划分为若干功能模块,针对各模块进行逻辑电路级设计。

采用该方法设计时,高层设计进行功能和接口描述,说明模块的功能和接口,模块功能的更详细描述在下一设计层次说明,最底层的设计才涉及具体的寄存器和逻辑门电路等实现方式的描述。

采用自顶向下的设计方法有如下优点:

(1) 自顶向下设计方法是一种模块化设计方法。对设计的描述从上到下逐步由粗略到详细,符合常规的逻辑思维习惯。由于高层设计同器件无关,所做的设计易于在各种集成电路工艺或可编程器件之间移植。

(2) 适合多个设计者同时进行设计。随着技术的不断进步,许多设计由一个设计者已无法完成,必须由多个设计者分工协作共同完成一项设计的情况越来越多。在这种情况下,应用自顶向下的设计方法便于多个设计者同时开展设计,并能对设计任务进行合理分配,用系统工程的方法对设计进行管理。

针对具体的设计,实施自顶向下的设计方法的形式会有所不同,但均需遵循以下两条原则:逐层分解功能,分层次进行设计。同时,应在各个设计层次上,考虑相应的仿真验证问题。

3. 基于 EDA 的现代数字系统设计方法

基于 EDA 的现代数字系统设计根据设计输入方式的不同，又可以分为原理图设计法、程序设计法、波形图设计法和状态机设计法等。

原理图设计法是 EDA 工具软件提供的基本设计方法。该方法是选用 EDA 软件提供的器件库资源，利用电路作图的方法进行相关的电气连接，从而构成相应的系统或满足某些特定功能的新元件。这种方式大多用在对系统及各部分电路很熟悉的情况，或在系统对时间特性要求较高的场合。原理图设计方法的主要优点是直观、易学、容易实现仿真，便于信号的观察和电路的调整，但当系统功能较复杂时，原理图输入方式效率低。因此，它适合于不太复杂的小系统和复杂系统的综合设计（与其他设计方法进行联合设计）。

程序设计法是使用硬件描述语言（HDL）进行设计，也称 HDL 设计。HDL 设计是目前工程设计最重要的设计方法。程序设计的语言种类较多，广泛使用的有 VHDL、Verilog HDL、ABEL-HDL 和 AHDL 等。目前，绝大多数 EDA 开发软件都支持 VHDL 和 Verilog HDL，只有少数开发软件支持 ABEL-HDL 和 AHDL。

对于那些只关心输入与输出信号之间的关系，而不需要对中间变量进行干预的系统可采用波形图设计法。该方法只需给出输入信号与输出信号的波形，用户可以借助开发软件提供的波形输入系统，建立和编辑波形设计文件，EDA 软件根据用户定义的输入/输出波形自动生成逻辑关系和相应的功能模块。波形设计法是一种简明的设计方法，并且容易查错。该方法编译软件复杂，不适合复杂系统的设计，只有少数 EDA 软件支持这种设计方法。

有些 EDA 软件提供了可视化图形状态机描述法。设计人员可以借助 EDA 软件提供的图形状态机设计窗口，以绘画的方式创建图形状态机来描述系统的功能。使用这种方法，设计者不必关心 PLD 内部结构和逻辑表达式，只需要考虑状态转移条件和各状态之间的关系，来构成状态转移图。EDA 软件根据用户绘制的状态机自动生成功能模块。状态机的设计方法是当前比较流行的一种数字系统的设计方法，本书将在 13.4 节详细介绍状态机的设计方法。

4. 传统的设计方法与基于 EDA 的现代数字系统设计方法的区别

传统设计方法和 EDA 设计方法的比较如表 13-1 所示。

表 13-1 传统设计方法和 EDA 设计方法的比较

传统设计方法	EDA 设计方法
自下而上	自上而下
手动设计	自动设计
软、硬件分离	打破软硬件屏障
原理图方式设计	原理图、硬件描述语言等多种设计方式
系统功能固定	系统功能易改变
不宜仿真	易仿真
难测试修改	易测试修改
模块难移植共享	设计工作标准化，模块可移植共享
设计周期长	设计周期短

思考题

1. 简述自顶向下的设计方法。

2. 基于 EDA 的现代数字系统设计方法有哪几种设计输入方式？简述传统的设计方法与基于 EDA 的现代数字系统设计方法的区别。

13.3 数字系统的设计步骤

数字系统与逻辑功能部件的设计方法不同，逻辑功能部件一般采用“自底向上”的设计方法，先按照任务要求建立真值表或状态表，给出逻辑功能描述，再进行逻辑函数化简，最后完成逻辑电路设计。基于 EDA 的数字系统则采用“自顶向下”的设计方法，其设计步骤如图 13-4 的流程图所示。

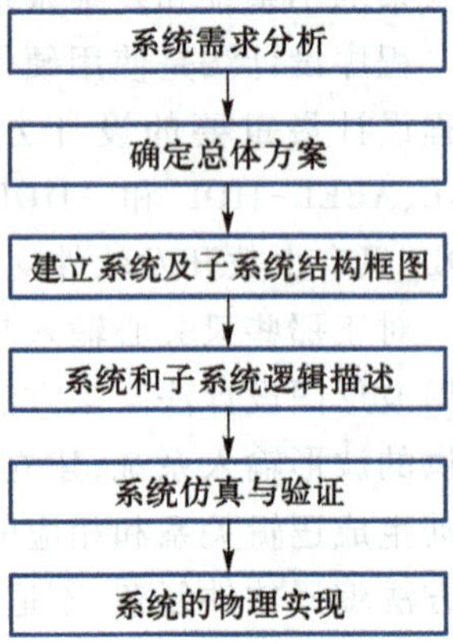

图 13-4 数字系统设计流程图

1. 系统需求分析

系统需求分析是数字系统设计的首要任务。在设计任务书中，可用各种方式提出对整个数字系统的逻辑要求，常用的方式有自然语言、逻辑流程图、时序图或几种方法的结合。设计者在读完技术任务书后应明确以下内容：确定系统的基本功能；确定输入和输出信号；确定各功能模块之间的相互关系；确定系统具体指标。

2. 确定总体方案

数字系统总体方案将直接影响整个数字系统的质量与性能，总体方案需要综合考虑以下几个因素：系统功能要求、系统使用要求和系统性能价格比。考虑不同的侧重点，可以得出不同的设计方案。同一功能的系统可以有多种工作原理和实现方法，应根据实际问题以及工作经验对各个方案进行比较，从中选出最优方案。

3. 建立系统及子系统结构框图

系统方案确定以后，再从结构上对系统进行逻辑划分，确定系统的结构框图。具体方法是：根据数据子系统和控制子系统各自的功能特点，把系统从逻辑上划分为数据子系统和控制子系统两部分。逻辑划分的依据是：怎样更利于实现系统的工作原理，就怎样进行逻辑划分。逻辑划分后，就可以画出整个系统的结构框图。然后对数据子系统进行进一步结构分解，将其分解为多个功能模块，再将各个功能模块分解为更小的模块，直至可用基本的逻辑功能模块（如寄存器、计数器、加法器、比较器等）来实现为止。最后画出由基本功能模块组成的数据子系统结构框图，数据子系统中所需的各种控制信号将由控制子系统产生。

4. 系统和子系统逻辑描述

当系统中各个子系统和模块的逻辑功能和结构确定后，则需采用比较规范的形式来描述系统的逻辑功能。设计方案的描述方法可以有多种，常用的有方框图、流程图和硬件描述语言等。对系统的逻辑描述可先采用较粗略的方框图，再将方框图逐步细化为详细逻辑流程图，最后将详细逻辑流程图用电路原理图或硬件描述语言描述出来。

5. 系统仿真与验证

在电路设计完成以后必须验证设计是否正确，在早期，只能通过搭试硬件电路才能得到设计的结果。目前，数字电路设计的 EDA 软件都具有仿真功能，先通过系统仿真，当系统仿真结果正确后再进行实际电路的测试。由 EDA 软件仿真验证的结果十分接近实际结果，因此，可极大地提高电路设计的效率。

6. 系统的物理实现

物理实现是指用实际的器件实现数字系统的设计，用仪表测量设计的电路是否符合设计要求。通过 EDA 软件仿真，如果设计的数字系统满足总体要求，就可以用芯片实现数字系统。首先实现各个逻辑功能电路，调试正确后，再将它们互联成子系统，最后进行数字系统总体调试。

13.4 状态机的设计

关键术语

状态机：状态机是一种具有指定状态数目的概念机，它在某个指定的时刻仅处于一个状态，状态的改变是对输入事件的响应。

有限状态机(finite state machine，FSM)：状态数为有限个的状态机。

Moore 型状态机：输出信号只和当前状态有关的状态机。

Mealy 型状态机：输出信号不仅和当前状态有关，而且也和输入信号有关的状态机。

电子教案 13-2：状态机设计

状态机及其设计技术是数字系统设计中实现高效率、高可靠逻辑控制的重要途径。在数字电路系统中，状态机是一种十分重要的时序逻辑电路模块，它具有以下一些优势：

(1) 状态机克服了纯硬件数字系统顺序方式控制不灵活的缺点；

(2) 状态机的结构相对简单，设计方案相对固定；

(3) 状态机容易构成性能良好的同步时序逻辑模块；

(4) 在高速运算和控制方面，状态机更有其巨大的优势；

(5) 高可靠性。

在前面的章节中已提到，数字系统一般可分为控制单元和数据处理单元，控制单元是执行数字系统算法的核心部分，控制单元的每一个控制态可以看作一种状态，根据状态之间的转换条件指定下一个状态和输出信号，因此采用状态机可以非常清楚地描述控制单元时序电路之间的状态转换模式和状态转换的条件。

应用实例

自动售货机在公共场所随处可见，它是一种根据投入的钱币自动售货的机器。作为商业自动化的常用设备，它不受时间、地点的限制，能节省人力、方便交易。常见的自动售货机一般有两个投币口：一元投币口和五角投币口。假设每次只能投入一枚一元或五角的硬币，投入一元五角硬币后机器自动给出一瓶矿泉水,投入两元硬币后,在给出一瓶矿泉水的同时找回一枚五角的硬币。整个机器的工作是由数字电路构成的控制系统来控制完成的。图 13-5 为自动售货机控制系统方框图,它是由投币信号处理模块和功能控制模块组成的。

图 13-5 自动售货机控制系统方框图

传统的数字电路的设计方法来设计该控制系统比较麻烦,难以入手,但是用状态机的设计方法来设计却非常方便,快捷。

首先设定逻辑变量:设投币信号 a、b 为输入逻辑变量,投入一枚五角硬币时用 a=**1** 表示,未投入时 a=**0**。投入一枚一元硬币用 b=**1** 表示,未投入时 b=**0**。设给出矿泉水和找钱为两个输出变量,分别用 y 和 z 表示,给出矿泉水时 y=**1**,不给时 y=**0**,找回一枚五角硬币时 z=**1**,不找时z=**0**。

根据上面的功能描述,可用三个状态 s0,s1,s2 表示,未投币前的初始状态为 s0,投入一枚五角硬币以后为 s1,投入一元硬币后(包括投入一枚一元硬币和投入两枚五角硬币的情况)为 s2。在 s1 状态后再投入一枚一元硬币或在 s2 状态后再投入一枚五角硬币,电路返回 s0,同时输出为 y=**1**,z=**0**;如果在 s2 状态后投入的是一枚一元硬币,则电路也应能返回 s0,同时输出为 y=**1**,z=**1**。根据上面的分析可得到状态转换图如图 13-6 所示。

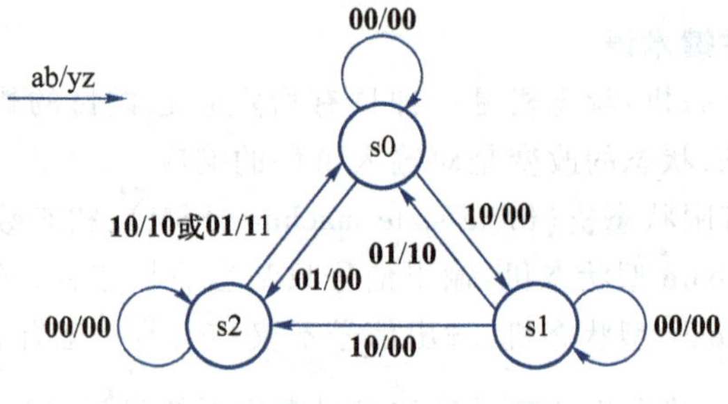

图 13-6 自动售货机状态转换图

这样,我们可以用一个状态机来完成该自动售货机功能控制系统的设计,其 VHDL 源程序如下:

```
library ieee;
use ieee. std _ logic _ 1164. all;
entity shj _ ctrl is
port( a ,b:in std _ logic;          --输入逻辑变量
      clk:in std _ logic;           --系统时钟
      z,y:out std _ logic) ;        --输出逻辑变量
end shj _ ctrl;
architecture beha of shj _ ctrl is
type states is(s0,s1,s2) ;
signal state:states;
signal x:std _ logic _ vector(1 downto 0) ;
begin
x<=a&b;
```

```
process(clk,x,state)
begin
if rising_edge(clk)then
    case state is
        when s0=>y<='0';z<='0';
            if(x="10")then
                state<=s1;
            elsif(x="01")then
                state<=s2;
            else
                state<=s0;
            end if;
        when s1=>y<='0';z<='0';
            if(x="10")then
                state<=s2;
            elsif(x="01")then
                state<=s0;
                y<='1';z<='0';
            else
                state<=s1;
            end if;
        when s2=>y<='0';z<='0';
            if(x="10")then
                state<=s0;
                y<='1';z<='0';
            elsif(x="01")then
                state<=s0;
                y<='1';z<='1';
            else
                state<=s2;
            end if;
        end case;
end if;
end process;
end beha;
```

在程序中,a、b 分别为五角硬币和一元硬币驱动信号,y 为矿泉水输出信号,z 为找钱输出信号,该程序用 VHDL 中的 case 语句和 if 语句来实现其控制功能,后面的章节中我们会详细地介绍状态机的 VHDL 设计方法。

13.4.1 状态机的基本结构

状态机的一般结构如图 13-7 所示，除了输入部分和输出部分外，状态机主要由状态寄存器、次态逻辑和输出逻辑三部分组成。其中状态寄存器的功能是记忆状态机的内部状态；次态逻辑的功能是确定有限状态机的下一个状态（次态），即确定状态机的激励方程；输出逻辑的功能是确定有限状态机的输出，即确定状态机的输出方程。在有限状态机中，状态寄存器的下一个状态不仅与输入信号有关，而且还与该寄存器的当前状态有关，因此状态机又可以认为是组合逻辑和寄存器逻辑的一种特殊组合。寄存器逻辑即状态寄存器，而组合逻辑包括次态逻辑和输出逻辑两部分。

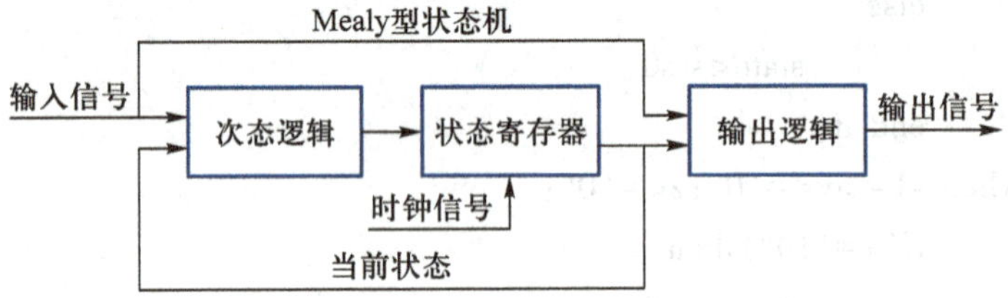

图 13-7 状态机的基本结构框图

13.4.2 状态机的分类

根据状态机的状态数是否为有限个，可将状态机分为有限状态机（finite state machine，FSM）和无限状态机（infinite state machine，ISM）。逻辑设计中一般所涉及的状态都是有限的，因此后面所提及的状态机都指有限状态机。

状态机根据输出信号与当前状态以及输入信号的关系来分，可以分为 Moore 型和 Mealy 型两类状态机：输出信号只和当前状态有关的状态机称为 Moore 型状态机；输出信号不仅和当前状态有关，而且也和输入信号有关的状态机称为 Mealy 型状态机。从输出时序上看，前者属于同步输出状态机，而后者属于异步输出状态机。Mealy 型状态机的输出是当前状态和所有输入信号的函数，它的输出是在输入变化后立即发生的，不依赖时钟的同步。Moore 型状态机的输出则仅为当前状态的函数，这类状态机在输入发生变化时还必须等待时钟的到来，时钟使状态发生变化时才导致输出的变化，所以比 Mealy 型状态机要多等待一个时钟周期。由于 Mealy 型状态机的输出与时钟不同步，因此很容易在输出端产生毛刺，造成不可预料的结果。因此从稳定性的角度讲，Moore 型状态机比较好；但是从响应时间的角度讲，Mealy 型状态机对输入的响应最多可比 Moore 型状态机早一个时钟周期。

13.4.3 状态机的 VHDL 设计

有限状态机（FSM）及其设计技术是实用数字系统设计中实现高效率、高可靠逻辑控制的重要途径。传统的状态机设计方法需进行烦琐的状态分配、绘制状态表、化简次态方程等，而利用 VHDL 可以避免这些烦琐的过程，直接利用状态转换图进行状态机的描述。此外，与 VHDL 的其他描述方式相比，状态机的 VHDL 表述丰富多样，程序层次分明、结构清晰、易读易懂；在排错、修改和模块移植方面也有其独到的特点。

1. 状态机的 VHDL 设计步骤

状态机的传统设计步骤是：

(1) 绘制控制器的状态图；

(2) 列出状态表，合并消除状态表中的等价状态；

(3) 分配状态寄存器；

(4) 根据状态表拟定状态方程和输出方程；

(5) 编写有限状态机设计程序。

在 VHDL 设计中，可以不需要进行烦琐的状态分配、化简状态方程等步骤，可以简便地定义状态变量，将状态描述成进程，这个进程可以传出信号来控制其他进程，从而实现各种功能。

因此，用 VHDL 设计状态机的步骤是：

(1) 分析控制器设计指标，建立系统算法模型图，即状态转移图；

(2) 分析被控对象的时序状态，确定控制器状态机的各个状态及输入、输出条件；

(3) 应用 VHDL 完成状态机的描述。

2. 状态机的 VHDL 描述方法

从图 13-7 中我们可以看到，状态机一般由三个模块构成：状态寄存器、次态逻辑和输出逻辑。在使用 VHDL 描述状态机时，就从这三个方面入手，可以分为一段式、二段式和三段式 FSM 描述方法，有的地方也称为单进程、两进程和三进程 FSM 描述方法。

一段式(单进程)FSM 描述方法是将整个状态机的三个模块合并起来，写到一个进程里面，在该进程中即描述状态转移，又描述状态的输入和输出；二段式(两进程)FSM 描述方法是用两个进程来描述状态机，其中当前状态寄存器用一个同步时序进程来描述，输出逻辑和次态逻辑合并起来，用另一个组合逻辑进程来描述；三段式(三进程)FSM 描述方法是将状态机的三个模块分别用三个进程来描述，一个同步时序进程描述状态寄存器，一个组合逻辑进程描述次态逻辑，最后输出逻辑单独用一个进程来描述。

一般而言，推荐的 FSM 描述方法是后两种，即两段式和三段式 FSM 描述方法。FSM 和其他设计一样，最好使用同步时序方式设计，以提高设计的稳定性，消除毛刺。状态机实现后，一般来说，状态转移部分是同步时序电路而状态的转移条件的判断是组合逻辑。两段式之所以比一段式编码合理，就在于两段式编码将同步时序和组合逻辑分别放到不同的进程中实现。这样做的好处不仅仅是便于阅读、理解、维护，更重要的是利于综合器优化代码，利于用户添加合适的时序约束条件，利于布局布线器实现设计。而一段式 FSM 描述的状态机可读性差，易出错，不利于时序约束、功能更改、调试等，而且不能很好地表示 Mealy 型 FSM 的输出，容易写出 Latches(锁存器)，导致逻辑功能错误。

三种 FSM 描述方法可以用表 13-2 进行比较。但是，任何一种描述的优劣只是一般规律，而不是绝对性规律。例如一般来说不推荐一段式描述，但是如果 FSM 的结构十分简单，状态很少，状态转移条件和状态输出都十分简化，则使用一段式建模的效率很高，这些经验需要读者逐步积累。例如前面应用实例中自动售货机的状态机设计采用的就是一段式描述方法。

表 13-2 三种 FSM 描述方法比较

比较项目	一段式描述方法	两段式描述方法	三段式描述方法
推荐等级	不推荐	推荐	最优推荐
代码简洁程度	冗长	最简洁	简洁
进程个数	1	2	3
是否利于时序约束	不利于	利于	利于
是否有组合逻辑输出	可以无组合逻辑输出	多数情况有组合逻辑输出	无组合逻辑输出
是否利于综合与布局布线	不利于	利于	利于
代码的可靠性与可维护度	低	高	最好
代码风格的规范性	低,任意度较大	格式化,规范	格式化,规范

3. VHDL 状态机实例

【例 13-1】 Moore 型状态机的二段式描述。

```
library ieee;
use ieee.std_logic_1164.all;
entity statmach is
    port(clock,s1,s2,reset:in std_logic;
      r1,y1,g1,r2,y2,g2:out std_logic);
end;
architecture exemplar of statmach is
type state_t is(st0,st1,st2,st3,st4,st5,st6,st7);
signal state,nxstate:state_t;
begin
update_state:process(reset,clock)            --描述状态寄存器的时序逻辑进程
begin
      if(reset='1')then
          state<=st0 ;
      elsif clock'event and clock='1' then
          state <=nxstate ;
      end if ;
end process;
transitions:process(state,s1,s2)              --描述次态逻辑和输出逻辑的组合逻辑进程
begin
          r1<='0'; y1<='0'; g1<='0';    --设置输出缺省值
          r2<='0'; y2<='0'; g2<='0';
     case state is
          when st0=>
                 g1<='1';
                 r2<='1';
```

```
        if s2=s1 then
            nxstate <=st1;
        elsif (s1='0' and s2='1') then
            nxstate<=st2;
        else
            nxstate<=st0;
        end if;
    when st1=>
        g1<='1';
        r2<='1';
        nxstate<=st2;
    when st2=>
        g1<='1';
        r2<='1';
        nxstate<=st3;
    when st3=>
        y1<='1';
        r2<='1';
        nxstate<=st4;
    when st4=>
        r1<='1';
        g2<='1';
        if(s1='0' and s2='0') then
          nxstate<=st5;
        elsif(s1='1' and s2='0') then
          nxstate<=st6;
        else
            nxstate<=st4;
        end if;
    when st5=>
        r1<='1';
        g2<='1';
        nxstate<=st6;
    when st6=>
        r1<='1';
        g2<='1';
        nxstate<=st7;
    when st7=>
```

```
            r1<='1';
            y2<='1';
            nxstate<=st0;
    end case;
end process;
end exemplar;
```

状态转换图如图 13-8 所示。

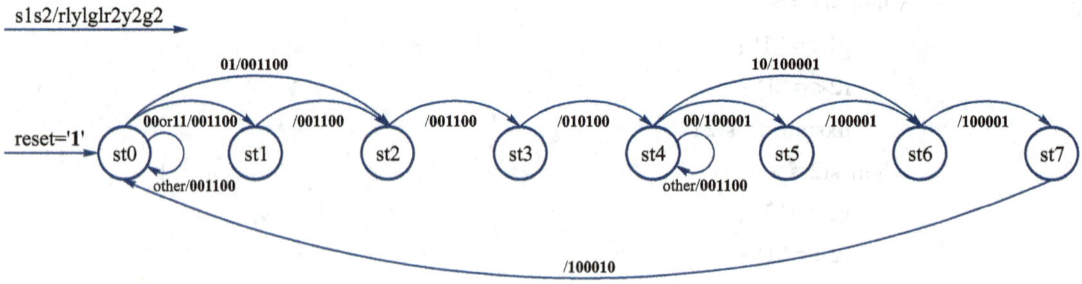

图 13-8 状态转换图

该设计所有的输出均与输入无关,只与现态有关,所以是 Moore 型状态机。

【例 13-2】 三进程(三段式)状态机。

```
library ieee;
use ieee.std_logic_1164.all;
entity moore is
port(rst:in std_logic;
clock:in std_logic;
x:in std_logic;
z:out std_logic);
end moore;
architecture behavior of moore is
type state_type is(s0,s1,s2,s3);
signal current_state,next_state:state_type;
begin
synch:process(clock)                                    --状态寄存器进程
begin
if(clock'event and clock='1')then
    if rst='1' then
        current_state<=s1;
    else
        current_state<=next_state;
    end if;
```

```
end if;
end process;
state _ trans:process( current _ state,x)          --次态逻辑进程
begin
next _ state<=current _ state;                      --设定状态缺省值
        case current _ state is
        when s0=>
              if x='0' then
                   next _ state <=s0;
              else
                   next _ state <=s2;
              end if;
        when s1=>
              if x='0' then
                   next _ state <=s0;
              else
                   next _ state <=s2;
              end if;
        when s2=>
             if x='0' then
                  next _ state <=s2;
             else
                  next _ state <=s3;
             end if;
        when s3=>
              if x='0' then
                   next _ state <=s3;
              else
                   next _ state <=s1;
              end if;
        end case;
end process;
output _ gen:process( current _ state,x)  --输出逻辑进程
begin
z<='0' ;                                            --设置输出缺省值
        case current _ state is
             when s0=>
                  z<='0' ;
```

```
            when s1 =>
                  z<='1';
            when s2 =>
                  z<='1';
            when s3 =>
                  z<='0';
        end case;
end process;
end behavior;
```

状态转换图如图 13-9 所示。

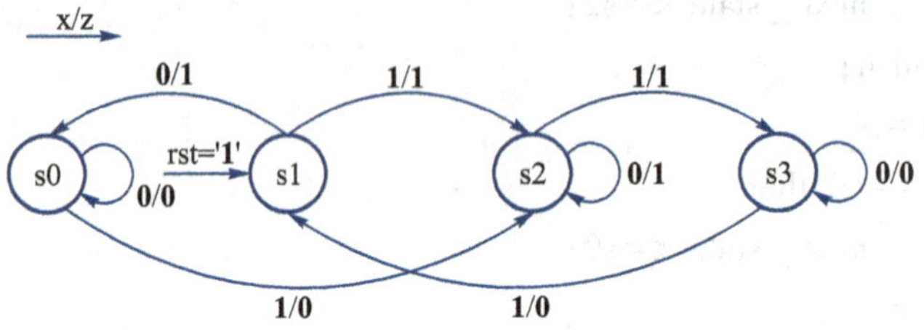

图 13-9 状态转换图

三段式描述方法与两段式描述相比，虽然代码结构复杂了一些，但是换来的优势是使 FSM 做到了同步寄存器输出，消除了组合逻辑输出的不稳定与毛刺的隐患，而且更利于时序路径分组，一般来说在 FPGA/CPLD 等可编程逻辑器件上的综合与布局布线效果更佳。

思考题

1. 什么是状态机？其基本结构由哪三部分组成？简述各部分的功能。
2. 什么是 Moore 型状态机和 Mealy 型状态机？两者有什么区别？
3. 简述状态机的一段式、二段式和三段式 FSM 描述方法。

13.5 数字系统设计举例

计算机是最典型的数字系统，它能对输入的信息进行处理、运算。模型计算机是计算机的缩微模型，通过它可以理解计算机整机的结构及功能，理解 CPU、存储器、中断控制器、接口的结构及实现逻辑和各部件之间的接口关系。在这一节中，我们将以一个 8 位模型计算机的 VHDL 设计为例来介绍数字系统的设计方法。

电子教案 13-3：
数字系统设计举例

13.5.1 设计任务及方案构思

本节要设计一个模型计算机，它由十一个功能部件组成：存储器、时钟信号源、节拍发生器、操作控制器、程序计数器、地址寄存器、数据寄存器、累加器、算术逻辑单元、指令寄存器和指令译码器以及译码显示电路。其设计要求如下。

(1) 总线结构:单总线,数据总线位数 8 位、地址总线 3 位。

(2) 存储器:存储容量 5×8 位。

(3) 操作控制器:实现指令操作码所需的操作控制信号。

(4) 运算器:一个累加器,实现加法操作。

(5) 指令系统规模:3 条指令。

根据以上设计任务要求,我们可以得到模型计算机的结构框图如图 13-1 所示。根据模型计算机框图,可以将模型计算机系统划分成以下逻辑功能部件,各个功能部件用地址总线和数据总线连接在一起,构成简易的模型计算机。

13.5.2 顶层电路的设计

前面已经给出了本模型计算机的设计要求和总体结构框图。在用 VHDL 实现时,可采用自顶向下的设计方法,利用 Quartus Ⅱ 的原理图输入法,输入系统顶层原理图(如图 13-10 所示),实现顶层系统设计。

13.5.3 次级模块电路的分析及 VHDL 实现

1. 算术逻辑单元的 VHDL 源程序

算术逻辑单元(ALU)是数据加工处理部件,用来实现基本的算术、逻辑运算功能。由于本例模型计算机只要求完成加法运算,所以可由超前进位加法器和三态门组成,一个操作数由累加器提供,另一个操作数来自内部数据总线。当 SUMI=0 时,将两数相加结果存入锁存器,当输出控制命令 SUMO=0 时,相加结果通过三态门输出。

```
library ieee;
use ieee.std_logic_1164.all;
use ieee.std_logic_arith.all;
use ieee.std_logic_unsigned.all;
entity alu is
port(
    ac,dr:in std_logic_vector(7 downto 0);        --累加器 ac,数据寄存器 dr
    sumi:std_logic;                               --加法运算控制信号 sumi
    sumo:std_logic;                               --输出控制信号 sumo
    alu_out:out std_logic_vector(7 downto 0)      --运算结果
    );
end alu;
architecture a of alu is
signal alu_temp:std_logic_vector(7 downto 0);
begin
    alu_temp<=ac+dr when sumi='0';
    alu_out<=alu_temp when sumo='0' else "ZZZZZZZZ";
end a;
```

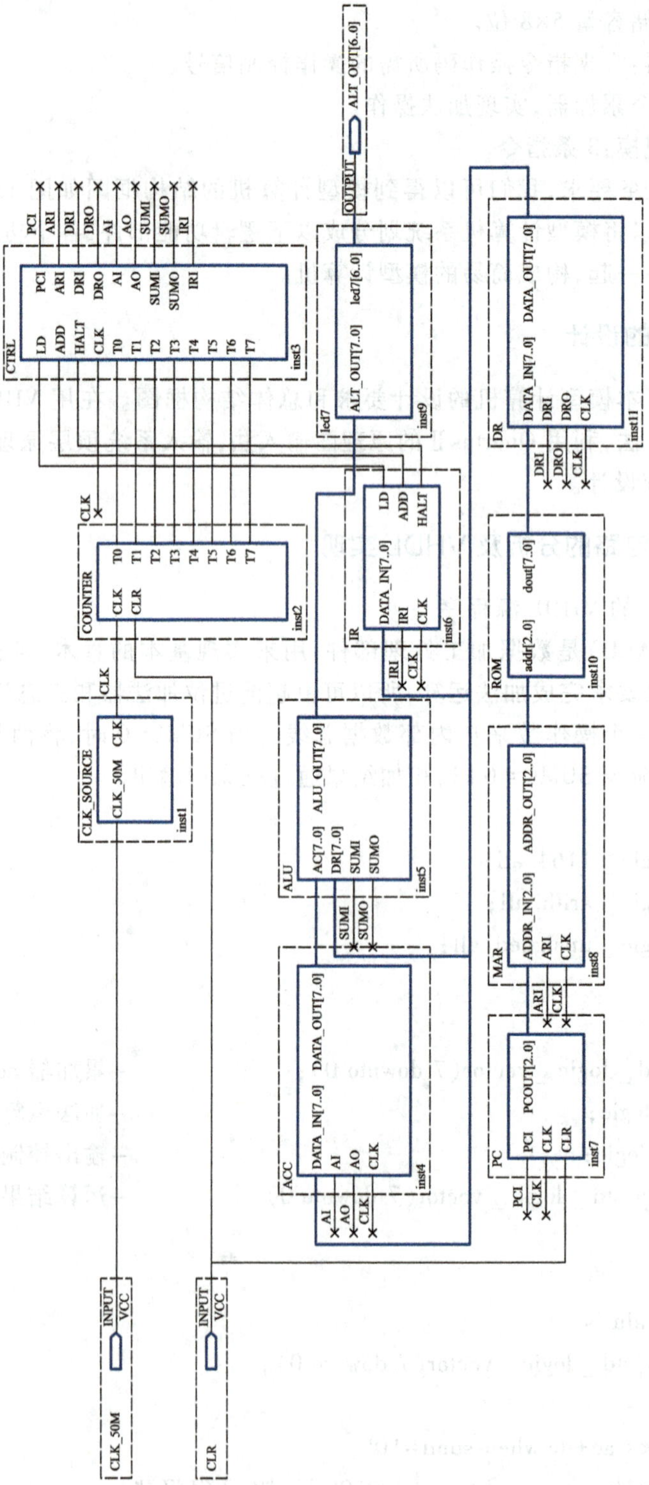

图 13-10 模型计算机顶层设计原理图

算术逻辑单元仿真波形图如图 13-11 所示。

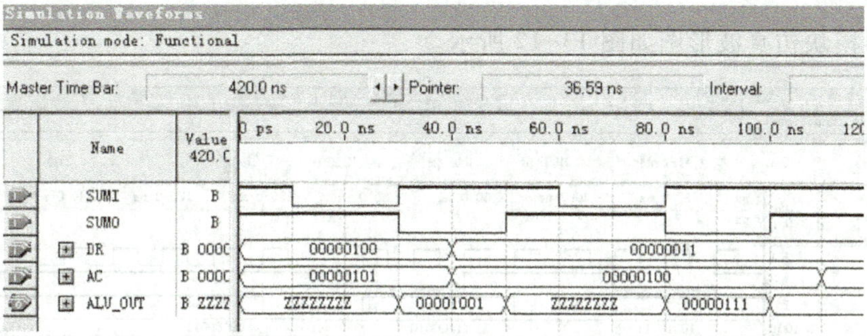

图 13-11 算术逻辑单元仿真波形图

2. 累加器模块的 VHDL 源程序

累加器是一个通用寄存器，当运算器的算术逻辑单元执行算术或逻辑运算时，为算术逻辑单元提供一个工作区。由于模型计算机是 8 位，可选用 8 位 *D* 触发器作累加器。当 AI=0 且时钟信号 CLK 上升沿到来时，将总线上的 8 位数据存入。当输出控制命令 AO=0 时，寄存的数据通过三态门输出。

```
library ieee;
use ieee.std_logic_1164.all;
entity acc is
port(
     data_in:in std_logic_vector(7 downto 0);        --数据输入
     ai:in std_logic;                                --累加器的输入命令信号 ai
     ao:in std_logic;                                --累加器的输出控制信号 ao
     clk:in std_logic;                               --时钟输入
     data_out:out std_logic_vector(7 downto 0)       --累加器数据输出
     );
end acc;
architecture a of acc is
signal regq:std_logic_vector(7 downto 0);
begin
process(clk,ai,ao)
begin
    if(clk'event and clk='1')then
        if(ai='0')then
            regq<=data_in;
        end if;
    end if;
end process;
```

```
data_out<=regq when ao='0' else "ZZZZZZZZ";
end a;
```

累加器模块仿真波形图如图 13-12 所示。

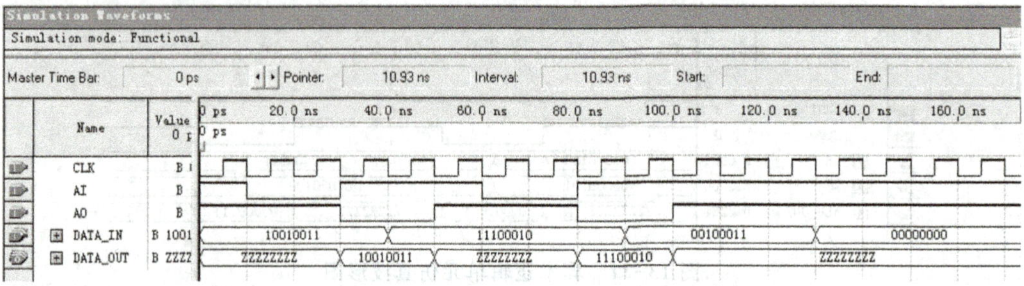

图 13-12 累加器模块仿真波形图

3. 节拍发生器的 VHDL 源程序

节拍发生器(COUNTER)用于产生 $T_0 \sim T_7$ 八个节拍脉冲信号,以便控制计算机按固定节拍有序地工作。它是一个环形移位寄存器,产生的波形如图 13-13 所示。构成节拍发生器的关键在于当系统复位信号 CLR=0 时,环形移位寄存器的初始状态要置成 10000000。

```
library ieee;
use ieee.std_logic_1164.all;
use ieee.std_logic_arith.all;
use ieee.std_logic_unsigned.all;
entity counter is
port(
    clk,clr:in std_logic;                          --系统时钟和异步清零控制信号
    t0,t1,t2,t3,t4,t5,t6,t7:out std_logic          --节拍脉冲输出
    );
end counter;
architecture a of counter is
signal temp:std_logic_vector(7 downto 0);
begin
    t0<=temp(0);
    t1<=temp(1);
    t2<=temp(2);
    t3<=temp(3);
    t4<=temp(4);
    t5<=temp(5);
    t6<=temp(6);
    t7<=temp(7);
    process(clk,clr)
```

```
    begin
        if(clr='0')then
            temp(0)<='1';
            temp(1)<='0';
            temp(2)<='0';
            temp(3)<='0';
            temp(4)<='0';
            temp(5)<='0';
            temp(6)<='0';
            temp(7)<='0';
        elsif(clk'event and clk='1')then
            temp(0)<=temp(7);
            temp(1)<=temp(0);
            temp(2)<=temp(1);
            temp(3)<=temp(2);
            temp(4)<=temp(3);
            temp(5)<=temp(4);
            temp(6)<=temp(5);
            temp(7)<=temp(6);
        end if;
    end process;
end a;
```

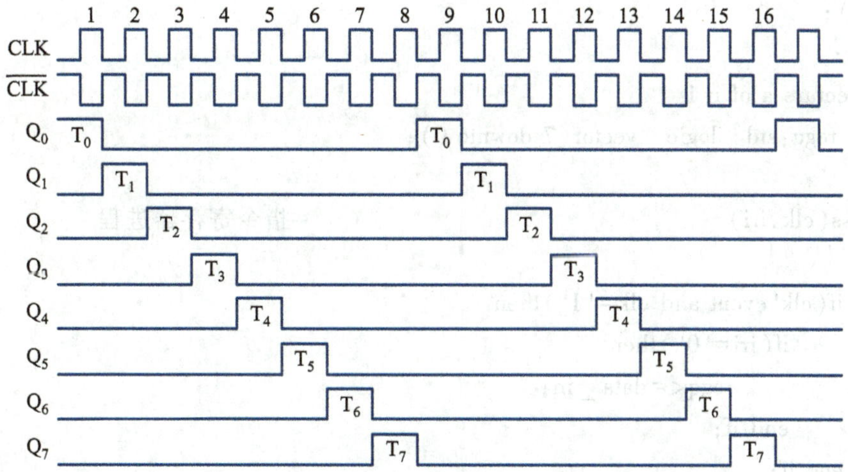

图 13-13 节拍脉冲波形图

节拍发生器模块仿真波形图如图 13-14 所示。

4. 指令寄存器模块和指令译码器的 VHDL 源程序

指令寄存器(IR)用来保存当前正在执行的一条指令。当执行一条指令时,先把它从主

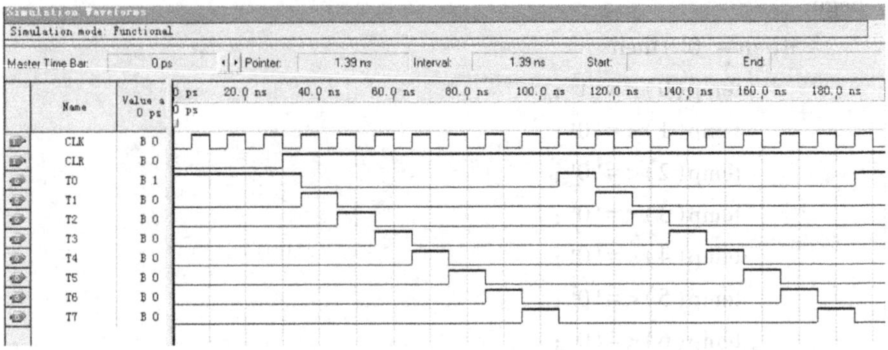

图 13-14 节拍发生器模块仿真波形图

存储器中取到数据寄存器中,然后再传送到指令寄存器。如果 IR 中存储的是操作码,就送入指令译码器,译码器将操作码译成相应的操作指令。当 IRI=0 且时钟信号 CLK 上升沿到来时,将指令操作码存入 IR,并经电路译码,输出 LD、ADD、HALT 3 个操作命令。例如,当指令操作码为 01111111 时,译码器输出为 LD=0,ADD=1,HALT=0。

```
library ieee;
use ieee.std_logic_1164.all;
entity ir is
port(
    data_in:in std_logic_vector(7 downto 0);    --数据输入
    iri:in std_logic;                           --指令寄存器 ir 的寄存命令信号
    clk:in std_logic;                           --系统时钟
    ld,add,halt:out std_logic                   --译码输出的 3 条指令信号
    );
end ir;
architecture a of ir is
signal regq:std_logic_vector(7 downto 0);
begin
process(clk,iri)                                --指令寄存器进程
begin
    if(clk'event and clk='1')then
        if(iri='0')then
            regq<=data_in;
        end if;
    end if;
end process;
process(regq)                                   --指令译码器进程
begin
    case regq is
```

```
            when"00111111"=>ld<='1';add<='0';halt<='0';
            when"01111111"=>ld<='0';add<='1';halt<='0';
            when"10111111"=>ld<='0';add<='0';halt<='1';
            when others=> ld<='0';add<='0';halt<='0';
        end case;
end process;
end a;
```

指令寄存器和指令译码器模块仿真波形图如图 13-15 所示。

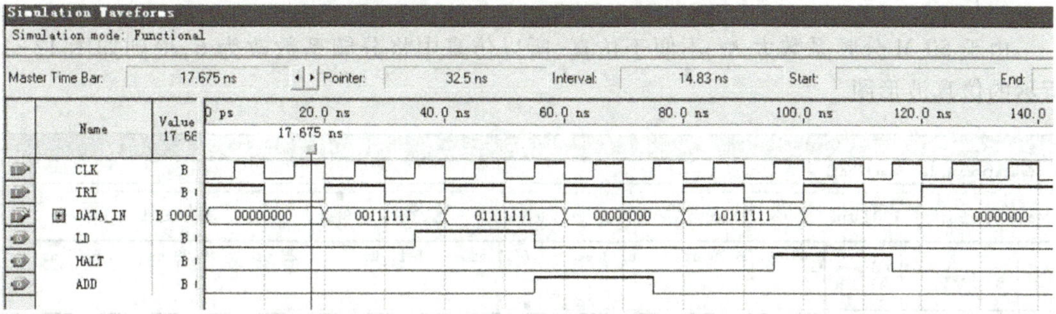

图 13-15 指令寄存器和指令译码器模块仿真波形图

5. 时钟产生器的 VHDL 源程序

时钟产生器(CLK _ SOURCE)模块用于产生固定频率的方波脉冲。模型计算机系统所需的时钟信号源(为了使显示译码后数据能看得清楚,该时钟信号频率选为 1 Hz)可由系统晶体振荡器所产生的 50 MHz 信号通过 50 M 分频得到。以下代码实际上是一个分频器的 VHDL 程序。

```
library ieee;
use ieee.std_logic_1164.all;
entity clk_source is
port(
        clk_50m:in std_logic;                    --50 MHz 晶振时钟源输入
        clk:out std_logic                        --系统时钟输出(1 Hz)
        );
end entity;
architecture a of clk_source is
signal clk_temp:std_logic;
begin
clk<=clk_temp;
process(clk_50m,clk_temp)
variable counter:integer range 0 to 24999999;
begin
     if(clk_50m'event and clk_50m='1')then
```

```
            if(counter=24999999) then
                counter:=0;
                clk_temp<=not clk_temp;
            else
                counter:=counter+1;
            end if;
        end if;
    end process;
    end a;
```

由于 50 M 分频系数太大,不便于仿真,所以仿真中将分频系数改为 6,得到如图 13-16 所示的仿真波形图。

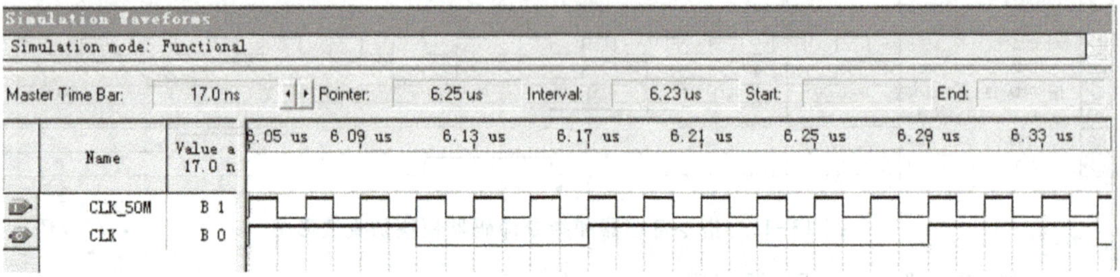

图 13-16 时钟产生器模块仿真波形图

6. 程序计数器模块的 VHDL 源程序

程序计数器(PC)的作用是确定下一条指令的地址。由于本例模型计算机只有 5 个字节的机器码,所以程序计数器 PC 的输出只使用 3 位,当 PCI=0 时,计数器保持原状态;当 PCI=1 时,计数器处于计数状态,当时钟信号 CLK 上升沿到来时,进行加 1 计数。

```
library ieee;
use ieee.std_logic_1164.all;
use ieee.std_logic_arith.all;
use ieee.std_logic_unsigned.all;
entity pc is
port(
    pci,clk,clr:in std_logic;                       --计数控制信号、时钟和清零标志
    pcout:out std_logic_vector(2 downto 0)          --指令地址输出
    );
end pc;
architecture a of pc is
signal qout:std_logic_vector(2 downto 0);
begin
process(clk,clr,pci)
begin
```

```
        if(clr='0')then
            qout<="000";
        elsif(clk'event and clk='1')then
            if(pci='1')then
                qout<=qout+1;
            end if;
        end if;
    end process;
    pcout<=qout;
    end a;
```

程序计数器模块仿真波形图如图 13-17 所示。

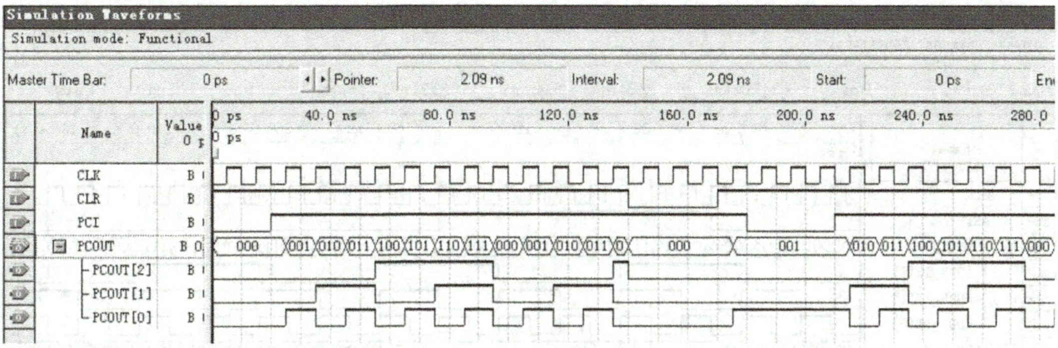

图 13-17 程序计数器模块仿真波形图

7. 地址寄存器的 VHDL 源程序

地址寄存器(MAR)用来保存当前 CPU 所访问的主存储器单元的地址,由于主存储器与 CPU 之间存在操作速度上的差别,所以必须使用地址寄存器来保存地址信息,直到主存储器的读/写操作完成为止。在模型计算机中,因为存储器只使用了5个存储单元,所以可用3个 *D* 触发器实现地址寄存器的功能,当 ARI=0 且时钟信号 CLK 上升沿到来时,将地址存入,并直接输出到存储器 ROM 的地址线上。

```
library ieee;
use ieee.std_logic_1164.all;
entity mar is
port(
    addr_in:in std_logic_vector(2 downto 0);       --地址输入
    ari:in std_logic;                              --寄存命令信号
    clk:in std_logic;                              --系统时钟
    addr_out:out std_logic_vector(2 downto 0)      --地址输出
    );
end mar;
architecture a of mar is
```

```
begin
process(clk,ari)
begin
    if(clk'event and clk='1')then
        if(ari='0')then
            addr_out<=addr_in;
        end if;
    end if;
end process;
end a;
```

地址寄存器模块仿真波形图如图 13-18 所示。

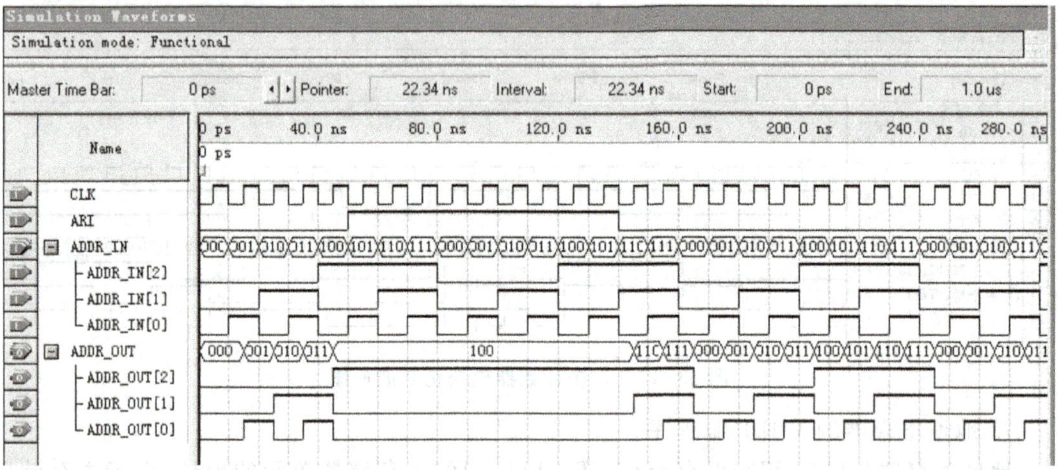

图 13-18 地址寄存器模块仿真波形图

8. 存储器的 VHDL 源程序

计算机是按照事先编写的程序进行运算的，首先将编写好的程序写入存储器(ROM)，计算机在运行过程中对存储器进行读写操作，其中 3 条指令的 3 个操作码占用 3 字节，2 个立即数占用 2 字节，需要 5 个地址，只需要 3 条地址线。存储器中的内容见表 13-3。

表 13-3 存储器的存储内容

地址	指令或数据	说明	地址	指令或数据	说明
000	00111111	LD 的操作码	011	00000101	操作数 5
001	00000100	操作数 4	100	10111111	HALT 的操作码
010	01111111	ADD 的操作码			

```
library ieee;
use ieee.std_logic_1164.all;
entity rom is
```

```
port(
        addr:in integer range 0 to 4;                        --地址输入
        dout:out std_logic_vector(7 downto 0)                --数据输出
    );
end rom;
architecture a of rom is
type vector_array is array(0 to 4)of std_logic_vector(7 downto 0);
constant memory:vector_array:=("00111111",
                               "00000100",
                               "01111111",
                               "00000101",
                               "10111111");
begin
    dout<=memory(addr);
end a;
```

存储器模块仿真波形图如图 13-19 所示。

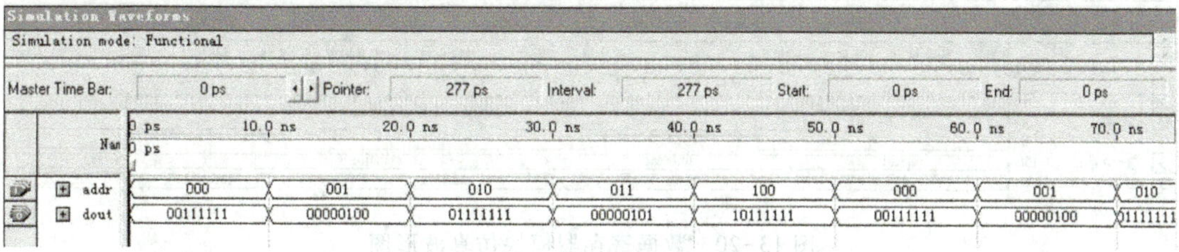

图 13-19 存储器模块仿真波形图

9. 数据寄存器的 VHDL 源程序

数据寄存器(DR)用来暂时存放由主存储器读出的一条指令或一个数据字。由于模型计算机是 8 位,可选用有三态输出功能的 8 位 D 触发器直接与总线相连。当 DRI=1 且时钟信号 CLK 上升沿到来时,将被选中的存储单元中的数据存入 DR。当 DRO=1 时,DR 输出呈高阻态;当 DRO=0 时,DR 将所存数据送到数据总线。

```
library ieee;
use ieee.std_logic_1164.all;
entity dr is
port(
      data_in:in std_logic_vector(7 downto 0);             --数据输入
      dri:in std_logic;                                    --寄存命令信号
      dro:in std_logic;                                    --输出控制信号
      clk:in std_logic;                                    --系统时钟
      data_out:out std_logic_vector(7 downto 0)            --数据输出
    );
```

```
end dr;
architecture a of dr is
signal regq:std_logic_vector(7 downto 0);
begin
process(clk,dri,dro)
begin
    if(clk'event and clk='1')then
        if(dri='1')then
            regq<=data_in;
        end if;
    end if;
end process;
data_out<=regq when dro='1'else "ZZZZZZZZ";
end a;
```

数据寄存器模块仿真波形图如图 13-20 所示。

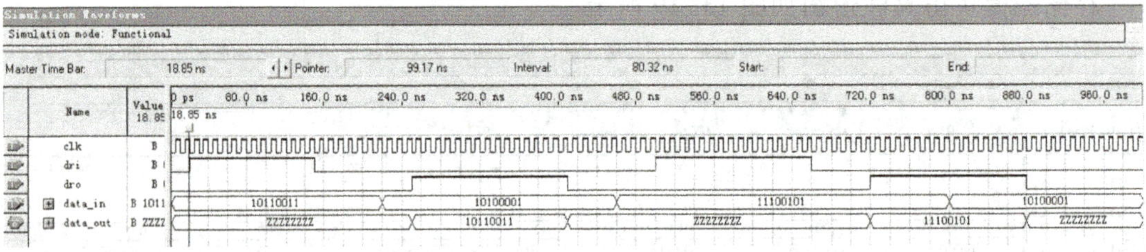

图 13-20 数据寄存器模块仿真波形图

10. 显示译码电路的 VHDL 设计

显示译码电路用以显示最后的运行结果,可经缓冲以后用 LED 显示,也可以将数据经七段显示译码后用数码管实现。以下是将最终运行结果经七段显示译码后送给共阴数码管显示的 VHDL 代码。

```
library ieee;
use ieee.std_logic_1164.all;
entity led7 is
port(
    alt_out:in std_logic_vector(7 downto 0);
    led7:out std_logic_vector(6 downto 0)
    );
end entity;
architecture one of led7 is
begin
process(alt_out)
```

```
begin
    case alt_out is
        when"00000000"=>led7<="1111110";          --0
        when"00000001"=>led7<="0110000";          --1
        when"00000010"=>led7<="1101101";          --2
        when"00000011"=>led7<="1111001";          --3
        when"00000100"=>led7<="0110011";          --4
        when"00000101"=>led7<="1011011";          --5
        when"00000110"=>led7<="1011111";          --6
        when"00000111"=>led7<="1110000";          --7
        when"00001000"=>led7<="1111111";          --8
        when"00001001"=>led7<="1111011";          --9
        when others=>null;
    end case;
end process;
end;
```

显示译码模块仿真波形图如图 13-21 所示。

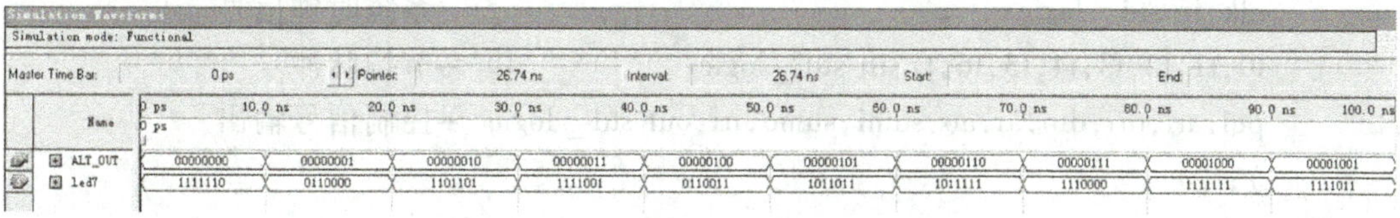

图 13-21 显示译码模块仿真波形图

13.5.4 控制器的 VHDL 设计

操作控制器(CTRL)是根据指令操作码和时序信号,产生各种操作控制信号,以便正确地建立数据通路,从而完成取指令和执行指令的控制。在模型计算机中,操作控制器的任务是按照时间节拍 $T_0 \sim T_7$,并根据指令译码器输出的各个指令的不同操作要求,向各个功能部件发出一系列有序的控制命令。模型计算机中控制信号共有 9 个,具体是:

(1) 程序计数器 PC 的计数控制信号 PCI;

(2) 地址寄存器 MAR 的寄存命令信号 ARI;

(3) 数据寄存器 DR 的寄存命令信号 DRI;

(4) 数据寄存器 DR 的输出控制信号 DRO;

(5) 累加器 A 的输入命令信号 AI;

(6) 累加器 A 的输出控制信号 AO;

(7) ALU 的加法运算控制信号 SUMI;

(8) ALU 的输出控制信号 SUMO;

(9) 指令寄存器 IR 的寄存命令信号 IRI。

操作控制器各控制命令与节拍脉冲信号、指令操作命令之间的关系为

$$ARI=\overline{T_0+T_3\cdot LD+T_3\cdot ADD} \quad (13-1)$$

$$IRI=\overline{T_2} \quad (13-2)$$

$$AI=\overline{T_6\cdot LD+T_6\cdot ADD} \quad (13-3)$$

$$DRI=T_1+T_4\cdot LD+T_4\cdot ADD \quad (13-4)$$

$$PCI=T_2+T_5\cdot LD+T_5\cdot ADD \quad (13-5)$$

$$SUMI=\overline{T_5\cdot ADD} \quad (13-6)$$

$$SUMO=\overline{T_6\cdot ADD} \quad (13-7)$$

$$AO=\overline{T_7\cdot ADD} \quad (13-8)$$

$$DRO=T_6\cdot ADD+T_7\cdot ADD \quad (13-9)$$

```
library ieee;
use ieee.std_logic_1164.all;
use ieee.std_logic_arith.all;
use ieee.std_logic_unsigned.all;
entity ctrl is
port(
    ld,add,halt:in std_logic;                            --来自指令译码器的 3 条指令
    clk:in std_logic;                                    --系统时钟信号
    t0,t1,t2,t3,t4,t5,t6,t7:in std_logic;                --节拍脉冲
    pci,ari,dri,dro,ai,ao,sumi,sumo,iri:out std_logic    --控制信号输出
    );
end entity;
architecture a of ctrl is
begin
process(ld,add,halt,t0,t1,t2,t3,t4,t5,t6,t7)
begin
if(clk'event and clk='1')then
    if(halt='1')then
        pci<='0';
        sumo<='0';
    else
        ari<=not(t0 or(t3 and ld)or(t3 and add));
        iri<=not t2;
        ai<=not((t6 and ld)or(t6 and add));
        dri<=t1 or(t4 and ld)or(t4 and add);
        pci<=t2 or(t5 and ld)or(t5 and add);
        sumi<=not(t5 and add);
        sumo<=not(t6 and add);
```

```
        ao<=not(t7 and add);
            dro<=(t6 and add)or(t7 and add);
     end if;
end if;
end process;
end a;
```

控制器模块仿真波形图如图 13-22 所示。

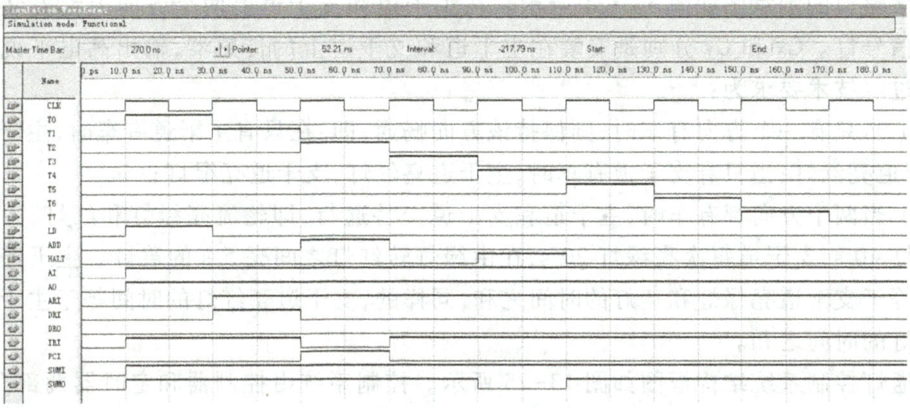

图 13-22 控制器模块仿真波形图

▶ 目标测评

1. 简述数字系统的基本构成及常用的设计方法。

2. 采用“自顶向下”设计方法设计一个 4 位数字频率计,测量范围为 0~999 Hz,假设被测信号为标准的方波信号。

3. 在数字信号的传输和数字系统的测试中,有时需要用到一组特定的串行序列信号,产生序列信号的电路称为序列信号发生器。现要求使用状态机的方法设计一序列信号发生器,产生的序列为 00111100。

4. 简述 8 位模型计算机系统的 VHDL 设计过程。

▶ 实践与提高

设计一个 4×4 键盘扫描电路。

在数字系统设计中,4×4 矩阵键盘是一种常见的输入装置,通常作为系统的输入模块。对于键盘上每个键的识别一般采取扫描的方法实现,下面介绍一种用列信号进行扫描时的基本原理和流程,如图 13-23 所示。当进行列扫描时,扫描信号由列引脚进入键盘,以 **1000**、**0100**、**0010** 和 **0001** 的顺序每次扫描不同的一列,然后读取行引脚的电平信号就可以判断是哪个按键被按下。例如扫描信号为

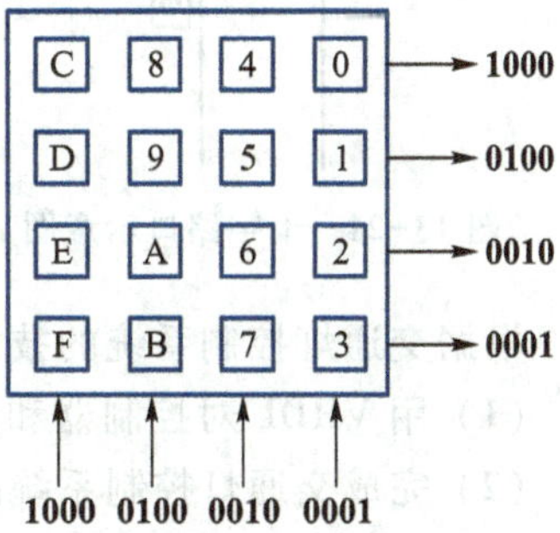

图 13-23 4×4 矩阵键盘扫描原理图

0100 表示正在扫描 89AB 一列，如果该列没有按键被按下，则由行信号读出的值为 **0000**；反之，如果按键"9"被按下，则该行信号读出的值为 **0100**。

在时钟控制下循环扫描键盘，根据列扫描信号和对应键盘相应信号确定键盘按键位置，并将按键值显示在七段数码管上。

▶ 工程训练项目

设计一个交通信号灯控制器。

十字路口的示意图如图 13-24 所示。在主干道和支干道上两个方向上都安装红、黄、绿三色信号灯。Cx 和 Cy 分别是安装在主干道和支干道上的传感器，输出高电平说明有车需要通过。技术要求为：

（1）当只有一个方向有车时，则保持该方向畅通，即：在只有主干道有车时，主干道亮绿灯，支干道亮红灯；当只有支干道有车时，主干道亮红灯，支干道亮绿灯；

（2）当两个方向都有车时，主干道和支干道交替通行，即轮流亮绿灯和红灯，主干道每次亮绿灯 40 s，支干道每次亮绿灯 20 s，在由绿灯转红灯之间亮 5 s 的黄灯。主干道亮红灯的时间等于支干道亮绿灯和黄灯的时间之和；同样的，支干道亮红灯的时间等于主干道亮绿灯和黄灯的时间之和。

交通灯控制系统结构框图如图 13-25 所示。控制系统由控制器和定时器两部分组成，定时器用于亮灯时间控制。CNT 是定时的值，LD 是定时值的同步预置信号，高电平有效。ST 是定时器状态信号，当定时结束时，ST 输出为 1。Clk 是周期为 1s 的时钟信号，Reset 是复位信号，低电平有效。Ra、Ya、Ga 分别为主干道的红灯、黄灯、绿灯信号，Rb、Yb、Gb 分别为支干道的红灯、黄灯、绿灯信号。

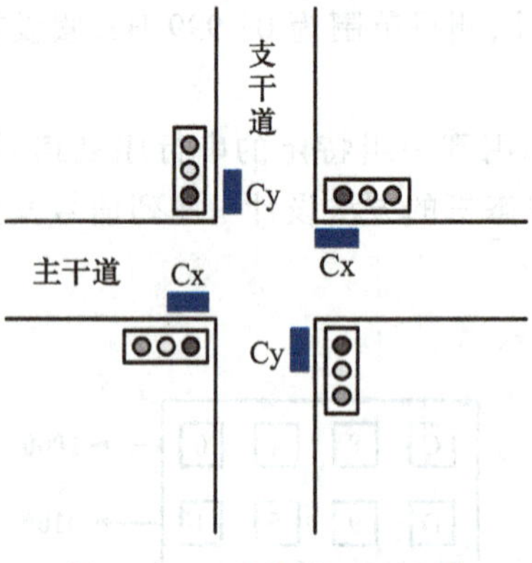

图 13-24 十字路口示意图

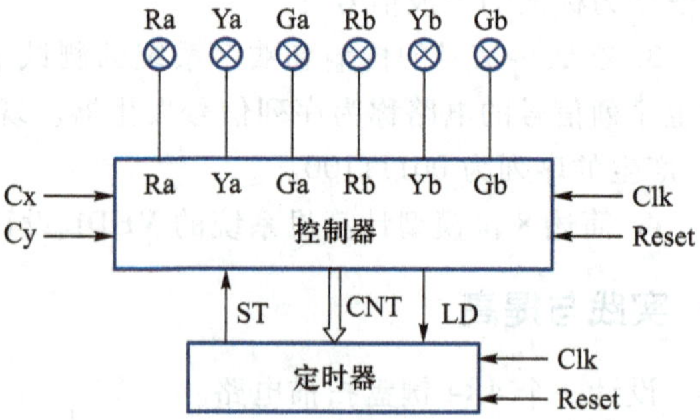

图 13-25 交通灯控制系统结构框图

根据交通灯控制系统的技术要求和结构图，完成以下内容：

（1）用 VHDL 对控制器和定时器进行设计；

（2）完成交通灯控制系统的顶层设计；

（3）将该设计下载到可编程逻辑器件中实现。

▶ 英文术语表

英文	中文	解释
Digital System	数字系统	由若干数字电路和逻辑部件构成的能够处理或传送数字信息的设备
System On Chip(SOC)	系统级芯片(或片上系统)	是一个有专用目标的集成电路,其中包含完整系统并有嵌入软件的全部内容
System On a Programmable Chip(SOPC)	可编程片上系统	用可编程逻辑技术把整个系统放到一块硅片上,用于嵌入式系统的研究和电子信息处理
Finite State Machine(FSM)	有限状态机	状态数为有限个的状态机

本章小结

1. 数字系统具有工作稳定、精确度高、可靠性高、抗干扰能力强、便于系统的模块化和小型化等优点。

2. 一个完整的数字系统通常可分为输入电路、输出电路、数据处理器、控制器和时钟电路五个部分。

3. 传统的设计方法采用自下而上设计,而基于 EDA 技术的现代数字系统的设计一般采用自顶向下、由粗到细、逐步求精的方法。

4. 状态机一般由状态寄存器、次态逻辑和输出逻辑三部分组成。状态寄存器的功能是记忆状态机的内部状态;次态逻辑的功能是确定状态机的次态;输出逻辑的功能是确定状态机的输出。

5. Moore 型状态机的输出信号只和当前状态有关,Mealy 型状态机的输出信号不仅和当前状态有关,而且也和输入信号有关。

6. 在使用 VHDL 描述状态机时,从状态机的三个基本模块入手,可以分为一段式、二段式和三段式 FSM 描述方法。

习　题

[题 13-1]　试画出 8 位可逆计数器的状态图,并用 VHDL 进行描述。

[题 13-2]　在数字信号的接收中,有时需要接收一组特定的串行数字信号,接收该信号的电路称为序列信号检测器。用状态机的设计方法描述一个序列信号检测器,成功接收并检测到序列信号 10011101 后,输出一个标志信号位。画出状态图,给出相应的 VHDL 代码。

[题 13-3]　设计一个具备定时和信息显示功能的微波炉控制器。

要求该微波炉控制器能够在任意时刻取消当前工作,复位为初始状态;

可以根据需要设置烹调时间的长短,系统最长的烹调时间为 59 min 59 s,开始烹调后,能够显示剩余时间的多少;

能够显示微波炉控制器的烹调状态。

[题 13-4] 设计一块数字秒表,能够精确反映计时时间,并完成复位、计时功能。

秒表计时的最大范围为 1 h,精度为 0.01 s。秒表可得到计时时间的分、秒、十分之一秒等度量,且各度量单位可以正确进位;

当复位清零有效时,秒表清零并做好计时准备。在任何情况下,只要按下复位开关,秒表都要无条件地进行复位操作,即使在计时过程中也要无条件地清零;

设置秒表启动/停止开关。按下该开关,秒表即刻开始计时,并得到计时结果;放开该开关时,计时停止。

[题 13-5] 设计一个满足日常生活所需功能的出租车计费器。

该计费器能实现计费功能。车起步开始计费,首先显示起步价,起步费为 3.00 元,车在行驶 3 km 以内,只收起步价。车行驶超过 3 km 后,每增加 1 km 收费 2 元,车费依次累加。当总费用达到或超过 40 元时,每增加 1 km 收费 4 元。当遇到红灯或客户需要停车等待时,则按时间计费,计费单价为每 20 s 收费 1 元;

实现计费器预置功能,能够预置起步费、每公里收费、车行加费里程、计时收费等;

可以模拟汽车行驶、停止、暂停等状态,并根据不同状态进行计费;

以十进制显示出租车行驶路程与车费。

参 考 文 献

[1] 杨志忠,卫桦林. 数字电子技术基础(第三版)[M]. 北京:高等教育出版社,2018.
[2] 阎石. 数字电子技术基础教程[M]. 北京:清华大学出版社,2007.
[3] 李晶皎,李景宏,曹阳. 逻辑与数字系统设计[M]. 北京:清华大学出版社,2008.
[4] 王毓银. 数字电路逻辑设计(第三版)[M]. 北京:高等教育出版社,2018.
[5] 潘松,黄继业. EDA 技术与 VHDL[M]. 2 版. 北京:清华大学出版社,2007.
[6] 范爱平,周常森. 数字电子技术基础[M]. 北京:清华大学出版社,2008.
[7] 林涛. 数字电子技术基础[M]. 北京:清华大学出版社,2006.
[8] 刘培植. 数字电路设计与数字系统[M]. 北京:北京邮电大学出版社,2005.
[9] 马义忠,常蓬彬. 数字逻辑与数字系统[M]. 北京:高等教育出版社,2005.
[10] 高吉祥. 数字电子技术[M]. 北京:电子工业出版社,2008.
[11] 郭永贞,等. 数字电子技术[M]. 西安:西安电子科技大学出版社,2006.
[12] 何伟. 现代数字系统实验及设计[M]. 重庆:重庆大学出版社,2005.
[13] 侯伯亨,等. 现代数字系统设计[M]. 西安:西安电子科技大学出版社,2004.
[14] 刘宝琴. 数字电路与系统[M]. 北京:清华大学出版社,1993.
[15] 龙忠琪. 数字集成电路教程[M]. 北京:科学出版社,2007.
[16] 唐志宏,韩振振. 数字电路与系统[M]. 北京:北京邮电大学出版社,2008.
[17] 谭会生,张昌凡. EDA 技术及应用[M]. 2 版. 西安:西安电子科技大学出版社,2004.
[18] 王诚,吴继华,范丽珍,等. Altera FPGA/CPLD 设计(基础篇)[M]. 北京:人民邮电出版社,2005.
[19] 马金明,吕铁军. 数字系统与逻辑设计[M]. 北京:北京航空航天大学出版社,2007.
[20] 蒋立平. 数字逻辑电路与系统设计[M]. 北京:电子工业出版社,2008.
[21] 中国集成电路大全编委会. 中国集成电路大全——TTL 集成电路[M]. 北京:国防工业出版社,1985.
[22] Dueck Robert K. 数字系统设计-CPLD 应用与 VHDL 编程[M]. 张春,等,译. 北京:清华大学出版社,2005.
[23] 朱卫红,曹汉房. 现代数字电路设计学习指导与题解[M]. 武汉:华中科技大学出版社,2008.
[24] 潘松,黄继业. EDA 技术实用教程[M]. 4 版. 北京:科学出版社,2010.
[25] 陈文楷. 数字电子技术基础[M]. 北京:机械工业出版社,2010.
[26] 徐慧民,安德宁,延明. 数字电路与逻辑设计[M]. 北京:人民邮电出版社,2009.

郑重声明

防伪查询说明

用户购书后刮开封底防伪涂层，使用手机微信等软件扫描二维码，会跳转至防伪查询网页，获得所购图书详细信息。

防伪客服电话　(010) 58582300

网络增值服务使用说明

一、注册/登录

访问http://abook.hep.com.cn/，点击“注册”，在注册页面输入用户名、密码及常用的邮箱进行注册。已注册的用户直接输入用户名和密码登录即可进入“我的课程”页面。

二、课程绑定

点击“我的课程”页面右上方“绑定课程”，正确输入教材封底防伪标签上的20位密码，点击“确定”完成课程绑定。

三、访问课程

在“正在学习”列表中选择已绑定的课程，点击“进入课程”即可浏览或下载与本书配套的课程资源。刚绑定的课程请在“申请学习”列表中选择相应课程并点击“进入课程”。

如有账号问题，请发邮件至：abook@hep.com.cn。